Problemas resueltos de Física General

Mecánica

Joaquín Tovar Pescador

Juan Hernández Álvaro

ISBN: 978-84-09651-33-7
Depósito Legal: J 396-2024

Agradecimientos

Agradecemos a todos nuestros compañeros del Departamento de Física su apoyo y sus comentarios, fruto en gran parte de su experiencia docente. De manera especial nuestro agradecimiento a Elena Giménez, Alfonso Ontiveros y David Pozo por sus valiosas observaciones, críticas y sugerencias en la elaboración y revisión del manuscrito. A las artistas Fuen y Mariví por sus aportaciones en el diseño del libro. Y a nuestros alumnos, que con sus intervenciones nos han proporcionado valiosos elementos para exponer de manera más comprensible los contenidos.

Por último, agradecemos el apoyo y entusiasmo de nuestras familias, imprescindible para llevar a término el proyecto.

Índice

Prólogo

La resolución de problemas es un paso obligado para comprobar si los conceptos fundamentales de Física han sido asimilados con claridad por sus alumnos y son capaces de su aplicación práctica. De ahí la necesidad de enseñar a resolver problemas y la exigencia de pedir su resolución en los exámenes y otras actividades de evaluación. Un libro de problemas debe conjugar el aprendizaje de la técnica para resolverlos con el objetivo de comprobar los conocimientos adquiridos.

Este libro nace como consecuencia de la labor docente de los autores en la asignatura de Física en los primeros cursos de los grados de Ingeniería y de Ciencias y pretende proporcionar a los alumnos un texto de referencia que les sirva para establecer estrategias adecuadas en la resolución de problemas y consolidar los conocimientos de la parte de Mecánica desarrollada en los Fundamentos de Física que se imparten en los primeros cursos.

El libro ofrece una colección de problemas de Mecánica, en la que se recogen problemas clásicos, muchos de los cuales han sido resueltos en las clases y gran cantidad propuestos también en exámenes

El conjunto de ejercicios se ha ordenado en diez capítulos temáticos, propuestos en grado progresivo de dificultad y resueltos de forma detallada para una mejor comprensión de su solución. En este sentido, algunos problemas pueden servir también para cursos de Física anteriores a los estudios universitarios. Como es habitual, se recomienda al alumno, para que saque el máximo provecho, que se enfrente a ellos procurando, inicialmente, buscar por sí mismo la solución, y solo cuando no acierte con ella, consulte el procedimiento seguido en el libro.

Con el fin de hacer más claras las explicaciones se han incluido un amplio número de figuras y se ha utilizado en el texto la notación más usual para las magnitudes físicas, expresando sus unidades en el S.I.

Esperamos que el tratamiento dado a cada uno de los temas facilite el trabajo de profesores y alumnos y pueda contribuir a una mejor preparación de aquellos que acceden a los estudios de Ingeniería o de Ciencias en la Universidad. Pensamos también que, en esta etapa universitaria, donde se demanda un mayor trabajo personal del alumno, el libro sea de utilidad para orientar el trabajo de los estudiantes.

Los autores

1

Cálculo vectorial

1.1 El vector $\vec{A}$ tiene por módulo 40 unidades, y los ángulos que forma con los ejes X e Y son $\alpha = 60°$ y $\beta = 45°$ respectivamente. Calcular el ángulo γ y sus componentes rectangulares.

$$\cos^2\alpha + \cos^2\beta + \cos^2\gamma = 1$$

$$\cos\gamma = \sqrt{1 - \cos^2\alpha - \cos^2\beta} = \sqrt{1 - \frac{1}{4} - \frac{1}{2}} = \sqrt{\frac{1}{4}} = \frac{1}{2}$$

$$\gamma = \text{arc}\cos 0{,}5 = 60° \quad ◄$$

$$\left.\begin{aligned} A_x &= A\cos\alpha = 40\cos 60° = 20 \\ A_y &= A\cos\beta = 40\cos 45° = 20\sqrt{2} \\ A_z &= A\cos\gamma = 40\cos 60° = 20 \end{aligned}\right\} \quad ◄$$

1.2 Las coordenadas de los puntos inicial y extremo del vector $\vec{A}$ son $(3, 1, 2)$ y $(4, 7, 9)$ respectivamente. Determinar: a) sus componentes rectangulares y su módulo; b) los ángulos α, β y γ si se traslada al origen de coordenadas.

a) El vector vendrá dado por la diferencia entre los vectores de su extremo y de su inicio:

$$A_x = 4 - 3 = 1 \quad ◄$$

$$A_y = 7 - 1 = 6 \quad ◄$$

$$A_z = 9 - 2 = 7 \quad ◄$$

$$A = \sqrt{A_x^2 + A_y^2 + A_z^2} = \sqrt{1 + 36 + 49} = \sqrt{86} = 9{,}27 \quad ◄$$

b) Las coordenadas del extremo del vector serán ahora, $\vec{A}(X, Y, Z) = \vec{A}(1, 6, 7)$, y

$$\cos\alpha = \frac{X}{A} = \frac{1}{9{,}27} = 0{,}108 \rightarrow \alpha = \text{arc}\cos 0{,}108 = 83{,}8° \quad ◄$$

$$\cos\beta = \frac{Y}{A} = \frac{6}{9{,}27} = 0{,}647 \rightarrow \beta = \arccos 0{,}647 = 49{,}7° \quad ◂$$

$$\cos\gamma = \frac{Z}{A} = \frac{7}{9{,}27} = 0{,}755 \rightarrow \gamma = \arccos 0{,}755 = 40{,}9° \quad ◂$$

1.3 El vector $\vec{A}$, de módulo 100, pasa por el origen de coordenadas y por el punto $P(3, -4, 0)$. Hallar el versor de su dirección y expresarlo en función de sus componentes rectangulares.

$$\overrightarrow{OP} = 3\vec{\imath} - 4\vec{\jmath}$$

$$\vec{u} = \frac{\overrightarrow{OP}}{|\overrightarrow{OP}|} = \frac{3\vec{\imath} - 4\vec{\jmath}}{\sqrt{9+16}} = \frac{3}{5}\vec{\imath} - \frac{4}{5}\vec{\jmath} \quad \Rightarrow \quad \vec{u} = 0{,}6\vec{\imath} - 0{,}8\vec{\jmath} \quad ◂$$

$$\vec{u} = \frac{\vec{A}}{A} \quad \Rightarrow \quad \vec{A} = A\vec{u} = 100\,(0{,}6\vec{\imath} - 0{,}8\vec{\jmath}) = 60\vec{\imath} - 80\vec{\jmath} \quad ◂$$

1.4 Un vector $\vec{A}$ de módulo 4 unidades, forma con el eje Y un ángulo de 45° y con el eje Z un ángulo de 60°. Calcular las componentes rectangulares de dicho vector y el ángulo que forma con el eje X.

Las componentes vendrán dadas por la proyección del vector sobre los ejes. Para los ejes Y, Z:

$$A_y = A\cos\beta = 4 \cdot \cos 45 = 4 \cdot \frac{\sqrt{2}}{2} = 2\sqrt{2} \quad ◂$$

$$A_z = A\cos\gamma = 4 \cdot \cos 60 = 4 \cdot \frac{1}{2} = 2 \quad ◂$$

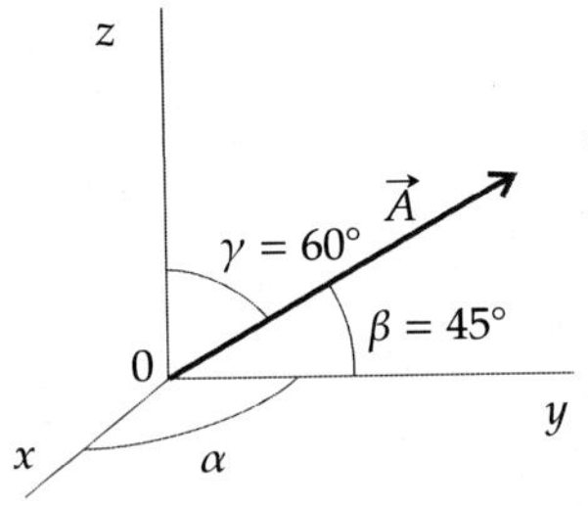

Como sabemos el módulo, podemos obtener la otra componente,

$$A_x^2 + A_y^2 + A_z^2 = A^2 \quad ◂$$

$$A_x = \sqrt{16 - 8 - 4} = \sqrt{4} = 2 \quad ◂$$

$$A_x = A\cos\alpha \rightarrow \cos\alpha = \frac{2}{4} = \frac{1}{2} \rightarrow \alpha = 60° \quad ◂$$

También podíamos haber utilizado la relación $\cos^2\alpha + \cos^2\beta + \cos^2\gamma = 1$:

$$\cos^2\alpha = 1 - \frac{2}{4} - \frac{1}{4} = 1 - \frac{3}{4} = \frac{1}{4}$$

$$\cos\alpha = \frac{1}{2} \rightarrow \alpha = 60^\circ$$

y por tanto

$$A_x = A\cos\alpha = 4\cdot\cos 60 = 4\cdot\frac{1}{2} = 2 \quad ◂$$

1.5 Dados los vectores $\vec{A} = 3\vec{\imath} + 4\vec{\jmath}$ y $\vec{B} = \vec{\imath} + 2\vec{\jmath} - 2\vec{k}$, calcular: a) sus módulos; b) su suma; c) su producto escalar; d) el ángulo formado entre ellos; e) la proyección del vector $\vec{A}$ sobre $\vec{B}$; f) su producto vectorial, y g) un versor perpendicular a $\vec{A}$ y $\vec{B}$.

a) $A = \sqrt{9+16} = \sqrt{25} = 5$ ◂; $\quad B = \sqrt{1+4+4} = 3$ ◂

b) $\vec{R} = \vec{A} + \vec{B} = 4\vec{\imath} + 6\vec{\jmath} - 2\vec{k}$ ◂

c) $\vec{A}\cdot\vec{B} = (3\vec{\imath} + 4\vec{\jmath})\cdot\left(\vec{\imath} + 2\vec{\jmath} - 2\vec{k}\right) = 3\cdot 1 + 4\cdot 2 = 11$ ◂

d) $\vec{A}\cdot\vec{B} = AB\cos\alpha \quad\Rightarrow\quad \cos\alpha = \dfrac{\vec{A}\cdot\vec{B}}{AB} = \dfrac{11}{5\cdot 3} = 0{,}733$

$$\alpha = \text{arc}\cos 0{,}733 = 42{,}9^\circ \quad ◂$$

e) $proy_{\vec{B}}\vec{A} = \vec{A}\cdot\vec{u}_{\vec{B}} = \vec{A}\cdot\dfrac{\vec{B}}{B} = \dfrac{\vec{A}\cdot\vec{B}}{B} = \dfrac{11}{3} = 3{,}66$ ◂

f) $\vec{P} = \vec{A}\times\vec{B} = \begin{vmatrix} \vec{\imath} & \vec{\jmath} & \vec{k} \\ 3 & 4 & 0 \\ 1 & 2 & -2 \end{vmatrix} = -8\vec{\imath} + 6\vec{\jmath} + 2\vec{k}$ ◂

g) $\vec{u} = \dfrac{\vec{P}}{P} = \dfrac{-8\vec{\imath} + 6\vec{\jmath} + 2\vec{k}}{10{,}2} = -0{,}78\vec{\imath} + 0{,}59\vec{\jmath} + 0{,}20\vec{k}$ ◂

1.6 Determinar la proyección del vector $\vec{H} = 5\vec{\imath} - 4\vec{\jmath} + 7\vec{k}$ sobre la recta que pasa por los puntos $A(2,-5,3)$ y $B(5,2,-4)$ orientada del primero al segundo.

Un vector en la dirección AB vendrá dado por:

$$\vec{ab} = (5-2)\vec{\imath} + (2+5)\vec{\jmath} + (-4-3)\vec{k} = 3\vec{\imath} + 7\vec{\jmath} - 7\vec{k}$$

y el vector unitario en esa dirección:

$$\vec{u} = \frac{\vec{ab}}{|\vec{ab}|} = \frac{3\vec{\imath} + 7\vec{\jmath} - 7\vec{k}}{\sqrt{9 + 2 \cdot 49}} = \frac{1}{\sqrt{107}}(3\vec{\imath} + 7\vec{\jmath} - 7\vec{k}) = 0{,}29\vec{\imath} + 0{,}67\vec{\jmath} - 0{,}67\vec{k}$$

Por tanto, la proyección de $\vec{H}$ en esa dirección será:

$$\vec{H} \cdot \vec{u} = (5\vec{\imath} - 4\vec{\jmath} + 7\vec{k}) \cdot (0{,}29\vec{\imath} + 0{,}67\vec{\jmath} - 0{,}67\vec{k}) = 1{,}45 - 2{,}68 - 4{,}69 = -5{,}92 \quad \blacktriangleleft$$

1.7 Se suma al vector $\vec{A} = 6\vec{\imath} + \vec{\jmath} + \vec{k}$ el vector $\lambda\vec{B} = \lambda\left(3\vec{\jmath} - \vec{k}\right)$. Determinar el valor que ha de tener λ para que el vector $\vec{A} + \lambda\vec{B}$ sea perpendicular a $\vec{C} = -2\vec{\imath} + 3\vec{\jmath} + 5\vec{k}$.

Se ha de cumplir para ello que: $\left(\vec{A} + \lambda\vec{B}\right) \cdot \vec{C} = \vec{A} \cdot \vec{C} + \lambda\vec{B} \cdot \vec{C} = 0$

$$\lambda = -\frac{\vec{A} \cdot \vec{C}}{\vec{B} \cdot \vec{C}} = -\frac{-12 + 3 + 5}{9 - 5} = -\frac{-4}{4} = 1 \quad \blacktriangleleft$$

1.8 Hallar un vector unitario paralelo a la resultante de la suma de los vectores $\vec{A} = 2\vec{\imath} + \vec{\jmath} + \vec{k}$ y $\vec{B} = \vec{\imath} + 2\vec{\jmath} - 3\vec{k}$, y la proyección de $\vec{A}$ sobre $\vec{B}$.

$$\vec{R} = \vec{A} + \vec{B} = 3\vec{\imath} + 3\vec{\jmath} - 2\vec{k}$$

$$R = \sqrt{9 + 9 + 4} = \sqrt{22} = 4{,}69$$

$$\vec{u}_r = \frac{\vec{R}}{R} = \frac{1}{4{,}69}(3\vec{\imath} + 3\vec{\jmath} - 2\vec{k}) = 0{,}64\vec{\imath} + 0{,}64\vec{\jmath} - 0{,}43\vec{k} \quad \blacktriangleleft$$

$$Proy_{\vec{B}}\vec{A} = \vec{A} \cdot \vec{u}_b = \vec{A} \cdot \frac{\vec{B}}{B} = \frac{\vec{A}\vec{B}}{B} = \frac{2 + 2 - 3}{\sqrt{1 + 4 + 9}} = \frac{1}{\sqrt{14}} \quad \blacktriangleleft$$

Como la $Proy_{\vec{B}}\vec{A} > 0$ resulta que $\widehat{AB} < 90°$.

1.9 Hallar el área de un triángulo que tiene por vértices los puntos $A(1,0,-1)$, $B(2,3,0)$ y $C(0,2,4)$. Las coordenadas de estos puntos se dan en metros.

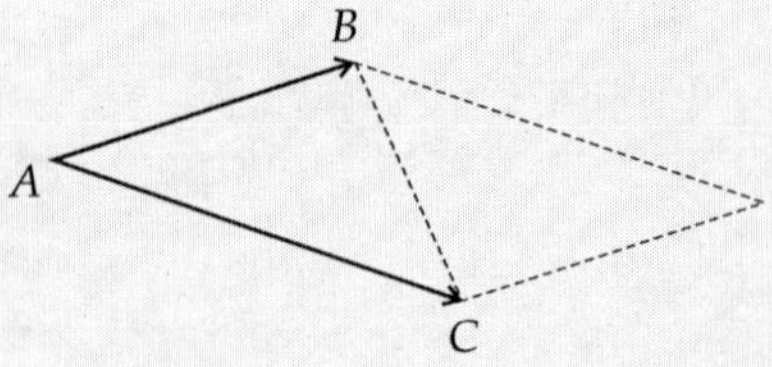

$$\overrightarrow{AB} = (2-1)\,\vec{\imath} + (3-0)\,\vec{\jmath} + (0+1)\,\vec{k} = \vec{\imath} + 3\vec{\jmath} + \vec{k}$$

$$\overrightarrow{AC} = (0-1)\,\vec{\imath} + (2-0)\,\vec{\jmath} + (4+1)\,\vec{k} = -\vec{\imath} + 2\vec{\jmath} + 5\vec{k}$$

Área del triángulo: $ABC = \dfrac{1}{2}\left|\overrightarrow{AB} \times \overrightarrow{AC}\right|$

$$\overrightarrow{AB} \times \overrightarrow{AC} = \begin{vmatrix} \vec{\imath} & \vec{\jmath} & \vec{k} \\ 1 & 3 & 1 \\ -1 & 2 & 5 \end{vmatrix} = 13\vec{\imath} - 6\vec{\jmath} + 5\vec{k}$$

$$\textit{área} = \frac{1}{2}\sqrt{169 + 36 + 25} = 7{,}58\,\mathrm{m}^2 \quad \blacktriangleleft$$

1.10 Hallar un vector unitario paralelo al plano XY y perpendicular al vector $\vec{B} = \vec{\imath} + 2\vec{\jmath} + 3\vec{k}$.

Llamemos $\vec{A}$ a un vector en la dirección buscada. Por ser paralelo al plano XY, solo tendrá dos componentes rectangulares:

$$\vec{A} = A_x\vec{\imath} + A_y\vec{\jmath}$$

y por ser perpendicular a $\vec{B}$, se ha de cumplir: $\vec{A} \cdot \vec{B} = 0$. Por tanto:

$$(A_x\vec{\imath} + A_y\vec{\jmath}) \cdot (\vec{\imath} - 3\vec{\jmath} + 2\vec{k}) = A_x - 3A_y = 0$$

y de aquí $A_x = 3A_y$ el vector $\vec{A}$ podemos expresarlo como $\vec{A} = 3A_y\vec{\imath} + A_y\vec{\jmath}$ y su módulo

$$A = \sqrt{9A_y^2 + A_y^2} = A_y\sqrt{10}$$

Luego el vector unitario en la dirección pedida será:

$$\vec{u} = \frac{\vec{A}}{A} = \frac{3A_y\vec{\imath} + A_y\vec{\jmath}}{A_y\sqrt{10}} = \frac{\sqrt{10}}{10}(3\vec{\imath} + \vec{\jmath}) \quad \blacktriangleleft$$

1.11 Las diagonales de un paralelogramo son: $\vec{A} = \vec{\imath} + 2\vec{\jmath} + 5\vec{k}$ y $\vec{B} = 3\vec{\imath} + \vec{k}$. Calcular su área.

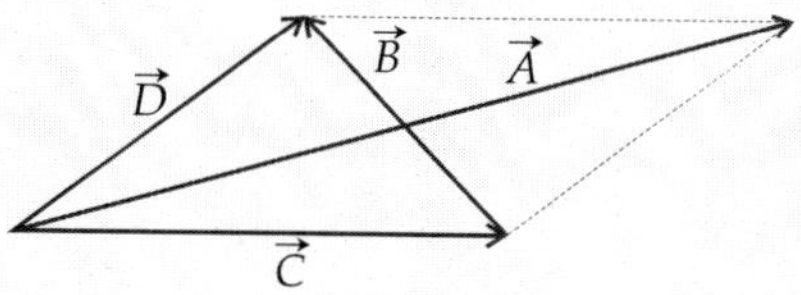

De acuerdo con la figura, el área de dicho paralelogramo viene dado por:

$$\text{Área} = |\vec{C} \times \vec{D}|$$

por lo que previamente debemos calcular $\vec{C}$ y $\vec{D}$:

$$\vec{A} = \vec{C} + \vec{D} = \vec{\imath} + 2\vec{\jmath} + 5\vec{k}$$
$$\vec{B} = \vec{D} - \vec{C} = 3\vec{\imath} + \vec{k}$$

Sumando y restando las expresiones anteriores tenemos:

$$2\vec{D} = 4\vec{\imath} + 2\vec{\jmath} + 6\vec{k} \Rightarrow \vec{D} = 2\vec{\imath} + \vec{\jmath} + 3\vec{k}$$
$$2\vec{C} = -2\vec{\imath} + 2\vec{\jmath} + 4\vec{k} \Rightarrow \vec{C} = -\vec{\imath} + \vec{\jmath} + 2\vec{k}$$

por lo que:

$$\vec{C} \times \vec{D} = \begin{vmatrix} \vec{\imath} & \vec{\jmath} & \vec{k} \\ -1 & 1 & 2 \\ 2 & 1 & 3 \end{vmatrix} = \vec{\imath} + 7\vec{\jmath} - 3\vec{k}$$

$$|\vec{C} \times \vec{D}| = \sqrt{1 + 49 + 9} = 7{,}68\,\text{u}^2 \quad ◄$$

1.12 Determinar la distancia del punto $a(3, 1 - 1)$ a la recta que une los puntos $b(2, 3{,}0)$ y $c(-1, 2{,}4)$, así como el área del triángulo que determinan dichos puntos.

Una vez conocidos los vectores $\vec{A}$ y $\vec{B}$ y sus módulos

$$\vec{A} = \vec{cb} = 3\vec{\imath} + \vec{\jmath} - 4\vec{k}; \quad A = \sqrt{26} = 5{,}1$$
$$\vec{B} = \vec{ca} = 4\vec{\imath} + \vec{\jmath} - 5\vec{k}; \quad B = \sqrt{42} = 6{,}5$$

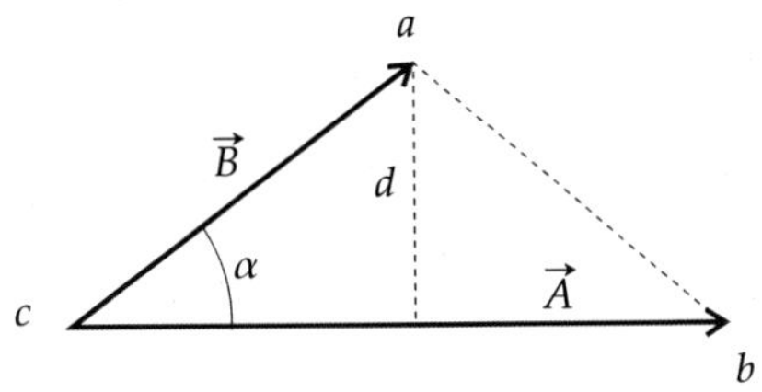

La distancia del punto $\underline{a}$ a la recta

$$|\vec{A} \times \vec{B}| = AB \operatorname{sen} \alpha = A \cdot d \rightarrow d = \frac{|\vec{A} \times \vec{B}|}{A}$$

$$\vec{A} \times \vec{B} = \begin{vmatrix} \vec{\imath} & \vec{\jmath} & \vec{k} \\ 3 & 1 & -4 \\ 4 & -1 & 5 \end{vmatrix} = 9\vec{\imath} - \vec{\jmath} - 7\vec{k}; \quad \Rightarrow \quad |\vec{A} \times \vec{B}| = 11{,}44$$

$$d = \frac{11{,}44}{5{,}1} = 2{,}24\,\text{u} \quad ◄$$

En cuanto al área:

$$S = \frac{1}{2}\left|\vec{A} \times \vec{B}\right| = \frac{1}{2} \cdot 11{,}44 = 5{,}72\, u^2 \quad ◂$$

1.13 Las coordenadas de tres vértices consecutivos de un paralelogramo son: $a(-1, 3, 2)$, $b(2, -1, 5)$ y $c(0, -3, -4)$. Calcular: a) el cuarto vértice; b) el ángulo abc; c) el área del paralelogramo $abcd$.

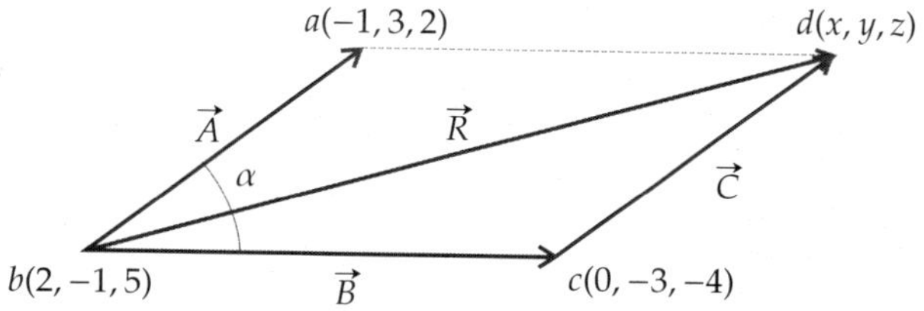

a) De acuerdo con la figura se tiene

$$\left.\begin{aligned} \vec{A} &= -3\vec{\imath} + 4\vec{\jmath} - 3\vec{k} \\ \vec{B} &= -2\vec{\imath} - 2\vec{\jmath} - 9\vec{k} \end{aligned}\right\} \quad \Rightarrow \quad \vec{R} = -5\vec{\imath} + 2\vec{\jmath} - 12\vec{k}$$

Conocidas las componentes rectangulares de $\vec{R}$, cuyos puntos extremos son b y d, podemos establecer

$$\left.\begin{aligned} x - 2 = -5 &\to x = -3 \\ y + 1 = 2 &\to y = 1 \\ z - 5 = -12 &\to z = -7 \end{aligned}\right\} \quad d(-3, 1, -7) \quad ◂$$

b) $\vec{A} \cdot \vec{B} = AB\cos\alpha \quad \begin{cases} A = 5{,}83 \\ B = 9{,}43 \end{cases}$

$$\cos\alpha = \frac{\vec{A} \cdot \vec{B}}{AB} = \frac{6 - 8 - 27}{5{,}83 \cdot 9{,}43} = 0{,}45 \quad \to \quad \alpha = \arccos 0{,}45 = 63{,}3^\circ \quad ◂$$

c) $\vec{P} = \vec{A} \times \vec{B}$; $P = AB\,\text{sen}\,\alpha = 5{,}83 \cdot 9{,}43\,\text{sen}\,63{,}3^\circ = 49\,\text{u}^2$ ◂

o bien calculando el módulo de:

$$\vec{P} = \begin{vmatrix} \vec{\imath} & \vec{\jmath} & \vec{k} \\ -3 & 4 & -3 \\ -2 & -2 & -9 \end{vmatrix}$$

1.14 Calcular el valor de λ para que los vectores $\vec{A} = \lambda\vec{\imath} + \vec{\jmath} + \vec{k}$, $\vec{B} = 2\lambda\vec{\imath} - \vec{\jmath} + 3\vec{k}$ y $\vec{C} = \vec{\imath} + 2\vec{\jmath} - 4\vec{k}$ sean coplanarios.

Para ello, utilizaremos el producto mixto

$$\vec{A} \cdot \left(\vec{B} \times \vec{C}\right) = 0$$

$$\vec{A} \cdot \left(\vec{B} \times \vec{C}\right) = \begin{vmatrix} \lambda & 1 & 1 \\ 2\lambda & -1 & 3 \\ 1 & 2 & -4 \end{vmatrix} = 4\lambda + 4\lambda + 3 + 1 - 6\lambda + 8\lambda = 0$$

$$10\lambda + 4 = 0 \quad \Rightarrow \quad \lambda = -0{,}4 \quad ◄$$

1.15 Hallar el vector unitario paralelo al plano XY y perpendicular al vector $\vec{A} = \vec{\imath} + \vec{\jmath} + \vec{k}$.

Sea $\vec{B}$ un vector perpendicular a $\vec{A}$. Por estar en el plano XY sólo tendrá dos componentes, $\vec{B} = B_x\vec{\imath} + B_y\vec{\jmath}$. Si son perpendiculares se ha de cumplir:

$$\vec{A} \cdot \vec{B} = \left(\vec{\imath} + \vec{\jmath} + \vec{k}\right) \cdot \left(B_x\vec{\imath} + B_y\vec{\jmath}\right) = B_x + B_y = 0 \quad \Rightarrow \quad B_x = -B_y$$

por lo que podemos escribir $\vec{B}$ como

$$\vec{B} = B_x\vec{\imath} - B_x\vec{\jmath} = B_x(\vec{\imath} - \vec{\jmath}); \quad B = \sqrt{2B_x^2} = \sqrt{2}B_x$$

y el vector unitario en la dirección de $\vec{B}$

$$\vec{u}_B = \frac{\vec{B}}{B} = \frac{B_x(\vec{\imath} - \vec{\jmath})}{\sqrt{2}B_x} = \frac{1}{\sqrt{2}}(\vec{\imath} - \vec{\jmath}) \quad ◄$$

1.16 En el paralelepípedo definido por los tres vectores $\vec{A} = 2\vec{\jmath}$, $\vec{B} = -\vec{\imath} + \vec{\jmath}$ y $\vec{C} = -2\vec{\imath} + \vec{\jmath} + 3\vec{k}$ como aristas del mismo, calcular la superficie y volumen del mismo.

El producto vectorial de los vectores nos da el área del paralelogramo que definen, es decir,

$$\vec{A} \times \vec{B} = \begin{vmatrix} \vec{\imath} & \vec{\jmath} & \vec{k} \\ 0 & 2 & 0 \\ -1 & 1 & 0 \end{vmatrix} = 2\vec{k}$$

$$\vec{A} \times \vec{C} = \begin{vmatrix} \vec{i} & \vec{j} & \vec{k} \\ 0 & 2 & 0 \\ -2 & 1 & 3 \end{vmatrix} = 6\vec{i} - 4\vec{k}$$

$$\vec{B} \times \vec{C} = \begin{vmatrix} \vec{i} & \vec{j} & \vec{k} \\ -1 & 1 & 0 \\ -2 & 1 & 3 \end{vmatrix} = 3\vec{i} + 3\vec{j} + \vec{k}$$

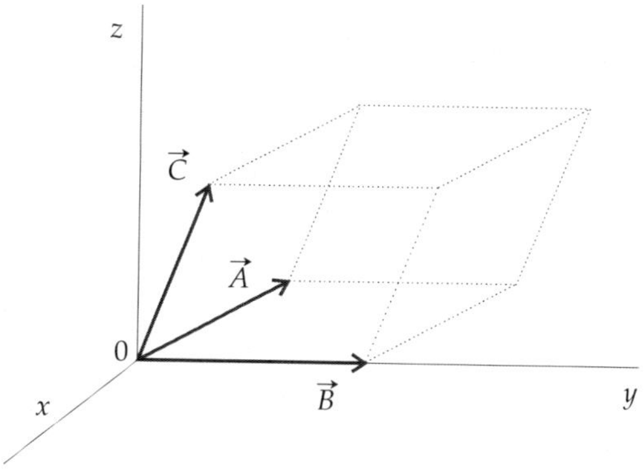

Sus módulos son respectivamente 2; 7,21; 4,36 y la superficie de las seis caras:

$$S = 2\,(2 + 7{,}21 + 4{,}36) = 27{,}14\,\text{u}^2 \quad ◄$$

$$V = (\vec{A} \times \vec{B}) \cdot \vec{C} = \begin{vmatrix} 2 & 0 & 0 \\ -1 & 1 & 0 \\ -2 & 1 & 3 \end{vmatrix} = 6\,\text{u}^3 \quad ◄$$

1.17 En el paralelepípedo definido por los tres vectores $\overrightarrow{OA} = \vec{i} + \vec{j}$; $\overrightarrow{OB} = 2\vec{j}$ y $\overrightarrow{OC} = \vec{i} + 2\vec{j} + 3\vec{k}$ como aristas del mismo, calcular: a) su volumen y superficie; b) la distancia del vértice *C* a la cara *AOB*; c) la ecuación del plano de la cara *AOC*.

$$\vec{a} = \overrightarrow{OA} = \vec{i} + \vec{j}$$
$$\vec{b} = \overrightarrow{OB} = 2\vec{j}$$
$$\vec{c} = \overrightarrow{OC} = \vec{i} + 2\vec{j} + 3\vec{k}$$

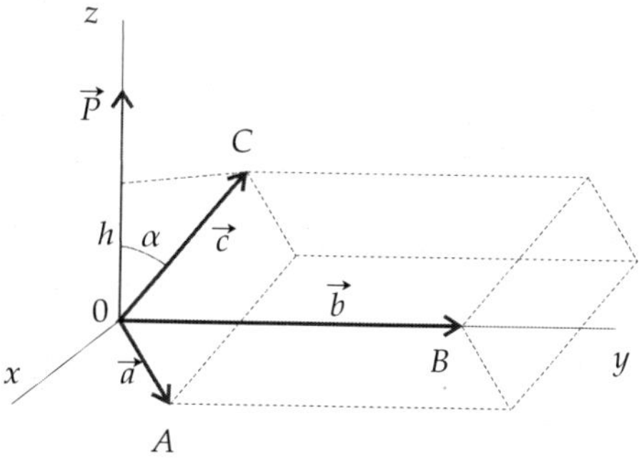

a) El volumen del paralelepípedo es el producto mixto:

$$V = \vec{c} \cdot \left(\vec{a} \times \vec{b}\right) = \begin{vmatrix} 1 & 2 & 3 \\ 1 & 1 & 0 \\ 0 & 2 & 0 \end{vmatrix} = 6\,\text{u}^3 \quad ◄$$

En cuanto a su área, el producto vectorial de dos vectores nos da el área del paralelogramo que definen, por lo que:

$$\vec{a} \times \vec{b} = \begin{vmatrix} \vec{\imath} & \vec{\jmath} & \vec{k} \\ 1 & 1 & 0 \\ 0 & 2 & 0 \end{vmatrix} = 2\vec{k}$$

$$\vec{b} \times \vec{c} = \begin{vmatrix} \vec{\imath} & \vec{\jmath} & \vec{k} \\ 0 & 2 & 0 \\ 1 & 2 & 3 \end{vmatrix} = 6\vec{\imath} - 2\vec{k}$$

$$\vec{a} \times \vec{c} = \begin{vmatrix} \vec{\imath} & \vec{\jmath} & \vec{k} \\ 1 & 1 & 0 \\ 1 & 2 & 3 \end{vmatrix} = 3\vec{\imath} - 3\vec{\jmath} + \vec{k}$$

Sus módulos son, respectivamente, 2; 6,3; 4,4, por lo que la superficie de las seis caras:

$$S = 2\,(2 + 6{,}3 + 4{,}4) = 25{,}4\,\mathrm{u}^2 \quad \blacktriangleleft$$

b) La distancia o altura del vértice C a la cara AOB se calcula teniendo en cuenta que el volumen, ya calculado, viene dado por:

$$V = \vec{c} \cdot \left(\vec{a} \times \vec{b}\right) = \vec{c} \cdot \vec{R} = cR\cos\alpha = Rh$$

donde

$$\vec{R} = \vec{a} \times \vec{b} = 2\vec{k} \quad \Rightarrow \quad R = 2$$

$$h = \frac{V}{R} = \frac{6}{2} = 3\,\mathrm{u} \quad \blacktriangleleft$$

c) Un punto $P(x, y, z)$ pertenecerá al plano determinado por los vectores $\vec{a}$ y $\vec{c}$ solamente cuando $\overrightarrow{OP}$ sea coplanario con las aristas $\overrightarrow{OA}$ y $\overrightarrow{OC}$: es decir, cuando el volumen definido por los vectores $\overrightarrow{OP}$, $\overrightarrow{OA}$ y $\overrightarrow{OC}$ sea nulo:

$$\overrightarrow{OP} \cdot (\vec{a} \times \vec{c}) = \begin{vmatrix} x & y & z \\ 1 & 1 & 0 \\ 1 & 2 & 3 \end{vmatrix} = 0$$

de donde se obtiene:

$$3x - 3y - z = 0 \quad \blacktriangleleft$$

1.18 A un vector de módulo $A = 7$ se le resta otro perpendicular a él de módulo $B = 4$. Hallar el módulo del vector diferencia y el ángulo que forma con el vector $\vec{A}$.

$$\vec{D} = \vec{A} - \vec{B}$$

$$D^2 = A^2 + B^2 - 2AB\cos\varphi, \quad \text{siendo } \varphi = 90°$$

$$D = \sqrt{A^2 + B^2} = \sqrt{49 + 16} = 8{,}06 \quad ◄$$

$$A = D\cos\beta \quad \Rightarrow \quad \cos\beta = \frac{A}{D} = \frac{7}{8{,}06} = 0{,}868$$

$$\beta = \arccos 0{,}868 = 29{,}8° \quad ◄$$

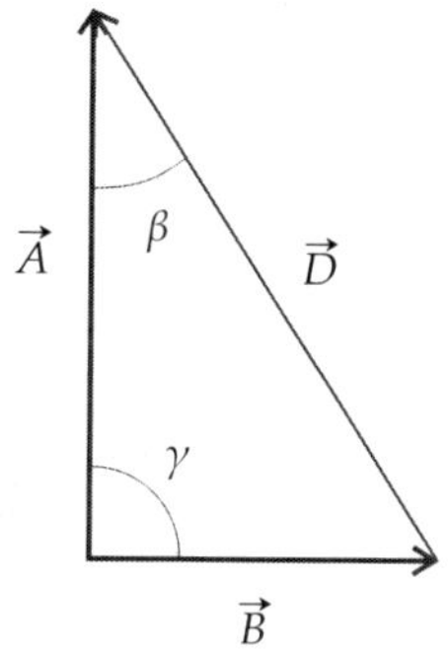

También, aplicando el teorema del seno:

$$\frac{D}{\operatorname{sen}\varphi} = \frac{B}{\operatorname{sen}\beta} \quad \Rightarrow \quad \frac{8{,}06}{1} = \frac{4}{\operatorname{sen}\beta}$$

$$\operatorname{sen}\beta = \frac{4}{8{,}06} = 0{,}5$$

$$\beta = \operatorname{arc\,sen} 0{,}5 = 29{,}8° \quad ◄$$

1.19 Si los vectores $\vec{A}$, $\vec{B}$ y $\vec{C}$ constituyen los lados de un triángulo, demostrar, mediante el cálculo vectorial, los teoremas del coseno y del seno.

Cuando se tienen dos vectores en que se conocen sus módulos y el ángulo que forman entre sí, el módulo del vector suma o el módulo del vector diferencia se calcula, respectivamente, por:

$$R^2 = A^2 + B^2 + 2AB\cos\varphi$$

$$D^2 = A^2 + B^2 - 2AB\cos\varphi$$

Para su demostración nos basamos en la relación entre los vectores que forman el triángulo de la figura.

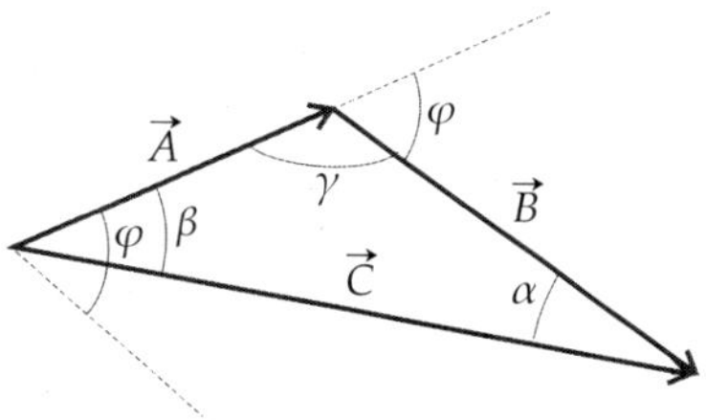

Para la suma: $\vec{C} = \vec{A} + \vec{B}$ que elevando al cuadrado se tiene:

$$\vec{C}\cdot\vec{C} = (\vec{A}+\vec{B})\cdot(\vec{A}+\vec{B}) = \vec{A}\cdot\vec{A} + \vec{A}\cdot\vec{B} + \vec{B}\cdot\vec{A} + \vec{B}\cdot\vec{B}$$

$$C^2 = A^2 + B^2 + 2\vec{A}\cdot\vec{B} = A^2 + B^2 + 2AB\cos\varphi \quad ◄$$

Para la diferencia:

$$\vec{B} = \vec{C} - \vec{A}$$

$$\vec{B}\cdot\vec{B} = \left(\vec{C}-\vec{A}\right)\cdot\left(\vec{C}-\vec{A}\right) \quad \Rightarrow \quad B^2 = A^2 + C^2 - 2AC\cos\beta \quad ◄$$

El teorema del seno nos permite determinar la dirección del vector suma o del vector diferencia si se conocen sus módulos y el ángulo que forman.

De acuerdo con la figura:

$$\vec{B} = \vec{C} - \vec{A}$$

que multiplicando vectorialmente los dos miembros por $\vec{B}$, se tiene:

$$\vec{B} \times \vec{B} = \vec{B} \times \left(\vec{C} - \vec{A}\right) = \vec{B} \times \vec{C} - \vec{B} \times \vec{A}$$

y puesto que $\vec{B} \times \vec{B} = 0$, nos queda:

$$\vec{B} \times \vec{C} = \vec{B} \times \vec{A} \quad \Rightarrow \quad BC \operatorname{sen} \alpha = BA \operatorname{sen} \varphi = AB \operatorname{sen} \gamma$$

ya que φ y γ son ángulos suplementarios. La ecuación anterior se puede expresar en la forma:

$$\frac{A}{\operatorname{sen} \alpha} = \frac{C}{\operatorname{sen} \gamma}$$

De manera semejante:

$$\vec{A} = \vec{C} - \vec{B}$$

$$\vec{A} \times \vec{A} = \vec{A} \times \left(\vec{C} - \vec{B}\right) = \vec{A} \times \vec{C} - \vec{A} \times \vec{B} = 0$$

$$\vec{A} \times \vec{C} = \vec{A} \times \vec{B}$$

$$AC \operatorname{sen} \beta = AB \operatorname{sen} \gamma \quad \Rightarrow \quad \frac{B}{\operatorname{sen} \beta} = \frac{C}{\operatorname{sen} \gamma}$$

por lo que finalmente se puede escribir:

$$\frac{A}{\operatorname{sen} \alpha} = \frac{B}{\operatorname{sen} \beta} = \frac{C}{\operatorname{sen} \gamma} \quad ◀$$

1.20 Proyectar el vector $\vec{H}$, de módulo 6 y cosenos directores proporcionales a $(2, -2, 1)$, según las direcciones de los vectores $\vec{A} = \vec{\jmath} + \vec{k}$ y $\vec{B} = \vec{\imath} + \vec{k}$.

$$\vec{H} = H \cos \alpha \, \vec{\imath} + H \cos \beta \, \vec{\jmath} + H \cos \gamma \, \vec{k}$$

$$\frac{\cos \alpha}{2} = \frac{\cos \beta}{-2} = \frac{\cos \gamma}{1} = \frac{\sqrt{\cos^2 \alpha + \cos^2 \beta + \cos^2 \gamma}}{\sqrt{9}} = \frac{1}{3}$$

$$\cos \alpha = \frac{2}{3}; \qquad \cos \beta = -\frac{2}{3}; \qquad \cos \gamma = \frac{1}{3}$$

$$\vec{H} = 6\frac{2}{3}\vec{\imath} - 6\frac{2}{3}\vec{\jmath} + 6\frac{1}{3}\vec{k} = 4\vec{\imath} - 4\vec{\jmath} + 2\vec{k}$$

$$\vec{H}\cdot\vec{u}_A = \left(4\vec{\imath} - 4\vec{\jmath} + 2\vec{k}\right)\cdot\frac{1}{\sqrt{2}}\left(\vec{\jmath} + \vec{k}\right) = -\frac{4}{\sqrt{2}} + \frac{2}{\sqrt{2}} = -\frac{2}{\sqrt{2}} = -\sqrt{2} \quad ◀$$

$$\vec{H}\cdot\vec{u}_B = \left(4\vec{\imath} - 4\vec{\jmath} + 2\vec{k}\right)\cdot\frac{1}{\sqrt{2}}\left(\vec{\imath} + \vec{k}\right) = \frac{4}{\sqrt{2}} + \frac{2}{\sqrt{2}} = \frac{6}{\sqrt{2}} = 3\sqrt{2} \quad ◀$$

1.21 Proyectar el vector $\vec{H}$, de módulo 9 y paralelo al vector $\vec{V} = 2\vec{\imath} + \vec{\jmath} + 2\vec{k}$ según las direcciones de los vectores $\vec{A} = \vec{\imath} + \vec{\jmath}$ y $\vec{B} = \vec{\imath} + \vec{k}$.

Basta con calcular los productos escalares $\vec{H}\cdot\vec{u}_A$ y $\vec{H}\cdot\vec{u}_B$, donde

$$\vec{u}_A = \frac{\vec{\imath} + \vec{\jmath}}{\sqrt{2}} \quad \text{y} \quad \vec{u}_B = \frac{\vec{\imath} + \vec{k}}{\sqrt{2}}$$

Para hallar el vector $\vec{H} = \vec{H}_x\vec{\imath} + \vec{H}_y\vec{\jmath} + \vec{H}_z\vec{k} = H\cos\alpha\,\vec{\imath} + H\cos\beta\,\vec{\jmath} + H\cos\gamma\,\vec{k}$ se determinan sus cosenos directores, que son los que tiene el vector $\vec{V}$ por ser paralelo a él. Por tanto

$$\cos\alpha = \frac{V_x}{V} = \frac{2}{3}; \qquad \cos\beta = \frac{1}{3}; \qquad \cos\gamma = \frac{2}{3}$$

Al mismo resultado se llega si se tiene en cuenta que los cosenos directores de $\vec{H}$ son proporcionales a las componentes rectangulares de cualquier vector que le sea paralelo como es $\vec{V}$:

$$\frac{\cos\alpha}{2} = \frac{\cos\beta}{1} = \frac{\cos\gamma}{2} = \frac{\sqrt{\cos^2\alpha + \cos^2\beta + \cos^2\gamma}}{\sqrt{9}} = \frac{1}{3}$$

y de aquí:

$$\cos\alpha = \cos\gamma = \frac{2}{3}; \qquad \cos\beta = \frac{1}{3}$$

por lo que el vector $\vec{H}$ será

$$\vec{H} = H\left(\cos\alpha\,\vec{\imath} + \cos\beta\,\vec{\jmath} + \cos\gamma\,\vec{k}\right) = 9\left(\frac{2}{3}\vec{\imath} + \frac{1}{3}\vec{\jmath} + \frac{2}{3}\vec{k}\right) = 6\vec{\imath} + 3\vec{\jmath} + 6\vec{k}$$

Un tercer razonamiento para calcular $\vec{H}$ es hallar sus componentes rectangulares, teniendo en cuenta que dos vectores paralelos tienen sus componentes rectangulares proporcionales:

$$\frac{H_x}{2} = \frac{H_y}{1} = \frac{H_z}{2} = \frac{\sqrt{H_x^2 + H_y^2 + H_z^2}}{\sqrt{9}} = \frac{9}{3} = 3$$

y de aquí:

$$H_x = H_z = 6; \qquad H_y = 3 \quad \Rightarrow \quad \vec{H} = 6\vec{\imath} + 3\vec{\jmath} + 6\vec{k}$$

Las proyecciones de $\vec{H}$ sobre las direcciones indicadas son:

$$\vec{H} \cdot \vec{u}_A = \left(6\vec{\imath} + 3\vec{\jmath} + 6\vec{k}\right) \frac{1}{\sqrt{2}} (\vec{\imath} + \vec{\jmath}) = \frac{6}{\sqrt{2}} + \frac{3}{\sqrt{2}} = \frac{9}{\sqrt{2}} = 4{,}5\sqrt{2} \quad ◂$$

$$\vec{H} \cdot \vec{u}_B = \left(6\vec{\imath} + 3\vec{\jmath} + 6\vec{k}\right) \cdot \frac{1}{\sqrt{2}} \left(\vec{\imath} + \vec{k}\right) = \frac{6}{\sqrt{2}} + \frac{6}{\sqrt{2}} = \frac{12}{\sqrt{2}} = 6\sqrt{2} \quad ◂$$

1.22 El vector deslizante $\vec{A}$ pasa por el punto $P(3, 1, -2)$, es paralelo al vector $\vec{B} = 2\vec{\imath} + \vec{\jmath} + 2\vec{k}$ y tiene por módulo 9. Calcular su momento respecto al origen de coordenadas y respecto al punto $C(1, 0, 1)$.

$$B = 2i + j + 2k$$

$$A = 9 = \sqrt{A_x^2 + A_y^2 + A_z^2}$$

Dos vectores paralelos tienen sus componentes rectangulares proporcionales:

$$\frac{A_x}{2} = \frac{A_y}{1} = \frac{A_z}{2} = \frac{\sqrt{A_x^2 + A_y^2 + A_z^2}}{\sqrt{4 + 1 + 4}} = 3$$

$$A_x = A_z = 3 \cdot 2 = 6; \quad A_y = 3$$

$$\vec{A} = 6\vec{\imath} + 3\vec{\jmath} + 6\vec{k}$$

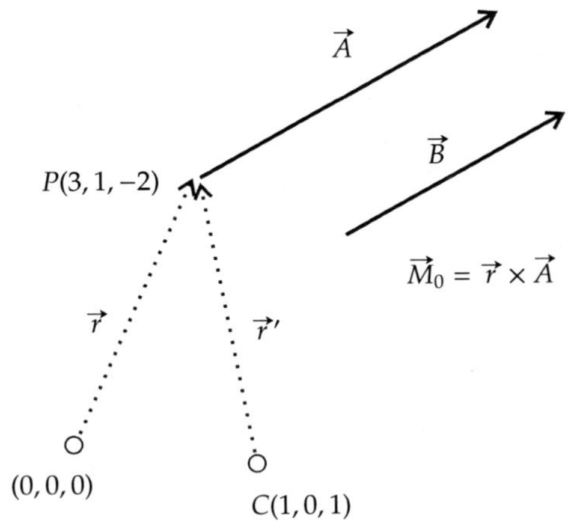

También se llega al mismo resultado si se tiene en cuenta que el vector $\vec{A} = A\cos\alpha\,\vec{\imath} + A\cos\beta\,\vec{\jmath} + A\cos\gamma\,\vec{k}$ tiene los mismos cosenos directos que el vector $\vec{B}$ por ser paralelos.

$$\cos\alpha = \frac{2}{3} \quad ; \quad \cos\beta = \frac{1}{3}; \quad \cos\gamma = \frac{2}{3}$$

Un tercer razonamiento es teniendo en cuenta que los cosenos directos de $\vec{A}$ son proporcionales a los componentes rectangulares de cualquier vector que le sea paralelo como el $\vec{B}$:

$$\frac{\cos\alpha}{2} = \frac{\cos\beta}{1} = \frac{\cos\gamma}{2} = \frac{\sqrt{\cos^2\alpha + \cos^2\beta + \cos^2\gamma}}{\sqrt{9}} = \frac{1}{3}$$

$$\vec{M}_0 = \vec{r} \times \vec{A} = \begin{vmatrix} \vec{\imath} & \vec{\jmath} & \vec{k} \\ 3 & 1 & -2 \\ 6 & 3 & 6 \end{vmatrix} = 12\vec{\imath} - 30\vec{\jmath} + 3\vec{k} \quad ◀$$

$$\vec{M}_C = \vec{r}\,' \times \vec{A} = \begin{vmatrix} \vec{\imath} & \vec{\jmath} & \vec{k} \\ 2 & 1 & -3 \\ 6 & 3 & 6 \end{vmatrix} = 15\vec{\imath} - 30\vec{\jmath} \quad ◀$$

1.23 Descomponer el vector $\vec{A} = -10\vec{\imath} + 6\vec{\jmath} + 16\vec{k}$ en dos vectores, uno paralelo y otro perpendicular al vector $\vec{B} = 2\vec{\imath} + 3\vec{\jmath} - 6\vec{k}$.

Sean $\vec{A}_1$ y $\vec{A}_2$ los dos vectores buscados, $\vec{A}_1$ paralelo al vector $\vec{B}$ y $\vec{A}_2$ perpendicular a él. Como se indica en la figura, el vector $\vec{A}_1$ tendrá por módulo la proyección de $\vec{A}$ sobre $\vec{B}$:

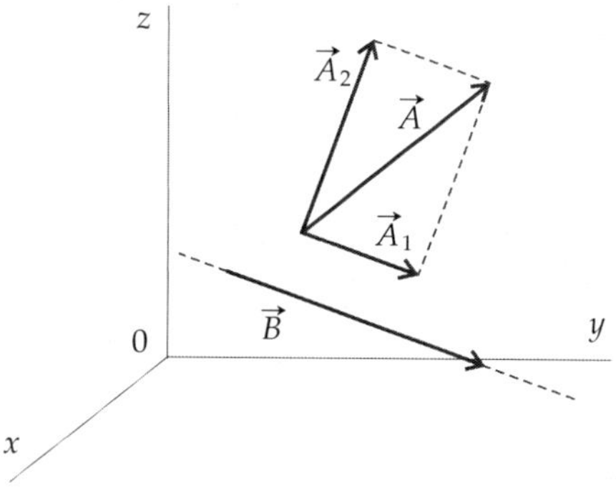

$$\vec{A} \cdot \frac{\vec{B}}{B}$$

y por dirección la del vector $\vec{B}$, por lo que habrá que multiplicar dicho módulo por el vector unitario de $\vec{B}$:

$$\vec{A}_1 = \left(\vec{A} \cdot \frac{\vec{B}}{B}\right)\frac{\vec{B}}{B} = \left(\frac{\vec{A} \cdot \vec{B}}{B^2}\right)\vec{B}$$

dónde $\vec{A} \cdot \vec{B} = -20 + 18 - 96 = 98$ y $B^2 = 49$

$$\vec{A}_1 = -\frac{98}{49}\left(2\vec{\imath} + 3\vec{\jmath} - 6\vec{k}\right) = -2\left(2\vec{\imath} + 3\vec{\jmath} - 6\vec{k}\right) = -4\vec{\imath} - 6\vec{\jmath} + 12\vec{k} \quad ◀$$

$$\vec{A}_2 = \vec{A} - \vec{A}_1 = -6\vec{\imath} + 12\vec{\jmath} + 4\vec{k} \quad ◀$$

1.24 Hallar el momento del vector $\vec{A} = 2\vec{\imath} - \vec{\jmath} + 2\vec{k}$, aplicado en el punto $(1,2,2)$, respecto al origen de coordenadas y respecto al punto $O'(2,3,-1)$ y comprobar que se verifica $\vec{M}_{O'} = \overrightarrow{O'O} \times \vec{A} + \vec{M}_O$.

$$A = 2\vec{\imath} - \vec{\jmath} + 2\vec{k}$$

$$\vec{r}\,' = \vec{\imath} + 2\vec{\jmath} + 2\vec{k}$$

$$\overrightarrow{O'O} = -2\vec{\imath} - 3\vec{\jmath} + \vec{k}$$

$$\vec{M}_O = \vec{r} \times \vec{A} = \begin{vmatrix} \vec{\imath} & \vec{\jmath} & \vec{k} \\ 1 & 2 & 2 \\ 2 & -1 & 2 \end{vmatrix} = 6\vec{\imath} + 2\vec{\jmath} - 5\vec{k}$$

$$\vec{M}_{O'} = \vec{r}' \times \vec{A} = \begin{vmatrix} \vec{\imath} & \vec{\jmath} & \vec{k} \\ -1 & -1 & 3 \\ 2 & -1 & 2 \end{vmatrix} = \vec{\imath} + 8\vec{\jmath} + 3\vec{k} \quad \blacktriangleleft$$

$$\overrightarrow{O'O} = -2\vec{\imath} - 3\vec{\jmath} + \vec{k}$$

$$\overrightarrow{O'O} \times \vec{A} = \begin{vmatrix} \vec{\imath} & \vec{\jmath} & \vec{k} \\ -2 & -3 & 1 \\ 2 & -1 & 2 \end{vmatrix} = -5\vec{\imath} + 6\vec{\jmath} + 8\vec{k}$$

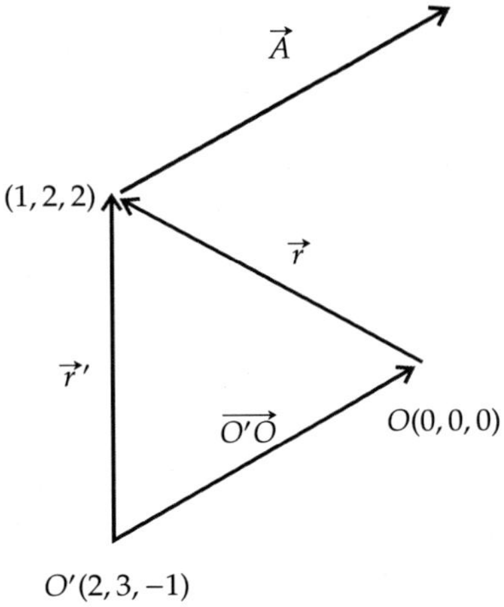

$$\vec{M}_{O'} = \vec{M}_O + \overrightarrow{O'O} \times \vec{A} = \left(6\vec{\imath} + 2\vec{\jmath} - 5\vec{k}\right) + \left(-5\vec{\imath} + 6\vec{\jmath} + 8\vec{k}\right) = \vec{\imath} + 8\vec{\jmath} + 3\vec{k} \quad \blacktriangleleft$$

1.25 Descomponer el vector $\vec{H} = 3\vec{\imath} + 5\vec{\jmath} + 4\vec{k}$ en tres según las direcciones de los vectores $\vec{A}(1,1,0)$, $\vec{B}(1,0,1)$ y $\vec{C}(0,1,1)$.

Se ha de cumplir que la suma de los tres vectores en las direcciones de $\vec{A}$, $\vec{B}$ y $\vec{C}$, a los que vamos a llamar $a\vec{A}$, $b\vec{B}$ y $c\vec{C}$, debe dar el vector $\vec{H}$:

$$a\vec{A} + b\vec{B} + c\vec{C} = \vec{H}$$

$$a(\vec{\imath} + \vec{\jmath}) + b\left(\vec{\imath} + \vec{k}\right) + c\left(\vec{\jmath} + \vec{k}\right) = 3\vec{\imath} + 5\vec{\jmath} + 4\vec{k}$$

$$(a+b)\,\vec{\imath} + (a+c)\,\vec{\jmath} + (b+c)\,\vec{k} = 3\vec{\imath} + 5\vec{\jmath} + 4\vec{k}$$

lo que implica que

$$\left.\begin{array}{r} a+b=3 \\ a+c=5 \\ b+c=4 \end{array}\right\} \quad \Rightarrow \quad \text{y operando} \quad c=3; b=1; a=2$$

Luego los tres vectores en los que se descompone $\vec{H}$ son:

$$\vec{H}_1 = 2(\vec{\imath} + \vec{\jmath}); \quad \vec{H}_2 = \vec{\imath} + \vec{k}; \quad \vec{H}_3 = 3\left(\vec{\jmath} + \vec{k}\right) \quad \blacktriangleleft$$

1.26 Hallar el valor de la expresión $\vec{A} \times \vec{M_p}$, siendo $\vec{A} = 2\vec{\imath} - \vec{\jmath} - \vec{k}$, $\vec{B}$ un vector de módulo 6 y cosenos directores proporcionales a 2, −1, 2 y $\vec{M_p}$ el momento del vector $\vec{B}$, que pasa por el punto (2,3,1), con respecto al punto $P(1,1,1)$.

Obtenemos primero el vector $\vec{B}$,

$$\frac{\cos\alpha}{2} = \frac{\cos\beta}{-1} = \frac{\cos\gamma}{-2} = \frac{\sqrt{\cos^2\alpha + \cos^2\beta + \cos^2\gamma}}{\sqrt{9}} = \frac{1}{3}$$

$$\cos\alpha = \frac{2}{3}; \qquad \cos\beta = -\frac{1}{3}; \qquad \cos\gamma = -\frac{2}{3}$$

$$\vec{B} = B\cos\alpha\,\vec{\imath} + B\cos\beta\,\vec{\jmath} + B\cos\gamma\,\vec{k} = 4\vec{\imath} - 2\vec{\jmath} - 4\vec{k}$$

$$\vec{r} = \vec{\imath} + 2\vec{\jmath}$$

El momento viene dado por:

$$\vec{M}_P = \vec{r}\times\vec{B} = \begin{vmatrix} \vec{\imath} & \vec{\jmath} & \vec{k} \\ 1 & 2 & 0 \\ 4 & -2 & -4 \end{vmatrix} = -8\vec{\imath} + 4\vec{\jmath} - 10$$

$$\vec{A}\times\vec{M}_P = \begin{vmatrix} \vec{\imath} & \vec{\jmath} & \vec{k} \\ 2 & -1 & 1 \\ -8 & 4 & -10 \end{vmatrix} = 6\vec{\imath} + 12\vec{\jmath} \quad ◂$$

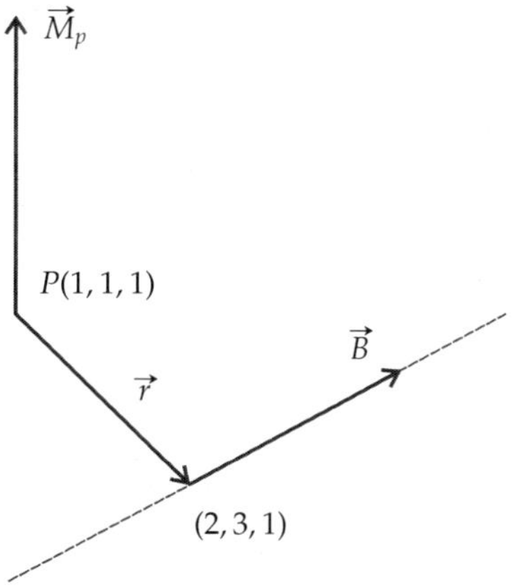

1.27 La línea de acción del vector $\vec{H}$, de módulo 7, pasa por los puntos $A(3,0,2)$ y $B(0,6,4)$. Calcular: a) el momento de $\vec{H}$ respecto al origen de coordenadas empleando el vector de posición del punto A y del punto B; b) la distancia entre la línea de acción de $\vec{H}$ y el origen O.

a) El momento del vector $\vec{H}$ respecto al punto O es por definición $\vec{M}_o = \vec{r}\times\vec{H}$, donde:

$$\vec{r}_A = 3\vec{\imath} + 2\vec{k}; \quad \vec{r}_B = 6\vec{\jmath} + 4\vec{k}; \quad \vec{H} = H\left(\cos\alpha\,\vec{\imath} + \cos\beta\,\vec{\jmath} + \cos\gamma\,\vec{k}\right)$$

La recta soporte del vector tiene por ecuación $\vec{AB} = -3\vec{\imath} + 6\vec{\jmath} + 2\vec{k}$ y sus cosenos directores son

$$\frac{\cos\alpha}{-3} = \frac{\cos\beta}{6} = \frac{\cos\gamma}{2} = \frac{1}{7}$$

$$\cos\alpha = -\frac{3}{7};$$

$$\cos\beta = \frac{6}{7};$$

$$\cos\gamma = \frac{2}{7}$$

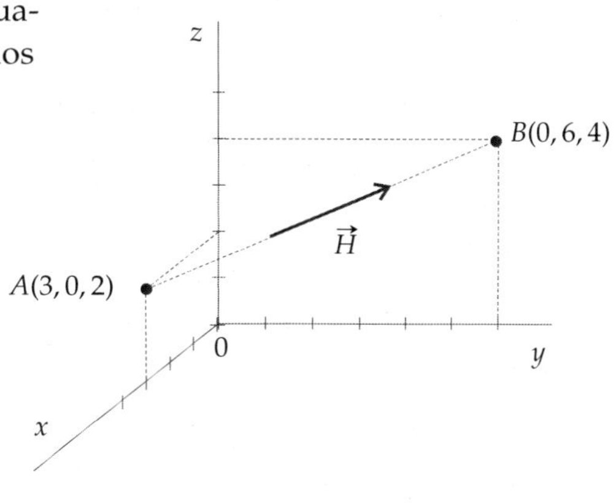

por lo que el vector $\vec{H}$ será

$$\vec{H} = 7\left(-\frac{3}{7}\vec{\imath} + \frac{6}{7}\vec{\jmath} + \frac{2}{7}\vec{k}\right) = -3\vec{\imath} + 6\vec{\jmath} + 2\vec{k}$$

y su momento respecto al origen para uno y otro vector de posición:

$$\vec{M}_O = \vec{r}_A \times \vec{H} = \begin{vmatrix} \vec{\imath} & \vec{\jmath} & \vec{k} \\ 3 & 0 & 2 \\ -3 & 6 & 2 \end{vmatrix} = -12\vec{\imath} - 12\vec{\jmath} + 18\vec{k} \quad ◀$$

$$\vec{r}_B \times \vec{H} = \begin{vmatrix} \vec{\imath} & \vec{\jmath} & \vec{k} \\ 0 & 6 & 4 \\ -3 & 6 & 2 \end{vmatrix} = -12\vec{\imath} - 12\vec{\jmath} + 18\vec{k} \quad ◀$$

que nos da el mismo resultado puesto que un vector deslizante goza de la propiedad de conservar constante su momento respecto a un punto.

b) De acuerdo con la figura, el momento de un vector respecto al punto O es $\vec{M}_O = \vec{r} \times \vec{H}$ y su módulo vale $M_O = rH \operatorname{sen} \varphi = Hd$. Aplicado a nuestro caso se obtiene

$$d = \frac{M_O}{H} = \frac{\sqrt{12^2 + 12^2 + 18^2}}{7} = \frac{24{,}74}{7} = 3{,}5\,\mathrm{u} \quad ◀$$

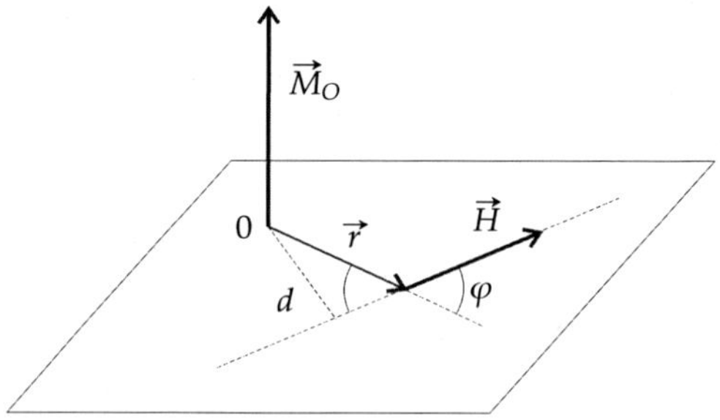

1.28 El vector $\vec{A}$, de módulo igual a 4 y cosenos directores proporcionales a $(2, 1, 3)$ pasa por un punto de coordenadas $(2, 3, -2)$. Hallar su momento respecto del punto $P(-1, 2, -1)$.

$$\vec{A}\,(A\cos\alpha, A\cos\beta, A\cos\gamma) \quad \Rightarrow \quad \vec{A}\left(A_x, A_y, A_z\right)$$

$$\vec{M}_p = \vec{r} \times \vec{A}$$

$$\vec{r} = 3\vec{\imath} + \vec{\jmath} - \vec{k}$$

$$A = 4\frac{\cos\alpha}{2} = \frac{\cos\beta}{1} = \frac{\cos\gamma}{3}; \qquad \frac{\cos^2\alpha}{4} = \frac{\cos^2\beta}{1} = \frac{\cos^2\gamma}{9} = \frac{1}{14}$$

$$\cos\alpha = \frac{2}{\sqrt{14}};\qquad \cos\beta = \frac{1}{\sqrt{14}};$$

$$\cos\gamma = \frac{3}{\sqrt{14}}$$

$$\left.\begin{aligned} A_x &= A\cos\alpha = 4\cdot\frac{2}{\sqrt{14}} = \frac{8}{\sqrt{14}} \\ A_y &= A\cos\beta = 4\cdot\frac{1}{\sqrt{14}} = \frac{4}{\sqrt{14}} \\ A_z &= A\cos\gamma = 4\cdot\frac{3}{\sqrt{14}} = \frac{12}{\sqrt{14}} \end{aligned}\right\}$$

$$\vec{A} = \frac{1}{\sqrt{14}}\left(8\vec{\imath} + 4\vec{\jmath} + 12\vec{k}\right)$$

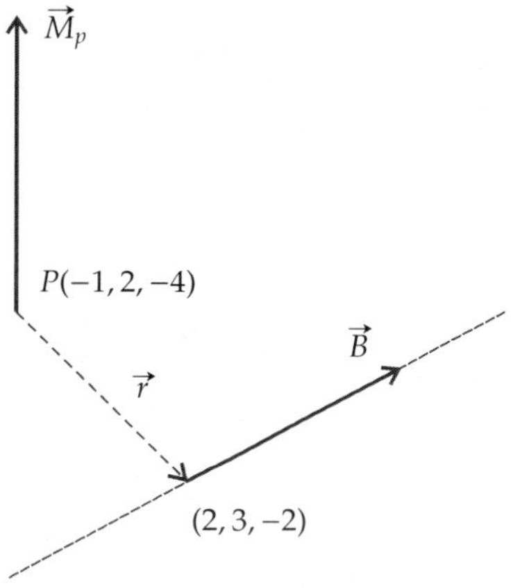

$$\vec{M}_P = \vec{r}\times\vec{A} = \begin{vmatrix} \vec{\imath} & \vec{\jmath} & \vec{k} \\ 3 & 1 & -1 \\ \frac{8}{\sqrt{14}} & \frac{4}{\sqrt{14}} & \frac{12}{\sqrt{14}} \end{vmatrix} = \frac{1}{\sqrt{14}}\left(16\vec{\imath} - 44\vec{\jmath} + 4\vec{k}\right) \quad \blacktriangleleft$$

1.29 Dado un vector $\vec{A}(-2,1,3)$ y su momento respecto al origen de coordenadas, $\vec{M}_0(12,-3,N)$, hallar la componente N y la recta de acción del vector $\vec{A}$.

$$\vec{M}_O = \vec{r}\times\vec{A} \qquad \begin{cases} \vec{A} = -2\vec{\imath} + \vec{\jmath} + 3\vec{k} \\ \vec{M}_O = 12\vec{\imath} - 3\vec{\jmath} + N\vec{k} \end{cases}$$

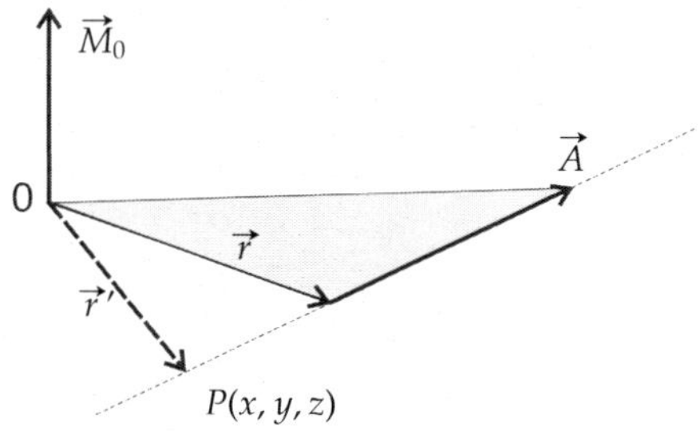

Como $\vec{M}_O \perp \vec{A}$, su producto escalar será cero:

$$\vec{M}_O\cdot\vec{A} = 12\cdot(-2) + 1\cdot(-3) + 3N = 0$$

$$3N = 27 \quad\Rightarrow\quad N = 9 \quad \blacktriangleleft$$

Por otra parte, como el momento de un vector deslizante respecto a un punto (en este caso respecto al origen de coordenadas) es invariante, tomando un punto cualquiera de su directriz $P(x,y,z)$ como origen de $\vec{A}$, se puede escribir

$$12\vec{\imath} - 3\vec{\jmath} + 9\vec{k} = \vec{r}'\times\vec{A} = \begin{vmatrix} \vec{\imath} & \vec{\jmath} & \vec{k} \\ x & y & z \\ -2 & 1 & 3 \end{vmatrix} = (3y - z)\,\vec{\imath} + (-3x - 2z)\,\vec{\jmath} + (x + 2y)\,\vec{k}$$

lo que implica que:

$$\left.\begin{aligned} 12 &= 3y - z \\ -3 &= -3x - 2z \\ 9 &= x + 2y \end{aligned}\right\} \text{ ecuaciones que definen una recta en el espacio.}$$

Despejando z en las dos primeras se tiene:

$$z = 3y - 12 = 3\,(y - 4)$$

$$z = \frac{3 - 3x}{2} = \frac{3\,(x-1)}{-2}$$

que podemos expresarlo en la forma:

$$\frac{3\,(x-1)}{-2} = 3(y-4) = z \quad \Rightarrow \quad \frac{x-1}{-2} = \frac{y-4}{1} = \frac{z-0}{3} \quad ◂$$

1.30 Dado el vector deslizante $\vec{F} = 2\vec{\imath} - 3\vec{\jmath} + 2\vec{k}$, cuyo momento respecto del origen de coordenadas es $\overrightarrow{M_O} = 5\vec{\imath} + 6\vec{\jmath} + N\vec{k}$, determinar N y la ecuación de la recta de acción del vector $\vec{F}$.

$$\vec{M}_O = \vec{r} \times \vec{F}$$

Como $\vec{M}_O \perp \vec{F}$, se cumple que $\vec{M}_O \cdot \vec{F} = 0$:

$$5 \cdot 2 + 6 \cdot (-3) + 2N = 0 \quad \Rightarrow$$

$$10 - 18 + 2N = 0$$

$$N = 4 \quad ◂$$

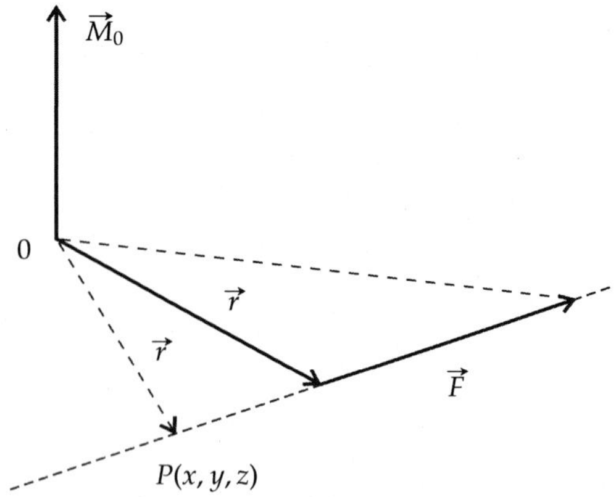

Por otra parte, como el momento de un vector deslizante respecto a un punto (en este caso respecto al origen de coordenadas) es invariante, tomando un punto cualquiera de su directriz $P(x,y,z)$ como origen de $\vec{F}$, se puede escribir:

$$5\vec{\imath} + 6\vec{\jmath} + 4\vec{k} = \vec{r}\,' \cdot \vec{F} = \begin{vmatrix} \vec{\imath} & \vec{\jmath} & \vec{k} \\ x & y & z \\ 2 & -3 & 2 \end{vmatrix} = (2y + 3z)\,\vec{\imath} + (-2x + 2z)\,\vec{\jmath} + (-3x - 2y)\,\vec{k}$$

lo que implica que:

$$\left.\begin{array}{l} 5 = 2y + 3z \\ 6 = -2x + 2z \\ 4 = -3x - 2y \end{array}\right\} \text{ ecuaciones que definen una recta en el espacio}$$

Despejando z en las dos primeras se obtiene:

$$z = \frac{5-2y}{3} = \frac{2y-5}{-3} = \frac{2\left(y-\frac{5}{2}\right)}{-3}$$

$$z = x + 3$$

que podemos expresarlas en la forma:

$$z = x + 3 = \frac{2\,(y-5/2)}{-3} \Rightarrow \frac{x+3}{2} = \frac{y-5/2}{-3} = \frac{z}{2}$$

También se puede obtener la expresión final despejando x en las últimas ecuaciones:

$$\left.\begin{array}{l} x = z - 3 \\ x = \dfrac{-2y-4}{3} = \dfrac{2(y-2)}{-3} \end{array}\right\} \quad x = \frac{2(y-2)}{-3} = z - 3 \quad \Rightarrow \quad \frac{x}{2} = \frac{y+2}{-3} = \frac{z-3}{2}$$

Como vemos, de las seis coordenadas de un vector deslizante, $\vec{F}(F_x, F_y, F_z)$, $\vec{M}(L, M, N)$ basta conocer cinco de ellas para que quede determinado el vector en la línea de acción por ser $\vec{M}_O \perp \vec{F}$.

1.31 Calcular el momento del vector $\vec{H} = 2\vec{\imath} - \vec{\jmath} + 3\vec{k}$ respecto del eje determinado por la recta

$$\frac{x-4}{2} = \frac{y-3}{3} = \frac{z-2}{1},$$

sabiendo que un punto de la directriz del vector $\vec{H}$ es $P(0,1,1)$.

Para calcular el momento de un vector respecto a un eje debemos obtener primero su momento respecto a un punto cualquiera de dicho eje y después proyectarlo sobre él.

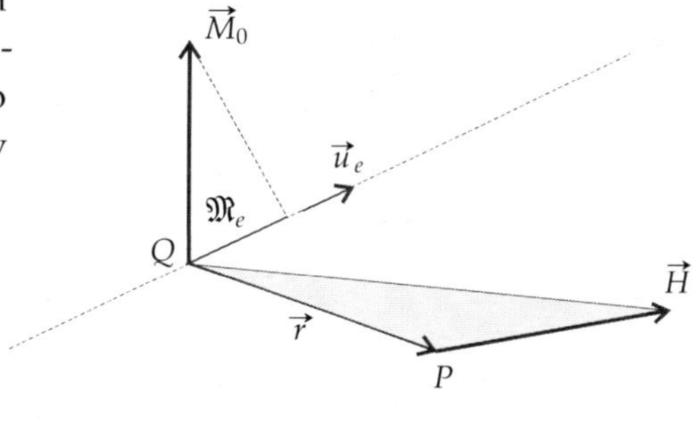

Comparando la ecuación general de la recta con la ecuación de nuestro eje

$$\frac{x-x_1}{x_2-x_1}=\frac{y-y_1}{y_2-y_1}=\frac{z-z_1}{z_2-z_1} \quad\Rightarrow\quad \frac{x-4}{2}=\frac{y-3}{3}=\frac{z-2}{1}$$

llegamos a la conclusión de que un punto del eje es $Q(4,3,2)$ y que el vector director de la recta puede ser $\vec{V}(2,3,1)$, por lo que podemos escribir:

$$\vec{r}=\overrightarrow{QP}=-4\vec{\imath}-2\vec{\jmath}-\vec{k}$$

$$\vec{M}_Q=\vec{r}\times\vec{H}=\begin{vmatrix}\vec{\imath} & \vec{\jmath} & \vec{k}\\ -4 & -2 & -1\\ 2 & -1 & 3\end{vmatrix}=-7\vec{\imath}+10\vec{\jmath}+8\vec{k}$$

El vector unitario en la dirección del eje, o vector unitario de $\vec{V}$, será

$$\vec{u}_e=\frac{\vec{V}}{V}=-\frac{2\vec{\imath}+3\vec{\jmath}+\vec{k}}{\sqrt{14}}$$

Por tanto, la proyección buscada, a la que llamamos $\mathfrak{M}_e$, será:

$$\mathfrak{M}_e=\vec{M}_Q\cdot\vec{u}_e=(-7\vec{\imath}+10\vec{\jmath}+8\vec{k})\cdot\frac{1}{\sqrt{14}}(2\vec{\imath}+3\vec{\jmath}+\vec{k})=$$

$$=\frac{1}{\sqrt{14}}(-14+30+8)=\frac{24}{\sqrt{14}}=\frac{12}{7}\sqrt{14}=6{,}41 \quad ◀$$

1.32 Un vector deslizante $\vec{A}(1,3,2)$ pasa por el punto $P(3,1,0)$. Calcular su momento respecto al eje que pasa por el punto $B(1,-2,-1)$ y tiene sus cosenos directores proporcionales a los números $2,-1,2$.

El vector $\vec{A}=\vec{\imath}+3\vec{\jmath}+2\vec{k}$ pasa por el punto $P(3,1,0)$. En primer lugar, se calcula el momento de $\vec{A}$ respecto a un punto del eje, en este caso del punto B.

$$\vec{r}=\overrightarrow{BP}=2\vec{\imath}+3\vec{\jmath}-\vec{k}$$

$$\vec{M}_B=\vec{r}\times\vec{A}=\begin{vmatrix}\vec{\imath} & \vec{\jmath} & \vec{k}\\ 2 & 3 & 1\\ 1 & 3 & 2\end{vmatrix}=$$

$$=3\vec{\imath}-3\vec{\jmath}+3\vec{k}$$

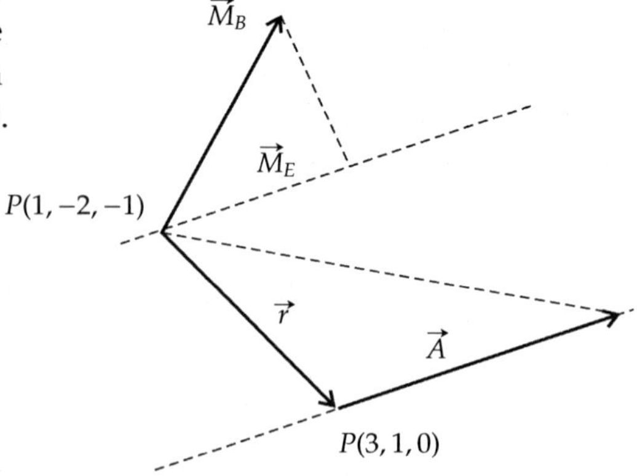

Seguidamente se proyecta este vector sobre el eje, para lo cual se calcula el producto escalar $\vec{M}_B \cdot \vec{u}_e$, siendo $\vec{u}_e$ el vector unitario en la dirección del eje: $\vec{u}_e = \cos\alpha\,\vec{\imath} + \cos\beta\,\vec{\jmath} + \cos\gamma\,\vec{k}$

$$\frac{\cos\alpha}{2} = \frac{\cos\beta}{-1} = \frac{\cos\gamma}{2} = \frac{\sqrt{6\cos^2\alpha + \cos^2\beta + \cos^2\gamma}}{\sqrt{9}} = \frac{1}{3}$$

$$\cos\alpha = \frac{2}{3}; \quad \cos\beta = \frac{-1}{3}; \quad \cos\gamma = \frac{2}{3}; \quad \vec{u}_e = \frac{2}{3}\vec{\imath} - \frac{1}{3}\vec{\jmath} + \frac{2}{3}\vec{k}$$

$$\vec{M}_{eje} = \vec{M}_B \cdot \vec{u}_e = \left(3\vec{\imath} - 3\vec{\jmath} + 3\vec{k}\right)\cdot\left(\frac{2}{3}\vec{\imath} - \frac{1}{3}\vec{\jmath} + \frac{2}{3}\vec{k}\right) = (2 + 1 + 2) = 5\,\text{u} \quad ◂$$

1.33 El vector $\vec{H} = 2\vec{\imath} + \vec{\jmath} - 2\vec{k}$ pasa por el punto $P(3, 1, -2)$. Calcular el momento de dicho vector respecto al punto $A(1, 0, 1)$ y respecto al eje que pasa por los puntos $A(1, 0, 1)$ y $B(1, 2, 1)$.

$$\vec{r} = \overrightarrow{AP} = 2\vec{\imath} + \vec{\jmath} - 3\vec{k}$$

$$\vec{M}_A = \vec{r} \times \vec{H} = \begin{vmatrix} \vec{\imath} & \vec{\jmath} & \vec{k} \\ 2 & 1 & -3 \\ 2 & 1 & -2 \end{vmatrix} = \vec{\imath} - 2\vec{\jmath}$$

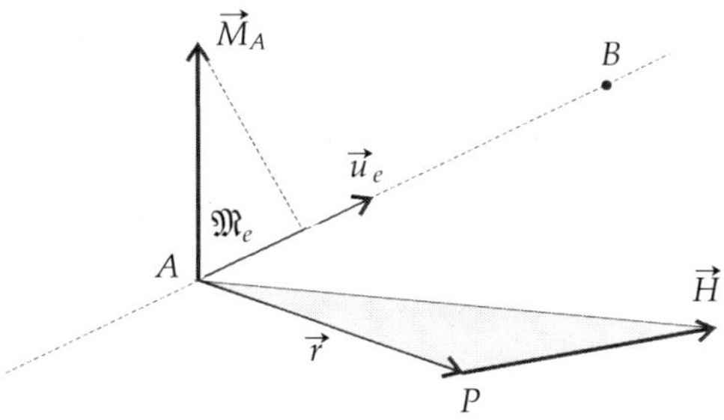

Como el punto A se encuentra sobre el eje, para calcular el momento de $\vec{H}$ respecto a dicho eje bastará proyectar sobre él el momento antes calculado: $\mathfrak{M}_e = \vec{M}_A \cdot \vec{u}_e$

El vector unitario en la dirección del eje es

$$\overrightarrow{AB} = 2\vec{\jmath} \quad \Rightarrow \quad \vec{u}_e = \vec{\jmath}$$

por lo que

$$\mathfrak{M}_e = \vec{M}_A \cdot \vec{u}_e = (\vec{\imath} - 2\vec{\jmath}) \cdot \vec{\jmath} = -2 \quad ◂$$

1.34 Calcular el momento del vector $\vec{A}(2, -4, 0)$, que pasa por el punto $P(-1, 0, 1)$, con respecto al eje determinado por la recta

$$\frac{x-2}{2} = \frac{y-3}{2} = z - 1.$$

El punto $Q(2,3,1)$ se encuentra en el eje ya que satisface a la ecuación de éste. Por tanto, calculamos en primer lugar el momento de $\vec{A}$ respecto del punto Q:

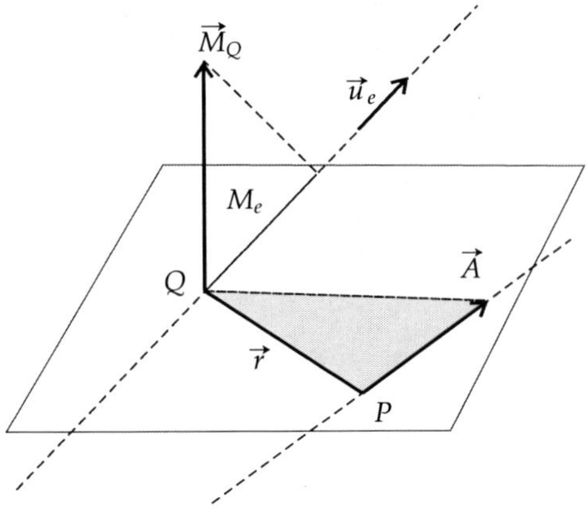

$$\vec{A} = 2\vec{\imath} - 4\vec{\jmath}$$

$$\vec{r} = \overrightarrow{QP} = -3\vec{\imath} - 3\vec{\jmath}$$

$$\vec{M}_Q = \vec{r} \times \vec{A} = \begin{vmatrix} \vec{\imath} & \vec{\jmath} & \vec{k} \\ -3 & -3 & 0 \\ 2 & -4 & 0 \end{vmatrix} = 18\vec{k}$$

Por otra parte, el vector unitario en la dirección del eje es $\vec{u}_e = \cos\alpha\,\vec{\imath} + \cos\beta\,\vec{\jmath} + \cos\gamma\,\vec{k}$

$$\frac{\cos\alpha}{2} = \frac{\cos\beta}{2} = \frac{\cos\gamma}{1} = \frac{1}{3}$$

$$\cos\alpha = \cos\beta = \frac{2}{3}; \quad \cos\gamma = \frac{1}{3}$$

$$\vec{u}_e = \frac{1}{3}(2\vec{\imath} + 2\vec{\jmath} + \vec{k})$$

por lo que:

$$\vec{M}_{eje} = \vec{M}_Q \cdot \vec{u}_e = 18\vec{k} \cdot \frac{1}{3}(2\vec{\imath} + 2\vec{\jmath} + \vec{k}) = 6\,\mathrm{u} \quad ◂$$

1.35 Dado el sistema de vectores deslizantes $\vec{A}(1,-2,-1)$, $\vec{B}(2,-1,1)$ y $\vec{C}(-1,1,2)$ que pasan respectivamente por los puntos $P_1(3,2,1)$, $P_2(2,-2,-2)$ y $P_3(1,1,1)$, calcular: a) la resultante del sistema; b) momento resultante respecto al origen; c) invariantes del sistema; d) momento mínimo y ecuación del eje central; e) reducción del sistema en el punto $P(1,2,1)$ y ángulo que forma la resultante con el momento resultante en dicho punto; f) torsor del sistema y su flecha.

$$\vec{A} = \vec{\imath} - 2\vec{\jmath} - \vec{k} \rightarrow \textit{que pasa por } (3,2,1)$$

$$\vec{B} = 2\vec{\imath} - \vec{\jmath} + \vec{k} \rightarrow \textit{que pasa por } (2,-2,-2)$$

$$\vec{C} = -\vec{\imath} + \vec{\jmath} + 2\vec{k} \rightarrow \textit{que pasa por } (1,1,1)$$

a) $\vec{R} = 2\vec{\imath} - 2\vec{\jmath} + 2\vec{k}; \quad R = \sqrt{12}$ ◂

b) $$\vec{M}_{0_{(\vec{A})}} = \vec{r}_A \times \vec{A} = \begin{vmatrix} \vec{i} & \vec{j} & \vec{k} \\ 3 & 2 & 1 \\ 1 & -2 & -1 \end{vmatrix} = 4\vec{j} - 8\vec{k}$$

$$\vec{M}_{0_{(\vec{B})}} = \vec{r}_B \times \vec{B} = \begin{vmatrix} \vec{i} & \vec{j} & \vec{k} \\ 2 & -2 & -2 \\ 2 & -1 & 1 \end{vmatrix} = 4\vec{i} - 6\vec{j} + 2\vec{k}$$

$$\vec{M}_{0_{(\vec{C})}} = \vec{r}_C \times \vec{C} = \begin{vmatrix} \vec{i} & \vec{j} & \vec{k} \\ 1 & 1 & 1 \\ -1 & 1 & 2 \end{vmatrix} = \vec{i} - 3\vec{j} + 2\vec{k}$$

$$\vec{M}_0 = \vec{M}_{0_{(\vec{A})}} + \vec{M}_{0_{(\vec{B})}} + \vec{M}_{0_{(\vec{C})}} = -3\vec{i} - 5\vec{j} - 4\vec{k} \quad ◄$$

c) Invariantes:

$$\left.\begin{array}{l} \vec{R} = 2\vec{i} - 2\vec{j} + 2\vec{k} \\ \vec{M}_0 \cdot \vec{R} = -6 + 10 - 8 = -4 \end{array}\right\} \quad ◄$$

d) $$\vec{m} = \left(\frac{\vec{M}_0 \cdot \vec{R}}{R}\right)\frac{\vec{R}}{R} = \left(\frac{\vec{M}_0 \cdot \vec{R}}{R^2}\right)\vec{R} =$$

$$= \frac{-4}{12}\left(2\vec{i} - 2\vec{j} + 2\vec{k}\right) = -0{,}67\vec{i} + 0{,}67\vec{j} - 0{,}67\vec{k} \quad ◄$$

La expresión analítica del eje central es

$$\frac{L - \left(yR_z - zR_y\right)}{R_x} = \frac{M - (zR_x - xR_z)}{R_y} = \frac{N - \left(xR_y - yR_x\right)}{R_Z}$$

que teniendo en cuenta las componentes de $\vec{M}_0$ y $\vec{R}$

$$\vec{M}_0 = -3\vec{i} - 5\vec{j} - 4\vec{k}$$
$$\vec{R} = 2\vec{i} - 2\vec{j} + 2\vec{k}$$

y sustituyendo en la anterior, se obtiene

$$\frac{-3 - (2y + 2z)}{2} = \frac{-5 - (2z - 2x)}{-2} = \frac{-4 - (-2x - 2y)}{2}$$

$$-3 - 2y - 2z = 5 + 2z - 2x = -4 + 2x + 2y$$

$$\left.\begin{array}{l} 2x - 2y - 4z - 8 = 0 \\ 2x + 4y + 2z - 1 = 0 \end{array}\right\} \quad ◄$$

e) Conocido el momento de la resultante respecto al origen, podemos calcular el momento de dicha resultante respecto a otro punto mediante la ecuación

$$\vec{M}_P = \vec{M}_0 + \vec{PO} \times \vec{R}$$

siendo

$$\vec{PO} = -\vec{\imath} - 2\vec{\jmath} - \vec{k}$$

$$\vec{PO} \times \vec{R} = \begin{vmatrix} \vec{\imath} & \vec{\jmath} & \vec{k} \\ -1 & -2 & -1 \\ 2 & -2 & 2 \end{vmatrix} = -6\vec{\imath} + 6\vec{k}$$

por lo que:

$$\vec{M}_P = \vec{M}_0 + \vec{PO} \times \vec{R} = \left(-3\vec{\imath} - 5\vec{\jmath} - 4\vec{k}\right) + \left(-6\vec{\imath} + 6\vec{k}\right) = -9\vec{\imath} - 5\vec{\jmath} + 2\vec{k}$$

y la reducción del sistema en el punto P es:

$$\left.\begin{aligned} \vec{M}_P &= -9\vec{\imath} - 5\vec{\jmath} + 2\vec{k} \\ \vec{R} &= 2\vec{\imath} - 2\vec{\jmath} + 2\vec{k} \end{aligned}\right\} \blacktriangleleft$$

En cuanto al ángulo que forma la resultante con el momento resultante

$$\vec{R} \cdot \vec{M}_P = R M_P \cos\alpha \quad \Rightarrow \quad \cos\alpha = \frac{\vec{R} \cdot \vec{M}_P}{R M_P} = \frac{-4}{36{,}33}$$

$$\alpha = \arccos(-0{,}11) = 96{,}3^\circ \quad \blacktriangleleft$$

f) Torsor del sistema:

$$\left.\begin{aligned} \vec{R} &= 2\vec{\imath} - 2\vec{\jmath} + 2\vec{k} \\ \vec{m} &= -0{,}67\vec{\imath} + 0{,}67\vec{\jmath} - 0{,}67\vec{k} \end{aligned}\right\} \blacktriangleleft$$

y su flecha:

$$f = \frac{m}{R} = \frac{\vec{M}_P \cdot \vec{R}}{R^2} = \frac{-4}{12} = -0{,}33 \quad \blacktriangleleft$$

1.36 Dado el vector deslizante $\vec{H}$, cuyo origen está en el punto $A(1,-1,2)$ y su extremo en el punto $B(2,2,0)$, calcular su momento respecto: a) el origen de coordenadas; b) al punto $P(3,-1,1)$; c) al eje Z; d) a un eje tal que pasando por el origen de coordenadas tenga sus cosenos directores proporcionales a 0, 3, 4.

Como $A(1,-1,2)$; $B(2,2,0)$; $P(3,-1,1) \rightarrow \vec{H} = \overrightarrow{AB} = \vec{\imath} + 3\vec{\jmath} - 2\vec{k}$

a) $\vec{M}_o = \vec{r} \times \vec{H} = \begin{vmatrix} \vec{\imath} & \vec{\jmath} & \vec{k} \\ 1 & -1 & 2 \\ 1 & 3 & -2 \end{vmatrix} = -4\vec{\imath} + 4\vec{\jmath} + 4\vec{k}$

b) $\vec{M}_P = \vec{r} \times \vec{H} = \begin{vmatrix} \vec{\imath} & \vec{\jmath} & \vec{k} \\ -2 & 0 & 1 \\ 1 & 3 & -2 \end{vmatrix} = -3\vec{\imath} - 3\vec{\jmath} - 6\vec{k}$

pues $r = \overrightarrow{PA} = -2\vec{\imath} + \vec{k}$.

También puede calcularse sabiendo que $\vec{M}_P = \vec{M}_O + \overrightarrow{PO} \times \vec{H}$

c) $M_z = \vec{M}_O \cdot \vec{K} = (-4\vec{\imath} + 4\vec{\jmath} + 4\vec{k}) \cdot \vec{k} = 4$

d) Como el eje pasa por el origen, el momento $\vec{M}_O$ se multiplica escalarmente por el vector unitario en la dirección de dicho eje: $\vec{U}_e = \cos\alpha\,\vec{\imath} + \cos\beta\,\vec{\jmath} + \cos\gamma\,\vec{k}$

$$\frac{\cos\alpha}{0} = \frac{\cos\beta}{3} = \frac{\cos\gamma}{4} = \frac{\sqrt{\cos^2\alpha + \cos^2\beta + \cos^2\gamma}}{\sqrt{9+16}} = \frac{1}{5}$$

$$\cos\beta = \frac{3}{5}; \quad \cos\gamma = \frac{4}{5} \quad \Rightarrow \quad \vec{u}_e = \frac{3}{5}\vec{\jmath} + \frac{4}{5}\vec{k}$$

$$\vec{M}_{eje} = \vec{M}_O \cdot \vec{u}_e = (-4\vec{\imath} + 4\vec{\jmath} + 4\vec{k}) \cdot \left(\frac{3}{5}\vec{\jmath} + \frac{4}{5}\vec{k}\right) = \frac{12}{5} + \frac{16}{5} = \frac{28}{5}$$

$$\vec{M}_{eje} = 5{,}6\,\text{u}$$ ◂

1.37 Un sistema de vectores deslizantes tiene su resultante paralela a la dirección $\vec{\imath} + \vec{\jmath} + \vec{k}$ y su segundo invariante es igual a 42. Sabiendo que el módulo del momento resultante respecto al origen de coordenadas es 10 y que es paralelo a la dirección del vector $3\vec{\imath} + 4\vec{k}$, hallar: a) el momento resultante respecto al origen de coordenadas; b) la resultante; c) el momento mínimo y la ecuación del eje central.

a) El momento resultante viene expresado por la ecuación:

$$\vec{M}_0 = M\left(\cos\alpha\,\vec{\imath} + \cos\beta\,\vec{\jmath} + \cos\gamma\,\vec{k}\right)$$

y por ser paralelo a la dirección $3\vec{\imath} + 4\vec{k}$ tendrá por cosenos directores

$$\frac{\cos\alpha}{3} = \frac{\cos\gamma}{4} = \frac{1}{5} \quad \Rightarrow \quad \cos\alpha = \frac{3}{5}; \quad \cos\gamma = \frac{4}{5}$$

con lo que el momento resultante es

$$\vec{M}_0 = 10\left(\frac{3}{5}\vec{\imath} + \frac{4}{5}\vec{k}\right) = 6\vec{\imath} + 8\vec{k} \quad \blacktriangleleft$$

b) Si la resultante del sistema es paralela a la dirección $\vec{\imath} + \vec{\jmath} + \vec{k}$, sus componentes rectangulares serán iguales y se podrán expresar como

$$\vec{R} = R_x\vec{\imath} + R_x\vec{\jmath} + R_x\vec{k}$$

Aplicando el dato del segundo invariante podemos escribir:

$$\vec{M}_0 \cdot \vec{R} = 42 \quad \Rightarrow \quad \left(6\vec{\imath} + 8\vec{k}\right) \cdot \left(R_x\vec{\imath} + R_x\vec{\jmath} + R_x\vec{k}\right) = 42$$

$$6R_x + 8R_x = 42 \quad \Rightarrow \quad R_x = 3$$

por lo que la resultante es

$$\vec{R} = 3\left(\vec{\imath} + \vec{\jmath} + \vec{k}\right) \quad \text{y su módulo} \quad R = \sqrt{27} \quad \blacktriangleleft$$

c) Conocidos $\vec{M}_0$ y $\vec{R}$, el momento mínimo es

$$\vec{m} = \left(\frac{\vec{M}_0 \cdot \vec{R}}{R^2}\right)\vec{R} = \frac{42}{27}3\left(\vec{\imath} + \vec{\jmath} + \vec{k}\right) = \frac{126}{27}\left(\vec{\imath} + \vec{\jmath} + \vec{k}\right) \quad \blacktriangleleft$$

Para la ecuación del eje central basta sustituir en

$$\frac{L - \left(yR_z - zR_y\right)}{R_x} = \frac{M - (zR_x - xR_z)}{R_y} = \frac{N - \left(xR_y - yR_x\right)}{R_z}$$

las componentes rectangulares de $\vec{M}_0$ y $\vec{R}$ ya calculadas:

$$\frac{6 - (y \cdot 3 - z \cdot 3)}{3} = \frac{0 - (z \cdot 3 - x \cdot 3)}{3} = \frac{8 - (x \cdot 3 - y \cdot 3)}{3}$$

$$\begin{array}{l} 6 - 3y + 3z = -3z + 3x \\ 8 - 3x + 3y = -3z + 3x \end{array} \quad \Rightarrow \quad \left.\begin{array}{r} 2z - y - x + 2 = 0 \\ z + y - 2x + \dfrac{8}{3} = 0 \end{array}\right\} \quad \blacktriangleleft$$

1.38 Calcular el momento del vector $\vec{H} = 2\vec{\imath} - \vec{\jmath} + 3\vec{k}$ respecto del eje determinado por la recta que determinan las expresiones $(x + y + z = 0)$ y $(x - y = 0)$ sabiendo que un punto de la directriz del vector $\vec{H}$ es $A(0, 1, 1)$.

Dos puntos del eje son $O(0,0,0)$ y $P(1,1,-2)$, por lo que:

$$\overrightarrow{OP} = \vec{\imath} + \vec{\jmath} - 2\vec{k} \quad \Rightarrow \quad \vec{u}_e = \frac{1}{\sqrt{6}}(\vec{\imath} + \vec{\jmath} - 2\vec{k})$$

Por otra parte, el momento del vector $\vec{H}$ respecto al origen, que es al mismo tiempo un punto del eje, vale:

$$\vec{M}_o = \vec{r} \times \vec{H} = \overrightarrow{OA} \times \vec{H} = \begin{vmatrix} \vec{\imath} & \vec{\jmath} & \vec{k} \\ 0 & 1 & 1 \\ 2 & -1 & 3 \end{vmatrix} = 4\vec{\imath} + 2\vec{\jmath} - 2\vec{k}$$

por lo que finalmente:

$$\vec{M}_{eje} = \vec{M}_O \cdot \vec{u}_e = (4\vec{\imath} + 2\vec{\jmath} - 2\vec{k}) \cdot \frac{1}{\sqrt{6}}\left(\vec{\imath} + \vec{\jmath} - 2\vec{k}\right) = \frac{10}{\sqrt{6}} = \frac{5}{3}\sqrt{6} = 4{,}08\,\text{u} \quad \blacktriangleleft$$

1.39 Un sistema de vectores deslizantes está definido por sus momentos respecto a tres puntos del espacio en la forma siguiente:

$$\vec{M}_1 = \vec{\imath} + 2\vec{\jmath} - \vec{k} \quad \textit{respecto a} \quad O_1(2,0,1)$$
$$\vec{M}_2 = a\vec{\imath} + 4\vec{\jmath} + 3\vec{k} \quad \textit{respecto a} \quad O_2(0,0,1)$$
$$\vec{M}_3 = b\vec{\imath} - \vec{\jmath} + c\vec{k} \quad \textit{respecto a} \quad O_3(1,-1,0)$$

Hallar la resultante del sistema, así como las componentes a, b y c.

La relación entre los momentos $\vec{M}_1$ y $\vec{M}_2$ viene dada por

$$\vec{M}_2 = \vec{M}_1 + \overrightarrow{O_2O_1} \times \vec{R},$$

donde

$$\overrightarrow{O_2O_1} = 2\vec{\imath}$$

$$\overrightarrow{O_2O_1} \times \vec{R} = \begin{vmatrix} \vec{\imath} & \vec{\jmath} & \vec{k} \\ 2 & 0 & 0 \\ R_x & R_y & R_z \end{vmatrix} = -2R_z\vec{\jmath} + 2R_y\vec{k}$$

Aplicando la ecuación anterior

$$a\vec{\imath} + 4\vec{\jmath} + 3\vec{k} = \left(\vec{\imath} + 2\vec{\jmath} - \vec{k}\right) + \left(-2R_z\vec{\jmath} + 2R_y\vec{k}\right) = \vec{\imath} + (2 - 2R_z)\,\vec{\jmath} + \left(2R_y - 1\right)\vec{k}$$

se deduce:

$$a = -1$$

$$4 = 2 - 2R_z \quad \Rightarrow R_z = -1$$

$$3 = 2R_y - 1 \quad \Rightarrow R_y = 2$$

Igualmente, la relación entre los momentos $\vec{M}_3$ y $\vec{M}_1$ es

$$\vec{M}_3 = \vec{M}_1 + \overrightarrow{O_3O_1} \times \vec{R}$$

donde

$$\overrightarrow{O_3O_1} = \vec{\imath} + \vec{\jmath} + \vec{k}$$

$$\overrightarrow{O_3O_1} \times \vec{R} = \begin{vmatrix} \vec{\imath} & \vec{\jmath} & \vec{k} \\ 1 & 1 & 1 \\ R_x & 2 & -1 \end{vmatrix} = -3\vec{\imath} + (1 + R_x)\,\vec{\jmath} + (2 - R_x)\,\vec{k}$$

y al aplicar la ecuación anterior

$$b\vec{\imath} - \vec{\jmath} + c\vec{k} = \left(\vec{\imath} + 2\vec{\jmath} - \vec{k}\right) + \left[-3\vec{\imath}\,(1 + R_x)\,\vec{\jmath} + (2 - R_x)\,\vec{k}\right] =$$
$$= -2\vec{\imath} + (3 + R_x)\,\vec{\jmath} + (1 - R_x)\,\vec{k}$$

se deduce

$$b = -2$$

$$-1 = 3 + R_x \quad \Rightarrow \quad R_x = -4$$

$$c = 1 - R_x = 1 - (-4) = 5$$

Por tanto, la solución del problema es:

$$\vec{R} = -4\vec{\imath} + 2\vec{\jmath} - \vec{k} \quad ◀$$

$$\left.\begin{array}{l} a = -1 \\ b = -2 \\ c = 5 \end{array}\right\} \quad ◀$$

1.40 Dados los vectores: $\vec{H}_1$ situado en la recta que pasando por el origen de coordenadas tiene los cosenos directores proporcionales a $0, 3, 4$ y de módulo 10; $\vec{H}_2$ de componentes $(1, -1, -2)$ y momento respecto al origen igual a $\vec{\imath} + 3\vec{\jmath} + 2\vec{k}$; $\vec{H}_3$ de componentes $(-1, 0, 1)$ y situado en la recta de acción que pasa por el punto $P(2, -1, 2)$. Calcular: a) la resultante del sistema; b) el momento resultante respecto al origen de coordenadas y respecto al punto $C(-1, 1, 2)$; c) el momento mínimo.

a) $\vec{H}_1 = H_1 \cos\alpha\,\vec{\imath} + H_2 \cos\beta\,\vec{\jmath} + H_3 \cos\gamma\,\vec{k} = 10\left(\frac{3}{5}\vec{\jmath} + \frac{4}{5}\vec{k}\right) = 6\vec{\jmath} + 8\vec{k};$

$$\vec{R} = \vec{H}_1 + \vec{H}_2 + \vec{H}_3 = \vec{R} = 5\vec{\jmath} + 7\vec{k} \quad ◀$$

b) El momento de $\vec{H}_1$ respecto del origen es cero, ya que este vector está situado en una recta que pasa por el origen de coordenadas. El momento de $\vec{H}_2$ se nos da: $\vec{M}_{O_2} = \vec{\imath} + 3\vec{\jmath} + 2\vec{k}$ y el momento de $\vec{H}_3$ será:

$$\text{Como } \vec{r} = \overrightarrow{OP} = 2\vec{\imath} - \vec{\jmath} + 2\vec{k};$$

$$\vec{M}_{O_3} = \vec{r} \times \vec{H}_3 = \begin{vmatrix} \vec{\imath} & \vec{\jmath} & \vec{k} \\ 2 & -1 & 2 \\ -1 & 0 & 1 \end{vmatrix} = -\vec{\imath} - 4\vec{\jmath} - \vec{k}$$

$$\vec{M}_O = \vec{M}_{O_2} + \vec{M}_{O_3} = -\vec{\jmath} + \vec{k} \quad ◀$$

Respecto al punto c:

$$\vec{M}_C = \vec{M}_o + \overrightarrow{CO} \times \vec{R}; \qquad \overrightarrow{CO} = \vec{\imath} - \vec{\jmath} - 2\vec{k}$$

$$\overrightarrow{CO} \times \vec{R} = \begin{vmatrix} \vec{\imath} & \vec{\jmath} & \vec{k} \\ 1 & -1 & -2 \\ 0 & 5 & 7 \end{vmatrix} = 3\vec{\imath} - 7\vec{\jmath} + 5\vec{k}$$

$$\vec{M}_C = (-\vec{\jmath} + \vec{k}) + (3\vec{\imath} - 7\vec{\jmath} + 5\vec{k}) = 3\vec{\imath} - 8\vec{\jmath} + 6\vec{k} \quad ◀$$

c) El momento mínimo tiene por módulo la proyección del momento resultante ($\vec{M}_O$ o $\vec{M}_C$ en este caso) sobre la resultante $\vec{R}$: $\vec{M}_O \cdot \frac{\vec{R}}{R}$ y por dirección:

$$\vec{M}_m = \left(\frac{\vec{M}_O \cdot \vec{R}}{R}\right) \cdot \frac{\vec{R}}{R} = \frac{\vec{M}_O \cdot \vec{R}}{R^2}\vec{R}$$

$$\vec{M}_m = \frac{(-\vec{\jmath} + \vec{k}) \cdot \left(5\vec{\jmath} + 7\vec{k}\right)}{\sqrt{(25 + 49)^2}}\left(5\vec{\jmath} + 7\vec{k}\right) = \frac{-5 + 7}{74}\left(5\vec{\jmath} + 7\vec{k}\right)$$

$$\vec{m} = \frac{10}{74}\vec{\jmath} + \frac{14}{74}\vec{k} = 0{,}14\vec{\jmath} + 0{,}19\vec{k} \quad ◀$$

1.41 El eje central de un sistema de vectores deslizantes es la recta $x = y = z$, siendo el módulo de la resultante $3\sqrt{3}$ y el segundo invariante, 54. Calcular: a) la resultante del sistema; b) el momento mínimo; c) el momento respecto al origen de coordenadas.

a) El vector que define al eje central es $\vec{E} = \vec{i} + \vec{j} + \vec{k}$. Como $\vec{R}$ es paralelo al eje central, sus cosenos directores serán los de éste

$$\cos\alpha = \cos\beta = \cos\gamma = \frac{1}{\sqrt{3}}$$

por lo que

$$\vec{R} = R\cos\alpha\,\vec{i} + R\cos\beta\,\vec{j} + R\cos\gamma\,\vec{k} = 3\sqrt{3}\left(\frac{\vec{i}}{\sqrt{3}} + \frac{\vec{j}}{\sqrt{3}} + \frac{\vec{k}}{\sqrt{3}}\right)$$

$$\vec{R} = 3\vec{i} + 3\vec{j} + 3\vec{k} \quad ◄$$

b) $\vec{m} = \left(\dfrac{\vec{M}_0 \cdot \vec{R}}{R^2}\right)\vec{R} = \dfrac{54}{27}\left(3\vec{i} + 3\vec{j} + 3\vec{k}\right)$

$$\vec{m} = 6\vec{i} + 6\vec{j} + 6\vec{k} \quad ◄$$

c) El eje central se define como el lugar geométrico de los puntos respecto de los cuales el momento es mínimo. Como el origen de coordenadas $(0,0,0)$ es un punto del eje central ya que $x = y = z$, resulta que

$$\vec{M}_0 = \vec{m} = 6\vec{i} + 6\vec{j} + 6\vec{k} \quad ◄$$

1.42 Dados los vectores $\vec{A} = 2\vec{i}$, $\vec{B} = 2\vec{j}$, $\vec{C} = 2\vec{k}$, que pasan por los puntos $P_1(0,0,0)$, $P_2(0,0,2)$, $P_3(2,2,0)$. Hallar, a) su resultante; b) su momento resultante respecto al origen de coordenadas; c) el módulo y componentes del momento mínimo; d) la ecuación del eje central; e) reducción del sistema en el punto $Q(2,1,1)$ y f) el torsor del sistema.

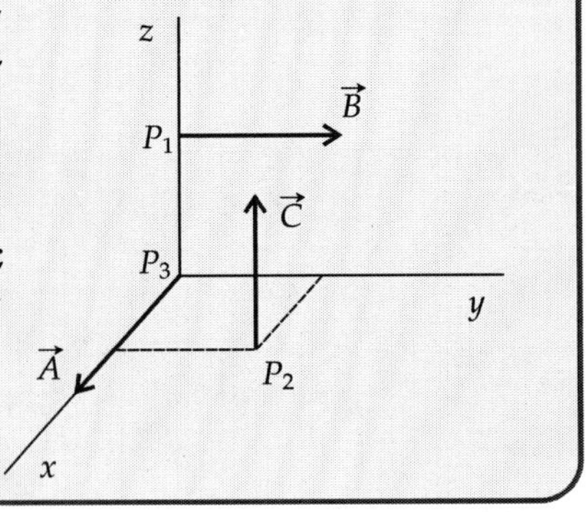

a) $\vec{R} = 2\vec{i} + 2\vec{j} + 2\vec{k}$; $R = \sqrt{12} = 2\sqrt{3}$ ◄

b)
$$\vec{M}_{O_{\vec{A}}} = \overrightarrow{OP_1} \times \vec{A} = 0$$

$$\vec{M}_{O_{\vec{B}}} = \overrightarrow{OP_2} \times \vec{B} = \begin{vmatrix} \vec{i} & \vec{j} & \vec{k} \\ 0 & 0 & 2 \\ 0 & 2 & 0 \end{vmatrix} = -4\vec{i}$$

$$\vec{M}_{O_{\vec{C}}} = \overrightarrow{OP_3} \times \vec{C} = \begin{vmatrix} \vec{i} & \vec{j} & \vec{k} \\ 2 & 2 & 0 \\ 0 & 0 & 2 \end{vmatrix} = 4\vec{i} + 4\vec{j}$$

$$\vec{M}_O = \vec{M}_{O\vec{A}} + \vec{M}_{O\vec{B}} + \vec{M}_{O\vec{C}} = -4\vec{j} \quad ◄$$

c) $$\vec{M}_O \cdot \vec{R} = \vec{m} \cdot \vec{R} = mR$$

$$m = \frac{\vec{M}_o \cdot \vec{R}}{R} = \frac{-4\vec{j} \cdot \left(2\vec{i} + 2\vec{j} + 2\vec{k}\right)}{2\sqrt{3}} = -\frac{8}{2\sqrt{3}} = -\frac{4}{\sqrt{3}}$$

$$\vec{m} = m\frac{\vec{R}}{R} = -\frac{4}{\sqrt{3}} \cdot \frac{2\vec{i} + 2\vec{j} + 2\vec{k}}{2\sqrt{3}} = -\frac{4}{3}(\vec{i} + \vec{j} + \vec{k})$$

Componentes del momento mínimo $\left(-\frac{4}{3}, -\frac{4}{3}, -\frac{4}{3}\right)$ ◄

d) $$\frac{L - (yR_z - zR_y)}{R_x} = \frac{M - (zR_x - xR_z)}{R_y} = \frac{N - (xR_y - yR_x)}{R_z}$$

$$\frac{0 - (2R_z - 2R_y)}{2} = \frac{-4 - (2R_x - 2R_z)}{2} = \frac{0 - (2R_y - 2R_x)}{2}$$

$$z - y = \quad x - z - 2 = \quad y - x$$

o bien:

$$\left.\begin{aligned} z - y &= x - z - 2 \\ y - z &= x - z - 2 \end{aligned}\right\} \quad \begin{aligned} x + y - 2z - 2 &= 0 \\ 2x - y - z - 2 &= 0 \end{aligned} \quad ◄$$

e) $$\vec{M}_Q = \vec{M}_O + \overrightarrow{QO} \times \vec{R}$$

$$\overrightarrow{QO} \times \vec{R} = \begin{vmatrix} \vec{i} & \vec{j} & \vec{k} \\ -2 & -1 & -1 \\ 2 & 2 & 2 \end{vmatrix} = 2\vec{j} - 2\vec{k}$$

$$\vec{M}_Q = -4\vec{j} + (2\vec{j} - 2\vec{k}) = -2\vec{j} - 2\vec{k}$$

Reducción del sistema en el punto Q:

$$\vec{R} = 2\vec{i} + 2\vec{j} + 2\vec{k} \quad ◄$$

$$\vec{M}_Q = -2\vec{j} - 2\vec{k} \quad ◄$$

f) Torsor del sistema:

$$\vec{R} = 2\vec{i} + 2\vec{j} + 2\vec{k} \quad ◄$$

$$\vec{m} = -\tfrac{4}{3}(\vec{i} + \vec{j} + \vec{k}) \quad ◄$$

1.43 El eje central de un sistema de vectores deslizantes es $x = y = z$, y su momento respecto al punto $P(5,0,0)$ vale $\vec{M}_p = 15\vec{j} - 15\vec{k}$. Hallar el sistema equivalente más sencillo.

Como la resultante es paralela al eje central, de la ecuación de éste $x = y = z$, se deduce que los componentes de $\vec{R}$ son iguales: $R_x = R_y = R_z$. Por otra parte, de la ecuación $\vec{M}_p = \vec{M}_0 + \vec{PO} \times \vec{R}$ calculamos $\vec{M}_0$ y, como el origen de coordenadas pertenece al eje central, dicho momento será al mismo tiempo el momento mínimo del sistema

$$\vec{PO} \times \vec{R} = \begin{vmatrix} \vec{i} & \vec{j} & \vec{k} \\ -5 & 0 & 0 \\ R_x & R_x & R_x \end{vmatrix} = 5R_x\vec{j} - 5R_x\vec{k}$$

$$\vec{M}_0 = \vec{M}_p - \vec{PO} \times \vec{R} = \left(15\vec{j} - 15\vec{k}\right) - \left(5R_x\vec{j} - 5R_x\vec{k}\right) = (15 - 5R_x)\,\vec{j} + (5R_x - 15)\,\vec{k}$$

Como este momento es el momento mínimo, será paralelo a $\vec{R}$, por lo que se cumple

$$\frac{15 - 5R_x}{R_x} = \frac{5R_x - 15}{R_x} \quad \Rightarrow \quad 15 - 5R_x = 5R_x - 15 \quad \Rightarrow \quad R_x = 3$$

con lo que la resultante es $\vec{R} = 3\vec{i} + 3\vec{j} + 3\vec{k}$. Si ahora se sustituye el valor de R_x en la ecuación del momento mínimo

$$\vec{m} = (15 - 5R_x)\,\vec{j} + (5R_x - 15)\,\vec{k}$$

resulta que $\vec{m} = 0$

Luego el sistema equivalente más sencillo se reduce a su resultante como vector deslizante sobre su eje central:

$$\vec{R} = 3\left(\vec{i} + \vec{j} + \vec{k}\right) \quad ◄$$

1.44 Dado el sistema de vectores deslizantes, distribuidos sobre 3 aristas de un cubo en la forma que indica la figura, hallar: a) resultante del sistema; b) momento resultante respecto al origen de coordenadas; c) momento mínimo y su módulo; d) torsor del sistema.

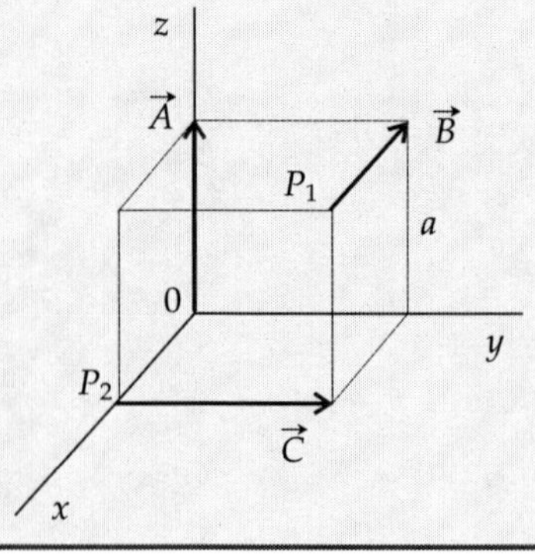

a) Los vectores en función de sus módulos son:

$$\vec{A} = a\,\vec{k}; \quad \vec{B} = -a\,\vec{\imath}; \quad \vec{C} = a\,\vec{\jmath}$$

por lo que la resultante es:

$$\vec{R} = -a\,\vec{\imath} + a\,\vec{\jmath} + a\,\vec{k} = a(-\vec{\imath} + \vec{\jmath} + \vec{k});$$

$$R = a\sqrt{3} \quad \blacktriangleleft$$

b) Los vectores de posición de $\vec{B}$ y $\vec{C}$ son:

$$\overrightarrow{OP_1} = a\left(+\vec{\imath} + \vec{\jmath} + \vec{k}\right); \quad \overrightarrow{OP_2} = a\,\vec{\imath}$$

por lo que los momentos respecto al origen valen:

$$\vec{M}_{O\vec{A}} = 0$$

$$\vec{M}_{O\vec{B}} = \overrightarrow{OP_1} \times \vec{B} = \begin{vmatrix} \vec{\imath} & \vec{\jmath} & \vec{k} \\ a & a & a \\ -a & 0 & 0 \end{vmatrix} = -a^2\,\vec{\jmath} + a^2\,\vec{k}$$

$$\vec{M}_{O\vec{C}} = \overrightarrow{OP_2} \times \vec{C} = \begin{vmatrix} \vec{\imath} & \vec{\jmath} & \vec{k} \\ a & 0 & 0 \\ 0 & a & 0 \end{vmatrix} = a^2\,\vec{k}$$

y el momento resultante:

$$\vec{M}_O = \vec{M}_{O\vec{A}} + \vec{M}_{O\vec{B}} + \vec{M}_{O\vec{C}} = -a^2\,\vec{\jmath} + 2a^2\,\vec{k} = a^2(-\vec{\jmath} + 2\,\vec{k}) \quad \blacktriangleleft$$

c) Sabemos que el producto $\vec{M}_O \times \vec{R}$ es invariante del sistema y como el momento mínimo es paralelo a la resultante, podemos escribir

$$\vec{M}_O \cdot \vec{R} = \vec{m} \cdot \vec{R} = m \cdot R$$

por lo que

$$m = \frac{\vec{M}_O \cdot \vec{R}}{R} = \frac{\left(-a^2\,\vec{\jmath} + 2a^2\,\vec{k}\right) \cdot a\left(-\vec{\imath} + \vec{\jmath} + \vec{k}\right)}{a\sqrt{3}} = \frac{-a^3 + 2a^3}{a\sqrt{3}} = \frac{a^3}{\sqrt{3}}$$

$$\vec{m} = \left(\frac{\vec{M}_O \cdot \vec{R}}{R^2}\right)\vec{R} = \frac{a^2}{\sqrt{3}} \cdot \frac{a\left(-\vec{\imath} + \vec{\jmath} + \vec{k}\right)}{a\sqrt{3}} = \frac{a^2}{3}(-\vec{\imath} + \vec{\jmath} + \vec{k})$$

d) Su torsor:

$$\vec{R} = a(-\vec{\imath} + \vec{\jmath} + \vec{k}) \quad \blacktriangleleft$$

$$\vec{m} = \frac{a^2}{3}(-\vec{\imath} + \vec{\jmath} + \vec{k}) \quad \blacktriangleleft$$

1.45 Dado el sistema de vectores deslizantes $\vec{A}(1,1,e)$, $\vec{B}(2,1,0)$ y $\vec{C}(3,-1,2)$ que pasan respectivamente por los puntos $P_1(2,-1,1)$, $P_2(0,0,0)$ y $P_3(1,0,0)$, determinar: a) el valor de e para que el sistema sea reducible a un vector único; b) dicho vector y su recta soporte.

a) Puesto que en el sistema

$$\begin{aligned} \vec{A} &= \vec{\imath} + \vec{\jmath} + e\vec{k} \quad \text{que pasa por} \quad P_1(2,-1,1) \\ \vec{B} &= 2\vec{\imath} + \vec{\jmath} \quad \text{que pasa por} \quad P_2(0,0,0) \\ \vec{C} &= 3\vec{\imath} - \vec{\jmath} + 2\vec{k} \quad \text{que pasa por} \quad P_3(1,0,0) \end{aligned}$$

la resultante no es nula, $\vec{R} = 6\vec{\imath} + \vec{\jmath} + (2+e)\,\vec{k}$, para que dicho sistema sea reducible a un vector único (que sea la resultante) debe ser cero el momento mínimo. Es decir, que cuando se toma como centro de reducción un punto del eje central, el momento resultante (momento mínimo) debe ser nulo en nuestro caso: el sistema equivale a un vector único que es $\vec{R}$, cuya recta soporte será el eje central.

El momento resultante respecto al origen de coordenadas vale:

$$\vec{M}_{0(\vec{A})} = \overrightarrow{OP_1} \times \vec{A} = \begin{vmatrix} \vec{\imath} & \vec{\jmath} & \vec{k} \\ 2 & -1 & 1 \\ 1 & 1 & e \end{vmatrix} = -(1+e)\,\vec{\imath} + (1-2e)\,\vec{\jmath} + 3\vec{k}$$

$$\vec{M}_{0(\vec{B})} = 0$$

$$\vec{M}_{0(\vec{C})} = \overrightarrow{OP_3} \times \vec{C} = \begin{vmatrix} \vec{\imath} & \vec{\jmath} & \vec{k} \\ 1 & 0 & 0 \\ 3 & -1 & 2 \end{vmatrix} = -2\vec{\jmath} - \vec{k}$$

que sumando da

$$\vec{M}_0 = -(1+e)\,\vec{\imath} + (-1-2e)\,\vec{\jmath} + 2\vec{k}$$

Por la condición de momento mínimo cero, el segundo invariante debe ser nulo:

$$\vec{M}_0 \cdot \vec{R} = -6\,(1+e) + (-1-2e) + 2\,(2+e) = 0$$

$$6e = -3 \quad \Rightarrow \quad e = -\frac{1}{2} \quad ◂$$

b) El vector único será

$$\vec{R} = 6\vec{\imath} + \vec{\jmath} + \frac{3}{2}\vec{k} \quad ◂$$

y su recta soporte el eje central, que para hallar su ecuación disponemos de la resultante del sistema y de su momento resultante respecto al origen de coordenadas:

$$\vec{R} = 6\vec{\imath} + \vec{\jmath} + \frac{3}{2}\vec{k}$$

$$\vec{M}_0 = -\frac{1}{2}\vec{\imath} + 2\vec{k}$$

$$\frac{L - \left(yR_z - zR_y\right)}{R_x} = \frac{M - (zR_x - xR_z)}{R_y} = \frac{N - \left(xR_y - yR_x\right)}{Rz}$$

que sustituyendo valores, finalmente se obtiene

$$\frac{2z - 3y - 1}{12} = \frac{3x - 12z}{2} = \frac{12y - 2x + 4}{3} \quad ◂$$

1.46 Un sistema de fuerzas está constituido por tres fuerzas de 1 N que actúan sobre los tres ejes cartesianos en sentido positivo. Determinar: a) momento mínimo del sistema; b) reducción del sistema al origen de coordenadas.

a) Se trata de un sistema de vectores concurrentes, cuyo punto de concurrencia es el origen de coordenadas. Por tanto, el momento resultante de este sistema respecto a dicho punto es $\vec{M}_O = 0$. De acuerdo con el segundo invariante:

$$\vec{M}_O \cdot \vec{R} = \vec{m} \cdot \vec{R} = Rm$$

$$m = \frac{\vec{M}_O \cdot \vec{R}}{R} = 0 \quad \Rightarrow \quad \vec{m} = 0 \quad ◂$$

cosa que podíamos haber previsto sin necesidad de acudir al segundo invariante, porque el momento mínimo es el momento resultante más pequeño, y si el momento resultante respecto de cualquier punto es cero, el momento mínimo no puede ser otro que cero.

b) En el origen, por tanto, el único valor que toma el sistema es el de la resultante:

$$\vec{R} = \vec{\imath} + \vec{\jmath} + \vec{k}; \quad R = \sqrt{3}N \quad ◂$$

1.47 Dado el vector $\vec{A} = R(\cos\omega t\,\vec{\imath} + \operatorname{sen}\omega t\,\vec{\jmath})$, donde R y ω son constantes y t la variable independiente, se pide: a) su módulo; b) el vector derivada y su módulo; c) comprobar que $\vec{A}$ y $d\vec{A}/dt$ son perpendiculares.

a)
$$\vec{A} = R\cos\omega t\,\vec{\imath} + R\,\mathrm{sen}\,\omega t\,\vec{\jmath}$$

$$A = \sqrt{A_x^2 + A_y^2} = \sqrt{R^2\cos^2\omega t + R^2\,\mathrm{sen}^2\,\omega t} = \sqrt{R^2(\cos^2\omega t + \mathrm{sen}^2\,\omega t)} = R \quad ◄$$

b)
$$\frac{d\vec{A}}{dt} = R\,(-\omega\,\mathrm{sen}\,\omega t\,\vec{\imath} + \omega\cos\omega t\,\vec{\jmath}) = R\omega\,(-\,\mathrm{sen}\,\omega t\,\vec{\imath} + \cos\omega t\,\vec{\jmath}) \quad ◄$$

$$\left|\frac{d\vec{A}}{dt}\right| = \sqrt{R^2\omega^2\,\mathrm{sen}^2\,\omega t\,\vec{\imath} + R^2\omega^2\cos^2\omega t\,\vec{\jmath}} = R\omega \quad ◄$$

c) Serán perpendiculares si su producto escalar es cero:

$$\vec{A}\cdot\frac{d\vec{A}}{dt} = -R^2\omega\,\mathrm{sen}\,\omega t\cos\omega t + R^2\omega\,\mathrm{sen}\,\omega t\cos\omega t = 0 \quad ◄$$

1.48 Un sistema de tres vectores deslizantes y paralelos están dirigidos en sentido positivo del eje X. Sus módulos son 2, 8, 4, y sus puntos de aplicación $(0,0)$, $(2, 2\sqrt{3})$ y $(3, 3\sqrt{3})$, respectivamente. Hallar un vector $\vec{H}$, coplanario con los anteriores, que aplicado en el origen de coordenadas forme con ellos un sistema cuyo eje central sea paralelo a la recta $\sqrt{3}x + 3y - 6 = 0$.

Llamemos $\vec{A}, \vec{B}$ y $\vec{C}$ a los vectores dados. Por ser paralelos al eje X los podemos expresar así:

$$\vec{A} = 2\vec{\imath}; \quad \vec{B} = 8\vec{\imath}; \quad \vec{C} = 4\vec{\imath}$$

y sus puntos de aplicación respecto al origen de coordenadas:

$$\vec{r}_1 = 0; \quad \vec{r}_2 = 2\vec{\imath} + 2\sqrt{3}\,\vec{\jmath}; \quad \vec{r}_3 = 3\vec{\imath} + 3\sqrt{3}\,\vec{\jmath}$$

El vector buscado, en función de sus componentes rectangulares, vale $\vec{H} = H_x\vec{\imath} + H_y\vec{\jmath}$, y su vector de posición respecto al origen nulo. La resultante del sistema así formado vale:

$$\vec{R} = (14 + H_x)\,\vec{\imath} + H_y\,\vec{\jmath}$$

y el momento resultante respecto al origen

$$\vec{M}_O = \vec{r}_2\times\vec{B} + \vec{r}_2\times\vec{C} = \begin{vmatrix}\vec{\imath} & \vec{\jmath} & \vec{k}\\ 2 & 2\sqrt{3} & 0\\ 8 & 0 & 0\end{vmatrix} + \begin{vmatrix}\vec{\imath} & \vec{\jmath} & \vec{k}\\ 3 & 3\sqrt{3} & 0\\ 4 & 0 & 0\end{vmatrix} = -28\sqrt{3}\,\vec{k}$$

Teniendo en cuenta los componentes rectangulares de $\vec{M}_O$ y $\vec{R}$, la ecuación del eje central de su sistema

$$\frac{L-(yR_z-zR_y)}{R_x}=\frac{M-(zR_x-xR_z)}{R_y}=\frac{N-(xR_y-yR_x)}{R_z}$$

conduce a

$$\frac{H_y z}{14+H_x}=\frac{-(14+H_x)\,z}{H_y}=\frac{-28\sqrt{3}\,(14+H_x)\,y-H_y z}{0}$$

y como el eje central es paralelo a la recta construida en el plano XY, Z será cero, por lo que finalmente queda

$$H_y x-(14+H_x)\,y+28\sqrt{3}=0$$

y como es paralela a $\sqrt{3}x+3y-6=0$ deberá cumplirse:

$$\frac{H_y}{\sqrt{3}}=\frac{-(14+H_x)}{3}=\frac{28\sqrt{3}}{-6}$$

y resolviendo, tenemos:

$$H_y=-14$$
$$H_x=14\left(\sqrt{3}-1\right)$$

con lo que finalmente:

$$\vec{H}=14\left(\sqrt{3}-1\right)\vec{\imath}-14\vec{\jmath} \quad ◄$$

1.49 Si $\vec{B}$ es un vector variable de módulo constante, demostrar que su derivada con respecto al tiempo, en cualquier instante, es perpendicular al vector $\vec{B}$.

Como $\vec{B}\cdot\vec{B}=B^2=$ cte, la derivada de dicho producto escalar deberá ser cero:

$$\frac{d}{dt}(\vec{B}\cdot\vec{B})=\frac{d\vec{B}}{dt}\cdot\vec{B}+\vec{B}\cdot\frac{d\vec{B}}{dt}=2\vec{B}\cdot\frac{d\vec{B}}{dt}=0$$

con lo que se deduce que

$$\vec{B}\cdot\frac{d\vec{B}}{dt}=0 \quad ◄$$

condición para que dos vectores sean perpendiculares.

1.50 En el campo escalar $\psi=2x^2+3y^2+z^2$, hallar en el punto $P(0,-0.5,2)$ un vector unitario normal a la superficie de nivel que pasa por dicho punto.

El gradiente es normal a las superficies de nivel, por lo que un vector normal a dicha superficie

$$\vec{u} = \frac{\nabla\psi}{|\nabla\psi|}$$

$$\text{grad } \psi = \vec{\nabla}\psi = \frac{\partial\psi}{\partial x}\vec{\imath} + \frac{\partial\psi}{\partial y}\vec{\jmath} + \frac{\partial\psi}{\partial z}\vec{k} = 4x\vec{\imath} + 6y\vec{\jmath} + 2z\vec{k}$$

que en el punto P vale:

$$\text{grad } \psi = -3\vec{\jmath} + 4\vec{k}$$

$$|\text{grad } \psi| = \sqrt{9+16} = 5$$

$$\vec{u} = \frac{\text{grad } \psi}{|\text{grad } \psi|} = \frac{-3\vec{\jmath} + 4\vec{k}}{5} = -0{,}6\vec{\jmath} + 0{,}8\vec{k} \quad ◄$$

1.51 En el campo escalar $\psi = xy^2z - 2x^2z$, calcular: a) en el punto $P(2,-1,-1)$ un vector unitario normal a la superficie de nivel que pasa por dicho punto; b) la derivada direccional de ψ en el punto P según la dirección del vector $\vec{A} = \vec{\imath} - 2\vec{\jmath} + 2\vec{k}$.

a) El gradiente de una función escalar en un punto es normal a las superficies de nivel que pasan por dicho punto, por lo que el vector unitario pedido será

$$\vec{u} = \frac{\text{grad } \psi}{|\text{grad } \psi|} \tag{1}$$

donde

$$\text{grad } \psi = \frac{\partial\psi}{\partial x}\vec{\imath} + \frac{\partial\psi}{\partial y}\vec{\jmath} + \frac{\partial\psi}{\partial z}\vec{k} = \left(y^2z - 4xz\right)\vec{\imath} + (2xyz)\vec{\jmath} + \left(xy^2 - 2x^2\right)\vec{k}$$

que en el punto $P(2,-1,-1)$ vale

$$\text{grad } \psi = 7\vec{\imath} + 4\vec{\jmath} - 6\vec{k}; \; |\text{grad } \psi| = 10$$

Sustituyendo valores en la ecuación (1) se obtiene

$$\vec{u} = \frac{7\vec{\imath} + 4\vec{\jmath} - 6\vec{k}}{10} = 0{,}7\vec{\imath} + 0{,}4\vec{\jmath} - 0{,}6\vec{k} \quad ◄$$

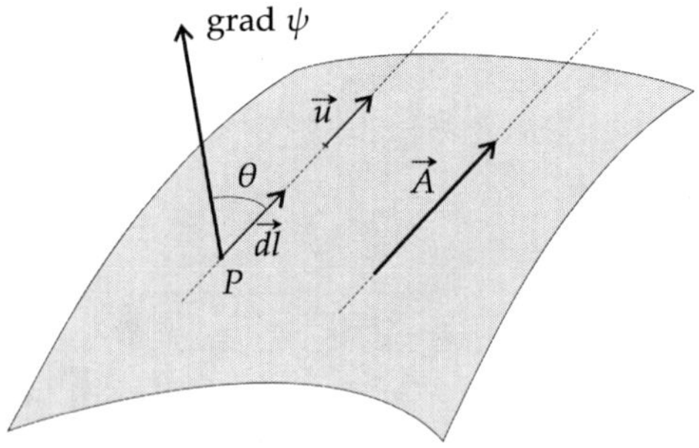

b) De la definición de gradiente, podemos escribir

$$\partial\psi = \text{grad}\ \psi \cdot d\vec{l} = \left|\text{grad}\ \psi\right| dl \cos\theta$$

$$\frac{d\psi}{dl} = \left|\text{grad}\ \psi\right| \cos\theta = \text{grad}\ \psi \cdot \vec{u}_A$$

siendo $\frac{d\psi}{dl}$ la derivada direccional de la función ψ y $\vec{u}_A$ el vector unitario en la dirección de $\vec{A}$.

$$\vec{u}_A = \frac{\vec{A}}{A} = \frac{\vec{\imath} - 2\vec{\jmath} + 2\vec{k}}{3}$$

$$\frac{d\psi}{dl} = \text{grad}\ \psi \cdot \vec{u}_A = \left(7\vec{\imath} + 4\vec{\jmath} - 6\vec{k}\right) \cdot \frac{1}{3}\left(\vec{\imath} - 2\vec{\jmath} + 2\vec{k}\right) = \frac{7 - 8 - 12}{3} = \frac{-13}{3} \quad ◄$$

1.52 Dado el campo vectorial $\vec{A} = x^2\vec{\imath} + \text{sen}\, y\,\vec{\jmath} + zx\,\vec{k}$, calcular: div $\vec{A}$, grad div $\vec{A}$ y rot $\vec{A}$.

$$\text{div}\ \vec{A} = \vec{\nabla} \cdot \vec{A} = \frac{\partial A_x}{\partial x} + \frac{\partial A_y}{\partial y} + \frac{\partial A_z}{\partial z} = 2x + \cos y + x = U$$

$$\text{div}\ \vec{A} = 3x + \cos y$$

$$\text{grad div}\ \vec{A} = \text{grad}\ U = \vec{\nabla}U = \frac{\partial U}{\partial x}\vec{\imath} + \frac{\partial U}{\partial y}\vec{\jmath} + \frac{\partial U}{\partial z}\vec{k} = 3\vec{\imath} - \text{sen}\, y\,\vec{\jmath} = 3\vec{\imath} - \text{sen}\, y\,\vec{\jmath};$$

$$\text{grad div}\ A = 3\vec{\imath} - \text{sen}\, y\,\vec{\jmath}$$

$$\text{rot}\ \vec{A} = \vec{\nabla} \times \vec{A} = \begin{vmatrix} \vec{\imath} & \vec{\jmath} & \vec{k} \\ \dfrac{\partial}{\partial x} & \dfrac{\partial}{\partial y} & \dfrac{\partial}{\partial z} \\ x^2 & \text{sen}\, y & xz \end{vmatrix} = -z\vec{\jmath} \quad ◄$$

1.53 Dada la función escalar $U = 2xz - y^2$, en el punto $P(1, 3, 2)$ determinar: a) la derivada direccional en la dirección del vector $\vec{B} = 2\vec{\imath} + \vec{\jmath} - \vec{k}$; b) la dirección de máximo crecimiento de U, así como el valor de éste por unidad de longitud en la citada dirección.

a) De acuerdo con lo dicho en el problema anterior

$$dU = \text{grad}\ U \cdot d\vec{l} = \left|\text{grad}\ U\right| dl \cos\theta$$

$$\frac{dU}{dl} = \left|\text{grad}\ U\right| \cos\theta = \text{grad}\ U \cdot \vec{u}_B$$

siendo dU/dl la derivada direccional de la función U y $\vec{u}_B$ el vector unitario en la dirección de $\vec{B} = 2\vec{\imath} + \vec{\jmath} - \vec{k}$.

$$\text{grad } U = \frac{\partial U}{\partial x}\vec{\imath} + \frac{\partial U}{\partial y}\vec{\jmath} + \frac{\partial U}{\partial z}\vec{k} = 2z\vec{\imath} - 2y\vec{\jmath} + 2x\vec{k}$$

que en el punto $P(1,3,2)$ vale

$$\text{grad } U = 4\vec{\imath} - 6\vec{\jmath} + 2\vec{k}$$

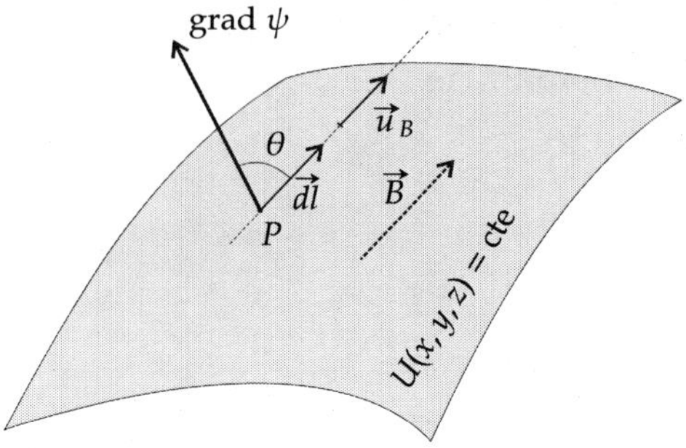

El vector unitario en la dirección de $\vec{B}$ es

$$\vec{u}_B = \frac{2\vec{\imath} + \vec{\jmath} - \vec{k}}{\sqrt{6}} = \frac{1}{\sqrt{6}}\left(2\vec{\imath} + \vec{\jmath} - \vec{k}\right)$$

por lo que la derivada direccional en dicha dirección será

$$\frac{dU}{dl} = \left(4\vec{\imath} - 6\vec{\jmath} + 2\vec{k}\right)\cdot\frac{1}{\sqrt{6}}\left(2\vec{\imath} + \vec{\jmath} - \vec{k}\right) = \frac{1}{\sqrt{6}}(8 - 6 - 2) = 0 \quad ◂$$

resultado que nos indica que la función U no varía en la dirección del vector $\vec{B}$ en el punto P, porque el desplazamiento elemental se habrá hecho, en dicho punto, en dirección normal al gradiente ($\theta = 90$). O dicho de otra forma, el vector $\vec{B} = 2\vec{\imath} + \vec{\jmath} - \vec{k}$ es tangente a la superficie de nivel que pasa por P.

b) De acuerdo con

$$\frac{dU}{dl} = \left|\text{grad } U\right| \cos\theta,$$

la dirección de máximo crecimiento de U es cuando $\cos\theta = 1$; esto es, cuando el desplazamiento se haga en la dirección del gradiente ($\theta = 0$). Por tanto, esa dirección en el punto P será la del gradiente:

$$\text{grad } U_{(1,3,2)} = 4\vec{\imath} - 6\vec{\jmath} + 2\vec{k} = 2\vec{\imath} - 3\vec{\jmath} + \vec{k} \quad ◂$$

En dicho caso

$$\frac{dU}{dl} = \left|\text{grad } U\right|$$

ecuación que nos dice que le valor del crecimiento de la función U por unidad de longitud es igual al módulo del gradiente

$$\left|\text{grad } U\right| = \sqrt{16 + 36 + 4} = \sqrt{56} = 2\sqrt{14}$$

$$\frac{dU}{dl} = 2\sqrt{14} \quad ◂$$

También se podía haber calculado sabiendo que

$$\frac{dU}{dl} = \text{grad } U \cdot \vec{u}$$

siendo $\vec{u}$ el vector unitario en la dirección del gradiente:

$$\frac{dU}{dl} = \left(4\vec{\imath} - 6\vec{\jmath} + 2\vec{k}\right) \cdot \frac{2\vec{\imath} - 3\vec{\jmath} + \vec{k}}{\sqrt{14}} = \frac{1}{\sqrt{14}}(8 + 18 + 2) =$$

$$= \frac{28}{\sqrt{14}} = \frac{28}{14}\sqrt{14} = 2\sqrt{14} \quad ◄$$

1.54 En el campo escalar $V = x^2 + 2y^2 + 3z^2$, calcular el momento de su gradiente en el punto $P(1, 1, 1)$, respecto del origen de coordenadas.

$$\vec{\nabla} V = \frac{\partial V}{\partial x}\vec{\imath} + \frac{\partial V}{\partial y}\vec{\jmath} + \frac{\partial V}{\partial z}\vec{k} = 2x\vec{\imath} + 4y\vec{\jmath} + 6z\vec{k}$$

en el punto $P(1, 1, 1)$:

$$\text{grad } V = 2\vec{\imath} + 4\vec{\jmath} + 6\vec{k}$$

$$\vec{M}_{O(\text{grad } V)} = \vec{r} \times \text{grad } V = \overrightarrow{OP} \times \text{grad } V = \begin{vmatrix} \vec{\imath} & \vec{\jmath} & \vec{k} \\ 1 & 1 & 1 \\ 2 & 4 & 6 \end{vmatrix} = 2\vec{\imath} - 4\vec{\jmath} + 2\vec{k} \quad ◄$$

1.55 Dados los vectores $\vec{A} = x\vec{\imath} + z\vec{\jmath} + y\vec{k}$ y $\vec{B} = -2\vec{\imath} + \vec{\jmath} - x\vec{k}$, calcular: a) en el origen de coordenadas el gradiente de su producto escalar. b) en el punto $P(1, 1, -1)$ la divergencia y el rotacional de su producto vectorial.

a) $\vec{A} \cdot \vec{B} = (x\vec{\imath} + z\vec{\jmath} + y\vec{k}) \cdot (-2\vec{\imath} + \vec{\jmath} - x\vec{k}) = -2x + z - xy = U$

$$\vec{\nabla}\left(\vec{A} \cdot \vec{B}\right) = \vec{\nabla} U = \frac{\partial U}{\partial x}\vec{\imath} + \frac{\partial U}{\partial y}\vec{\jmath} + \frac{\partial U}{\partial z}\vec{k} = (-2 - y)\,\vec{\imath} - x\vec{\jmath} + \vec{k}$$

que en el origen de coordenadas

$$\text{grad } \left(\vec{A} \cdot \vec{B}\right) = -2\vec{\imath} + \vec{k} \quad ◄$$

b) $\vec{Q} = \vec{A} \times \vec{B} = \begin{vmatrix} \vec{\imath} & \vec{\jmath} & \vec{k} \\ x & z & y \\ -2 & 1 & -x \end{vmatrix} = (-xz - y)\vec{\imath} + (x^2 - 2y)\vec{\jmath} + (x + 2z)\vec{k}$

$$\text{div}\left(\vec{A}\times\vec{B}\right)=\text{div}\,\vec{Q}=\vec{\nabla}\cdot\vec{Q}=\frac{\partial Q_x}{\partial x}+\frac{\partial Q_y}{\partial y}+\frac{\partial Q_z}{\partial z}=-z-2+2$$

que en el punto $(1,1,-1)$ resulta

$$\text{div}\left(\vec{A}\times\vec{B}\right)=1 \quad \blacktriangleleft$$

$$\text{rot}\left(\vec{A}\times\vec{B}\right)=\text{rot}\,\vec{Q}=\vec{\nabla}\times\vec{Q}=\begin{vmatrix}\vec{\imath} & \vec{\jmath} & \vec{k}\\ \dfrac{\partial}{\partial x} & \dfrac{\partial}{\partial y} & \dfrac{\partial}{\partial z}\\ (-xz-y) & \left(x^2-2y\right) & (x+2z)\end{vmatrix}=$$

$$=(-x-1)\,\vec{\jmath}+(2x+1)\,\vec{k}=-(x+1)\,\vec{\jmath}+(2x+1)\,\vec{k}$$

que en el punto $(1,1,-1)$ vale

$$\text{rot}\left(\vec{A}\times\vec{B}\right)=-2\,\vec{\jmath}+3\,\vec{k} \quad \blacktriangleleft$$

1.56 Dado el campo escalar $U = x^3 + y^3 + z^3$, calcular la circulación de su gradiente cuando se pasa, por un camino cualquiera, desde el punto más alto al punto más bajo de la intersección del eje Z con la esfera $x^2 + y^2 + z^2 = 4$.

Los dos puntos de intersección son

$$\left.\begin{array}{r} x=0\\ y=0\\ x^2+y^2+z^2=4\end{array}\right\}\quad\Rightarrow\quad \begin{array}{c}A(0,0,2)\\ B(0,0,-2)\end{array}$$

y la circulación será

$$C=\int_A^B \text{grad}\,U\cdot d\vec{l}=\int_A^B \text{grad}\,U=[U]_A^B=U_B-U_A=-8-8=-16$$

Otro proceso sería calcular el gradiente

$$\text{grad}\,U=3x^2\,\vec{\imath}+3y^2\,\vec{\jmath}+3z^2\,\vec{k}$$

y desarrollar el producto escalar de éste y $d\vec{l}$:

$$C=\int_A^B\left(3x^2\vec{\imath}+3y^2\vec{\jmath}+3z^2\vec{k}\right)\cdot\left(dx\,\vec{\imath}+dy\,\vec{\jmath}+dz\,\vec{k}\right)=\int_A^B\left(3x^2dx+3y^2dy+3z^2dz\right)$$

$$C=\int_0^0 3x^2dx+\int_0^0 3y^2dy+\int_2^{-2}3z^2dz=\left[\frac{3z^3}{3}\right]_2^{-2}=-8-8=-16$$

1.57 Hallar la circulación del vector $\vec{A} = 3xy\,\vec{\imath} - y^2\vec{\jmath} + xz\,\vec{k}$, a lo largo de la parábola $y = 2x^2$, desde el punto $(0,0,0)$ hasta el punto $(1,2,0)$.

$$C = \int_L \vec{A}\cdot d\vec{l} = \int_L \left(3xy\,\vec{\imath} - y^2\vec{\jmath} + xz\,\vec{k}\right)\cdot(dx\,\vec{\imath} + dy\,\vec{\jmath}) = \int_L \left(3xy\,dx - y^2dy\right)$$

Se ha tomado $d\vec{l} = dx\,\vec{\imath} + dy\,\vec{\jmath}$ por ser $dz = 0$ ya que la circulación se hace a lo largo de una curva contenida en el plano xy.

Como $y = 2x^2 \quad\Rightarrow\quad dy = 4x\,dx$, sustituyendo en la anterior se tiene:

$$C = \int_0^1 (3x\cdot 2x^2dx - 4x^4\cdot 4x\,dx) = \int_0^1 6x^3dx - \int_0^1 16x^5dx =$$

$$= \left[\frac{6x^4}{4}\right]_0^1 - \left[\frac{16x^6}{6}\right]_0^1 = \frac{3}{2} - \frac{8}{3} = -\frac{7}{6} \quad ◄$$

También y de forma más abreviada:

$$C = \int_0^1 6x^3dx - \int_0^2 y^2dy = \left[\frac{6x^4}{4}\right]_0^1 - \left[\frac{y^3}{3}\right]_0^2 = \frac{3}{2} - \frac{8}{3} = -\frac{7}{6}$$

1.58 Dado el campo vectorial definido por $\vec{A} = x^2\vec{\imath} + y^2\vec{\jmath} + z^2\vec{k}$, demostrar que dicho campo es conservativo y calcular su potencial escalar.

Es conservativo porque su *rot* es nulo.

$$\vec{\nabla}\times\vec{A} = \begin{vmatrix} \vec{\imath} & \vec{\jmath} & \vec{k} \\ \dfrac{\partial}{\partial x} & \dfrac{\partial}{\partial y} & \dfrac{\partial}{\partial z} \\ x^2 & y^2 & z^2 \end{vmatrix} = 0$$

Por otra parte, si es conservativo, ha de cumplir $\vec{A} = -\text{grad}\,U$ por lo que

$$\vec{A}\cdot d\vec{l} = -\text{grad}\,U\cdot d\vec{l} = -dU$$

$$U = -\int \vec{A}\cdot d\vec{l} = -\int \left(x^2\vec{\imath} + y^2\vec{\jmath} + z^2\vec{k}\right)\cdot\left(dx\,\vec{\imath} + dy\,\vec{\jmath} + dz\,\vec{k}\right) =$$

$$= -\int \left(x^2dx + y^2dy + z^2dz\right) = -\frac{1}{3}\left(x^3 + y^3 + z^3\right) + C \quad ◄$$

1.59 Calcular la circulación del gradiente de la función $U = 2x^3y^4z$ a lo largo de la curva

$$L\begin{cases} y = x \\ z = x^2 \end{cases}$$

desde el origen de coordenadas hasta el punto P determinado por $x = 2$.

Según las ecuaciones que nos define la curva, el punto tiene por coordenadas $P(2,2,4)$.

$$C = \int_0^P \text{grad}\, U \cdot d\vec{l} = \int_0^P dU = [U]_0^P = 2 \cdot 2^3 \cdot 2^4 \cdot 4 = 1024 \quad ◂$$

Un camino más laborioso es:

$$C = \int_0^P \text{grad}\, U \cdot d\vec{l} = \int_0^P \left(\frac{\partial U}{\partial x}\vec{\imath} + \frac{\partial U}{\partial y}\vec{\jmath} + \frac{\partial U}{\partial z}\vec{k}\right) \cdot \left(dx\,\vec{\imath} + dy\,\vec{\jmath} + dz\,\vec{k}\right) =$$

$$= \int_0^P \left(\frac{\partial U}{\partial x}dx + \frac{\partial U}{\partial y}dy + \frac{\partial U}{\partial z}dz\right) = \int_0^P (6x^2y^4zdx + 8x^3y^3zdy + 2x^3y^4dz)$$

que teniendo en cuenta

$$y = x \quad \Rightarrow \quad dy = dx$$
$$z = x^2 \quad \Rightarrow \quad dz = 2x\,dx$$

se puede escribir:

$$C = \int_0^2 \left(6x^2x^4x^2dx + 8x^3x^3x^2\,dx + 4x^3x^4x\,dx\right) = \left[\frac{18x^9}{9}\right]_0^2 = \left[2x^9\right]_0^2 = 1024 \quad ◂$$

1.60 Hallar el flujo del campo $\vec{A} = \vec{\jmath} + \vec{k}$ a través de la superficie determinada por los puntos $O(0,0,0)$, $a(1,0,0)$, $b(1,4,0)$, $c(0,4,0)$.

Los cuatro puntos están en el plano XY, que determinan un rectángulo de lados 4 y 1.

$$d\phi = \vec{A} \cdot d\vec{S}$$

$$\phi = \int_S \vec{A} \cdot d\vec{S} = \int_S A ds \cos\alpha$$

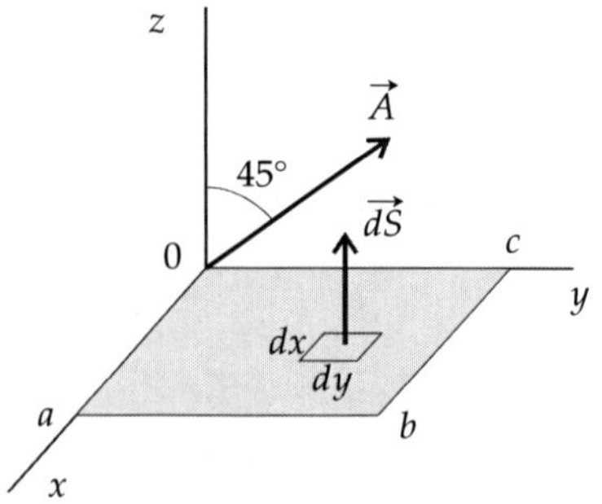

donde $A = \sqrt{2}$, y $\cos\alpha = \cos 45^\circ = \dfrac{\sqrt{2}}{2}$ por lo que:

$$\phi = A\cos\alpha \cdot \int ds = A\cos\alpha \cdot s = \sqrt{2}\frac{\sqrt{2}}{2}\cdot 4 = 4 \quad \blacktriangleleft$$

Si no se conociera el ángulo que forma el vector campo con el vector superficie, se operaría así:

$$\phi = \int_S \vec{A}\cdot d\vec{s} = \int_S \left(A_x ds_x + A_y ds_y + A_z ds_z\right) = \int_S A_z ds_z = \int_S A_z dxdy$$

y como $A_z = 1$, se obtiene finalmente,

$$\phi = \int_0^1 dx \int_0^4 dy = \left[x\right]_0^1\left[y\right]_0^4 = 1\cdot 4 = 4 \quad \blacktriangleleft$$

1.61 Calcular la circulación del vector $\vec{A} = (2x - y + z)\,\vec{i} - (x + y - z)\,\vec{j} + xyz\,\vec{k}$ a lo largo de la elipse: $\left[(x^2/9) + (y^2/4)\right] = 1$.

Debemos aplicar el teorema de Stokes

$$\oint_C \vec{A}\cdot d\vec{l} = \int_S \text{rot}\ \vec{A}\cdot d\vec{s} \qquad (1)$$

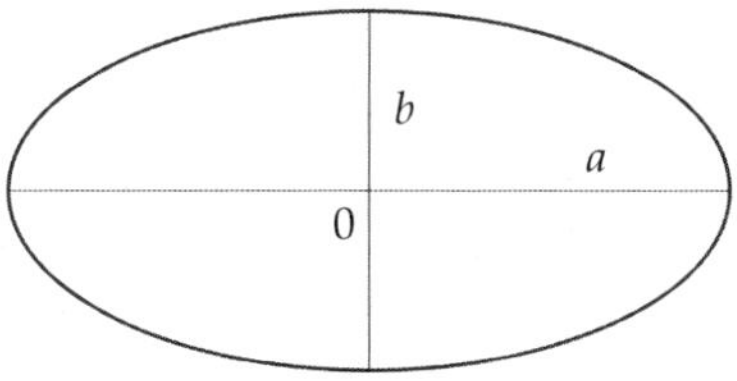

$S = ab\pi$

por lo que antes hay que calcular el rotacional de $\vec{A}$:

$$\text{rot}\ \vec{A} = \vec{\nabla}\times\vec{A} = \begin{vmatrix} \vec{i} & \vec{j} & \vec{k} \\ \dfrac{\partial}{\partial x} & \dfrac{\partial}{\partial y} & \dfrac{\partial}{\partial z} \\ (2x - y + z) & (x + y - z) & xyz \end{vmatrix} = (xz + 1)\,\vec{i} + (1 - yz)\,\vec{j} + 2\,\vec{k}$$

Por otra parte, la elipse está definida en el plano XY, por lo que su vector superficie tendrá la dirección del eje Z y por tanto $d\vec{s} = ds\,\vec{k}$. Sustituyendo en la ecuación (1) se tiene:

$$\oint_C \vec{A}\cdot d\vec{l} = \int_S rot\vec{A}\cdot d\vec{s} = \int_S \left[(xz + 1)\,\vec{i} + (1 - yz)\,\vec{j} + 2\,\vec{k}\right]\cdot ds\,\vec{k} = \int_S 2ds = 2S = 2ab\pi$$

Para nuestra elipse: $a = \sqrt{9} = 3$ y $b = \sqrt{4} = 2$, por lo que finalmente

$$\oint_C \vec{A}\cdot d\vec{l} = 2\cdot 3\cdot 2\pi = 12\pi \quad \blacktriangleleft$$

1.62 Dado el campo vectorial definido por $\vec{A} = \left(x^3 + yz\right)\vec{\imath} + \left(y^3 + xz\right)\vec{\jmath} + \left(z^3 + xy\right)\vec{k}$, calcular su flujo a través de la esfera $x^2 + y^2 + z^2 = R^2$.

Aplicando el teorema de Gauss

$$\oint \vec{A} \cdot d\vec{S} = \int_S div\vec{A}dV$$

vemos si debemos calcular precisamente la div $\vec{A}$:

$$\text{div}\,\vec{A} = \vec{\nabla} \cdot \vec{A} = \frac{\partial A_x}{\partial x} + \frac{\partial A_y}{\partial y} + \frac{\partial A_z}{\partial z} = 3x^2 + 3y^2 + 3z^2$$

por lo que

$$\int_V \text{div}\,\vec{A}\,dv = \int_V 3\left(x^2 + y^2 + z^2\right)dv$$

y teniendo en cuenta la ecuación de la esfera y que $V = \frac{4}{3}\pi R^3 \Rightarrow dV = 4\pi R^2 dR$, sustituyendo en la anterior, nos queda

$$\int_V \text{div}\,\vec{A}\,dV = \int_0^R 3R^2 \cdot 4\pi R^2 dR = 12\pi \int_0^R R^4 dR = \frac{12\pi}{5}R^5$$

$$\phi = \frac{12}{5}\pi R^5 \quad ◀$$

1.63 La función $U = -xy - \frac{x^2}{2} + y^2$ define el potencial escalar de un campo vectorial. Calcular: a) el campo vectorial; b) la circulación de éste a lo largo del segmento de parábola de eje OY comprendida entre los puntos $P_1(0,0)$ y $P_2(2,4)$; c) ¿es un campo conservativo?

a) Si U define el potencial escalar de un campo vectorial, se ha de cumplir

$$\vec{A} = -\text{grad}\,U = -\frac{\partial U}{\partial x}\vec{\imath} - \frac{\partial U}{\partial y}\vec{\jmath} - \frac{\partial U}{\partial z}\vec{k} =$$

$$= -(-y - x)\,\vec{\imath} - (-x + 2y)\,\vec{\jmath} =$$

$$= (x + y)\,\vec{\imath} + (z - 2y)\,\vec{\jmath} \quad ◀$$

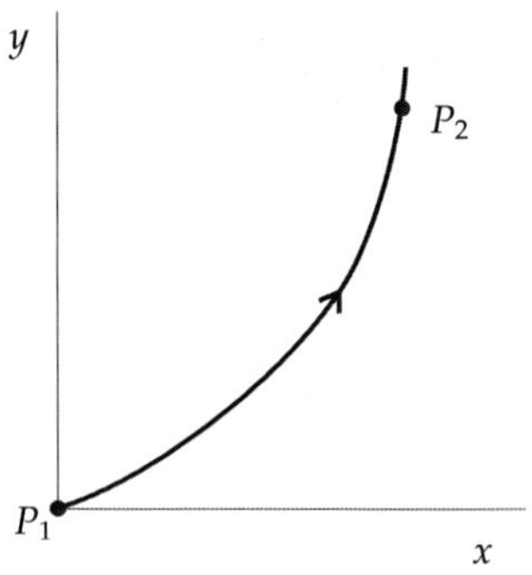

b) La ecuación de la parábola que tiene como eje OY es $y = ax^2 + b$. Al pasar por el punto $P_1(0,0)$, $b = 0$, y al pasar por $P_2(2,4)$, $4 = a \cdot 2^2 \rightarrow a = 1$, por lo que la ecuación se reduce a

$$y = x^2 \quad dy = 2x\,dx$$

y la circulación

$$C = \int_{P_1}^{P_2} \vec{A} \cdot d\vec{l} = \int_{P_1}^{P_2} [(x+y)\,dx + (x-2y)\,dy] = \int_0^2 \left[\left(x + x^2\right)dx + \left(x - 2x^2\right)2xdx\right]$$

$$C = \int_0^2 \left(xdx + 3x^2dx - 4x^3dx\right) = \left[\frac{x^2}{2} + \frac{x^3}{1} - x^4\right]_0^2 = 2 + 8 - 16 = -6 \quad \blacktriangleleft$$

c) El campo es conservativo si su rotacional es cero:

$$\text{rot}\,\vec{A} = \begin{vmatrix} \vec{\imath} & \vec{\jmath} & \vec{k} \\ \dfrac{\partial}{\partial x} & \dfrac{\partial}{\partial y} & \dfrac{\partial}{\partial z} \\ (x+y) & (x-2y) & 0 \end{vmatrix} =$$

$$= -\frac{\partial}{\partial z}(x-2y)\,\vec{\imath} + \frac{\partial}{\partial z}(x+y)\,\vec{\jmath} + \left[\frac{\partial}{\partial x}(x-2y) - \frac{\partial}{\partial y}(x+y)\right]\vec{k} =$$

$$= (1-1)\,\vec{k} = 0 \quad \blacktriangleleft$$

1.64 La fuerza que actúa sobre un oscilador armónico viene dada por $\vec{F} = -kx\,\vec{\imath}$ siendo k la constante de recuperación. a) Demostrar que dicha fuerza es conservativa; b) determinar su potencial escalar.

a) Para que la fuerza sea conservativa su rotacional debe ser cero:

$$\vec{\nabla} \times \vec{F} = \begin{vmatrix} \vec{\imath} & \vec{\jmath} & \vec{k} \\ \dfrac{\partial}{\partial x} & \dfrac{\partial}{\partial y} & \dfrac{\partial}{\partial z} \\ -kx & 0 & 0 \end{vmatrix} = \frac{\partial}{\partial z}(-kx)\,\vec{\jmath} + \frac{\partial}{\partial y}(kx)\,\vec{k} = 0 \quad \blacktriangleleft$$

b) Si la fuerza es conservativa deriva de un potencial escalar según la ecuación $\vec{F} = -\text{grad}\ U$. Por tanto, podemos escribir

$$\vec{F} \cdot d\vec{l} = -\text{grad}\ U \cdot dl = -dU$$

$$U = -\int \vec{F} \cdot d\vec{l} = -\int (-kx\vec{\imath}) \cdot dx\vec{\imath} = \int kx\,dx = \frac{1}{2}kx^2 + C$$

Si suponemos que para $x = 0$ es $U = 0$, $C = 0$, nos queda

$$U = \frac{1}{2}kx^2 \quad \blacktriangleleft$$

1.65 Sabiendo que el campo vectorial definido por $\vec{A} = \left(x^3 + yz\right)\vec{\imath} + \left(y^3 + xz\right)\vec{\jmath} + \left(z^3 + xy\right)\vec{k}$ es conservativo, determinar su potencial escalar.

Un campo conservativo deriva de un potencial escalar según la ecuación

$$\vec{A} = -\text{grad}\ \psi$$

siendo ψ dicho potencial. Por tanto, podemos escribir:

$$\vec{A} = -\vec{\nabla}\psi = -\frac{\partial\psi}{\partial x}\vec{\imath} - \frac{\partial\psi}{\partial y}\vec{\jmath} - \frac{\partial\psi}{\partial z}\vec{k},$$

y teniendo en cuenta las componentes rectangulares de $\vec{A}$ podemos establecer las ecuaciones siguientes:

$$x^3 + yz = -\frac{\partial\psi}{\partial x} \tag{1}$$

$$y^3 + xz = -\frac{\partial\psi}{\partial y} \tag{2}$$

$$z^3 + xy = -\frac{\partial\psi}{\partial z} \tag{3}$$

Integrando la (1) se obtiene:

$$\psi = -\int \left(x^3 + yz\right) dx = -\left(\frac{x^4}{4} + xyz\right) + f_1(y) + f_2(z) + C_1 \tag{4}$$

Derivamos seguidamente la ecuación (4) respecto a y para identificar $f_1(y)$:

$$\frac{\partial\psi}{\partial y} = -xz + \frac{df_1(y)}{dy}$$

que igualamos a la componente A_y cambiada de signo (ecuación 2)

$$-xz + \frac{df_1(y)}{dy} = -y^3 - xz \quad \Rightarrow \quad \frac{df_1(y)}{dy} = -y^3$$

de donde

$$f_1(y) = -\int y^3 dy = -\frac{y^4}{4} + C_2$$

Repetimos lo mismo para identificar $f_2(z)$:

$$\frac{\partial \psi}{\partial z} = -xy + \frac{df_2(z)}{dz},$$

que igualando a $-A_z$, resulta

$$-xy + \frac{df_2(z)}{dz} = -z^3 - xy \quad \Rightarrow \quad \frac{df_2(z)}{dz} = -z^3$$

$$f_2(z) = -\int z^3 dz = -\frac{z^4}{4} + C_3$$

Finalmente, sustituyendo estos valores en la ecuación (4) se tiene

$$\psi = -\left(\frac{x^4}{4} + \frac{y^4}{4} + \frac{z^4}{4} + xyz + C\right) \quad ◂$$

siendo C una constante que engloba a C_1, C_2 y C_3.

1.66 Calcular el flujo del campo vectorial $\vec{A} = x\vec{\imath} + y\vec{\jmath} + z\vec{k}$ a través de las superficies siguientes: a) de un cubo de arista unidad, delimitado por los planos coordenados; b) de una esfera de radio unidad y centrada en el origen de coordenadas.

Por el teorema de Gauss sabemos

$$\phi = \oint_S \vec{A} \cdot d\vec{s} = \int_V \text{div } \vec{A}\, dV$$

Calculamos en primer lugar la div $\vec{A}$:

$$\text{div } \vec{A} = \vec{\nabla} \cdot \vec{A} = \frac{\partial A_x}{\partial x} + \frac{\partial A_y}{\partial y} + \frac{\partial A_z}{\partial z} = 1 + 1 + 1 = 3 \quad ◂$$

a) A través del cubo:

$$\phi = \int_V \text{div } \vec{A}\, dV = 3\int_V dV = 3V = 3 \cdot 1 = 3 \quad ◂$$

b) A través de la superficie esférica:

$$\phi = \int_V \text{div } \vec{A}\, dV = 3\int_V dV = 3V = 3\frac{4}{3}\pi R^3 = 4\pi \quad ◂$$

1.67 Calcular el flujo del campo vectorial definido por $\vec{A} = \left(x^3 + yz\right)\vec{\imath} + \left(y^3 + xz\right)\vec{\jmath} + \left(z^3 + xy\right)\vec{k}$ a través de la superficie de la esfera $x^2 + y^2 + z^2 = R^2$.

Aplicamos el teorema de Gauss

$$\oint_S \vec{A} \cdot d\vec{s} = \int_V div\vec{A}\, dV$$

donde

$$\text{div}\ \vec{A} = \vec{\nabla} \cdot \vec{A} = \frac{\partial A_x}{\partial x} + \frac{\partial A_y}{\partial y} + \frac{\partial A_z}{\partial z} = 3x^2 + 3y^2 + 3z^2$$

por lo que

$$\int_V \text{div}\ \vec{A}\, dV = \int 3\left(x^2 + y^2 + z^2\right) dV$$

Si tenemos en cuenta la ecuación de la esfera, $x^2 + y^2 + z^2 = R^2$, podemos hacer el cambio de variables:

$$\int_V \text{div}\ \vec{A}\, dV = \int_V 3R^2 dV$$

y como el volumen de la esfera es

$$V = \frac{4}{3}\pi R^3 \quad \Rightarrow \quad dV = 4RR^2 dR$$

sustituyendo el valor de dV en la anterior, se obtiene:

$$\int_V \text{div}\ \vec{A}\, dV = \int_0^R 3R^2 4\pi R^2 dR = 12\pi \int_0^R R^4 dR = \frac{12\pi}{5} R^5$$

$$\oint_S \vec{A} \cdot d\vec{s} = \frac{12\pi}{5} R^5 \quad \blacktriangleleft$$

1.68 Dado un campo vectorial $\vec{A} = xy\vec{\imath} - y^2\vec{\jmath} + z\vec{k}$ y un campo escalar $U = x^2 + y^2 + z^2$, calcular el flujo del campo vectorial obtenido sumando el gradiente de U y el rotacional de $\vec{A}$ a través de la esfera $(x-a)^2 + (y-b)^2 + (z-c)^2 = R^2$.

El campo vectorial obtenido será:

$$\vec{B} = \text{grad}\ U + \text{rot}\ \vec{A} = \vec{\nabla} U + \vec{\nabla} \times \vec{A}$$

Por el teorema de Gauss:

$$\phi = \oint_S \vec{B} \cdot d\vec{s} = \int_V \text{div } \vec{B}\, dV$$

Desarrollando el segundo miembro se tiene:

$$\int_V \text{div } \vec{B} dV = \int_V \text{div } \left(\vec{\nabla} U + \vec{\nabla} \times \vec{A}\right) dV = \int_V \text{div } \left(\vec{\nabla} U\right) dV + \int_V \text{div } \left(\vec{\nabla} \times \vec{A}\right) dV$$

Pero div $(\vec{\nabla} \times \vec{A}) = \vec{\nabla} \cdot (\vec{\nabla} \times \vec{A}) = 0$, puesto que el vector $\vec{\nabla} \times \vec{A}$ es perpendicular a $\vec{\nabla}$. Nos queda, por tanto

$$\phi = \int_V \text{div } \left(\vec{\nabla} U\right) dV = \int_V \vec{\nabla} \cdot \vec{\nabla} U\, dV = \int_V \Delta U\, dV = \int_V \left(\frac{\partial^2 U}{\partial x^2} + \frac{\partial^2 U}{\partial y^2} + \frac{\partial^2 U}{\partial z^2}\right) dV =$$

$$= \int_V (2 + 2 + 2)\, dV = 6 \int_V dV = 6V = 6\frac{4}{3}\pi R^3$$

$$\phi = 8\pi R^3 \quad \blacktriangleleft$$

2

Cinemática de la partícula

2.1 La ecuación de movimiento de un punto material respecto de un sistema de referencia fijo es $\vec{r} = (t^2 + 1)\,\vec{i} + (2t - 1)\,\vec{j} + (3t^2 - 2t)\,\vec{k}$. Hallar el vector unitario tangente a cualquier punto de la trayectoria y aplicar para $t = 1$ s.

Como el vector $\frac{d\vec{r}}{dt}$ es tangente a la trayectoria, la solución que buscamos será un vector unitario en la dirección de $\vec{v}$:

$$\vec{v} = \frac{d\vec{r}}{dt} = 2t\,\vec{i} + 2\,\vec{j} + (6t - 2)\,\vec{k}$$

$$\vec{u} = \frac{\vec{v}}{v} = \frac{2t\,\vec{i} + 2\,\vec{j} + (6t - 2)\,\vec{k}}{\sqrt{4t^2 + 4 + (6t - 2)^2}} = \frac{2t\,\vec{i} + 2\,\vec{j} + (6t - 2)\,\vec{k}}{\sqrt{40t^2 - 24t + 8}}$$

que para $t = 1$:

$$\vec{u} = \frac{2\,\vec{i} + 2\,\vec{j} + 4\,\vec{k}}{\sqrt{24}} = \frac{1}{\sqrt{6}}(2\,\vec{i} + \vec{j} + 2\,\vec{k}) \quad ◀$$

2.2 Las ecuaciones paramétricas de un punto móvil son $x = 4t^2$; $y = 2t + 8t^2$, donde t se expresa en segundos, x e y en metros. Calcular: a) la trayectoria del movimiento; b) la velocidad en un instante cualquiera y su aceleración.

a) Analíticamente la trayectoria seguida por un móvil es una relación entre las variables x e y, que podemos obtener eliminando t en las ecuaciones paramétricas:

$$\begin{aligned} x &= 4t^2 \\ y &= 2t + 8t^2 \end{aligned} \quad \Rightarrow \quad t = \sqrt{\frac{x}{4}} = \frac{\sqrt{x}}{2}$$

que sustituyendo en la segunda

$$y = 2 \cdot \frac{\sqrt{x}}{2} + 8\frac{x}{4} = \sqrt{x} + 2x$$

$$y = \sqrt{x} + 2x \quad ◀$$

b)
$$\vec{r} = 4t^2\,\vec{\imath} + (2t + 8t^2)\,\vec{\jmath}$$

$$\vec{v} = \frac{d\vec{r}}{dt} = 8t\,\vec{\imath} + (2 + 16t)\,\vec{\jmath}\ \text{m/s} \quad ◄$$

$$\vec{a} = \frac{d\vec{v}}{dt} = 8\,\vec{\imath} + 16\,\vec{\jmath};\, a = \sqrt{64 + 256} = 17{,}88\ \text{m/s}^2 \quad ◄$$

2.3 Dadas las ecuaciones paramétricas del movimiento de una partícula $x = 3t^2 + 5$; $y = 6t^2$, donde t se mide en segundos y x e y en metros, calcular: a) la trayectoria seguida; b) la velocidad en el instante t; c) la aceleración; d) las componentes intrínsecas de la aceleración.

a) $x = 3t^2 + 5 \quad \Rightarrow t = \sqrt{\dfrac{x-5}{3}}$

$y = 6t^2 \quad \Rightarrow t = \sqrt{\frac{y}{6}}$

que igualando

$$\frac{x-5}{3} = \frac{y}{6} \quad \Rightarrow \quad 2x - y - 10 = 0 \quad ◄$$

b) El vector de posición de la partícula en el tiempo t es

$$\vec{r} = (3t^2 + t)\,\vec{\imath} + 6t^2\,\vec{\jmath}$$

y su velocidad

$$\vec{v} = \frac{d\vec{r}}{dt} = 6t\,\vec{\imath} + 12t\,\vec{\jmath}$$

$$v = \sqrt{(6t)^2 + (12t)^2} = \sqrt{180t^2} = 13{,}4t\ \text{m/s} \quad ◄$$

c) $\vec{a} = \dfrac{d\vec{v}}{dt} = 6\,\vec{\imath} + 12\,\vec{\jmath};\, a = \sqrt{36 + 144} = \sqrt{180} = 13{,}4t\ \text{m/s}^2 \quad ◄$

d) $a_t = \dfrac{dv}{dt} = \dfrac{d\,(13{,}4t)}{dt} = 13{,}4\ \text{m/s}^2 \quad ◄$

o bien:

$$a_t = \vec{a}\cdot\vec{\tau} = \vec{a}\cdot\frac{\vec{v}}{v} = (6\,\vec{\imath} + 12\,\vec{\jmath})\left(\frac{6t\,\vec{\imath} + 12t\,\vec{\jmath}}{13{,}4t}\right) = \frac{36t + 144t}{13{,}4t} = \frac{180}{13{,}4} = 13{,}4\ \text{m/s}^2$$

$$a_n = \sqrt{a^2 - a_t^2} = 0 \quad ◄$$

Se trata de un movimiento rectilíneo uniformemente acelerado.

2.4 La velocidad de una partícula, que se mueve en el plano XY, viene dada por la ecuación $\vec{v} = (4t - 1)\vec{\imath} + 2\vec{\jmath}$, donde v se mide en m/s y t en segundos. Para $t = 1$ s, la partícula se encuentra en $\vec{r} = 3\vec{\imath} + 4\vec{\jmath}$. Determinar la ecuación de la trayectoria.

El vector de posición $\vec{r}$ de la partícula en un instante cualquiera:

$$\vec{v} = \frac{d\vec{r}}{dt}; d\vec{r} = \vec{v}dt = [(4t - 1)\,\vec{\imath} + 2\vec{\jmath}\,]\,dt$$

$$\vec{r} = \int (4t\,\vec{\imath}\,dt - \vec{\imath}\,dt + 2\vec{\jmath}\,dt) = 2t^2\vec{\imath} - t\,\vec{\imath} + 2t\,\vec{\jmath} + c$$

$$\vec{r} = \left(2t^2 - t\right)\vec{\imath} + 2t\,\vec{\jmath} + C$$

Para $t = 1$ se cumple que este vector es igual a $3\vec{\imath} + 4\vec{\jmath}$ por lo que

$$\vec{\imath} + 2\vec{\jmath} + C = 3\vec{\imath} + 4\vec{\jmath}$$

lo que nos permite calcular que $C = 2\vec{\imath} + 2\vec{\jmath}$ y por tanto

$$\vec{r} = (2t^2 - t + 2)\vec{\imath} + (2t + 2)\,\vec{\jmath}$$

Las ecuaciones paramétricas son:

$$x = 2t^2 - t + 2$$

$$y = 2t + 2$$

que eliminando el tiempo entre ellas nos lleva a

$$2x + 5y - y^2 - 10 = 0 \quad ◂$$

2.5 Un cuerpo se desplaza a lo largo de una línea recta con aceleración $a = (3 + t)$ m/s^2. Determinar: a) la ecuación de la velocidad en función del tiempo, sabiendo que en el instante $t = 1$ s, su velocidad es de 2 m/s; b) la ecuación del desplazamiento en función del tiempo, si su posición es $s = 4$ m en dicho instante.

a) $a = \dfrac{dv}{dt}; dv = adt$

$$v = \int adt = \int (3 + t)\,dt = 3t + \frac{t^2}{2} + C$$

Para $t = 1$ s:

$$2 = 3 \cdot 1 + \frac{1}{2} + C \quad \Rightarrow \quad C = -1{,}5 \text{ m/s}$$

$$v = 3t + \frac{t^2}{2} - 1{,}5 \quad \blacktriangleleft$$

b) $v = \dfrac{ds}{dt}; ds = vdt$

$$s = \int vdt = \int (3t + \frac{t^2}{2} - 1{,}5)\, dt = \frac{3}{2}t^2 + \frac{t^3}{6} - 1{,}5t + C$$

Para $t = 1$ s:

$$4 = 1{,}5 + 0{,}17 - 1{,}5 + C \quad \Rightarrow \quad C = 3{,}83$$

$$s = -1{,}5t + \frac{3}{2}t^2 + \frac{t^3}{6} + 3{,}83 \quad \blacktriangleleft$$

2.6 Las ecuaciones paramétricas de una partícula que se mueve en el plano XY son: $x = 20 \operatorname{sen} 5t$; $y = 20 \cos 5t$. Calcular: a) la ecuación de la trayectoria; b) la ecuación de espacios.

a) Elevando al cuadrado ambas ecuaciones y sumando miembro a miembro se obtiene

$$\left.\begin{aligned} x^2 &= 400 \operatorname{sen}^2 5t \\ y^2 &= 400 \cos^2 5t \end{aligned}\right\} \quad \Rightarrow \quad x^2 + y^2 = 400\left(\operatorname{sen}^2 5t + \cos^2 5t\right)$$

$$x^2 + y^2 = 400 \quad \blacktriangleleft$$

que es la ecuación de una circunferencia de radio $\sqrt{400} = 20$.

b) $\vec{r} = 20 \operatorname{sen} 5t\, \vec{\imath} + 20 \cos 5t\, \vec{\jmath}$

$$\vec{v} = \frac{d\vec{r}}{dt} = 100 \cos 5t\, \vec{\imath} - 100 \operatorname{sen} 5t\, \vec{\jmath}$$

$$v = \sqrt{100^2 (\cos^2 5t + \operatorname{sen}^2 5t)} = 100$$

$$ds = vdt \quad \Rightarrow \quad s = \int vdt = \int 100dt = 100t + c$$

Si para $t = 0$ es $s = 0$;

$$s = 100t \quad \blacktriangleleft$$

2.7 La aceleración de una partícula viene definida por la ecuación $a = -kx$, siendo su trayectoria el eje de abscisas. Si para $x = 0$ es $v = 25$ cm/s y para $x = 10$ cm es $v = 0$, determinar el valor de la constante k.

$$a = -kx \quad \Rightarrow \quad \frac{dv}{dt} = -kx$$

De las tres variables v, x, t, que aparecen en esta ecuación, eliminemos t mediante

$$\frac{dv}{dt} = \frac{dv}{dx}\,\frac{dx}{dt} = v\frac{dv}{dx}$$

con lo que podemos escribir

$$v\frac{dv}{dx} = -kx \quad \Rightarrow \quad vdv = -kx\,dx \qquad (1)$$

Si tenemos en cuenta las condiciones del problema

$$\text{para } x = 0 \text{ cm} \quad \text{es } v = 25\,\text{cm/s}$$
$$\text{para } x = 10 \text{ cm} \quad \text{es } v = 0,$$

integrando la ecuación (1) entre dichos límites se tiene

$$\int_{25}^{0} vdv = -k\int_{0}^{10} xdx \quad \Rightarrow \quad \left[\frac{v^2}{2}\right]_{25}^{0} = -k\left[\frac{x^2}{2}\right]_{0}^{10}$$

$$-\frac{25^2}{2} = -k\frac{10^2}{2} \quad \Rightarrow \quad 625 = 100k$$

$$k = 6{,}25\ \text{s}^{-2} \quad ◄$$

2.8 Una partícula describe un movimiento dado por las ecuaciones: $x = (2t+2)$; $y = (t^2 + 1)$, donde "t" es el tiempo expresado en segundos y las distancias están dada en metros. Hallar la velocidad, la aceleración y sus componentes intrínsecas.

$$\vec{v} = \frac{d\vec{r}}{dt} = 2\,\vec{\imath} + 2t\,\vec{\jmath} \quad ◄; \quad v = \sqrt{4+4t^2} = 2\sqrt{1+t^2}\ \text{m/s}$$

$$\vec{a} = \frac{d\vec{v}}{dt} = 2\,\vec{\jmath} \quad ◄; \quad a = 2\ \text{m/s}^2$$

$$a_t = \frac{dv}{dt} = \frac{d}{dt}\left(2\sqrt{1+t^2}\right) = \frac{d}{dt}2(1+t^2)^{1/2} = \frac{2}{2}(1+t^2)^{-1/2}\cdot 2t$$

$$a_t = \frac{2t}{\sqrt{1+t^2}}\ \mathrm{m/s^2} \quad ◂$$

$$a_n = \sqrt{a^2 - a_t} = \sqrt{4 - \frac{4t^2}{1+t^2}} = \frac{2}{\sqrt{1+t^2}}\ \mathrm{m/s^2} \quad ◂$$

2.9 El vector de posición de una partícula viene dado por la ecuación $\vec{r} = 2t\,\vec{\imath} - 3t^2\vec{\jmath} + 10\vec{k}$, donde r se expresa en metros y t en segundos. Para $t = 1$ s determinar: a) el vector unitario en dirección tangente a la trayectoria; b) las componentes intrínsecas de la aceleración; c) el radio de curvatura.

a) La velocidad es tangente a la trayectoria, por lo que un vector unitario en dicha dirección será $\vec{\tau} = \vec{v}/v$.

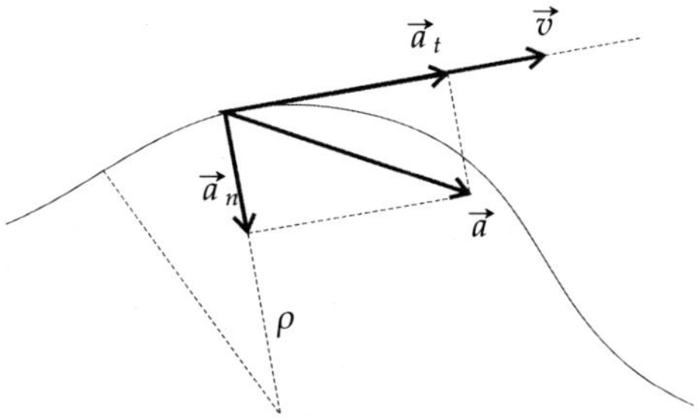

$$\vec{v} = \frac{d\vec{r}}{dt} = 2\vec{\imath} - 6t\,\vec{\jmath},$$

que para $t = 1$:

$$\vec{v} = 2\vec{\imath} - 6t\,\vec{\jmath};\, v = \sqrt{4+36} = 6{,}32\ \mathrm{m/s}$$

$$\vec{\tau} = \frac{2\vec{\imath} - 6\vec{\jmath}}{6{,}32} = 0{,}32\,\vec{\imath} - 0{,}95\,\vec{\jmath} \quad ◂$$

b)

$$\vec{a} = \frac{d\vec{v}}{dt} = -6\vec{\jmath};\, a = 6\ \mathrm{m/s^2}$$

$$\left.\begin{aligned} a_t &= \vec{a}\cdot\vec{\tau} = -6\vec{\jmath}\cdot(0{,}32\,\vec{\imath} - 0{,}95\,\vec{\jmath}) = 5{,}7\ \mathrm{m/s^2} \\ a_n &= \sqrt{a^2 - a_t^2} = \sqrt{36 - 32{,}49} = 1{,}87\ \mathrm{m/s^2} \end{aligned}\right\} \quad ◂$$

c)

$$a_n = \frac{v^2}{\rho} \quad \Rightarrow \quad \rho = \frac{v^2}{a_n} = \frac{40}{1{,}87} = 21{,}39\ \mathrm{m} \quad ◂$$

El valor de a_t también se puede calcular de $v = \sqrt{4+36t^2}$:

$$a_t = \frac{dv}{dt} = \frac{d(4+36t^2)^{\frac{1}{2}}}{dt} = \frac{2\cdot 36t}{2\sqrt{4+36t^2}} = \frac{36t}{\sqrt{4+36t^2}}$$

que para $t = 1$:

$$a_t = \frac{36}{\sqrt{40}} = 5{,}7\ \mathrm{m/s^2} \quad ◂$$

2.10 Una masa puntual de 1 kg describe una curva en el espacio. La curva tiene por ecuaciones paramétricas $x = t^2$, $y = \frac{1}{2}t^2$; $z = \frac{1}{3}t^3$, donde x, y, z se expresan en metro y t en segundos. Calcular para $t = 2$ s, las componentes intrínsecas de la aceleración y el radio de curvatura.

$$\vec{r} = t^2\vec{\imath} + \frac{1}{2}t^2\vec{\jmath} + \frac{1}{3}t^3\vec{k}$$

$$a_n = \sqrt{a^2 - a_t^2}; a_n = \frac{v^2}{\rho}$$

$$\vec{v} = \frac{d\vec{r}}{dt} = 2t\vec{\imath} + t\vec{\jmath} + t^2\vec{k}; \vec{a} = \frac{d\vec{v}}{dt} = 2\vec{\imath} + \vec{\jmath} + 2t\vec{k}$$

para $t = 2$:

$$\begin{cases} \vec{v} = 4\vec{\imath} + 2\vec{\jmath} + 4\vec{k}; \quad v = \sqrt{16+4+16} = 6 \text{ m/s} \\ \vec{a} = 2\vec{\imath} + \vec{\jmath} + 4\vec{k}; \quad a = \sqrt{21} = 4{,}58 \text{ m/s} \end{cases}$$

Calculamos a_t, utilizando $a_t = dv/dt$, donde $v = \sqrt{4t^2 + t^2 + t^4}$

$$a_t = \frac{dv}{dt} = \frac{d}{dt}\left(\sqrt{5t^2 + t^4}\right) = \frac{10t + 4t^2}{2\sqrt{5t^2 + t^4}}$$

que para $t = 2$ s

$$a_t = \frac{10 \cdot 2 + 4 \cdot 8}{2\sqrt{20 + 16}} = \frac{26}{6} = \frac{13}{3} = 4{,}33 \text{ m/s}^2 \quad ◀$$

También se puede calcular a_t por $a_t = \vec{a} \cdot \vec{\tau}$ En el tiempo $t = 2$ s, sabemos que

$$\vec{a} = 2\vec{\imath} + \vec{\jmath} + 4\vec{k} \text{ y } \vec{\tau} = \frac{\vec{v}}{v} = \frac{4\vec{\imath} + 2\vec{\jmath} + 4\vec{k}}{6}$$

por tanto:

$$a_t = \vec{a} \cdot \vec{\tau} = \left(2\vec{\imath} + \vec{\jmath} + 4\vec{k}\right) \cdot \left(\frac{4\vec{\imath} + 2\vec{\jmath} + 4\vec{k}}{6}\right) = \frac{8 + 2 + 16}{6} = 4{,}33 \text{ m/s}^2 \quad ◀$$

$$a_n = \sqrt{a^2 - a_t^2} = \sqrt{21 - 4{,}33^2} = 1{,}5 \text{ m/s}^2 \quad ◀$$

$$a_n = \frac{v^2}{\rho}; \quad \rho = \frac{v^2}{a_n} = \frac{36}{1{,}5} = 24 \text{ m} \quad ◀$$

2.11 Una partícula describe la trayectoria $y = 4x^2$, estando x e y expresados en metros. La proyección de la velocidad sobre el eje de abscisas es constante y vale 2 m/s. Admitiendo que $x = y = 0$ para $t = 0$, hállese: a) las ecuaciones paramétricas del movimiento; b) su velocidad y aceleración en función del tiempo.

a) Si $v_x = 2$, podemos escribir

$$\frac{dx}{dt} = 2 \quad \Rightarrow \quad dx = 2dt$$

$$x = \int 2dt = 2t + C,$$

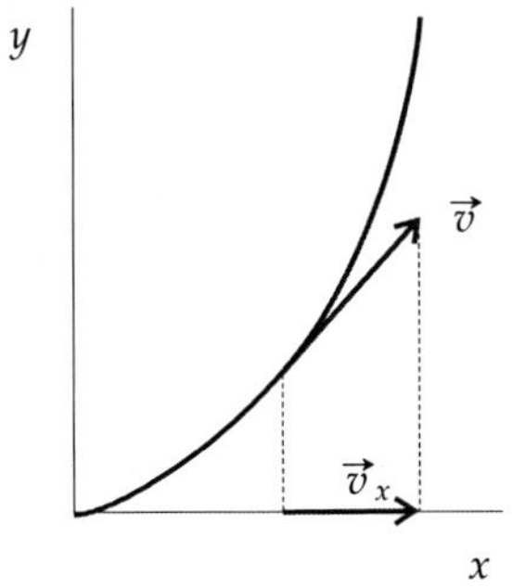

y como para $t = 0$ es $x = 0$, resulta $C = 0$. Por tanto $x = 2t$. Sustituyendo este valor en $y = 4x^2$, las ecuaciones paramétricas son

$$\left.\begin{array}{l} x = 2t \\ y = 16t^2 \end{array}\right\} \quad \blacktriangleleft$$

b) El vector de posición de la partícula es $\vec{r} = 2t\,\vec{\imath} + 16t^2$ y su velocidad y aceleración:

$$\vec{v} = \frac{d\vec{r}}{dt} = 2\,\vec{\imath} + 32t\,\vec{\jmath} \quad \Rightarrow v = \sqrt{4 + 1024t^2}\ \text{m/s} \quad \blacktriangleleft$$

$$\vec{a} = \frac{d\vec{v}}{dt} = 32\,\vec{\jmath} \quad \Rightarrow a = 32\ \text{m/s}^2 \quad \blacktriangleleft$$

2.12 El vector velocidad de una partícula viene dado por $\vec{v} = \vec{\imath} - 4t\,\vec{\jmath} - 3t^2\,\vec{k}$. Determinar para $t = 1$ s: a) el vector unitario en la dirección tangente a la trayectoria; b) las componentes intrínsecas de la aceleración; c) el radio de curvatura.

a) $$\vec{\tau} = \frac{\vec{v}}{v} = \frac{\vec{\imath} - 4t\,\vec{\jmath} - 3t^2\,\vec{k}}{\sqrt{1 + 16t^2 + 9t^4}}$$

para $t = 1$ s:

$$\vec{\tau} = \frac{\vec{\imath} - 4\,\vec{\jmath} - 3\,\vec{k}}{\sqrt{26}} \quad \blacktriangleleft \quad v = \sqrt{26}$$

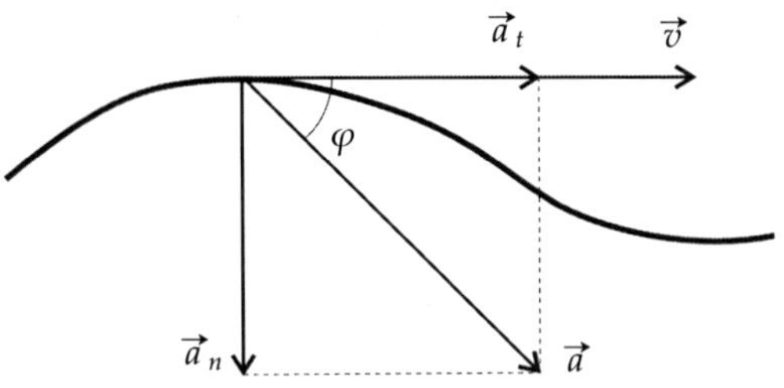

b)
$$a_t = \frac{dv}{dt} = \frac{32t + 36t^3}{2\sqrt{1 + 16t^2 + 9t^4}}$$

que para $t = 1$ s

$$a_t = \frac{32 + 36}{2\sqrt{26}} = \frac{68}{2\sqrt{26}} = \frac{34}{\sqrt{26}} = 6{,}67 \text{ m/s}^2 \quad ◄$$

como también: $a_t = \vec{a} \cdot \vec{\tau}$

$$\vec{a} = \frac{d\vec{v}}{dt} = -4\vec{j} - 6t\vec{k},$$

que para $t = 1$ s:

$$\vec{a} = -4\vec{j} - 6\vec{k} \quad \Rightarrow \quad a = \sqrt{52}$$

$$a_t = \left(-4\vec{j} - 6\vec{k}\right) \cdot \left(\frac{\vec{\imath} - 4\vec{j} - 3\vec{k}}{\sqrt{26}}\right) = \frac{16 + 18}{\sqrt{26}} = 6{,}67 \text{ m/s}^2$$

$$a_n = \sqrt{a^2 - a_t^2} = \sqrt{52 - 44{,}5} = 2{,}74 \text{ m/s}^2 \quad ◄$$

c)
$$a_n = \frac{v^2}{\rho} \quad \Rightarrow \quad \rho = \frac{v^2}{a_n} = \frac{26}{2{,}74} = 9{,}49 \text{ m} \quad ◄$$

El ángulo φ que forma la ecuación con la velocidad:

$$a_t = \vec{a} \cdot \vec{\tau} = a\cos\varphi \quad \Rightarrow \quad \cos\varphi = \frac{a_t}{a} = \frac{6{,}67}{\sqrt{52}} = 0{,}92$$

$$\varphi = \arccos 0{,}92 = 22{,}3° \quad ◄$$

2.13 Sabiendo que las ecuaciones paramétricas de un móvil son $x = \frac{4}{3}(1+2t)^{3/2}$; $y = 2t + 1$, calcular la expresión del espacio recorrido en función del tiempo.

$$\vec{r} = \frac{4}{3}(1 + 2t)^{3/2}\,\vec{\imath} + (2t^2 + 1)\,\vec{j}$$

$$\vec{v} = \frac{d\vec{r}}{dt} = \frac{4}{3} \cdot \frac{3}{2}(1 + 2t)^{\frac{1}{2}} \cdot 2\,\vec{\imath} + 4t\,\vec{j} = 4(1 + 2t)^{1/2}\,\vec{\imath} + 4t\,\vec{j}$$

$$v = \sqrt{16(1 + 2t) + 16t^2} = 4\sqrt{1 + 2t + t^2} = 4(1 + t)$$

$$v = \frac{ds}{dt} \quad \Rightarrow \quad ds = v\,dt$$

$$s = \int v dt = \int 4(1 + t)\, dt = 4t + 2t^2 + C$$

Si para $t = 0$ es $s = 0$, la ecuación de espacios es

$$s = 2t^2 + 4t \quad ◄$$

2.14 Deducir el tipo de movimiento que posee una partícula cuyas ecuaciones paramétricas son $x = t$; $y = t^2/2$; $z = t$.

Para saber qué tipo de movimiento tiene esa partícula hay que calcular los componentes intrínsecos de su aceleración.

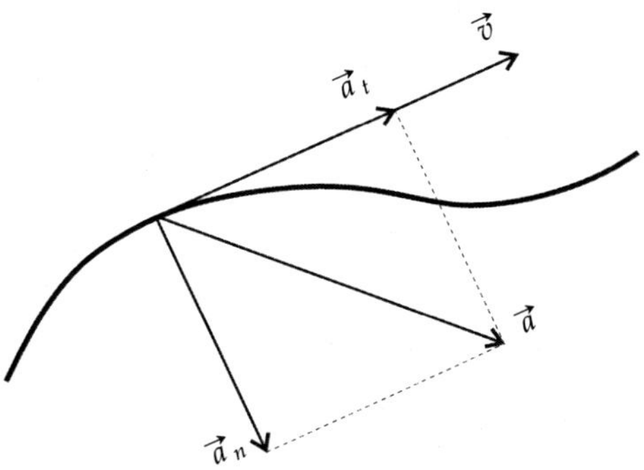

$$\vec{r} = t\vec{\imath} + \frac{t^2}{2}\vec{\jmath} + t\vec{k}$$

$$\vec{v} = \frac{d\vec{r}}{dt} = \vec{\imath} + t\vec{\jmath} + \vec{k}; v = \sqrt{t^2 + 2}$$

$$\vec{a} = \vec{\jmath} \quad \Rightarrow \quad a = 1$$

$$a_t = \frac{dv}{dt} = \frac{d}{dt}\left(\sqrt{t^2 + 2}\right) = \frac{t}{\sqrt{t^2 + 2}}$$

Como a_t depende del tiempo, el movimiento no es uniformemente variado

$$a_n = \sqrt{a^2 - a_t^2} = \sqrt{1 - \frac{t^2}{t^2 + 2}} = \sqrt{\frac{2}{t^2 + 2}}$$

Al ser $a_n \neq 0$, el movimiento es curvilíneo, y para ver si es circular se calcula el radio de la curvatura

$$a_n = \frac{v^2}{\rho} \quad \Rightarrow \quad \rho = \frac{v^2}{a_n} = \frac{t^2 + 2}{\sqrt{2}/\left(t^2 + 2\right)^{1/2}} = \frac{\left(t^2 + 2\right)^{3/2}}{\sqrt{2}}$$

Al ser el radio de la curvatura función del tiempo, no es constante y el movimiento no es circular. Se trata de un movimiento curvilíneo variado, porque al ser $a_t = t/\sqrt{t^2 + 2}$ función del tiempo el movimiento no es uniforme; y al ser $\rho = (t^2+2)^{3/2}/\sqrt{2}$, el movimiento no es circular.

2.15 El vector de posición de una partícula que se mueve en trayectoria plana es $\vec{r} = (5\cos\pi t - 1)\vec{i} + (5\,\text{sen}\,\pi t + 2)\vec{j}$ (S.I.). a) Demuéstrese que se trata de un movimiento circular uniforme; b) calcular el radio de la circunferencia y la frecuencia de este movimiento.

a) Un movimiento circular uniforme se caracteriza porque los módulos de $\vec{v}$ y $\vec{a}_n$ son constantes. Si en este movimiento fuese v = cte, al ser

$$a_t = \frac{dv}{dt} = 0$$

solo tendría aceleración normal, que vendrá dada por:

$$\vec{a}_n = \vec{a} = \frac{d\vec{v}}{dt}$$

Por consiguiente, habrá que demostrar que tanto v como a_n son constantes:

$$\vec{v} = \frac{d\vec{r}}{dt} = -5\pi\,\text{sen}\,\pi\,t\,\vec{i} + 5\pi\cos\pi\,t\,\vec{j}$$

$$v = \sqrt{25\pi^2(\text{sen}^2\,\pi\,t + \cos^2\pi\,t)} = 5\pi\ \text{m/s}^2 = \text{constante} \quad ◄$$

$$\vec{a}_n = \frac{d\vec{v}}{dt} = -5\pi^2\cos\pi\,t\,\vec{i} - 5\pi^2\,\text{sen}\,\pi\,t\,\vec{j}$$

$$a_n = \sqrt{25\pi^4(\cos^2\pi\,t + \text{sen}^2\,\pi\,t)} = 5\pi^2\ \text{m/s}^2 = \text{constante} \quad ◄$$

b)

$$a_n = \frac{v^2}{R} \quad\Rightarrow\quad R = \frac{v^2}{a_n} = \frac{25\pi^2}{5\pi^2} = 5\ \text{m} \quad ◄$$

Como

$$\left.\begin{aligned}\omega T &= 2\pi\\ v &= \omega R\end{aligned}\right\} \Rightarrow \left.\begin{aligned}\omega &= \frac{2\pi}{T} = 2\pi\upsilon\\ \omega &= \frac{v}{R}\end{aligned}\right\} \Rightarrow v = 2\pi\,\upsilon R$$

$$\upsilon = \frac{v}{2\pi R} = \frac{5\pi}{2\pi 5} = 0{,}5\ \text{Hz} \quad ◄$$

2.16 Una pelota dejada caer desde la cornisa de un edificio emplea 0,2 segundos en pasar frente a una ventana de 2 m de altura. ¿Qué distancia hay entre el borde superior de la ventana y la cornisa?

$$h = \frac{1}{2}gt^2$$

$$h + 2 = \frac{1}{2}g\,(t + 0{,}2)^2 = \frac{1}{2}gt^2 + 0{,}02g + 0{,}2gt$$

$$2 = 0{,}02g + 0{,}2gt$$

$$t = \frac{2 - 0{,}02g}{0{,}2g} = \frac{1{,}804}{1{,}96} = 0{,}92 \text{ s}$$

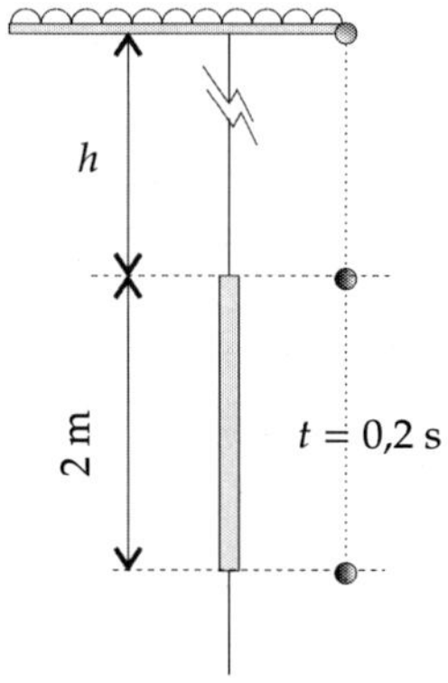

$$h = \frac{1}{2}gt^2 = \frac{1}{2}9{,}8\,(0{,}92)^2 = 4{,}15 \text{ m} \quad ◂$$

2.17 Una partícula describe una trayectoria circular plana de 20 cm de radio con una velocidad lineal constante de 5 cm/s. Elegido un sistema de referencia ortogonal cuyo origen coincide con el centro de la trayectoria, se empieza a contar el tiempo cuando la partícula se encuentra sobre el eje X positivo. En el instante $t = 4\pi/3$ s, calcular: a) la posición de la partícula; b) las componentes de la velocidad; c) las componentes de la aceleración; d) las componentes intrínsecas de la aceleración.

a) $$\omega = \frac{v}{R} = \frac{5}{20} = \frac{1}{4} \text{ rad/s}$$

Teniendo en cuenta la figura, el vector de posición o radiovector tiene por componentes

$$\vec{R} = x\vec{\imath} + y\vec{\jmath} = R\cos\theta\,\vec{\imath} + R\,\text{sen}\,\theta\,\vec{\jmath} =$$

$$R\cos\omega t\,\vec{\imath} + R\,\text{sen}\,\omega t\,\vec{\jmath}$$

que sustituyendo el tiempo por $\frac{4}{3}\pi$ se tiene:

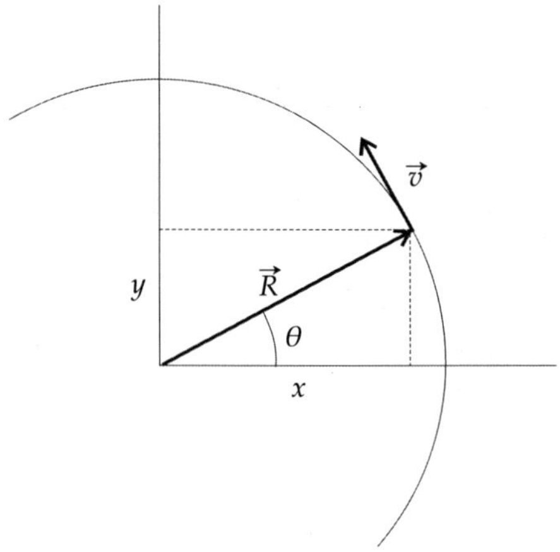

$$\vec{R} = 20\cos\left(\frac{1}{4}\cdot\frac{4}{3}\pi\right)\vec{\imath} + 20\,\text{sen}\left(\frac{1}{4}\cdot\frac{4}{3}\pi\right)\vec{\jmath} = 20\cos\frac{\pi}{3}\,\vec{\imath} + 20\,\text{sen}\,\frac{\pi}{3}\,\vec{\jmath}$$

$$\vec{R} = 10\vec{\imath} + 10\sqrt{3}\,\vec{\jmath} \quad \Rightarrow \quad \left.\begin{array}{l} x = 10 \text{ cm} \\ y = 10\sqrt{3} \text{ cm} \end{array}\right\} \quad ◂$$

b) $\vec{v} = \dfrac{d\vec{R}}{dt} = -R\omega \operatorname{sen} \omega t \,\vec{\imath} + R\omega \cos \omega t \,\vec{\jmath} = -20\dfrac{1}{4} \operatorname{sen} \dfrac{\pi}{3}\vec{\imath} + 20\dfrac{1}{4} \cos \dfrac{\pi}{3}\vec{\jmath} =$

$$= -\frac{5\sqrt{3}}{2}\vec{\imath} + \frac{5}{2}\vec{\jmath} \quad \Rightarrow \quad \left.\begin{aligned} v_x &= -\frac{5\sqrt{3}}{2} \text{ cm/s} \\ v_y &= \frac{5}{2} \text{ cm/s} \end{aligned}\right\} \blacktriangleleft$$

c) $\vec{a} = \dfrac{d\vec{v}}{dt} = -R\omega^2 \cos \omega t \,\vec{\imath} - R\omega^2 \operatorname{sen} \omega t \,\vec{\jmath} =$

$$= -\frac{20}{32}i - \frac{20\sqrt{3}}{32}j = -\frac{5}{8}\vec{\imath} - \frac{5}{8}\sqrt{3}\vec{\jmath}$$

$$\left.\begin{aligned} a_x &= -\frac{5}{8} \text{ cm/s}^2 \\ a_y &= -\frac{5}{8}\sqrt{3} \text{ cm/s}^2 \end{aligned}\right\} \blacktriangleleft$$

d) Por ser v = cte:

$$\left.\begin{aligned} a_t &= \frac{dv}{dt} = 0 \\ a_n &= \frac{v^2}{R} = 1{,}25 \text{ cm/s}^2 \end{aligned}\right\} \blacktriangleleft$$

2.18 Un globo se está elevando con una velocidad constante de 2,5 m/s cuando se arroja un saco de lastre. Si su altura en el instante en que se suelta es de 80 m, calcular: a) el tiempo que tarda el lastre en llegar al suelo; b) la velocidad con que llega.

a) $$v = v_o - gt$$

Cuando $v = 0 \quad \Rightarrow \quad t = \dfrac{v_0}{g} = \dfrac{2{,}5}{9{,}8} = 0{,}26$ s que es el tiempo empleado por el lastre en elevarse por encima de la cota de 80 m, que vale

$$h' = v_o t - \frac{1}{2}gt^2 = 2{,}5 \cdot 0{,}26 - 0{,}5 \cdot 9{,}8 \cdot (0{,}26)^2 = 0{,}32 \text{ m}$$

Desde la altura $h = 80 + 0{,}32 = 80{,}32$ m se calcula el tiempo de caída y se le suma 0,26 s que estuvo ascendiendo:

$$h = \frac{1}{2}gt^2 \quad \Rightarrow \quad t = \sqrt{2\frac{h}{g}} = \sqrt{\frac{2 \cdot 80{,}32}{9{,}8}} = 4{,}05 \text{ s}$$

por lo que el tiempo en llegar al suelo es

$$t = 4{,}05 + 0{,}26 = 4{,}31 \text{ s} \quad \blacktriangleleft$$

b) Velocidad con que llega al suelo:

$$v = gt = 9{,}8 \cdot 4{,}05 = 39{,}69 \text{ m/s} \quad \blacktriangleleft$$

o bien

$$v = \sqrt{2gh} = \sqrt{2 \cdot 9{,}8 \cdot 80{,}32} = 39{,}68 \text{ m/s} \quad \blacktriangleleft$$

2.19 Un cuerpo que se encuentra en reposo parte en un momento dado con una aceleración de 2 m/s^2 y mantiene dicha aceleración durante 6 s, continuando luego con movimiento uniforme. En el instante en que este primer cuerpo inicia su movimiento, otro pasa por el mismo punto con una velocidad constante de 8 m/s. Si ambas trayectorias coinciden, calcular el tiempo y el punto en que ambos móviles se encuentran de nuevo.

Si llamamos t al tiempo que invierte el primer cuerpo desde que se inicia el movimiento uniforme hasta que ambos cuerpos se encuentran, el espacio recorrido por el primero será:

$$s_1 = \frac{1}{2}at_1^2 + v_1 t = \frac{1}{2} \cdot 2 \cdot 6^2 + v_1 t = 36 + v_1 t$$

donde $v_1 = at_1 = 2 \cdot 6 = 12$ m/s, por lo que dicho espacio viene dado por

$$s_1 = 36 + 12t$$

y el espacio recorrido por el segundo por

$$s_2 = v_2(6 + t) = 8(6 + t) = 48 + 8t$$

En el instante del encuentro $s_1 = s_2$, por lo que se tiene

$$36 + 12t = 48 + 8t \quad \Rightarrow \quad t = \frac{12}{4} = 3 \text{ s}$$

Se encuentran de nuevo a los 9 s después de recorrer el espacio de

$$s_1 = s_2 = 36 + 12 \cdot 3 = 72 \text{ m} \quad \blacktriangleleft$$

2.20 ¿Durante cuánto tiempo debe caer un cuerpo en el vacío para que el espacio recorrido durante el último segundo sea 3/4 del espacio total?

Sea t el tiempo buscado, la altura recorrida en dicho tiempo es $h = \frac{1}{2}gt^2$.

Si en el último segundo se recorre $\frac{3h}{4}$, $h - \frac{3h}{4} = \frac{h}{4}$ será el espacio recorrido hasta el segundo $(t - 1)$. Por lo tanto

$$\frac{h}{4} = \frac{1}{2}g\,(t-1)^2 = \frac{1}{2}g\left(t^2 - 2t + 1\right)$$

$$h = 2gt^2 - 4gt + 2g$$

y sustituyendo el valor de h

$$\frac{1}{2}gt^2 = g\left(2t^2 - 4t + 2\right)$$

$$1{,}5t^2 - 4t + 2 = 0$$

$$3t^2 - 8t + 4 = 0$$

$$t = \frac{8 \pm \sqrt{64 - 48}}{6} = \frac{8 \pm 4}{6} \qquad \begin{cases} t_1 = 2 \\ t_2 = 0{,}66 \end{cases}$$

$$t_1 = 2\ \text{s} \quad ◄$$

2.21 Del techo de un ascensor, de 2 m de altura, se desprende un clavo en el instante en que se inicia la subida con velocidad constante de 1 m/s. Calcular: a) la distancia del clavo al suelo del ascensor 0,5 segundos después; b) el tiempo que tarda en llegar al suelo del ascensor.

a) Teniendo en cuenta la figura, el espacio descendido por el clavo en 0,5 s es

$$h_1 = \frac{1}{2}gt^2 = \frac{1}{2} \cdot 9{,}8 \cdot 0{,}5^2 = 1{,}225\ \text{m}$$

Durante dicho tiempo, el suelo del ascensor se ha elevado

$$h_2 = v \cdot t = 1 \cdot 0{,}5 = 0{,}5\ \text{m}$$

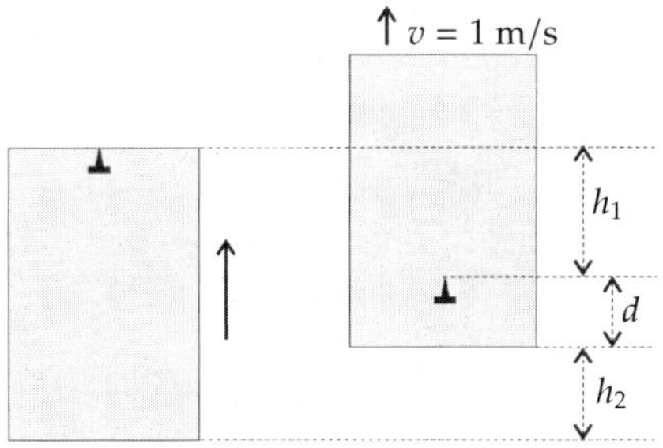

por lo que la distancia del clavo al suelo del ascensor será

$$d = 2 - (h_1 + h_2) = 2 - (1{,}225 + 0{,}5) = 0{,}28 \text{ m} \quad ◄$$

b) Se ha de cumplir

$$2 = \frac{1}{2}gt^2 + vt \quad \Rightarrow \quad 4{,}9\,t^2 + t - 2 = 0$$

$$t = \frac{-1 \pm \sqrt{1 + 39{,}2}}{9{,}8} = 0{,}54 \text{ s} \quad ◄$$

2.22 Desde un ascensor sin techo, que sube verticalmente a la velocidad de 2 m/s, se lanza un cuerpo con velocidad inicial de 17,6 m/s respecto del mismo. Calcular lo que ha subido el ascensor cuando el cuerpo cae otra vez en el mismo.

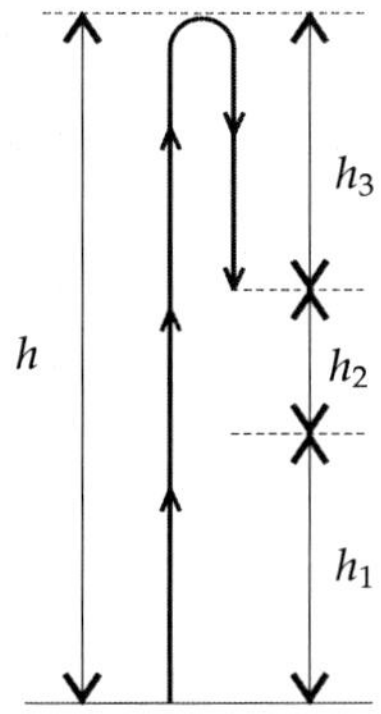

Velocidad del cuerpo hacia arriba

$$v_o = 17{,}6 + 2 = 19{,}6 \text{ m/s}$$

Altura alcanzada por el cuerpo $v^2 = v_o^2 - 2gh$; cuando $v = 0$

$$h = \frac{v_o^2}{2g} = \frac{19{,}6^2}{19{,}6} = 19{,}6 \text{ m}$$

Tiempo que tarda el cuerpo en subir:

$$v = v_o - gt; \quad t = \frac{v_o}{g} = 2 \text{ s}$$

Durante este tiempo el ascensor se ha elevado:

$$h_1 = v_a \cdot t = 2 \text{ m/s} \cdot 2 \text{ s} = 4 \text{ m}$$

Sea ahora t' el tiempo contado desde que el cuerpo alcanza la altura máxima hasta que cae de nuevo en el ascensor. Durante él, el cuerpo desciende $h_3 = \frac{1}{2}gt'^2$, y el ascensor asciende $h_2 = v_a \cdot t'$

$$h = h_1 + h_2 + h_3; \qquad 19{,}6 = 4 + 2t' + \frac{1}{2}9{,}8t'^2$$

$$4{,}9t'^2 + 2t' - 15{,}6 = 0 \rightarrow t' = 1{,}59 \text{ s}$$

Durante este tiempo el ascensor se ha elevado

$$h_2 = 2 \text{ m/s} \cdot 1{,}59 \text{ s} = 3{,}18 \text{ m}$$
$$h_1 + h_2 = 4 + 3{,}18 = 7{,}18 \text{ m} \quad ◄$$

2.23 Se lanza una bola verticalmente hacia arriba con una velocidad inicial de 40 m/s. Dos segundos después se lanza también verticalmente hacia arriba una segunda bola con velocidad de 37 m/s. ¿En qué punto se encontrarán ambas bolas? ¿Corresponde al ascenso o descenso de las mismas?

Tiempo que tarda en subir la primera bola:

$$v = v_0 - gt \quad \Rightarrow \quad t = \frac{v_0}{g} = \frac{40}{9{,}8} = 4{,}08 \text{ s}$$

En ese tiempo la altura alcanzada es

$$v^2 = v_0^2 - 2gh \quad \Rightarrow \quad h = \frac{v_0^2}{2g} = \frac{1600}{19{,}6} = 81{,}63 \text{ m}$$

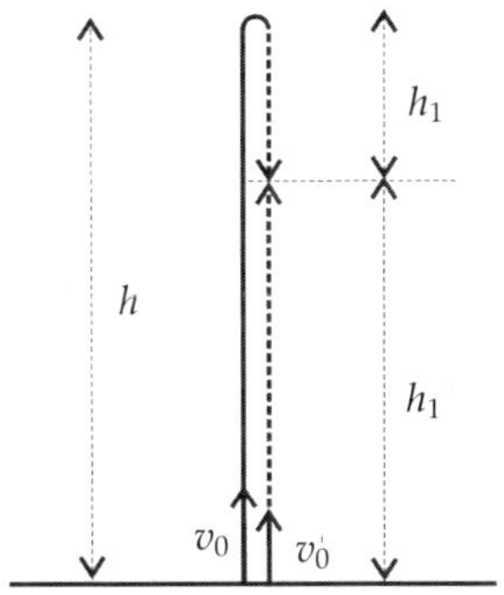

Cuando empieza a descender la primera bola, la segunda lleva dos segundos subiendo, por lo que podemos escribir de acuerdo con la figura:

$$h_1 = \frac{1}{2}gt^2$$

$$h_2 = v_0'(2+t) - \frac{1}{2}g(2+t)^2$$

donde t es el tiempo contado desde que se inicia el descenso de la primera bola. Como $h = h_1 + h_2$ se tiene:

$$80 = \frac{1}{2}gt^2 + v_0'(2+t) - \frac{1}{2}g(2+t)^2$$

$$80 = \frac{1}{2}gt^2 + 74 + 37t - \frac{1}{2}g(4 + t^2 + 4t)$$

$$80 = 74 + 37t - 19{,}6 - 19{,}6t \quad \Rightarrow \quad 25{,}6 = 17{,}4t$$

$$t = \frac{25{,}6}{17{,}4} = 1{,}47 \text{ s}$$

El punto donde se encuentran ambas bolas será:

$$h_2 = 37 \cdot (2 + 1{,}47) - \frac{1}{2} \cdot 9{,}8 \cdot (3{,}47)^2 = 71{,}22 \text{ m} \quad \blacktriangleleft$$

que corresponde al ascenso de la segunda bola y al descenso de la primera, puesto que la segunda tardaría en subir $t = \frac{37}{9{,}8} = 3{,}77$ s que es mayor que el tiempo necesario para el encuentro $2 + 1{,}47 = 3{,}47$ s.

2.24 Se lanza una bola verticalmente hacia arriba con una velocidad inicial de 40 m/s. Una partícula posee un movimiento circular uniforme de 1 m de radio y velocidad angular igual a $\pi/2$ rad/s. Calcular: a) el vector de posición respecto al centro de la trayectoria si la partícula, inicialmente en el punto $P(0,1)$ m, se mueve en sentido contrario a las agujas del reloj; b) los vectores velocidad y aceleración de la partícula a los 2 s de pasar por el punto P.

a) $\vec{r} = -R \operatorname{sen} \omega t\, \vec{\imath} + R \cos \omega t\, \vec{\jmath} = R\,(-\operatorname{sen} \omega t\, \vec{\imath} + \cos \omega t\, \vec{\jmath})$

$$\vec{r} = -\operatorname{sen} \frac{\pi}{2} t\, \vec{\imath} + \cos \frac{\pi}{2} t\, \vec{\jmath} \quad ◄$$

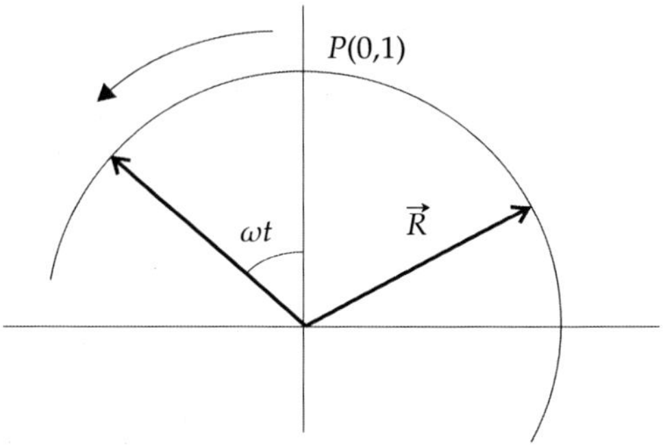

b) $\vec{v} = \dfrac{d\vec{r}}{dt} = -R\omega\,(\cos \omega t\, \vec{\imath} + \operatorname{sen} \omega t\, \vec{\jmath})$

$$\vec{a} = \frac{d\vec{v}}{dt} = -R\omega^2\,(-\operatorname{sen} \omega t\, \vec{\imath} + \cos \omega t\, \vec{\jmath})$$

Para $t = 2$ s:

$$\vec{v} = \frac{-\pi}{2}\left(\cos \frac{\pi}{2} t\, \vec{\imath} + \operatorname{sen} \frac{\pi}{2} t\, \vec{\jmath}\right) = \frac{-\pi}{2}(\cos \pi\, \vec{\imath} + \operatorname{sen} \pi\, \vec{\jmath}) = \frac{-\pi}{2} \cos \pi\, \vec{\imath} = \frac{\pi}{2}\, \vec{\imath} \quad ◄$$

$$\vec{a} = -\frac{\pi^2}{4}\left(-\operatorname{sen} \frac{\pi}{2} 2\, \vec{\imath} + \cos \frac{\pi}{2} 2\, \vec{\jmath}\right) = \frac{\pi^2}{4}\, \vec{\jmath} \quad ◄$$

2.25 Una bola cae desde cierta altura sobre el suelo conservando el 70,71 % de su velocidad en el rebote. Calcular la altura a la que volverá a elevarse después de n rebotes.

Sea h la altura desde donde se deja caer la bola. Al llegar al suelo la bola lleva la velocidad $v_0 = \sqrt{2gh}$. En el primer rebote la velocidad será

$$v_1 = 0{,}7071\, \sqrt{2gh}$$

Con esta velocidad alcanzará la altura h_1 y al volver al suelo se ha de cumplir

$$v_1 = \sqrt{2gh_1}$$

por lo que igualando ambas ecuaciones

$$0{,}7071\, \sqrt{2gh} = \sqrt{2gh_1}$$

y elevando al cuadrado se deduce para después del primer rebote

$$0{,}5 \cdot 2gh = 2gh_1 \quad \Rightarrow \quad h_1 = \frac{h}{2}$$

y para el segundo y el tercero:

$$h_2 = \frac{h_1}{2} = \frac{h}{2^2} \qquad h_3 = \frac{h_2}{2} = \frac{h}{2^3}$$

por lo que, para el enésimo rebote, la altura será:

$$h_n = \frac{h}{2^n} \quad \blacktriangleleft$$

2.26 Una rueda parte del reposo y acelera de tal forma que su velocidad angular aumenta uniformemente a 200 r.p.m. en 6 segundos. Después de haber estado girando durante algún tiempo a esta velocidad, frena y emplea 5 minutos en detenerse. Si el número total de revoluciones de la rueda es de 3100, calcular el tiempo total de rotación.

Ángulo total barrido por la rotación:

$$\theta = \theta_1 + \theta_2 + \theta_3 \quad \begin{cases} \theta_1 = \frac{1}{2}\alpha_1 t_1^2 \\ \theta_2 = \omega_2 t_2 \\ \theta_1 = \omega_2 t_3 - \frac{1}{2}\alpha_3 t_3^2 \end{cases}$$

Debemos obtener el valor de t_2 sabiendo que:

$$\theta = 3100 \cdot 2\pi = 6200\,\text{rad}$$

$$t_1 = 6\ \text{s}; \quad t_3 = 300\ \text{s};$$

$$\omega_2 = 200\ \text{rpm} = \frac{200 \cdot 2\pi}{60} = \frac{20\pi}{3} = 6{,}67\ \text{rad/s}$$

$$\omega_2 = \alpha_1 t_1 \quad \Rightarrow \quad \alpha_1 = \frac{\omega_2}{t_1} = \frac{6{,}67\pi}{6} = 1{,}11\ \text{rad/s}^2$$

$$\omega = \omega_2 - \alpha_3 t_3 \quad \Rightarrow \quad \alpha_3 = \frac{\omega_2}{t_3} = \frac{6{,}67\pi}{300} = 0{,}02\ \text{rad/s}^2$$

por lo que

$$\theta = \frac{1}{2}\alpha_1 t_1^2 + \omega_2 t_2 + \omega_2 t_3 - \frac{1}{2}\alpha_3 t_3^2$$

$$6200\pi = \frac{1}{2} \cdot 1{,}11\pi \cdot 36 + 6{,}67\pi \cdot t_2 + 6{,}67\pi \cdot 300 - \frac{1}{2} \cdot 0{,}02\pi \cdot 9 \cdot 10^4$$

$$6200 = 20 + 6{,}67 \cdot t_2 + 2001 - 900$$

$$t_2 = \frac{6200 - 20 - 2001 + 900}{6{,}67} = 761 \text{ s}$$

El tiempo total:

$$6 + 300 + 761 = 1067 \text{ s} = 17{,}78 \text{ min} \quad \blacktriangleleft$$

2.27 Calcular la velocidad y aceleración centrípeta de un punto P fijo de la superficie terrestre en función de su latitud, tomando para el radio terrestre 6370 km. Aplicación a un punto de latitud 45°.

$$\vec{v} = \vec{\omega} \times \vec{R}$$

$$\vec{a}_n = \vec{\omega} \times \vec{v} = \vec{\omega} \times (\vec{\omega} \times \vec{R})$$

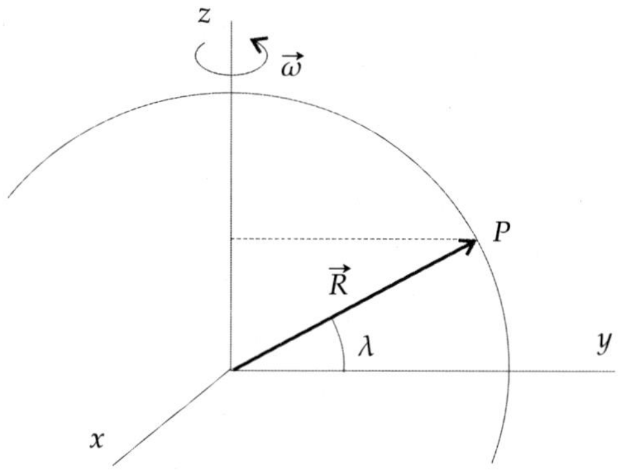

La velocidad angular de la Tierra vale

$$\omega = \frac{2\pi}{T} = \frac{2\pi}{86400} = 7{,}27 \cdot 10^{-5} \text{ rad/s}$$

En el sistema de referencia elegido, según la figura, se tiene

$$\vec{\omega} = \omega \vec{k}$$

$$\vec{R} = R \cos \lambda \ \vec{j} + R \text{ sen } \lambda \ \vec{k}$$

por lo que la velocidad del punto P será

$$\vec{v} = \begin{vmatrix} \vec{i} & \vec{j} & \vec{k} \\ 0 & 0 & \omega \\ 0 & R\omega \cos \lambda & R \text{ sen } \lambda \end{vmatrix} = -R\omega \cos \lambda \ \vec{i} \quad \blacktriangleleft$$

y la aceleración normal

$$\vec{a}_n = \vec{\omega} \times \vec{v} = \begin{vmatrix} 0 & 0 & \omega \\ -R\omega \cos \lambda & 0 & 0 \end{vmatrix} = -R\omega^2 \cos \lambda \ \vec{j} \quad \blacktriangleleft$$

La aplicación en el punto de latitud 45° nos da:

$$\left.\begin{array}{l} \vec{v} = -R\omega \cos\lambda\ \vec{\imath} = 637 \cdot 10^4 \cdot 7{,}27 \cdot 10^{-5} \cdot \dfrac{\sqrt{2}}{2}\vec{\imath} = -327{,}4\ \vec{\imath}\ \text{m/s} \\ \vec{a}_n = -R\omega^2 \cos\lambda\ \vec{\jmath} = -637 \cdot 10^4 \cdot (7{,}27 \cdot 10^{-5})^2 \cdot \dfrac{\sqrt{2}}{2}\vec{\jmath} = -0{,}0238\ \vec{\jmath}\ \text{m/s}^2 \end{array}\right\} \blacktriangleleft$$

2.28 Una partícula p recorre una trayectoria circular de 8 m de radio. La velocidad de p está disminuyendo en el instante considerado. Si el vector $\vec{a}$ es el indicado en la figura, determinar la velocidad de p y la aceleración angular de la línea OP en ese instante.

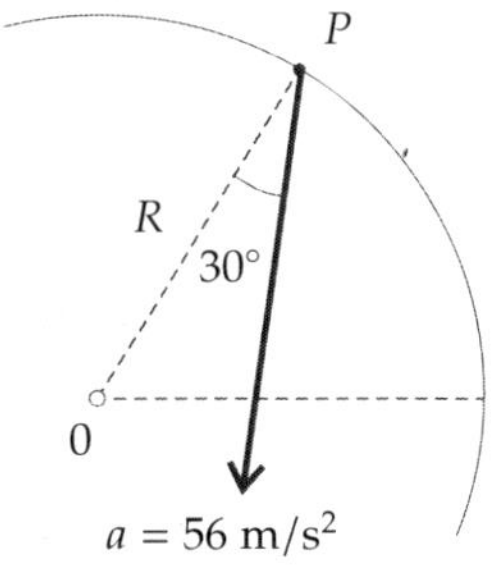

$$a_t = a \cdot \text{sen}\, 30 = 56 \cdot \frac{1}{2} = 28\ \text{m/s}^2$$

$$a_n = a \cdot \cos 30 = 56 \cdot \frac{\sqrt{3}}{2} = 48{,}5\ \text{m/s}^2$$

$$a_n = \frac{v^2}{R}$$

$$v = \sqrt{R \cdot a_n} = \sqrt{8 \cdot 48{,}5} = 19{,}7\ \text{m/s} \quad \blacktriangleleft$$

$$a_t = \frac{dv}{dt} = \frac{d\,(R\omega)}{dt} = R\frac{d\omega}{dt} = R\alpha$$

$$\alpha = \frac{a_t}{R} = \frac{28\ \text{m/s}^2}{8\ \text{m}} = 3{,}5\ \text{rad/s}^2 \quad \blacktriangleleft$$

2.29 Un punto material recorre una trayectoria circular de 5 m de radio. Si en un instante dado su aceleración tiene por módulo 3 m/s² y su dirección forma un ángulo de 30° con el radio vector, determinar la velocidad lineal y aceleración angular que tiene dicho punto en el instante considerado.

Teniendo en cuenta la figura, las componentes intrínsecas de la aceleración valen:

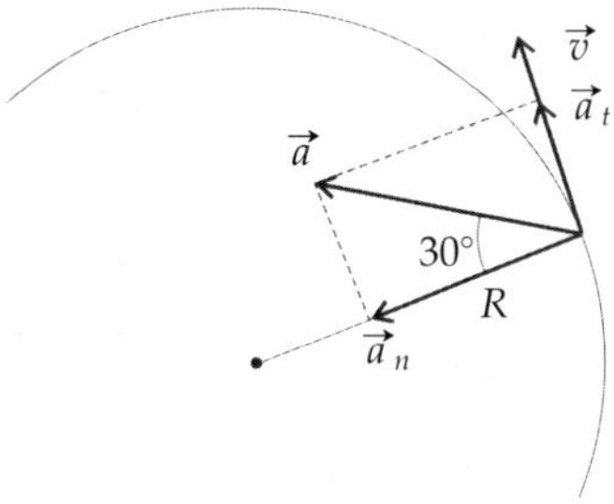

$$a_t = a\,\text{sen}\, 30° = 3 \cdot 0{,}5 = 1{,}5\ \text{m/s}^2$$

$$a_n = a \cos 30° = 3 \cdot \frac{\sqrt{3}}{2} = 2{,}6\ \text{m/s}^2$$

y sustituyendo sus valores en las siguientes ecuaciones se obtiene

$$\left.\begin{array}{lll} a_n = \dfrac{v^2}{R} & \Rightarrow v = \sqrt{Ra_n} = \sqrt{5 \cdot 2{,}6} = 3{,}6 \text{ m/s}^2 \\ a_t = \alpha R & \Rightarrow \alpha = \dfrac{a_t}{R} = \dfrac{1{,}5 \text{ m/s}^2}{5 \text{ m}} = 0{,}3 \text{ m/s}^2 \end{array}\right\} \blacktriangleleft$$

2.30 El cubo de la figura gira con una velocidad angular constante de 5 r.p.m. en torno de un eje que pasa por una de sus aristas. Calcular el ángulo formado por las velocidades de los puntos A y B.

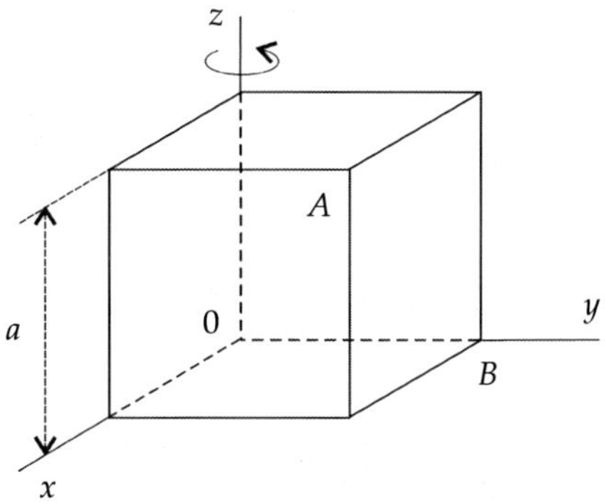

$$\vec{\omega} = 5\vec{k}$$

$$\vec{r}_A = a\vec{\imath} + a\vec{\jmath} + a\vec{k}$$

$$\vec{r}_B = a\vec{\jmath}$$

$$\vec{v}_A = \vec{\omega} \times \vec{r}_A = \begin{vmatrix} \vec{\imath} & \vec{\jmath} & \vec{k} \\ 0 & 0 & 5 \\ a & al & a \end{vmatrix} = -5a\vec{\imath} + 5a\vec{\jmath}$$

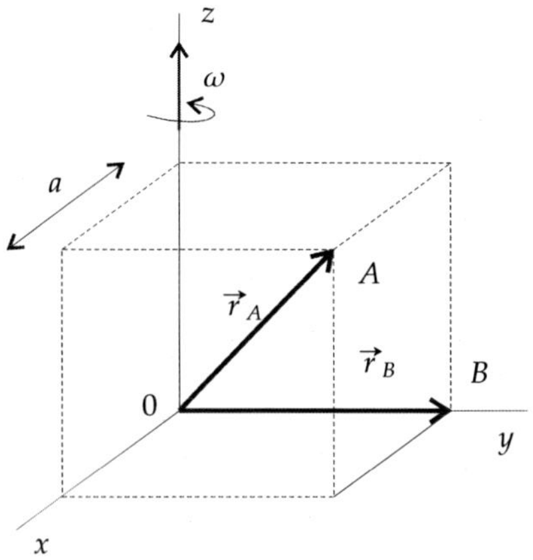

$$\vec{v}_B = \vec{\omega} \times \vec{r}_B = \begin{vmatrix} \vec{\imath} & \vec{\jmath} & \vec{k} \\ 0 & 0 & 5 \\ 0 & a & 0 \end{vmatrix} = -5a\vec{\imath}$$

$$\vec{v}_A \cdot \vec{v}_B = v_A v_B \cos\alpha$$

$$\cos\alpha = \frac{\vec{v}_A \cdot \vec{v}_B}{v_A \cdot v_B} = \frac{(-5a\vec{\imath} + 5a\vec{\jmath}) \cdot (-5a\vec{\imath})}{a\sqrt{50} \cdot 5a} =$$

$$= \frac{25a^2}{5\sqrt{50}a^2} = \frac{25a^2}{5 \cdot 5\sqrt{2}a^2} = \frac{1}{\sqrt{2}} = \frac{\sqrt{2}}{2}$$

$$\alpha = 45^\circ \quad \blacktriangleleft$$

2.31 Dos partículas, que parten del mismo punto y en sentido opuesto, describen un movimiento circular de radio $R = 1$ m. Una de ellas tiene una velocidad angular constante $\omega_1 = 4$ rad/s, mientras que la otra se mueve con aceleración angular constante $\alpha_2 = 2$ rad/s^2. Calcular: a) el tiempo que tardan en encontrarse de nuevo; b) el desplazamiento angular de cada partícula; c) la velocidad lineal que posee cada una de ellas en el instante del encuentro; d) las componentes intrínsecas de la aceleración de cada partícula en dicho instante.

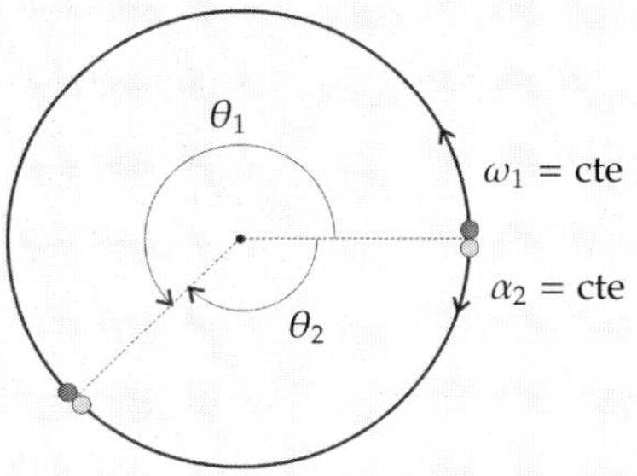

a) Los desplazamientos angulares, θ_1, θ_2, recorridos respectivamente por dichas partículas son

$$\left.\begin{aligned}\theta_1 &= \omega_1 t\\ \theta_2 &= \tfrac{1}{2}\alpha_2\, t^2\end{aligned}\right\} \quad\Rightarrow\quad \omega_1\, t + \frac{1}{2}\alpha_2\, t^2 = 2\pi \quad\Rightarrow\quad \frac{1}{2}\alpha_2\, t^2 + \omega_1\, t - 2\pi = 0$$

$$t = \frac{-\omega \pm \sqrt{\omega_1^2 + 4\pi\alpha_2}}{\alpha_2} = \frac{-4 \pm \sqrt{16 + 4\cdot 3{,}14\cdot 2}}{2} = 1{,}2\text{ s} \quad ◀$$

b)

$$\left.\begin{aligned}\theta_1 &= \omega_1 t = 4\cdot 1{,}2 = 4{,}8\text{ rad}\\ \theta_2 &= \tfrac{1}{2}\alpha_2 t^2 = \tfrac{1}{2}\cdot 2\cdot 1{,}44 = 1{,}44\text{ rad}\end{aligned}\right\} \quad ◀$$

c)

$$\left.\begin{aligned}v_1 &= \omega_1 R = 4\cdot 1 = 4\text{ m/s}\\ v_2 &= \omega_2 R = \alpha_2 t\, R = 2\cdot 1{,}2\cdot 1 = 2{,}4\text{ m/s}\end{aligned}\right\} \quad ◀$$

d)

$$\left.\begin{aligned}a_{t_1} &= 0\text{ m/s}\\ a_{t_2} &= \alpha_2 R = 2\cdot 1 = 2\text{ m/s}^2\end{aligned}\right\} \quad ◀$$

$$\left.\begin{aligned}a_{n_1} &= \frac{v_1^2}{R} = \frac{16}{1} = 16\text{ m/s}^2\\ a_{n_2} &= \frac{v_2^2}{R} = \frac{5{,}8}{1} = 5{,}8\text{ m/s}^2\end{aligned}\right\} \quad ◀$$

2.32 Dos discos de cartón, del mismo eje giran a razón de 240 r.p.m. y distan entre sí 1 m. Se dispara un proyectil de trayectoria rectilínea y paralela al eje de los discos, produciéndose así dos impactos, uno en cada disco, cuyos radios forman entre sí un ángulo de 8°. Calcular la velocidad del proyectil.

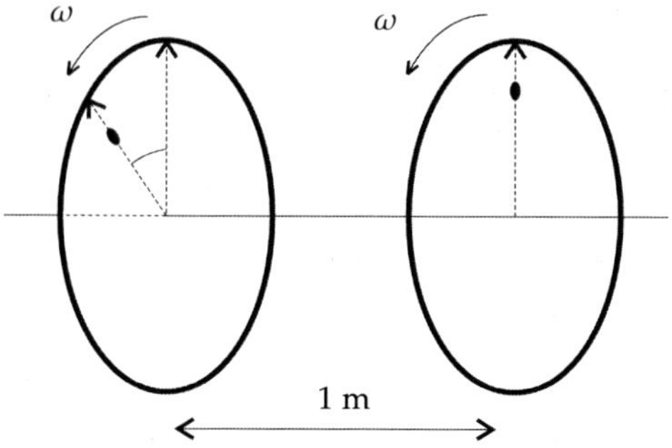

Como el tiempo que el proyectil está entre los dos discos, el ángulo girado por estos es 8°:

$$\theta = \omega t$$

$$\theta = 8^\circ = 8\frac{2\pi}{360} = \frac{16\pi}{360} = \frac{2\pi}{45}$$

$$\omega = 240 \text{ rpm} = \frac{240 \cdot 2\pi}{60} = 8\pi \text{ rad/s}$$

$$t = \frac{\theta}{\omega} = \frac{\frac{2\pi}{45}}{8\pi} = \frac{1}{180} \text{ s}$$

y en este tiempo el proyectil ha recorrido 1 m, por lo que:

$$s = vt \quad \Rightarrow \quad v = \frac{s}{t} = \frac{1}{1/180} = 180 \text{ m/s} \quad ◀$$

2.33 La aceleración angular de un rotor viene dada por $\alpha = kt^{-1/2}$, donde α se expresa en rad/s^2 y t en segundos. Cuando $t = 1$ la velocidad angular vale $\omega = 10$ rad/s y el desplazamiento angular $\theta = 3{,}3$ rad. También se sabe que cuando $t = 0$, el desplazamiento angular es $\theta = -4$ rad. Calcular θ, ω y α para $t = 4$.

De la definición de aceleración angular podemos escribir

$$d\omega = \alpha\, dt = k t^{-1/2} dt$$

que integrando nos da

$$\omega = \int k t^{-1/2} dt = k\frac{t^{1/2}}{1/2} + C_1 = 2k t^{1/2} + C_1$$

Si para $t = 1$ es $\omega = 10$, la ecuación anterior nos permite calcular la constante de integración

$$10 = 2k t^{1/2} + C_1 \quad \Rightarrow \quad C_1 = 10 - 2k$$

y escribir la velocidad angular en la forma

$$\omega = 2k\,t^{1/2} + 10 - 2k$$

En cuanto al desplazamiento angular, se tiene

$$d\theta = \omega\,dt = (2k\,t^{1/2} + 10 - 2k)\,dt$$

que integrando nos da

$$\theta = \frac{4}{3}kt^{3/2} + 10t - 2kt + C_2$$

y si para $t = 1$ es $\theta = 3{,}3$, el valor de C_2 será

$$3{,}3 = \frac{4}{3}k + 10 - 2k + C_2 \quad \Rightarrow \quad C_2 = 0{,}66k - 6{,}7$$

La ecuación del desplazamiento angular será por tanto

$$\theta = \frac{4}{3}kt^{3/2} + 10t - 2kt + 0{,}66k - 6{,}7$$

Si en esta ecuación aplicamos la condición de que para $t = 0$ es $\theta = -4$ calculamos el valor de k:

$$-4 = 0{,}66k - 6{,}7 \quad \Rightarrow \quad k = \frac{6{,}7 - 4}{0{,}66} = 4$$

Por consiguiente, las ecuaciones que nos dan θ, ω y α son respectivamente:

$$\theta = \frac{16}{3}t^{3/2} + 2t - 4 \rightarrow \omega = 8t^{1/2} + 2 \rightarrow \alpha = 4\,t^{-1/2}$$

que para $t = 4$ valen:

$$\theta = 46{,}66 \text{ rad}; \quad \Rightarrow \quad \omega = 18 \text{ rad/s}; \quad \Rightarrow \quad \alpha = 2 \text{ rad/s}^2$$ ◄

2.34 Dos móviles comienzan simultáneamente sus movimientos partiendo del punto A con la misma velocidad v_0. Uno de ellos recorre el diámetro AB de la circunferencia en movimiento uniformemente retardado con aceleración a_t. El otro recorre el semiperímetro de la circunferencia con aceleración tangencial uniforme a_t. Ambos llegan a B en el mismo instante. Calcular: a) el tiempo transcurrido hasta llegar a B; b) la aceleración a_t; c) aplicar para: $v_0 = (\pi + 2)$; $R = 2$ m.

a) $$\overline{AB}\!: 2R = v_o t - \frac{1}{2}a_t t^2$$

$$\overline{AB}: \pi R = v_o t + \tfrac{1}{2}a_t t^2$$

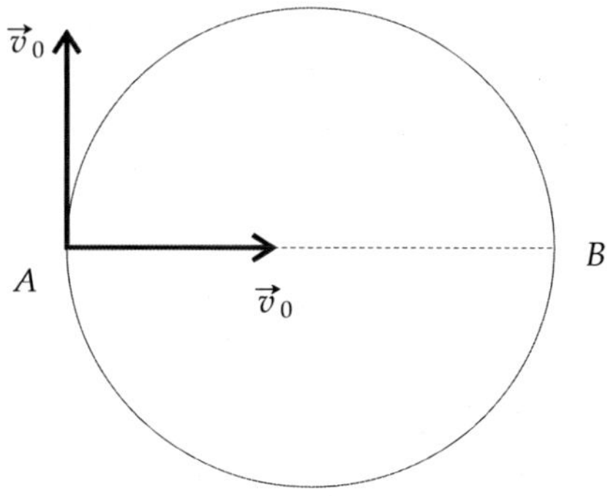

Sumando miembro a miembro

$$R(\pi + 2) = 2v_o t \rightarrow t = \frac{R(\pi + 2)}{2v_0} \quad ◂$$

que para los valores de la aplicación, se tiene:

$$t = 1\,\text{s} \quad ◂$$

b) Si en la primera ecuación del apartado a), escrita en la forma

$$\frac{1}{2}a_t t^2 = v_o t - 2R$$

sustituimos el tiempo calculado anteriormente, se tiene:

$$\frac{1}{2}a_t\left[\frac{R^2(\pi + 2)^2}{4v_o^2}\right] = v_o\frac{R(\pi + 2)}{2v_o} - 2R$$

$$\frac{1}{2}a_t\left[\frac{R^2(\pi + 2)^2}{4v_o^2}\right] = \frac{R(\pi + 2) - 4R}{2} = \frac{R(\pi - 2)}{2}$$

$$a_t = \frac{4v_0^2(\pi - 2)}{R(\pi + 2)^2} \quad ◂$$

y para los valores de la aplicación:

$$a_t = 2(\pi - 2)\ \text{m/s}^2 \quad ◂$$

2.35 En una rueda dentada la velocidad angular en revoluciones por segundo viene dada por la ecuación $\omega = -32 + 8t^2$, donde t se mide en segundos. Calcular: a) el ángulo θ expresado en radianes que gira la rueda durante el primer segundo de su movimiento; b) la aceleración cuando su velocidad angular es momentáneamente nula; c) el tiempo necesario para que la rueda gire tantas revoluciones en uno de los sentidos como en el opuesto.

a) El ángulo girado en el primer segundo es

$$\theta = \int \omega\, dt = \int_0^1 (-32 + 8t^2)\, dt = \left[-32t + \frac{8}{3}t^3\right]_0^1 = -\frac{88}{3}\ \text{rev}$$

$$\theta = -\frac{88}{3} \cdot 2\pi = -184{,}2 \text{ rad} \quad ◂$$

El signo (−) indica que la rueda gira en los primeros segundos en sentido opuesto a la aceleración angular aplicada (un movimiento con $\omega_0 = -32$ rev/s).

b) La velocidad angular se hace nula en el instante dado por

$$-32 + 8t^2 = 0 \quad \Rightarrow \quad t = \sqrt{\frac{32}{8}} = 2 \text{ s}$$

por lo que en dicho instante $t = 2$ s, la aceleración angular será

$$\alpha = \frac{d\omega}{dt} = 16t = 32 \text{ rev/s}^2 = 64\pi \text{ rad/s}^2 \quad ◂$$

c) El desplazamiento angular, en general vale:

$$\theta = \int_0^t (-32 + 8t^2)\, dt = -32t + \frac{8}{3}t^3$$

Cuando la rueda ha girado tantas revoluciones en un sentido como en otro, se cumple $\theta = 0$, y por consiguiente

$$-32t + \frac{8}{3}t^3 = 0 \quad \Rightarrow \quad t = \sqrt{\frac{96}{8}} = 2\sqrt{3} \text{ s} \quad ◂$$

2.36 En una circunferencia de radio 200 m, un móvil se mueve con movimiento uniformemente acelerado. Partiendo del reposo, a los dos minutos alcanza una velocidad de 108 km/h y, a partir de este momento, mantiene esa velocidad. Calcular: a) su aceleración; b) la velocidad angular y espacio recorrido a los dos minutos; c) la velocidad angular media durante los dos minutos; d) el tiempo que tarda en dar 10 vueltas.

a)

$$v = 108 \text{ km/h} = 30 \text{ m/s}$$

$$v = v_o + a_t t = a_t t \quad \Rightarrow \quad a_t = \frac{v}{t} = \frac{30}{120} = 0{,}25 \text{ m/s}^2$$

$$a_n = \frac{v^2}{R} = \frac{900}{200} = 4{,}5 \text{ m/s}^2$$

$$a = \sqrt{a_t^2 + a_n^2} = \sqrt{0{,}25^2 + 4{,}5^2} \simeq 4{,}5 \text{ m/s}^2 \quad ◂$$

b)

$$\omega = \frac{v}{R} = \frac{30}{200} = 0{,}15 \text{ rad/s} \quad ◂$$

$$s = \frac{1}{2}a_t t^2 = \frac{1}{2} \cdot 0{,}25 \cdot 120^2 = 1800 \text{ m} \quad ◂$$

c) $$\omega_m = \frac{\theta}{t} = \frac{\frac{1}{2}\alpha t^2}{t} = \tfrac{1}{2}\alpha t = \tfrac{1}{2}\frac{a_t}{R}t = \tfrac{1}{2}\frac{0{,}25}{200} \cdot 120 = 0{,}075 \text{ rad/s} \quad ◄$$

d) Como los 2 primeros minutos el móvil recorre 1800 m, hasta las 10 vueltas le falta por recorrer:

$$10 \cdot 2\pi R - 1800 = 10766{,}4 \text{ m}$$

que recorrerá con velocidad lineal constante $v = 30$ m/s

$$s = vt \rightarrow t = \frac{s}{v} = \frac{10766{,}4}{30} = 358{,}8 \text{ s}$$

por lo que el tiempo pedido será:

$$t = 120 + 358{,}8 = 478{,}8 \text{ s} \quad ◄$$

2.37 Un avión intenta volar en línea recta hacia el norte. Sin embargo, sopla un viento del oeste de 20 m/s que lo desviaría a menos que el avión se dirija en una dirección que forme un cierto ángulo con la dirección norte. Si la celeridad del avión es de 252 km/h, determinar: a) el rumbo necesario para que el avión se dirija hacia el norte; b) el tiempo necesario para que recorra 350 km en la dirección norte.

a) De acuerdo con la figura se tiene:

$$\vec{v} = \vec{v}_a + \vec{v}_v \qquad (1)$$

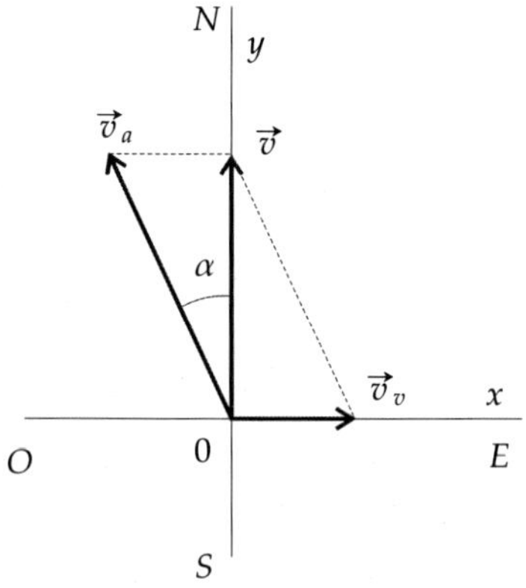

donde $\vec{v}_a$ es la velocidad del avión respecto a un sistema inercial situado en tierra, $\vec{v}_v$ es la velocidad del viento y $\vec{v}$ es la velocidad del avión en la dirección deseada. Como $\vec{v}_a = 252$ km/h $= 70$ m/s, podemos escribir:

$$\vec{v} = v\vec{j}; \; \vec{v}_v = 20\vec{i};$$

$$\vec{v}_a = -70 \operatorname{sen} \alpha \; \vec{i} + 70 \cos \alpha \; \vec{j}$$

y sustituyendo en (1): $v\vec{j} = (20 - 70 \operatorname{sen} \alpha)\; \vec{i} + 70 \cos \alpha \; \vec{j}$ e identificando componentes obtenemos, respectivamente, α y v:

$$0 = 20 - 70 \operatorname{sen} \alpha \quad \Rightarrow \quad \operatorname{sen} \alpha = \frac{20}{70}; \;\; \alpha = 16{,}6^\circ \quad ◄$$

b) $v = 70 \cos \alpha = 70 \cdot 0{,}958 = 67$ m/s $= 241{,}2$ km/h

$$t = \frac{s}{v} = \frac{350 \text{ km}}{241{,}2 \text{ km/h}} = 1{,}45 \text{ h} \quad ◂$$

2.38 Un río, cuya anchura es de 20 m y sus aguas llevan una velocidad de 18 km/h, intenta cruzarlo una barca cuyo motor mantiene constante una aceleración de 0,5 m/s^2. Suponiendo que la posición de la barca sea siempre perpendicular a la orilla, calcular: a) tiempo que tarda en cruzarlo; b) desplazamiento que sufrirá la barca en su travesía; c) ecuación de la trayectoria seguida.

a) $v_o = 18$ km/h $= 5$ m/s

$a = 0{,}5$ m/s^2

$x = v_o t; \; y = \frac{1}{2}at^2$

Cuando $y = 20$, tenemos

$$t = \sqrt{\frac{2y}{a}} = \sqrt{\frac{2 \cdot 20}{0{,}5}} = \sqrt{80} = 8{,}9 \text{ s} \quad ◂$$

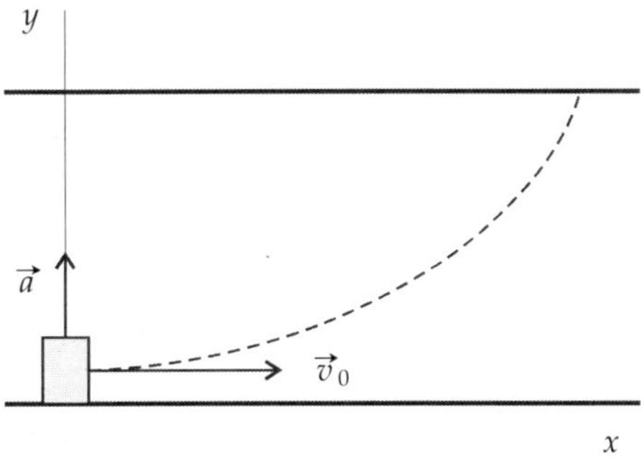

b) $x = v_o t = 5 \cdot 8{,}9 = 44{,}5$ m ◂

c) Eliminando t en las ecuaciones paramétricas:

$$t = \frac{x}{v_o}$$

$$y = \frac{1}{2} a \frac{x^2}{v_o^2} = \frac{a}{2v_0^2} x^2$$

que es la ecuación de la trayectoria parabólica seguida por la barca.

2.39 Un móvil situado inicialmente en el origen de coordenadas tiene una velocidad inicial v_0 en el sentido positivo del eje X. Simultáneamente se le comunica dos aceleraciones constantes, una dirigida en el sentido negativo del eje X y otra en el sentido positivo del eje Y. El módulo de ambas es a. Calcular: a) la velocidad mínima por la que pasa el móvil; b) las coordenadas del punto en que tal velocidad se da.

a) El vector de posición del móvil en función del tiempo es

$$\left.\begin{aligned} x &= v_0\, t - \tfrac{1}{2}at^2 \\ y &= \tfrac{1}{2}at^2 \end{aligned}\right\} \quad \Rightarrow \quad \vec{r} = (v_0\, t - \frac{1}{2}at^2)\ \vec{\imath} + \frac{1}{2}at^2 \vec{\jmath}$$

y su velocidad

$$\vec{v} = \frac{d\vec{r}}{dt} = (v_0 - at)\ \vec{\imath} + at\,\vec{\jmath} \tag{1}$$

$$v = \sqrt{(v_0 - at)^2 + (at)^2} = \sqrt{v_o^2 + 2a^2t^2 - 2v_0 at}$$

Obtenemos el valor mínimo de la velocidad, derivando respecto al tiempo e igualando a cero:

$$\frac{dv}{dt} = \frac{4a^2t - 2v_0 a}{2\sqrt{v_0^2 + 2a^2t^2 - 2v_0 at}} = 0 \quad \Rightarrow \quad 4a^2t - 2\ v_0 a = 0$$

ecuación que nos permite calcular el instante en que se produce tal velocidad

$$t = \frac{v_0}{2a}$$

Si este valor de t lo sustituimos en (1), obtenemos la velocidad mínima:

$$\vec{v}_m = \left(v_0 - a\frac{v_0}{2a}\right)\vec{\imath} + a\frac{v_0}{2a}\,\vec{\jmath} = \frac{v_0}{2}\,\vec{\imath} + \frac{v_0}{2}\,\vec{\jmath} = \frac{v_0}{2}(\vec{\imath} + \vec{\jmath}) \quad ◂$$

y su módulo

$$v_m = \sqrt{\frac{v_0^2}{4} + \frac{v_0^2}{4}} = \sqrt{\frac{v_0^2}{2}} = \frac{v_0}{\sqrt{2}} = \frac{\sqrt{2}}{2}v_0 \quad ◂$$

b) Para calcular las coordenadas del punto en que se da esta velocidad, sustituimos el tiempo

$$t = \frac{v_0}{2a}$$

en las ecuaciones paramétricas:

$$\left.\begin{aligned} x &= \frac{v_0^2}{2a} - \frac{1}{2}a\frac{v_0^2}{4a^2} = \frac{v_0^2}{2a} - \frac{v_0^2}{8a} = \frac{3v_0^2}{8a} \\ y &= \frac{1}{2}a\frac{v_0^2}{4a^2} = \frac{v_0^2}{8a} \end{aligned}\right\} \quad ◂$$

2.40 Un bombardero vuela horizontalmente a una altura de 1,2 km y a una velocidad de 360 km/h. a) ¿Cuánto tiempo antes de que el avión esté sobre su objetivo deberá soltar la bomba? b) ¿Cuál es la velocidad de la bomba cuando llega al suelo? c) ¿Cuál es la distancia horizontal que recorre la bomba?

$$v_o = 360 \text{ km/h} = 100 \text{ m/s}; \quad h = 1{,}2 \text{ km} = 1200 \text{ m}$$

a) Las ecuaciones paramétricas,

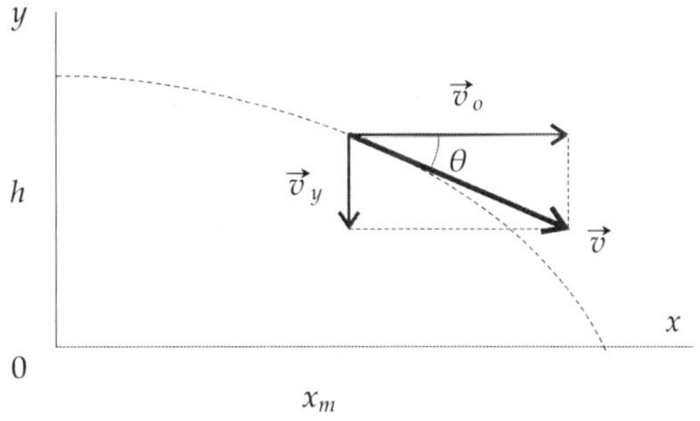

$$\begin{cases} v_o = \text{cte} \\ v_y = gt \end{cases} \rightarrow \begin{cases} x = v_o t \\ y = h - \frac{1}{2}gt^2 \end{cases}$$

Cuando $y = 0$, se tiene $t = \sqrt{\dfrac{2h}{g}}$

$$t = \sqrt{\frac{2 \cdot 1200}{9{,}8}} = 15{,}65 \text{ s} \quad ◄$$

b)
$$\vec{v} = \vec{v}_o + \vec{v}_y = 100\vec{\imath} - gt\vec{\jmath} = 100\vec{\imath} - 153{,}4\vec{\jmath} \quad ◄$$

$$v = \sqrt{v_o^2 + (gt)^2} \quad ◄$$

$$v = \sqrt{100^2 + (9{,}8 \cdot 15{,}65)^2} = 183 \text{ m/s} \quad ◄$$

c)
$$x_m = v_o t = 100 \cdot 15{,}65 = 1565 \text{ m} \quad ◄$$

También de la ecuación de la trayectoria

$$y = h - \frac{g}{2v_o^2}x^2$$

haciendo $y = 0$, se tiene:

$$x_m = \sqrt{\frac{2v_o^2 \cdot h}{g}} = \sqrt{\frac{2 \cdot 10^4 \cdot 1200}{9{,}8}} = 1565 \text{ m} \quad ◄$$

2.41 Un objeto que se abandona en el punto A, desliza sin rozamiento por una rampa que termina en un trampolín horizontal, como se indica en la figura Calcular: a) la distancia x_B; b) tiempo que tarda el objeto en alcanzar el suelo en el punto B contado desde que abandona el trampolín; c) velocidad del objeto en dicho punto.

a) Velocidad horizontal con que sale el objeto del trampolín:

$$v_0 = \sqrt{2gh}$$

Tomando como sistema de referencia el indicado en la figura, las ecuaciones paramétricas de la trayectoria seguida por el objeto son:

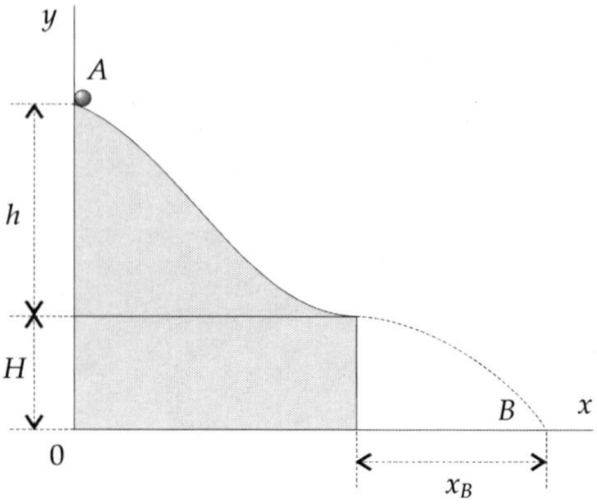

$$x = v_0 t$$

$$y = H - \frac{1}{2} g t^2$$

y la ecuación de la trayectoria

$$y = H - \frac{1}{2} g \frac{x^2}{v_0^2}$$

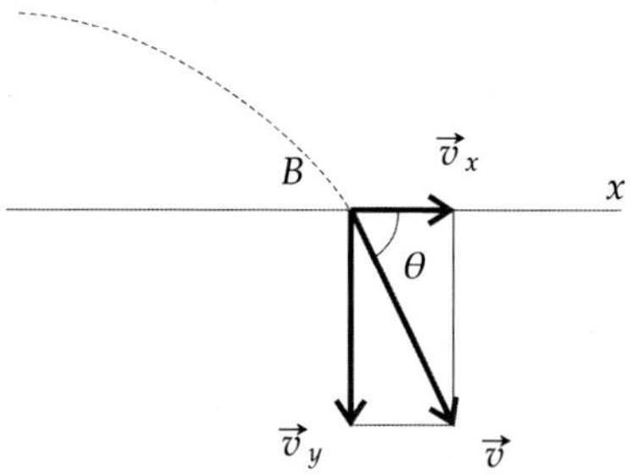

Cuando el objeto toque el punto B, $y = 0$, se cumple

$$\frac{1}{2} g \frac{x_B^2}{v_0^2} = H \quad \Rightarrow \quad x_B = v_0 \sqrt{2H/g}$$

y teniendo en cuenta el valor de v_0:

$$x_B = \sqrt{2gh} \cdot \sqrt{2H/g} = 2\sqrt{hH} \quad ◂$$

b) Para el tiempo que tarda en llegar al punto B, una vez conocido el espacio horizontal recorrido, podemos aplicar la primera ecuación paramétrica o la segunda. Con la primera:

$$t = \frac{x_B}{v_0} = \frac{2\sqrt{hH}}{\sqrt{2gh}} = 2\sqrt{H/2g} = \sqrt{2H/g} \quad ◂$$

y con la segunda, cuando $y = 0$, se tiene:

$$t = \sqrt{2H/g}$$

c) Para este apartado hay que tener en cuenta que en cualquier punto de la trayectoria se cumple:

$$\vec{v} = \vec{v}_x + \vec{v}_y; \; v = \sqrt{v_x^2 + v_y^2}$$

En el punto B, las componentes de la velocidad valen

$$v_x = v_0 = \sqrt{2gh}; \; v_y = gt = g\sqrt{2H/g} = \sqrt{2gH}$$

por lo que

$$v = \sqrt{2gh + 2gH} = \sqrt{2g(h + H)} \quad ◂$$

que forma un ángulo con la horizontal dado por

$$\operatorname{tg}\theta = \frac{v_y}{v_x} = \frac{\sqrt{2gH}}{\sqrt{2gh}} = \sqrt{H/h} \quad \Rightarrow \quad \theta = \operatorname{arc\,tg}(H/h)^{1/2} \quad ◂$$

2.42 Desde una torre se lanzan dos cuerpos con la misma velocidad inicial de 40 m/s, pero formando ángulos diferentes, $\varphi_1 = 30°$ y $\varphi_2 = 45°$. Determinar la altura de la torre si ambos cuerpos caen al suelo en el mismo punto.

Para el cuerpo lanzado con 30°:

$$\left.\begin{aligned} v_x &= v_o \cos 30 \\ v_y &= v_o \operatorname{sen} 30 - gt \end{aligned}\right\} \begin{aligned} x &= (v_o \cos 30)\, t \\ y &= h + (v_o \operatorname{sen} 30)\, t - \tfrac{1}{2} g t^2 \end{aligned}$$

Despejando t en la primera y sustituyendo su valor en la segunda, se obtiene la ecuación de la trayectoria:

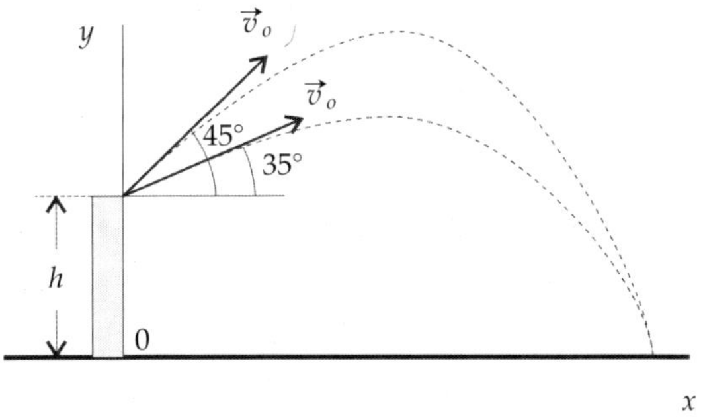

$$y = h + xtg30 - \frac{x^2 g}{2v_o^2 \cos^2 30}$$

y para el cuerpo lanzado con un ángulo de 45°:

$$y = h + xtg45 - \frac{x^2 g}{2v_o^2 \cos^2 45}$$

Cuando $y = 0$, $x = x_m$, podemos escribir:

$$h + x_m \operatorname{tg} 30 - \frac{x_m^2 g}{2v_o^2 \cos^2 30} = h + x_m \operatorname{tg} 45 - \frac{x_m^2 g}{2v_o^2 \cos^2 45}$$

$$x_m (\operatorname{tg} 45° - \operatorname{tg} 30°) = \frac{x_m^2 g}{2v_o^2} \left(\frac{1}{\cos^2 45} - \frac{1}{\cos^2 30} \right)$$

$$0{,}42x_m = \frac{9{,}8}{3200}x_m^2\left(\frac{1}{0{,}5} - \frac{1}{0{,}75}\right) \rightarrow 0{,}42 = \frac{49}{24000}x_m$$

$$x_m = \frac{0{,}42 \cdot 24000}{49} = 205{,}71 \text{ m}$$

Sustituyendo este valor en una de las trayectorias cuando $y = 0$, se tiene

$$0 = h + x_m \operatorname{tg} 30 - \frac{x_m g}{2v_o^2 \cos^2 30}$$

$$h = \frac{x_m^2 g}{2v_o^2 \cos^2 30} - x_m \operatorname{tg} 30 = \frac{205{,}71^2 \cdot 9{,}8}{2 \cdot 1600 \cdot 0{,}75} - 205{,}71 \cdot 0{,}58 = 53{,}48 \text{ m} \quad ◂$$

2.43 Se lanza una piedra con un ángulo ϕ respecto a la horizontal desde un punto situado a una altura h sobre el nivel del suelo. La piedra alcanza una distancia x_m. Calcular: a) la velocidad inicial con que fue lanzada; b) la velocidad en el instante que llega al suelo; c) la máxima altura alcanzada por la piedra. Datos: $\phi = 45°$; $h = 2$ m; $x_m = 18$ m.

Tomando como sistema de referencia el indicado en la figura se puede escribir:

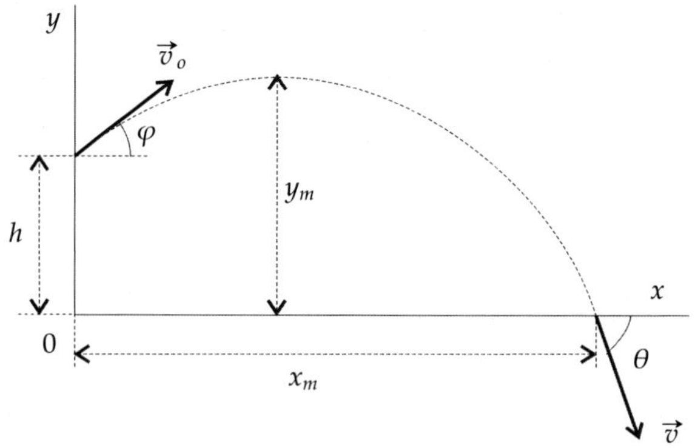

$$v_x = v_0 \cos \varphi = \text{constante} \quad (1)$$

$$v_y = v_0 \operatorname{sen} \varphi - gt \quad (2)$$

$$x = (v_0 \cos \varphi)\, t \quad (3)$$

$$y = h + (v_0 \operatorname{sen} \varphi)\, t - \frac{1}{2} gt^2 \quad (4)$$

$$y = h + x \operatorname{tg} \varphi - \frac{gx^2}{2v_0^2 \cos^2 \varphi} \quad (5)$$

a) Cuando $y = 0$, es $x = x_m$, por lo que de acuerdo con la ecuación de la trayectoria (5), tendremos:

$$\frac{gx_m^2}{2v_0^2 \cos^2 \varphi} = h + x_m \operatorname{tg} \phi$$

$$v_0^2 = \frac{gx_m^2}{2(h + x_m \operatorname{tg} \phi) \cos^2 \phi} = \frac{9{,}8 \cdot 324}{2(2 + 18 \cdot 1) \cdot 0{,}5} = 158{,}76$$

$$v_o = \sqrt{158{,}76} = 12{,}6 \text{ m/s}; \; \vec{v}_o = 8{,}9\vec{\imath} + 8{,}9\vec{\jmath} \quad ◂$$

b) En el instante de llegar al suelo la velocidad será $\vec{v} = \vec{v}_x + \vec{v}_y$, donde $v_x = 8{,}9\vec{\imath}$ y $v_y = (v_0 \text{ sen } \varphi - gt)\vec{\jmath}$. Para conocer la componente v_y, calculamos previamente el tiempo que la piedra está en el aire con la ecuación (4) haciendo $y = 0$:

$$\frac{1}{2}gt^2 - (v_0 \text{ sen } \varphi)t - h = 0 \quad \Rightarrow \quad 4{,}9t^2 - 8{,}9t - 2 = 0$$

$$t = \frac{8{,}9 \pm \sqrt{79{,}21 + 39{,}2}}{9{,}8} = 2{,}02 \text{ s}$$

También, en este caso en que la distancia horizontal recorrida es un dato, se puede calcular el tiempo que está en el aire aplicando la ecuación (3):

$$t = \frac{x_m}{v_0 \cos 45} = \frac{18}{8{,}9} = 2{,}02 \text{ s}$$

Una vez conocido el tiempo, la componente v_y será

$$v_y = v_0\,|sen\,\varphi - gt = 8{,}9 - 19{,}79 = -10{,}88 \text{ m/s},$$

por lo que la velocidad valdrá

$$\vec{v} = 8{,}9\vec{\imath} - 10{,}88\vec{\jmath};\ v = \sqrt{79{,}21 + 118{,}37} = 14{,}05 \text{ m/s} \quad ◀$$

que forma un ángulo con la horizontal de

$$\text{tg } \theta = \frac{10{,}88}{8{,}9} = 1{,}22 \quad \Rightarrow \quad \theta = \text{arc tg } 1{,}22 = 50{,}7° \quad ◀$$

c) Para calcular la altura máxima alcanzada por la piedra, primero hallamos el tiempo que está subiendo con la ecuación (2) y después, con dicho tiempo, se aplica la ecuación (4). En efecto, la piedra estará subiendo hasta que $v_y = 0$, por lo que dicho tiempo vale

$$0 = v_0 \text{ sen } \varphi - gt \quad \Rightarrow \quad t = \frac{v_0 \text{ sen } \varphi}{g} = \frac{8{,}9}{9{,}8} = 0{,}98 \text{ s}$$

y la altura máxima será

$$y_m = h + (v_0 \text{ sen } \varphi)\, t - \frac{1}{2}\, gt^2 = 2 + 8{,}9 \cdot 0{,}98 - \frac{1}{2} \cdot 9{,}8 \cdot 0{,}96 = 6{,}01 \text{ m} \quad ◀$$

2.44 Un cañón situado en la almena de un castillo de 15 m de altura dispara un proyectil con velocidad de 200 m/s e inclinación de 45°. ¿A qué distancia del pie del castillo llegará el proyectil?

$$x = (v_o \cos 45)\, t$$

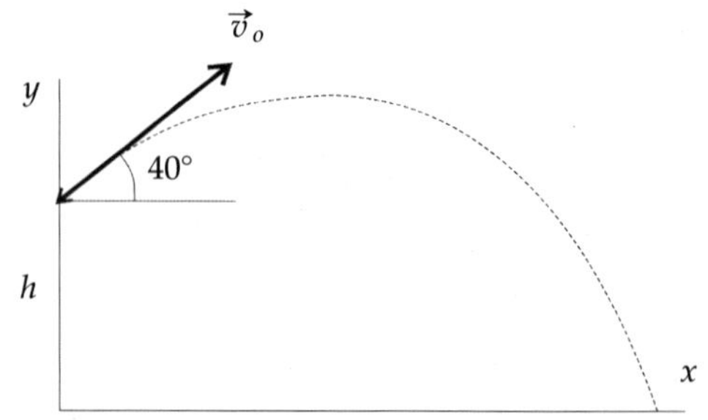

$$y = h + (v_o \,\text{sen}\, 45)\, t - \frac{1}{2} g t^2$$

Cuando y = 0:

$$h + (v_o \cos 45)\, t = \frac{1}{2} g t^2$$

$$15{+}200\frac{\sqrt{2}}{2}t = 4{,}9t^2 \rightarrow 4{,}9t^2{-}141{,}4t{-}15 = 0$$

$$t = \frac{141{,}4 \pm \sqrt{141{,}4^2 + 4 \cdot 4{,}9 \cdot 15}}{9{,}8} = \frac{141{,}4 \pm 142{,}43}{9{,}8} = 28{,}96 \text{ s}$$

$$x_m = (v_o \cos 45°)\, t = 100\sqrt{2} \cdot 28{,}96 = 4095{,}56 \text{ m}$$ ◄

2.45 Un avión de bombardeo vuela en picado a 720 km/h formando un ángulo de 30° con la horizontal. Cuando está a una altura de 400 m sobre el suelo y a 1 km de sobrevolar el objetivo suelta una bomba. Calcular: a) el tiempo que tarda en llegar al suelo; b) la distancia al objetivo en que se produce el impacto.

a) Teniendo en cuenta la figura, las ecuaciones paramétricas de la trayectoria son

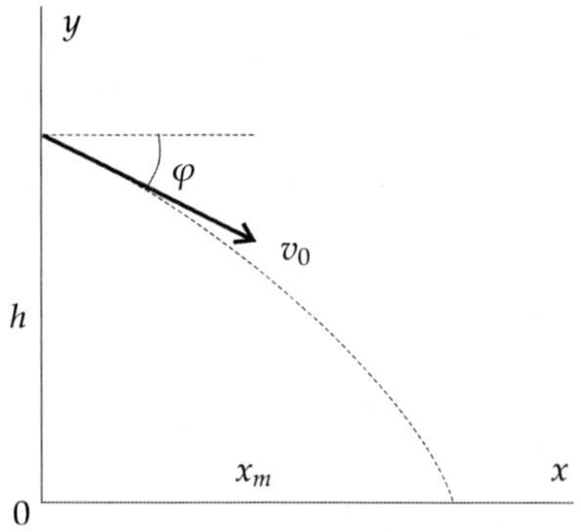

$$x = (v_0 \cos \varphi)\, t;\; y = h{-}(v_0 \,\text{sen}\, \varphi)\, t{-}\frac{1}{2}\, g t^2$$

donde $v_0 = 720$ km/h = 200 m/s.

Cuando $y = 0$, se tiene:

$$\frac{1}{2} g t^2 + (v_0 \,\text{sen}\, \varphi)\, t - h = 0 \quad \Rightarrow$$

$$\Rightarrow \quad 4{,}9t^2 + 100t - 400 = 0$$

$$t = \frac{-20 \pm \sqrt{1000 + 7840}}{9{,}8} = 3{,}42 \text{ s}$$ ◄

b) El avance horizontal que experimenta la bomba en ese tiempo es

$$x_m = (v_0 \cos \varphi)\, t = 200 \cdot \frac{\sqrt{3}}{2} \cdot 3{,}42 = 592{,}36 \text{ m}$$

Luego el impacto en el suelo se produce a

$$1000 - 592{,}36 = 407{,}64 \text{ m} \quad ◄$$

antes de llegar al blanco.

2.46 Un helicóptero deja caer en un claro del bosque un paquete con suministros para soldados. Cuando el paquete se abandona, el helicóptero se encuentra a 100 m por encima del claro y vuela a 25 m/s formando un ángulo de 30° sobre la horizontal. Calcular, respecto al claro: a) a qué distancia caerá el paquete; b) si el helicóptero mantiene constante su velocidad, su posición en el instante en que el paquete llega al suelo.

a)
$$\left.\begin{aligned} v_x &= v_o \cos 30° \\ v_y &= v_o \operatorname{sen} 30° - gt \end{aligned}\right\} \begin{aligned} x &= (v_o \cos 30°)t \\ y &= h + (v_o \operatorname{sen} 30°)t - \tfrac{1}{2}gt^2 \end{aligned}$$

Cuando $y = 0$:

$$4{,}9t^2 - 12{,}5t - 100 = 0$$

$$t = \frac{12{,}5 \pm \sqrt{12{,}5^2 + 1960}}{9{,}8}$$

$$t = 5{,}96 \text{ s}$$

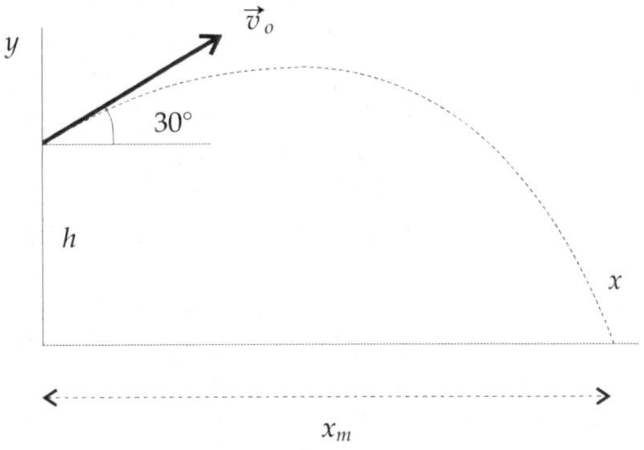

$$x_m = (v_o \cos 30°)t$$
$$= 25 \cdot \frac{\sqrt{3}}{2} \cdot 5{,}96 = 129{,}04 \text{ m} \quad ◄$$

b) $x = (v_o \cos 30°)t = 25 \cdot \dfrac{\sqrt{3}}{2} \cdot 5{,}96 = 129{,}04$ m

$$y = h + (v_o \operatorname{sen} 30°)t = 100 + (25 \cdot 0{,}5) \cdot 5{,}96 = 174{,}5 \text{ m}$$

$$\vec{r} = 129{,}04\vec{\imath} + 174{,}5\vec{\jmath} \quad ◄$$

2.47 Un proyectil, disparado con un ángulo de 45° sobre la horizontal, alcanza un edificio alejado 40 m en un punto que se encuentra a 12 m por encima del punto de proyección. Calcular: a) velocidad del disparo; b) tiempo de vuelo; c) el valor y sentido de la velocidad del proyectil cuando golpea el edificio.

$$x = (v_0 \cos \varphi)\, t \qquad (1)$$

$$y = (v_0 \operatorname{sen} \varphi)\, t - \frac{1}{2} g t^2 \qquad (2)$$

$$y = x \operatorname{tg} \varphi - \frac{g x^2}{2 v_0^2 \cos^2 \varphi} \qquad (3)$$

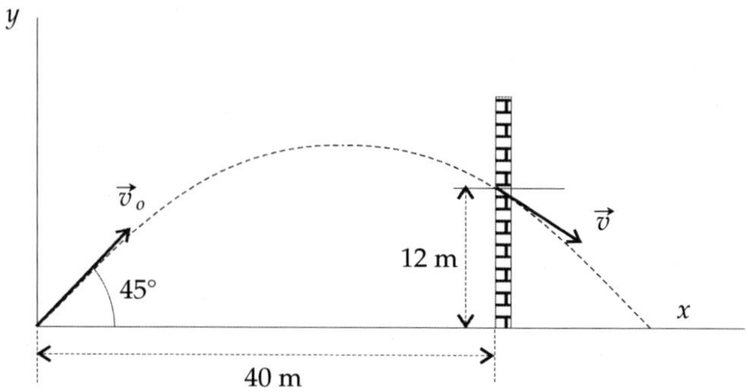

a) Sustituyendo en la ecuación de la trayectoria (3) los valores conocidos, se tiene:

$$12 = 40 \cdot 1 - \frac{9{,}8 \cdot 1600}{2 v_0^2 \cdot 0{,}5} \quad \Rightarrow \quad v_0 = 23{,}66 \text{ m/s} \quad ◂$$

b) De la primera ecuación paramétrica se obtiene el tiempo de vuelo:

$$t = \frac{x}{v_0 \cos \varphi} = \frac{40}{23{,}66\ \sqrt{2}/2} = 2{,}39 \text{ s} \quad ◂$$

c) La velocidad del proyectil cuando golpea el edificio tiene por componentes:

$$\vec{v} = \vec{v}_x + \vec{v}_y; \quad \begin{cases} v_x = 23{,}66\ \sqrt{2}/2 = 16{,}73 \text{ m/s} \\ v_y = v_0 \operatorname{sen} 45 - g t = 16{,}73 - 23{,}71 = -6{,}98 \text{ m/s} \end{cases}$$

donde el signo (−) nos indica que el proyectil desciende cuando golpea el edificio, formando un ángulo con la horizontal de

$$\theta = \operatorname{arc\,tg} \frac{6{,}98}{16{,}73} = 22{,}65° \quad ◂$$

y su módulo vale

$$v = \sqrt{16{,}73^2 + 6{,}98^2} = 18{,}41 \text{ m/s} \quad ◂$$

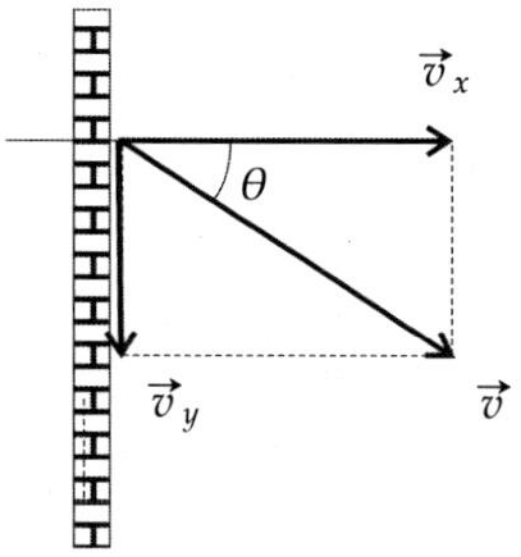

2.48 Una pelota de béisbol abandona el bate a una altura de 1,20 m por encima del suelo, formando un ángulo de 45° con la horizontal y con una velocidad tal que el alcance horizontal hubiera sido de 120 m. A la distancia de 108 m de la plataforma de lanzamiento se encuentra una valla de 9 m de altura. ¿Pasará la pelota por encima de la valla?

$$\begin{cases} v_x = v_o \cos\varphi \\ v_y = v_o \operatorname{sen}\varphi - gt \end{cases}$$

Ecuaciones paramétricas

$$\left.\begin{cases} x = (v_o \cos\varphi)t \\ y = h + (v_o \operatorname{sen}\varphi)t - \frac{1}{2}gt^2 \end{cases}\right\} \rightarrow y = h + x \cdot tg\varphi - \frac{g}{2v_o^2 \cos^2\varphi}x^2$$

Debemos aplicar la ecuación de la trayectoria para deducir el valor de y cuando $x = 108$ m, y comprobar si y es mayor o menor que 9 m. Pero se desconoce el valor de v_o. Para conocer el valor de v_0^2 se aplica de nuevo la ecuación de la trayectoria, porque para $x_m = 120$ m, $y = 0$:

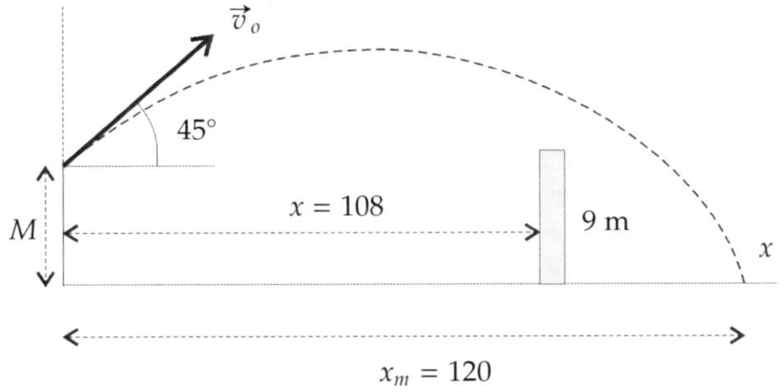

$$0 = h + x_m \operatorname{tg}\varphi - \frac{g}{2v_o^2 \cos^2\varphi}x_m^2 \rightarrow v_o^2 = \frac{gx_m^2}{2\,(h + x_m \operatorname{tg}\varphi)\cos^2\varphi} =$$

$$= \frac{9{,}8 \cdot 120^2}{2\,(1{,}2 + 120 \cdot 1)\,\frac{1}{2}} = 1164{,}3$$

Con este valor:

$$y = h + xtg\varphi - \frac{g \cdot x^2}{2v_o^2 \cos^2\varphi} = 1{,}2 + 108 \cdot 1 - \frac{9{,}8 \cdot 108^2}{2 \cdot 1164{,}3 \cdot \frac{1}{2}} =$$

$$= 109{,}2 - 98{,}2 = 11 \text{ m}$$ ◂

Sí pasa, ya que, a la distancia de 108 m, la altura de la bola es 11 m. ◂

2.49 Un futbolista lanza un balón hacia un segundo jugador, que se encuentra a 60 m del primero, con una velocidad de 20 m/s y un ángulo de 45° sobre la horizontal. Si en ese instante el segundo jugador comienza a correr para cogerlo, calcular: a) la velocidad constante que debe desarrollar para conseguirlo en el justo momento en que el balón toque el suelo; b) en el caso que dicho disparo se hubiese hecho a 30 m de una portería de 2 m de altura y sin portero, ¿sería gol?

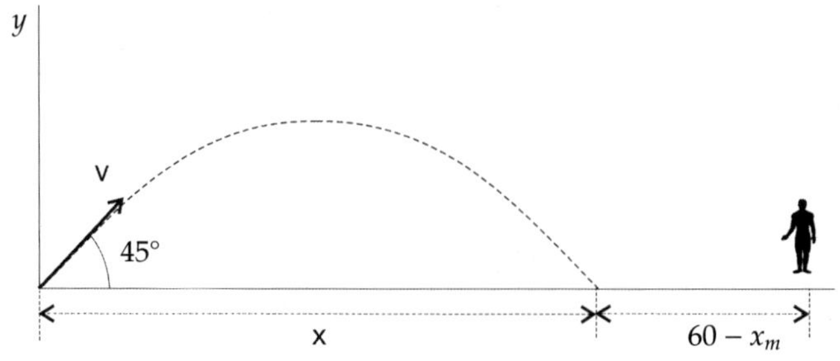

a) La componente horizontal de la velocidad con que se mueve el balón vale

$$v_x = v_0 \cos 45° = 20\frac{\sqrt{2}}{2} = 10\sqrt{2} \text{ m/s}$$

y las ecuaciones paramétricas de la trayectoria seguida por el balón son:

$$x = (v_0 \cos \varphi)\, t$$
$$y = (v_0 \operatorname{sen} \varphi)\, t - \tfrac{1}{2}\, g t^2$$

Cuando el balón toca el suelo, $y = 0$, el tiempo transcurrido será

$$t = \frac{2\, v_0 \operatorname{sen} 45°}{g} = 2{,}88 \text{ s}$$

y el espacio recorrido

$$x_m = (v_0 \cos 45°)\, t = 10\sqrt{2} \cdot 2{,}88 = 40{,}72 \text{ m}$$

El segundo jugador tendrá que recorrer, por tanto

$$60 - x_m = 19{,}28 \text{ m}$$

con una velocidad de

$$v = \frac{s}{t} = \frac{19{,}28}{2\sqrt{2}} = 6{,}81 \text{ m/s} \quad ◂$$

b) La ecuación de la trayectoria seguida por el balón es

$$y = x \operatorname{tg} \varphi - \frac{g}{2\, v_0^2 \cos^2 \varphi} x^2$$

con lo que podemos conocer la ordenada correspondiente a una abscisa de $x =$ 30 m:

$$y = 30 \operatorname{tg} 45° - \frac{9{,}8}{2 \cdot 20^2\, 0{,}5} \cdot 30^2 = 7{,}95 \text{ m} \quad ◂$$

lo que nos indica que no sería gol.

2.50 Una pelota resbala por un tejado que forma un ángulo de 30° con la horizontal y al llegar al extremo libre queda en libertad con una velocidad de 10 m/s. La altura del edificio es de 60 m y la anchura de la calle a la que cae de 30 m. Calcular: a) ecuación de la trayectoria de la pelota al quedar en libertad; b) ¿llegará directamente la pelota al suelo?; c) posición en que se encuentra cuando su velocidad forma un ángulo de 45° con la horizontal.

a) $$x = (v_o \cos\alpha)\, t \rightarrow t = \frac{x}{v_o \cos\alpha}$$

$$y = h - (v_o \,\text{sen}\,\alpha)\, t - \frac{1}{2} g t^2$$

$$y = h - \frac{v_o \,\text{sen}\,\alpha}{v_o \cos\alpha} x - \frac{g}{2 v_o^2 \cos^2\alpha} x^2$$

$$y = h - x \,\text{tg}\,\alpha - \frac{g}{2 v_o^2 \cos^2\alpha} x^2$$

$$y = 60 - \frac{x}{\sqrt{3}} - 0{,}065\overline{3} x^2$$ ◄

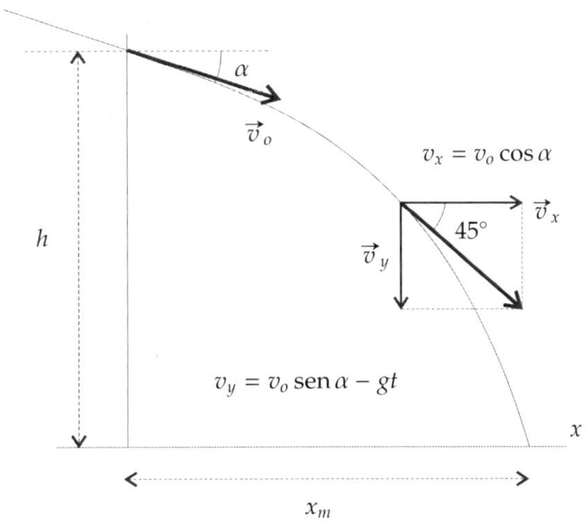

b) Para saber si llega directamente al suelo, debemos calcular las coordenadas x_m cuando $y = 0$

$$60 = \frac{x_m}{1{,}73} + 0{,}065\overline{3} x_m^2 \rightarrow 0{,}113 x_m^2 + x_m - 103{,}8 = 0$$

$$x_m = \frac{-1 \pm \sqrt{4 \cdot 0{,}113 \cdot (-103{,}8)}}{2 \cdot 0{,}113} = 26{,}2 \text{ m}$$ ◄

Luego llega al suelo antes de dar en la pared de enfrente. ◄

c) $$\text{tg}\, 45 = \frac{v_y}{v_x} = \frac{gt + v_o \,\text{sen}\, 30}{v_o \cos 30} = \frac{9{,}8t + 10 \cdot \text{sen}\, 30}{10 \cdot \cos 30}$$

$$1 = \frac{9{,}8t + 10 \cdot \text{sen}\, 30}{10 \cdot \cos 30} \rightarrow t = \frac{10 \cdot \cos 30 - 10 \cdot \text{sen}\, 30}{9{,}8} = 0{,}37 \text{ s}$$

$$x = (v_o \cos\alpha)\, t = 10 \frac{\sqrt{3}}{2} \cdot 0{,}37 = 3{,}2 \text{ m}$$

$$y = h - (v_o \,\text{sen}\,\alpha)\, t - \frac{1}{2} g t^2 = 60 - 10 \cdot \frac{1}{2} \cdot 0{,}37 - \frac{1}{2} \cdot 9{,}8 \cdot 0{,}136 = 57{,}48 \text{ m}$$

$$P(3{,}2;\, 57{,}48) \text{ m}$$ ◄

2.51 Desde un punto se dispara un proyectil con velocidad de 100 m/s y un ángulo de tiro de 30° con la vertical. Suponiendo que no sufre rozamiento con el aire y que la trayectoria se mantiene en el mismo plano vertical, calcular a qué distancia del punto de lanzamiento, medida sobre el terreno, cae el proyectil: a) si el terreno está inclinado 30° hacia arriba; b) si el terreno está inclinado 30° hacia abajo.

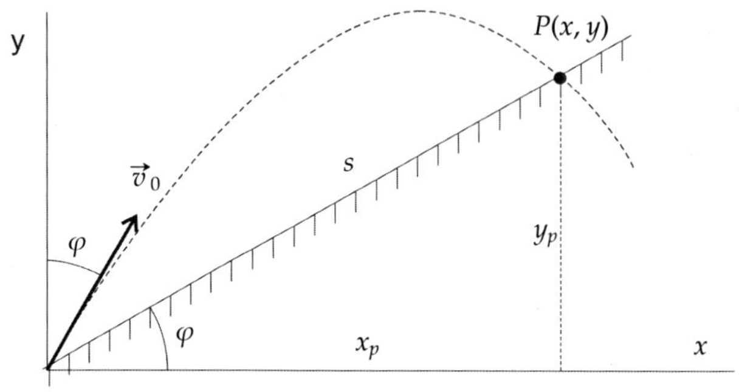

a) De acuerdo con la figura, las ecuaciones paramétricas de la trayectoria seguida por el proyectil son:

$$x = (v_0 \text{ sen } \varphi)\, t$$

$$y = (v_0 \cos \varphi)\, t - \tfrac{1}{2}\, g t^2$$

Despejando el tiempo en la primera ecuación y sustituyendo en la segunda, obtenemos la trayectoria del proyectil:

$$y = v_0 \cos \varphi \, \frac{x}{v_0 \text{ sen } \varphi} - \frac{1}{2}\, g \frac{x^2}{v_0^2 \text{sen}^2 \varphi} = \frac{x}{tg\, \phi} - \frac{g x^2}{2\, v_0^2 \text{sen}^2 \varphi}$$

En el punto de impacto $P_{(x,y)}$ con el terreno, la trayectoria seguida por el proyectil corta a la recta definida por el origen de coordenadas y el punto $P_{(x,y)}$, cuya ecuación es

$$y = x \text{ tg}\, \phi$$

Por dicha razón, para este punto, los valores de "y" de la trayectoria y de la ecuación de la recta coincidirán, por lo que podemos escribir

$$x_p \text{ tg } \phi = \frac{x_p}{\text{tg } \phi} - \frac{g x_p^2}{2\, v_0^2 \text{sen}^2 \varphi} \quad \Rightarrow \quad \frac{g x_p}{2\, v_0^2 \text{sen}^2 \varphi} = \frac{1}{\text{tg } \phi} - \text{tg } \phi = \frac{1 - \text{tg}^2\, \phi}{\text{tg } \phi}$$

$$x_p = \frac{2\, v_0^2 \text{ sen}^2\, \varphi\, (1 - \text{tg}^2\, \varphi)}{g \,\text{sen}\, \varphi / \cos \varphi} = \frac{2\, v_0^2 \text{ sen } \varphi\, \cos \varphi\, (1 - \text{tg}^2\, \varphi)}{g}$$

Por otra parte, la distancia medida sobre el terreno, según la figura vale

$$\cos\phi = \frac{x_p}{s} \quad \Rightarrow \quad s = \frac{x_p}{\cos\phi},$$

por lo que

$$s = \frac{2\,v_0^2\,\text{sen}\,\varphi\,\cos\varphi\,(1 - \text{tg}^2\,\varphi)}{g\,\cos\varphi} = \frac{2\,v_0^2\,\text{sen}\,\varphi\,(1 - \text{tg}^2\,\varphi)}{g}$$

y sustituyendo valores:

$$s = \frac{2 \cdot 10^4 \cdot 0{,}5 \cdot (1 - 0{,}333)}{9{,}8} = 680{,}61\ \text{m} \quad ◂$$

b) Como en el caso anterior, las ecuaciones paramétricas son

$$x = (v_0\,\cos\,\varphi)\,t$$

$$y = (v_0\,\text{sen}\,\varphi)\,t - \tfrac{1}{2}\,gt^2$$

y la ecuación de la trayectoria

$$y = \frac{x}{\text{tg}\,\phi} - \frac{gx^2}{2\,v_0^2\,\text{sen}^2\,\varphi}$$

En el punto de impacto, la ecuación que define la recta $OP_{(x,y)}$ es $y = -x\,\text{tg}\,\phi$, y procediendo de igual forma se llega a

$$x_p = \frac{2\,v_0^2\,\text{sen}\,\varphi\,\cos\varphi\,(1 + \text{tg}^2\,\varphi)}{g}$$

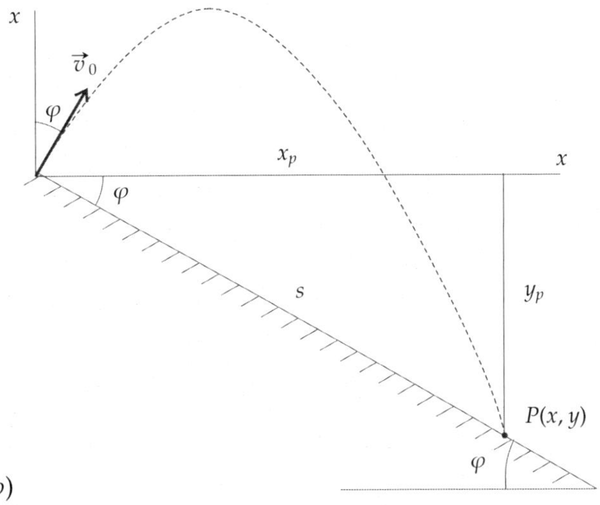

por lo que la distancia alcanzada sobre el terreno será

$$s = \frac{x_p}{\cos\phi} = \frac{2\,v_0^2\,\text{sen}\,\varphi\,(1 + \text{tg}^2\,\varphi)}{g}$$

y sustituyendo valores:

$$s = \frac{2 \cdot 10^4 \cdot 0{,}5 \cdot (1 + 0{,}333)}{9{,}8} = 1360{,}2\ \text{m} \quad ◂$$

2.52 Dos partículas móviles tienen por vectores de posición

$$\vec{r}_1 = 2t\,\vec{\imath} - t^2\vec{\jmath} + (3t^2 - 4t)\,\vec{k}$$

$$\vec{r}_2 = (5t^2 - 12t + 4)\,\vec{\imath} + t^3\vec{\jmath} - 3t\,\vec{k}$$

Calcular la velocidad y aceleración de la segunda partícula respecto a la primera en el tiempo $t = 2$ s.

Se trata de calcular la velocidad relativa de la segunda partícula respecto a la primera a la que se considera como sistema de referencia móvil. Por tanto, se puede escribir

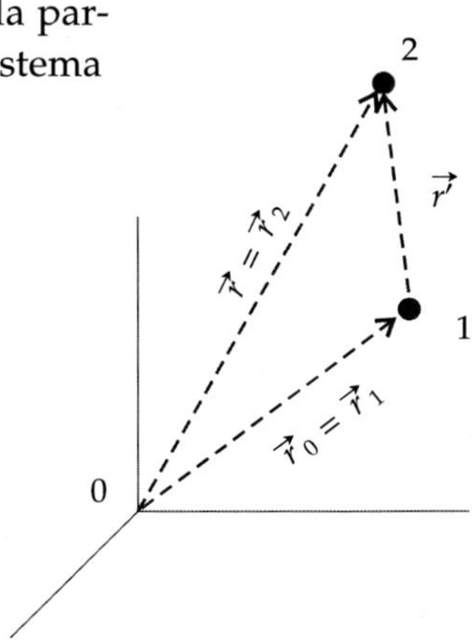

$$\vec{r}_2 = \vec{r}_1 + \vec{r}\,'$$

$$\vec{v}_2 = \vec{v}_1 + \vec{v}\,' \rightarrow \vec{v}\,' = \vec{v}_2 - \vec{v}_1$$

$$\vec{a}_2 = \vec{a}_1 + \vec{a}\,' \rightarrow \vec{a}\,' = \vec{a}_2 - \vec{a}_1$$

por lo que

$$\vec{r}\,' = \vec{r}_2 - \vec{r}_1 = \left[(5t^2 - 12t + 4)\,\vec{\imath} + t^3\vec{\jmath} - 3t\,\vec{k}\right] - \left[2t\,\vec{\imath} - t^2\vec{\jmath} + (3t^2 - 4t)\,\vec{k}\right] =$$

$$= (5t^2 - 14t + 4)\,\vec{\imath} + (t^3 + t^2)\,\vec{\jmath} + (-3t^2 + t)\,\vec{k}$$

$$\vec{v}\,' = \frac{d\vec{r}\,'}{dt} = (10t - 14)\,\vec{\imath} + \left(3t^2 + 2t\right)\vec{\jmath} + (-6t + 1)\,\vec{k}$$

$$\vec{a}\,' = \frac{d\vec{v}\,'}{dt} = 10\,\vec{\imath} + (6t + 2)\,\vec{\jmath} - 6\,\vec{k}$$

y para $t = 2$:

$$\vec{v}\,' = 6\,\vec{\imath} + 16\,\vec{\jmath} - 11\,\vec{k}, \qquad v' = 20{,}3 \quad ◄$$

$$\vec{a}\,' = 10\,\vec{\imath} + 14\,\vec{\jmath} - 6\,\vec{k}, \qquad a' = 18{,}2 \quad ◄$$

2.53 En un cierto instante, un avión que vuela horizontalmente a razón de 50 m/s, suelta una bomba desde una altura de 700 m sobre el suelo. Un cañón, situado en la vertical del avión en dicho instante, dispara una bala con velocidad v_0 e inclinación $\phi = 60°$ con la horizontal. Suponiendo que las trayectorias de ambos proyectiles están en el mismo plano vertical y que el aire no ofrece resistencia, calcular: a) la velocidad v_0 de la bala para que choquen ambos proyectiles; b) el punto de colisión, indicando si éste se produce en el ascenso o descenso de la bala.

a) Para la bomba, las ecuaciones paramétricas de su trayectoria son:

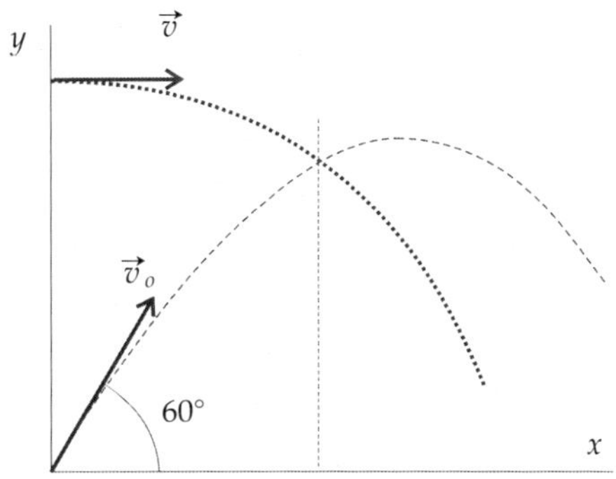

$$x = vt$$
$$y = h - \tfrac{1}{2}gt^2$$

y para la bala

$$x' = (v_0 \cos\varphi)\, t$$
$$y' = (v_0 \operatorname{sen}\varphi)\, t - \tfrac{1}{2}gt^2$$

En el punto de encuentro, si el problema es posible, se verificará

$$x = x'$$
$$y = y'$$

y utilizando la primera, se obtiene:

$$vt = (v_0 \cos\varphi)\, t \quad \Rightarrow \quad v_0 = \frac{v}{\cos\varphi} = \frac{50}{1/2} = 100 \text{ m/s} \quad ◀$$

b) Para las coordenadas del impacto calculamos primero el tiempo que tarda en producirse, aplicando $y = y'$:

$$h - \tfrac{1}{2}gt^2 = (v_0 \operatorname{sen}\varphi)\, t - \frac{1}{2}gt^2$$

$$t = \frac{h}{v_0 \operatorname{sen}\varphi} = \frac{700}{100\ \sqrt{3}/2} = \frac{700}{86{,}6} = 8{,}08 \text{ s}$$

y las coordenadas del punto serán:

$$\left.\begin{aligned} x &= vt = 50 \cdot 8{,}08 = 404 \text{ m} \\ y &= h - \tfrac{1}{2}gt^2 = 700 - \tfrac{1}{2}9{,}8 \cdot (8{,}08)^2 = 380{,}09 \text{ m} \end{aligned}\right\} \quad ◀$$

Para saber si el impacto se produce en el ascenso o descenso de la bala, se calcula el tiempo que estaría subiendo

$$v_y = v_0 \operatorname{sen} \varphi - gt$$

y cuando $v_y = 0$

$$t = \frac{v_0 \operatorname{sen} \varphi}{g} = \frac{100\sqrt{3}/2}{10} = 8{,}66 \text{ s}$$

Como 8,66 > 8,08 el impacto se produce en el ascenso. ◄

2.54 Un tren pasa por una estación a 12 m/s. Una bola rueda sobre el piso del tren con una velocidad de 6 m/s dirigida: a) en la dirección y sentido que marcha el tren; b) en la misma dirección, pero sentido opuesto; c) en dirección perpendicular. Encontrar en cada caso la velocidad de la bola con respecto a un observador fijo en la estación.

Elegimos los sistemas de referencia con los ejes paralelos y orientando el eje OY en la dirección y sentido en que marcha el tren

a) $\vec{v} = \vec{v}_o + \vec{v}'$

donde

$$\vec{v}_o = 12\vec{j}$$

y

$$\vec{v}' = 6\vec{j}$$

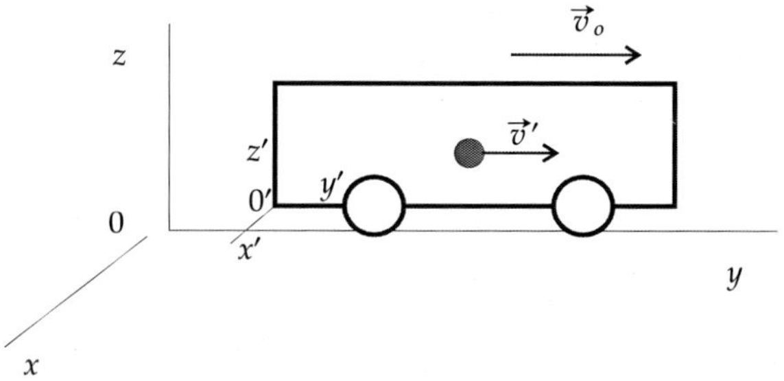

$\vec{v} = 12\vec{j} + 6\vec{j} = 18\vec{j}$, $v = 18$ m/s ◄

b) $\vec{v} = \vec{v}_o + \vec{v}' = 12\vec{j} - 6\vec{j} = 6\vec{j}$, $v = 6$ m/s ◄

c) En este caso $\vec{v}' = 6\vec{i}$

$$\vec{v} = \vec{v}_o + \vec{v}' = 12\vec{j} + 6\vec{i} = 6\vec{i} + 12\vec{j}$$

$$v = 13{,}4 \text{ m/s} \quad ◄$$

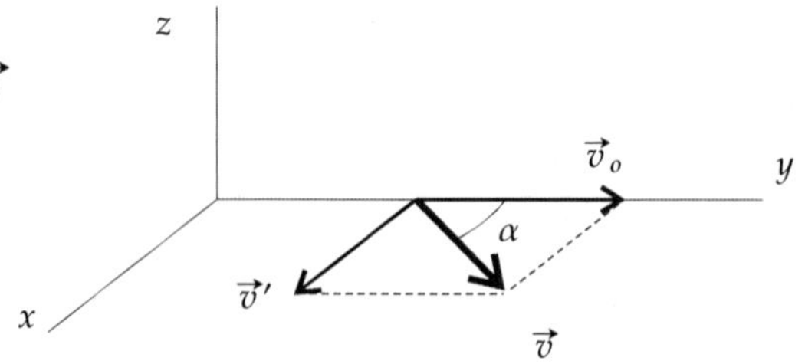

formando un ángulo de

$$\operatorname{tg} \alpha = \frac{v'}{v_o} = \frac{6}{12} = 0{,}5; \ \alpha = 26{,}56°$$

2.55 Un automóvil, en un terreno horizontal, se mueve en línea recta y acelera a razón de 2 m/s^2 partiendo del reposo. Al cabo de 7 segundos, desde el mismo se hace un disparo bajo un ángulo de 30° con la horizontal. Determinar: a) la velocidad v_0 que tiene el proyectil a la salida del arma, respecto a ella, para que el alcance horizontal, en estas condiciones sea $x_m = 1000$ m; b) el ángulo más conveniente de tiro para que con dicha velocidad v_0 el alcance horizontal sea máximo, determinando éste.

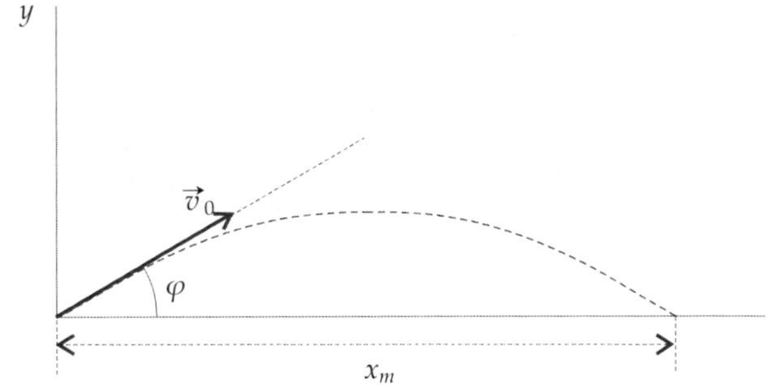

Si el disparo se hiciese con el automóvil en reposo, de las ecuaciones paramétricas

$$x = (v_0 \cos \varphi)\, t$$

$$y = (v_0 \operatorname{sen} \varphi)\, t - \tfrac{1}{2} g t^2$$

despejando el tiempo en la segunda cuando $y = 0$ y sustituyendo en la primera se obtiene el alcance horizontal:

$$x_m = \frac{2\, v_0^2 \operatorname{sen} \varphi \cdot \cos \varphi}{g} = \frac{v_0^2 \operatorname{sen} 2\varphi}{g} \tag{1}$$

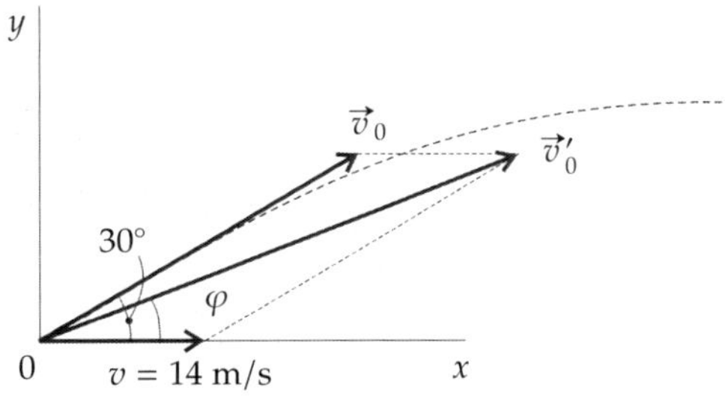

a) Para aplicar la ecuación (1) si el disparo se hace en las condiciones del problema, debemos calcular previamente la velocidad inicial $\vec{v}'_0$ (ver segunda figura). Como la velocidad del automóvil en el momento del disparo vale

$$v = at = 14 \text{ m/s} \quad \Rightarrow \quad \vec{v} = 14\vec{\imath}$$

y la del proyectil

$$\vec{v_0} = v_0 \; \cos 30\; \vec{\imath} + v_0 \; \operatorname{sen} 30\; \vec{\jmath} = \frac{\sqrt{3}}{2} v_0\; \vec{\imath} + \frac{v_0}{2}\; \vec{\jmath}$$

para $\vec{v}'_0$, podemos escribir

$$\vec{v}_0{}' = \left(14 + \frac{\sqrt{3}}{2} v_0\right) \vec{\imath} + \frac{v_0}{2}\; \vec{\jmath};$$

$$v_0' = \left[\left(14 + \frac{\sqrt{3}\, v_o}{2}\right)^2 + \left(\frac{v_0}{2}\right)^2\right]^{1/2}$$

Por otra parte, según la segunda figura se tiene

$$\operatorname{sen}\phi = \frac{v_{0y}'}{v_0'} = \frac{v_0/2}{v_0'}$$

$$\cos\phi = \frac{v_{0x}'}{v_0'} = \frac{14 + \sqrt{3}\, v_0/2}{v_0'}$$

y aplicando la ecuación (1) en la forma $x_m = \dfrac{2\, v_0'^2 \operatorname{sen}\varphi \cos\varphi}{g}$ se tiene:

$$1000 = \frac{2v_0'^2\, \dfrac{v_0/2}{v_0'} \cdot \left(\dfrac{14 + \sqrt{3}v_0/2}{v_0'}\right)}{g} = \frac{14\, v_0 + 0{,}866\, v_0^2}{g}$$

y tomando $g = 9{,}8$:

$$0{,}866\, v_0^2 + 14\, v_0 - 9800^4 = 0$$

$$v_0 = \frac{-14 \pm \sqrt{196 + 33947{,}2}}{1{,}732} = 98{,}6 \text{ m/s} \quad ◄$$

b) De la ecuación (1), se deduce que para una velocidad v_0, el alcance máximo se consigue cuando sen $2\varphi = 1$, es decir, para $\phi = 45°$. Por tanto, para que con la velocidad calculada $v_0 = 99{,}7$ m/s y la del coche $v = 14$ m/s, la resultante $\vec{v}_0'$ forme un ángulo de 45° con la horizontal, se debe cumplir lo indicado en la tercera figura. Aplicando, por tanto, el teorema del seno en el triángulo v_0 O $\vec{v}_0'$ se tiene:

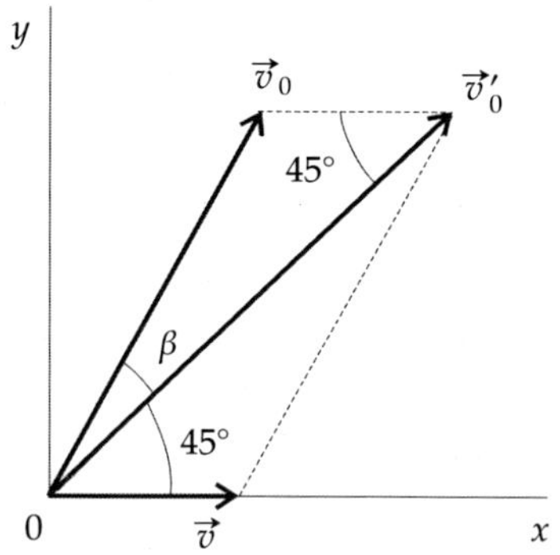

$$\frac{v_0}{\operatorname{sen} 45°} = \frac{v}{\operatorname{sen}\beta}$$

$$\operatorname{sen}\beta = \frac{v \operatorname{sen} 45°}{v_0} = \frac{14\ \sqrt{2}/2}{99{,}7} = 0{,}1$$

$$\beta = \operatorname{arc\,sen} 0{,}1 = 5{,}7°$$

por lo que el ángulo más conveniente de tiro para que el alcance sea máximo será

$$45 + 5{,}7 = 50{,}7° \quad ◄$$

Para la última parte del problema hay que calcular el módulo de $\vec{v}'_0$, aplicando el teorema del coseno

$$v_0{}' = \sqrt{v^2 + v_0^2 + 2\, v\, v_0 \, \cos\varphi} = \sqrt{14^2 + 99{,}7^2 + 2 \cdot 14 \cdot 99{,}7 \, \cos 50{,}7^\circ}$$

$$v_0{}' = 109 \text{ m/s},$$

y con este valor aplicar la ecuación (1)

$$x_m = \frac{v_o{}'^2 \text{ sen } 2\varphi}{g} = \frac{v_o{}'^2}{g} = \frac{109^2}{9{,}8} = 1212{,}34 \text{ m} \quad ◄$$

2.56 Un móvil recorre, con movimiento uniforme de velocidad v_1, una circunferencia de radio R. Simultáneamente esta circunferencia se traslada con movimiento uniforme de velocidad v_2 y perpendicular al plano definido por ella. Hallar: a) la velocidad y aceleración del móvil respecto a un sistema inercial; b) el radio de curvatura de la hélice descrita en el movimiento.

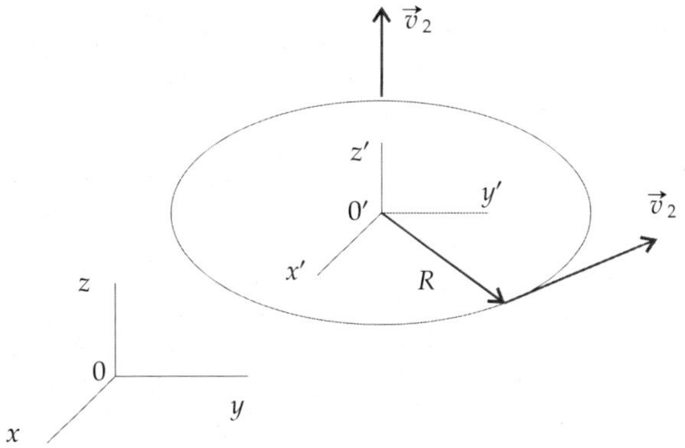

a) La velocidad absoluta vista desde O es $\vec{v} = \vec{v}_o + \vec{v}'$ siendo la velocidad de arrastre de traslación $\vec{v}_o = \vec{v}_2$, y la velocidad relativa del móvil con respecto del sistema $O'(X', Y', Z')\vec{v}' = \vec{v}_1$. Por tanto:

$$\vec{v} = \vec{v}_2 + \vec{v}_1; \; v = \sqrt{v_1^2 + v_2^2}$$

En cuanto a la aceleración

$$\vec{a} = \vec{a}_o + \vec{a}'$$

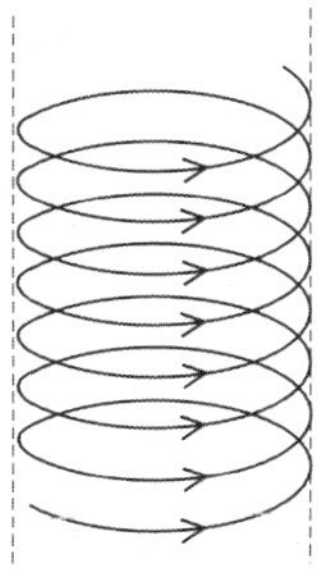

La aceleración de arrastre de traslación $\vec{a}_o = 0$ que sea $\vec{v}_2 = \vec{v}_o =$ constante. Por otra parte $\vec{a}' = \vec{a}_t + \vec{a}_n$, la aceleración absoluta del móvil es igual a la aceleración normal relativa:

$$\vec{a} = \vec{a}_n = -\frac{v_1^2}{R}\vec{u}_R \rightarrow a = \frac{v_1^2}{R} \quad ◄$$

b) $$a_n = \frac{v^2}{\rho} \qquad \rho = \frac{v^2}{a_n} = \frac{v_1^2 + v_2^2}{\dfrac{v_1^2}{R}} = R\left(1 + \frac{v_2^2}{v_1^2}\right) \quad ◄$$

2.57 El vector de posición de una partícula respecto a unos ejes situados en un autobús, que se mueve en línea recta en la dirección $O'X'$ con aceleración constante de 1 m/s^2, es $\vec{r}\,' = 2t^2\vec{\imath}\,' + 4t^2\vec{\jmath}\,'$. Hallar, para $t = 2$ s, el vector de posición, velocidad y aceleración de la partícula respecto a unos ejes fijos situados en tierra, paralelos a los anteriores, sabiendo que O' está en el punto $(3, 1)$ con respecto a los ejes fijos al iniciarse el movimiento.

La velocidad y aceleración absolutas de la partícula se obtiene aplicando las ecuaciones

$$\vec{r} = \vec{r}_0 + \vec{r}\,'; \ \vec{v} = \frac{d\vec{r}}{dt}; \ \vec{a} = \frac{d\vec{v}}{dt}$$

donde $\vec{r}$ es el vector de posición de la partícula respecto a los ejes fijos; $\vec{r}\,'$ su vector de posición respecto a los ejes móviles, y $\vec{r}_0$ el vector de posición del origen de coordenadas de los ejes móviles respecto a los ejes fijos, como se muestra en la figura.

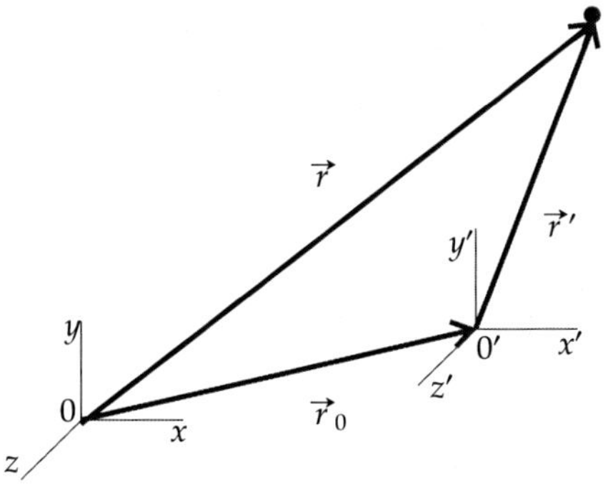

Por tratarse de un movimiento de arrastre de traslación, los ejes móviles se conservarán paralelos a sí mismos, y como además son paralelos a los ejes fijos, podemos escribir para el vector de posición de la partícula respecto a los ejes móviles:

$$\vec{r}\,' = 2t^2\vec{\imath}\,' + 4t^2\vec{\jmath}\,' = 2t^2\vec{\imath} + 4t^2\vec{\jmath}$$

En cuanto al vector de posición del origen móvil O', si para $t = 0$ es $\vec{r_0} = 3\vec{\imath} + \vec{\jmath}$, para un tiempo cualquiera, al ser $\vec{a_0} = 1 \cdot \vec{\imath}$, podemos escribir:

$$\vec{r_0} = \left(3 + \frac{1}{2} \cdot a_0 \cdot t^2\right) \vec{\imath} + \vec{\jmath} = \left(3 + \frac{1}{2} \cdot t^2\right) \vec{\imath} + \vec{\jmath}$$

Por tanto, el vector de posición de la partícula respecto a los ejes fijos será

$$\vec{r} = \vec{r}_0 + \vec{r}\,' = \left[(3 + \frac{t^2}{2})\vec{\imath} + \vec{\jmath}\right] + (2t^2\vec{\imath} + 4t^2\vec{\jmath}) = (3 + \frac{5}{2}t^2)\,\vec{\imath} + (1 + 4t^2)\,\vec{\jmath}$$

y la velocidad y aceleración respecto a dichos ejes:

$$\vec{v} = \frac{d\vec{r}}{dt} = 5t\,\vec{\imath} + 8t\,\vec{\jmath}$$

$$\vec{a} = \frac{d\vec{v}}{dt} = 5\vec{\imath} + 8\vec{\jmath}$$

Para $t = 2$ s

$$\vec{r} = 13\vec{\imath} + 17\vec{\jmath}; \ \vec{v} = 10\vec{\imath} + 16\vec{\jmath}; \ \vec{a} = 5\vec{\imath} + 8\vec{\jmath}$$ ◄

2.58 Un disco gira alrededor de un eje vertical, normal a él por su centro, con velocidad constante $\vec{\omega}$. Una partícula recorre sobre el disco una recta con velocidad relativa constante $\vec{v}'$, partiendo en el instante inicial del centro. Calcular la velocidad y aceleración absolutas de la partícula.

$$\vec{v} = \vec{v}_o + \vec{v}' + \omega \times \vec{r}' = \vec{v}' + \omega \times \vec{r}'$$

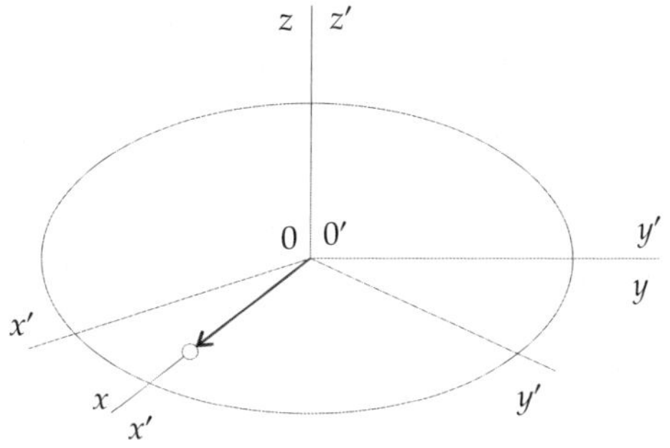

donde:

$$\vec{v}' = \vec{v}_i; \; \vec{r}' = vt\,\vec{i}$$

$$\vec{\omega} \times \vec{r}' = \begin{vmatrix} \vec{i} & \vec{j} & \vec{k} \\ 0 & 0 & \omega \\ vt & 0 & 0 \end{vmatrix} = v\,\omega\,t\,\vec{j} \qquad (1)$$

por lo que

$$\vec{v} = v\,\vec{i} + v\omega t\,\vec{j} \quad ◄$$

Para la aceleración absoluta se aplica

$$\vec{a} = \vec{\omega} \times (\vec{\omega} \times \vec{r}') + 2\vec{\omega} \times \vec{v}'$$

ya que:

$$\vec{a}' = 0$$

por ser $\vec{v}'$ constante por no tener movimiento de arrastre de traslación.

$$\frac{d\vec{\omega}}{dt} \times \vec{r}' = 0,$$

por ser $\vec{\omega}$ constante

La aceleración normal de arrastre de rotación, teniendo en cuenta (1), será

$$\vec{\omega} \times (\vec{\omega} \times \vec{r}') = \begin{vmatrix} \vec{i} & \vec{j} & \vec{k} \\ 0 & 0 & \omega \\ 0 & v\omega t & 0 \end{vmatrix} = -\omega^2 vt\,\vec{i}$$

y la aceleración de Coriolis

$$\vec{a}_c = 2\vec{\omega} \times \vec{v}' = 2\omega\vec{k} \times v\,\vec{i} = 2\omega v\,\vec{j}$$

por lo que

$$\vec{a} = -\omega^2 vti + 2\omega v\,\vec{j}$$

2.59 Dos automóviles que se desplazan en caminos perpendiculares viajan hacia el norte y el este respectivamente. Si sus velocidades con respecto a tierra son de 60 km/h y de 80 km/h, calcular la velocidad relativa del primero respecto al segundo. Repetir el cálculo suponiendo que el segundo se desplaza hacia el oeste.

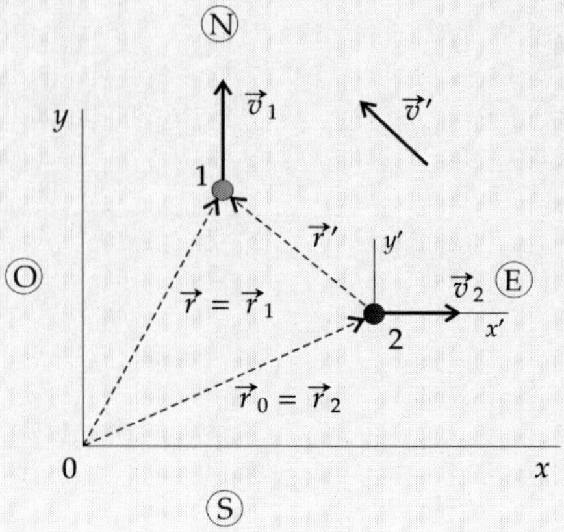

Teniendo en cuenta la figura, podemos escribir:

$$\vec{r}_1 = \vec{r}_2 + \vec{r}'$$

o bien

$$\vec{r} = \vec{r}_0 + \vec{r}'$$

y de aquí,

$$\vec{v} = \vec{v}_0 + \vec{v}'$$

siendo $\vec{v}$ la velocidad absoluta del automóvil 1 respecto al sistema de referencia fijo $O(x, y)$; $\vec{v}_0$ la velocidad de arrastre del sistema de referencia móvil $O'(x', y')$, situado en el automóvil 2, respecto al sistema de referencia fijo, y $\vec{v}'$ la velocidad relativa del automóvil 1 respecto a 2. Por tanto, la velocidad buscada es

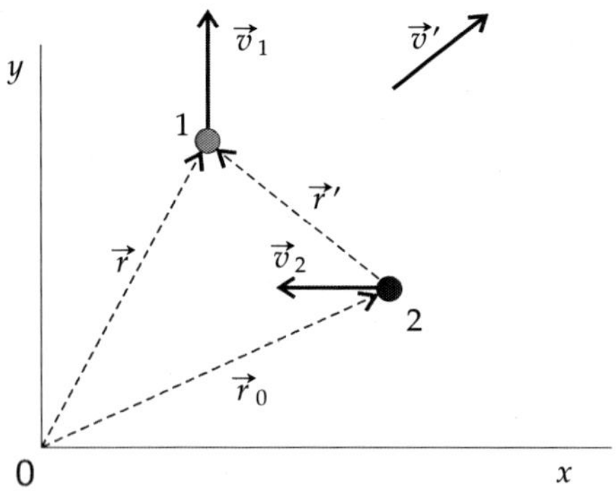

$$\vec{v}' = \vec{v} - \vec{v}_0 = 60\vec{j} - 80\vec{i} \quad ◄$$

$$v' = 100 \text{ km/h} \quad ◄$$

Si el segundo automóvil viaja hacia el oeste

$$\vec{v}' = \vec{v} - \vec{v}_0 = 80\vec{i} + 60\vec{j} \quad ◄$$

$$v' = 100 \text{ km/h} \quad ◄$$

2.60 El brazo OA de 1 m de longitud gira en el plano horizontal alrededor de un eje que pasa por O, como se muestra en la figura, y su movimiento está definido por $\theta = 0{,}15t^2$. A lo largo del brazo desliza el bloque B de tal forma que la distancia de O a B viene dada por $r' = 1 - 0{,}13t^2$. Calcular la velocidad y aceleración absolutas del bloque B después que el brazo haya girado un ángulo $\theta = 30°$.

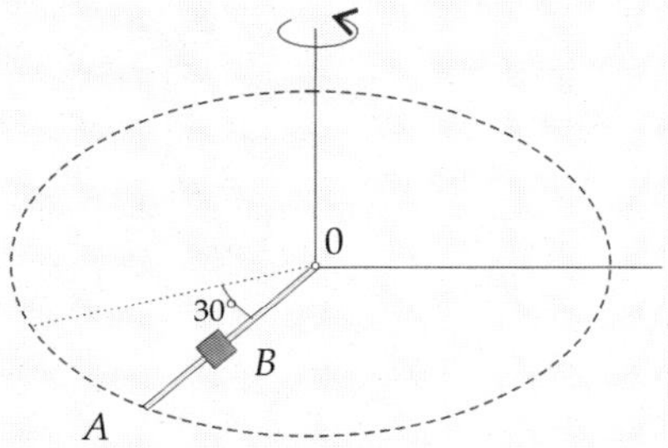

Por no haber traslación

$$\vec{v} = \vec{v}_o + \vec{v}\,' + \vec{\omega} \times \vec{r}\,' = \vec{v}\,' + \vec{\omega} \times \vec{r}\,'$$

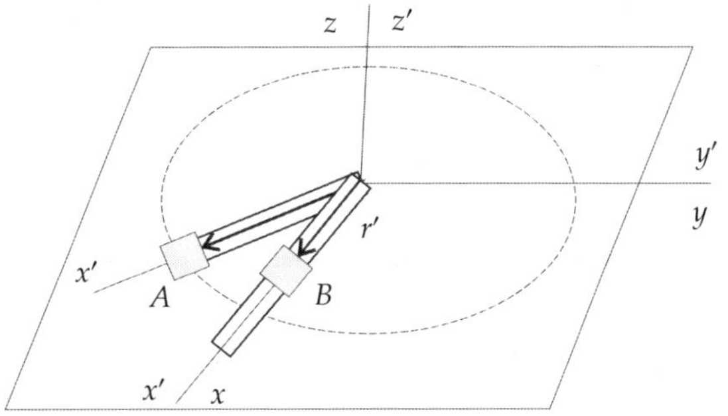

donde las magnitudes que intervienen valen:

$$\omega = \frac{d\theta}{dt} = 0{,}3t \rightarrow \vec{\omega} = 0{,}3t\,\vec{k}$$

$$\vec{r}\,' = (1 - 0{,}13t^2)\,\vec{i}$$

$$\vec{v}\,' = \frac{d\vec{r}\,'}{dt} = -0{,}26t\,\vec{i}$$

$$\vec{\omega} \times \vec{r}\,' = 0{,}3t\,\vec{k} \times (1 - 0{,}13t^2)\,\vec{i} = 0{,}3t(1 - 0{,}13t^2)\,\vec{j}$$

Si sustituimos el tiempo que tarda en girar al ángulo

$$\theta = 30 = \frac{\pi}{6}\text{ rad} \rightarrow t = \sqrt{\frac{\theta}{0{,}15}} = \sqrt{\frac{3{,}14}{0{,}15 \cdot 6}} = 1{,}86\text{ s}$$

Se obtiene para $\vec{v}\,'$ y $\vec{\omega} \times \vec{r}\,'$:

$$\vec{v}\,' = -0{,}48\,\vec{i}; \quad \vec{\omega} \times \vec{r}\,' = 0{,}3\,\vec{j}$$

con lo que la velocidad absoluta será

$$\vec{v} = \vec{v}\,' + \vec{\omega} \times \vec{r}\,' = -0{,}48\,\vec{i} + 0{,}3\,\vec{j} \quad ◄ \qquad v = 0{,}57\text{ m/s} \quad ◄$$

y formará un ángulo con la barra de

$$\alpha = \text{arc tg}\,\frac{0{,}3}{0{,}48} = 32° \quad ◄$$

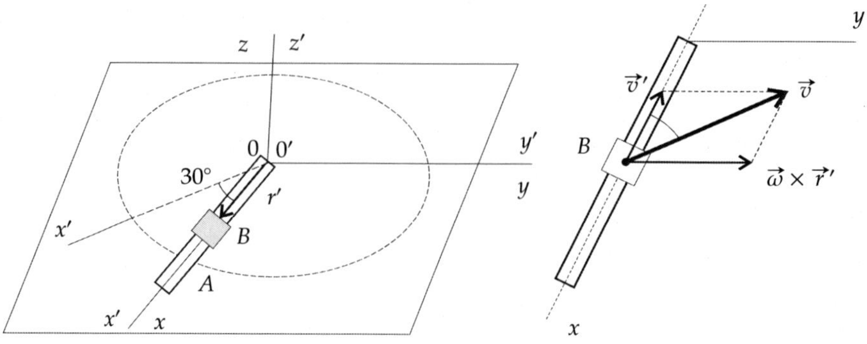

Para la aceleración absoluta:

$$\vec{a} = \vec{a}_o + \vec{a}' + \frac{d\vec{\omega}}{dt} \times \vec{r}' + \vec{\omega} \times (\vec{\omega} \times \vec{r}') + 2\vec{\omega} \times \vec{v}'$$

donde:

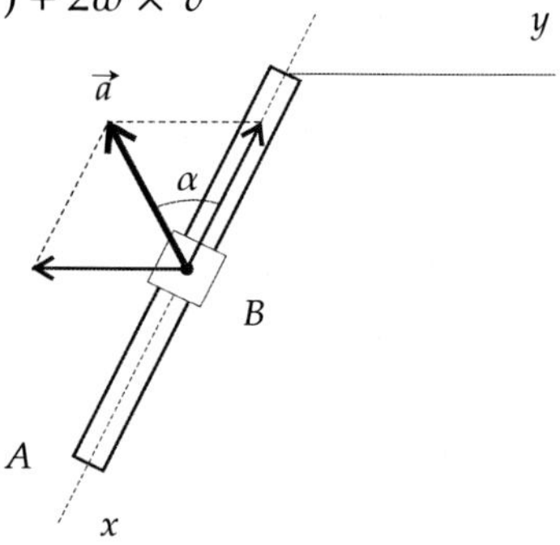

$$\vec{a}_o = 0$$

$$\vec{a}' = \frac{d\vec{v}'}{dt} = -0{,}26\vec{\imath}$$

$$\frac{d\vec{\omega}}{dx} \times \vec{r}' = 0{,}3\vec{k} \times \left(1 - 0{,}13t^2\right)\vec{\imath} = 0{,}3\vec{k} \times 0{,}55\vec{\imath} = 0{,}16\vec{\jmath}$$

$$\vec{\omega} \times (\vec{\omega} \times \vec{r}') = 0{,}3t\vec{k} \times 0{,}3\vec{\jmath} = 0{,}56\vec{k} \times 0{,}3\vec{\jmath} = -0{,}17\vec{\jmath}$$

$$2\vec{\omega} \times \vec{v}' = 2\left[0{,}56\vec{k} \times (-0{,}48\vec{\imath})\right] = -0{,}54\vec{\jmath}$$

$$\vec{a} = -0{,}26\vec{\imath} + 0{,}16\vec{\jmath} - 0{,}17\vec{\imath} - 0{,}54\vec{\jmath} = -\,0{,}43\vec{\imath} - \,0{,}38\vec{\jmath}; \qquad a = 0{,}57 \text{ m/s}^2$$

y forma un ángulo con la barra fija

$$\alpha = \text{arc tg}\,\frac{0{,}38}{0{,}43} = 41{,}5° \quad ◂$$

2.61 En la parte superior de un plano inclinado 30° con la horizontal, se abandona un cuerpo que desliza sin rozamiento a lo largo de él. Simultáneamente el plano se mueve con velocidad horizontal de 2 m/s de forma que el cuerpo no pueda separarse de él. Sabiendo que la longitud del plano inclinado es de 10 m, calcular la velocidad y aceleración absolutas del cuerpo cuando llegue al final del plano.

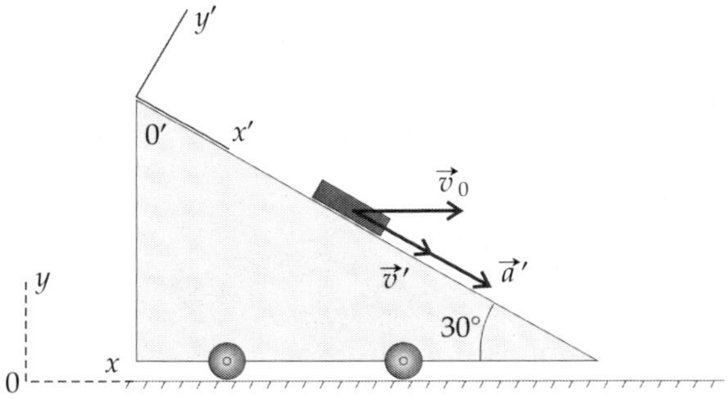

En la figura se indican los sistemas de referencia elegidos. Como el movimiento de arrastre del sistema móvil $O'(x', y')$ es sólo de traslación a velocidad constante, las ecuaciones

$$\vec{v} = \vec{v}_a + \vec{v}';$$
$$\vec{a} = \vec{a}_a + \vec{a'} + 2(\vec{\omega} \times \vec{v}')$$

que nos dan la velocidad y aceleración absolutas cuando el movimiento de arrastre es de traslación y rotación, se reducen a

$$\vec{v} = \vec{v}_0 + \vec{v}'$$
$$\vec{a} = \vec{a}'$$

La velocidad de arrastre de traslación es $\vec{v}_0 = 2\vec{\imath}$. Para conocer la velocidad relativa $\vec{v}'$, o velocidad del cuerpo respecto al sistema de referencia móvil $O'(x', y')$, calculamos antes la aceleración relativa $\vec{a}'$:

$$\vec{a}' = g \text{ sen } 30° = 4{,}9 \text{ m/s}^2 \quad \Rightarrow \quad \vec{a}' = 4{,}9\, \vec{\imath}'$$

$$\vec{v}' = \vec{a}'t = 5t\,\vec{i'} = 4{,}9t \cos 30°\, \vec{\imath} - 4{,}9t \text{ sen } 30°\, \vec{\jmath} = 4{,}24t\, \vec{\imath} - 2{,}4t\, \vec{\jmath}$$

por lo que la velocidad absoluta en el instante t es

$$\vec{v} = \vec{v}_0 + \vec{v}' = (2 + 4{,}24t)\, \vec{\imath} - 2{,}45t\, \vec{\jmath}$$

Si calculamos el tiempo que tarda en recorrer el plano inclinado, que por ser un movimiento uniformemente acelerado, vale

$$s = \frac{1}{2}a't^2 \quad \Rightarrow \quad t = \sqrt{2s/a'} = \sqrt{2 \cdot 10/4{,}9} = 2{,}02 \text{ s}$$

y lo sustituimos en la anterior, nos da la velocidad absoluta con que llega el cuerpo al final del plano inclinado

$$\vec{v} = (2 + 4{,}24 \cdot 2{,}02)\, \vec{\imath} - 2{,}45 \cdot 2{,}02\, \vec{\jmath} = 10{,}56\, \vec{\imath} - 4{,}949\, \vec{\jmath}; \; v = 11{,}65 \text{ m/s}$$ ◂

En cuanto a la aceleración absoluta:

$$\vec{a} = \vec{a}' = 5\,\vec{\imath}' = 4{,}9\cos 30°\,\vec{\imath} - 4{,}9\,\text{sen}\,30°\,\vec{\jmath} = 4{,}24\,\vec{\imath} - 2{,}45\,\vec{\jmath};\; a = 4{,}89\ \text{m/s}^2 \quad ◄$$

2.62 Una puerta gira alrededor de su eje vertical con una velocidad angular constante ω. Una mosca "M" y una abeja "A" se mueven sobre la puerta con movimiento rectilíneo uniforme de velocidad v. Si la trayectoria de la mosca forma un ángulo de 30° con el eje y la de la abeja es paralela al mismo, como se indica en la figura, calcular la aceleración de ambos insectos, respecto a un sistema inercial, cuando distan 50 cm del eje de giro.

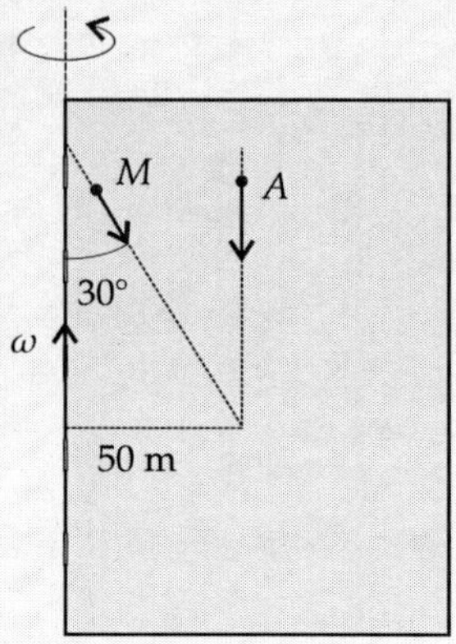

La ecuación general

$$\vec{a} = \vec{a}_0 + \vec{a}' + \frac{d\vec{\omega}}{dt} \times \vec{r}' + \vec{\omega} \times (\vec{\omega} \times \vec{r}') + 2\vec{\omega} \times \vec{v}'$$

en este caso se reduce a

$$\vec{a} = \vec{\omega} \times (\vec{\omega} \times \vec{r}') + 2\vec{\omega} \times \vec{v}'$$

puesto que $\vec{a}_0 = 0$, por no tener el móvil arrastre de traslación; $\vec{a}' = 0$, por ser $\vec{v}'$ es constante, y $\frac{d\vec{\omega}}{dt} \times \vec{r}' = 0$ por ser $\vec{\omega}$ es constante.

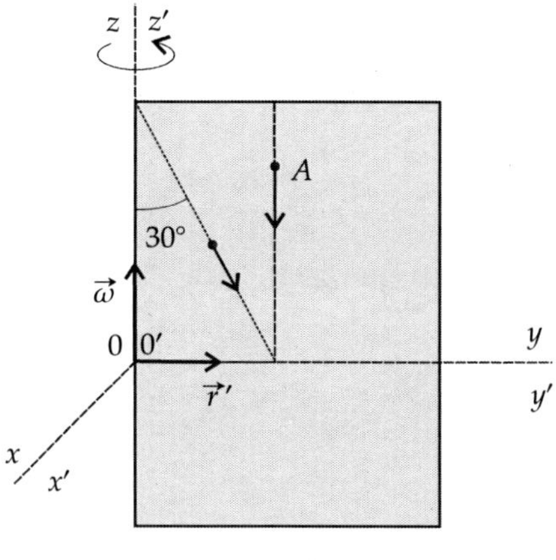

Para la abeja: $\vec{\omega} \times (\vec{\omega} \times \vec{r}') = -\omega^2 \vec{r}' = -\omega^2 r\,\vec{\jmath} = -50\omega^2\,\vec{\jmath}$ ya que $2\vec{\omega} \times \vec{v}' = 0$, pues ω y $\vec{v}'$ son paralelos

$$\vec{a} = -50\omega^2\,\vec{\jmath} \quad ◄ \qquad a = 50\omega^2\ \text{m/s}^2 \quad ◄$$

Para la mosca: $\vec{\omega} \times (\vec{\omega} \times \vec{r}') = -50\omega^2\,\vec{\jmath}$

Para calcular la aceleración de Coriolis, debemos pasar la velocidad relativa en función de sus componentes rectangulares:

$$\vec{v}' = -v\,\text{sen}\,30\,\vec{\jmath} - v\cos 30\,\vec{k} = -\frac{v}{2}\vec{\jmath} - \frac{\sqrt{3}}{2}v\,\vec{k}$$

$$2\vec{\omega} \times \vec{v}\,' = 2 \begin{vmatrix} \vec{\imath} & \vec{\jmath} & \vec{k} \\ 0 & 0 & \omega \\ 0 & \dfrac{-v}{2} & -\dfrac{\sqrt{3}v}{2} \end{vmatrix} = -v\omega\,\vec{\imath}$$

con lo que:

$$\vec{a} = -v\omega\,\vec{\imath} - 50\omega^2\,\vec{\jmath} \quad ◄$$

2.63 Un carrusel gira con velocidad de rotación uniforme a razón de 6 vueltas por minuto. Un objeto se mueve en él con velocidad de 40 cm/s cuando pasa por un punto que dista 3 m del eje siguiendo una dirección que forma un ángulo de 60° con el radio que pasa por este punto. Hallar la velocidad absoluta del objeto en dicho punto.

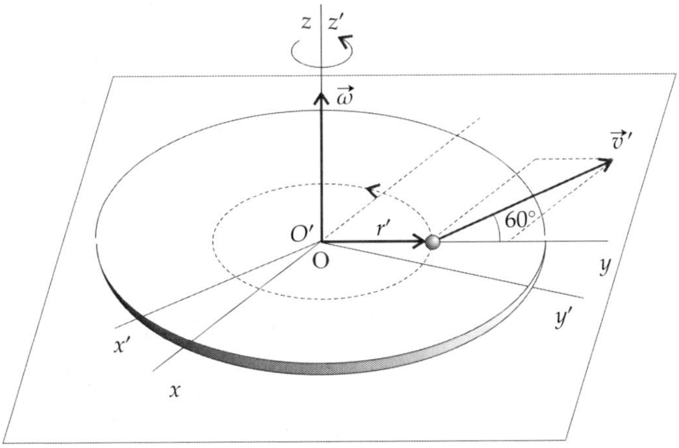

Según los sistemas de referencia mostrados en la figura, el vector velocidad angular será

$$\omega = \frac{2\pi}{60} \cdot 6 = 0{,}2\pi \text{ rad/s}$$

$$\Rightarrow \quad \vec{\omega} = 0{,}2\pi\,\vec{k}$$

y la velocidad absoluta que viene dada por

$$\vec{v} = \vec{v}_a + \vec{v}\,' = \vec{v}_0 + \vec{v}\,' + \vec{\omega} \times \vec{r}\,'$$

Como el sistema de referencia móvil sólo tiene movimiento de rotación, $\vec{v}_0 = 0$, la velocidad absoluta del objeto en dicho punto (la que percibe un observador fijo situado en O) será igual a la velocidad relativa (la que percibe un observador móvil situado en O') más la velocidad de arrastre de rotación que posee el sistema de referencia móvil $O'(x', y', z')$ por lo que en, este caso, la ecuación anterior se puede escribir

$$\vec{v} = \vec{v}\,' + \vec{\omega} \times \vec{r}\,'$$

donde

$$\vec{r}\,' = 3\,\vec{j};\ v' = 0{,}4 \quad \Rightarrow \quad \vec{v}\,' = -0{,}4\ \mathrm{sen}\,60°\ \vec{i} + 0{,}4\ \cos 60°\ \vec{j} = -0{,}35\ \vec{i} + 0{,}2\ \vec{j}$$

$$\vec{\omega} \times \vec{r}\,' = \begin{vmatrix} \vec{i} & \vec{j} & \vec{k} \\ 0 & 0 & \omega \\ 0 & 3 & 0 \end{vmatrix} = -3\omega\ \vec{i} = -1{,}88\ \vec{i}$$

Por tanto, sustituyendo valores en ella se obtiene:

$$\vec{v} = (-0{,}35\ \vec{i} + 0{,}2\ \vec{j}) + (-1{,}88\ \vec{i}) = -2{,}23\ \vec{i} + 0{,}2\ \vec{j};\ v = 2{,}24\ \mathrm{m/s} \quad \blacktriangleleft$$

formando un ángulo con el eje OY de

$$\alpha = \mathrm{arc\,tg}\ \frac{2{,}23}{0{,}2} = 85° \quad \blacktriangleleft$$

2.64 En un determinado instante una partícula p se mueve a lo largo del borde de un disco de radio R con velocidad v' constante respecto al mismo. Al mismo tiempo el disco está girando alrededor de un eje perpendicular a él que pasa por su centro con velocidad angular ω y aceleración α, de forma que los sentidos de ambas se oponen al movimiento de p sobre el disco. Hallar en el mencionado instante la velocidad y aceleración absolutas de p.

Puesto que la velocidad de arrastre de traslación del sistema de referencia móvil es nula, podemos escribir

$$\vec{v} = \vec{v}\,' + \vec{v}_a = \vec{v}\,' + \vec{\omega} \times \vec{r}\,'$$

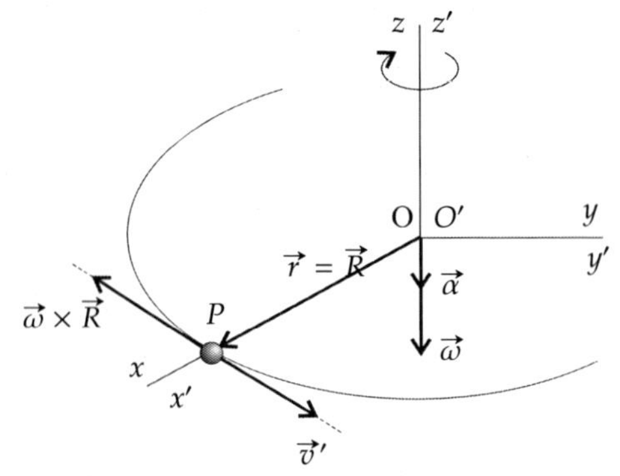

donde, según la figura y los sistemas de referencia elegidos, las magnitudes anteriores valen:

$$\vec{v} = v'\ \vec{j};\ \vec{\omega} = -\omega\ \vec{k}\ \text{y}\ \vec{r}\,' = \vec{R} = R\ \vec{i}$$

Sustituyendo estos valores en la ecuación anterior

$$\vec{v} = \vec{v}\,' + \vec{\omega} \times \vec{r}\,' = v'\ \vec{j} + (-\omega\vec{k} \times R\vec{i}) = v'\ \vec{j} + (-\omega R\ \vec{j}) = (v' - \omega R)\ \vec{j} \quad \blacktriangleleft$$

En cuanto a la aceleración, al no haber traslación, se tiene

$$\vec{a} = \vec{a}' + \vec{\omega} \times (\vec{\omega} \times \vec{r}') + \frac{d\vec{\omega}}{dt} \times \vec{r}' + 2\vec{\omega} \times \vec{v}'$$

$$\vec{a} = \vec{a}' + \vec{a}_a + \vec{a}_c$$

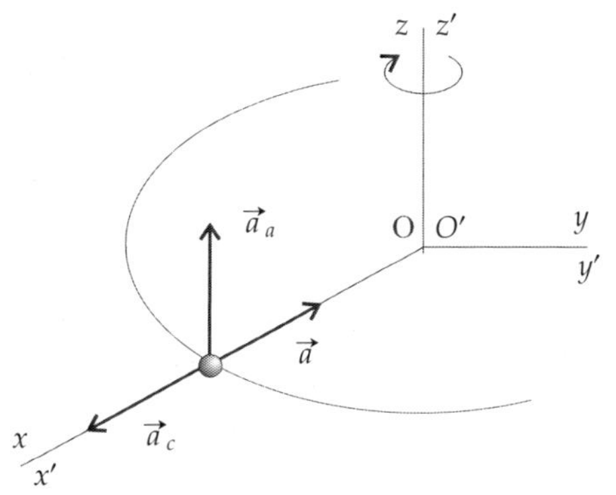

Veamos cuánto vale cada componente. Al ser la velocidad relativa constante en módulo, $\vec{a}'$ sólo tendrá componente normal, que para el momento considerado será

$$a' = \frac{v'^2}{R}; \quad \vec{a}' = -\frac{v'^2}{R}\,\vec{\imath}$$

Las componentes de la aceleración de arrastre de rotación $\vec{a}_a$ son:

normal: $\vec{\omega} \times (\vec{\omega} \times \vec{R}) = -\omega\vec{k} \times (-\omega\vec{k} \times R\vec{\imath}) = -\omega\vec{k} \times (-\omega R\vec{\jmath}) = -\omega^2 R\,\vec{\imath}$

tangencial: $\frac{d\vec{\omega}}{dt} \times \vec{R} = -\alpha\,\vec{k} \times R\,\vec{\imath} = -\alpha\,R\,\vec{\jmath}$

por lo que para esta componente de la aceleración absoluta se tiene:

$$\vec{a}_a = -\omega^2 R\,\vec{\imath} - \alpha\,R\,\vec{\jmath}$$

La aceleración de Coriolis es

$$\vec{a}_c = 2\vec{\omega} \times \vec{v}' = 2(-\omega\vec{k} \times v'\vec{\jmath}) = 2v'\omega\,\vec{\imath}$$

La aceleración absoluta será, pues:

$$\vec{a} = \vec{a}' + \vec{a}_a + \vec{a}_c = -\frac{v'^2}{R}\vec{\imath} + (-\omega^2 R\vec{\imath} - \alpha R\vec{\jmath}) + 2v'\omega\vec{\imath} = (2v'\omega - \frac{v'^2}{R} - \omega^2 R)\vec{\imath} - \alpha R\vec{\jmath}$$ ◂

2.65 La puerta indicada en la figura, de lados a y b, gira alrededor de uno de sus lados verticales con velocidad $\vec{\omega} = \omega\,\vec{k}$. Una partícula, situada inicialmente en el punto A, se mueve hacia el eje por el borde superior de la puerta con velocidad constante v'. Determinar la velocidad y aceleración absolutas de la partícula.

$$\vec{v} = \vec{v}_a + \vec{v}' = \vec{v}_0 + \vec{v}' + \vec{\omega} \times \vec{r}'$$

Como la velocidad de arrastre de traslación en este caso es $\vec{v}_0 = 0$, queda

$$\vec{v} = \vec{v}' + \vec{\omega} \times \vec{r}'$$

Según la figura, en el instante en que los ejes de los sistemas de referencia coincidan, la velocidad relativa es

$$\vec{v}' = -v'\vec{\imath}$$

y la velocidad de arrastre de rotación, teniendo en cuenta que el vector de posición es $\vec{r}' = (a - v't)\vec{\imath} + b\vec{k}$, viene dada por

$$\vec{\omega} \times \vec{r}' = \begin{vmatrix} \vec{\imath} & \vec{\jmath} & \vec{k} \\ 0 & 0 & \omega \\ a - v't & 0 & b \end{vmatrix} = \vec{\omega}(a - v't)\vec{\jmath} \quad (1)$$

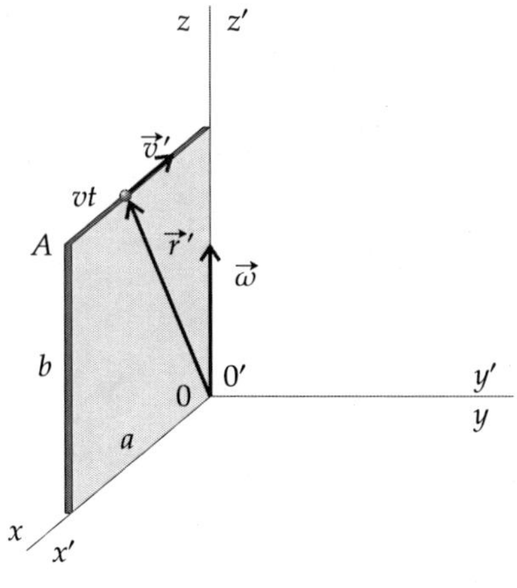

con lo cual, resulta para la velocidad absoluta

$$\vec{v} = -v'\vec{\imath} + \vec{\omega}(a - v't)\vec{\jmath} \quad ◂$$

En cuanto a la aceleración absoluta

$$\vec{a} = \vec{a}_0 + \vec{a}' + \frac{d\vec{\omega}}{dt} \times \vec{r}' + \vec{\omega} \times (\vec{\omega} \times \vec{r}') + 2\vec{\omega} \times \vec{v}'$$

se simplifica a

$$\vec{a} = \vec{\omega} \times (\vec{\omega} \times \vec{r}') + 2\vec{\omega} \times \vec{v}'$$

ya que $\vec{a_0} = 0$ por ser $\vec{v_0} = 0$; $\vec{a'} = 0$ por ser $\vec{v}' =$ cte y $\frac{d\vec{\omega}}{dt} \times \vec{r}' = 0$ por ser $\vec{\omega} =$ cte.

La aceleración normal de arrastre de rotación, teniendo en cuenta (1) es

$$\vec{a_n} = \vec{\omega} \times (\vec{\omega} \times \vec{r}') = \begin{vmatrix} \vec{\imath} & \vec{\jmath} & \vec{k} \\ 0 & 0 & \omega \\ 0 & \omega(a - v't) & 0 \end{vmatrix} = -\omega^2(a - v't)\vec{\imath}$$

y la aceleración de Coriolis

$$\vec{a_c} = 2\vec{\omega} \times \vec{v}' = 2\omega\vec{k} \times (-v'\vec{\imath}) = -2\omega v'\vec{\jmath}$$

con lo que la aceleración absoluta será

$$\vec{a} = -\omega^2(a - v't)\vec{\imath} - 2\omega\, v'\vec{\jmath} \quad ◂$$

2.66 Un cuerpo de masa m puede deslizar sin rozamiento sobre una semicircunferencia vertical y rígida de 1 m de radio, que gira con velocidad angular ω = 1 rad/s alrededor de su diámetro como se indica en la figura. Si en el instante inicial dicho cuerpo está en la posición A, determinar: a) las velocidades de arrastre, relativa y absoluta cuando el cuerpo llegue a la posición B; b) las aceleraciones de arrastre, relativa, de Coriolis y absoluta en dicho punto.

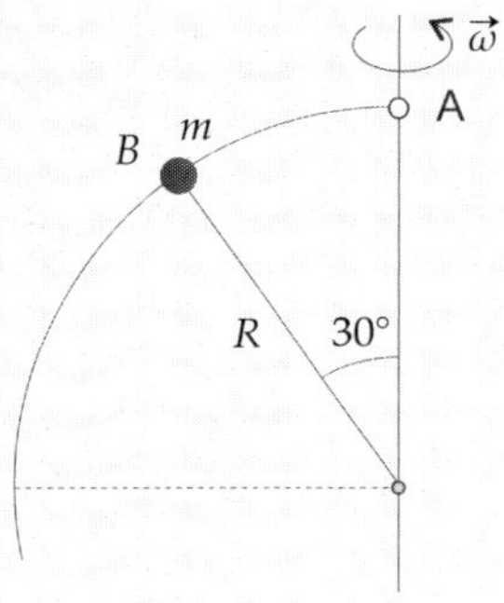

a) Elegimos los sistemas de referencia fijo y móvil de tal forma que coincidan cuando el cuerpo ocupe la posición B, y que el plano de la semicircunferencia coincida con el plano XZ. El movimiento resultante del cuerpo es suma de un movimiento de arrastre de rotación con $\vec{\omega}$ constante más un movimiento circular relativo no uniforme.

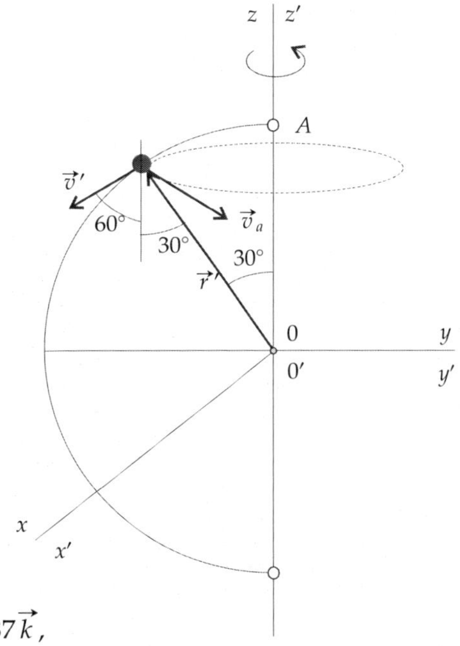

$$\vec{v} = \vec{v}_a + \vec{v}'$$

Como sólo existe arrastre de rotación, la velocidad de arrastre es

$$\vec{v}_a = \vec{\omega} \times \vec{r}'$$

donde

$$\vec{r}' = R\ \text{sen}\,30°\ \vec{\imath} + R\ \cos 30°\ \vec{k} = 0{,}5\,\vec{\imath} + 0{,}87\,\vec{k},$$

por lo que

$$\vec{v}_a = \begin{vmatrix} \vec{\imath} & \vec{\jmath} & \vec{k} \\ 0 & 0 & \omega \\ 0{,}5 & 0 & 0{,}87 \end{vmatrix} = 0{,}5\omega\ \vec{\jmath} = 0{,}5\,\vec{\jmath} \quad ◂$$

El módulo de la velocidad relativa se puede calcular mediante el principio de conservación de la energía mecánica ya que no hay rozamiento entre los puntos A y B:

$$\frac{1}{2} m v'^2 = mg(R - R\ \cos 30°)$$

$$v' = \sqrt{2gR\,(1 - \cos 30°)} = \sqrt{2 \cdot 9{,}8 \cdot 1 \cdot 0{,}134} = 1{,}62\ \text{m/s}$$

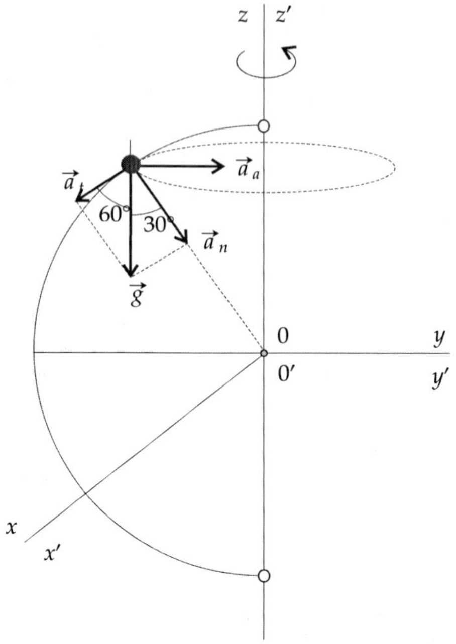

cuya dirección es tangente a la circunferencia en B, por lo que teniendo en cuenta la figura se puede expresar como

$$\vec{v}' = v' \ \text{sen}\, 60° \ \vec{\imath} - v' \ \cos 60° \ \vec{k} = 1{,}4\vec{\imath} - 0{,}81\vec{k} \quad ◂$$

La velocidad absoluta:

$$\vec{v} = \vec{v}_a + \vec{v}' = 1{,}4\vec{\imath} + 0{,}5\vec{\jmath} - 0{,}81\vec{k} \quad ◂$$

b) La ecuación que nos da la aceleración absoluta

$$\vec{a} = \vec{a}_0 + \vec{a}' + \frac{d\vec{\omega}}{dt} \times \vec{r}' + \vec{\omega} \times (\vec{\omega} \times \vec{r}') + 2\vec{\omega} \times \vec{v}'$$

se reduce a

$$\vec{a} = \vec{a}' + \vec{\omega} \times (\vec{\omega} \times \vec{r}') + 2\vec{\omega} \times \vec{v}' = \vec{a}' + \vec{a}_a + \vec{a}_c$$

ya que $\vec{a}_0 = 0$ por no haber arrastre de traslación y $\frac{d\vec{\omega}}{dt} \times \vec{r}' = 0$ por ser $\vec{\omega} =$ constante.

Calculemos ahora cada una de estas tres componentes. La aceleración de arrastre es

$$\vec{a}_a = \vec{\omega} \times (\vec{\omega} \times \vec{r}') = \omega\,\vec{k} \ \times \left[\omega\,\vec{k} \ \times \ (0{,}5\ \vec{\imath} + 0{,}87\ \vec{k})\right] =$$
$$= \omega\,\vec{k} \ \times 0{,}5\ \vec{\jmath} = -0{,}5\vec{\imath} \quad ◂$$

La aceleración relativa tiene dos componentes, tangencial y normal, puesto que se trata de un movimiento circular, y teniendo en cuenta la figura se puede expresar como

$$a_n' = \frac{v'^2}{R} = \frac{1{,}62^2}{1} = 2{,}62$$

$$\vec{a_n'} = -2{,}62\ \operatorname{sen} 30^\circ\ \vec{\imath} - 2{,}62\ \cos 30^\circ\ \vec{k} = -1{,}31\ \vec{\imath} - 2{,}27\ \vec{k}$$

$$a_t' = g\ \cos 30^\circ = 4{,}9$$

$$\vec{a_t'} = 4{,}9\ \operatorname{sen} 60^\circ\ \vec{\imath} - 4{,}9\ \cos 60^\circ\ \vec{k} = 4{,}24\ \vec{\imath} - 2{,}45\ \vec{k}$$

por lo que la aceleración relativa será

$$\vec{a}' = \vec{a}_t' + \vec{a}_n' = (4{,}24\ \vec{\imath} - 2{,}45\ \vec{k}) + (-1{,}31\ \vec{\imath} - 2{,}27\ \vec{k}) = 2{,}93\ \vec{\imath} - 4{,}72\ \vec{k} \quad ◂$$

La aceleración de Coriolis:

$$\vec{a_c} = 2\vec{\omega} \times \vec{v}' = 2\begin{vmatrix} \vec{\imath} & \vec{\jmath} & \vec{k} \\ 0 & 0 & \omega \\ 1{,}4 & 0 & -0{,}81 \end{vmatrix} = 2(1{,}4\omega)\vec{\jmath} = 2{,}8\vec{\jmath} \quad ◂$$

La aceleración absoluta:

$$\vec{a} = \vec{a_a} + \vec{a'} + \vec{a_c} = -0{,}5\ \vec{\imath} + (2{,}93\ \vec{\imath} - 4{,}72\ \vec{k}) + 2{,}8\vec{\jmath} = 2{,}43\ \vec{\imath} + 2{,}8\vec{\jmath} - 4{,}72\ \vec{k} \quad ◂$$

2.67 Un aro de radio R rueda sin deslizar sobre el eje OX con velocidad angular constante ω, permaneciendo en la región de coordenadas positivas. En un instante dado, que se tomará como origen de tiempos y desplazamientos, un punto P del aro coincide con el origen O. Calcular: a) las ecuaciones paramétricas de la trayectoria seguida por el punto P; b) la velocidad y aceleración de P en la posición indicada en la figura; c) componentes intrínsecas de la aceleración y radio de curvatura.

a) Supongamos que en el instante t los sistemas de referencia tienen sus ejes paralelos como se indica en la figura. El movimiento de arrastre del sistema de referencia móvil es de traslación-rotación. La velocidad de arrastre de traslación del origen O', de la que también participa el punto P, es

$$\vec{v_0} = \omega R\ \vec{\imath}$$

En el tiempo t, el sistema móvil se habrá desplazado en el sentido positivo del eje OX la distancia $\omega R t$. Simultáneamente, en igual tiempo, el punto P se ha desplazado en el sentido negativo del eje OX la distancia

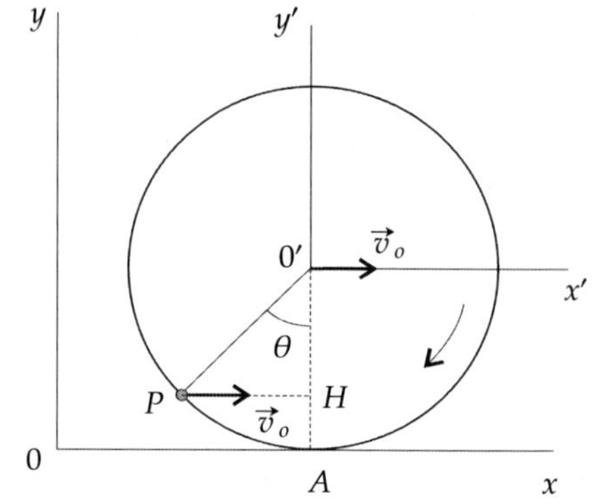

$$HP = R\ \text{sen}\,\theta = x$$

por lo que podemos escribir:

$$x = \omega R t - R\ \text{sen}\,\omega t = R(\omega t - \text{sen}\,\omega t)$$

Por otra parte, en el tiempo t, el punto P se ha elevado en el sentido positivo del eje OY la distancia

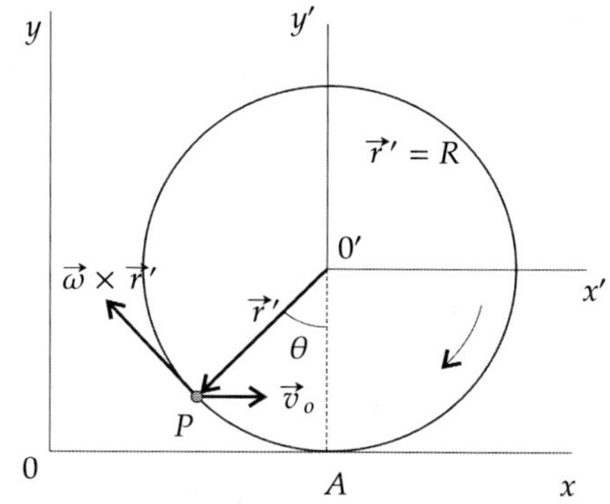

$\vec{r}' = -R\,\text{sen}\,\theta\,\vec{\imath} - R\cos\theta\,\vec{\jmath}$

$$AH = R - O'H = R - R\cos\theta = R(1 - \cos\omega t)$$

Las ecuaciones paramétricas son, por tanto

$$\left.\begin{aligned} x &= R(\omega t - \text{sen}\,\omega t) \\ y &= R(1 - \cos\omega t) \end{aligned}\right\} \quad \blacktriangleleft$$

b) Si derivamos el vector de posición del punto P

$$\vec{r} = R(\omega t - \text{sen}\,\omega t)\,\vec{\imath} + R(1 - \cos\omega t)\,\vec{\jmath}$$

respecto al tiempo, se obtiene la velocidad absoluta

$$\vec{v} = \frac{d\vec{r}}{dt} = R(\omega - \omega\cos\omega t)\,\vec{\imath} + R\omega sen\omega t\,\vec{\jmath} = R\omega\,[(1 - \cos\omega t)\,\vec{\imath} + \text{sen}\,\omega t\,\vec{\jmath}] \quad \blacktriangleleft$$

Al mismo resultado se habría llegado aplicando la ecuación del movimiento relativo

$$\vec{v} = \vec{v_0} + \vec{v}' + \vec{\omega} \times \vec{r}'$$

que al ser el punto P solidario al aro, la velocidad relativa $\vec{v}' = 0$, por lo que la velocidad absoluta vendrá dada por

$$\vec{v} = \vec{v_0} + \vec{\omega} \times \vec{r}'$$

donde

$$\vec{v_0} = \omega R \, \vec{\imath}$$
$$\vec{\omega} x = -\omega \, \vec{k} \times (-R \, \operatorname{sen}\theta \, \vec{\imath} - R \, \cos\theta \, \vec{\jmath}) = -\omega R \, \cos\theta \, \vec{\imath} + \omega R \, \operatorname{sen}\theta \, \vec{\jmath}$$

Sustituyendo estos valores en la ecuación anterior, se obtiene finalmente

$$\vec{v} = \vec{v_0} + \vec{\omega} \times \vec{r}\,' = \omega R \, (1 - \cos\theta) \, \vec{\imath} + \omega R \, \operatorname{sen}\theta \, \vec{\jmath} = \omega R \, [(1 - \cos\theta) \, \vec{\imath} + \operatorname{sen}\theta \, \vec{\jmath}]$$

y en función del tiempo:

$$\vec{v} = \omega R \, [(1 - \cos\omega t) \, \vec{\imath} + \operatorname{sen}\omega t \, \vec{\jmath}] \quad \blacktriangleleft$$

El módulo de la velocidad absoluta vale:

$$v = \omega R \, \sqrt{(1 - \cos\theta)^2 + \operatorname{sen}^2\theta} = \omega R \, \sqrt{1 + \cos^2\theta - 2\cos\theta + \operatorname{sen}^2\theta} =$$
$$= \omega R \, \sqrt{2 - 2\cos\theta} = \omega R \, \sqrt{2(1 - \cos\theta)}$$

y teniendo en cuenta la relación trigonométrica $\operatorname{sen}^2 \dfrac{\theta}{2} = \frac{1}{2}(1 - \cos\theta)$ se tiene

$$v = \omega R \, \sqrt{4 \operatorname{sen}^2 \frac{\theta}{2}} = 2\omega R \, \operatorname{sen}\frac{\theta}{2} \quad \blacktriangleleft$$

La aceleración del punto P será:

$$\vec{a} = \frac{d\vec{v}}{dt} = R\omega \, (\omega \, \operatorname{sen}\omega t)\vec{\imath} + \omega \, \cos\omega t \vec{\jmath} = R\omega^2(\operatorname{sen}\omega t \, \vec{\imath} + \cos\omega t \, \vec{\jmath})$$

cuyo módulo es $a = R\omega^2$ dirigido hacia el centro O; es decir $\vec{a} = -\omega^2 \vec{R}$ ◂

Si utilizamos la ecuación del movimiento relativo

$$\vec{a} = \vec{a_0} + \vec{a}\,' + \vec{\omega} \times (\vec{\omega} \times \vec{r}\,') + \frac{d\vec{\omega}}{dt} \times \vec{r}\,' + 2\vec{\omega} \times \vec{v}\,'$$

en este caso se reduce a

$$\vec{a} = \vec{\omega} \times (\vec{\omega} \times \vec{r}\,')$$

ya que $\vec{a}\,' = 0$ y $\vec{v}\,' = 0$ por ser P un punto solidario al sistema de referencia móvil,

$$\vec{a_0} = \frac{d\vec{v_0}}{dt} = \frac{d(\omega R \, \vec{\imath})}{dt} = 0$$

por ser ω = constante, y $\dfrac{d\vec{\omega}}{dt} \times \vec{r}\,' = 0$, por la misma razón.

Luego

$$\vec{a} = \vec{\omega} \times (\vec{\omega} \times \vec{R}) = -\omega^2 \vec{R}; \; a = \omega^2 R \quad ◀$$

c) Las componentes intrínsecas de la aceleración en ese punto de la trayectoria descrito por P, son

$$\left.\begin{aligned} a_t &= a \cos\frac{\theta}{2} = \omega^2 R \cos\frac{\theta}{2} \\ a_n &= a \operatorname{sen}\frac{\theta}{2} = \omega^2 R \operatorname{sen}\frac{\theta}{2} \end{aligned}\right\} \quad ◀$$

y el radio de curvatura de la trayectoria en dicho punto será

$$\rho = \frac{v^2}{a_n} = \frac{4\omega^2 R^2 \operatorname{sen}^2 \frac{\theta}{2}}{\omega^2 R \operatorname{sen}\frac{\theta}{2}} = 4R \operatorname{sen}\frac{\theta}{2} \quad ◀$$

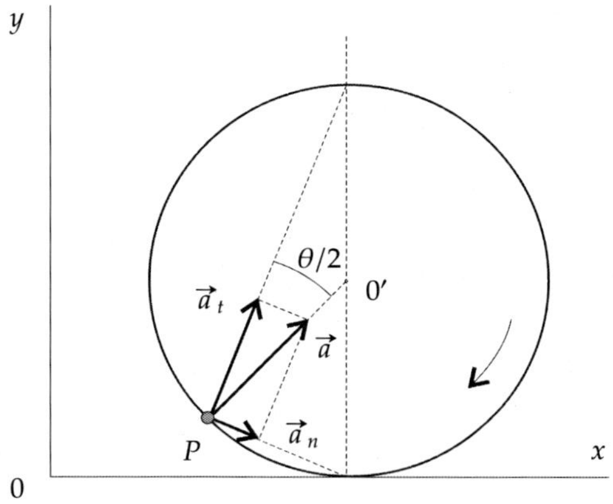

3

Dinámica de la partícula

3.1 Se lanza una piedra con una velocidad inicial de 20 m/s dirigida con un ángulo de 60° sobre la horizontal. Suponiendo que el suelo fuese plano y la resistencia que ofrece el aire fuera despreciable, calcular el tiempo que tarda en caer aplicando el concepto de impulso y cantidad de movimiento.

Si no existiese rozamiento con el aire, la trayectoria seguida por la piedra sería simétrica y el ángulo de impacto con el suelo también sería de 60°. Por tanto podemos escribir:

$$\vec{v_1} = v_0(\cos 60^\circ\,\vec{\imath} + \operatorname{sen} 60^\circ\,\vec{\jmath})$$

$$\vec{v_2} = v_0(\cos 60^\circ\,\vec{\imath} - \operatorname{sen} 60^\circ\,\vec{\jmath})$$

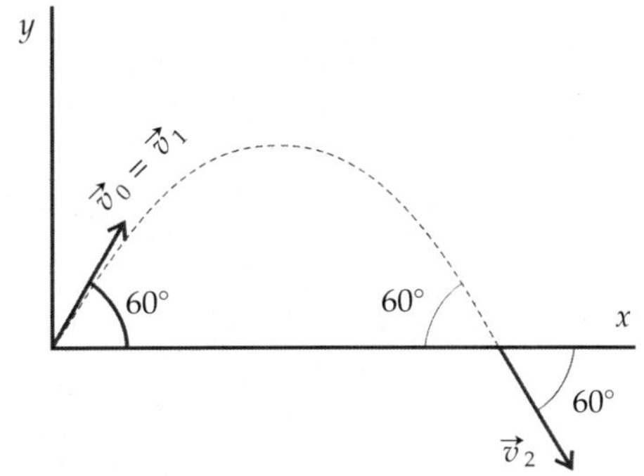

Aplicando el teorema de la cantidad de movimiento se tiene:

$$\vec{F}dt = d\vec{P} \quad \Rightarrow \quad \int_0^t \vec{F}dt = \int_0^t d\vec{P} \quad \Rightarrow \quad \vec{F}t = \vec{P_2} - \vec{P_1} = m(\vec{v_2} - \vec{v_1})$$

$$t = \frac{m(\vec{v_2} - \vec{v_1})}{\vec{F}}$$

donde $\vec{F} = -mg\vec{\jmath}$, y sustituyendo valores

$$t = \frac{m\left[v_0(\cos 60^\circ\,\vec{\imath} - \operatorname{sen}\,60^\circ\,\vec{\jmath}) - v_0(\cos 60^\circ\,\vec{\imath} + \operatorname{sen}\,60^\circ\,\vec{\jmath})\right]}{-mg\vec{\jmath}} =$$

$$= \frac{-2mv_0 \operatorname{sen}\,60^\circ\,\vec{\jmath}}{-mg\vec{\jmath}} = \frac{2v_0 \operatorname{sen}\,60^\circ}{g} = \frac{2\cdot 20 \cdot \frac{\sqrt{3}}{2}}{9{,}8} = 3{,}53\ \text{s} \quad ◄$$

Por cinemática:

$$v_y = v_0 \operatorname{sen} 60^\circ - gt$$

Cuando la piedra alcanza su máxima altura $v_y = 0$, el tiempo transcurrido es

$$t = \frac{v_0 \operatorname{sen} 60^\circ}{g}$$

y el tiempo que tarda en llegar al suelo será doble.

3.2 Un cuerpo de masa 10 kg tiene una velocidad $\vec{v} = 4\vec{\imath} - 5\vec{\jmath} + 3\vec{k}$ en el tiempo $t = 0$. Si actúa sobre él una fuerza $\vec{F} = 3\vec{\imath} - 2\vec{\jmath}$ durante 3 segundos contados desde dicho instante, encontrar la expresión de su cantidad de movimiento al finalizar los 3 segundos.

$$\vec{F}dt = d\vec{P} \quad \Rightarrow \quad \int_0^t \vec{F}dt = \int_0^t d\vec{P} = \vec{P_t} - \vec{P_0} \quad \Rightarrow \quad \vec{P_t} = \vec{P_0} + \int_0^t \vec{F}dt$$

donde:

$$\vec{P_0} = m\vec{v_0} = 10(4\vec{\imath} - 5\vec{\jmath} + 3\vec{k}) = 40\vec{\imath} - 50\vec{\jmath} + 30\vec{k}$$

$$\int_0^t (3\vec{\imath} - 2\vec{\jmath})dt = (3\vec{\imath} - 2\vec{\jmath})t = (3\vec{\imath} - 2\vec{\jmath}) \cdot 3 = 9\vec{\imath} - 6\vec{\jmath}$$

por lo que a los $3\ s$ su cantidad de movimiento es

$$P_3 = (40\vec{\imath} - 50\vec{\jmath} + 30\vec{k}) + (9\vec{\imath} - 6\vec{\jmath}) = 49\vec{\imath} - 56\vec{\jmath} + 30\vec{k} \quad \blacktriangleleft$$

3.3 Sobre una masa de 2 kg actúa una fuerza definida por $\vec{F} = 2t\vec{\imath} + 6t^2\vec{\jmath} + 10\vec{k}$ (donde F viene dado en N y t en s). En el instante $t = 0$ el vector de posición de la partícula es $\vec{r_0} = 4\vec{\imath} + \vec{\jmath}$ (m) y su velocidad $\vec{v_0} = 6\vec{\imath} + 2\vec{k}$ (m/s). Calcular la velocidad y posición de la partícula en el tiempo $t = 2$ s.

$$\vec{F} = 2t\vec{\imath} + 6t^2\vec{\jmath} + 10\vec{k}$$

De la 2ª ley de Newton

$$\vec{F} = m\vec{a} = m\frac{d\vec{v}}{dt} \Rightarrow d\vec{v} = \frac{\vec{F}}{m}dt$$

$$\vec{v} = \int \frac{\vec{F}}{m}dt = \int \left(t\vec{\imath} + 3t^2\vec{\jmath} + 5\vec{k}\right)dt = \frac{t^2}{2}\vec{\imath} + t^3\vec{\jmath} + 5t\vec{k} + \text{cte}$$

cte = $\vec{v}_o = 6\vec{i} + 2\vec{k}$, luego:

$$\vec{v} = \left(6 + \frac{t^2}{2}\right)\vec{i} + t^3\vec{j} + (2 + 5t)\,\vec{k}$$

Para $t = 2s$

$$\vec{v} = 8\vec{i} + 8\vec{j} + 12\vec{k}$$

$$\vec{v} = \frac{d\vec{r}}{dt} \Rightarrow d\vec{r} = \vec{v}dt$$

$$\vec{r} = \int \vec{v}dt = \int \left[\left(6 + \frac{t^2}{2}\right)\vec{i} + t^3\vec{j} + (2 + 5t)\,\vec{k}\right]dt =$$

$$= \left(6t + \frac{t^3}{6}\right)\vec{i} + \frac{t^4}{4}\vec{j} + \left(2t + \frac{5}{2}t^2\right)\vec{k} + \text{cte}$$

$$\text{cte} = \vec{r}_o = 4\vec{i} + \vec{j}$$

luego

$$\vec{r} = \left(4 + 6t + \frac{t^3}{6}\right)\vec{i} + \left(1 + \frac{t^4}{4}\right)\vec{j} + \left(2t + \frac{5}{2}t^2\right)\vec{k}$$

Para $t = 2$ s

$$\vec{r} = 17{,}3\vec{i} + 5\vec{j} + 14\vec{k} \quad ◄$$

3.4 Sobre un cuerpo en reposo, de masa 3 kg, actúa una fuerza de 20 N durante 4 s. El cuerpo está situado sobre una superficie horizontal y la fuerza aplicada es paralela a la misma. Suponiendo un coeficiente de rozamiento $\mu = 0{,}2$, calcular el tiempo que transcurre desde que cesa la fuerza hasta que el cuerpo se para de nuevo.

El impulso durante los *4 s* es

$$\int_0^4 (20 - F_r)dt$$

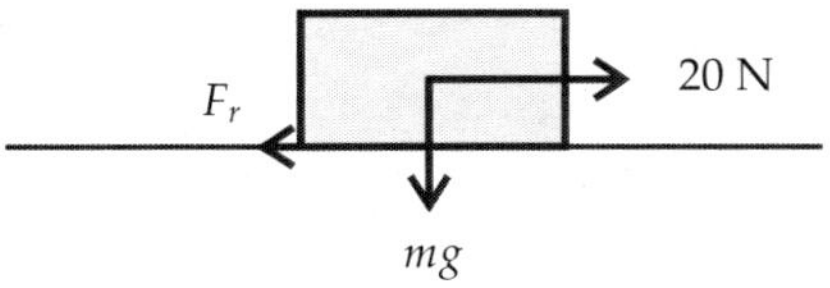

Desde el tiempo 4 s hasta el tiempo t en que el móvil se detiene, sólo actúa la fuerza de rozamiento, por lo que el impulso vale

$$\int_4^t -F_r dt$$

y el impulso total será

$$I = \int_0^4 (20 - F_r)dt - \int_4^t F_r dt$$

En ese tiempo, desde cero hasta t, la variación en la cantidad de movimiento ha sido cero, puesto que el cuerpo vuelve al reposo. Por tanto, se ha de cumplir

$$\int_0^4 (20 - F_r)dt - \int_4^t F_r dt = 0$$

$$(20 - F_r)\,[t]_0^4 = F_r\,[t]_4^t \quad \Rightarrow \quad (20 - F_r) \cdot 4 = F_r(t - 4)$$

$$80 - 4F_r = F_r t - 4F_r \quad \Rightarrow \quad 80 = F_r t$$

$$t = \frac{80}{F_r} = \frac{80}{\mu m g} = \frac{80}{0{,}2 \cdot 3 \cdot 9{,}8} = 13{,}6 \text{ s} \quad ◄$$

3.5 Un proyectil de 2 g sale de la boca de un fusil con una velocidad de 300 m/s. La fuerza que actúa sobre él mientras está en el cañón viene dado por $F = 400 - 4/3 \cdot 10^5 t$, donde F se mide en N y t en s. Calcular: a) el tiempo que tarda en su recorrido por el cañón; b) la longitud de este.

a) $F dt = m dv$

que integrando entre $t = 0$, cuando $v = 0$, y t cuando $v = 300$ m/s, se tiene

$$\int_0^t \left(400 - \frac{4}{3}\,10^5 t\right)dt = \int_0^v m dv$$

$$400t - \frac{2}{3}\,10^5 t^2 = mv = 2 \cdot 10^{-3} \cdot 300 = 0{,}6$$

$$\frac{2}{3}\,10^5 t^2 - 400t + 0{,}6 = 0$$

$$t = \frac{400 \pm \sqrt{16 \cdot 10^4 - 16 \cdot 10^4}}{\frac{4}{3} \cdot 10^5} = \frac{400}{4/3}\,10^{-5} = 3 \cdot 10^{-3} \text{ s} \quad ◄$$

b) Integrando $ds = v dt$ entre 0 y $t = 3 \cdot 10^{-3}$ nos dará la longitud del cañón. Pero a su vez

$$v = \int_0^t a dt$$

siendo la aceleración

$$a = \frac{F}{m} = 2 \cdot 10^5 - \frac{2}{3}10^8 t$$

Por tanto:

$$v = \int_0^t \left(2 \cdot 10^5 - \frac{2}{3}10^8 t\right) dt = 10^5 \int_0^t \left(2 - \frac{2}{3}10^3 t\right) dt = 10^5 \left(2t - \frac{10^3}{3}t^2\right)$$

$$s = \int_0^t v dt = \int_0^t 10^5 \left(2t - \frac{10^3}{3}t^2\right) dt = 10^5 \left(t^2 - \frac{10}{9}t^3\right)$$

y para $t = 3 \cdot 10^{-3}$ s

$$s = 10^5(9 \cdot 10^{-6} - 3 \cdot 10^{-6}) = 0{,}6 \text{ m} \quad \blacktriangleleft$$

3.6 Una partícula de masa m que se desplaza a lo largo del eje X está sometida a la acción de una fuerza que se opone al movimiento y cuya magnitud es proporcional al cuadrado de la velocidad. Suponiendo que para $t = 0$ es $v = v_0$, determinar su velocidad y aceleración para un tiempo $t > 0$.

Como la fuerza es proporcional y opuesta a v^2

$$F = m\frac{dv}{dt} = -kv^2 \qquad m\frac{dv}{v^2} = -kdt \qquad \int_{v_0}^{v} m\frac{dv}{v^2} = -\int_0^t kdt$$

Cuya solución es

$$-m\left(\frac{1}{v} - \frac{1}{v_0}\right) = -kt \frac{1}{v} = \frac{k}{m}t + \frac{1}{v_0}$$

$$v = \frac{1}{\frac{k}{m}t + \frac{1}{v_0}} = \frac{1}{\frac{ktv_0 + m}{mv_0}} = \frac{mv_0}{ktv_0 + m} \quad \blacktriangleleft$$

$$a = \frac{dv}{dt} = -\frac{kmv_0^2}{(kv_0 t + m)^2} \quad \blacktriangleleft$$

3.7 Un automóvil cuya masa es de 1200 kg circula por una carretera recta con una velocidad constante de 72 km/h. El automóvil toma una curva de 60° y 300 m de radio, manteniendo constante su celeridad. Calcular: a) el cambio en su cantidad de movimiento a la salida de la curva; b) la magnitud y dirección de la fuerza que actúa sobre el automóvil.

a)

$$\left.\begin{array}{l}\vec{P_1} = m\vec{v_1}\\ \vec{P_2} = m\vec{v_2}\end{array}\right\} \Rightarrow \Delta\vec{P} = m(\vec{v_2} - \vec{v_1})$$

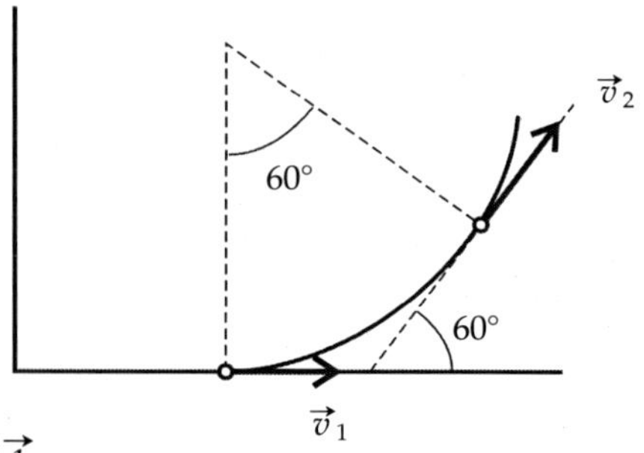

donde, de acuerdo con la figura, podemos escribir para las velocidades:

$$\vec{v_1} = 20\vec{\imath}$$

$$\vec{v_2} = 20\cos 60°\,\vec{\imath} + 20\,\text{sen}\,60°\,\vec{\jmath} = 10\vec{\imath} + 17{,}32\vec{\jmath}$$

y sustituyendo en la ecuación anterior

$$\Delta\vec{P} = 1200\,[(10\vec{\imath} + 17{,}32\vec{\jmath}) - 20\vec{\imath}] = 1200\,(-10\vec{\imath} + 17{,}32\vec{\jmath}) =$$

$$= (-12000\vec{\imath} + 20784\vec{\jmath})\ \text{kgm/s} \quad ◂$$

b) Como no hay cambio en el módulo de la velocidad, la única aceleración que aparece es la aceleración normal:

$$a_n = \frac{v^2}{\rho}$$

Por tanto:

$$F = ma_n = m\frac{v^2}{\rho} = 1200\frac{400}{300} = 1600\ \text{N} \quad ◂$$

dirigida hacia el centro de curvatura.

3.8 Una masa de 2 kg tiene una velocidad $\vec{v} = 6\vec{\jmath}$ m/s y su vector de posición en el tiempo $t = 0$ es $\vec{r} = 3\vec{\imath}$ m. Determinar el momento cinético de la masa con respecto al origen de coordenadas para $t = 0$ y $t = 4$ s.

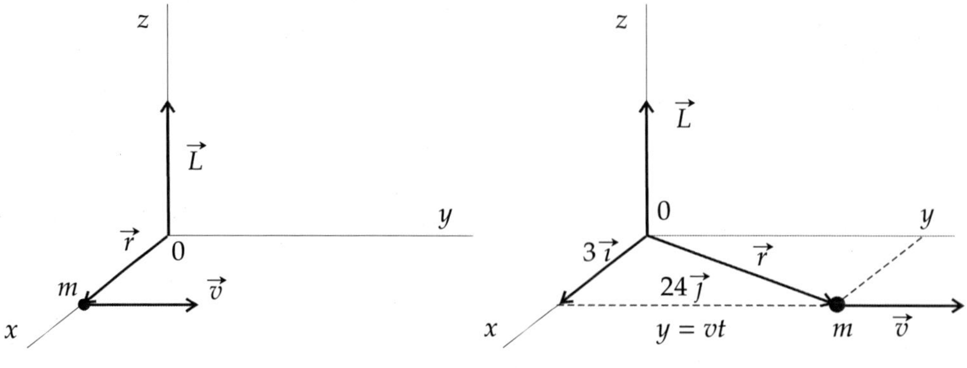

Para $t = 0$:

$$\vec{r} = 3\vec{i} \ \text{ y } \ \vec{v} = 6\vec{j}$$

$$\vec{L_0} = \vec{r} \times m\vec{v} = m(\vec{r} \times \vec{v}) = 2(3\vec{i} \times 6\vec{j}) = 36\vec{k} \text{ kgm}^2/\text{s} \quad ◀$$

Para $t = 4$ s:

$$y = v \cdot t = 6 \cdot 4 = 24 \text{ m}$$

$$\vec{r} = 3\vec{i} + 24\vec{j}$$

$$\vec{L_0} = m(\vec{r} \times \vec{v}) = 2(3\vec{i} + 24\vec{j}) \times 6\vec{j} = 36\vec{k} \text{ kgm}^2/\text{s} \quad ◀$$

resultado previsto, ya que el momento cinético de una partícula con $\vec{v}$ = cte se mantiene constante.

3.9 Un cuerpo de masa 3 kg se desplaza en línea recta desde el punto A al punto B que se encuentra a 5 m del primero como se indica en la figura. En el punto A su velocidad es de 6 m/s y en el punto B de 8 m/s. Si $r_1 = 2$ m, determinar la variación del momento angular (o momento cinético) que experimenta el cuerpo respecto al origen al pasar de un punto a otro.

$$\vec{L}_0 = \vec{r} \times m\vec{v}$$

En el punto A:

$$\vec{r}_1 = 2\vec{i}; \vec{v}_1 = 6\vec{j}$$

$$\vec{L}_{0_1} = \vec{r}_1 \times m\vec{v}_1 = m(\vec{r}_1 \times \vec{v}_1) = 3(2\vec{i} \times 6\vec{j}) = 36\vec{k}$$

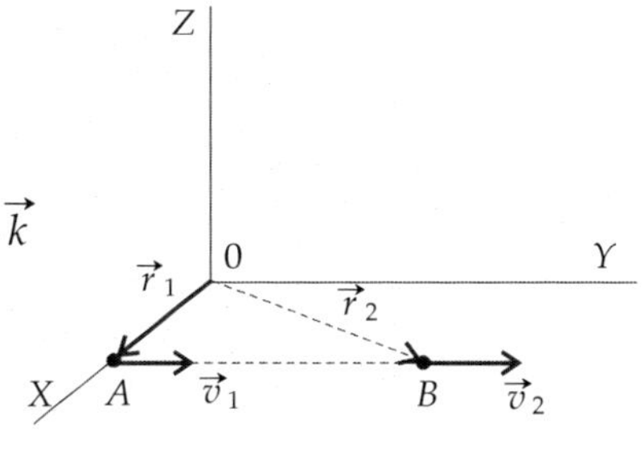

En el punto B:

$$\vec{r}_2 = 2\vec{i} + 5\vec{j}; \vec{v}_2 = 8\vec{j}$$

$$\vec{L}_{0_2} = \vec{r}_2 \times m\vec{v}_2 = m(\vec{r}_1 \times \vec{v}_2) = 3[(2\vec{i} + 5\vec{j}) \times 8\vec{j}] = 3(16\vec{j}) = 48\vec{k}$$

$$\Delta\vec{L}_0 = 49\vec{k} - 36\vec{k} = 12\vec{k} \text{ kgm}^2/\text{s}$$

3.10 Una masa de 2 kg se mueve en una circunferencia de radio 3 m. Su momento cinético respecto al centro de la misma depende del tiempo de acuerdo con la expresión $L = 4t$ (t en segundos y L en kgm^2/s). Hallar: a) el momento de las fuerzas que actúan sobre la partícula respecto al centro de la circunferencia; b) la velocidad angular en función del tiempo.

a) $\vec{L_0} = (\vec{r} \times m\vec{v})$

$$\frac{d\vec{L_0}}{dt} = \vec{r} \times m\frac{d\vec{v}}{dt} = \vec{r} \times \vec{F} = \vec{M_0}$$

$$\left.\begin{array}{l} \vec{M_0} = \dfrac{d\vec{L_0}}{dt} = \dfrac{d(4t\vec{k})}{dt} = 4\vec{k} \\ M_0 = 4 \text{ Nm} \end{array}\right\} \blacktriangleleft$$

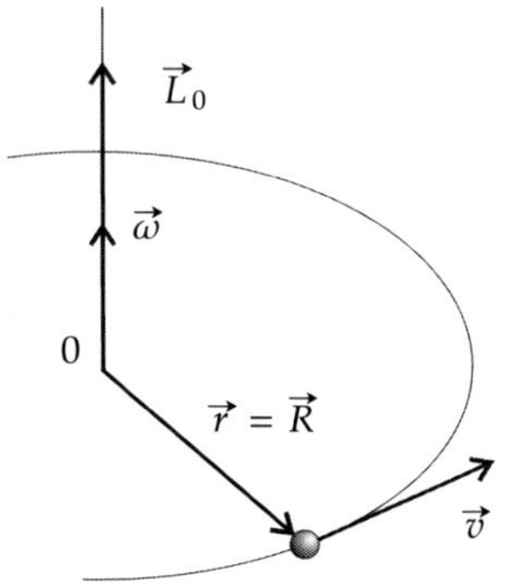

b) $\vec{L_0} = \vec{R} \times m\vec{v} = m(\vec{R} \times \vec{v}) = m\left[\vec{R} \times (\vec{\omega} \times \vec{R})\right] = mR^2\vec{\omega}$

$$\left.\begin{array}{l} \vec{\omega} = \dfrac{\vec{L_0}}{mR^2} = \dfrac{4t\vec{k}}{2 \cdot 9} = \dfrac{2}{9}t\vec{k} \\ \omega = \dfrac{2}{9}t \text{ rad/s} \end{array}\right\} \blacktriangleleft$$

Otro procedimiento a seguir sería:

$$\vec{L_0} = \vec{R} \times \vec{P}$$

y su módulo

$$L_0 = RP \operatorname{sen} 90^\circ = RP = mRv = 4t$$

$$v = \frac{4t}{mR} = \frac{2}{3}t \quad \Rightarrow \quad \omega = \frac{v}{R} = \frac{2}{9}t \text{ rad/s}$$

3.11 Un bloque de 60 kg de masa descansa sobre un plano inclinado de 30° sobre la horizontal sustentado por una cuerda como se indica en la figura. Despreciando el rozamiento entre el bloque y el plano y la masa de la cuerda, calcular la tensión de ésta y la fuerza del plano inclinado sobre el bloque.

$$\sum \vec{F} = 0$$

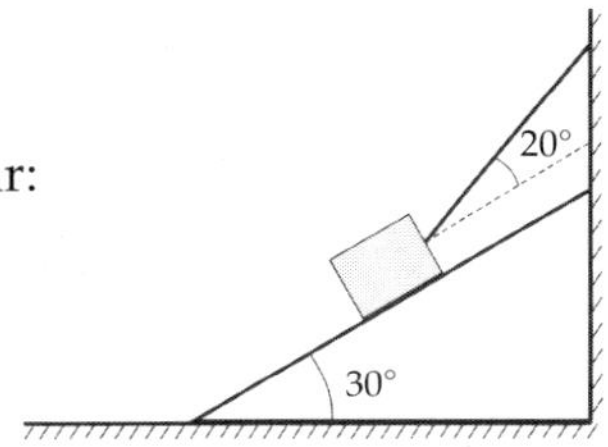

De acuerdo con la figura, en el eje X se ha de cumplir:

$$T \cos 20° - mg \text{ sen } 30° = 0$$

$$T = \frac{mg \text{ sen } 30°}{\cos 20°} = \frac{60 \cdot 9{,}81 \text{ sen } 30°}{\cos 20°} = 312{,}8 \text{ N} \quad ◂$$

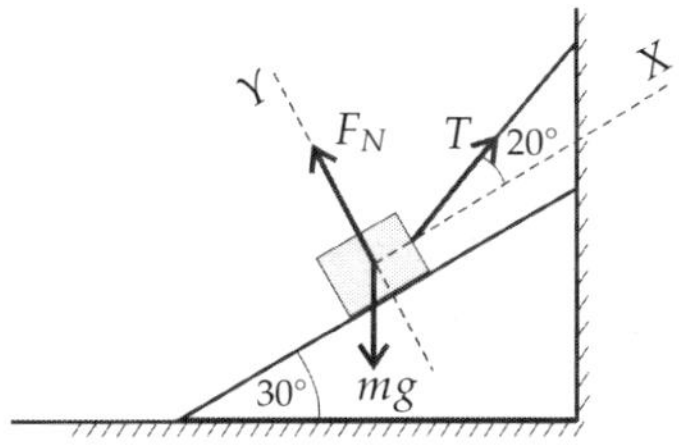

Igualmente en el eje Y se tiene:

$$F_n + T \text{ sen } 20° - mg \cos 30° = 0$$

$$F_n = mg \cos 30° - T \text{ sen } 20°$$

$$F_n = 60 \cdot 9{,}8 \cdot \cos 30° - 312{,}8 \text{ sen } 20°$$

$$F_n = 402{,}2 \text{ N} \quad ◂$$

3.12 En el sistema de la figura se supone que las poleas son ligeras y todas las superficies lisas. a) Determinar la aceleración de la carretilla y la que presenta la masa m_2. b) ¿Qué predicen estos resultados en los límites $m_2 \gg m_1$ y $m_1 \gg m_2$?

a) Se ha de cumplir que $a_1 = 2a_2$. Aplicando la ecuación fundamental de la dinámica a cada uno de los bloques:

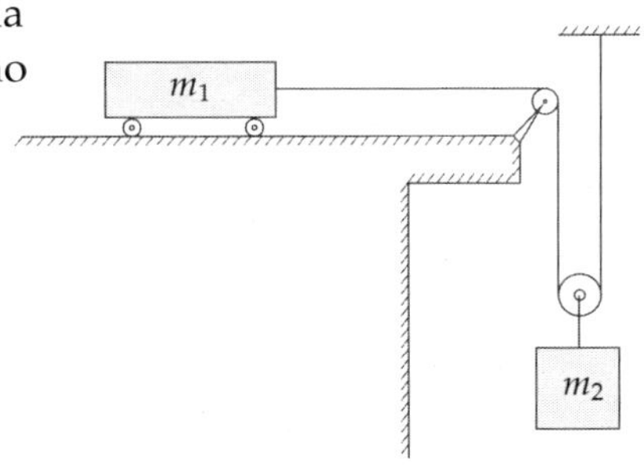

$$\left.\begin{aligned} m_2 g - 2T &= m_2 a_2 \\ T = m_1 a_1 &= 2m_1 a_2 \end{aligned}\right\} \begin{aligned} m_2 g - 2T &= m_2 a_2 \\ 2T &= 4m_1 a_2 \end{aligned}$$

$$m_2 g = (m_2 + 4m_1)\, a_2$$

$$a_2 = \frac{m_2 g}{m_2 + 4m_1} \quad ◂ \qquad a_1 = \frac{2m_2 g}{m_2 + 4m_1} \quad ◂$$

b) Cuando $m_2 \gg m_1$: $a_2 = g$ y $a_1 = 2g$ ◂

Cuando $m_1 \gg m_2$: $a_2 \simeq 0$ y $a_1 \simeq 0$ ◂

3.13 Determinar la aceleración de los bloques m_1 y m_2 del sistema formado por el plano inclinado y las poleas indicados en la figura. Se supone que no hay rozamiento y se desprecia la masa del hilo y de las poleas.

Como el espacio recorrido por m_1 es doble que el espacio recorrido por m_2 ($s_1 = 2s_2$) su aceleración también lo es:

$$\frac{1}{2}a_1t^2 = 2 \cdot \frac{1}{2}a_2t^2$$

$$a_1 = 2a_2$$

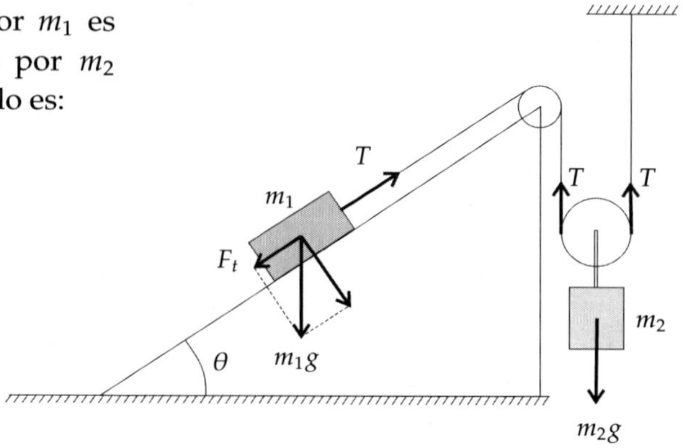

Aplicando la segunda ley de Newton a cada uno de los bloques, se tiene:

$$m_1g \operatorname{sen}\theta - T = m_1a_1$$

$$2T - m_2g = m_2\frac{a_1}{2}$$

$$\left.\begin{array}{l} 2m_1g\, sen\theta - 2T = 2m_1a_1 \\ 2T - m_2g = m_2\frac{a_1}{2} \end{array}\right\} \Rightarrow 2m_1g \operatorname{sen}\theta - m_2g = 2m_1a_1 + \frac{m_2}{2}a_1$$

$$(2m_1 \operatorname{sen}\theta - m_2)g = \left(2m_1 + \frac{m_2}{2}\right)a_1$$

$$a_1 = \frac{(2m_1 \operatorname{sen}\theta - m_2)g}{\left(2m_1 + \frac{m_2}{2}\right)} = \frac{2(2m_1 \operatorname{sen}\theta - m_2)g}{4m_1 + m_2} \quad ◀$$

$$a_2 = \frac{a_1}{2} = \frac{(2m_1 \operatorname{sen}\theta - m_2)g}{4m_1 + m_2} \quad ◀$$

3.14 Dos cuerpos que pesan 100 kg y 50 kg están unidos por una cuerda que pasa a través de una polea de peso despreciable. Los dos cuerpos descansan en planos inclinados de 30° y 60° respectivamente. Hallar: a) ¿en qué sentido se produce el movimiento?; b) la aceleración del sistema; c) la tensión de la cuerda.

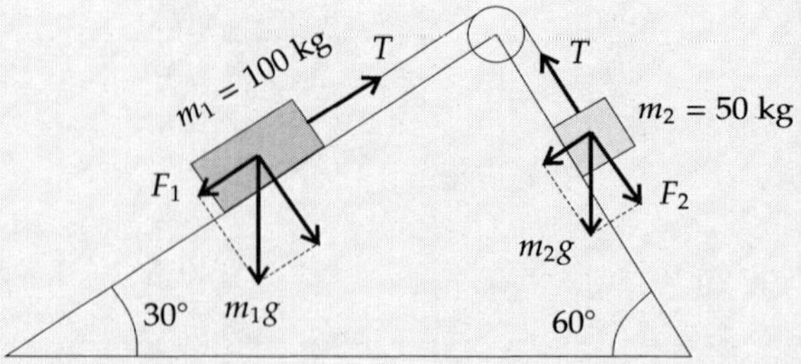

a) Según la figura podemos escribir:

$$F_1 = m_1 g \text{ sen } 30° = 100 \cdot 9{,}81 \cdot \frac{1}{2} = 490{,}5 \text{ N}$$

$$F_2 = m_2 g \text{ sen } 60° = 50 \cdot 9{,}81 \cdot \frac{\sqrt{3}}{2} = 424{,}78 \text{ N}$$

Como $F_1 > F_2$, el movimiento se produce en el sentido de F_1 ◂

b)

$$\left.\begin{array}{l} F_1 - T = m_1 a \\ T - F_2 = m_2 a \end{array}\right\} \Rightarrow F_1 - F_2 = (m_1 + m_2)a$$

$$a = \frac{F_1 - F_2}{m_1 + m_2} = \frac{500 - 250\sqrt{3}}{150} = 0{,}45 \text{ m/s}^2$$ ◂

c) $T = F_1 - m_1 a = 500 - 100 \cdot 0{,}45 = 455$ N ◂

3.15 Un hombre de 80 kg que está de pie sobre una plataforma de peso 40 kg tira de una cuerda sujeta a la plataforma y que pasa por una polea fija del techo. ¿Con qué fuerza ha de tirar para comunicarse a sí mismo y la plataforma una aceleración hacia arriba de 0,6 m/s^2?

La tensión T del cable que tira de la plataforma tiene que vencer la fuerza peso y además comunicarle una aceleración de 0,6 m/s^2.

Al tirar el hombre de la cuerda, su peso sobre la plataforma se reduce en una cantidad igual a la fuerza que se realiza.

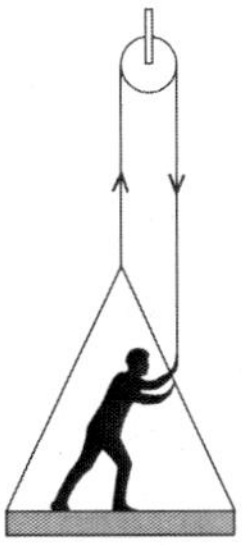

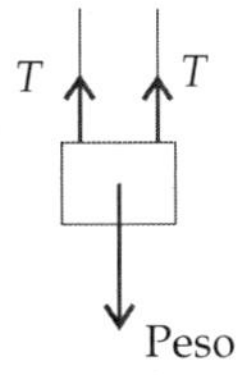

Si llamamos P_1 al peso de la plataforma y P_2 al que tiene el hombre, la resultante de todas las fuerzas, debe ser igual a la fuerza total por la aceleración.

$$T - P_1 - (P_2 - T) = (m_1 + m_2)\,a$$

$$2T - (P_1 + P_2) = (m_1 + m_2)\,a$$

$$2T - (m_1 + m_2)\,g = (m_1 + m_2)\,a$$

$$2T = (m_1 + m_2)\,(a + g)$$

$$T = \frac{(m_1 + m_2)\,(a + g)}{2} = \frac{120 \text{ Kg}\,(0{,}6 + 9{,}8)\ \text{m/s}^2}{2} = 624 \text{ N}$$ ◂

3.16 Calcular la fuerza horizontal que debe aplicarse al carro mostrado en la figura para que los bloques m_1 y m_2 permanezcan estacionarios respecto al carro. Se supone que las superficies son lisas (sin rozamiento), la cuerda es flexible, inextensible y de masa despreciable, e igualmente ocurre con la masa de la polea.

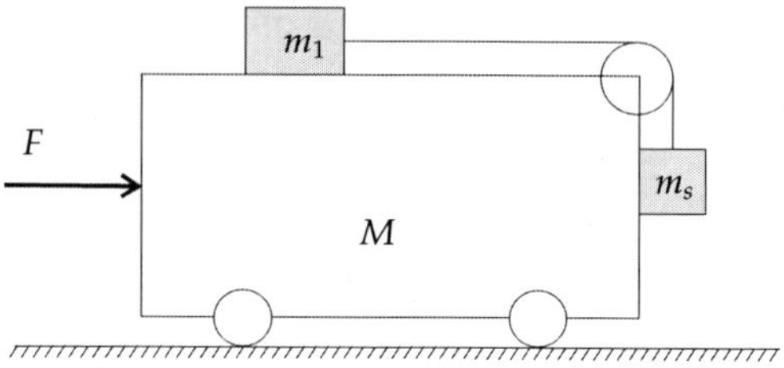

Para que tal cosa ocurra, la fuerza de inercia sobre el bloque m_1 debe neutralizar la fuerza peso sobre el bloque m_2:

$$m_1 a = m_2 g$$

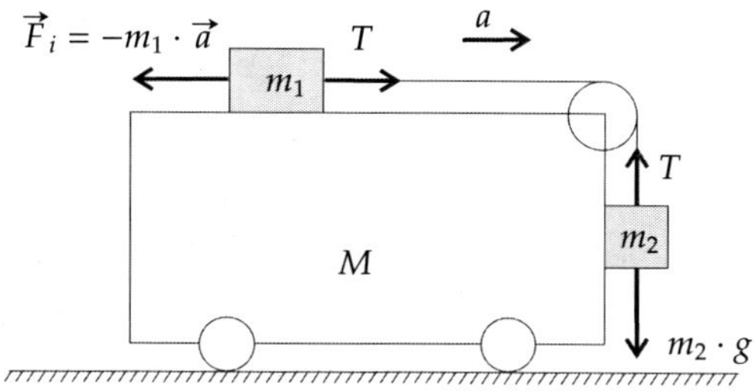

Por otra parte $F = (M + m_1 + m_2)\,a$ por lo que despejando a y sustituyéndolo en la primera se tiene

$$m_1 \frac{F}{M + m_1 + m_2} = m_2 g$$

$$F = \frac{m_2 g(M + m_1 + m_2)}{m_1}$$ ◀

3.17 Un globo de masa m se aproxima al suelo con una aceleración a. Determinar la carga (lastre) que es preciso arrojar para que este movimiento descendente se convierta en movimiento ascendente con la misma aceleración. Se desprecia la resistencia del aire.

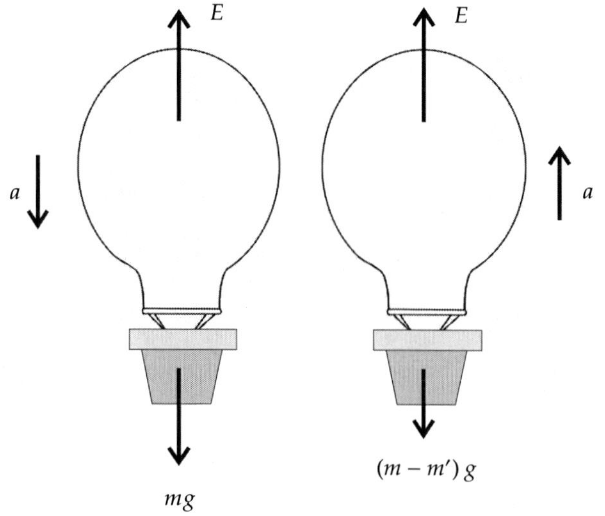

En el movimiento descendente se ha de cumplir:

$$mg - E = ma$$

siendo E el empuje de Arquímedes experimentado por el globo.

En el movimiento ascendente, aplicando igualmente la segunda ley de Newton, se puede escribir:

$$E - (m - m')\,g = (m - m')\,a$$

siendo m' la masa arrojada.

Despejando el empuje en ambas, que permanece constante, e igualando se tiene:

$$\left.\begin{aligned} E &= mg - ma \\ E &= (m - m')\,g + (m - m')\,a \end{aligned}\right\} \Rightarrow \quad mg - ma = mg - m'g + ma - m'a$$

$$m'(g + a) = 2ma$$

$$m' = \frac{2ma}{a + g} = \frac{2m}{1 + \frac{g}{a}} \quad ◄$$

3.18 En el interior de un ascensor cuelga un muelle de constante recuperadora $k = 100$ N/m. De él cuelga un cuerpo de 10 kg. Hallar el alargamiento del muelle: a) cuando el ascensor sube con aceleración de 0,5 m/s^2; b) baja con esa misma aceleración; c) sube o baja sin aceleración.

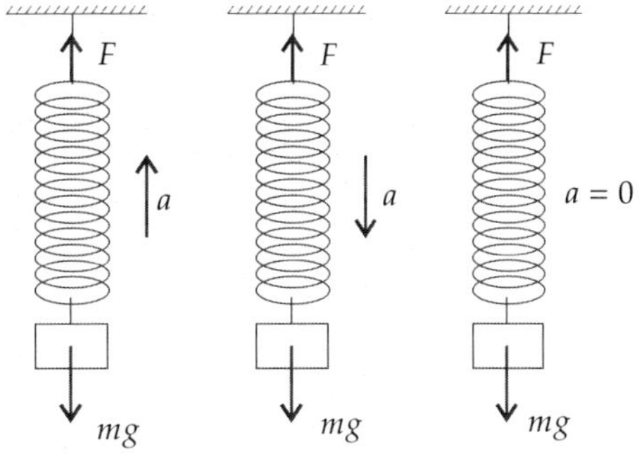

a) Sea F la fuerza que ejerce el muelle hacia arriba:

$$F - mg = ma$$

$$F = m(g + a) = 10(9{,}8 + 0{,}5) = 103 \text{ N}$$

Que, aplicando la Ley de Hooke, $F = kx$ en términos absolutos, se tiene

$$x = \frac{F}{k} = \frac{103}{100} = 1{,}03 \text{ m} = 103 \text{ cm} \quad ◄$$

b)

$$mg - F = ma$$

$$F = m(g - a) = 10(9{,}8 - 0{,}5) = 93 \text{ N}$$

$$x = \frac{F}{k} = \frac{93}{100} = 0{,}93 \text{ m} = 93 \text{ cm} \quad ◄$$

c) $F - mg = 0 \rightarrow F = mg = 10 \cdot 9{,}8 = 98$ N

$$x = \frac{F}{k} = \frac{98}{100} = 0{,}98 \text{ m} = 98 \text{ cm} \quad \blacktriangleleft$$

3.19 Dentro de un ascensor hay un hombre que pesa 80 kg. Calcular la fuerza que ejerce dicha persona sobre el suelo del ascensor cuando: a) esté parado; b) ascienda con una aceleración de 1,2 m/s^2; c) descienda con la misma aceleración.

a) Cuando el ascensor está parado, su piso soporta el peso del hombre:

$$F_1 = mg = 80 \cdot 9{,}8 = 784 \text{ N} \quad \blacktriangleleft$$

b) Aplicando la 2ª ley de Newton cuando el ascensor se eleva con aceleración, la fuerza que éste ejerce sobre el hombre vale $F_2 - mg = ma$, por lo que

$$F_2 = m(g+a) = 80(9{,}8+1{,}2) = 880 \text{ N} \quad \blacktriangleleft$$

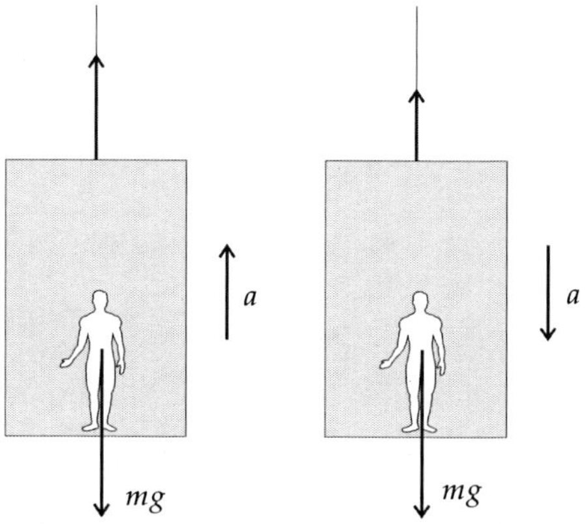

c) Cuando desciende, razonando de igual forma, se tiene

$$mg - F_3 = ma$$

$$F_3 = m(g - a) = 80(9{,}8 - 1{,}2) = 688 \text{ N} \quad \blacktriangleleft$$

3.20 Sobre un plano inclinado 30° y liso se tiene un muelle sujeto por uno de sus extremos al plano y por el otro soporta un bloque de masa 1 kg, como se indica en la figura. La constante de recuperación elástica del muelle es $k = 25$N/m y su longitud natural 40 cm. Si todo el sistema se introduce en un ascensor, calcular la longitud que tiene el muelle si el ascensor: a) sube con velocidad constante; b) sube con aceleración de 2 m/s^2; c) baja con la misma aceleración.

a) La fuerza que actúa sobre el muelle es:

$$F_t = mg \text{ sen} 30° = 1 \cdot 9{,}8 \cdot 0{,}5 = 4{,}9 \text{ N}$$

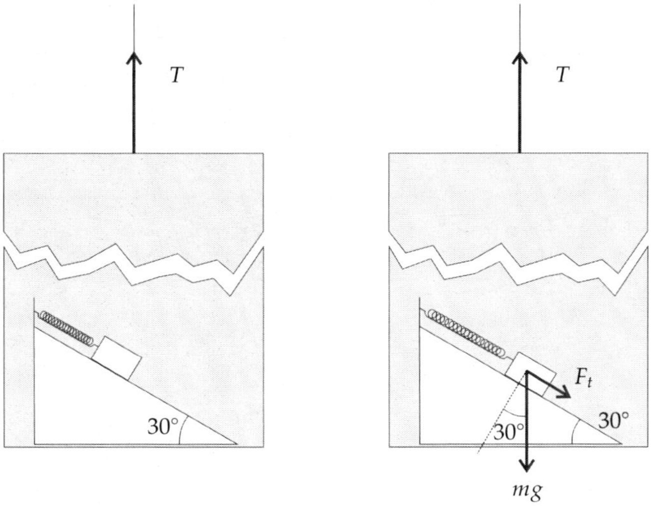

que produce un alargamiento de

$$F_t = kx \quad \Rightarrow \quad x = \frac{4,9}{25} = 0,196 \text{ m}$$

La longitud del muelle en este caso es

$$l = 40 + 19,6 = 59,6 \text{ cm} \quad \blacktriangleleft$$

b) Aparece la fuerza de inercia sobre el bloque que se suma a la fuerza peso:

$$F_t = m(g + a)\,\text{sen}\,30° = 1 \cdot (9,8 + 2) \cdot 0,5 = 5,9 \text{ N}$$

que alarga el muelle en

$$x = \frac{5,9}{25} = 0,236 \text{ m} = 23,6 \text{ cm}$$

y la longitud del muelle es

$$l = 40 + 23,6 = 63,6 \text{ cm} \quad \blacktriangleleft$$

c) La fuerza de inercia es opuesta a la fuerza peso, por lo que

$$F_t = m(g - a)\,\text{sen}\,30° = 1 \cdot (9,8 - 2) \cdot 0,5 = 3,9$$

$$x = \frac{3,9}{25} = 0,156 \text{ m} = 15,6 \text{ cm}$$

y la longitud

$$l = 40 + 15,6 = 55,6 \text{ cm} \quad \blacktriangleleft$$

3.21 Dado el sistema mecánico que se muestra en la figura, en el que se supone que la masa de las poleas y del hilo son despreciables, y que no existe rozamiento, determinar: a) la aceleración de los bloques A y B; b) la tensión del hilo que los conecta; c) la fuerza en el soporte de la polea número 2.

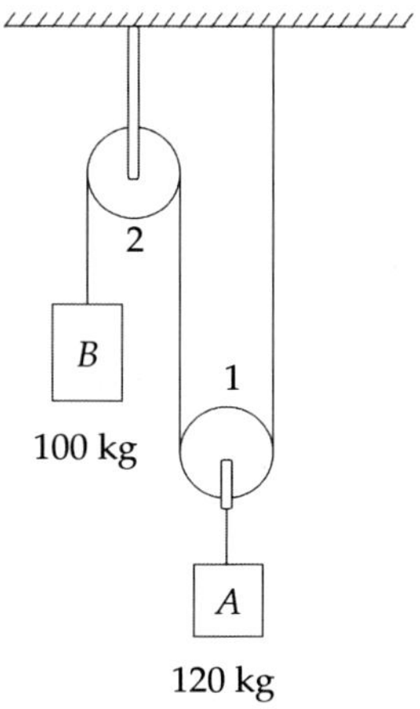

Si el bloque A se mueve una distancia S_A hacia arriba, el bloque B se mueve hacia abajo $s_B = 2s_A$. Derivando respecto al tiempo:

$$v_B = 2v_A$$

y derivando otra vez

$$a_B = 2a_A \qquad (1)$$

Dinámica:

$$\text{Bloque A:} \quad 2T - m_A g = m_A a_A \qquad (2)$$

$$\text{Bloque B:} \quad m_B g - T = m_B a_B \qquad (3)$$

$$\left.\begin{aligned} 2T - m_A g &= m_A a_A \\ m_B g - T &= 2m_B a_A \end{aligned}\right\} \left.\begin{aligned} 2T - m_A g &= m_A a_A \\ 2m_B g - 2T &= 4m_B a_A \end{aligned}\right\} \rightarrow (2m_B - m_A)\, g = (4m_B + m_A)\, a_A$$

a) $a_A = \dfrac{(2m_B - m_A)\, g}{4m_B + m_A} = \dfrac{(2 \cdot 100 - 120)\, 9{,}8}{4 \cdot 100 + 120} = \dfrac{784}{520} = 1{,}5 \text{ m/s}^2$ ◂

$$a_B = 2a_A = 3 \text{ m/s}^2 \quad ◂$$

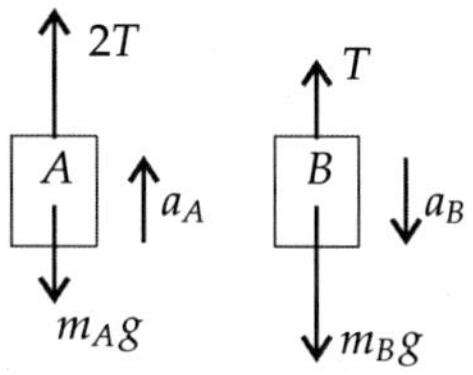

b) De la (3)

$$T = m_B\,(g - a_B) = 100\,(9{,}8 - 3) = 680 \text{ N} \quad ◂$$

c) $F = 2T = 1360$ N ◂

3.22 Un bloque de masa m_1 está sujeto a una cuerda de longitud L_1 fija por un extremo. La masa se mueve en un círculo horizontal sobre una superficie plana sin rozamiento. Una segunda masa m_2 se une a la primera mediante una cuerda de longitud L_2 y se mueve también en círculo como se indica en la figura. Determinar la tensión en cada una de las cuerdas si el periodo del movimiento es T.

La tensión en la cuerda L_2 es igual a la fuerza centrípeta:

$$T_2 = F_c = m_2 \frac{v^2}{R} = m_2 \frac{\omega^2 R^2}{R} = m_2 \omega^2 R = m_2 \omega^2 (L_1 + L_2)$$

$$\omega T = 2\pi \quad \Rightarrow \quad \omega = \frac{2\pi}{T}$$

$$T_2 = m_2 (L_1 + L_2) \left(\frac{2\pi}{T}\right)^2 \quad ◂$$

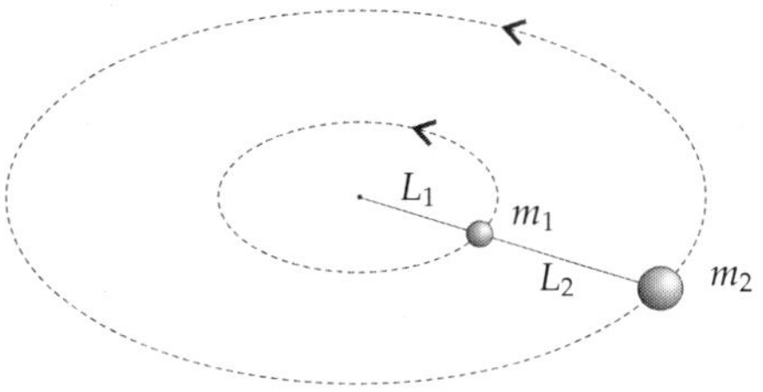

La tensión en la cuerda L_1:

$$T_1 = m_1 \omega^2 L_1 + m_2 \omega^2 (L_1 + L_2) = [m_1 L_1 + m_2 (L_1 + L_2)] \left(\frac{2\pi}{T}\right)^2 \quad ◂$$

3.23 Un pequeño bloque de masa 0,5 kg gira sobre la superficie de una mesa horizontal, estando atado a un hilo que pasa por un orificio practicado en el centro de la mesa y que se sujeta por debajo de ésta. Se supone que el bloque desliza sobre la superficie sin rozamiento. Inicialmente el bloque gira a razón de 30 r.p.m. con un radio de giro de valor $r_1 = 318$ mm. Calcular: a) velocidad tangencial y tensión del hilo en ese estado inicial del movimiento; b) velocidad angular y tangencial del bloque después de haber recogido lentamente el hilo hasta que $r_2 = 100$ mm; c) tensión del hilo en esta situación final.

a) $\omega_1 = \dfrac{30 \cdot 2\pi}{60} = 3{,}14 \text{ rad/s};$

$$m = 0{,}5 \text{ kg};$$

$$r_1 = 0{,}318 \text{ m}$$

$$v_1 = r_1 \omega_1 = 0{,}318 \cdot 3{,}14 = 1 \text{ m/s} \quad ◂$$

$$T_1 = m a_{n1} = m \frac{v_1^2}{r_1} = 0{,}5 \frac{1^2}{0{,}318} = 1{,}57 \text{ N} \quad ◂$$

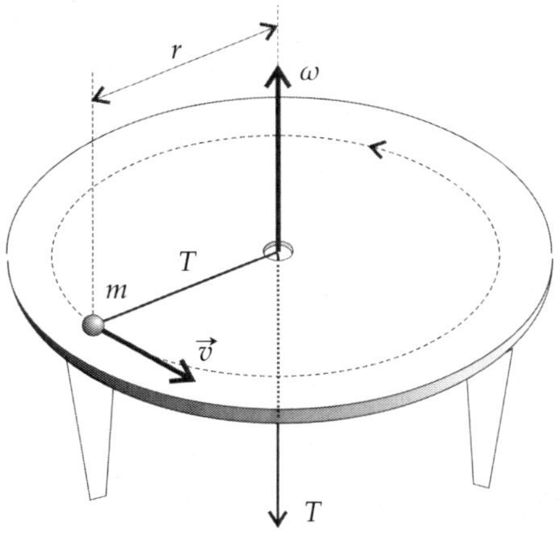

b) La tensión del hilo es una fuerza central, por lo que

$$\vec{M} = \frac{d\vec{L}}{dt} = 0,$$

puesto que $\vec{M} = \vec{r} \times \vec{T} = 0$ al ser $\vec{r}$ paralelo a $\vec{T}$. Por consiguiente, si

$$\frac{d\vec{L}}{dt} = 0 \quad \Rightarrow \quad \vec{L}$$

es constante en módulo, dirección y sentido.

Por otra parte, como $\vec{L} = \vec{r} \times m\vec{v} = m(\vec{r} \times \vec{v})$, su módulo valdrá $L = mrv$, ya que en este caso $\vec{r} \perp \vec{v}$. Por tanto, de acuerdo con el principio de conservación del momento cinético de la partícula, podemos escribir:

$$L_1 = L_2 \quad \Rightarrow \quad mr_1v_1 = mr_2v_2$$

$$v_2 = \frac{r_1}{r_2}v_1 = \frac{0{,}318}{0{,}1} \cdot 1 = 3{,}18 \text{ m/s} \quad \blacktriangleleft$$

$$\omega_2 = \frac{v_2}{r_2} = \frac{3{,}18}{0{,}1} = 31{,}8 \text{ rad/s} \quad \blacktriangleleft$$

c) $$T_2 = ma_{n2} = m\frac{v_2^2}{r_2} = 0{,}5 \cdot \frac{3{,}18^2}{0{,}1} = 50{,}6 \text{ N} \quad \blacktriangleleft$$

3.24 Un bloque de masa $m = 1$ kg está inicialmente suspendido, en reposo, en un carrito de masa $M = 11$ kg mediante el sistema de poleas mostrado. Las poleas y los hilos son de masa despreciable y también se desprecian todas las fuerzas de fricción. Si el bloque se suelta cuando está a una altura $h = 4{,}9$ m por encima de la base del carrito, determínese; a) ¿al cabo de cuánto tiempo golpeará el bloque la base del carrito?, b) ¿con qué velocidad llegará la masa m a dicha base? c) ¿qué fuerza ejerce en ese momento la masa m sobre la parte vertical de la plataforma?

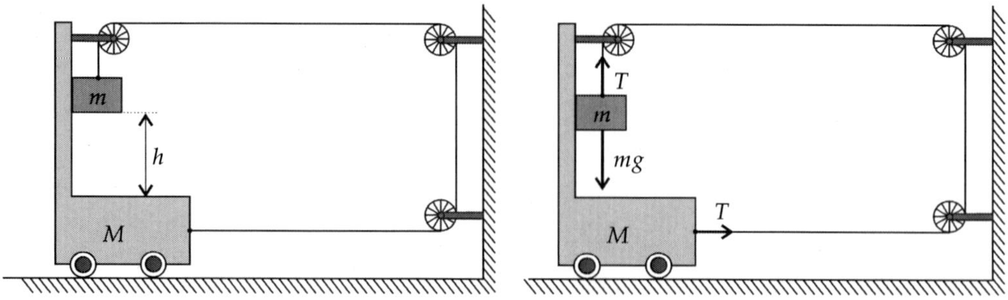

a) El diagrama de fuerzas que actúan sobre las masas en la dirección de sus movimientos, teniendo en cuenta que la cuerda desliza sin rozamiento a través de las poleas y que las masas de poleas e hilos son despreciables, se muestra en la figura adjunta.

Por tanto, las ecuaciones de movimiento para cada masa, son:

$$\left.\begin{aligned} mg - T &= ma \\ T &= (M+m)a \end{aligned}\right\} \qquad mg = ma + (M+m)a = (M+2m)a \qquad a = \frac{m}{M+2m}g$$

En bajar una altura h: $h = \frac{1}{2}at^2$

$$t = \sqrt{\frac{2h}{a}} = \sqrt{\frac{2h}{mg}(M+2m)} = \sqrt{\frac{2\cdot 4{,}9}{1\cdot 9{,}8}(11+2)} = \sqrt{13} = 3{,}60 \text{ s}$$

b) La masa m llevará una velocidad horizontal y una vertical

$$\left.\begin{aligned} v_x &= a_x t \\ v_y &= a_y t \end{aligned}\right\} \quad \text{con } a_x = a_y = a; \text{ por lo tanto } v_x = v_y$$

$$v_x = v_y = a\sqrt{\frac{2h}{a}} = \sqrt{2ha} = \sqrt{2h\frac{m}{M+2m}g} = \sqrt{2\cdot 4{,}9\frac{1}{11+2}\cdot 9{,}8} = 2{,}72 \text{ ms}^{-1}$$ ◄

$$\vec{v} = 2{,}72\,\vec{\imath} + 2{,}72\,\vec{\jmath}$$

Esta parte también podría resolverse mediante la energía: la energía potencial de la masa m se transforma en energía cinética de las dos masas: la masa M se traslada horizontalmente y la masa m se traslada horizontalmente con la masa M y también verticalmente, con la particularidad de que al estar unidas de la forma indicada ambas componentes son iguales.

$$mgh = \frac{1}{2}mv^2 + \frac{1}{2}Mv_x^2 = \frac{1}{2}m(v_x^2 + v_y^2) + \frac{1}{2}Mv_x^2 = \frac{1}{2}m(v_x^2 + v_x^2) + \frac{1}{2}Mv_x^2 = mv_x^2 + \frac{1}{2}Mv_x^2$$

$$mgh = v_x^2(m + \frac{M}{2}); \quad v_x^2 = \frac{mgh}{m+\frac{M}{2}}; \quad v_x = \sqrt{\frac{2mgh}{2m+M}} = 2{,}72 \text{ ms}^{-1}$$ ◄

c) La fuerza es $\vec{F} = -ma_x\vec{\jmath} = -\frac{m^2}{M+2m}g\,\vec{\jmath} = -\frac{1}{13}9{,}8\,\vec{\jmath} = -0{,}75\,\vec{\jmath}$ N ◄

3.25 Un péndulo simple, de 2 m de longitud y 1 kg de masa, cuando ocupa la posición indicada en la figura, tiene una velocidad de 5,66 m/s en sentido contrario al movimiento de las agujas del reloj. Determinar la aceleración de la masa del péndulo y la tensión del hilo en dicha posición.

De acuerdo con la figura se puede escribir:

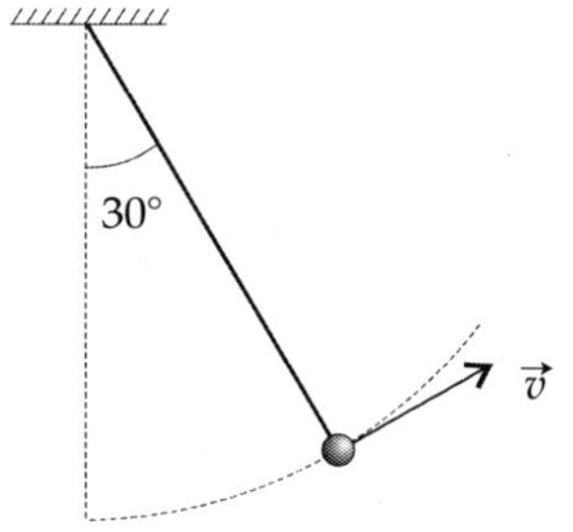

$$F_t = ma_t \quad \Rightarrow \quad -mg \text{ sen } 30° = ma_t$$

$$a_t = -g \text{ sen } 30° = -9{,}8 \cdot \frac{1}{2} = -4{,}9 \text{ m/s}^2$$

$$a_n = \frac{v^2}{R} = \frac{v^2}{l} = \frac{5{,}66^2}{2} = 16 \text{ m/s}^2$$

$$a = \sqrt{a_t^2 + a_n^2} = \sqrt{4{,}9^2 + 16^2} = 16{,}73 \text{ m/s}^2 \quad ◂$$

que forma un ángulo con el hilo de

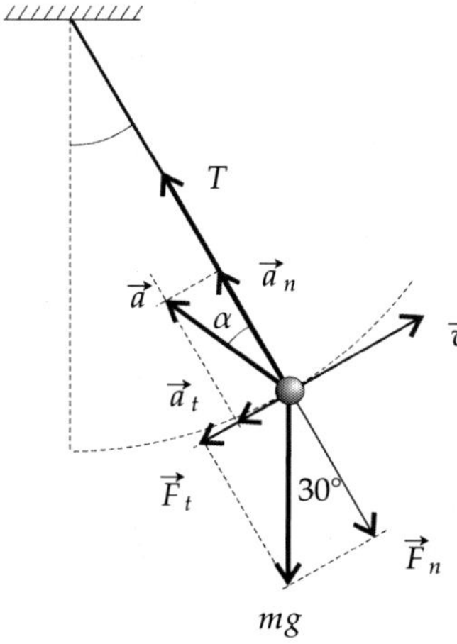

$$\text{tg}\,\alpha = \frac{a_t}{a_n} = \frac{4{,}9}{16} = 0{,}31 \quad \Rightarrow \quad \alpha = \text{arc tg}\,0{,}31 = 17° \quad ◂$$

Para la tensión:

$$T - F_n = ma_n \quad \Rightarrow \quad T = ma_n + F_n$$

$$T = ma_n + mg \cos 30° = m(a_n + g \cos 30°) =$$

$$= 1 \cdot \left(16 + 9{,}8\frac{\sqrt{3}}{2}\right) = 24{,}5 \text{ N} \quad ◂$$

3.26 Una esfera de 4 kg se encuentra girando con una velocidad de 20 m/s alrededor de eje *ee′* en el interior de una superficie cónica lisa como se indica en la figura. Calcular: a) el radio de la circunferencia descrita; b) su velocidad angular; c) la altura a la que se encuentra el plano de la órbita en que se mueve; d) la reacción de la pared cónica sobre la esfera.

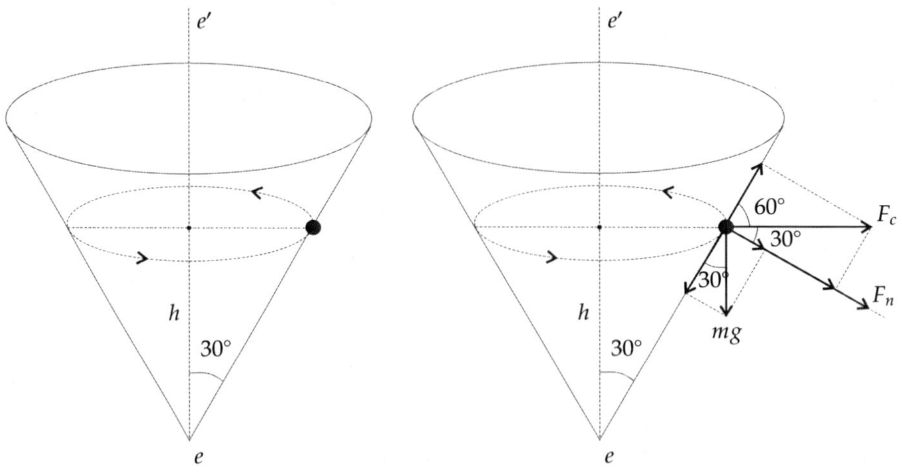

a) Teniendo en cuenta la figura, se ha de cumplir:

$$F_c \cos 60° = mg \cos 30°$$

$$m\frac{v^2}{r} \cos 60° = mg \cos 30°$$

$$\frac{v^2}{r} = g\,\frac{\cos 30°}{\cos 60°} = g\,\frac{\text{sen } 60°}{\cos 60°} = g \text{ tg } 60°$$

$$r = \frac{v^2}{g \text{ tg } 60°} = \frac{400}{9{,}8 \cdot 1{,}73} = 23{,}6 \text{ m} \quad ◄$$

b) $\omega = \dfrac{v}{r} = \dfrac{20}{23{,}12} = 0{,}87 \text{ rad/s} = 8{,}3 \text{ r.p.m.}$ ◄

c) $\text{tg } 30° = \dfrac{r}{h} \quad \Rightarrow \quad h = \dfrac{r}{\text{tg } 30°} = \dfrac{23{,}6}{0{,}58} = 40{,}7 \text{ m}$ ◄

d) $F_n = mg \cos 60° + F_c \cos 30° = mg \cos 60° + m\dfrac{v^2}{r} \cos 30° =$

$$= 4\left(9{,}8 \cdot 0{,}5 + \frac{400}{23{,}6} \cdot 0{,}87\right) = 78{,}6 \text{ N} \quad ◄$$

3.27 Una esfera de 6 kg que se encuentra sobre una superficie cónica lisa gira alrededor del eje EE' con velocidad angular de 10 rev/min como se muestra en la figura. Determinar: a) la velocidad lineal de la esfera; b) la reacción de la superficie sobre la esfera; c) la tensión del hilo; d) la velocidad angular necesaria para que la reacción de la superficie sobre la esfera sea nula, es decir, para que se separe del cono.

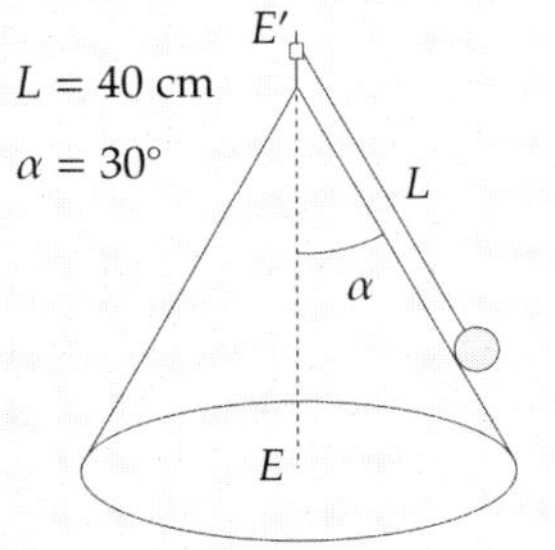

a) $$\omega = \frac{10 \cdot 2\pi}{60} = \frac{\pi}{3} \text{ rad/s}$$

$$r = l \text{ sen } 30 = 40 \cdot 0{,}5 = 20 \text{ cm} = 0{,}2 \text{ m}$$

$$v = \omega r = \frac{\pi}{3} \text{ rad/s} \cdot 0{,}2 \text{ m} = 0{,}21 \text{ m/s} \quad ◄$$

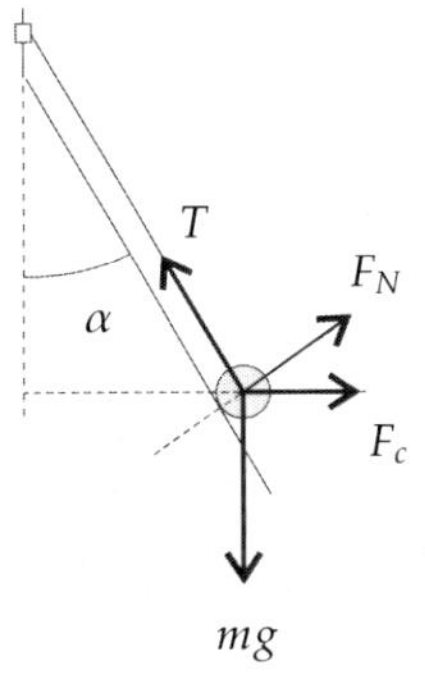

b) $$\sum F_x = 0 \qquad \sum F_y = 0$$

$$\left.\begin{array}{l} T\,\text{sen}\,\alpha = F_c + F_N\cos\alpha \\ T\,\text{sen}\,\alpha = F_c + F_N\cos\alpha \end{array}\right\} \qquad \begin{array}{l} T\cos\alpha + F_N\,\text{sen}\,\alpha = mg \\ T\cos\alpha = mg - F_N\,\text{sen}\,\alpha \end{array}$$

Dividiendo miembro a miembro:

$$\text{tg}\,\alpha = \frac{F_c + F_N\cos\alpha}{mg - F_N\,\text{sen}\,\alpha}$$

$$mg\cdot\text{tg}\,\alpha - F_N\cdot tg\alpha\cdot\text{sen}\,\alpha = F_c + F_N\cos\alpha$$

$$F_N\,(\text{tg}\,\alpha\cdot\text{sen}\,\alpha + \cos\alpha) = mg\cdot\text{tg}\,\alpha - F_c$$

$$F_N = \frac{mg\cdot\text{tg}\,\alpha - m\omega^2 r}{\text{tg}\,\alpha\cdot\text{sen}\,\alpha + \cos\alpha} = \frac{6\left(9{,}8\cdot\text{tg}\,30 - \frac{\pi^2}{9}\cdot 0{,}2\right)}{\text{tg}\,30\cdot sen30 + \cos 30} = \frac{6\,(9{,}8\cdot 0{,}577 - 0{,}22)}{0{,}577\cdot 0{,}5 + 0{,}866} =$$

$$= \frac{33{,}7}{1{,}15} = 29{,}19\text{ N} \quad ◂$$

c) $$T\cos\alpha + F_N\,\text{sen}\,\alpha = mg$$

$$T = \frac{mg - F_N\,\text{sen}\,\alpha}{\cos\alpha} = \frac{6\cdot 9{,}8 - 29{,}19\cdot 0{,}5}{0{,}866} = 51{,}04\text{ N} \quad ◂$$

d) $$\text{tg}\,\alpha = \frac{F_c}{mg} = \frac{m\omega^2 r}{mg} = \frac{\omega^2 r}{g}$$

$$\omega = \sqrt{\frac{g\cdot\text{tg}\,\alpha}{r}} = \sqrt{\frac{9{,}8\cdot 0{,}577}{0{,}2}} = 5{,}31\text{ rad/s} \quad ◂$$

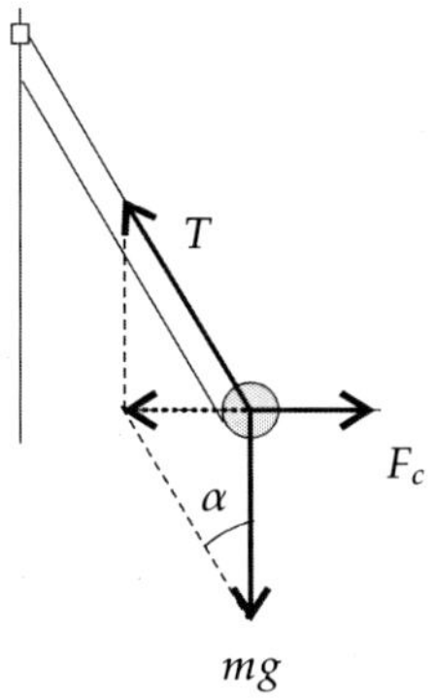

3.28 Un cuerpo de pequeñas dimensiones realiza un movimiento por el interior de una oquedad hemisférica lisa, de radio R, como se muestra en la figura. El cuerpo partió del reposo desde el borde de la oquedad. a) Expresar la velocidad del cuerpo y la reacción de la superficie sobre él en función del ángulo θ. b) Calcular la velocidad y la reacción de la superficie cuando el cuerpo pasa por el fondo de la oquedad.

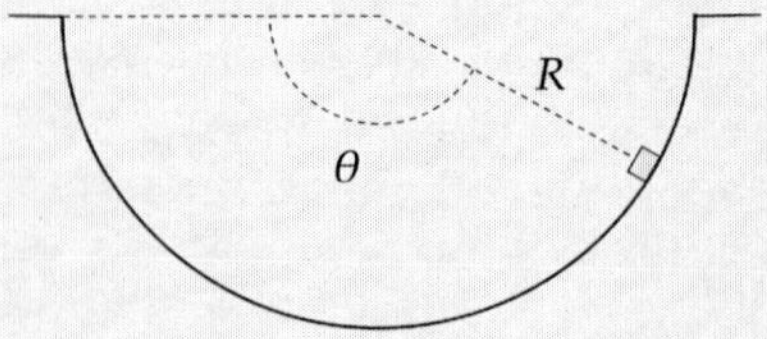

a) $$v^2 = v_0^2 + 2gh \quad \Rightarrow \quad v = \sqrt{2gh}$$

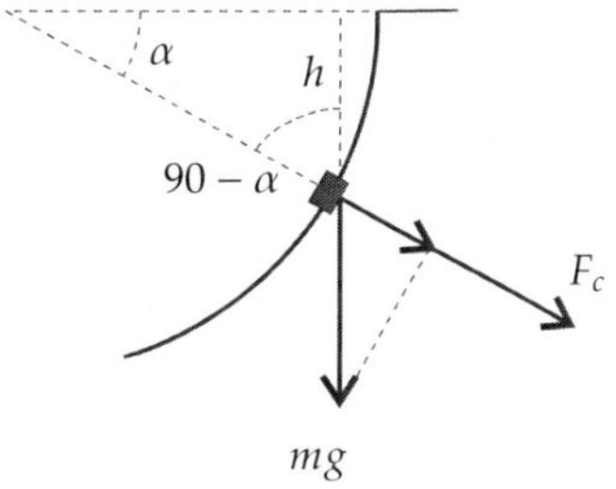

Como $h = R \operatorname{sen}\alpha = R \operatorname{sen}\theta$, por ser ángulos suplementarios, sustituyendo se obtiene:

$$v = \sqrt{2gR \operatorname{sen}\theta} \quad ◂$$

En cuanto a la reacción de la superficie sobre el cuerpo, será la de la fuerza centrífuga y la componente normal de la fuerza peso:

$$F_n = F_c + mg\cos(90° - \alpha) = F_c + mg \operatorname{sen}\alpha =$$

$$= m\frac{v^2}{R} + mg \operatorname{sen}\theta = m\frac{2gR \operatorname{sen}\theta}{R} + mg \operatorname{sen}\theta = 3mg \operatorname{sen}\theta \quad ◂$$

b) $$v = \sqrt{2gR} \quad ◂$$

$$F_n = F_c + mg = m\frac{v^2}{R} + mg = m\frac{2gR}{R} + mg = 2mg + mg = 3mg \quad ◂$$

resultado al que se llega sin más que sustituir en el apartado anterior $\operatorname{sen}\theta$ por $\operatorname{sen} 90° = 1$.

3.29 Una bolita metálica de 3 kg gira en un plano vertical, estando sujeta al centro de la trayectoria por un alambre de 2 m de longitud. La velocidad de rotación va incrementándose paulatinamente y, en un momento dado, el alambre se rompe saliendo lanzada la bola que va a caer a 500 m. Calcular la tensión máxima soportada por el alambre, sabiendo que en el momento de su rotura formaba con la vertical un ángulo de 30°.

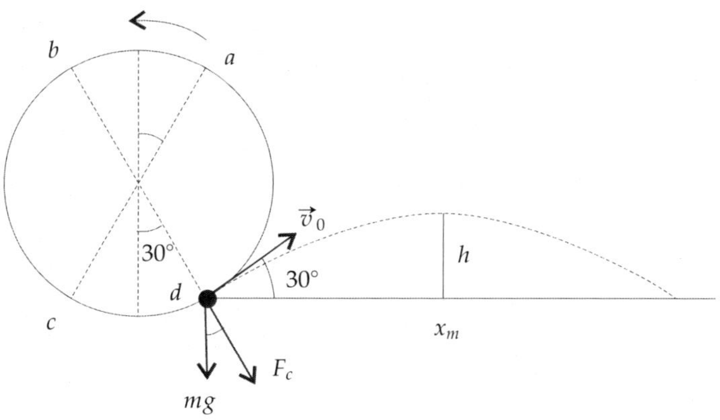

En las posiciones a y b indicadas en la figura, la tensión del alambre es menor que en las c y d, debido a la componente peso en la dirección de F_c. Por otra parte, la posición c hay que descartarla, pues de producirse ahí la ruptura, la bola chocaría inmediatamente con el suelo. Por consiguiente, para la posición d, podemos escribir:

$$T = F_c + mg\ \cos 30^\circ = m\frac{v_0^2}{r} + mg\ \cos 30^\circ = 3\left(\frac{v_0^2}{2} + 9{,}8\frac{\sqrt{3}}{2}\right) \tag{1}$$

Para calcular v_0, recordemos las ecuaciones del tiro oblicuo:

$$v_x = v_0 \cos\alpha; \quad x = v_0 \cos\alpha\ t$$

$$v_y = v_0 \operatorname{sen}\alpha - gt; \quad y = v_0 \operatorname{sen}\alpha\ t - \frac{1}{2}gt^2$$

Cuando el cuerpo alcanza su cota máxima $v_y = 0$ y de aquí

$$t = \frac{v_0 \operatorname{sen}\alpha}{g}$$

por lo que el tiempo en llegar al suelo será doble. El alcance máximo es

$$x_m = v_0 \cos\alpha \cdot 2t = \frac{2v_0^2 \operatorname{sen}\alpha \cos\alpha}{g} = \frac{v_0^2 \operatorname{sen} 2\alpha}{g}$$

y el valor de la velocidad en el momento de la ruptura del alambre

$$v_0^2 = \frac{gx_m}{\operatorname{sen} 2\alpha} = \frac{9{,}8 \cdot 500}{\operatorname{sen} 60^\circ} = 5658{,}03$$

que sustituyéndolo en (1), obtendremos la tensión buscada:

$$T = 3\left(\frac{5658{,}03}{2} + \frac{9{,}8\sqrt{3}}{2}\right) = 8512{,}51\ \text{N} \quad ◂$$

3.30 Una pequeña cuenta con una masa de 100 g se desliza a lo largo de un alambre semicircular de 10 cm de radio que gira alrededor de un eje vertical a razón de 2 vueltas por segundo, como se indica en la figura. Determinar el valor de θ para el cual la cuenta permanece estacionaria respecto al alambre giratorio.

En la posición estacionaria se ha de cumplir:

$$F_c \cos\theta = mg\cos(90 - \theta) = mg \cdot \operatorname{sen}\theta$$

Por otra parte

$$F_c = m\frac{v^2}{r} = m\omega^2 r$$

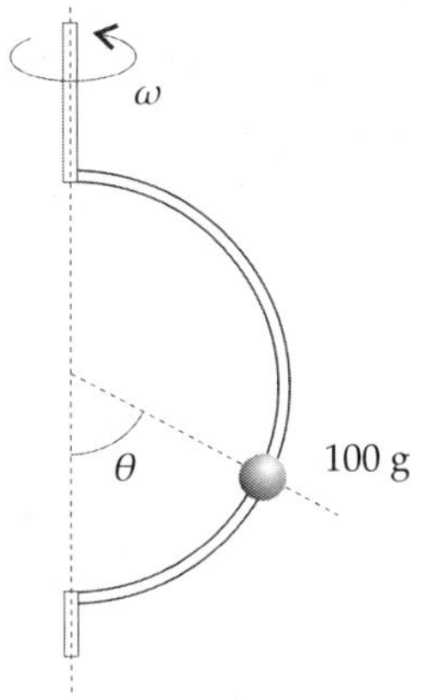

donde $r = R\,\text{sen}\,\theta$, por lo que sustituyendo en la primera se tiene

$$m\omega^2 R\,\text{sen}\,\theta \cdot \cos\theta = mg\,\text{sen}\,\theta$$

$$\omega^2 R\cos\theta = g \qquad \omega = \frac{2\pi}{T} = \frac{2\pi}{1/2} = 4\pi$$

$$\cos\theta = \frac{g}{\omega^2 R} = \frac{9{,}8}{16\pi^2 \cdot 0{,}1} = 0{,}62$$

$$\theta = \text{arc}\cos 0{,}62 = 51{,}6^\circ \quad ◂$$

3.31 Un tubo hueco de longitud $\sqrt{72}$ cm gira alrededor de un eje vertical. El extremo superior dista 7 cm de dicho eje y el inferior 1 cm. En el interior del tubo hay una esfera que se puede deslizar sin rozamiento. Hallar el número de vueltas por minuto que debe dar el tubo para que la esfera se mantenga en el punto medio del tubo.

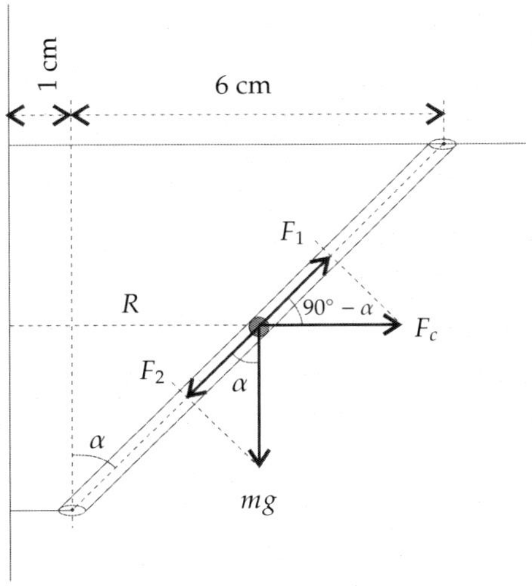

Teniendo en cuenta la figura se ha de cumplir:

$$F_1 = F_2 \quad \Rightarrow \quad \begin{matrix} F_1 = F_c\cos(90^\circ - \alpha) \\ F_2 = mg\cos\alpha \end{matrix}$$

donde el ángulo α vale

$$\operatorname{sen}\alpha = \frac{6}{\sqrt{72}} = \frac{6}{6\sqrt{2}} = \frac{1}{\sqrt{2}} = \frac{\sqrt{2}}{2} \quad \Rightarrow \quad \alpha = 45^\circ$$

y la fuerza centrífuga

$$F_c = m\frac{v^2}{R} = m\omega^2 R, \quad \text{siendo } R = 1 + 3 = 4 \text{ cm}$$

Sustituyendo estos valores en las ecuaciones anteriores se deduce:

$$\left.\begin{array}{l} F_1 = m\omega^2 R\cos 45^\circ \\ F_2 = mg\cos 45^\circ \end{array}\right\} \quad \Rightarrow \quad g = \omega^2 R$$

$$\omega = \sqrt{\frac{g}{R}} = \sqrt{\frac{980}{4}} = 15{,}65 \text{ rad/s}$$

$$\omega = 15{,}65 \text{ rad/s} \cdot \frac{1}{2\pi} \text{ vueltas/rad} \cdot 60 \text{ s/min} = 150 \text{ vueltas/min} \quad ◄$$

3.32 Una plataforma gira alrededor de un eje vertical a razón de una vuelta por segundo. Colocamos sobre ella un cuerpo cuyo coeficiente estático de rozamiento es 0,8. Calcular la distancia máxima al eje de giro para la cual el cuerpo gira con la plataforma y no es lanzado al exterior.

A dicha distancia la fuerza centrífuga iguala a la fuerza de rozamiento, por lo que se cumple:

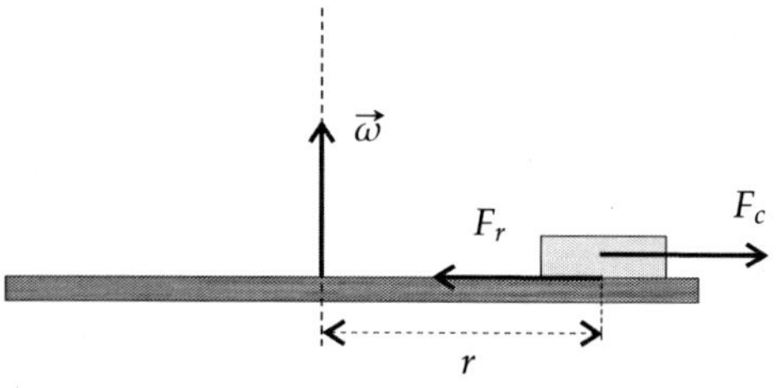

$$F_c = F_r \quad \Rightarrow \quad m\omega^2 r = \mu m g$$

$$r = \frac{\mu g}{\omega^2} = \frac{0{,}8 \cdot 9{,}8}{4\pi^2} = 0{,}2 \text{ m} \quad ◄$$

3.33 Calcular la fuerza horizontal mínima con que hay que apretar un bloque de 2 kg contra la pared vertical para que éste no se caiga, sabiendo que el coeficiente estático de rozamiento entre la pared y el bloque vale 0,5.

Se ha de cumplir:

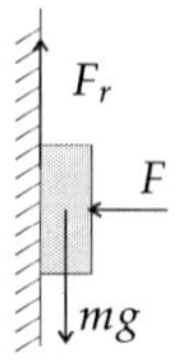

$$F_r = mg$$

$$\mu F = mg$$

$$F = \frac{2 \cdot 9{,}8}{0{,}5} = 39{,}2 \text{ N}$$

3.34 En un plano inclinado 30° sobre la horizontal hay un cuerpo de 10 kg. Sobre él actúa una fuerza horizontal de 80 N. Si el coeficiente de rozamiento entre el plano y el cuerpo es de 0,1 calcular: a) la fuerza de rozamiento; b) la aceleración con que se eleva el cuerpo.

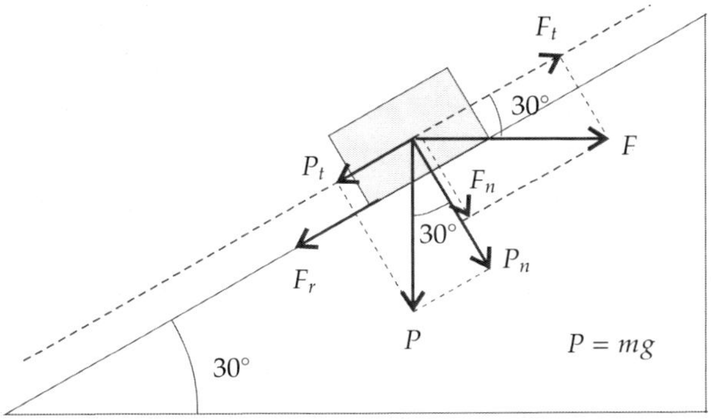

a) De acuerdo con el diagrama de fuerzas de la figura, la fuerza de rozamiento será:

$$F_r = \mu\,(F_n + P_n) = \mu\,(F \operatorname{sen} 30° + mg \cos 30°) = 0{,}1\left(80 \cdot 0{,}5 + 10 \cdot 9{,}8\frac{\sqrt{3}}{2}\right) = 12{,}5\ \mathrm{N} \quad ◂$$

b) Aplicando la segunda ley de Newton se tiene:

$$F_t - P_t - F_r = ma$$

$$a = \frac{F\cos 30° - mg \operatorname{sen} 30° - F_r}{m} = \frac{69{,}3 - 49 - 12{,}5}{10} = 0{,}78\ \mathrm{m/s} \quad ◂$$

3.35 Dos bloques, A de masa $m_1 = 1$ kg y B de masa $m_2 = 2$ kg están unidos por una cuerda inextensible y sin masa como muestra la figura. Si el sistema parte del reposo, calcular la velocidad del bloque A después de recorrer 2 m. El coeficiente cinético de rozamiento entre el bloque A y el plano es 0,25. Se supone que las masas de las poleas son despreciables.

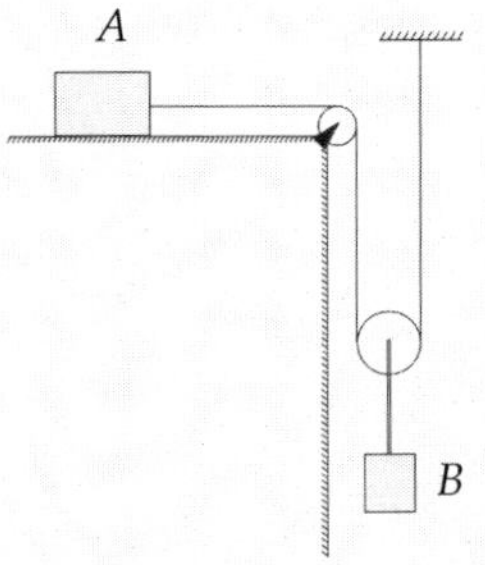

Aplicando la 2ª ley de Newton a cada uno de los bloques, y teniendo en cuenta que $T_1 = 2T$ y $a_1 = 2a_2$, se puede escribir:

$$\begin{aligned} T - \mu m_1 g &= m_1 a_1 \\ m_2 g - 2T &= m_2 a_2 \end{aligned} \quad \Rightarrow \quad \begin{aligned} 2T - 2\mu m_1 g &= 2m_1 a_1 \\ m_2 g - 2T &= m_2 a_1/2 \end{aligned} \quad \Rightarrow \quad m_2 g - 2\mu m_1 g = \left(2m_1 + \frac{m_2}{2}\right) a_1$$

$$a_1 = \frac{(m_2 - 2\mu m_1)g}{2m_1 + \frac{m_2}{2}} =$$

$$= \frac{(2 - 2 \cdot 0{,}25 \cdot 1)9{,}8}{2+1} = 4{,}9 \text{ m/s}^2$$

$$v^2 = 2a_1 s \quad \Rightarrow \quad v = \sqrt{2 \cdot 4{,}9 \cdot 2} = 4{,}42 \text{ m/s}^2$$ ◄

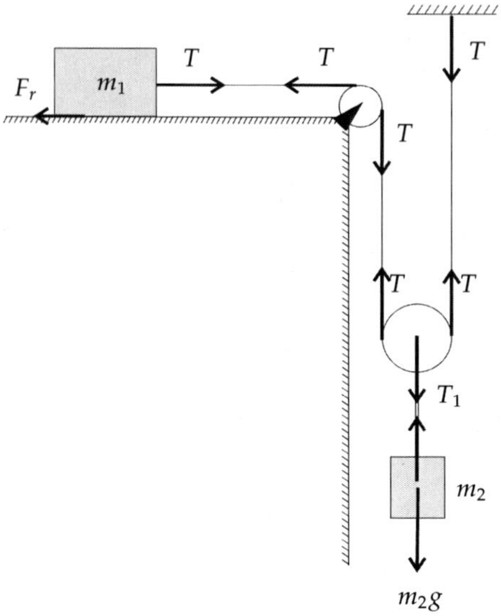

3.36 Un vehículo de masa 100 kg describe una curva de 20 m de radio, con una velocidad de 2 m/s. El coeficiente de rozamiento entre las ruedas y el suelo vale 0,2. Determinar: a) si el suelo fuera horizontal, la velocidad máxima que podría llevar el vehículo para que no derrape; b) si no hubiera rozamiento, el peralte de la curva para que a esa velocidad no derrape.

a)

$$F_c = F_r$$

$$m\frac{v^2}{r} = \mu \cdot mg$$

$$v = \sqrt{\mu g r} = \sqrt{0{,}2 \cdot 9{,}8 \cdot 20} = 6{,}26 \text{ m/s} = 22{,}53 \text{ km/h}$$ ◄

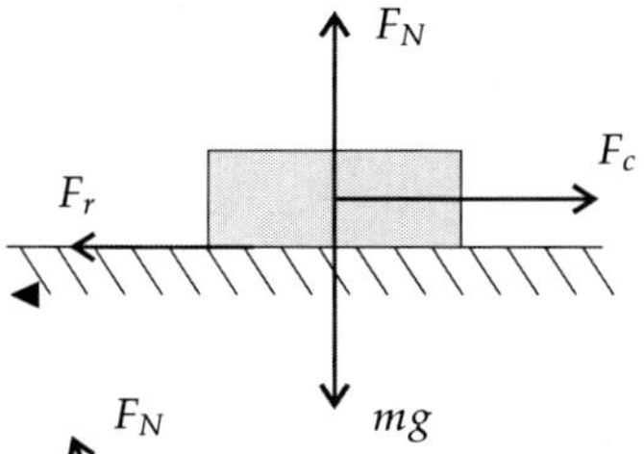

b)

$$\operatorname{tg}\alpha = \frac{F_c}{mg} = \frac{m\frac{v^2}{r}}{mg} = \frac{v^2}{rg} = \frac{6{,}26^2}{20 \cdot 9{,}8} = 0{,}199$$

$$\alpha = \arctan 0{,}199 = 11{,}25°$$ ◄

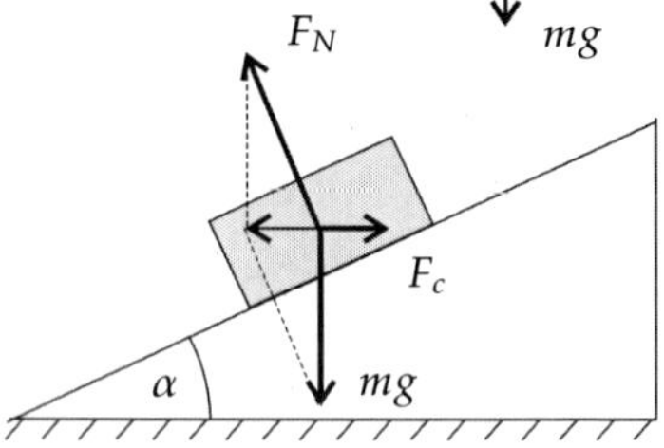

3.37 Como se muestra en la figura, sobre un cuerpo A, de masa m_1, se encuentra un cuerpo B, de masa m_2. Determinar la fuerza F que debe actuar sobre A para que B se deslice sobre A. El coeficiente de rozamiento entre el plano horizontal y A es μ_1 y entre A y B μ_2.

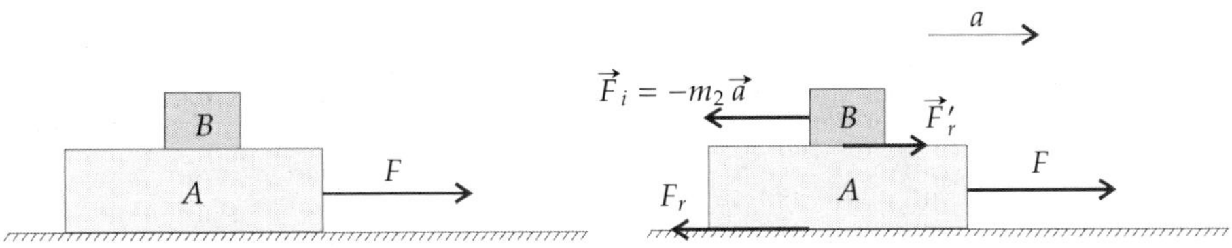

Para que el cuerpo B deslice sobre A se ha de cumplir que la fuerza de inercia $\vec{F}_i = -m\vec{a}$ sea mayor o igual que la fuerza de rozamiento $F'_r = \mu_2 m_2 g$. En el momento de igualarse ambas fuerzas, la aceleración debe ser:

$$F_i = F'_r \quad \Rightarrow \quad m_2 a = \mu_2 m_2 g \quad \Rightarrow \quad a = \mu_2 g$$

Por otra parte, se ha de cumplir:

$$F - F_r = (m_1 + m_2)a$$

$$F = F_r + (m_1 + m_2)a = \mu_1(m_1+m_2)g + (m_1+m_2)\mu_2 g = (\mu_1 + \mu_2)\cdot(m_1+m_2)g$$

por lo que la fuerza debe ser:

$$F \geq (\mu_1 + \mu_2)\cdot(m_1+m_2)g \quad ◄$$

3.38 En la figura, el coeficiente cinético de rozamiento entre los bloques de masas m_1 y m_2 es 0,3. Las poleas son ligeras y tanto éstas como la superficie horizontal carecen de rozamiento. Si las masas se liberan desde el reposo, calcular: a) la aceleración de cada bloque; b) la tensión en las cuerdas. Datos: m_1 = 2 kg, m_2 = 3 kg, m_3 = 10 kg.

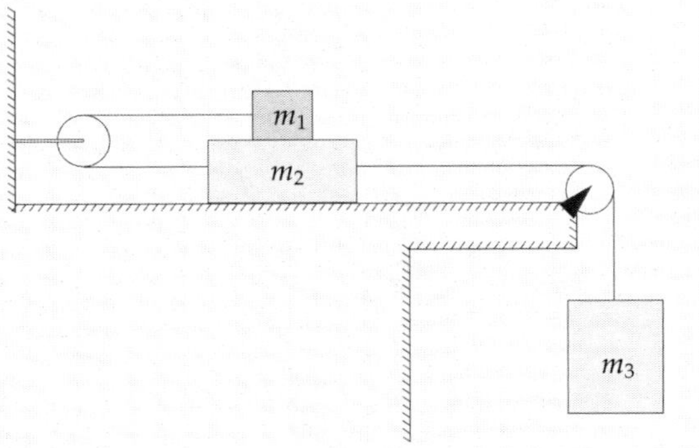

a) Aplicando la 2ª ley de Newton a cada bloque, de acuerdo con el diagrama de fuerzas de la figura, se tiene:

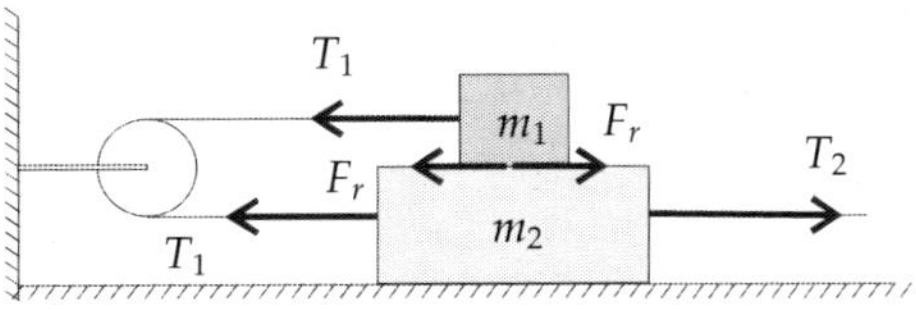

$$\left.\begin{array}{l} m_3 g - T_2 = m_3 a \\ T_2 - T_1 - F_r = m_2 a \\ T_1 - F_r = m_1 a \end{array}\right\} \quad \Rightarrow \quad m_3 g - 2F_r = (m_1+m_2+m_3)a$$

$$a = \frac{m_3 g - 2\mu m_1 g}{m_1 + m_2 + m_3} = \frac{10\cdot 9{,}8 - 2\cdot 0{,}3\cdot 2\cdot 9{,}8}{2+3+10} = \frac{98 - 11{,}76}{15} = 5{,}75\,\mathrm{m/s^2} \quad ◄$$

b) $T_1 = m_1 a + F_r = m_1 a + \mu m_1 g = m_1(a + \mu g) =$

$= 2(5{,}75 + 0{,}3 \cdot 9{,}8) = 17{,}38\ \mathrm{N}$ ◄

$T_2 = m_3 g - m_3 a = m_3(g - a) =$

$= 10(9{,}8 - 5{,}75) = 40{,}5\ \mathrm{N}$ ◄

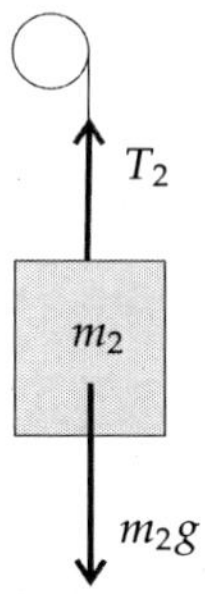

3.39 El cuerpo A de 1 kg de masa, está unido por una cuerda inextensible y sin peso con el cuerpo B, de 2 kg de masa, como indica la figura. Si los coeficientes cinéticos de rozamiento entre cada cuerpo y el plano inclinado valen, respectivamente, 0,2 y 0,3, calcular: a) la aceleración de los cuerpos; b) la tensión de la cuerda.

Aplicamos el principio fundamental de la dinámica al cuerpo A y B por separado:

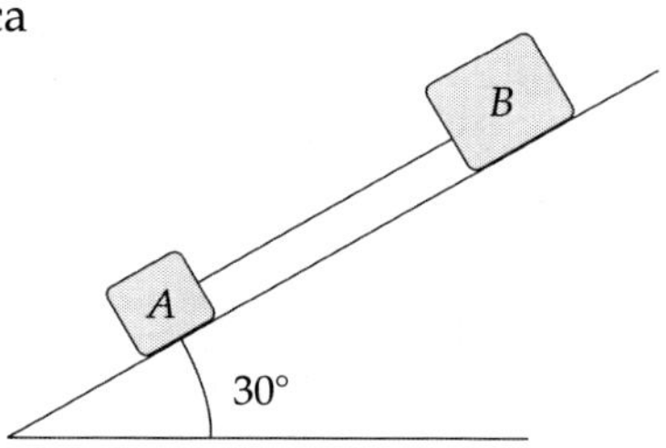

$$m_1 g \operatorname{sen} 30 - \mu_1 m_1 g \cos 30 - T = m_1 a$$

$$m_2 g \operatorname{sen} 30 - \mu_2 m_2 g \cos 30 + T = m_2 a$$

sumando miembro a miembro, se tiene:

$$g \cdot \operatorname{sen} 30\,(m_1 + m_2) - g \cos 30\,(\mu_1 m_1 + \mu_2 m_2) = (m_1 + m_2)\,a$$

$$a = \frac{9{,}8 \cdot 0{,}5\,(1+2) - 9{,}8 \cdot \frac{\sqrt{3}}{2} \cdot (0{,}2 + 0{,}6)}{3} = 2{,}63\ \mathrm{m/s^2}$$ ◄

$$T = m_1 g \operatorname{sen} 30 - \mu_1 m_1 g \cos 30 - m_1 a =$$

$$= m_1 g\,(\operatorname{sen} 30 - \mu_1 \cos 30) - m_1 a =$$

$$= 1 \cdot 9{,}8 \cdot \left(0{,}5 - 0{,}2 \cdot \frac{\sqrt{3}}{2}\right) - 2{,}63 = 0{,}57\ \mathrm{N}$$ ◄

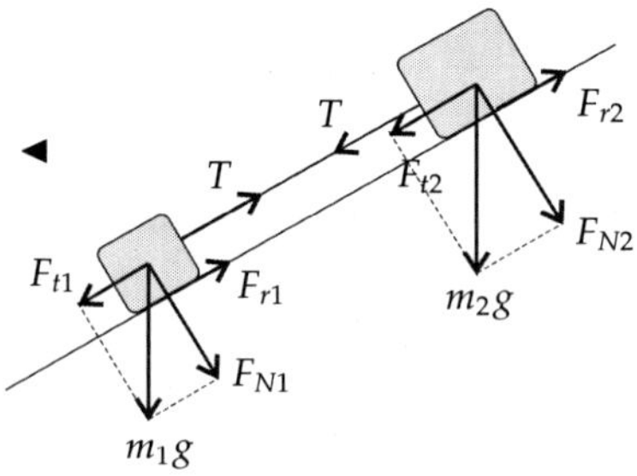

3.40 En la figura, $m_1 = 10$ kg y $m_2 = 20$ kg. El coeficiente estático de rozamiento entre m_1 y m_2 y entre éste último y el plano inclinado es el mismo e igual a 0,2. Calcular el valor de φ compatible con el reposo del sistema. Las masas de la polea y de la cuerda que une los bloques son despreciables.

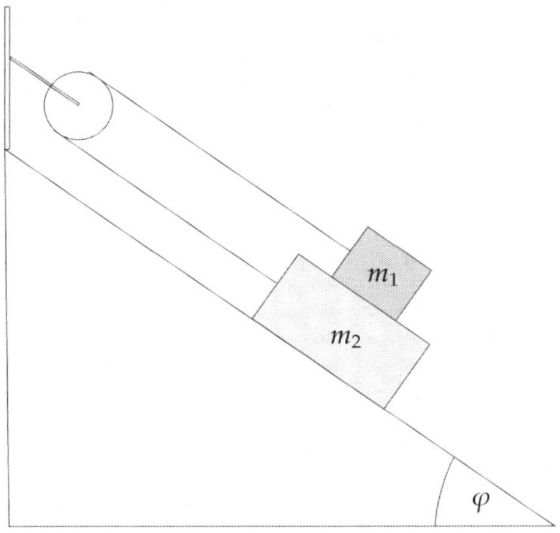

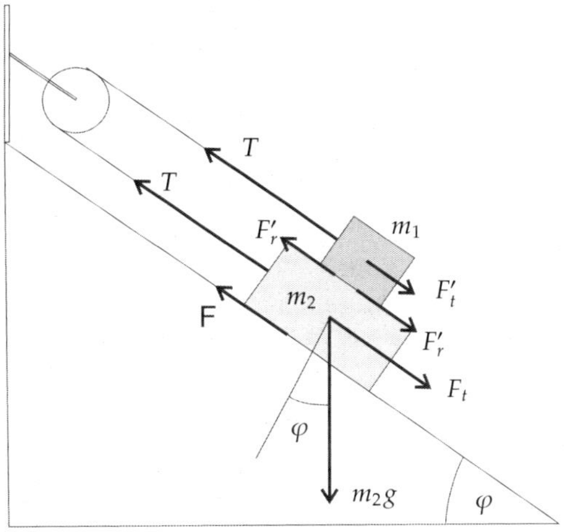

Estudiando cada bloque por separado, y teniendo en cuenta el diagrama de fuerzas, podemos escribir:

$$\text{Para } m_1, T - F_t{}' - F_r{}' = 0, \quad \text{y para } m_2, F_t - T - F_r - F_r^{'} = 0$$

que sumando miembro a miembro

$$F_t - F_t{}' - F_r - 2F_r{}' = 0$$

y sustituyendo valores

$$m_2 g \text{ sen}\,\varphi - m_1 g \text{ sen}\,\varphi - \mu(m_1 + m_2)g \cos\varphi - 2\mu m_1 g \cos\varphi = 0$$

$$(m_2 - m_1) \text{ sen}\,\varphi = \mu(3m_1 + m_2)\cos\varphi$$

$$\text{tg}\,\varphi = \frac{\mu(3m_1 + m_2)}{m_2 - m_1} = \frac{0{,}2(30 + 20)}{20 - 10} = 1$$

$$\varphi = \text{arc tg}\,1 = 45^\circ \quad \blacktriangleleft$$

3.41 Se enrolla una cuerda a un cilindro de 40 cm de radio y masa 200 kg para que, tirado de una cuerda, suba por un plano inclinado 30° sobre la horizontal. Si el coeficiente a la rodadura es 0,2, calcular la mínima fuerza necesaria para ello.

Observando la figura, el par motor mínimo o de arranque, producido por las fuerzas F y F_r, tiene como momento

$$M_m = 2RF$$

al que se opone el par resistente, producido por las fuerzas $mg\cos 30°$ y F_n, cuyo momento será

$$M_r = \rho F_n = \rho mg \cos 30°$$

siendo ρ el coeficiente de rodadura. Al par motor también se opone el momento respecto al punto O de la componente tangencial de la fuerza peso. Podemos escribir, por tanto:

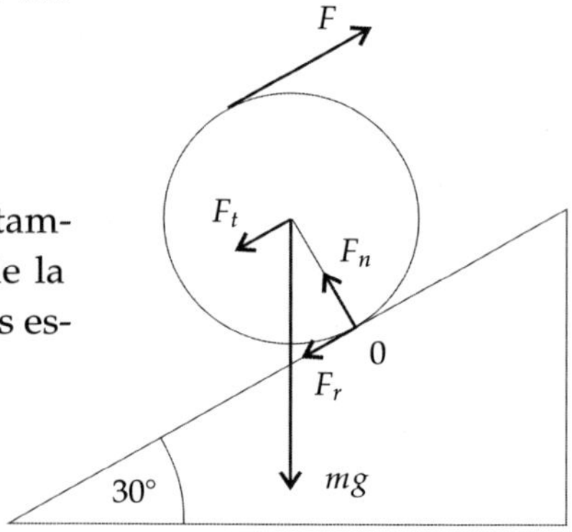

$$2RF = \rho F_n + RF_t$$

$$2RF = \rho mg \cos 30° + Rmg \operatorname{sen} 30°$$

$$F = \frac{mg}{2R}(\rho \cos 30° + R \operatorname{sen} 30°) = \frac{200 \cdot 9{,}8}{2 \cdot 0{,}4}\left(0{,}2 \cdot \frac{\sqrt{3}}{2} + \frac{0{,}4}{2}\right) = 914{,}35 \text{ N}$$ ◄

3.42 Mediante una fuerza horizontal, como se indica en la figura, se hace subir con velocidad constante un cuerpo de masa m por un plano inclinado de ángulo θ. Si el coeficiente de rozamiento es μ, determinar el valor de dicha fuerza.

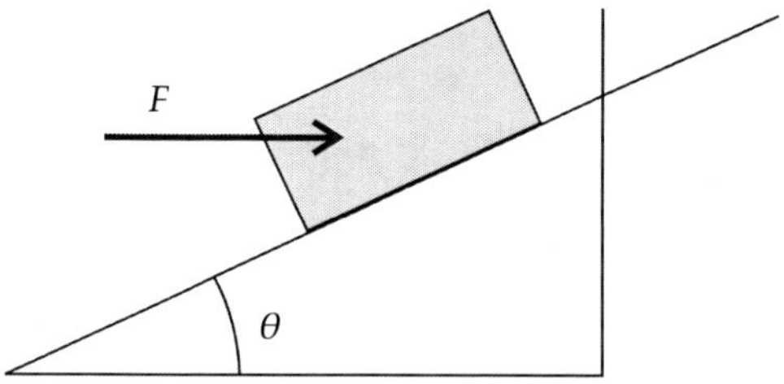

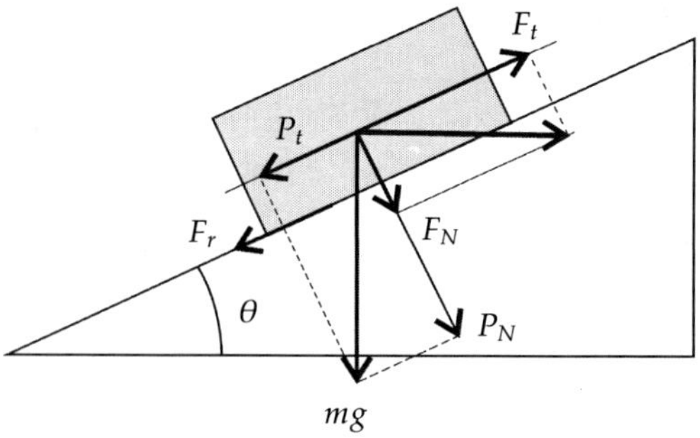

$$F_t - P_t - F_r = ma = 0$$

$$F\cos\theta - mg \operatorname{sen}\theta - \mu\,(F_n + P_n) = 0$$

$$F\cos\theta - mg \operatorname{sen}\theta - \mu\,(Fsen\theta + mg\cos\theta) = 0$$

$$F\cos\theta - mg \operatorname{sen}\theta - \mu F \operatorname{sen}\theta - mg\mu\cos\theta = 0$$

$$F\,(\cos\theta - \mu \operatorname{sen}\theta) = (\operatorname{sen}\theta + \mu\cos\theta)\,mg$$

$$F = \frac{(\operatorname{sen}\theta + \mu\cos\theta)mg}{\cos\theta - \mu \operatorname{sen}\theta}$$ ◄

3.43 Sobre un plano inclinado 30° respecto de la horizontal se lanza hacia arriba un cuerpo. Cuando éste retorna a su posición de partida, su velocidad es la mitad de la inicial. ¿Cuánto vale el coeficiente de rozamiento entre el cuerpo y el plano inclinado?

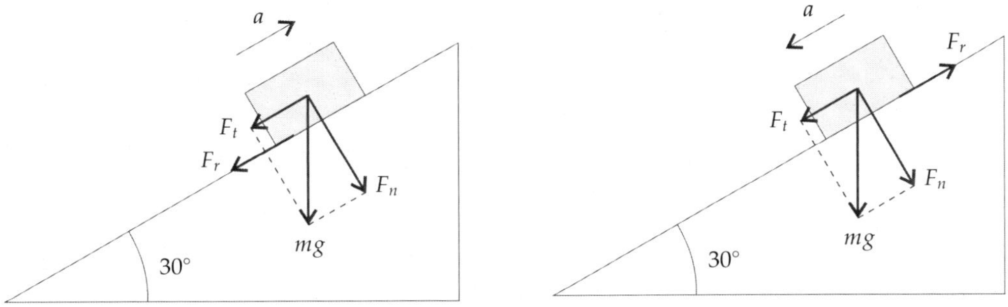

En la subida el cuerpo tiene un movimiento uniformemente retardado, cuya aceleración será:

$$F_t + F_r = ma_1$$

$$a_1 = g(\operatorname{sen} 30^\circ + \mu \cos 30^\circ) = g\left(\frac{1}{2} + \mu\frac{\sqrt{3}}{2}\right) = \frac{g}{2}\left(1 + \mu\sqrt{3}\right)$$

En la bajada tiene un movimiento uniformemente acelerado, cuya aceleración será:

$$F_t - F_r = ma_2$$

$$a_2 = g(\operatorname{sen} 30^\circ - \mu \cos 30^\circ) = g\left(\frac{1}{2} - \mu\frac{\sqrt{3}}{2}\right) = \frac{g}{2}\left(1 - \mu\sqrt{3}\right)$$

Por otra parte, en la subida se tiene $v^2 = v_0^2 - 2a_1 s$, y cuando se alcanza el punto más alto $v = 0$, por lo que

$$v_0^2 = 2a_1 s = 2 \cdot \frac{g}{2}\left(1 + \mu\sqrt{3}\right)s = g\left(1 + \mu\sqrt{3}\right)s \tag{1}$$

En la bajada

$$v^2 = 2a_2 s,$$

y como $v = \dfrac{v_0}{2}$, la expresión anterior queda como

$$\frac{v_0^2}{4} = 2 \cdot \frac{g}{2}\left(1 - \mu\sqrt{3}\right)s = g\left(1 - \mu\sqrt{3}\right)s \tag{2}$$

Dividiendo miembro a miembro la (1) por la (2):

$$\frac{v_0^2}{v_0^2/4} = \frac{g\left(1 + \mu\sqrt{3}\right)s}{g\left(1 - \mu\sqrt{3}\right)s} \quad \Rightarrow \quad 4 = \frac{1 + \mu\sqrt{3}}{1 - \mu\sqrt{3}}$$

$$4 - 4\mu\sqrt{3} = 1 + \mu\sqrt{3} \quad \Rightarrow \quad 3 = 5\mu\sqrt{3}$$

$$\mu = \frac{3}{5\sqrt{3}} = 0{,}35 \quad ◄$$

3.44 En el sistema de la figura, el coeficiente estático de rozamiento entre la masa de 10 kg y la superficie de apoyo vale 0,35, y el coeficiente cinemático 0,25. Calcular: a) el intervalo de valores de F para que el bloque se mueva hacia la izquierda; b) lo mismo para que el bloque deslice hacia la derecha; c) la tensión del hilo cuando F = 50 N. Suponer hilo y polea ideales.

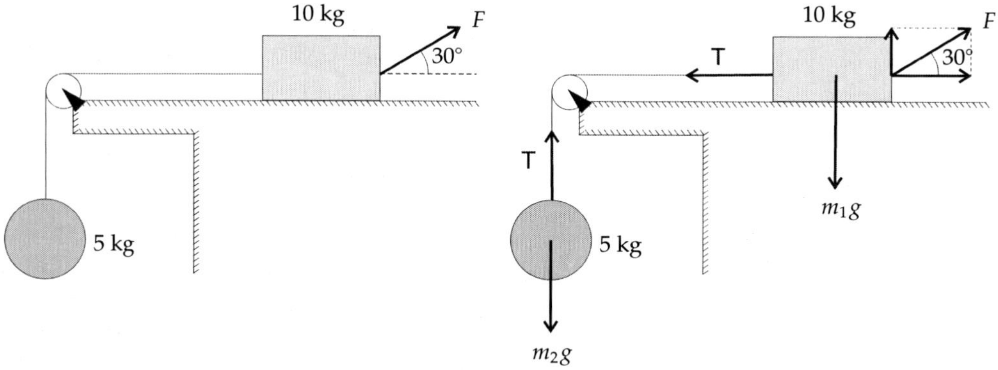

a) Aplicando la segunda ley de Newton a la masa de 10 kg se tiene

$$T - F\cos 30° - F_r = ma \quad \Rightarrow \quad T - F\cos 30° - \mu(mg - F\operatorname{sen} 30°) = ma$$

Cuando no hay aceleración $T = Mg$, por lo que

$$Mg - F\cos 30° - \mu mg + \mu F\operatorname{sen} 30° = 0$$

$$F(\cos 30° - \mu\operatorname{sen} 30°) = Mg - \mu mg$$

que para $\mu = 0{,}35$:

$$F = \frac{g(M - \mu m)}{\cos 30° - \mu\operatorname{sen} 30°} = \frac{9{,}8(5 - 0{,}35 \cdot 10)}{0{,}866 - 0{,}35 \cdot 0{,}5} = 21{,}27\ \text{N}$$

y para $\mu = 0{,}25$:

$$F = \frac{g(M - \mu m)}{\cos 30^\circ - \mu \text{ sen } 30^\circ} = \frac{9{,}8(5 - 0{,}25 \cdot 10)}{0{,}866 - 0{,}25 \cdot 0{,}5} = 33{,}06 \text{ N}$$

El intervalo de valores de F para que el bloque deslice hacia la izquierda será:

21,27 N a 33,06 N ◂

b) Para que el bloque se mueva hacia la derecha, procediendo de igual forma, podemos escribir:

$$F \cos 30^\circ - T - \mu(mg - F \text{ sen } 30^\circ) = 0$$

$$F(\cos 30^\circ + \mu \text{ sen } 30^\circ) = Mg + \mu mg$$

que para $\mu = 0{,}35$:

$$F = \frac{g(M + \mu m)}{\cos 30^\circ + \mu \text{ sen } 30^\circ} = \frac{9{,}8(5 + 0{,}35 \cdot 10)}{0{,}866 + 0{,}35 \cdot 0{,}5} = 80{,}01 \text{ N}$$

y para $\mu = 0{,}25$:

$$F = \frac{g(M + \mu m)}{\cos 30 + \mu \text{ sen } 30} = \frac{9{,}8(5 + 0{,}25 \cdot 10)}{0{,}866 + 0{,}25 \cdot 0{,}5} = 75{,}68 \text{ N}$$

con lo que dicho intervalo de valores de F será de

80,01 N a 75,68 N ◂

c) Como la fuerza $F = 50$ N es menor que el intervalo de valores en que se mueve hacia la derecha y mayor que el intervalo en que se mueve hacia la izquierda, el cuerpo estará en reposo y la tensión de la cuerda será:

$$T = Mg = 50 \text{ N}$$ ◂

3.45 En el sistema de la figura, determinar el ángulo θ para que el bloque A, de masa 80 kg, empiece a moverse hacia abajo. El coeficiente de rozamiento entre todas las superficies es $\mu = 0{,}2$ y la masa del bloque B es 40 kg.

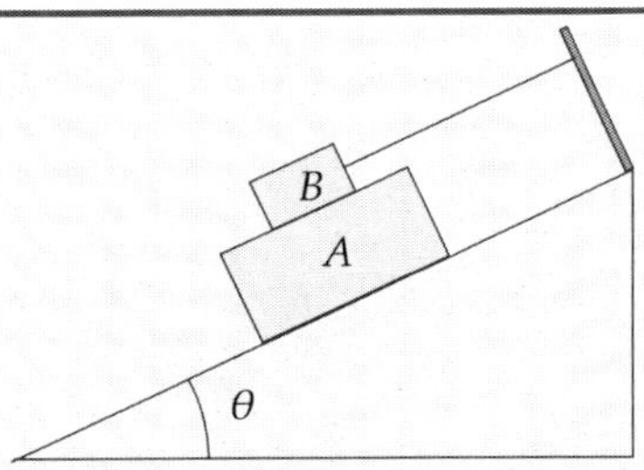

Se ha de cumplir

$$F_t = F_r + F'_r$$

$$m_A g{\cdot}\text{sen}\,\theta = \mu\,(m_A + m_B)\,g\cos\theta + \mu m_B g\cos\theta$$

$$m_A g\,\text{sen}\,\theta = \mu\,(m_A + 2m_B)\cos\theta$$

$$\text{tg}\,\theta = \frac{\mu\,(m_A + 2m_B)}{m_A} = \frac{0{,}2\,(80+40)}{80} = 0{,}3$$

$$\theta = \text{arc tg}\,0{,}3 = 16{,}7° \quad ◂$$

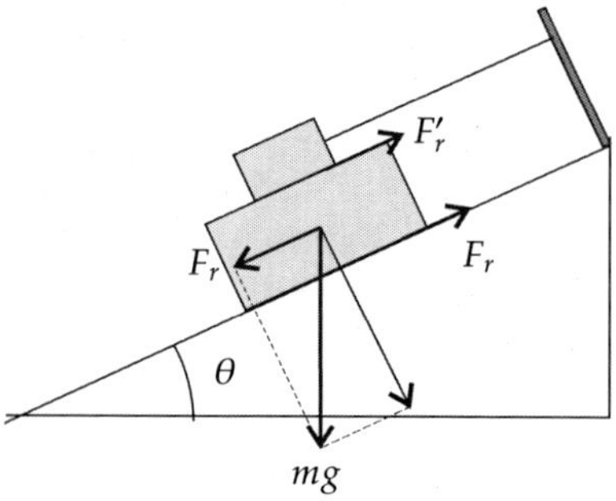

3.46 Un bloque se encuentra sobre un plano inclinado como se indica en la figura. a) ¿Cuál debe ser la fuerza de rozamiento entre el bloque y el plano inclinado si el bloque no desliza hacia abajo cuando se acelera el plano 3 m/s^2 hacia la derecha? b) ¿Cuál es el valor mínimo de "μ_e" para lo anterior?

a) En este equilibrio dinámico se ha de cumplir

$$\vec{F} + \vec{F_i} = 0$$

donde las fuerzas reales son $\vec{F} = m\vec{g} + \vec{F_r}$, y la de inercia $\vec{F_i} = -m\vec{a}$.

Descomponiendo la fuerza peso y la de inercia en la dirección tangencial y normal al plano inclinado, observando la figura, vemos que se cumple:

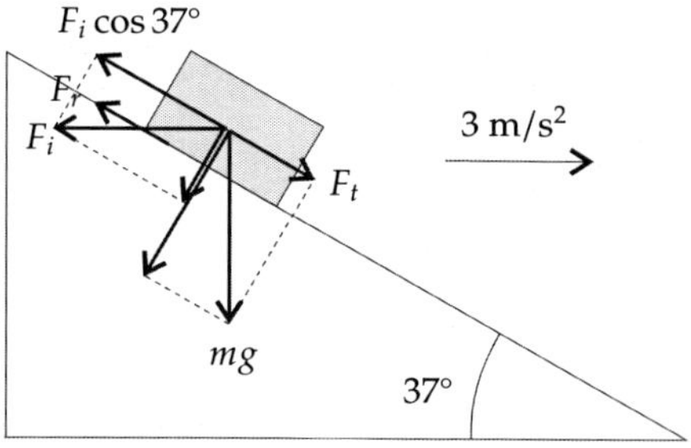

$$F_t = F_r + F_i\cos 37°$$

$$F_r = F_t - F_i\cos 37° = mg\ \text{sen}\,37° - ma\ \cos 37°$$

$$F_r = m(g\ \text{sen}\,37° - a\ \cos 37) = 3{,}5\text{ m N} \quad ◂$$

b) Por otra parte, la fuerza de rozamiento vale

$$F_r = \mu_e(mg\ \cos 37° + ma\ \text{sen}\,37°) = \mu_e m(g\ \cos 37° + a\ \text{sen}\,37°)$$

$$\mu_e = \frac{F_r}{m(g\ \cos 37° + a\ \text{sen}\,37°)} = \frac{3{,}5m}{m(9{,}8\cdot\cos 37° + 3\cdot\text{sen}\,37°)} = 0{,}36 \quad ◂$$

3.47 Una carretera está peraltada de modo que un vehículo que circula a 80 km/h pueda tomar una curva de 30 m de radio aun en las condiciones más desfavorables en que el rozamiento entre los neumáticos y el firme sea nulo (carretera helada). Determinar la velocidad máxima a la que un vehículo puede tomar esa curva en el caso de que el coeficiente de rozamiento valga 0,25.

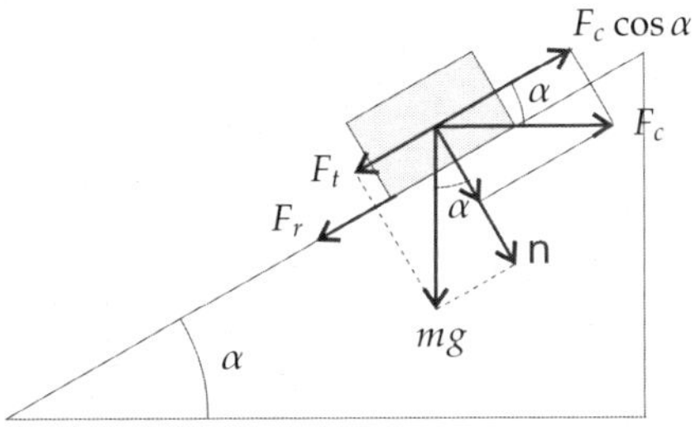

Calculamos en primer lugar el ángulo de peralte con los datos del problema, que son: ρ = 30 m y v = 80 km/h = 22,2 m/s. En este caso, y teniendo en cuenta la primera figura se ha de cumplir:

$$F_t = F_c \cos\alpha$$

$$mg \operatorname{sen}\alpha = m\frac{v^2}{\rho}\cos\alpha \quad \Rightarrow \quad \frac{v^2}{\rho} = g \operatorname{tg}\alpha$$

$$\operatorname{tg}\alpha = \frac{v^2}{g\rho} = \frac{22{,}2^2}{9{,}8 \cdot 30} = 1{,}676 \quad \Rightarrow \quad \alpha = 59{,}18°$$

Con rozamiento, las fuerzas que intervienen de acuerdo con la 2ª figura son

$$F_c \cos\alpha = m\frac{v^2}{\rho}\cos\alpha$$

$$F_t = mg \operatorname{sen}\alpha$$

$$F_r = \mu F_n = \mu\left(mg \cos\alpha + m\frac{v^2}{\rho}\operatorname{sen}\alpha\right)$$

y ahora se ha de cumplir:

$$F_t + F_r = F_c\cos\alpha \quad \Rightarrow \quad mg \operatorname{sen}\alpha + \mu\left(mg\cos\alpha + m\frac{v^2}{\rho}\operatorname{sen}\alpha\right) = m\frac{v^2}{\rho}\cos\alpha$$

$$g \operatorname{sen}\alpha + \mu g \cos\alpha = \frac{v^2}{\rho}\cos\alpha - \mu\frac{v^2}{\rho}\operatorname{sen}\alpha$$

$$\frac{v^2}{\rho}(\cos\alpha - \mu \operatorname{sen}\alpha) = g(sen\alpha + \mu \cos\alpha)$$

$$v^2 = \frac{\rho g(\operatorname{sen}\alpha + \mu \cos\alpha)}{\cos\alpha - \mu \operatorname{sen}\alpha} = \frac{30 \cdot 9{,}8(0{,}859 + 0{,}25 \cdot 0{,}512)}{0{,}512 - 0{,}25 \cdot 0{,}859} = 977 \text{ m/s}^2$$

$$v = \sqrt{977} = 31{,}26 \text{ m/s} = 112{,}5 \text{ km/h} \quad ◄$$

3.48 En el sistema que muestra la figura, calcular las aceleraciones de los boques A y B de masas 200 y 100 kg respectivamente. Se supone que el sistema parte del reposo, que el coeficiente de rozamiento entre el bloque B y el plano inclinado es 0,25 y que se desprecia el peso de la polea y el rozamiento con la cuerda.

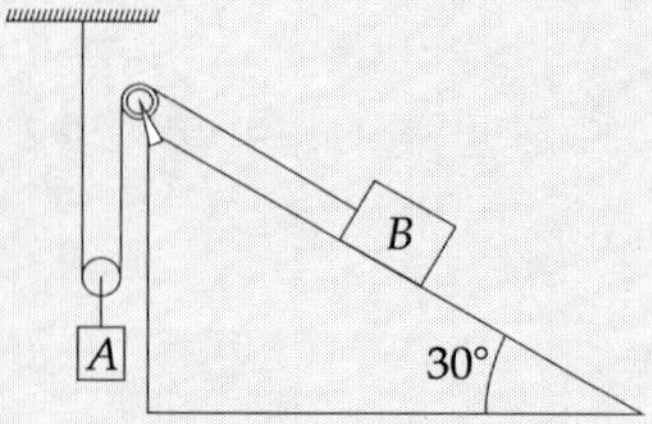

El espacio recorrido por el bloque B es el doble que el recorrido por el A, luego

$$\frac{1}{2}a_B t^2 = 2 \cdot \frac{1}{2} \cdot a_A t^2 \quad \Rightarrow \quad a_B = 2a_A$$

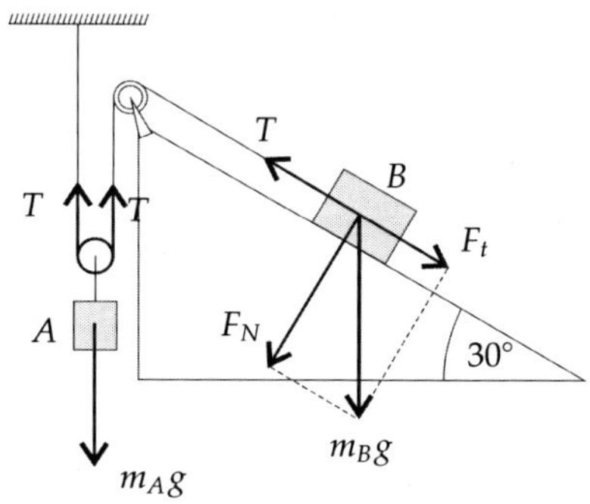

Por otra parte, aplicando la ecuación fundamental de la dinámica a los bloques A y B, se tiene:

$$\left.\begin{aligned} &m_A g - 2T = m_A a_A \\ &T - m_B g \cdot \text{sen}\,30 - \mu m_B g \cdot \cos 30 = m_B a_B \end{aligned}\right\}$$

Multiplicando por 2 la segunda ecuación y sumándolas

$$m_A g - 2m_B g\,(\text{sen}\,30 + \mu\cos 30) = m_A a_A + 2m_B a_B = (m_A + 4m_B)\,a_A$$

$$a_A = \frac{[m_A - 2m_B\,(\text{sen}\,30 + \mu\cos 30)]\,g}{m_A + 4m_B} = \frac{\left[200 - 2 \cdot 100\left(0{,}5 + 0{,}25 \cdot \sqrt{3}/2\right)\right] \cdot 9{,}8}{200 + 400}$$

$$a_A = 0{,}93 \text{ m} \quad ◄$$

$$a_B = 1{,}85 \text{ m} \quad ◄$$

3.49 En el piso de un ascensor hay un objeto sobre un plano inclinado un ángulo de 30° con la horizontal. El coeficiente de rozamiento es de 0,22. Se desea saber: a) con qué aceleración cae el objeto por el plano inclinado si el ascensor está en reposo; b) para que deslice sobre el plano con una aceleración de 2,5 m/s² ¿en qué sentido se moverá el ascensor y con qué aceleración lo hará?

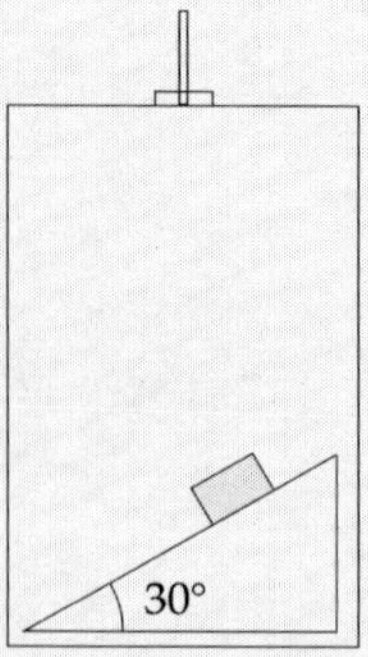

a) Estando en reposo el ascensor, aplicando la segunda ley de Newton, se tiene:

$$F_t - F_r = ma$$

$$mg \operatorname{sen}\alpha - \mu_c mg \cos\alpha = ma$$

$$a = g(\operatorname{sen}30° - \mu_c \cos 30°) = 9{,}8(0{,}5 - 0{,}22 \cdot 0{,}87) = 3{,}04 \text{ m/s}^2 \quad ◂$$

b) Como la aceleración con que queremos que deslice es inferior a la aceleración con que lo hace en reposo, la fuerza de inercia deber ir hacia arriba, por lo que el ascensor debe bajar con una aceleración tal que, según la figura, se cumpla:

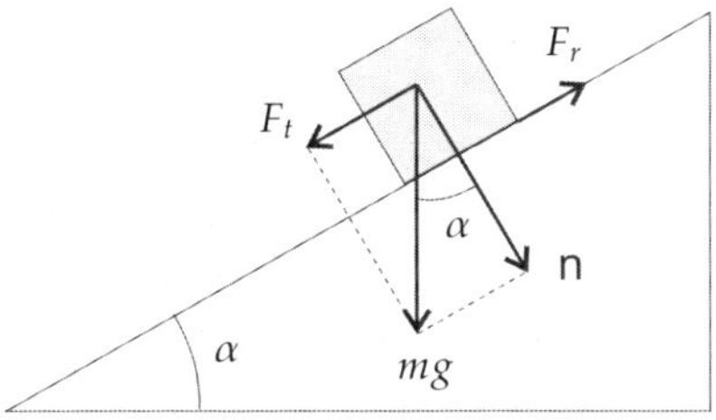

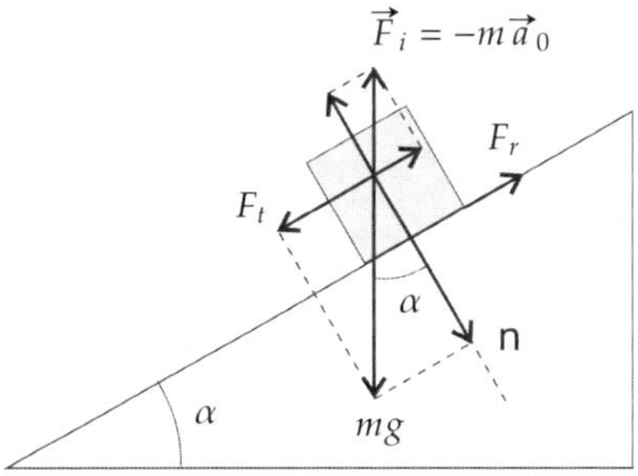

$$F_t - F_r = ma$$

$$(mg - ma_0) \operatorname{sen}\alpha - \mu_c(mg - ma_0) \cos\alpha = ma$$

$$(g - a_0) \operatorname{sen}\alpha - \mu_c(g - a_0) \cos\alpha = a$$

$$g \operatorname{sen}\alpha - a_0 \operatorname{sen}\alpha - \mu_c g \cos\alpha + \mu_c a_0 \cos\alpha = a$$

$$g(\operatorname{sen}\alpha - \mu_c \cos\alpha) + a_0(\mu_c \cos\alpha - \operatorname{sen}\alpha) = a$$

$$a_0 = \frac{a - g(\operatorname{sen}\alpha - \mu_c \cos\alpha)}{\mu_c \cos\alpha - \operatorname{sen}\alpha} = \frac{2{,}5 - 9{,}8(\operatorname{sen}30° - 0{,}22 \cdot \cos 30°)}{0{,}22 \cdot \cos 30° - \operatorname{sen}30°} =$$

$$= \frac{2{,}5 - 9{,}8(0{,}5 - 0{,}19)}{0{,}19 - 0{,}5} = \frac{2{,}5 - 3{,}04}{-0{,}31} = 1{,}74 \text{ m/s}^2 \quad ◂$$

3.50 Una carretilla se encuentra sobre una superficie inclinada. Dentro de la misma se deposita un objeto de masa m apoyado sobre una cuña del mismo ángulo α que el suelo, de modo que la superficie sobre la que se apoya el objeto es horizontal, como se muestra en la figura. Suponiendo que las ruedas de la carretilla no ofrecen resistencia alguna al avance sobre el terreno y que su masa es despreciable, calcular el valor mínimo que debe tener el coeficiente de rozamiento entre el objeto y la cuña para que al soltar la carretilla y caiga libremente por la pendiente, no se produzca deslizamiento del objeto sobre su apoyo.

Si llamamos m_T a la masa total del sistema (primera figura), la aceleración de bajada es:

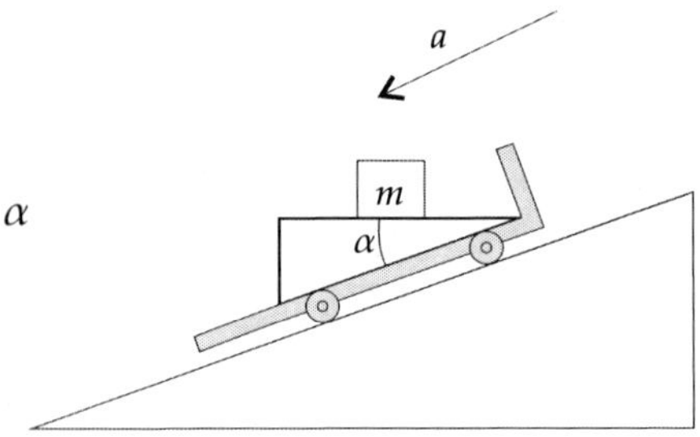

$$F_t = m_T a \quad \Rightarrow \quad m_T g \text{ sen}\,\alpha = m_T a \quad \Rightarrow \quad a = g \text{ sen}\,\alpha$$

Para un sistema de referencia móvil solidario a la carretilla, si m no se desliza tendrá una aceleración relativa nula, por lo que de acuerdo con la segunda figura

$$F_i \cos\alpha - F_r = ma' = 0 \quad \Rightarrow \quad F_i \cos\alpha = F_r \tag{1}$$

donde

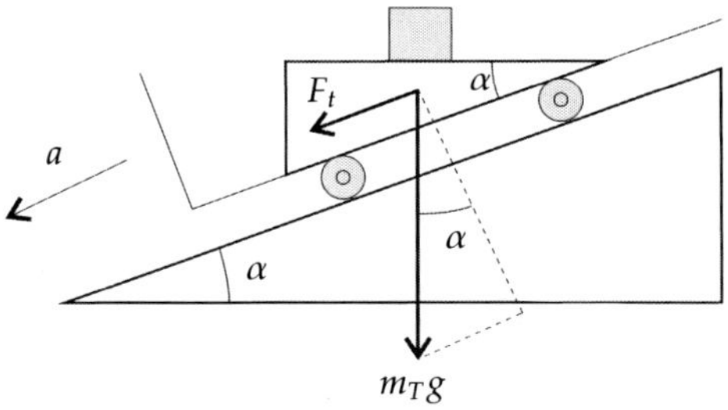

$$\vec{F_i} = -m\vec{a}; F_i = ma = mg \text{ sen}\,\alpha$$

$$F_r = \mu_e F_n = \mu_e(mg - F_i \text{ sen}\,\alpha) =$$

$$= \mu_e(mg - mg \text{ sen}^2\,\alpha)$$

Sustituyendo valores en la (1) se obtiene:

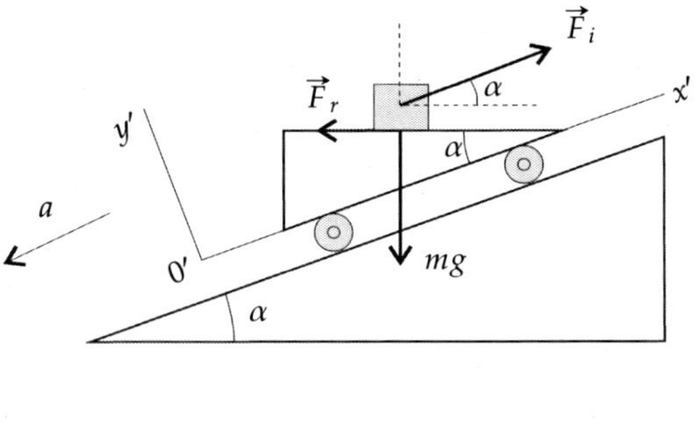

$$mg \text{ sen}\,\alpha \cdot \cos\alpha = \mu_e(mg - mg \text{ sen}^2\,\alpha)$$

$$\text{sen}\,\alpha \cdot \cos\alpha = \mu_e(1 - \text{sen}^2\,\alpha)$$

$$\text{sen}\,\alpha \cdot \cos\alpha = \mu_e \cos^2\alpha$$

$$\text{sen}\,\alpha = \mu_e \cos\alpha \quad \Rightarrow \quad \mu_e = \text{tg}\,\alpha \quad ◄$$

3.51 En el esquema de la figura, calcular: a) el valor de m_B para que el sistema esté en equilibrio, suponiendo que no hay rozamiento y que el valor de m_A es 1 kg; b) la aceleración con que se mueven las masas si $m_A = m_B = 1$ kg y el coeficiente de rozamiento es 0,2. Despreciar la masa y rozamiento de poleas e hilo.

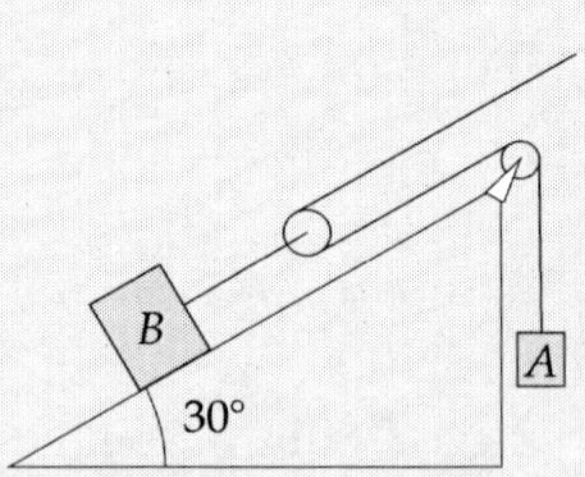

a) Se ha de cumplir

$$\left.\begin{aligned} T - F_t &= m_B a_B = 0 \\ T' - m_A g &= 0 \end{aligned}\right\} \quad \text{siendo} \quad \rightarrow \quad T = 2T'$$

Por tanto,

$$F_t = m_B g \cdot \text{sen}\, 30 = \frac{1}{2} m_B g$$

$$T = 2T' = 2m_A g$$

$$\frac{1}{2} m_B g = 2m_A g \quad \Rightarrow \quad m_A = \frac{m_B}{4} = 0{,}25 \text{ kg} \quad ◄$$

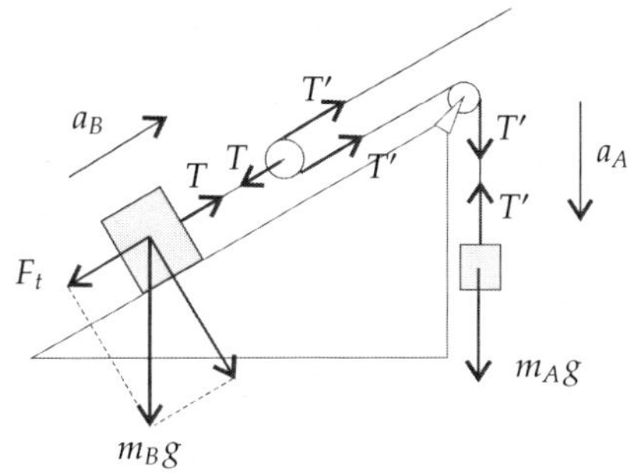

b) Puesto que el bloque A recorre el doble de espacio que el B, se tiene:

$$\frac{1}{2} a_A t^2 = 2 \frac{1}{2} a_B t^2 \quad \Rightarrow \quad a_A = 2a_B$$

Aplicando la ecuación fundamental de la dinámica a cada uno de los bloques, resulta

$$\left.\begin{aligned} &m_A g - T' = m a_A \\ &2T' - m_B g \cdot \text{sen}\, 30 - \mu m_B g \cdot \cos 30 = m_B a_B \end{aligned}\right\}$$

Multiplicando por 2 la primera ecuación y sustituyendo el valor de a_A

$$\left.\begin{aligned} &2m_A g - 2T' = 4m a_B \\ &2T' - m_B g \cdot \text{sen}\, 30 - \mu m_B g \cdot \cos 30 = m_B a_B \end{aligned}\right\}$$

sumando ambas ecuaciones

$$2m_A g - m_B g \cdot \text{sen}\, 30 - \mu m_B g \cdot \cos 30 = (4m_A + m_B) a_B$$

$$a_B = \frac{2m_A g - m_B g \cdot \text{sen}\, 30 - \mu m_B g \cdot \cos 30}{(4m_A + m_B)} = 2{,}6 \text{ m/s}^2$$

$$a_B = 2{,}6 \text{ m/s}^2 \quad ◄$$

$$a_A = 5{,}2 \text{ m/s}^2 \quad ◄$$

3.52 En el sistema de la figura, la masa del bloque A es 20 kg y los coeficientes de rozamiento estático y cinético de cada bloque con los planos inclinados valen 0,30 y 0,25. a) ¿Cuál debe ser la masa mínima del bloque B para que el sistema comience a moverse hacia la izquierda? b) Una vez iniciado el movimiento, ¿cuál será la aceleración del sistema?

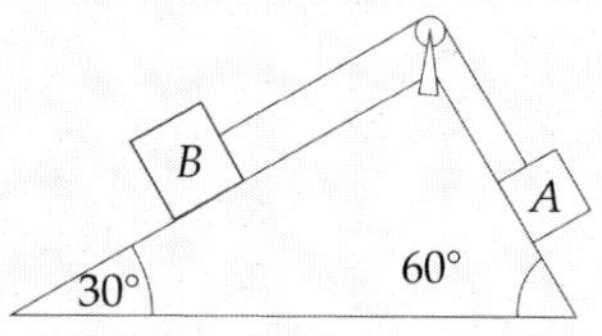

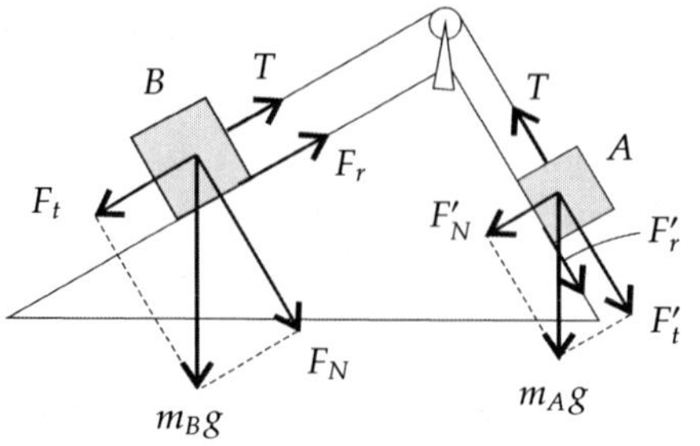

a) $$\left.\begin{aligned} F_t &= T + F_r \\ T &= F'_t + F'_r \end{aligned}\right\} \Rightarrow \quad F_t = F'_t + F_r + F'_r$$

$$m_Bg \cdot \text{sen}\,30 = m_Ag \cdot \text{sen}\,60 + \mu_e m_Ag \cdot \cos 60 + \mu_e m_Bg \cdot \cos 30$$

$$m_Bg \cdot \text{sen}\,30 - \mu_e m_Bg \cdot \cos 30 = m_Ag \cdot \text{sen}\,60 + \mu_e m_Ag \cdot \cos 60$$

$$m_B\,(\text{sen}\,30 + \mu_e \cos 30) = m_A\,(\text{sen}\,60 + \mu_e \cos 60)$$

$$m_B = \frac{m_A\,(\text{sen}\,60 + \mu_e \cos 60)}{\text{sen}\,30 - \mu_e \cos 30} = \frac{20\,(0{,}866 + 0{,}3 \cdot 0{,}5)}{0{,}5 - 0{,}3 \cdot 0{,}866} = 84{,}67 \text{ kg} \quad ◂$$

b) $$\left.\begin{aligned} F_t - F_r - T &= m_Ba \\ T - F'_r - F'_t &= m_Aa \end{aligned}\right\} \Rightarrow \quad F_t - F_r - F'_r - F'_t = (m_A + m_B)\,a$$

$$a = \frac{m_Bg \cdot \text{sen}\,30 - \mu_e m_Bg \cdot \cos 30 - \mu_e m_Ag \cdot \cos 60 - m_Ag \cdot \text{sen}\,60}{m_A + m_B} =$$

$$= g\left[\frac{m_B\,(\text{sen}\,30 - \mu_e \cos 30) - m_A\,(\mu_e \cos 60 + \text{sen}\,60)}{m_A + m_B}\right] =$$

$$= 9{,}8\left[\frac{84{,}67\,(0{,}5 - 0{,}25 \cdot 0{,}866) - 20\,(0{,}25 \cdot 0{,}5 + 0{,}866)}{20 + 84{,}67}\right] = 0{,}39 \text{ m/s}^2$$

3.53 Sean dos bloques, A de 4 kg y B de 8 kg, y $\mu = 0{,}25$ el coeficiente de rozamiento entre los bloques y entre B y el suelo. Si una fuerza $F = 60$ N se le aplica al bloque B horizontalmente al suelo, determinar, para cada uno de los casos indicados en la figura: a) la aceleración de los bloques; b) la tensión de la cuerda; c) la fuerza que la polea ejerce sobre la pared en el caso b).

a) $$F - F_r - F'_r = m_Ba$$

$$F - \mu\,(m_A + m_B)\,g - \mu m_Ag = m_Ba$$

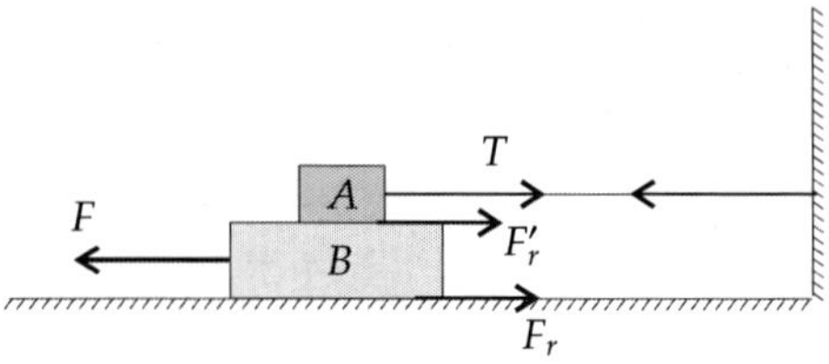

$$a = \frac{F - \mu(m_A + m_B)g - \mu m_A g}{m_B} = \frac{F - \mu g(2m_A + m_B)}{m_B} =$$

$$= \frac{60 - 0{,}25 \cdot 9{,}8(2 \cdot 4 + 8)}{8} = \frac{60 - 39{,}2}{8} = 2{,}6 \text{ m/s}^2 \quad ◂$$

La tensión de la cuerda que une A a la pared es

$$T = \mu m_A g = 0{,}25 \cdot 4 \cdot 9{,}8 = 9{,}8 \text{ N} \quad ◂$$

b) Para el bloque B se cumple:

$$F - T - F_r - F'_r = m_B a$$

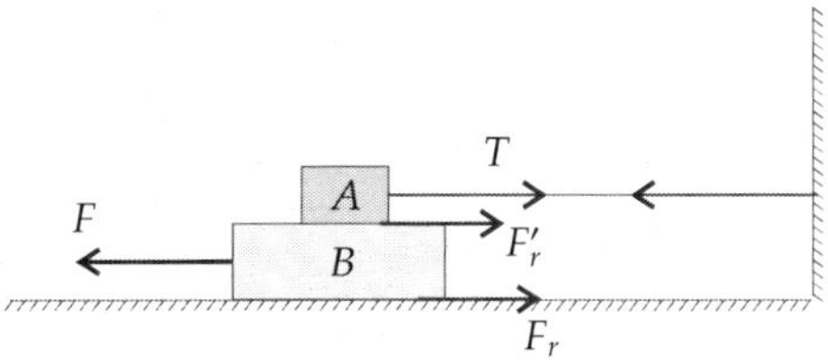

Y para el bloque A:

$$T - F'_r = m_A a$$

que sumando miembro a miembro:

$$F - F_r - 2F'_r = (m_A + m_B)a$$

$$a = \frac{F - \mu(m_A + m_B)g - 2\mu m_A g}{m_A + m_B} = \frac{F - \mu g(3m_A + m_B)}{m_A + m_B} = \frac{60 - 49}{12} = 0{,}92 \text{ m/s}^2 \quad ◂$$

$$T = F'_r + m_A a = \mu m_A g + m_A a = m_A(\mu g + a) = 4(0{,}25 \cdot 9{,}8 + 0{,}92) = 13{,}48 \text{ N} \quad ◂$$

c) Fuerza que ejerce la polea sobre la pared:

$$F_p = 2T = 26{,}96 \text{ N} \quad ◂$$

3.54 Las dos masas de la figura están conectadas por medio de un hilo y una polea ideales (inextensible, sin masa y sin rozamiento). Los coeficientes de rozamiento de cada uno de los bloques con la superficie de apoyo son 0,30 para el bloque de 5 kg y 0,2 para el de 3 kg. Calcular la aceleración del conjunto y la tensión del hilo.

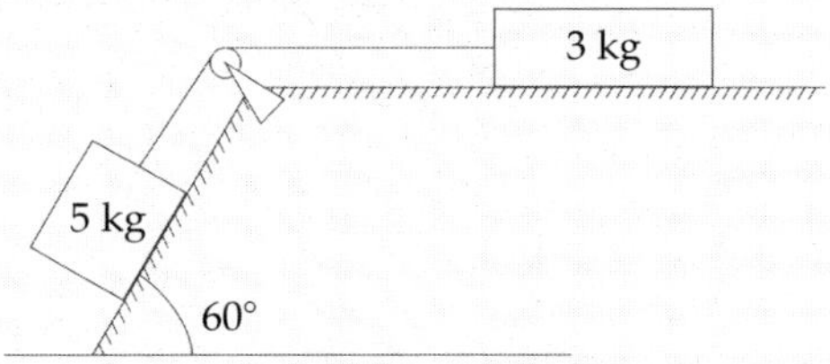

$$F_t - F_{r_1} - T = m_1 a$$

$$T - F_{r_2} = m_2 a$$

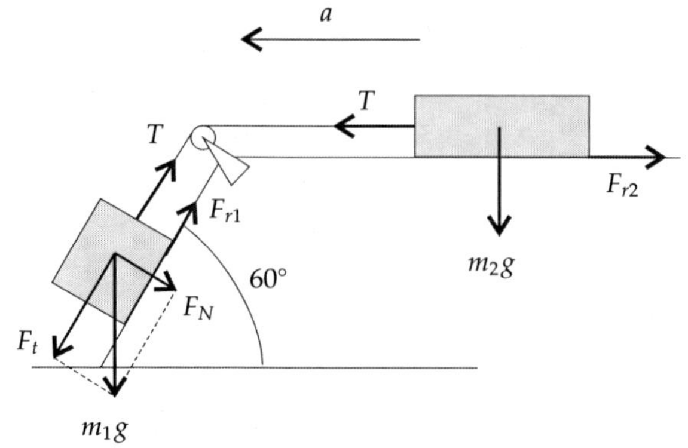

Sumando miembro a miembro

$$F_t - F_{r_1} - F_{r_2} = (m_1 + m_2)\, a$$

$$m_1 g \operatorname{sen} 60 - \mu_1 m_1 g \cos 60 - \mu_2 m_2 g = (m_1 + m_2)\, a$$

$$a = \frac{m_1 g\,(\operatorname{sen} 60 - \mu_1 \cos 60) - \mu_2 m_2 g}{m_1 + m_2} =$$

$$= \frac{5 \cdot 9{,}8\,(0{,}866 - 0{,}3 \cdot 0{,}5) - 0{,}2 \cdot 3 \cdot 9{,}8}{8} = 3{,}65\ \mathrm{m/s^2} \quad ◄$$

$$T - F_{r_2} = m_2 a; \qquad T = F_{r_2} + m_2 a = \mu_2 m_2 g + m_2 a$$

$$T = m_2\,(\mu_2 g + m_2) = 3\,(0{,}2 \cdot 9{,}8 + 3{,}65) = 16{,}83\ \mathrm{N} \quad ◄$$

3.55 Un cuerpo de 10 kg descansa sobre un plano inclinado en la forma indicada en la figura. El coeficiente de rozamiento estático entre el cuerpo y el plano inclinado es 0,2. ¿Cuál es la máxima aceleración horizontal que puede tener hacia la izquierda todo el sistema sin que se mueva hacia arriba el cuerpo sobre el plano inclinado?

Se ha de cumplir

$$F_i \cos 30 = F_r + F_t \qquad (1)$$

donde

$$F_i = maF_t = mg \operatorname{sen} 30$$

$$F_r = \mu_e\,(mg \cos 30 + F_i \operatorname{sen} 30) =$$

$$= \mu_e\,(mg \cos 30 + ma \cdot \operatorname{sen} 30)$$

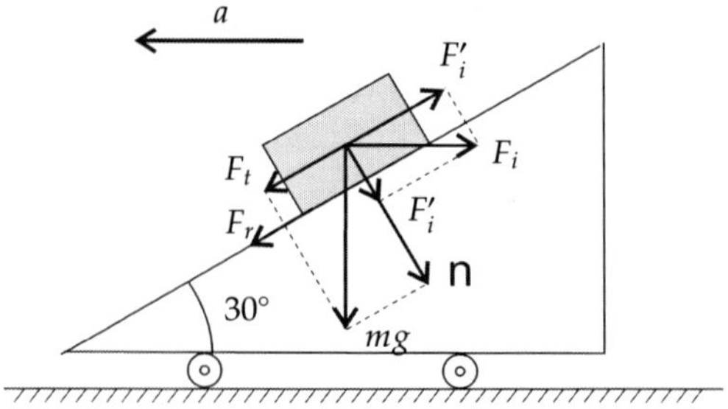

Por lo que sustituyendo en la (1), se tiene:

$$ma \cos 30 = \mu_e (mg \cos 30 + ma \cdot \operatorname{sen} 30) + mg \cdot \operatorname{sen} 30$$

$$a \cos 30 - \mu_e a \cdot \operatorname{sen} 30 = g (\mu_e \cos 30 + \operatorname{sen} 30)$$

$$a = \frac{(\mu_e \cos 30 + \operatorname{sen} 30)\, g}{\cos 30 - \mu_e \operatorname{sen} 30} = \frac{\left(0{,}4 \cdot \frac{\sqrt{3}}{2} + \frac{1}{2}\right) 9{,}8}{\frac{\sqrt{3}}{2} - 0{,}2 \cdot \frac{1}{2}} = \frac{8{,}29}{0{,}766} = 10{,}82 \text{ m/s}^2 \quad ◂$$

3.56 Un plano inclinado que forma un ángulo de 30° con la horizontal se fija a una plataforma giratoria como indica la figura. Un bloque se apoya sobre el plano inclinado siendo el coeficiente de rozamiento estático entre el bloque y el plano $\mu_e = 0{,}25$. El bloque se sitúa en una posición cuya distancia horizontal al centro de la plataforma es de 40 cm. Hallar el valor mínimo de la velocidad angular ω de la plataforma para la cual el bloque no desliza sobre el plano.

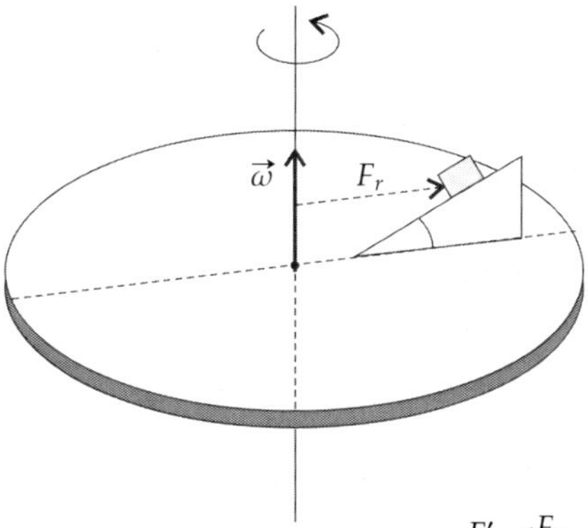

Si la plataforma no gira, el bloque descendería ya que $F_t > F_r$:

$$F_t = mg \cdot \operatorname{sen} 30 = \frac{1}{2} mg$$

$$F_r = \mu_e mg \cos 30 = mg \cdot 0{,}22$$

Para que el bloque no deslice deberá girar a una velocidad en la que se ha de cumplir:

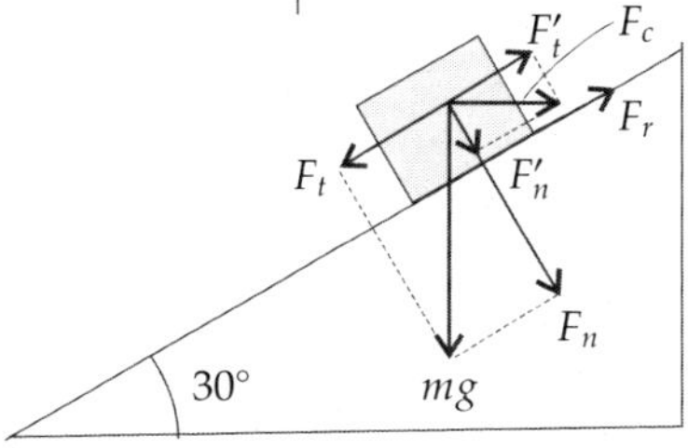

$$F_t = F_t' + F_r = F_t' + \mu_e (F_n + F_n')$$

$$mg \cdot \operatorname{sen} \alpha = F_c \cos \alpha + \mu_e (mg \cos \alpha + F_c \operatorname{sen} \alpha)$$

$$mg \cdot \operatorname{sen} \alpha = m\omega^2 r \cos \alpha + \mu_e mg \cos \alpha + \mu_e m \omega^2 r \cdot \operatorname{sen} \alpha$$

$$g (\operatorname{sen} \alpha - \mu_e \cos \alpha) = \omega^2 r (\cos \alpha + \mu_e \operatorname{sen} \alpha)$$

$$\omega^2 = \frac{g (\operatorname{sen} \alpha - \mu_e \cos \alpha)}{r (\cos \alpha + \mu_e \operatorname{sen} \alpha)} = \frac{9{,}8 (\operatorname{sen} 30 - 0{,}25 \cos 30)}{0{,}4 (\cos 30 + 0{,}25 \operatorname{sen} 30)} =$$

$$= \frac{9{,}8 (0{,}5 - 0{,}22)}{0{,}4 (0{,}87 + 0{,}125)} = \frac{2{,}744}{0{,}398} = 6{,}89 \text{ s}^{-2}$$

$$\omega = 2{,}63 \text{ rad/s} = 25 \text{ r.p.m.} \quad ◂$$

3.57 En el carretón de la figura, los bloques $m_1 = 5$ kg y $m_2 = 7$ kg tienen un coeficiente de rozamiento estático con aquél de 0,5. Calcular la aceleración que debería tener el carretón para que los bloques permanezcan en reposo respecto a un sistema de referencia ligado al carretón.

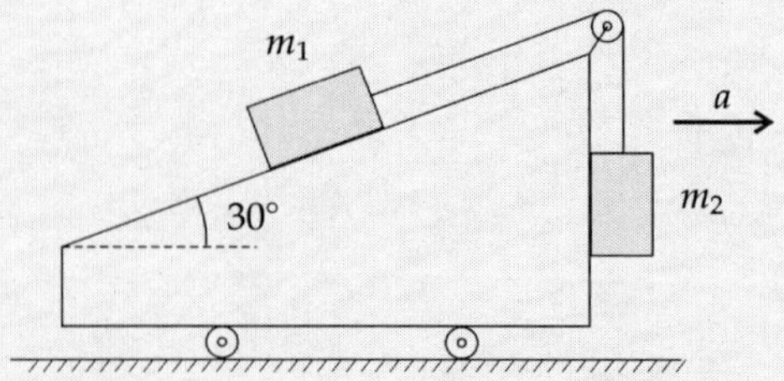

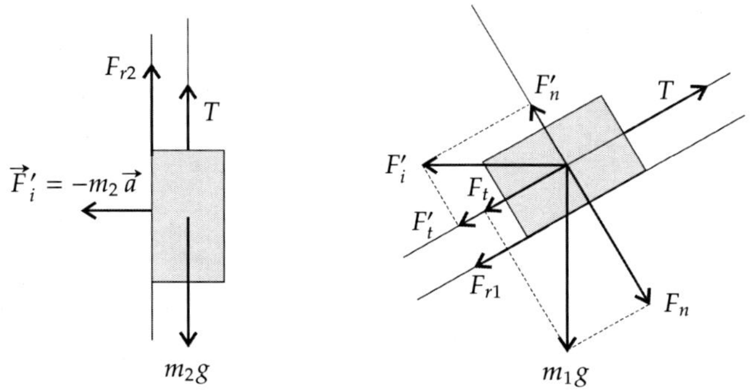

Para el bloque m_2 se ha de cumplir

$$m_2 g - T - F_{r_2} = 0 \qquad (1)$$

donde $F_{r_1} = \mu F_i = \mu m_2 a$

Para el bloque m_1 se tiene

$$T - F_t - F'_t - F_{r_1} \qquad (2)$$

donde:

$$F_t = mg \operatorname{sen} 30$$

$$F'_t = F_i \cos 30 = m_1 a \cos 30$$

$$F_{r_1} = \mu\,(F_n - F'_n) = \mu\,(m_1 g \cos 30 - m_1 a \cdot \operatorname{sen} 30)$$

Sumando miembro a miembro la (1) y la (2), se tiene

$$m_2 g - F_t - F'_t - F_{r_2} - F_{r_1} = 0$$

$$m_2 g - m_1 g \cdot \operatorname{sen} 30 - m_1 a \cos 30 - \mu m_2 a - \mu\,(m_1 g \cos 30 - m_1 a \cdot \operatorname{sen} 30) = 0$$

$$\left(m_2 - \frac{m_1}{2}\right) g - m_1 a \frac{\sqrt{3}}{2} - \mu m_2 a - \mu m_1 g \frac{\sqrt{3}}{2} + \mu \frac{m_1}{2} a = 0$$

$$\left(m_2 - \frac{m_1}{2} - \frac{\sqrt{3}}{2}\mu m_1\right)g = \frac{\sqrt{3}}{2}m_1 a + \mu m_2 a - \mu\frac{m_1}{2}a$$

$$a = \frac{\left(m_2 - \frac{m_1}{2} - \frac{\sqrt{3}}{2}\mu m_1\right)g}{\left(\frac{\sqrt{3}}{2}m_1 + \mu m_2 - \mu\frac{m_1}{2}\right)} = \frac{\left(7 - \frac{5}{2} - \frac{\sqrt{3}}{2}\cdot 0{,}5\cdot 5\right)9{,}8}{\frac{\sqrt{3}}{2}\cdot 5 + 0{,}5\cdot 7 - 0{,}5\cdot\frac{5}{2}} = \frac{22{,}88}{6{,}58} = 3{,}46\ \mathrm{m/s^2} \quad ◄$$

3.58 Un niño coloca una báscula sobre una plataforma que puede deslizar sin rozamiento sobre un plano inclinado, como indica la figura. El niño se sube en la báscula y lee la indicación de su "peso" cuando la plataforma desciende libremente por el plano inclinado. Si el peso del niño en condiciones normales es P, ¿cuál será el peso aparente que le indica la báscula?

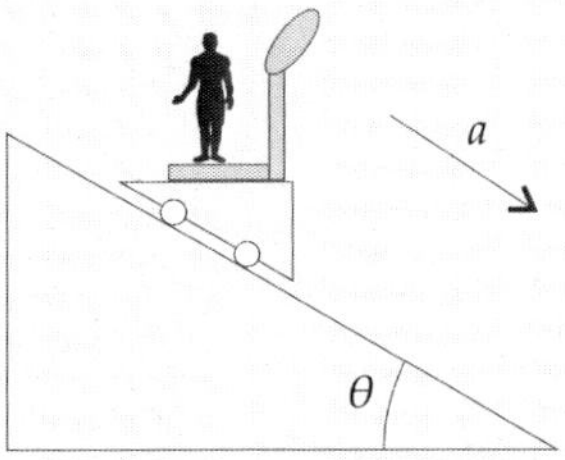

Llamemos m_s a la masa del conjunto y m a la masa del niño

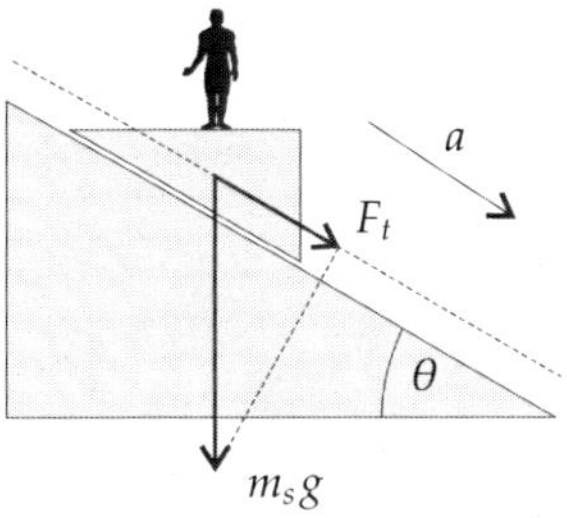

$$F_t = m_s a \quad m_s g\cdot \operatorname{sen}\theta = m_s a$$

$$a = g\cdot\operatorname{sen}\theta$$

$$F_i = ma = mg\cdot sen\theta = P\operatorname{sen}\theta$$

$$\text{Peso aparente} = P - F_i\cos(90-\theta) = P - F_i\operatorname{sen}\theta =$$

$$= P - P\operatorname{sen}\theta\cdot\operatorname{sen}\theta = P - P\operatorname{sen}^2\theta =$$

$$= P\left(1-\operatorname{sen}^2\theta\right) = P\cos^2\theta \quad ◄$$

4

Trabajo y energía

4.1 El punto de aplicación de la fuerza $\vec{F} = \vec{\imath} + 3\vec{\jmath} + 7\vec{k}$ se desplaza desde el punto $A(1,2,3)$ hasta el punto $B(2,4,5)$. Si la fuerza se da en newtons y las coordenadas de los puntos en metros, determinar el trabajo realizado por ésta, así como el ángulo formado por los vectores fuerza y desplazamiento.

$$\vec{F} = \vec{\imath} + 3\vec{\jmath} + 7\vec{k}$$

$$\vec{r} = \overrightarrow{AB} = \vec{\imath} + 2\vec{\jmath} + 2\vec{k}$$

$$W = \vec{F} \cdot \vec{r} = 1 + 6 + 14 = 21J \quad ◂$$

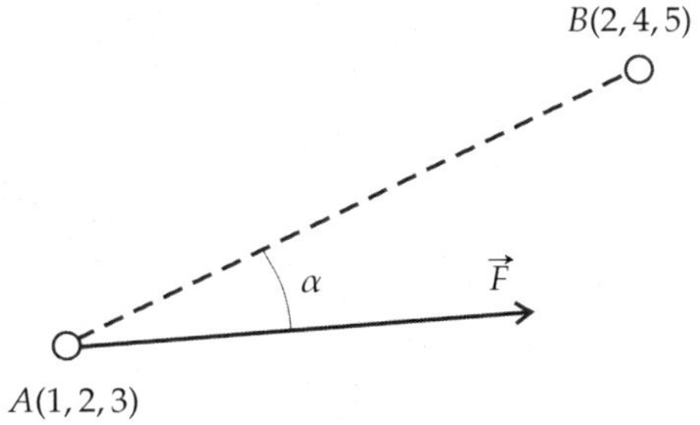

$$\vec{F} \cdot \vec{r} = Fr\cos\alpha$$

$$\cos\alpha = \frac{\vec{F} \cdot \vec{r}}{Fr} = \frac{21}{\sqrt{59}\,\sqrt{9}} = \frac{21}{23} = 0{,}913$$

$$\alpha = \arccos 0{,}913 = 24^\circ \quad ◂$$

4.2 Bajo la acción de una fuerza constante $\vec{F} = (9\vec{\imath} + 7\vec{\jmath})$ N, un cuerpo se desplaza por la recta $\vec{r} = (2\vec{\imath} + 3\vec{\jmath})$ m. Calcular el trabajo realizado, así como el ángulo que forman la fuerza y el desplazamiento.

El trabajo viene dado por

$$W = \vec{F} \cdot \vec{r} = (9\vec{\imath} + 7\vec{\jmath}) \cdot (2\vec{\imath} + 3\vec{\jmath}) = 18 + 21 = 29\text{ J}$$

y como $W = Fr\cos\theta$

$$\cos\theta = \frac{W}{Fr} = \frac{29}{\sqrt{81+49} + \sqrt{4+9}} = 0{,}7$$

$$\theta = \arccos 0{,}7 = 45^\circ \quad ◂$$

4.3 El vector de posición de un cuerpo de 5 kg de masa, expresado en el S.I., es $\vec{r} = (t^3 - 2)\vec{i} + (1 - t)\vec{j} + (3t^2 - 6)\vec{k}$. Calcular: a) el momento lineal del cuerpo en el instante $t = 2$s; b) el momento angular respecto al origen de coordenadas en el mismo instante; c) el trabajo desarrollado en el tercer segundo.

a)
$$\vec{p} = m\vec{v}$$

$$\vec{v} = \frac{d\vec{r}}{dt} = 3t^2\vec{i} - \vec{j} + 6t\vec{k}$$

y en el tiempo 2 s:

$$\vec{v} = 12\vec{i} - \vec{j} + 12\vec{k}$$

$$\vec{p} = m\vec{v} = 60\vec{i} - 5\vec{j} + 60\vec{k} \quad \blacktriangleleft$$

b)
$$\vec{L} = \vec{r} \times \vec{p}$$

donde en $t = 2$ s, $\vec{r} = 6\vec{i} - \vec{j} + 6\vec{k}$. Por tanto, en dicho tiempo el momento angular será:

$$\vec{L} = \vec{r} \times \vec{p} = \begin{vmatrix} \vec{i} & \vec{j} & \vec{k} \\ 6 & -1 & 6 \\ 60 & -5 & 60 \end{vmatrix} = -30\vec{i} + 30\vec{k} \text{ kgm}^2/\text{s} \quad \blacktriangleleft$$

c)
$$dW = \vec{F} \cdot d\vec{r}$$

que sustituyendo en ella el valor de F y dr dados por

$$\vec{a} = \frac{d\vec{v}}{dt} = 6t\vec{i} + 6\vec{k} \quad \Rightarrow \quad \vec{F} = m\vec{a} = 30t\vec{i} + 30\vec{k}$$

$$d\vec{r} = (3t^2\vec{i} - \vec{j} + 6t\vec{k})dt$$

$$dW = (30t\vec{i} + 30\vec{k}) \cdot (3t^2\vec{i} - \vec{j} + 6t\vec{k})dt = (90t^3 + 180t)dt$$

e integrando se obtiene:

$$W = \int_2^3 (90t^3 + 180t)dt = \left[\frac{90t^4}{4}\right]_2^3 + \left[\frac{180t^2}{2}\right]_2^3 = 1912{,}5 \text{ J} \quad \blacktriangleleft$$

4.4 Un proyectil de 100 g atraviesa una pared de 30 cm de grosor. Su velocidad en el momento de penetrar en la pared es de 200 m/s, y al salir de 100 m/s. Calcular: a) el trabajo realizado por el proyectil; b) la fuerza, supuesta constante, que opone la resistencia de la pared.

a) El trabajo realizado por el proyectil es igual a la disminución que experimenta su energía cinética:

$$W = -\Delta E_c = -\frac{1}{2}m(v_2^2 - v_1^2) = \frac{1}{2}m(v_1^2 - v_2^2) = \frac{1}{2} \cdot 0{,}1 \cdot (200^2 - 100^2) = 1500\ \text{J} \quad \blacktriangleleft$$

b) Por otra parte, este trabajo es igual al realizado por la fuerza resistente sobre el proyectil en su avance en la pared, por lo que

$$W = F_r \quad \Rightarrow \quad F_r = \frac{W}{s} = \frac{1500}{0{,}3} = 5 \cdot 10^3\ \text{N} \quad \blacktriangleleft$$

4.5 Una partícula que se mueve en el plano XY por acción de la fuerza

$$\vec{F} = xy\vec{\imath} + y^2\vec{\jmath}$$

describe la trayectoria indicada en la figura. Si las coordenadas vienen dadas en metros y la fuerza en newton, determinar el trabajo realizado por dicha fuerza.

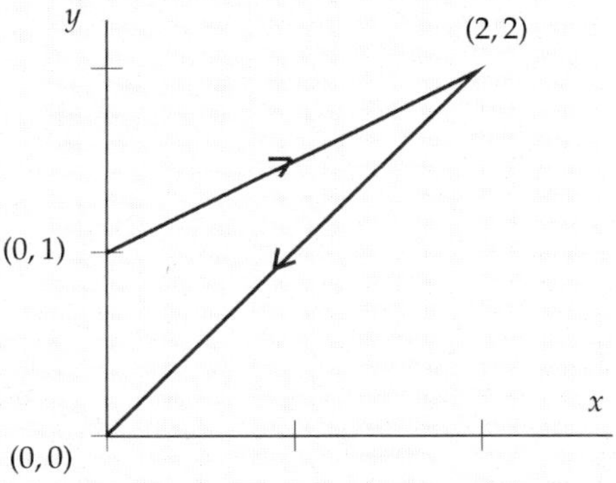

$$W = \oint \vec{F} \cdot d\vec{r} = \int_{0,0}^{0,1} \vec{F} \cdot d\vec{r} + \int_{0,1}^{2,2} \vec{F} \cdot d\vec{r} + \int_{2,2}^{0,0} \vec{F} \cdot d\vec{r} =$$

$$= \int_{0,0}^{0,1} \left(xy\vec{\imath} + y^2\vec{\jmath}\right) dy\vec{\jmath} + \int_{0,1}^{2,2} \left(xy\vec{\imath} + y^2\vec{\jmath}\right) \cdot (dx\vec{\imath} + dy\vec{\jmath}) + \int_{2,2}^{0,0} \left(xy\vec{\imath} + y^2\vec{\jmath}\right)(dx\vec{\imath} + dy\vec{\jmath}) =$$

$$= \int_0^1 y^2 dy + \int_{0,1}^{2,2} \left(xydx + y^2dy\right) + \int_{2,2}^{0,0} \left(xydx + y^2dy\right)$$

Como a lo largo de la trayectoria (0,1) → (2,2), la ecuación de la recta es $y = \frac{x}{2} + 1$, y en la trayectoria (2,2) → (0,0) se tiene $y = x$, la ecuación anterior se puede escribir en la forma:

$$W = \int_0^1 y^2 dy + \int_0^2 x\left(\frac{x}{2} + 1\right) dx + \int_1^2 y^2 dy + \int_2^0 2x^2 dx =$$

$$= \left[\frac{y^3}{3}\right]_0^1 + \left[\frac{x^3}{6}\right]_0^2 + \left[\frac{x^2}{2}\right]_0^2 + \left[\frac{y^3}{3}\right]_0^2 + \left[\frac{2x^3}{3}\right]_2^0 = \frac{18}{3} - \frac{16}{3} = \frac{2}{3}\,\mathrm{J} \quad ◂$$

4.6 Sobre un cuerpo que marcha a una velocidad de 0,4 m/s se aplica una fuerza de 1 N durante 20 s, con lo que su energía cinética se incrementa en 30 julios. Calcular: a) la velocidad del cuerpo a los 20 s; b) su masa.

a) La ecuación fundamental de la dinámica establece que

$$\vec{F} dt = m d\vec{v}$$

Para un tiempo finito y operando con los módulos, se tiene:

$$F\Delta t = m\Delta v = m(v_2 - v_1) \tag{1}$$

Por otra parte

$$\Delta E_c = \frac{1}{2} m(v_2^2 - v_1^2) = \frac{1}{2} m(v_2 + v_1)(v_2 - v_1) \tag{2}$$

que dividiendo la (2) por la (1), se tiene:

$$\frac{\Delta E_c}{F\Delta t} = \frac{1}{2}(v_2 + v_1) \quad \Rightarrow \quad 2\Delta E_c = F\Delta t(v_2 + v_1)$$

$$v_2 = \frac{2\Delta E_c}{F\Delta t} - v_1 = \frac{2 \cdot 30}{20} - 0{,}4 = 2{,}6\ \mathrm{m/s} \quad ◂$$

b)

$$F\Delta t = m(v_2 - v_1)$$

$$m = \frac{F\Delta t}{v_2 - v_1} = \frac{20}{2{,}6 - 0{,}4} = 9\ \mathrm{kg} \quad ◂$$

4.7 Verifique si el campo vectorial $\vec{A} = yz\vec{\imath} + zx\vec{\jmath} + xy\vec{k}$ es o no conservativo y, en su caso, determine el potencial del que deriva.

Si es un campo conservativo su rotacional será nulo:

$$\text{rot}\,\vec{A} = \vec{\nabla}\times\vec{A} = \begin{vmatrix} \vec{\imath} & \vec{\jmath} & \vec{k} \\ \dfrac{\partial}{\partial x} & \dfrac{\partial}{\partial y} & \dfrac{\partial}{\partial z} \\ yz & zx & xy \end{vmatrix} = \left(\frac{\partial xy}{\partial y} - \frac{\partial zx}{\partial z}\right)\vec{\imath} - \left(\frac{\partial xy}{\partial x} - \frac{\partial yz}{\partial z}\right)\vec{\jmath} + \left(\frac{\partial xz}{\partial x} - \frac{\partial yz}{\partial y}\right)\vec{k} =$$

$$= (x - x)\,\vec{\imath} - (y - y)\,\vec{\jmath} + (z - z)\,\vec{k} = 0 \quad ◄$$

El campo es, por tanto, conservativo; por lo que deriva de su potencial:

$$\vec{A} = -\vec{\nabla}U = -\left(\frac{\partial U}{\partial x}\vec{\imath} + \frac{\partial U}{\partial y}\vec{\jmath} + \frac{\partial U}{\partial z}\vec{k}\right)$$

Teniendo en cuenta los componentes del vector $\vec{A}$ se puede escribir:

$$yz = -\frac{\partial U}{\partial x} \quad (1) \qquad zx = -\frac{\partial U}{\partial y} \quad (2) \qquad xy = -\frac{\partial U}{\partial z} \quad (3)$$

Vamos a integrar estas ecuaciones. De la (1)

$$U = \int yzdx = -xyz + f_1(y) + f_2(z) + C_1$$

Derivamos esta ecuación respecto a y para identificar $f_1(y)$

$$\frac{\partial U}{\partial y} = -xz + \frac{\partial f_1(x)}{\partial y},$$

que podemos igualar a A_y:

De la ecuación (2)

$$zx = +xz - \frac{\partial f_1(y)}{\partial y} \rightarrow \frac{\partial f_1(y)}{\partial y} = 0 \rightarrow f_1(y) = C_2$$

Y para identificar $f_2(z)$:

$$\frac{\partial U}{\partial z} = -xy + \frac{\partial f_2(z)}{\partial z},$$

que igualando a la componente A_z:

$$xy = +xy - \frac{\partial f_2(z)}{\partial z} \rightarrow \frac{\partial f_2(z)}{\partial z} = 0 \rightarrow f_2(z) = C_3$$

El potencial será

$$U = -xyz + C_1 + C_2 + C_3 = -xyz + C \quad ◄$$

4.8 Un trineo de 60 kg desliza por una pista horizontal al tirar de él con una fuerza F, cuya dirección forma un ángulo de 30° con la horizontal. Si el coeficiente de rozamiento es 0,1, calcular: a) el valor de la fuerza F para que el trineo deslice con movimiento uniforme; b) el trabajo realizado por dicha fuerza en su desplazamiento de 20 m.

a) Según el diagrama de fuerzas de la figura se puede escribir

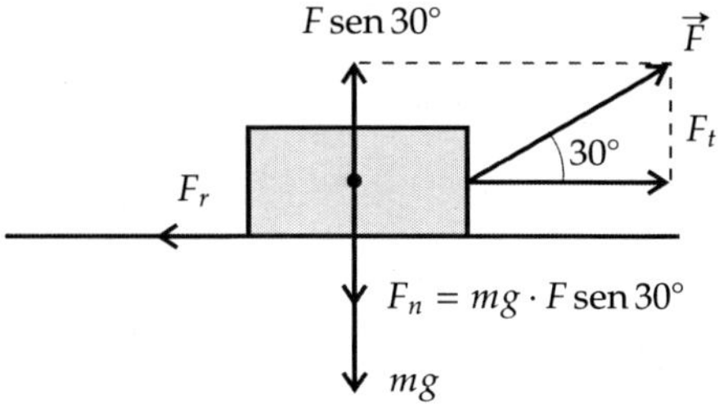

$$F_t = F\cos 30°$$

$$F_r = \mu(mg - F\,\text{sen}\,30°)$$

Para que el movimiento sea uniforme se ha de cumplir $F_t = F_r$, por lo que

$$F\cos 30° = \mu mg - \mu F\,\text{sen}\,30° \quad \Rightarrow \quad F(\cos 30° + \mu\ \text{sen}\,30°) = \mu\text{mg}$$

$$F = \frac{\mu mg}{\cos 30^o + \mu\ sen30^o} = \frac{0{,}1\ \cdot\ 60\ \cdot 9{,}8}{0{,}866 + 0{,}05} = 64{,}19\ \text{N} \quad ◀$$

b) $$W = \vec{F}\cdot\vec{s} = F\,s\cos 30° = F_t\,s = 56{,}72\cdot 20 = 1134{,}5\ \text{J} \quad ◀$$

4.9 Una partícula de 2 kg de masa se mueve bajo la acción de una fuerza dada por $\vec{F} = 2(3x+y)\vec{\imath}+2(x+4yz)\vec{\jmath}+4y^2\vec{k}$ donde la fuerza se mide en newtons y las coordenadas en metros. a) Comprobar que se trata de una fuerza conservativa; b) si cuando pasa por el punto $(3, 2, 1)$ m tiene una velocidad de 5 m/s, ¿cuál será su velocidad cuando pase por el punto $(2, 3, 5)$ m?

a) Si F es conservativa se ha de cumplir rot $\vec{F} = 0$

$$\text{rot}\ \vec{F} = \vec{\nabla}\times\vec{F} = \begin{vmatrix} \vec{\imath} & \vec{\jmath} & \vec{k} \\ \dfrac{\partial}{\partial x} & \dfrac{\partial}{\partial y} & \dfrac{\partial}{\partial z} \\ F_x & F_y & F_z \end{vmatrix} = \left(\frac{\partial F_z}{\partial y} - \frac{\partial F_y}{\partial z}\right)\vec{\imath} - \left(\frac{\partial F_z}{\partial x} - \frac{\partial F_x}{\partial z}\right)\vec{\jmath} + \left(\frac{\partial F_y}{\partial x} - \frac{\partial F_x}{\partial y}\right)\vec{k} =$$

$$= (8y - 8y)\,\vec{\imath} - (0 - 0)\,\vec{\jmath} + (2 - 2)\,\vec{k} = 0 \quad ◀$$

La fuerza F es, por tanto, conservativa. Existirá, por tanto, una función potencial, U, tal que

$$\vec{F} = -\text{grad}\ U = -\nabla U = -\frac{\partial U}{\partial x}\vec{\imath} - \frac{\partial U}{\partial y}\vec{\jmath} - \frac{\partial U}{\partial z}\vec{k}$$

$$\begin{cases} 2\,(3x+y) = -\dfrac{\partial U}{\partial x} & (1) \\ 2\,(x+4yz) = -\dfrac{\partial U}{\partial y} & (2) \\ 4y^2 = -\dfrac{\partial U}{\partial z} & (3) \end{cases}$$

Integrando la ecuación (1) se tiene

$$U = -\int 2\,(3x+y)\,dx = -3x^2 - 2xy + f_1\,(z) + c_1$$

Identificamos la función $f_1\,(y)$ derivando la ecuación respecto a y:

$$\frac{\partial U}{\partial y} = -2x + \frac{df_1\,(y)}{dy},$$

que podemos igualar a la componente F_y cambiada de signo:

$$-2x + \frac{df_1\,(y)}{dy} = -2x - 8yz \rightarrow f_1\,(y) = -\int 8yzdy = -4y^2z + c_2$$

Igualmente:

$$\frac{\partial U}{\partial z} = -4y^2 + \frac{df_2\,(z)}{dz},$$

que igualando a $-F_z$:

$$-4y^2 + \frac{df_2\,(z)}{dz} = -4y^2 \rightarrow \frac{df_2\,(z)}{dz} = 0;\, f_2\,(z) = c_3$$

$$U = -3x^2 - 2xy - 4y^2z + c$$

donde

$$c = c_1 + c_2 + c_3 \quad \blacktriangleleft$$

b) Aplicando el principio de conservación de la energía mecánica se puede escribir

$$E_{c_1} + U_1 = E_{c_2} + U_2 \quad \rightarrow \quad E_{c_2} = E_{c_1} + U_1 - U_2$$

donde:

$$E_{c1} = \frac{1}{2}mv^2 = \frac{1}{2}\cdot 2\cdot 5^2 = 25\ \mathrm{J}$$

$$U_1 = -3\cdot 9 - 2\cdot 3\cdot 2 - 4\cdot 4\cdot 1 = -55\ \mathrm{J}$$

$$U_2 = -3 \cdot 4 - 2 \cdot 2 \cdot 3 - 4 \cdot 9 \cdot 5 = -204\,\text{J}$$

$$E_{c2} = E_{c1} + U_1 - U_2 = 25 + (-55) - (-204) = 174\,\text{J}$$

$$\frac{1}{2} \cdot 2 \cdot v_2^2 = 174 \quad \rightarrow \quad v_2^2 = 174 \quad \rightarrow \quad v_2 = 13{,}19\,\text{m/s} \quad ◄$$

4.10 Un bloque de 50 kg es empujado una distancia de 6 m hacia arriba, en un plano inclinado 30°, por una fuerza de 50 kp paralela al plano. El coeficiente de rozamiento es 0,2. Calcular: a) el trabajo realizado por el agente exterior que ejerce la fuerza de 50 kp; b) el aumento de la energía potencial; c) el trabajo realizado contra las fuerzas de rozamiento; d) el aumento de la energía cinética del bloque.

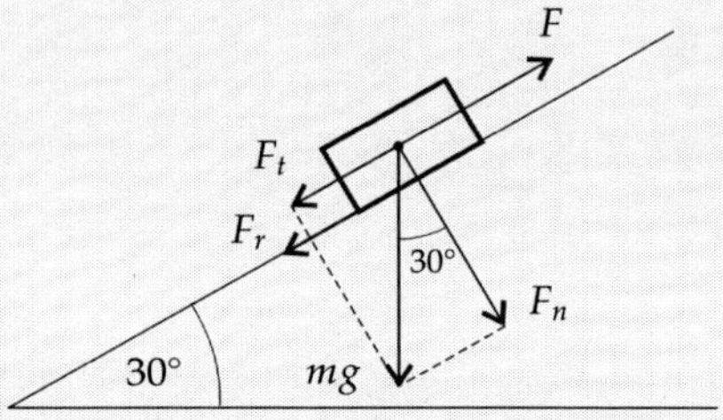

a) $$W = F\,s = mgs = 50 \cdot 9{,}8 \cdot 6 = 2940\,\text{J} \quad ◄$$

b) $$\Delta E_p = mg\Delta h = mg\,s\,\text{sen}\,30° = 50 \cdot 9{,}8 \cdot 6 \cdot 0{,}5 = 1470\,\text{J} \quad ◄$$

c) $$W_r = F_r \cdot s = \mu mg\,\cos 30° s = 0{,}2 \cdot 50 \cdot 9{,}8 \cdot \frac{\sqrt{3}}{2} \cdot 6 = 509\,\text{J} \quad ◄$$

d) $$W = W_r + \Delta E_p + \Delta E_c$$

$$\Delta E_c = W - W_r - \Delta E_p = 2940 - 509 - 1470 = 961\,\text{J} \quad ◄$$

4.11 El motor de un automóvil desarrolla una potencia de 20 CV cuando el vehículo lleva una velocidad constante de 50 km/h por una carretera sin pendiente. a) Despreciando el rozamiento ofrecido por el suelo al avance, ¿cuál es la resistencia del aire? b) Si la fuerza resistente es proporcional al cuadrado de la velocidad, ¿qué potencia desarrollará el automóvil cuando lleve velocidades de 25 km/h y 100 km/h?

a) Pasando las unidades al S.I.

$v = 50\,\text{km/h} = 13{,}9\,\text{ms}^{-1}$; $\quad P = 20\,\text{CV} = 20{\cdot}75\,\text{kpm/s} = 20{\cdot}75{\cdot}9{,}8\,\text{Nms}^{-1} = 14700\,\text{Js}^{-1}$

Como $P = F \cdot v$

$$F = \frac{P}{v} = \frac{14700}{13{,}9} = 1057{,}5\,\text{N} \quad ◄$$

Como las fuerzas resistentes son proporcionales al cuadrado de la velocidad

$$\frac{F_1}{F} = \frac{v_1^2}{v^2} F_1 = F\frac{v_1^2}{v^2} = 1057{,}5\frac{25^2}{50^2} = 264{,}37 \text{ N}$$

y su potencia

$$P_1 = F_1 \cdot v_1 = 264{,}37\, siN \cdot 6{,}9 \text{ m/s} = 1824{,}1 \text{ J/s} = 186{,}3 \text{ Kpm/s} \approx 2{,}5 \text{ CV} \quad ◀$$

Para la fuerza 2,

$$\frac{F_2}{F} = \frac{v_2^2}{v^2} F_2 = F\frac{v_2^2}{v^2} = 1057{,}5\frac{100^2}{50^2} = 4230 \text{ N}$$

$$P_2 = F_2 \cdot v_2 = 4230 \text{ N} \cdot 27{,}8 \text{ m/s} = 117585{,}1 \text{ J/s} \approx 150 \text{ CV} \quad ◀$$

4.12 Un bloque de 8 kg de masa desliza, por acción de su peso, sobre un aro circular de 5 m de radio situado en su plano vertical como se indica en la figura. Si la fuerza de rozamiento viene dada por $F_r = 3\cos\alpha$, determinar: a) el trabajo realizado por las fuerzas que actúan sobre dicho bloque cuando α aumenta de 30° a 90°; b) la velocidad con que llega el bloque a la posición $\alpha = 90°$ si partió de reposo en la posición $\alpha = 30°$.

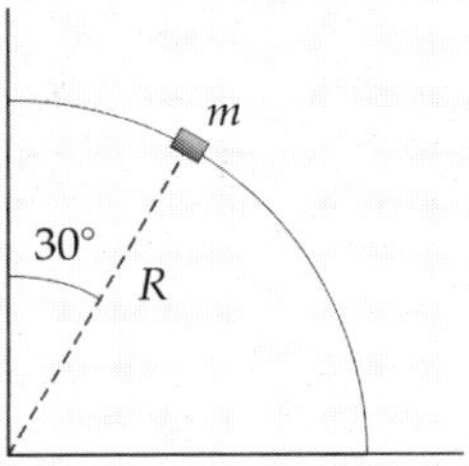

a) Si observamos el diagrama de fuerzas de la figura, se deduce que sólo producen trabajo las fuerzas F_t y F_r, ya que las fuerzas normal y centrífuga son perpendiculares a la trayectoria. Por consiguiente, el trabajo elemental será

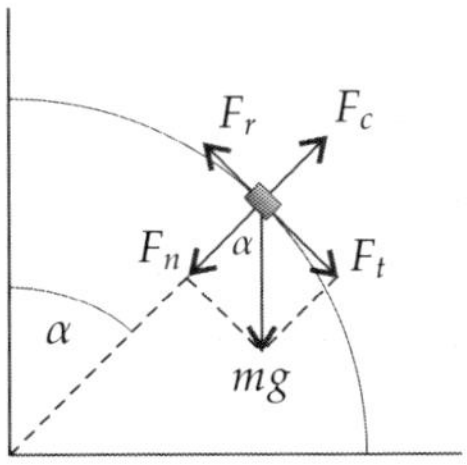

$$dW = (\vec{F_t} + \vec{F_r}) \cdot d\vec{r} = F_t ds - F_r ds = F_t R d\alpha - F_r R d\alpha$$

y el trabajo total realizado al pasar de una posición a otra

$$W_1^2 = \int_1^2 mgR \text{ sen } \alpha\, d\alpha - \int_1^2 3R\cos\,\alpha\, d\alpha = mgR\,[-\cos\,\alpha]_{30}^{90} - 3R\,[\text{sen }\alpha]_{30}^{90} =$$

$$= \frac{\sqrt{3}}{2}mgR - \frac{3}{2}R = \frac{1}{2}R\left(\sqrt{3}mg - 3\right) = 0{,}5 \cdot 5\left(\sqrt{3} \cdot 8 \cdot 9{,}8 - 3\right) = 332 \text{ J} \quad ◀$$

b) El trabajo realizado por las fuerzas sobre el bloque se invierte en incrementar la energía cinética de éste:

$$W_1^2 = \frac{1}{2}mv^2 \quad \Rightarrow \quad v = \sqrt{\frac{2W_1^2}{m}} = \sqrt{\frac{664}{8}} = 9{,}1 \text{ m/s} \quad ◀$$

4.13 Un automóvil de masa $M = 1000$ kg, marcha con movimiento uniforme por una carretera en cuesta, elevándose 10 m por cada km recorrido. Calcular cuánto más será el gasto de combustible en este caso que cuando el automóvil se mueve con la misma velocidad por una carretera horizontal, suponiendo que se recorren 100 km. El calor de combustión de la gasolina es $Q = 4{,}6 \cdot 10^7$ J/kg y el rendimiento del motor $\eta = 10\,\%$.

En el tramo horizontal de carretera, la energía del motor sólo se invierte en trabajo contra las fuerzas de resistencia al movimiento del automóvil (resistencia del aire, rozamiento de las ruedas con la carretera y en los ejes). Si F_r es dicha fuerza resultante y m_1 la masa de gasolina consumida en el tramo horizontal, se puede escribir:

$$m_1 Q\eta = F_r \cdot s$$

siendo "s" la longitud recorrida. Como en la subida la velocidad del automóvil es la misma, la fuerza de rozamiento no varía, pero ahora, a expensas de la energía del motor, aumentará la energía potencial del automóvil. Por lo que, aplicando el principio de conservación de la energía en 100 km de subida, se tendrá:

$$m_2 Q\eta = F_r \cdot s + mgh$$

restando de ésta la anterior

$$(m_2 - m_1)\, Q\eta = mgh$$

$$\Delta m = m_2 - m_1 = \frac{mgh}{Q\eta} = \frac{10^3\ \text{kg} \cdot 9{,}8\ \text{m/s}^2 \cdot 10^3\ \text{m}}{4{,}6 \cdot 10^7\ \text{J/kg} \cdot 0{,}1} = 2{,}13\ \text{kg} \quad ◂$$

4.14 Calcular el trabajo necesario para trasladar una partícula desde el punto (2, 4, 0) m hasta el punto (5, 10, 0) m dentro de un campo de fuerzas expresado en newtons y dado por $\vec{F} = 3x^2\vec{\imath} - 7xy^2\vec{\jmath} + 2y^2z^2\vec{k}$, a través de las siguientes trayectorias: a) siguiendo los ejes de coordenadas; b) según la recta que une ambos puntos.

Si el campo de fuerzas no es conservativo, el trabajo realizado dependerá del camino seguido.

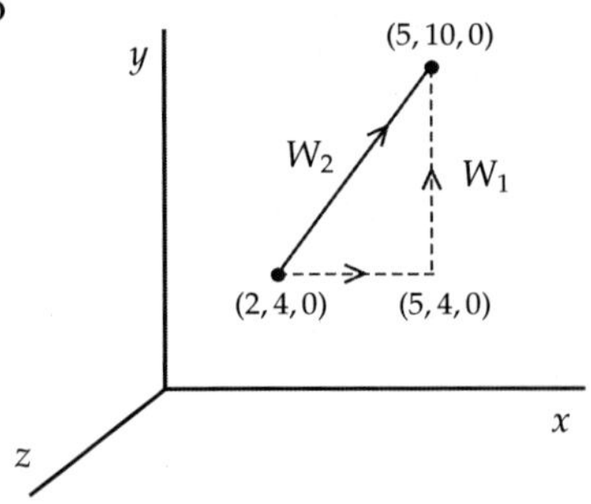

a) Siguiendo los ejes de coordenadas, se tiene:

$$W_1 = \int_{(2,4,0)}^{(5,4,0)} \vec{F} \cdot d\vec{r} + \int_{(5,4,0)}^{(5,10,0)} \vec{F} \cdot d\vec{r}$$

Como de (2, 4 0) a (5, 4, 0) es y = cte, y de (5, 4, 0) a (5, 10, 0) es x = cte, podemos escribir:

$$W_1 = \int_2^5 F_x\, dx + \int_4^{10} F_y\, dy = \int_2^5 3x^2\, dx + \int_4^{10} -7xy^2\, dy =$$

$$= 3\left[\frac{x^3}{3}\right]_2^5 - 35\left[\frac{y^3}{3}\right]_4^{10} = 117 - 10920 = -10803 \text{ J} \quad ◀$$

El signo (−) indica que es un trabajo recibido por el campo; un trabajo realizado contra las fuerzas del campo.

b) La recta que une ambos puntos es:

$$\frac{y - y_1}{x - x_1} = \frac{y_2 - y_1}{x_2 - x_1}; \quad \frac{y-4}{x-2} = \frac{10-4}{5-2} \quad \Rightarrow \quad y = 2x; \quad dy = 2dx$$

y al trabajo siguiendo este camino será:

$$W_2 = \int_{(2,4,0)}^{(5,10,0)} \vec{F} \cdot d\vec{r} = \int_{(2,4,0)}^{(5,10,0)} (3x^2dx - 7xy^2dy + 2y^2z^2dz)$$

y como $z = 0$, resulta:

$$W_2 = \int_2^5 (3x^2dx - 7x(2x)^2 \cdot 2dx) = \int_2^5 3x^2dx - \int_2^5 56x^3dx =$$

$$= \left[x^3\right]_2^5 - 14\left[x^4\right]_2^5 = -8409 \text{ J} \quad ◀$$

Como vemos, el trabajo desarrollado depende del camino seguido. Se trata de un campo no conservativo y por consiguiente su rotacional no será cero. En efecto

$$\text{rot}\, \vec{F} = \vec{\nabla}\, x\, \vec{F} = \begin{vmatrix} \vec{\imath} & \vec{\jmath} & \vec{k} \\ \dfrac{\partial}{\partial x} & \dfrac{\partial}{\partial y} & \dfrac{\partial}{\partial z} \\ 3x^2 & -7xy^2 & 2y^2z^2 \end{vmatrix} = 4yz^2\vec{\imath} + 7y^2\vec{k} \neq 0$$

4.15 Una partícula de masa 0,5 kg, sujeta al extremo de una cuerda de 1 m de longitud, gira describiendo una circunferencia vertical alrededor de un punto fijo que es el otro extremo de la cuerda. Si la velocidad de la partícula en el punto más alto de su trayectoria es v_1 = 4 m/s, calcular: a) la velocidad v_2 en el punto más bajo de la trayectoria; b) la tensión de la cuerda en ambos puntos.

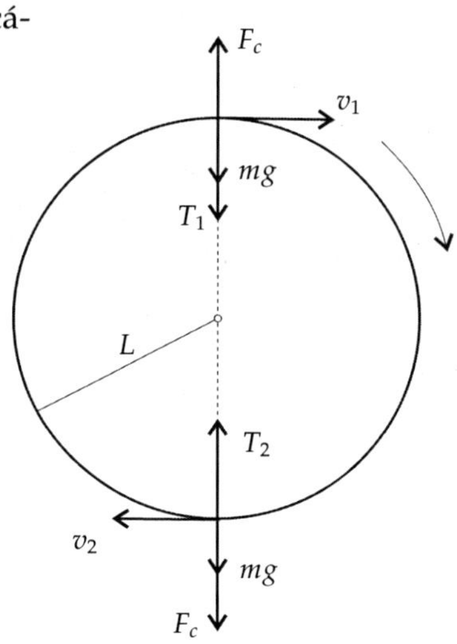

a) Por el principio de conservación de la energía mecánica entre los puntos 1 y 2, se tiene:

$$\frac{1}{2}mv_1^2 + mg2L = \frac{1}{2}mv_2^2 \quad \rightarrow \quad v_2^2 = v_1^2 + 4gL$$

$$v_2 = \sqrt{16 + 4 \cdot 9{,}8 \cdot 1} = 7{,}42\ \mathrm{m/s} \quad ◄$$

b) En el punto 1:

$$T_1 + mg = m\frac{v_1^2}{L}$$

$$T_1 = m\left(\frac{v_1^2}{L} - g\right) = 0{,}5\left(\frac{16}{1} - 9{,}8\right) = 3{,}1\ \mathrm{N} \quad ◄$$

y en el punto 2:

$$T_2 = mg + m\frac{v_2^2}{L} = m\left(\frac{v_2^2}{L} + g\right) = 0{,}5\,(54{,}9 + 9{,}8) = 32{,}35\,\mathrm{N} \quad ◄$$

4.16 Una masa de 5 kg está sometida a una fuerza dada por la expresión $\vec{F} = -2x\vec{\imath} - 2y\vec{\jmath}$ (Newton). a) Comprobar si es o no una fuerza conservativa; b) calcular el trabajo necesario para trasladar la masa del punto $A(3,1)$ al punto $B(2,4)$ (metros); c) si llega a B con velocidad nula, ¿cuál es su velocidad en A?

a) Será conservativo si su rotacional es nulo, como así ocurre:

$$\mathrm{rot}\,\vec{F} = \vec{\nabla}\,x\vec{F} = \begin{vmatrix} \vec{\imath} & \vec{\jmath} & \vec{k} \\ \dfrac{\partial}{\partial x} & \dfrac{\partial}{\partial y} & \dfrac{\partial}{\partial z} \\ -2x & -2y & 0 \end{vmatrix} = 0$$

b) Al ser conservativo, el trabajo es independiente del camino seguido, sólo depende de los puntos A y B.

$$W_A^B = \int_A^B \vec{F} \cdot d\vec{r} = \int_A^B (-2x\vec{\imath} - 2y\vec{\jmath}) \cdot (dx\vec{\imath} + dy\vec{\jmath}) = -\int_A^B 2xdx - \int_A^B 2ydy =$$

$$= -2\int_3^2 xdx - 2\int_1^4 ydy = -2\left[\frac{x^2}{2}\right]_3^2 - 2\left[\frac{y^2}{2}\right]_1^4 = -(4-9) - (16-1) = -10\,\mathrm{J} \quad ◄$$

c) Aplicando el teorema del trabajo y energía cinética, se tiene

$$W_A^B = \Delta E_c = E_{c_B} - E_{c_A} \quad \Rightarrow \quad -10 = 0 - \frac{1}{2} m v_A^2$$

$$v_A = \sqrt{\frac{20}{5}} = \sqrt{4} = 2 \text{ m/s} \quad ◀$$

4.17 Un péndulo simple, de masa m y longitud l, se desplaza 90° de su posición vertical y a continuación se abandona partiendo del reposo. ¿Para qué ángulo con la vertical la tensión del hilo es igual al peso?

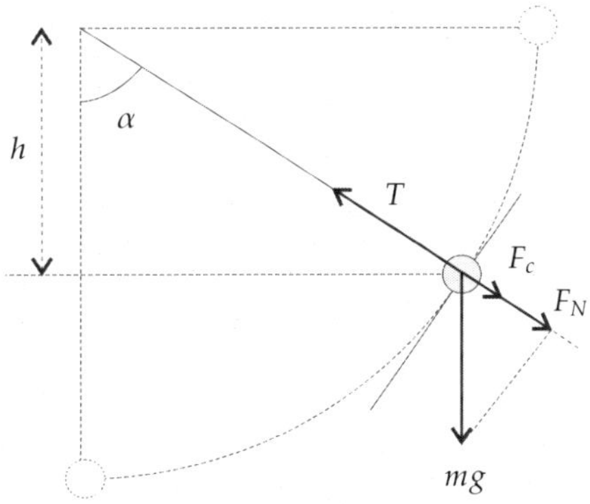

En la posición que se pide, se ha de cumplir:

$$F_n + F_c = mg \quad \longrightarrow \quad mg \cos\alpha + m\frac{v^2}{l} = mg \quad \longrightarrow$$

$$\frac{v^2}{l} = g\,(1 - \cos\alpha) \qquad (1)$$

A su vez, por el principio de conservación de la energía mecánica, la v^2 vale

$$mgh = \frac{1}{2} m v^2 \quad \longrightarrow \quad mgl \cos\alpha = \frac{1}{2} m v^2 \quad \longrightarrow$$

$$v^2 = 2gl \cos\alpha$$

por lo que la (1) se transforma en:

$$2g \cos\alpha = g\,(1 - \cos\alpha) \quad \longrightarrow \quad 2\cos\alpha = 1 - \cos\alpha \quad \longrightarrow \quad 3\cos\alpha = 1$$

$$\cos\alpha = \frac{1}{3} \qquad \alpha = arc\ \cos\frac{1}{3} = 70{,}3° \quad ◀$$

4.18 En un campo de fuerzas dado por $F = k(x^2\,\vec{i} + y^2\,\vec{j})$ se mueve una partícula desde el punto (2, 1) al punto (3, 4). Se pide: a) naturaleza del campo; b) trabajo necesario para trasladar la partícula, si $k = 5$ N/m^2; c) campo escalar del que deriva este campo de fuerzas.

a) Si el campo es conservativo su rotacional será cero:

$$\mathrm{rot}\,\vec{F} = \vec{\nabla}\, x\vec{F} = \begin{vmatrix} \vec{i} & \vec{j} & \vec{k} \\ \dfrac{\partial}{\partial x} & \dfrac{\partial}{\partial y} & \dfrac{\partial}{\partial z} \\ kx^2 & ky^2 & 0 \end{vmatrix} = 0$$

El campo es irrotacional y, por tanto, conservativo.

b) $$W = \int_{(2,1)}^{(3,4)} \vec{F}\cdot d\vec{r} = \int_{(2,1)}^{(3,4)} (Fx\, dx + Fy\, dy) = \int_2^3 kx^2 dx + \int_2^3 ky^2 dy =$$

$$= k\left(\left[\frac{x^3}{3}\right]_2^3 + \left[\frac{y^3}{3}\right]_1^4\right) = 5\left(\frac{27-8}{3} + \frac{64-1}{3}\right) = 136{,}66 \text{ J} \quad ◄$$

c) Si el campo es conservativo deriva de una función potencial $U = U(x,y,z)$; función escalar que nos define un campo escalar de energías potenciales, en el que se cumple $\vec{F} = -\mathrm{grad}\, U$, por lo que se puede escribir

$$\vec{F}\cdot d\vec{r} = -\mathrm{grad}\, U \cdot d\vec{r} = -dU,$$

y de aquí

$$U = -\int \vec{F}\cdot d\vec{r} = -\int (F_x\, dx + F_y\, dy) = -\int (kx^2dx + ky^2dy) = -\left(k\frac{x^3}{3} + k\frac{y^3}{3}\right) + C$$

$$U = -\frac{k}{3}(x^3 + y^3) + C \quad ◄$$

4.19 Un trineo, que inicialmente está parado en A, resbala y baja por un camino inclinado un ángulo α respecto a la horizontal BC, como se muestra en la figura. Determinar el punto C en que se parará siendo conocidos la longitud $AB = s$, el coeficiente de rozamiento μ y el ángulo α.

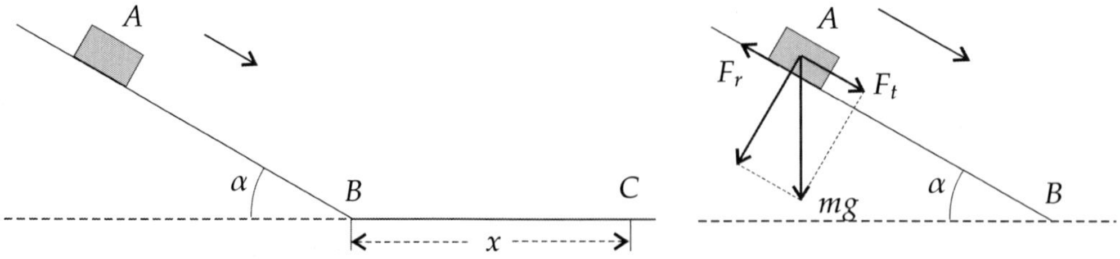

En el tramo AB la energía potencial se transforma en energía cinética y en trabajo de rozamiento. Podemos poner

$$mgh = F_r \cdot s + \frac{1}{2}mv^2$$

$$\frac{1}{2}mv^2 = mgh - F_r \cdot s = mgs \cdot \operatorname{sen}\alpha - \mu mg\cos\alpha \cdot s$$

En el tramo horizontal BC, esta energía cinética se disipa en forma de trabajo de rozamiento

$$\cancel{mg}\ s \cdot \operatorname{sen}\alpha - \mu\ \cancel{mg}\ \cos\alpha \cdot s = \mu\ \cancel{mg}\ x \quad \rightarrow \quad s(\operatorname{sen}\alpha - \mu\cos\alpha) = \mu x$$

$$x = \frac{s}{\mu}(\operatorname{sen}\ \alpha - \mu\cos\alpha) \quad ◄$$

4.20 En un campo de fuerzas conservativo la energía potencial viene dada por

$$U = 3x + \frac{y^2}{x} - 3yz + 35$$

expresada en el S.I. Calcular: a) la fuerza que actúa sobre una partícula colocada en el punto A (1, 2, 1) m; b) el trabajo realizado por el campo cuando la partícula se desplaza del punto A al punto B (−1, 3, 2) m.

a)
$$\vec{F} = -\text{grad}\ U = -\left(\frac{\partial U}{\partial x}\vec{\imath} + \frac{\partial U}{\partial y}\vec{\jmath} + \frac{\partial U}{\partial z}\vec{k}\right)$$

$$F_x = -\frac{\partial U}{\partial x} = -\left(3 - \frac{y^2}{x^2}\right) = \frac{y^2}{x^2} - 3$$

$$F_y = -\frac{\partial U}{\partial y} = -\left(\frac{2y}{x} - 3z\right) = 3z - \frac{2y}{x}$$

$$F_z = -\frac{\partial U}{\partial z} = -(-3y) = 3y$$

Por tanto la fuerza en un punto cualquiera del campo viene dada por

$$\vec{F} = \left(\frac{y^2}{x^2} - 3\right)\vec{\imath} + \left(3z - \frac{2y}{x}\right)\vec{\jmath} + 3y\vec{k}$$

y en el punto A (1, 2, 1), vale:

$$\vec{F} = \vec{\imath} - \vec{\jmath} + 6\vec{k} \quad ◄$$

b)
$$W_A^B = -\Delta U = -(U_B - U_A)$$
$$U_B = -3 - 9 - 18 + 35 = 5\ \mathrm{J}$$
$$U_A = 3 + 4 - 6 + 35 = 36\ \mathrm{J}$$
$$W_A^B = -(5 - 36) = 31\ \mathrm{J} \quad \blacktriangleleft$$

4.21 La cinta transportadora de la figura se mueve con una velocidad constante v_0 y descarga los paquetes sobre la rampa AB. El coeficiente de rozamiento entre los paquetes y la rampa es de 0,30. Sabiendo que los paquetes deben alcanzar en B una velocidad de 4 m/s, determinar la velocidad v_0 requerida en la cinta transportadora.

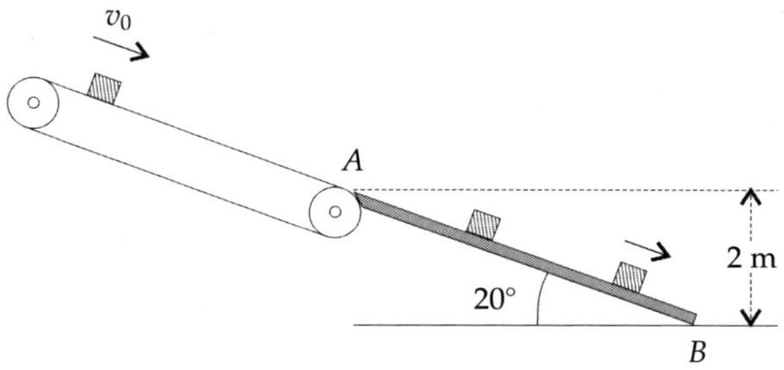

Aplicando el principio de conservación de la energía mecánica entre los puntos A y B se tiene

$$\frac{1}{2}mv_0^2 + mgh = \frac{1}{2}mv_B^2 + W_r$$

$$\frac{1}{2}mv_0^2 + mgh = \frac{1}{2}mv_B^2 + \mu\,(mg\cos 20)\ s$$

$$\frac{1}{2}v_0^2 = \frac{1}{2}v_B^2 - gh + \mu_c\,(g\cos 20)\,\frac{h}{\mathrm{sen}\,20} \quad \rightarrow \quad v_0^2 = v_B^2 + 2gh\,(\mu_c\,\mathrm{ctg}\,20 - 1)$$

y sustituyendo

$$v_0^2 = 16 + 2\cdot 9{,}8\cdot 2\,(0{,}3\cdot 2{,}75 - 1) = 16 - 6{,}86 = 9{,}14$$

$$v_0 = 3{,}02\ \mathrm{ms}^{-1} \quad \blacktriangleleft$$

4.22 Una partícula se mueve bajo la acción del campo $\vec{F} = (2xy + z^3)\vec{\imath} + x^2\vec{\jmath} + 3xz^2\vec{k}$, donde las coordenadas se miden en metros y la fuerza en newton. Determinar: a) si es o no conservativo, y en su caso, el campo de energía potencial del que deriva; b) el trabajo que tenemos que realizar para llevar la partícula desde el punto (2, 1, 3) al (0, 0, 0).

a) Para que el campo sea conservativo su rotacional debe ser cero

$$\text{rot } \vec{F} = \vec{\nabla}\, x \vec{F} = \begin{vmatrix} \vec{\imath} & \vec{\jmath} & \vec{k} \\ \dfrac{\partial}{\partial x} & \dfrac{\partial}{\partial y} & \dfrac{\partial}{\partial z} \\ 2xy + z^3 & x^2 & 3xz^2 \end{vmatrix} =$$

$$= \left[\frac{\partial 3xz^2}{\partial y} - \frac{\partial x^2}{\partial z}\right]\vec{\imath} - \left[\frac{\partial 3xz^2}{\partial x} - \frac{\partial(2xy + z^3)}{\partial z}\right]\vec{\jmath} + \left[\frac{\partial x^2}{\partial x} - \frac{\partial(2xy + z^2)}{\partial y}\right]\vec{k} =$$

$$= 0 - (3z^2 - 3z^2)\vec{\jmath} + (2x - 2x)\vec{k} = 0$$

Al ser el campo de fuerzas conservativo, deriva de un campo escalar de energías potenciales, con lo que se puede establecer la correspondencia

$$\vec{F} = -\text{grad } U$$

de donde

$$\vec{F} \cdot d\vec{r} d\vec{r} = -\text{grad } U \cdot d\vec{r} = -dU$$

y de aquí

$$U = -\int \vec{F} \cdot d\vec{r} = -\int (F_x dx + F_y dy + F_z dz) = -\int \left[(2xy + z^3)dx + x^2 dy + 3xz^2 dz\right] =$$

$$= -\left[x^2 y + z^3 x + x^2 y + xz^3\right] + C = -\left[2x^2 y + 2xz^3\right] + C$$

$$U = -(x^2 y + xz^3) + C \quad \blacktriangleleft$$

Otro procedimiento más laborioso es:

$$\vec{F} = -\text{grad } U = -\vec{\nabla} U = -\left(\frac{\partial U}{\partial x}\vec{\imath} + \frac{\partial U}{\partial y}\vec{\jmath} + \frac{\partial U}{\partial z}\vec{k}\right)$$

que teniendo en cuenta las componentes rectangulares de $\vec{F}$ se puede escribir

$$2xy + z^3 = -\frac{\partial U}{\partial x}; \quad x^2 = -\frac{\partial U}{\partial y}; \quad 3xz^2 = -\frac{\partial U}{\partial z}$$

Integrando la primera de estas ecuaciones respecto a x, se tiene

$$U = -\int (2xy + z^3)dx = -(x^2 y + xz^3) + f(y) + f(z) + C_1 \qquad (1)$$

Ahora derivamos la ecuación (1) respecto a y para identificar $f(y)$:

$$\frac{\partial U}{\partial y} = -x^2 + \frac{df(y)}{dy}$$

que al igualar a la componente F_y cambiada de signo, nos da

$$-x^2 = -x^2 + \frac{df(y)}{dy}$$

se deduce que

$$\frac{df(y)}{dy} = 0 \quad \Rightarrow \quad f(y) = C_2$$

Se repite la misma operación para identificar $f(z)$:

$$\frac{\partial U}{\partial z} = -(3xz^2) + \frac{df(z)}{dz}$$

e igualando a la componente F_z cambiada de signo se tiene:

$$-3xz^2 = -3xz^2 + \frac{df(z)}{dz} \quad \Rightarrow \quad \frac{df(z)}{dz} = 0 \quad \Rightarrow \quad f(z) = C_3$$

La ecuación (1) podemos escribirla por tanto en la forma

$$U = -(x^2y + xz^3) + C \quad \blacktriangleleft$$

donde $C = C_1 + C_2 + C_3$.

b) El trabajo realizado por una fuerza conservativa viene dado por

$$W_1^2 = \int_1^2 \vec{F} \cdot d\vec{r} = -\int_1^2 \text{grad } U \cdot d\vec{r} = -\int_1^2 dU = -(U_2 - U_1) = U_1 - U_2 =$$
$$= U_{(2,1,3)} - U_{(0,0,0)} = [-(4 \cdot 1 + 2 \cdot 27) + C - C] = -58 \text{ J}$$

El signo (−) significa que es un trabajo recibido por el campo. Por consiguiente, el trabajo que debemos realizar (por ser una fuerza externa al campo) será

$$W = 58 \text{ J} \quad \blacktriangleleft$$

4.23 Desde el pie de un plano inclinado 30° sobre la horizontal se lanza hacia arriba, a lo largo del plano inclinado, un bloque de 3 kg, con una velocidad inicial de 8 m/s. El coeficiente de rozamiento cinético entre el bloque y el plano vale 0,6. a) Calcular la distancia que recorre el bloque sobre el plano. b) ¿Volverá a descender el bloque? En caso afirmativo determínese la velocidad del bloque cuando llegue al pie del plano.

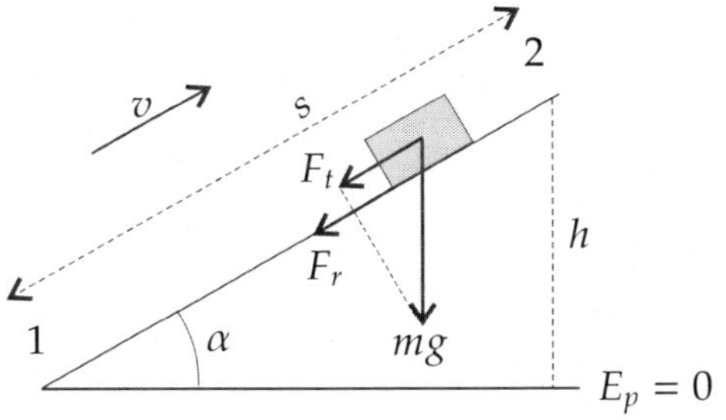

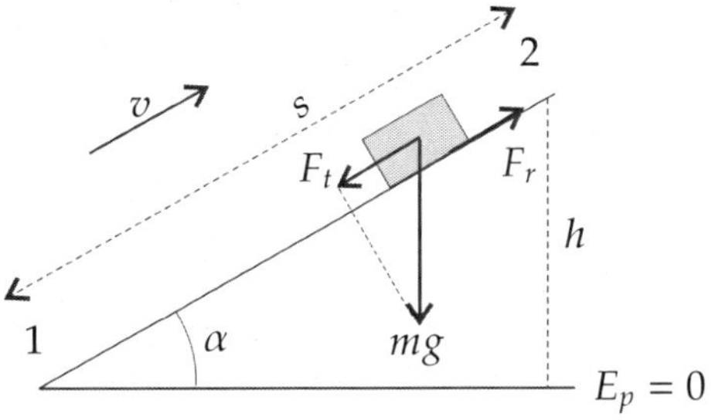

a) Aplicando el principio de conservación de la energía

$$E_{c_1} + E_{p_1} = E_{c_2} + E_{p_2} + W_r$$

con

$$E_{c_1} = \frac{1}{2}mv_1^2; \quad E_{c_2} = 0; \quad W_r = \mu_c mg\cos\alpha \cdot s$$

$$E_{p_1} = 0; \quad E_{p_2} = mgh, \quad \text{donde} \quad h = s \cdot \operatorname{sen}\alpha$$

Por tanto

$$\frac{1}{2}mv_1^2 = mgh + W_r$$

$$\frac{1}{2}mv_1^2 = mgs \cdot \operatorname{sen}\alpha + \mu_c mg\cos\alpha \cdot s \quad \rightarrow \quad \frac{1}{2}v_1^2 = g\,(\operatorname{sen}\alpha + \mu_c\cos\alpha)\,s$$

de donde

$$s = \frac{v_1^2}{2g\,(\operatorname{sen}\alpha + \mu_c\cos\alpha)} = \frac{64}{2 \cdot 9{,}8\,(0{,}5 + 0{,}6 \cdot 0{,}866)} = 3{,}2 \text{ m} \quad ◂$$

b) La componente tangencial del peso y la fuerza de rozamiento valen

$$F_t = m\,g \cdot \text{sen } 30; \quad F_r = \mu_e m\,g\cos 30$$

En nuestro ejemplo, aun con el coeficiente de rozamiento dinámico, se cumple que $\mu_c \cos 30 > \operatorname{sen} 30$ pues $0{,}52 > 0{,}5$.

Luego no baja. ◂

4.24 Una partícula que está sometida a una fuerza atractiva conservativa que varía en razón inversa al cuadrado de la distancia,

$$\vec{F} = -\frac{k}{r^2}\,\vec{u_r},$$

se mueve en una trayectoria circular de radio r. Demostrar: a) que su velocidad es $v = (k/mr)^{1/2}$; b) que su energía mecánica vale $E = -k/2r$.

a) Como la partícula se mueve sobre una circunferencia de radio r, la fuerza centrípeta o normal tiene por módulo $F = \dfrac{k}{r^2}$:

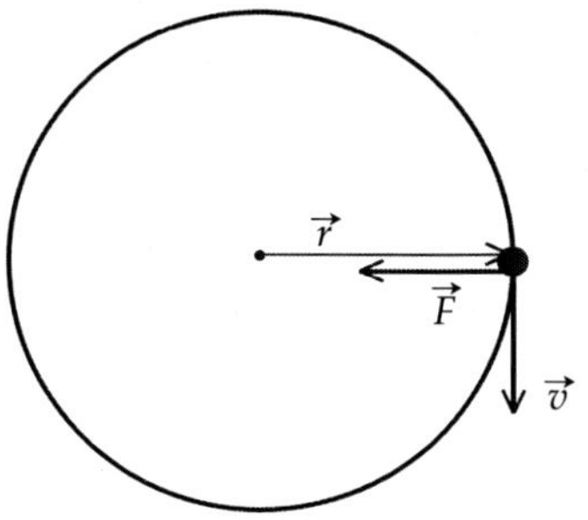

$$F = m\frac{v^2}{r} = \frac{k}{r^2} \quad \Rightarrow \quad v^2 = \frac{k}{mv}$$

$$v = \sqrt{\frac{k}{m\,r}} \quad ◄$$

b) La energía mecánica de la partícula viene dada por

$$E = E_c + E_p$$

donde

$$E_c = \frac{1}{2}mv^2 = \frac{1}{2}m\frac{k}{mr} = \frac{k}{2r}$$

$$E_p = -\int_{\infty}^{r} \vec{F}\cdot d\vec{r} = -\int_{\infty}^{r}\left(-\frac{k}{r^2}\vec{u_r}\right)\cdot d\vec{r} = \int_{\infty}^{r}\frac{k}{r^2}\cdot dr = k\int_{\infty}^{r}\frac{dr}{r^2} = k\left[-\frac{1}{r}\right]_{\infty}^{r} = -\frac{k}{r}$$

Por tanto:

$$E = E_c + E_p = \frac{1}{2}\frac{k}{r} - \frac{k}{r} = -\frac{k}{2r} \quad ◄$$

4.25 Se lanza un proyectil de 1 kg con velocidad de 60 m/s formando un ángulo de 30° sobre la horizontal. Calcular: a) la energía mecánica total; b) el valor mínimo de la energía cinética y en qué punto se dará; c) la energía potencial máxima del proyectil durante el vuelo; d) la altura máxima alcanzada por el proyectil.

a) Al pie del cañón, $h = 0$ y $E_p = 0$

$$E = E_p + E_c = \frac{1}{2}mv_o^2 = 1800\ \text{J} \quad ◄$$

b) La energía cinética vale

$$E_c = \frac{1}{2}mv^2 = \frac{1}{2}m\left(v_x^2 + v_y^2\right)$$

por lo que cuando $v_y = 0$, la energía cinética será mínima:

$$E_{c_{\text{mín}}} = \frac{1}{2}mv_x^2 = \frac{1}{2} \cdot 1 \cdot 52\ \text{m}^2/\text{s}^2 = 1352\ \text{J} \quad ◂$$

que se da en el punto de máxima altura.

c) La energía potencial máxima:

$$E_{p_{\text{máx}}} = E - E_{c_{\text{mín}}} = 1800 - 1352 = 448\ \text{J}$$

y como $E_{P_{\text{máx}}} = mgh$

$$h_{\text{máx}} = \frac{448\ \text{J}}{1\ \text{kg} \cdot 9{,}8\ \text{m/s}^2} = 45{,}71\ \text{m} \quad ◂$$

4.26 Un cuerpo de 100 g se impulsa a lo largo de un plano inclinado 30° con una velocidad de 5 m/s ascendiente por él, hasta pararse. Si $\mu = 0{,}2$, determinar: a) el espacio recorrido hasta pararse; b) el aumento de energía potencial experimentado por el cuerpo y el trabajo desarrollado por las fuerzas de rozamiento.

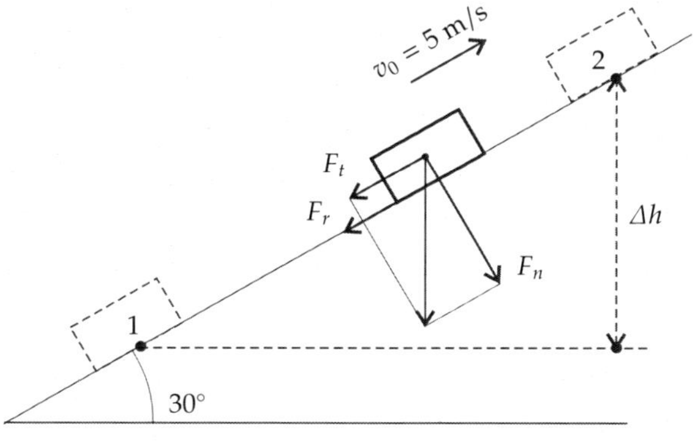

a) Las fuerzas F_t y F_r actúan hacia abajo, produciendo un movimiento uniformemente retardado. La fuerza neta que se opone al movimiento vale:

$$F = F_t + F_r = mg\,\text{sen}\,30° + \mu mg\cos 30° = mg(\text{sen}\,30° + \mu\cos 30°) =$$

$$= 0{,}1 \cdot 9{,}8\,(0{,}5 + 0{,}2 \cdot 0{,}866) = 0{,}659\ \text{N}$$

con lo que la aceleración que produce será

$$a = \frac{F}{m} = \frac{0{,}659}{0{,}1} = 6{,}59 \text{ m/s}^2$$

y aplicando la ecuación $v^2 = v_0^2 - 2as$, cuando $v = 0$, finalmente se obtiene

$$s = \frac{v_0^2}{2a} = \frac{25}{13{,}18} = 1{,}89 \text{ m} \quad \blacktriangleleft$$

b) Un desplazamiento de 1,89 m significa una elevación de

$$\Delta h = s \cdot \text{sen}\, 30° = 1{,}89 \cdot 0{,}5 = 0{,}945 \text{ m}$$

lo que supone un aumento de energía potencial de

$$\Delta E_p = mg\Delta h = 0{,}1 \text{ kg} \cdot 9{,}8 \text{ m/s}^2 \cdot 0{,}945 \text{ m} = 0{,}9261 \text{ J} \quad \blacktriangleleft$$

y un trabajo desarrollado por las fuerzas de rozamiento de

$$W_r = F_r s = 0{,}169 \text{ N} \cdot 1{,}89 \text{ m} = 0{,}32 \text{ J} \quad \blacktriangleleft$$

o bien la diferencia entre la energía cinética perdida y la potencial ganada:

$$W_r = E_c - E_p = 1{,}25 - 0{,}9261 = 0{,}32 \text{ J} \quad \blacktriangleleft$$

4.27 Un péndulo simple OA de longitud l se abandona desde una posición horizontal como se muestra en la figura. Si no hay rozamiento, calcular: a) la velocidad de la lenteja cuando ha recorrido un ángulo de 60° y cuando llega a la vertical en el punto C; b) si hay rozamiento y la velocidad cuando pasa por C es 0,9 la que tendría sin rozamiento, calcular la altura alcanzada respecto al punto C si desde este punto se prescinde del rozamiento. Datos: $m = 2$ kg; $l = 1$ m.

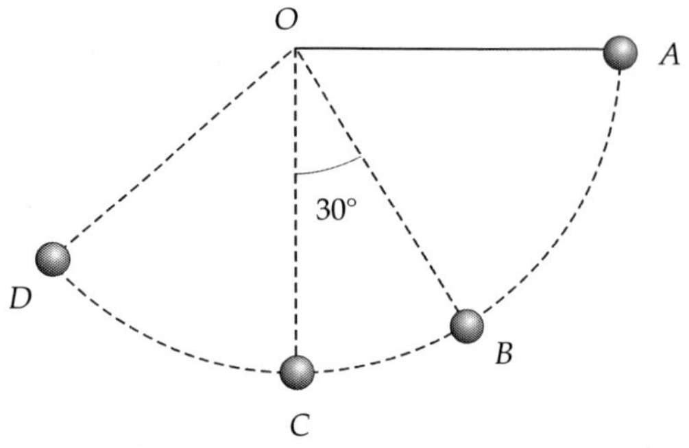

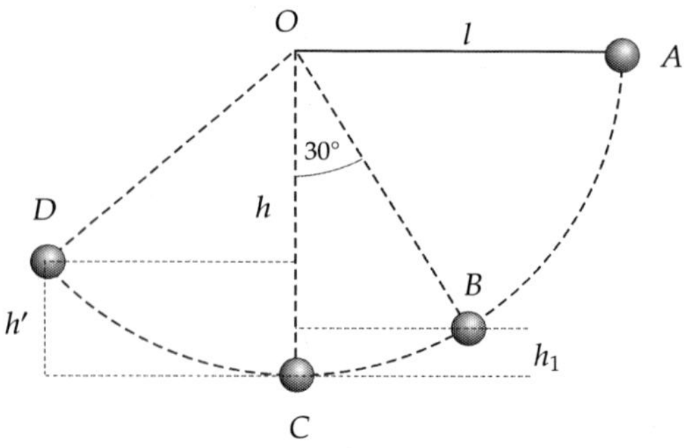

Tomando como nivel de referencia o nivel cero de energía potencial la que tiene el péndulo en la posición C, y aplicando el principio de conservación de la energía mecánica se tiene:

a) Entre las posiciones A y B:

$$\not{m}\, gl = \not{m}\, gh_1 + \frac{1}{2}\not{m}\, v_1^2 \quad \rightarrow \quad v_1^2 = 2g\,(l - h_1) = 2g\,[l - (l - \cos 30)] = 2gl\cos 30$$

$$v_1 = \sqrt{2gl\cos 30} = \sqrt{2 \cdot 9{,}8 \cdot 1 \cdot 0{,}866} = 4{,}12 \text{ m/s} \quad ◀$$

Para las posiciones A y C:

$$mgl = \frac{1}{2}mv_2^2 \quad \rightarrow \quad v_2 = \sqrt{2gl} = 4{,}43 \text{ m/s} \quad ◀$$

b) Si hay rozamiento, la velocidad de la lenteja al pasar por C es $v_c = \dfrac{9}{10}v_2 = 0{,}9\,\sqrt{2gl}$

c) Para las posiciones C y D, si en este intervalo no hay de nuevo rozamiento no hay fuerza de rozamiento

$$\frac{1}{2}\not{m}\, v_c^2 = \not{m}\, gh' \rightarrow 0{,}81 \cdot 2\,\not{g}\, l = 2\,\not{g}\, h \quad h = 0{,}81 \cdot l = 0{,}81 \text{ m} \quad ◀$$

4.28 Un cuerpo de 2 kg de masa se desliza sin rozamiento cerca de la superficie de la Tierra desde el punto A (3, 0, 2) m al punto B (0, 6, 5) m por acción de la fuerza $\vec{F} = 2x^2\,\vec{i} + 3y^2\,\vec{j} + z^2\,\vec{k}$; N. Sabiendo que la velocidad del cuerpo en el punto A es 20 m/s, calcular la velocidad en el punto B.

El trabajo $W_A^B = \int_A^B \vec{F} \cdot d\vec{r}$ se invierte en aumentar la energía mecánica del cuerpo $W_A^B = \Delta E_p + \Delta E_c$. Calculemos en primer lugar cada uno de los términos:

$$W_A^B = \int_A^B \vec{F} \cdot d\vec{r} = \int_A^B (2x^2dx + 3y^2dy + z^2dz) =$$

$$\int_3^0 2x^2dx + \int_0^6 3y^2dy + \int_2^5 z^2dz =$$

$$= \frac{2}{3}\left[x^3\right]_3^0 + \left[y^3\right]_0^6 + \frac{1}{3}\left[z^3\right]_2^5 = -18 + 216 + 39 = 237 \text{ J}$$

$$\Delta E_p = mgh = 2 \cdot 9{,}8(5 - 2) = 58{,}8 \text{ J}$$

$$\Delta E_c = 237 - 58{,}8 = 178{,}2 \text{ J}$$

Conocido el incremento de energía cinética

$$\Delta E_c = \frac{1}{2}mv_B^2 - \frac{1}{2}mv_A^2 = 178{,}2 \text{ J}$$

la energía cinética en el punto B será

$$\frac{1}{2}mv_B^2 = \frac{1}{2}mv_A^2 + 178{,}2 = 400 + 178{,}2 = 578{,}2 \text{ J}$$

y la velocidad en dicho punto:

$$v_B = \sqrt{\frac{2 \cdot 578{,}2}{m}} = 24 \text{ m/s} \quad ◂$$

4.29 Un cuerpo desliza sin rozamiento desde una altura h y "riza el rizo" de radio R. Se pide el valor de la fuerza con que presiona el cuerpo al pasar por los puntos A, B y C de la figura. Datos: h = 60 cm; R = 20 cm; m = 50 g.

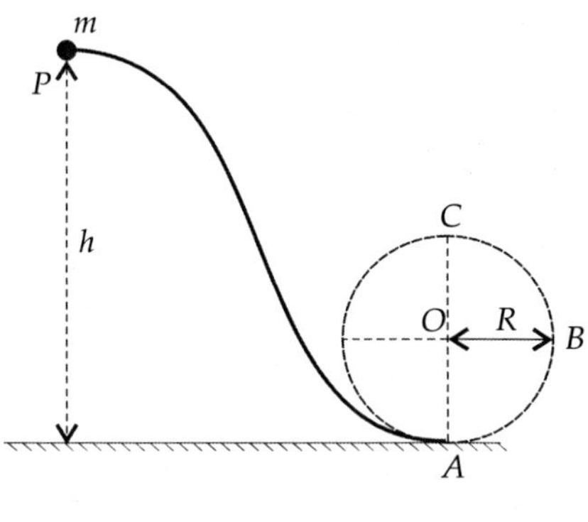

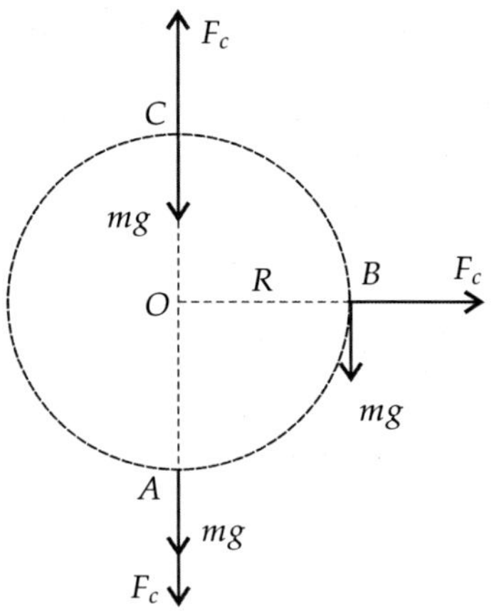

Según el principio de la conservación de energía mecánica, para el punto A, se cumple:

$$mgh = \frac{1}{2}mv_A^2 \quad \rightarrow \quad v_A^2 = 2gh$$

En el punto A la fuerza peso y la fuerza centrífuga tienden a la misma dirección y sentido. Por tanto, la fuerza con que el cuerpo presiona a la superficie en el punto A será

$$F = mg + m\frac{v_a^2}{R} = m\left(g + \frac{2gh}{R}\right) = mg\left(1 + \frac{2h}{R}\right)$$

$$F_A = 0{,}05 \cdot 9{,}8\left(1 + \frac{2 \cdot 0{,}6}{0{,}2}\right) = 3{,}43 \text{ N} \quad \blacktriangleleft$$

Para el punto B:

$$mgh = \frac{1}{2}mv_B^2 + mgR \rightarrow v_B^2 = 2g\,(h - R)$$

En el punto B la fuerza peso es perpendicular al raíl y solo ejerce fuerza sobre la vía la fuerza centrífuga

$$F_B = m\frac{v_B^2}{R} = 2mg\left(\frac{h}{R} - 1\right) = mg\left(\frac{2h}{R} - 2\right)$$

$$F_B = 0{,}05 \cdot 9{,}8\left(\frac{2 \cdot 0{,}6}{0{,}2} - 2\right) = 1{,}96 \text{ N} \quad \blacktriangleleft$$

Para el punto C:

$$mgh = \frac{1}{2}mv_c^2 + mg2R \rightarrow v_c^2 = 2g\,(h - 2R)$$

En el punto C la fuerza centrífuga es opuesta a la fuerza peso

$$F_C = m\frac{v_c^2}{R} - mg = m\left[\frac{2g\,(h - 2R)}{R} - g\right] = mg\left(\frac{2h}{R} - 5\right) = 0{,}49 \text{ N} \quad \blacktriangleleft$$

4.30 Una cadena flexible y uniforme de longitud l está colocada inicialmente en reposo sobre una superficie lisa como se indica en la figura. Si se suelta la cadena desde dicha posición, determinar la velocidad de la cadena cuando el extremo A llegue al punto B.

Aplicando la segunda ley de Newton:

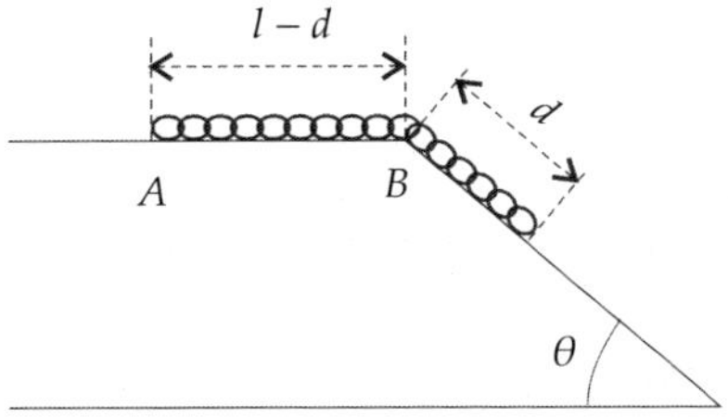

La fuerza responsable del movimiento de la cadena es la fuerza peso del tramo sobre el plano inclinado. Si consideramos que un cierto instante tiene una longitud x, la fuerza vale:

$$F = \lambda x g \operatorname{sen}\theta$$

donde λ es la densidad lineal de la cadena (masa por unidad de longitud) de la cadena.

Aplicando la segunda ley de Newton, $F = ma$, se tiene:

$$\lambda x g \operatorname{sen}\theta = \lambda l a$$

y despejando la aceleración:

$$a = \frac{gx\,\text{sen}\,\theta}{l} \quad \Rightarrow \quad \frac{dv}{dt} = \frac{gx\,\text{sen}\,\theta}{l} \quad \Rightarrow \quad \frac{dv}{dx}\frac{dx}{dt} = \frac{gx\,\text{sen}\,\theta}{l} \quad \Rightarrow \quad vdv = \frac{gx\,\text{sen}\,\theta}{l}dx$$

e integrando entre los valores que toma x en el instante inicial (d) y el final (l), se tiene:

$$\frac{v^2}{2} = \frac{g\,\text{sen}\,\theta}{l}\int_d^l xdx \quad \Rightarrow \quad \frac{v^2}{2} = \frac{g\,\text{sen}\,\theta}{l}\left(l^2 - d^2\right)$$

$$v = \sqrt{\frac{g}{l}\,(l^2 - d^2)\,\text{sen}\,\theta} \quad \blacktriangleleft$$

Aplicando el teorema del trabajo y la energía cinética:

El trabajo elemental realizado por el tramo de longitud x que está sobre el plano inclinado vale

$$Fdx = \lambda gx\,\text{sen}\,\theta dx$$

y el total

$$W = \lambda g\,\text{sen}\,\theta\int_d^l xdx = \frac{1}{2}\lambda g\,\text{sen}\,\theta\left(l^2 - d^2\right)$$

El aumento de energía cinética que experimenta la cadena, $\Delta E_C = \frac{1}{2}\lambda lv^2$, debe ser igual al trabajo realizado. Luego

$$\frac{1}{2}\lambda lv^2 = \frac{1}{2}\lambda g\,\text{sen}\,\theta\left(l^2 - d^2\right)$$

y de aquí

$$v = \sqrt{\frac{g}{l}\,(l^2 - d^2)\,\text{sen}\,\theta} \quad \blacktriangleleft$$

4.31 Un bloque de masa m se desplaza sin rozamiento desde el punto A al punto C a lo largo de la superficie curva indicada en la figura. Si se parte del reposo, determinar: a) la fuerza que la superficie ejerce sobre el bloque en el punto B donde el radio de curvatura es ρ_1; b) el valor mínimo del radio de curvatura ρ_2 en el punto C para que la fuerza que ejerce la superficie sobre el bloque sea nula.

a) Por el principio de conservación de la energía mecánica

$$E_{c_A} + E_{p_A} = E_{c_B} + E_{p_B}$$

$$0 + mgh_1 = \frac{1}{2}mv_B^2 + 0 \rightarrow v_B^2 = 2gh_1$$

En el punto B la fuerza peso y la fuerza centrífuga tienen la misma dirección y el mismo sentido. Por tanto, la fuerza de reacción de la superficie del bloque será:

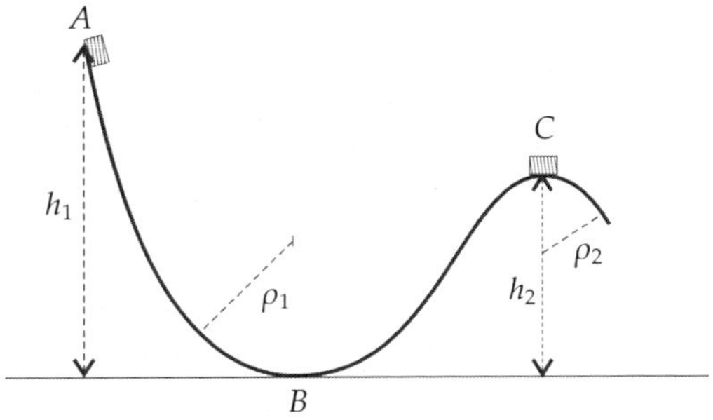

$$F = mg + m\frac{v_B^2}{\rho_1} = mg + m\frac{2gh_1}{\rho_1} = mg\left(1 + \frac{2h_1}{\rho_1}\right)$$

b) Si es ρ_2 el valor del radio de curvatura en el punto C, se ha de cumplir que la fuerza peso y la fuerza centrífuga sean iguales, de la misma dirección y sentido opuesto.

Por tanto
$$mg = m\frac{v_C^2}{\rho_2} \quad \rightarrow \quad v_c^2 = g\rho_2$$

Por otra parte, aplicando el principio de conservación de la energía mecánica a los puntos A y C, tendremos

$$mgh_1 = \frac{1}{2}mv_c^2 + mgh_2 \quad \rightarrow \quad v_c^2 = 2g\,(h_1 - h_2)$$

Que igualando a la anterior

$$g\rho_2 = 2g\,(h_1 - h_2)$$
$$\rho_2 = 2(h_1 - h_2) \quad ◂$$

4.32 De los extremos de una polea cuelgan dos masas de 350 g y 250 g respectivamente, que inicialmente se mantienen ambas a 60 cm del suelo. Se deja evolucionar libremente el sistema. Obtener: a) velocidad con que llega al suelo la masa mayor; b) máxima altura sobre el nivel del suelo a la que llega la masa más pequeña; c) pérdidas de energía hasta que el sistema vuelve al reposo.

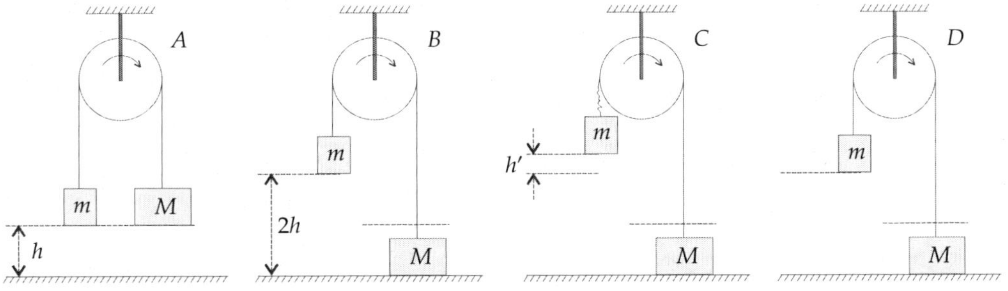

Inicial | Choque de M | Altura max de m | Final

a) Observando la figura, en el paso de A a B, si no hay rozamiento, E = cte. Aplicando el principio de conservación de la energía mecánica, se tiene:

$$mgh + Mgh = mg \cdot 2h + \frac{1}{2}mv^2 + \frac{1}{2}Mv^2$$

$$(M - m)gh = \frac{1}{2}v^2(m + M)$$

$$v^2 = 2gh\frac{M-m}{M+m}; \quad v = \sqrt{2 \cdot 9{,}8 \cdot 0{,}6\frac{0{,}1}{0{,}6}} = 1{,}4 \text{ m/s} \quad ◂$$

b) En el choque, M pierde toda su energía, pero m, que lleva una velocidad v, sigue subiendo. Para esta partícula E = cte:

$$\frac{1}{2}mv^2 = mgh' \quad \Rightarrow \quad h' = \frac{v^2}{2g} = \frac{1{,}96}{19{,}6} = 0{,}1 \text{ m}$$

Desde el suelo, la altura que alcanza será

$$h_{\text{máx}} = 2h + h' = 1{,}2 + 0{,}1 = 1{,}3 \text{ m} \quad ◂$$

c) La energía perdida será la diferencia entre la final y la inicial:

$$\Delta E = E_D - E_A = mg \cdot 2h - (m + M)gh = (m - M)gh$$

$$\Delta E = (0{,}25 - 0{,}35) \text{ kg} \cdot 9{,}8 \text{ m/s}^2 \cdot 0{,}6 \text{ m} = -0{,}588 \text{ J} \quad ◂$$

4.33 Un bloque de 1 kg es apretado contra un resorte horizontal de masa despreciable comprimiéndolo una longitud de 15 cm. Al dejarlo en libertad, el bloque recorre sobre el tablero de una mesa horizontal una distancia de 60 cm antes de quedar en reposo. Calcular el coeficiente de rozamiento entre el bloque y la mesa, sabiendo que la constante de recuperación elástica del resorte es 200 N/m.

$$\frac{1}{2}kx_1^2 = \mu mgx_2$$

con

$$x_1 = 0{,}15 \text{ m} \quad \text{y} \quad x_2 = 0{,}6 \text{ m}$$

$$\mu = \frac{kx_1^2}{2mgx_2} = \frac{200 \cdot 0{,}15^2}{2 \cdot 1 \cdot 9{,}8 \cdot 0{,}6} = \frac{4{,}5}{11{,}76} = 0{,}382 \quad ◂$$

4.34 Un cuerpo de 12 kg de masa se ata al extremo de una cuerda de 1 m de longitud y se le aplica una fuerza impulsiva que la hace describir una trayectoria circular sobre una rampa inclinada 30°, como se indica en la figura. En el punto más bajo la tensión de la cuerda es 490 N. Despreciando el rozamiento, determinar: a) el módulo de la velocidad del cuerpo en ese punto; b) lo mismo en el punto más alto de la trayectoria; c) la tensión de la cuerda en esta última posición.

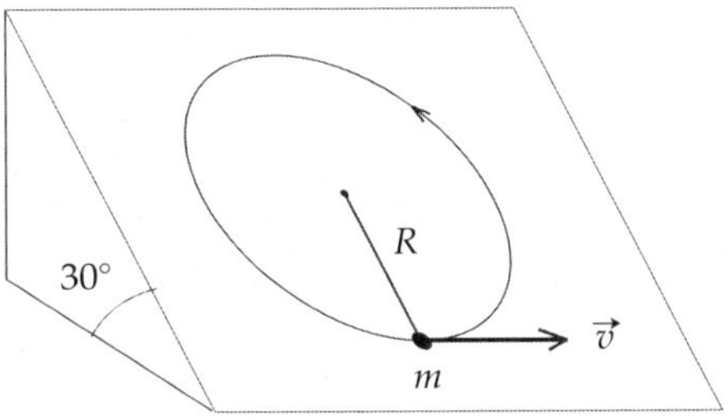

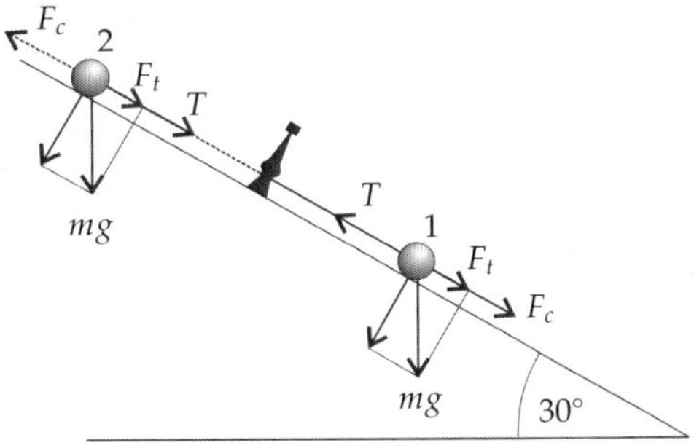

a) En la parte más baja de la trayectoria (posición 1 de la figura) se ha de cumplir:

$$T = F_t + F_c = mg\,\text{sen}\,30^\circ + m\frac{v_1^2}{R} \quad \Rightarrow \quad v_1^2 = \frac{(T - mg\,\text{sen}\,30^\circ)R}{m}$$

$$v_1 = \sqrt{\frac{(490 - 12 \cdot 9{,}8 \cdot 0{,}5) \cdot 1}{12}} = 6 \text{ m/s} \quad ◀$$

b) Por el principio de conservación de la energía mecánica

$$\frac{1}{2}mv_1^2 = \frac{1}{2}mv_2^2 + mgh \quad \Rightarrow \quad v_2 = \sqrt{v_1^2 - 2gh}$$

siendo $h = 2R\,\text{sen}\,30^\circ = 1$ m

$$v_2 = \sqrt{36 - 2 \cdot 9{,}8 \cdot 1} = 4{,}05 \text{ m/s} \quad ◀$$

c) En la posición 2 de la figura se ha de cumplir:

$$F_c = F_t + T \quad \Rightarrow \quad T = F_c - F_t = m\frac{v_2^2}{R} - m\,g\,\text{sen}\,30^\circ$$

$$T = m\left(\frac{v_2^2}{R} - g\,\text{sen}\,30^\circ\right) = 12\left(\frac{16{,}4}{1} - 9{,}8 \cdot 0{,}5\right) = 138 \text{ N} \quad ◀$$

4.35 Un bloque de 0,2 kg, inicialmente en reposo, se deja deslizar por un plano inclinado 30° con la horizontal. Tras recorrer 2 m, queda unido al extremo libre de un resorte, de constante elástica 200 N/m, paralelo al plano y fijo por el otro extremo. Sabiendo que el coeficiente de rozamiento del bloque con el plano es de 0,2, calcular la máxima compresión del resorte.

La energía potencial gravitatoria se transforma en energía elástica y trabajo de rozamiento:

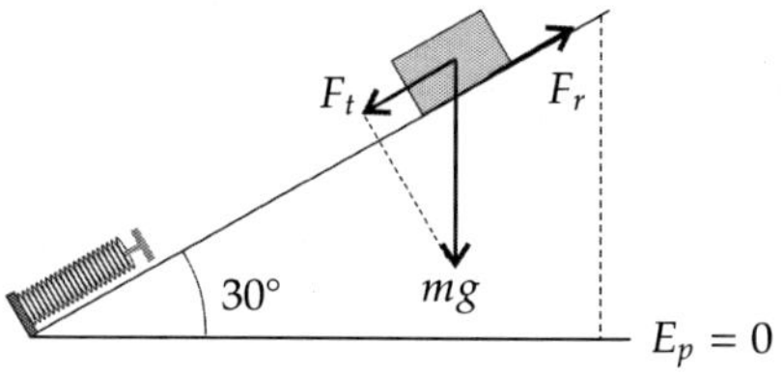

$$mgh = \frac{1}{2}kx^2 + W_r \quad \rightarrow \quad x = \sqrt{\frac{2\,(mgh - W_r)}{k}}$$

donde

$$W_r = F_r \cdot S = \mu mg \cos 30 \cdot S = 0{,}2 \cdot 0{,}2 \cdot 9{,}8 \cdot \frac{\sqrt{3}}{2} \cdot 2 = 0{,}678 \text{ J}$$

y

$$h = S \cdot \operatorname{sen} 30 = 2 \cdot \frac{1}{2} = 1 \text{ m}$$

luego

$$x = \sqrt{\frac{2\,(0{,}2 \cdot 9{,}8 \cdot 1 - 0{,}678)}{200}} = 0{,}113 \text{ m} = 11{,}3 \text{ cm} \quad \blacktriangleleft$$

También podíamos calcular la energía cinética con que el bloque llega al resorte, la cual se transforma en energía potencial elástica:

$$\frac{1}{2}mv^2 = \frac{1}{2}kx^2 \quad \rightarrow \quad x = v\sqrt{\frac{m}{k}}$$

Donde hay que calcular v. Por ser un movimiento uniformemente acelerado se tiene:

$$F_t - F_r = ma$$

$$a = \frac{F_t - F}{m} = \frac{mg \operatorname{sen} 30 - \mu mg \cos 30}{m} =$$

$$= g\,(\operatorname{sen} 30 - \mu \cos 30) = 9{,}8\,(0{,}5 - 0{,}2 \cdot 0{,}8) = 3{,}33 \text{ m/s}^2$$

Por otra parte

$$v^2 = 2as = 2 \cdot 3{,}33 \cdot 2 = 13{,}32 \text{ m}^2/\text{s}^2 \quad \rightarrow \quad v = 3{,}64 \text{ m/s}$$

por lo que

$$x = v\sqrt{\frac{m}{k}} = 3{,}64\sqrt{\frac{0{,}2}{200}} = 0{,}115 \text{ m} = 11{,}5 \text{ cm} \quad \blacktriangleleft$$

4.36 Una persona da vueltas en un plano vertical a una masa sujeta a un hilo de 60 cm partiendo del reposo desde el punto más bajo y con movimiento uniformemente acelerado. Al cabo de 4 s y después de dar 10 vueltas y 1/8 de vuelta, la suelta. Obtener: a) altura máxima que alcanza el cuerpo lanzado; b) módulo de la velocidad con que llega al suelo.

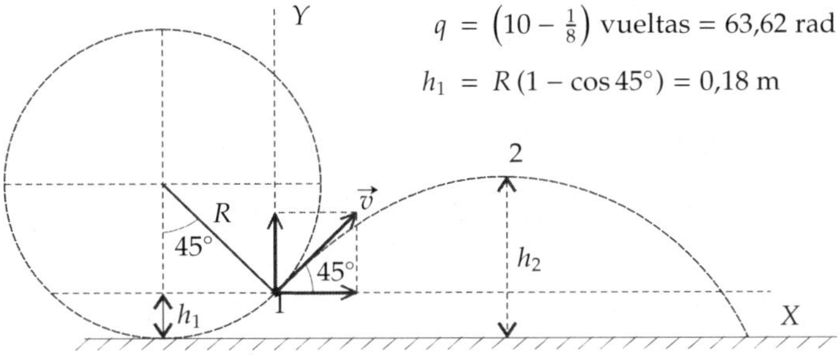

$$q = \left(10 - \tfrac{1}{8}\right) \text{ vueltas} = 63{,}62 \text{ rad}$$

$$h_1 = R\,(1 - \cos 45°) = 0{,}18 \text{ m}$$

Si da $\left(10 - \frac{1}{8}\right)$ vueltas la masa se suelta cuando el hilo forma un ángulo de 45° con la vertical, como se indica en la figura.

a) Calculemos en primer lugar la velocidad con que sale la masa aplicando $v = \omega R$. Pero a su vez $\omega = \alpha t$ y de

$$\theta = \frac{1}{2}\alpha\, t^2 \quad \Rightarrow \quad \alpha = \frac{2\theta}{t^2} \quad \Rightarrow \quad \omega = \frac{2\theta}{t}$$

por lo que sustituyendo este valor, se tiene

$$v = \omega R = \frac{2\theta}{t} R = \frac{2 \cdot 63{,}62}{4} \cdot 0{,}6 = 19{,}08 \text{ m/s}$$

Las componentes rectangulares de esta velocidad, en cualquier instante, son

$$\vec{v} = v_x \vec{\imath} + v_y \vec{\jmath} \quad \Rightarrow \quad \begin{cases} v_x = v \cos 45° = 13{,}49 \\ v_y = v \operatorname{sen} 45° - gt = 13{,}49 - gt \end{cases} \quad \Rightarrow \quad v^2 = v_x^2 + v_y^2$$

Aplicando el principio de conservación de la energía mecánica entre los puntos 1 y 2 de la trayectoria seguida por la masa, teniendo en cuenta que $v_x = $ cte, $v_{y_1} = v \operatorname{sen} 45° = 13{,}49$ m/s,$v_{y_2} = 0$, $\frac{1}{2}mv^2 = \frac{1}{2}m\left(v_x^2 + v_y^2\right)$ y $h_1 = R(1 - \cos 45°) =$ $= 0{,}18$ m, se tiene:

$$E_{c_1} + E_{p_1} = E_{c_2} + E_{p_2}$$

$$\frac{1}{2}mv_x^2 + \frac{1}{2}mv_{y_1}^2 + mgh_1 = \frac{1}{2}mv_x^2 + 0 + mgh_2$$

de donde

$$h_2 = \frac{\frac{1}{2}v_{y_1}^2 + gh_1}{g} = \frac{0{,}5 \cdot 13{,}49^2 + 9{,}8 \cdot 0{,}18}{9{,}8} = 9{,}46 \text{ m} \quad \blacktriangleleft$$

b) Desde la altura h_2 (donde $v_y = 0$) el tiempo que tarda en llegar al suelo es:

$$h_2 = \frac{1}{2}gt^2 \quad \Rightarrow \quad t = \sqrt{2h_2/g} = 1{,}39 \text{ s}$$

Cuando llega al suelo, las componentes de la velocidad valen:

$$v_x = v\cos 45° = 13{,}49 \text{ m/s}$$
$$v_y = gt = 9{,}8 \cdot 1{,}39 = 13{,}62 \text{ m/s}$$

por lo que

$$v = \sqrt{v_x^2 + v_y^2} = \sqrt{13{,}49^2 + 13{,}62^2} = 19{,}16 \text{ m/s} \quad \blacktriangleleft$$

4.37 Un bloque de masa 1 kg se empuja contra un muelle, cuya constante de recuperación es de 1000 N/m, comprimiéndolo 20 cm. Se deja libre y el muelle proyecta la masa sobre una superficie horizontal lisa y luego asciende sobre una inclinada 45° sobre la horizontal, que presenta un coeficiente cinético de rozamiento con el bloque de 0,3. Calcular: a) la fuerza que ejerce el muelle estando comprimido; b) la velocidad del bloque en el tramo horizontal una vez que se suelta el muelle; c) el punto en el plano inclinado a que llegará el bloque.

a) $$F = -kx = -10^3 \text{ N/m} \cdot 0{,}2 \text{ m} = -200 \text{ N}$$

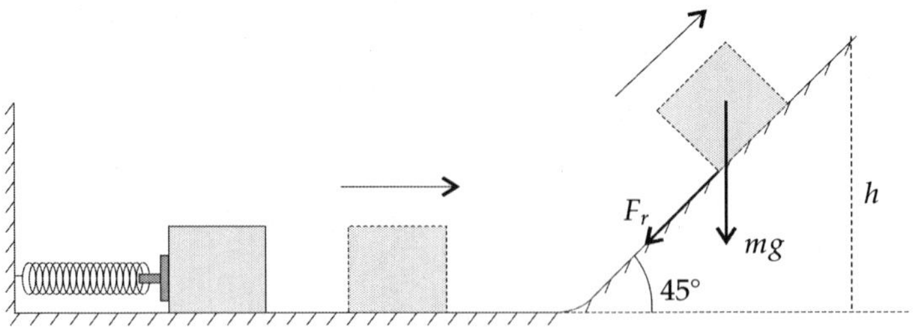

El signo (−) indica que tiene sentido contrario a la fuerza externa que comprime el muelle o que se opone a la elongación.

b) El trabajo desarrollado en la compresión del muelle se invierte en energía potencial elástica. $E_p = \frac{1}{2}kx^2$, y ésta se transforma en energía cinética del bloque al soltar el muelle.

$$\frac{1}{2}kx^2 = \frac{1}{2}mv^2$$

$$v = \sqrt{\frac{kx^2}{m}} = \sqrt{\frac{10^3 \cdot 4 \cdot 10^{-2}}{1}} = \sqrt{40} = 6{,}32 \text{ m/s}$$

c) La energía cinética que tiene el bloque en el tramo horizontal se transforma en energía potencial y trabajo de rozamiento en el plano inclinado.

$$\frac{1}{2}mv^2 = F_r \cdot s + mgh$$

$$\frac{1}{2}mv^2 = \mu mg \cos 45 \cdot s + mg \cdot \text{sen}\, 45 \cdot s = mgs\,(\mu \cos 45 + \text{sen}\, 45)$$

$$s = \frac{\frac{1}{2}mv^2}{mg\,(\mu \cos 45 + \text{sen}\, 45)} = \frac{v^2}{2g \cos 45\,(\mu + 1)} = \frac{40}{2 \cdot 9{,}8 \cdot \frac{\sqrt{2}}{2} \cdot 1{,}3} = 2{,}22 \text{ m}$$ ◄

4.38 Un bloque de 20 kg asciende por un plano inclinado 30° sobre la horizontal con una velocidad inicial de 12 m/s. Después de subir, desciende y llega al punto de partida con una velocidad de 6 m/s. Calcular: a) el coeficiente de rozamiento entre el plano y el cuerpo; b) la distancia recorrida sobre el plano hasta el punto más alto.

Sea v_0 la velocidad del bloque en la parte baja del plano cuando sube, y v la velocidad en el mismo punto cuando baja.

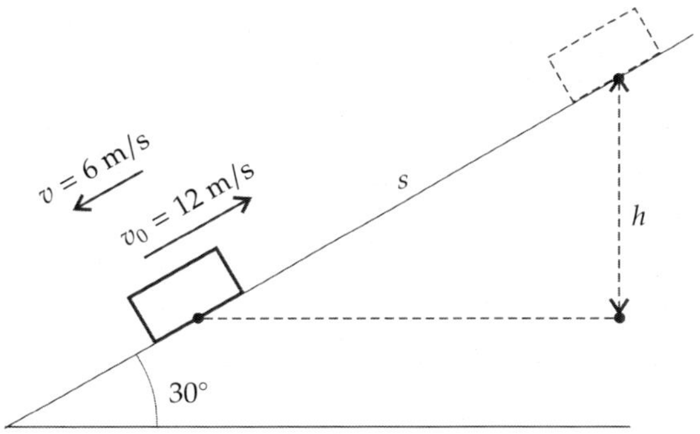

a) Aplicando el principio de conservación de la energía mecánica en la subida:

$$\frac{1}{2}mv_0^2 = mgh + \mu(mg \cos 30°)\, s$$

y en la bajada:

$$mgh = \frac{1}{2}mv^2 + \mu(mg \cos 30°)\, s$$

Si sustituimos $s = h/\operatorname{sen} 30°$ y despejamos las velocidades:

$$v_0^2 = 2gh + 2\mu(g\cos 30°)\frac{h}{\operatorname{sen} 30°} = 2gh(1 + \mu \operatorname{ctg} 30°) = 2gh(1 + \sqrt{3}\mu) \qquad (1)$$

$$v^2 = 2gh - 2\mu(g\cos 30°)\frac{h}{\operatorname{sen} 30°} = 2gh(1 - \mu \operatorname{ctg} 30°) = 2gh(1 - \sqrt{3}\mu) \qquad (2)$$

Dividiendo miembro a miembro estas ecuaciones:

$$\frac{v_0^2}{v^2} = \frac{1+\sqrt{3}\mu}{1-\sqrt{3}\mu} \quad \Rightarrow \quad \frac{144}{36} = \frac{1+\sqrt{3}\mu}{1-\sqrt{3}\mu} \quad \Rightarrow \quad 4 = \frac{1+\sqrt{3}\mu}{1-\sqrt{3}\mu}$$

$$4 - 4\sqrt{3}\mu = 1 + \sqrt{3}\mu \quad \Rightarrow \quad 3 = 5\sqrt{3}\mu \quad \Rightarrow \quad \mu = \frac{3}{5\sqrt{3}} = 0{,}35 \quad ◄$$

b) Despejando de la (1) la altura

$$h = \frac{v_0^2}{2g(1+\sqrt{3}\mu)} = \frac{144}{2\cdot 9{,}8(1 + 1{,}73\cdot 0{,}35)} = 4{,}57 \text{ m}$$

$$s = \frac{h}{\operatorname{sen} 30°} = \frac{4{,}57}{0{,}5} = 9{,}14 \text{ m} \quad ◄$$

4.39 Un bloque de 1 kg de masa está en lo alto de un plano inclinado 30° respecto a la horizontal, el cual lleva en su extremo inferior un resorte de constante $k = 500$ N/m. El bloque se desliza libremente sin rozamiento y comprime el resorte. Calcular la máxima compresión del resorte si la separación inicial entre el bloque y el resorte era de 3 m.

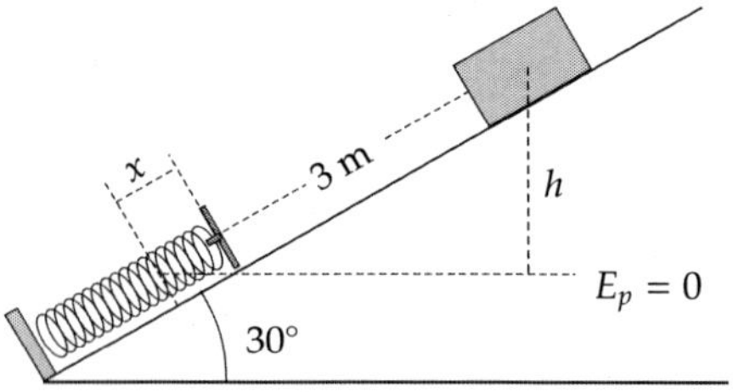

La energía potencial del bloque se transforma en energía potencial elástica.

$$mgh = \frac{1}{2}kx^2$$

$$h = (3 + x)\operatorname{sen} 30 = 1{,}5 + \frac{x}{2};$$

$$1\cdot 9{,}8\left(1{,}5 + \frac{x}{2}\right) = \frac{1}{2}\cdot 500x^2$$

$$14{,}7 + 4{,}9x = 250x^2 \quad \rightarrow \quad 250x^2 - 4{,}9x - 14{,}7 = 0$$

$$x = \frac{4{,}9 \pm \sqrt{24{,}01 + 14700}}{500} = 0{,}25 \text{ m} \quad ◄$$

4.40 La parte final de la pista de impulso de un trampolín para saltos de esquí tiene la forma de arco de circunferencia de radio 15 m, como se indica en la figura. La altura total de la pista es de 50 m. Suponiendo que el esquiador desciende desde el punto A sin velocidad inicial y despreciando el rozamiento, calcular la aceleración total del saltador en el punto B, si el ángulo $\alpha = 30°$.

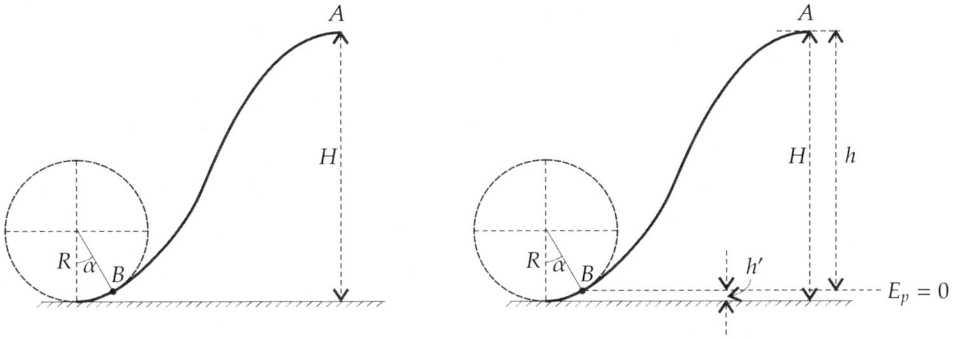

Aplicando el principio de conservación de la energía mecánica entre los puntos A y B, se tiene

$$mgh = \frac{1}{2}mv^2 \quad \Rightarrow \quad v^2 = 2gh$$

donde, de acuerdo con la figura,

$$h = H - h' = H - (R - R\cos 30°) = H - R(1 - \cos 30°) = 50 - 15\left(1 - \frac{\sqrt{3}}{2}\right) = 48 \text{ m}$$

$$v^2 = 2 \cdot 9{,}8 \cdot 48 = 940{,}8 \text{ m}^2/\text{s}^2$$

$$a_n = \frac{v^2}{R} = \frac{940{,}8}{15} = 62{,}72 \text{ m/s}^2$$

$$a_t = g \operatorname{sen} \alpha = 9{,}8 \operatorname{sen} 30° = 4{,}9 \text{ m/s}^2$$

$$a = \sqrt{a_t^2 + a_n^2} = \sqrt{24{,}01 + 3933{,}798} = 62{,}91 \text{ m/s}^2 \quad ◄$$

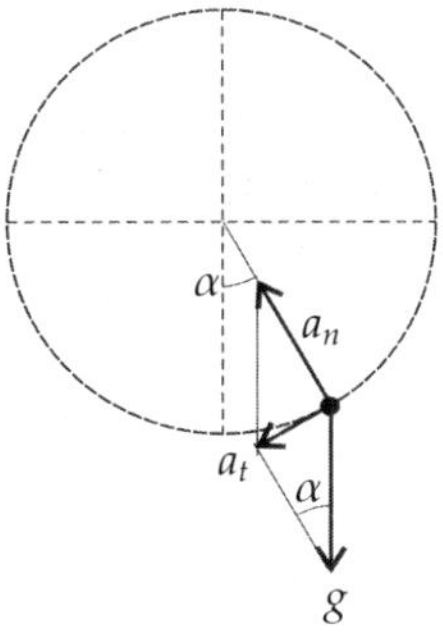

4.41 Un bloque de 2 kg situado sobre un plano inclinado áspero se conecta a un resorte ligero que tiene una $k = 100$ N/m, como muestra la figura. El bloque se libera a partir del reposo cuando el resorte no está estirado. La polea es ligera y carece de rozamiento. El bloque se mueve 20 cm hacia abajo sobre el plano inclinado antes de quedar en reposo. ¿Cuánto vale el coeficiente cinético de rozamiento?

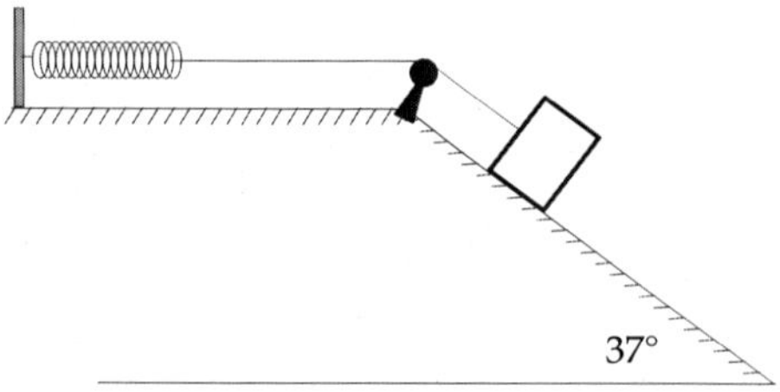

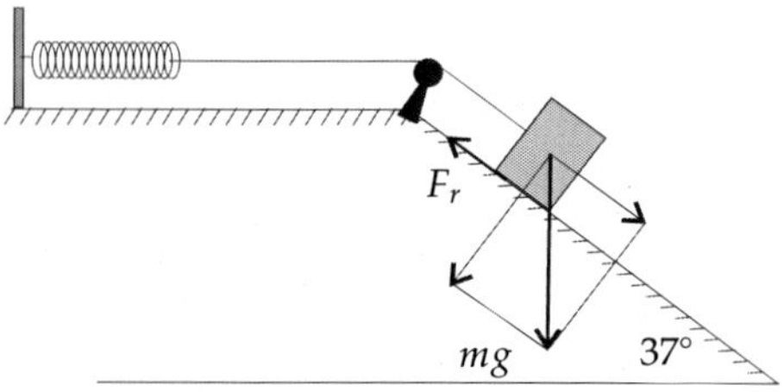

Hay una variación de energía mecánica que se pierde por rozamiento:

$$\Delta E = W_{NC}; \quad \Delta E = -W_r$$

$$\frac{1}{2}kx^2 - mgh = -\mu mg\cos 37 \cdot x$$

siendo $h = x \cdot \text{sen}\, 37$

$$\frac{1}{2}kx^{\cancel{2}} - mg \cdot \cancel{x} \cdot \text{sen}\, 37 = -\mu mg\cos 37 \cdot \cancel{x}$$

$$\mu = \frac{mg\,\text{sen}\, 37 - \frac{1}{2}kx}{mg\cos 37} = \frac{2 \cdot 9{,}8 \cdot 0{,}6 - 0{,}5 \cdot 100 \cdot 0{,}2}{2 \cdot 9{,}8 \cdot 0{,}8} = 0{,}112 \quad \blacktriangleleft$$

Igualando la pérdida de energía potencial a la energía potencial elástica y trabajo de rozamiento se obtiene el mismo resultado:

$$mgh = \frac{1}{2}kx^2 + \mu mg\cos 37°$$

4.42 Un pequeño bloque de masa m resbala por una vía sin rozamiento en forma de rizo, como se indica en la figura. a) Si parte del reposo en el punto 1 ¿cuál es la fuerza resultante que actúa en el punto 2?; b) ¿a qué altura sobre la parte inferior del rizo debería soltarse el bloque para que la fuerza que actúe contra la vía en el punto 3 sea igual a su peso?

a) Según el principio de conservación de la energía mecánica se ha de cumplir:

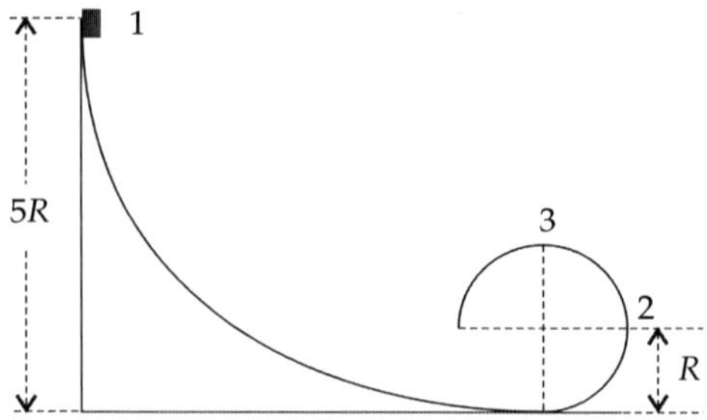

$$E_{p_1} = E_{p_2} + E_{c_2}$$

$$5mgR = mgR + \frac{1}{2}mv^2 \quad \Rightarrow$$

$$\Rightarrow \quad 4mgR = \frac{1}{2}mv^2 \quad \Rightarrow$$

$$\Rightarrow \quad v^2 = 8gR$$

En el punto 2, que está en el diámetro horizontal, la fuerza peso es perpendicular a la vía, por lo que contra la vía sólo actúa la fuerza centrífuga

$$F_c = m\frac{v^2}{R} = 8mg \quad ◂$$

b) Para que la fuerza que se ejerce contra la vía en el punto 3 sea igual a su peso, es necesario que la fuerza centrífuga sea $F_c = 2mg$, por lo que la velocidad en ese punto debe ser

$$m\frac{v^2}{R} = 2mg \quad \Rightarrow \quad v^2 = 2gR$$

y aplicando de nuevo el principio de conservación

$$E_p = E_{p_3} + E_{c_3}$$

$$mgh = mg \cdot 2R + \frac{1}{2}mv^2 = 2mgR + \frac{1}{2}m \cdot 2gR = 3mgR$$

finalmente se obtiene

$$h = 3R \quad ◂$$

4.43 Se sujeta una masa de 3 kg a un resorte ligero a través de una cuerda que pasa sobre una polea fija ligera y sin fricción como indica la figura. La masa se libera desde el reposo cuando el resorte no está estirado. Si la masa cae una distancia de 10 cm antes de quedar nuevamente en reposo, hallar: a) la constante elástica del muelle k; b) la velocidad de la masa cuando se encuentra 5 cm por debajo de su punto de partida.

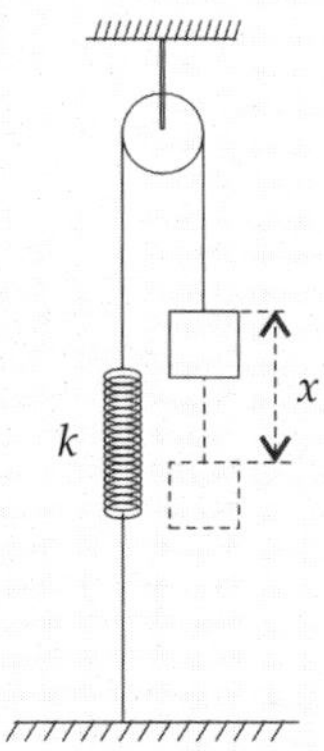

$h = x$

a) La energía potencial se convierte en energía elástica

$$mgh = \frac{1}{2}kx^2 \quad \rightarrow \quad mg\cancel{x} = \frac{1}{2}kx^{\cancel{2}} \quad \rightarrow k = \frac{2mg}{x} = \frac{2 \cdot 3 \cdot 9{,}8}{0{,}1} = 588\ \text{N/m}$$

b) Si todavía no ha llegado al final, posee una energía cinética:

$$mgx = \frac{1}{2}mv^2 + \frac{1}{2}kx^2, \quad \text{donde } x = 5\ \text{cm}$$

$$v^2 = \frac{2mgx - kx^2}{m}$$

$$v = \sqrt{\frac{2mgx - kx^2}{m}} = \sqrt{\frac{x\,(2mg - kx)}{m}} = \sqrt{\frac{0{,}05\,(58{,}8 - 588 \cdot 0{,}05)}{3}} = 0{,}7\ \mathrm{ms}^{-1}$$

4.44 En la parte superior de una esfera fija de 3 m de radio se coloca una masa puntual. Si se desplaza ligeramente de su posición de equilibrio, determinar: a) el ángulo que recorre sobre la esfera antes de perder contacto con ella y la velocidad en ese instante, suponiendo que no hay rozamiento; b) módulo de la velocidad en el momento en que toca el suelo.

a) Según se muestra en la figura, desde que se inicia el movimiento en la parte superior de la esfera, la masa está sometida a una fuerza centrífuga, F_c, creciente. Al mismo tiempo la componente normal de la fuerza peso, F_n, va disminuyendo. Por tanto, llegará un instante en que $F_c = F_n$ y la masa se despegue de la esfera:

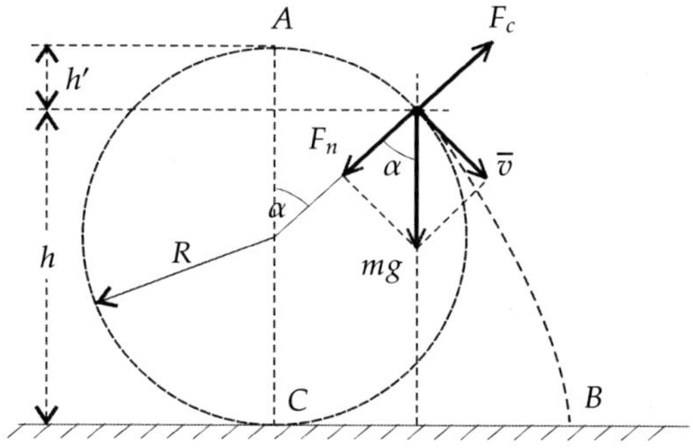

$$m\frac{v^2}{R} = mg\,\cos\alpha \quad \Rightarrow \quad v^2 = gR\,\cos\alpha \qquad (1)$$

Por otra parte, en el momento de despegue la masa ha descendido una altura h', por lo que la energía cinética ganada será igual a la disminución de energía potencial

$$\frac{1}{2}mv^2 = mgh' = mg(R - R\cos\alpha) \quad \Rightarrow \quad v^2 = 2gR(1 - \cos\alpha) \qquad (2)$$

Igualando (1) y (2):

$$gR\cos\alpha = 2gR(1 - \cos\alpha) \quad \Rightarrow \quad \cos\alpha = 2(1 - \cos\alpha)$$

$$3\cos\alpha = 2 \quad \Rightarrow \quad \cos\alpha = \frac{2}{3} \quad \Rightarrow \quad \alpha = 48{,}19^\circ \quad ◂$$

y la velocidad en ese instante, utilizando la ecuación (1)

$$v = \sqrt{gR\cos\alpha} = \sqrt{9{,}8 \cdot 3\frac{2}{3}} = 4{,}42\ \mathrm{m/s} \quad ◂$$

b) Aplicando el principio de conservación de la energía mecánica entre el punto de despegue y la llegada al suelo, se tiene:

$$\frac{1}{2}mv_B^2 = \frac{1}{2}mv^2 + mgh \quad \Rightarrow \quad v_B^2 = v^2 + 2gh$$

siendo $h = R + R\cos\alpha = R(1+\cos\alpha) = 3(1+\cos 48{,}19°) = 5$

$$v_B = \sqrt{19{,}53 + 2\cdot 9{,}8\cdot 5} = 10{,}84 \text{ m/s} \quad ◂$$

A este resultado se podría haber llegado más directamente aplicando dicho principio de conservación entre los puntos A y B:

$$mgh_A = \tfrac{1}{2}mv_B^2 \quad 2Rg = \tfrac{1}{2}v_B^2 \quad v_B = \sqrt{4Rg} = 10{,}84 \text{ m/s}$$

4.45 Desde la parte superior de un plano inclinado 30° con la horizontal se deja caer una masa de 3 kg. Tras recorrer 4 m choca con el extremo libre de un resorte, de constante elástica 1200 N/m paralelo al plano y fijo por el otro extremo. Si el coeficiente de rozamiento entre la masa y el plano es de 0,2. Calcular: a) la velocidad de la masa cuando llega al resorte y cuánto se comprime éste; b) distancia que recorre de nuevo la masa sobre el plano al subir después del choque; c) pérdida de energía en el proceso.

En la caída hasta chocar con el muelle:

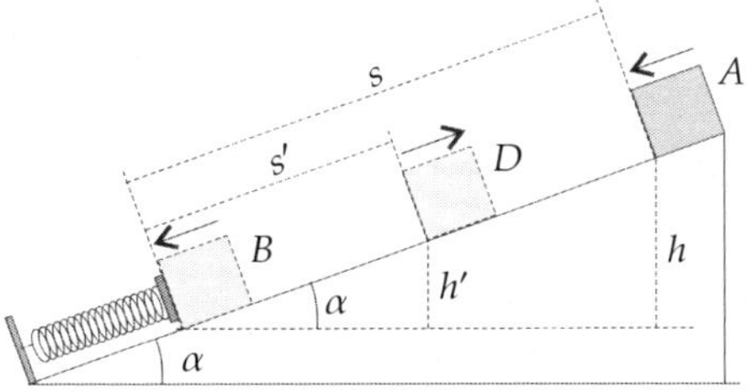

$$E_A = E_B + W_r$$

$$mgh + 0 = \frac{1}{2}mv_B^2 + 0 + F_r\cdot s \quad \rightarrow$$

$$\rightarrow \quad mgs\cdot \operatorname{sen}\alpha = \frac{1}{2}mv_B^2 + \mu mg\cos\alpha\cdot s$$

$$v_B^2 = 2gs{\cdot}\operatorname{sen}\alpha - 2\mu g\cos\alpha{\cdot}s = 2gs\,(\operatorname{sen}\alpha - \mu\cos\alpha)$$

$$v_B = \sqrt{2\cdot 9{,}8\cdot 4\,(0{,}5 - 0{,}2\cdot 0{,}866)} = 5{,}06 \text{ m/s} \quad ◂$$

En primera aproximación, para saber cuánto se comprime el muelle, la energía cinética que lleva al tocarlo se transforma en energía potencial elástica:

$$\frac{1}{2}mv_B^2 = \frac{1}{2}kx^2; \quad x = \sqrt{\frac{m}{k}}\,v_B = 0{,}264 \text{ m} = 26{,}4 \text{ cm}$$

Para ser exactos debemos considerar el trabajo de rozamiento en el tramo de la compresión y la pérdida de energía potencial gravitatoria en dicho tramo por lo que la ecuación anterior se transforma en:

$$\frac{1}{2}mv_B^2 + mgx \cdot \text{sen}\,30 = \frac{1}{2}kx^2 + \mu mg\cos 30 \cdot x$$

$$\frac{1}{2}mv_B^2 = kx^2 + 2mgx\,(\mu\cos 30 - \text{sen}\,30)$$

$$3 \cdot 5{,}06^2 = 1200x^2 + 2 \cdot 3 \cdot 9{,}8x\,(0{,}2 \cdot 0{,}866 - 0{,}5) \quad \to \quad 1200x^2 - 19{,}61x - 76{,}81 = 0$$

$$x = \frac{19{,}61 \pm \sqrt{384{,}5 + 368688}}{2400} = 0{,}261m = 26{,}1\text{ cm} \quad ◂$$

a) Para ver hasta donde sube:

$$E_B = E_D + W_r$$

$$\frac{1}{2}\not{m}\,v_B^2 + 0 = 0 + \not{m}\,gh' + \mu\,\not{m}\,g\cos\alpha \cdot s'$$

$$\frac{1}{2}v_B^2 = gs'\,\text{sen}\,\alpha + \mu gs'\cos\alpha = s'g\,(\text{sen}\,\alpha + \mu\cos\alpha)$$

$$s' = \frac{v_B^2}{2g\,(\text{sen}\,\alpha + \mu\cos\alpha)} = \frac{5{,}06^2}{2 \cdot 9{,}8\,(0{,}5 + 0{,}2 \cdot 0{,}866)} = 1{,}94\text{ m} \quad ◂$$

b) Pérdida de energía:

$$\varDelta E = mgh' + mgh = mg\,(s'\,\text{sen}\,\alpha - s \cdot \text{sen}\,\alpha) = mg\,\text{sen}\,\alpha\,(s' - s)$$

$$\varDelta E = 3 \cdot 9{,}8 \cdot 0{,}5\,(1{,}94 - 4) = -30{,}28\text{ J} \quad ◂$$

4.46 Sobre un plano inclinado liso de 30° se encuentra un bloque de masa 10 kg unido a un resorte fijo de constante elástica de 200 N/m, que inicialmente está sin deformar, como se indica en la figura. Si el resorte cumple la ley de Hooke, calcular el trabajo realizado por el sistema sobre el bloque cuando éste se ha deslizado 18 cm al dejarlo en libertad.

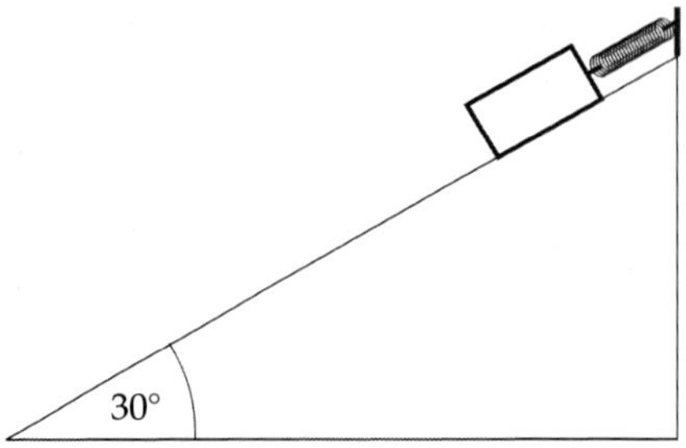

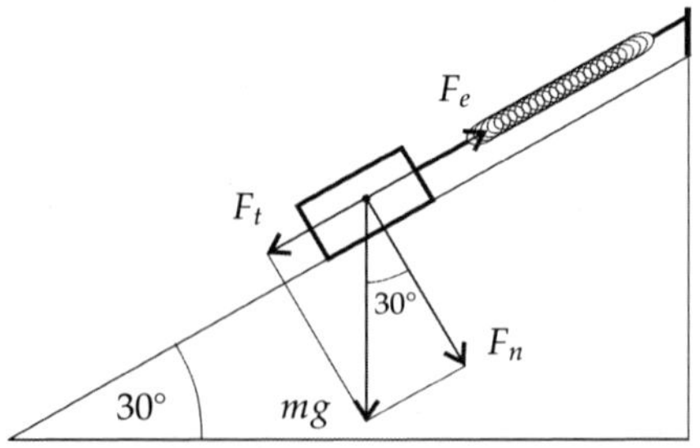

Las fuerzas que intervienen en el deslizamiento son la componente tangencial del bloque y la elástica del resorte, que valen:

$$F_t = mg \operatorname{sen} \alpha = 50 \text{ N}; \quad F_e = -kx$$

La resultante que produce el trabajo es

$$F = F_t - F_e = 50 - 200x$$

$$W = \int_0^{0,18} F dx = \int_0^{0,18} (50 - 200x) dx = 50\Big[x\Big]_0^{0,18} - 200\left[\frac{x^2}{2}\right]_0^{0,18} = 9 - 3{,}24 = 5{,}76 \text{ J} \quad ◂$$

4.47 Un bloque de 0,2 kg está apoyado sobre el extremo superior de un resorte vertical, de constante 500 N/m, comprimido 20 cm. Al liberar el resorte, el bloque sale lanzado hacia arriba. Calcular la altura que alcanzaría el bloque si la experiencia se realizara en a superficie de la Luna, sabiendo que $M_T = 10^2 M_L$ y $R_T = 4R_L$.

$$\frac{1}{2}kx^2 = mgh \quad \rightarrow \quad h = \frac{kx^2}{2mg}$$

Por lo tanto, el problema está en calcular el valor de la gravedad en la Luna, g_L:

$$g_L = G\frac{M_L}{R_L^2} = G\frac{\frac{M_T}{10^2}}{\left(\frac{R_T}{4}\right)^2} = G\frac{M_T}{R_T^2} \cdot \frac{16}{100} = 0{,}16\, g_T$$

Luego

$$h = \frac{kx^2}{2mg_L} = \frac{kx^2}{0{,}32 m g_T} = \frac{500 \cdot 0{,}04}{0{,}32 \cdot 0{,}2 \cdot 9{,}8} = 31{,}88 \text{ m} \quad ◂$$

4.48 Una masa de 5 kg se mueve en una superficie horizontal sin rozamiento, como se indica en la figura, con una velocidad de 4 m/s, y choca frontalmente con un muelle elástico de masa despreciable y constante recuperadora de 1000 N/m. Determinar: a) la compresión máxima del muelle; b) velocidad de la masa cuando el muelle se ha comprimido 10 cm.

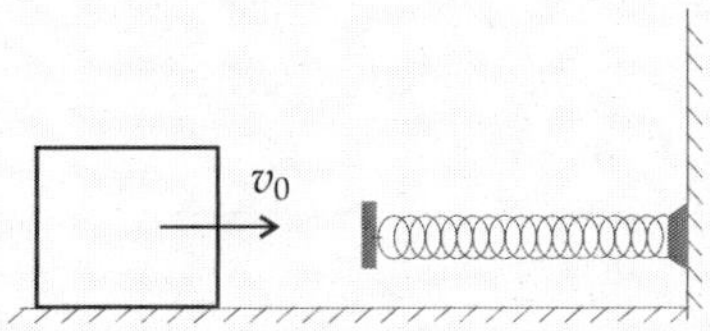

a) La energía cinética se transforma en energía potencial elástica:

$$\frac{1}{2}mv_0^2 = \frac{1}{2}kx^2$$

$$x = \sqrt{\frac{mv^2}{k}} = \sqrt{\frac{5 \cdot 16}{1000}} = 0{,}28 \text{ m} = 28 \text{ cm} \quad ◄$$

b)
$$\frac{1}{2}mv_0^2 = \frac{1}{2}kx^2 + \frac{1}{2}mv^2$$

$$v = \sqrt{\frac{mv_0^2 - kx^2}{m}} = \sqrt{\frac{5 \cdot 16 - 10^3 \cdot 0{,}01}{5}} = \sqrt{\frac{80 - 10}{5}} = \sqrt{\frac{70}{5}} = 3{,}7 \text{ m/s} \quad ◄$$

4.49 Un satélite artificial de 500 kg gira alrededor de la Luna en una órbita circular situada a 120 km sobre la superficie lunar y tarda 2 h en dar una vuelta completa. Sabiendo que el radio lunar es 1740 km, calcular: a) la masa de la Luna; b) la energía potencial del satélite en la órbita citada.

a)
$$m\frac{v^2}{r} = G\frac{M_L m}{r^2} \quad \to \quad v^2 r = GM_L$$

$$\omega^2 r^3 = GM_L \to \frac{yR^2}{T^2}r^3 = 6M_L$$

$$M_L = \frac{yR^2 r^3}{T^2 G} = \frac{4 \cdot 9{,}86 \cdot 6{,}435 \cdot 10^{18}}{5{,}184 \cdot 10^7 \cdot 6{,}67 \cdot 10^{-11}} = 7{,}34 \cdot 10^{22} \text{ kg} \quad ◄$$

b)
$$E_p = -G\frac{M_L m}{r} = -6{,}67 \cdot 10^{-11}\frac{7{,}34 \cdot 10^{22} \cdot 500}{186 \cdot 10^4} = -1{,}32 \cdot 10^9 \text{ J} \quad ◄$$

4.50 Se conectan dos bloques por medio de una cuerda ligera que pasa por una polea sin fricción y de masa despreciable, como se indica en la figura. El bloque de masa $m_1 = 0{,}5$ kg está sobre una superficie y se conecta a un resorte cuya constante de recuperación elástica es de 50 N/m. El sistema se libera cuando el resorte no está estirado. Si el bloque de masa $m_2 = 0{,}3$ kg cae una distancia de 5 cm antes de quedar en reposo, calcular el coeficiente de rozamiento entre m_1 y la superficie.

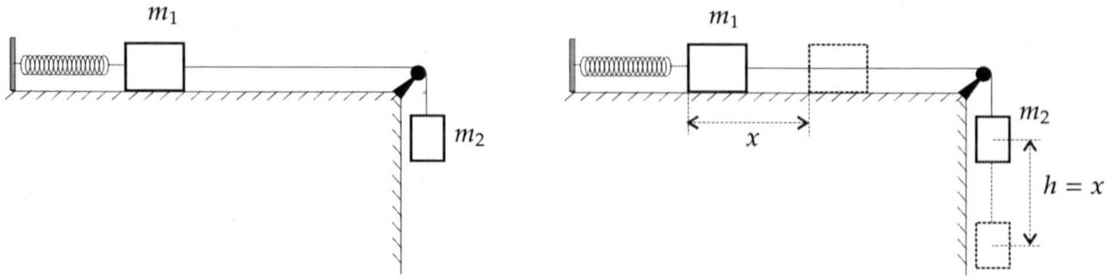

La fuerza de rozamiento no es conservativa, por lo que el principio de conservación de la energía mecánica $\Delta E = 0$ se transforma en $\Delta E = W_{NC}$ o $\Delta E = -W_r$ por ser el trabajo de rozamiento siempre negativo.

El sistema no experimenta variación en su energía cinética (parte del reposo y termina en reposo). En cuanto a la energía potencial, aumenta la elástica en $\frac{1}{2}kx^2$ y disminuye la gravitatoria en $-m_2gh$. Luego se puede escribir:

$$\frac{1}{2}kx^2 - m_2gx = -\mu m_1 gx$$

$$\mu = \frac{m_2g - \frac{1}{2}kx}{m_1g} = \frac{0{,}3 \cdot 9{,}8 - 0{,}5 \cdot 50 \cdot 0{,}05}{0{,}5 \cdot 9{,}8} = 0{,}34 \quad \blacktriangleleft$$

También se puede plantear aplicando el principio de conservación de la energía entre el punto inicial y final:

$$E_{c_1} + E_{p_1} = E_{c_2} + E_{p_2} + W_r$$

$$0 + m_2gh = 0 + \frac{1}{2}kx^2 + \mu m_1 gx \quad \Rightarrow \quad \mu = \frac{m_2gh - \frac{1}{2}kx^2}{m_1gx}$$

y como $h = x$, finalmente queda

$$\mu = \frac{m_2g - \frac{1}{2}kx}{m_1g} \quad \blacktriangleleft$$

4.51 Un bloque de 0,4 kg inicialmente en reposo, se deja deslizar por un plano inclinado que forma un ángulo de 30° con la horizontal. Tras recorrer 2 m queda unido al extremo libre de un resorte, de constante elástica de 200 N/m, paralelo al plano y fijo por el otro extremo. Sabiendo que el coeficiente de rozamiento del bloque con el plano es de 0,2, calcular: a) la velocidad del bloque cuando llega al resorte; b) la máxima compresión de éste.

a) Aplicando el principio de conservación de la energía, podemos escribir:

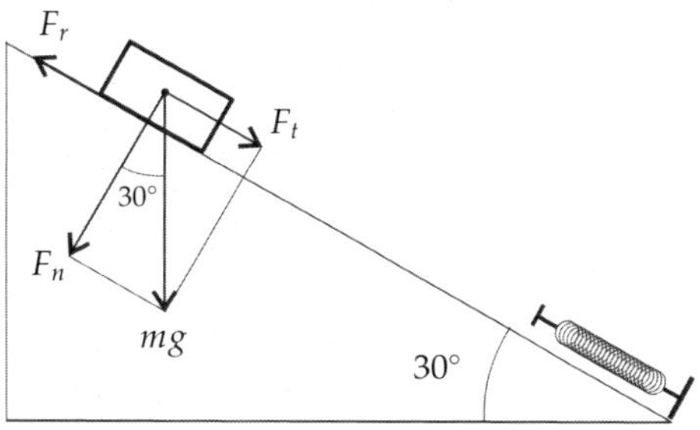

$$mgh = W_r + \Delta E_c = \mu mg \cos 30° \cdot s + \frac{1}{2}mv^2$$

$$gh = \mu g \cos 30° \cdot s + \frac{1}{2}v^2 \quad \Rightarrow$$

$$\Rightarrow \quad v = \sqrt{2(gh - \mu g \cos 30° \cdot s)}$$

y como $h = \text{sen}\,30° \cdot s$, se puede escribir

$$v = \sqrt{2sg(\text{sen}\,30° - \mu\cos 30°)} = \sqrt{2 \cdot 2 \cdot 9{,}8(0{,}5 - 0{,}2 \cdot 0{,}866)} = 3{,}57\ \text{m/s} \quad \blacktriangleleft$$

b) En una primera aproximación, la energía cinética del bloque se transforma en energía potencial elástica:

$$\frac{1}{2}mv^2 = \frac{1}{2}kx^2$$

$$x = v\sqrt{m/k} = 3{,}57\sqrt{0{,}4/200} = 0{,}16\ \text{m} = 16\ \text{cm} \quad \blacktriangleleft$$

Para ser más exactos, habría que considerar el trabajo de rozamiento en el tramo de la compresión y la pérdida de energía potencial gravitatoria en dicho tramo:

$$\frac{1}{2}mv^2 + mgx\,\text{sen}\,30° = \frac{1}{2}kx^2 + \mu mg\cos 30° \cdot x$$

$$\frac{1}{2}mv^2 = \frac{1}{2}kx^2 + mgx(\mu\cos 30° - \text{sen}\,30°)$$

$$0{,}5 \cdot 0{,}4 \cdot 3{,}57^2 = 0{,}5 \cdot 200x^2 + 0{,}4 \cdot 9{,}8 \cdot x(0{,}2 \cdot 0{,}866 - 0{,}5)$$

$$2{,}54 = 100x^2 - 1{,}28x \quad \Rightarrow \quad 100x^2 - 1{,}28x - 2{,}54 = 0$$

$$x = \frac{1{,}28 \pm \sqrt{1{,}28^2 + 400 \cdot 2{,}54}}{200} = \frac{1{,}3 \pm 31{,}9}{200} = 0{,}166\ \text{m} = 16{,}6\ \text{cm} \quad \blacktriangleleft$$

4.52 El dispositivo con muelle indicado en la figura se usa para lanzar horizontalmente, desde el borde de una mesa, una canica de 75 g de masa. El tablero de la mesa está 1,2 m por encima del suelo. Si el muelle se comprime 25 mm, la canica golpea el suelo 4,2 m más allá de la pata de la mesa. Despreciando los efectos del rozamiento, calcular: a) la energía mecánica de la canica durante su trayectoria; b) la constante elástica del muelle.

a) $E = E_c + E_p = \frac{1}{2}mv_0^2 + mgh$

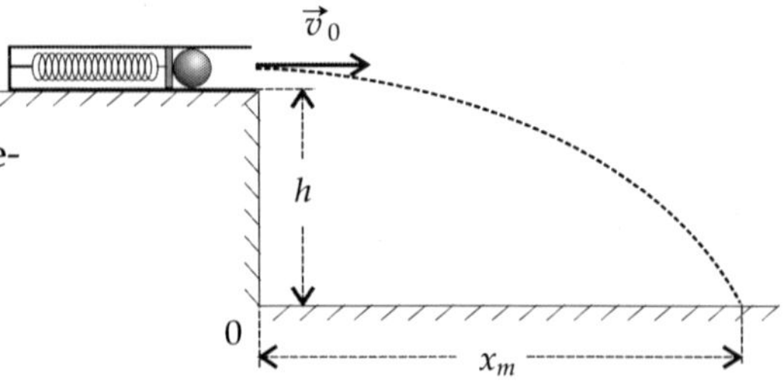

Para conocer la energía mecánica se requiere calcular previamente v_0:

$$\left.\begin{aligned} x &= v_0 t \\ y &= h - \frac{1}{2}gt^2 \end{aligned}\right\} \quad \Rightarrow \quad y = h - \frac{1}{2}g\frac{x^2}{v_0^2}$$

Cuando $y = 0 \quad \Rightarrow \quad x = x_m$, y la ecuación anterior se transforma en

$$h = \frac{g}{2v_0^2}x_m^2 \quad \Rightarrow \quad v_0^2 = \frac{gx_m^2}{2h} = \frac{9{,}8 \cdot (4{,}2)^2}{2 \cdot 1{,}2} = 72{,}03\ \mathrm{m^2/s^2}$$

y la energía mecánica de la canica en toda la trayectoria será

$$E = \frac{1}{2}mv_0^2 + mgh = m\left(\frac{v_0^2}{2} + gh\right) = 0{,}075\left(\frac{72{,}03}{2} + 9{,}8 \cdot 1{,}2\right) = 3{,}58\ \mathrm{J} \quad ◂$$

b) $$\frac{1}{2}kx^2 = \frac{1}{2}mv_0^2 \quad \Rightarrow \quad k = \frac{mv_0^2}{x^2} = \frac{0{,}075 \cdot 72{,}03}{(0{,}025)^2} = 8643{,}6\ \mathrm{N/m} \quad ◂$$

4.53 Se suelta una bolita desde el punto A, tal como se señala en la figura 1a, que tras llegar a B, sale horizontalmente recorriendo una distancia de 40 cm, igual a la altura del escalón, hasta que toca el suelo, a) Obtener la altura h de la figura 1ª desde la que se ha soltado la bola; b) Si h hubiera sido 3 veces más grande, ¿qué distancia horizontal hubiera recorrido desde que abandona la rampa en B hasta que toca el suelo? c) ¿Qué relación matemática relaciona la altura h con la distancia horizontal recorrida x? Aplicarla para obtener la altura desde la que habría que soltar la bola para que alcanzara una distancia x = 0,8 metros. Considérese $g = 10\ \mathrm{m/s^2}$.

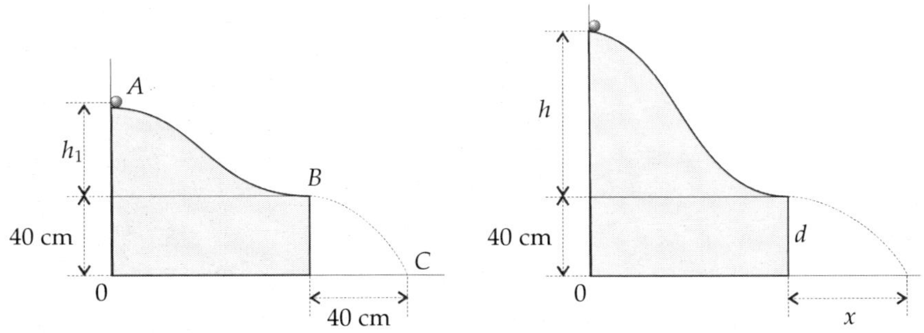

a) Considerando el movimiento parabólico de la bolita tras abandonar la rampa:

El tiempo que tarda la bola en caer los 40 cm se puede obtener a partir de su movimiento vertical

$$y = v_{0y}t - \frac{1}{2}gt^2 \quad \rightarrow \quad -0{,}4 = -\frac{1}{2}10\,t^2 \quad \rightarrow \quad t^2 = \frac{0{,}4 \cdot 2}{10} = 0{,}08 \quad \rightarrow \quad t = \sqrt{0{,}08}\,\mathrm{s}$$

Para obtener la velocidad horizontal de salida del punto B:

$$v_1 = v_{0x} = \frac{x}{t} = \frac{0{,}4}{\sqrt{0{,}08}} = \sqrt{2}\ \mathrm{m/s}$$

Como debe conservarse la energía mecánica, ha de ser igual la que hay en A que la que hay en B. Poniendo el origen de energías en el nivel donde está B, y teniendo en cuenta que la bola se considera una masa puntual:

$$E_{m(A)} = E_{m(B)} \quad \rightarrow \quad mgh_1 = \frac{1}{2}mv_1^2 \quad \rightarrow \quad h_1 = \frac{v_1^2}{2g} \quad \rightarrow$$

$$\rightarrow \quad h_1 = \frac{\left(\sqrt{2}\right)^2}{2 \cdot 10} = \frac{2}{20} = 0{,}1 \text{ m} \quad \blacktriangleleft$$

b) Si hubiera sido la altura inicial 0,3 m debemos considerar qué energía potencial tiene a esa altura. La energía potencial se convertirá en cinética en el punto B de donde podremos obtener la nueva velocidad de salida horizontal

$$mgh_1 = \frac{1}{2}mv_2^2 \quad \rightarrow \quad v_2 = \sqrt{2gh_2} \quad \rightarrow \quad v_2 = \sqrt{2 \cdot 10 \cdot 0{,}3} = \sqrt{6} \text{ m/s}$$

y la distancia x que alcanzaría se obtendría viendo el tiempo que tarda en caer 40 cm y multiplicando ese valor por v'. Por consiguiente:

$$x_2 = v_2 \cdot t = \sqrt{6} \cdot \sqrt{0{,}08} = \sqrt{0{,}48} = 0{,}69 \text{ m} \quad \blacktriangleleft$$

c) De igual forma, si la bola cae desde una altura genérica h:

$$mgh = \frac{1}{2}mv^2 \quad \rightarrow \quad v^2 = 2gh \quad \rightarrow \quad v = \sqrt{2gh}$$

Por otra parte, en pasar del punto B hasta el suelo la bola tarda

$$y = v_{0y}t - \frac{1}{2}gt^2 \quad \rightarrow \quad t = \sqrt{\frac{2d}{g}}$$

Y la distancia horizontal recorrida (teniendo en cuenta que $y = 0{,}4$ m) será

$$x = v \cdot t = \sqrt{2gh} \cdot \sqrt{\frac{2d}{g}} = \sqrt{4dh} \quad \text{o bien} \quad \frac{x^2}{h} = 4d \quad \blacktriangleleft$$

La expresión anterior nos da la relación entre la distancia alcanzada y la altura a la que se suelta el cuerpo. Para el caso que nos piden ($d = 0{,}4$ m; $x = 0{,}8$ m) la altura debería ser:

$$h = \frac{x^2}{1{,}6} = \frac{0{,}8^2}{1{,}6} = 0{,}4 \text{ m} \quad \blacktriangleleft$$

Podríamos haber obtenido inicialmente esta expresión general y haberla aplicado a los dos casos pedidos en a) y b).

4.54 Un avión aterriza sobre la cubierta de un portaaviones a la velocidad de 108 km/h. Después de engancharse en el cable de retención elástica recorre una distancia de 30 m hasta detenerse por completo. Determinar el peso máximo del piloto durante el aterrizaje, suponiendo que el frenado se debe únicamente a las fuerzas elásticas del cable (es decir, sin tener en cuenta las fuerzas de rozamiento). La masa del piloto es de 70 kg.

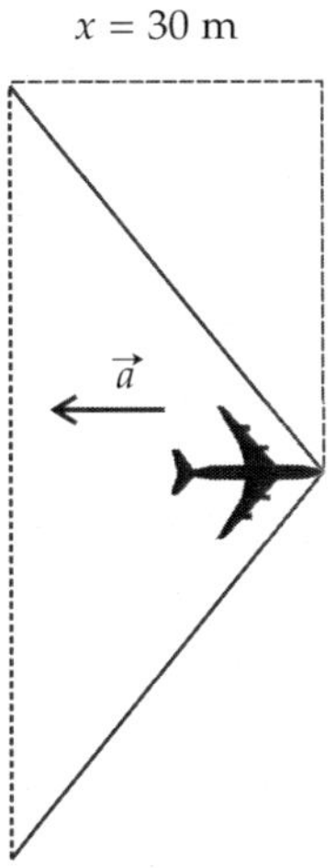

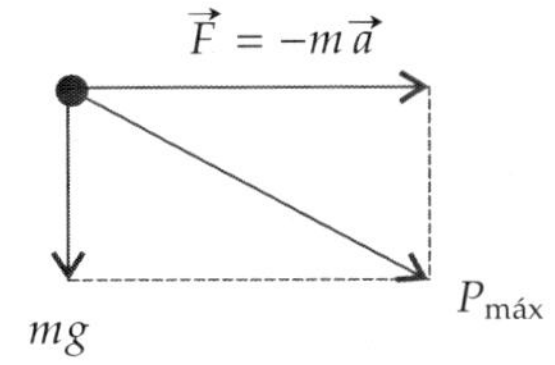

Durante el frenado, a la fuerza peso del piloto se le superpone la fuerza de inercia. La fuerza de frenado la produce el cable elástico y es $F = -kx$, donde el signo (−) nos indica que se opone a la elongación x. La aceleración que le produce esta fuerza al avión, en sentido contrario a su velocidad, $Ma = kx$, es variable durante el proceso de frenado, siendo máxima cuando es máximo el alargamiento del cable, es decir, inmediatamente antes de pararse ($x = 30$ m). En este instante $a = kx/M$ (1), siendo M la masa total del avión y k la constante de recuperación del cable.

De la ley de conservación de la energía se tiene:

$$\frac{1}{2}Mv^2 = \frac{1}{2}kx^2 \quad \Rightarrow \quad k = \frac{Mv^2}{x^2}$$

y sustituido este valor de k en la ecuación (1) se tendrá la aceleración máxima

$$a = \frac{\frac{Mv^2}{x^2}x}{M} = \frac{v^2}{x}$$

por lo que el peso máximo, si $v = 108$ km/h $= 30$ m/s, será

$$P_{\text{máx}} = \sqrt{(mg)^2 + (ma)^2} = m\sqrt{g^2 + \frac{v^4}{x^2}} = 70\sqrt{96{,}04 + \frac{30^4}{30^2}} =$$

$$= 70\sqrt{96{,}04 + 30^2} = 2209{,}2 \text{ N} = 225{,}27 \text{ kp} \quad ◄$$

4.55 Se quiere trasladar un cuerpo de 4 kg de masa desde un punto situado en la superficie de la Tierra hasta otro punto situado a 100 km sobre el nivel del mar. Si el radio de la Tierra es 6370 km, calcular: a) el trabajo necesario para ello; b) la velocidad con que debería lanzarse desde la tierra para que llegue hasta dicho punto, no considerando el rozamiento.

a) A lo largo de la trayectoria no se mantiene constante la gravedad; es decir, no podemos aplicar $W = mgh$, sino el teorema del trabajo y energía potencial:

$$W = -\Delta E = -(E_{p_2} - E_{p_1}) = E_{p_1} - E_{p_2} \quad \Rightarrow \quad \begin{cases} E_{p_1} = -G\dfrac{Mm}{R} \\ E_{p_2} = -G\dfrac{Mm}{R+h} \end{cases}$$

$$E_{p_1} - E_{p_2} = -G\frac{Mm}{R} + G\frac{Mm}{R+h} = GMm\left(\frac{1}{R+h} - \frac{1}{R}\right) =$$

$$= GMm\left(\frac{-h}{R(R+h)}\right) = \frac{GMm}{R^2}\left(\frac{-Rh}{R+h}\right) = -mg\left(\frac{Rh}{R+h}\right) =$$

$$= -4 \cdot 9{,}81 \cdot \left(\frac{637 \cdot 10^4 \cdot 10^5}{637 \cdot 10^4 + 10^5}\right) = -39{,}24\left(\frac{637 \cdot 10^9}{647 \cdot 10^4}\right) = -3{,}86 \cdot 10^6 \text{ J}$$

$$W = -3{,}86 \cdot 10^6 \text{ J}$$

El signo (−) nos indica que es un trabajo realizado contra las fuerzas del campo.

b) Aplicando el principio de conservación de la energía mecánica, se ha de cumplir

$$E_1 = E_2 \quad \Rightarrow \quad E_{c_1} + E_{p_1} = E_{c_2} + E_{p_2}$$

$$\frac{1}{2}mv^2 - G\frac{Mm}{R} = 0 - G\frac{Mm}{(R+h)}$$

$$v^2 = 2\left(G\frac{M}{R} - G\frac{M}{R+h}\right) = 2GM\left(\frac{1}{R} - \frac{1}{R+h}\right) = 2GM\left(\frac{h}{R(R+h)}\right) =$$

$$= 2\frac{GM}{R^2}\left(\frac{Rh}{R+h}\right) = 2g\left(\frac{Rh}{R+h}\right) = 2 \cdot 9{,}81\left(\frac{637 \cdot 10^9}{647 \cdot 10^4}\right) = 1{,}93 \cdot 10^6$$

$$v = \sqrt{1{,}93 \cdot 10^6} = 1389 \text{ m/s} \approx 5 \cdot 10^3 \text{ km/h} \quad ◄$$

4.56 Desde un lugar situado a una distancia del centro de la Tierra igual a 5/4 del radio terrestre, se pone en órbita circular un satélite artificial de 200 kg. Calcular: a) la velocidad orbital y el periodo de revolución; b) la energía adicional que habría que comunicarle al satélite para sacarlo, desde dicha órbita, del campo gravitatorio terrestre. Datos: $g_0 = 9{,}8\ \mathrm{m/s^2}$; $R_T = 6400$ km.

a) En dicha órbita se ha de cumplir que la fuerza atractiva que la Tierra ejerce sobre el satélite ha de ser igual a la fuerza centrífuga:

$$m\frac{v^2}{r} = G\frac{Mm}{r^2} \quad \Rightarrow \quad v^2 = \frac{GM}{r}$$

$$v^2 = \frac{GM}{5/4R_T} = \frac{4GM}{5R_T} = \frac{4}{5}\frac{GM}{R_T^2}R_T = \frac{4}{5}g_0R_T$$

$$v = \sqrt{\frac{4}{5}g_0R_T} = \sqrt{\frac{4}{5}\cdot 9{,}8\cdot 64\cdot 10^5} = 7{,}0835\cdot 10^3\ \mathrm{m/s} \quad ◂$$

$$2\pi r = vT \quad \Rightarrow \quad T = \frac{2\pi r}{v} = \frac{2\cdot\pi\cdot\frac{5}{4}\cdot 64\cdot 10^5}{7{,}0835\cdot 10^3} = 7096\ \mathrm{s} \quad ◂$$

b) Energía mecánica del satélite en órbita:

$$E = E_c + E_p = \frac{1}{2}mv^2 - G\frac{Mm}{r} = \frac{1}{2}m\frac{Gm}{r} - G\frac{Mm}{r} = -\frac{1}{2}G\frac{Mm}{r} =$$

$$= -\frac{1}{2}\frac{GMm}{{}^5\!/\!_4R_T} - \frac{2}{5}\frac{GM}{R_T^2}mR_T = -\frac{2}{5}g_0mR_T$$

Si se quiere llevar el satélite fuera del campo gravitatorio terrestre, a la energía mecánica que tiene en órbita, $-\frac{2}{5}g_0mR_T$ habrá que comunicarle una energía cinética tal que se cumpla

$$E_c - \frac{2}{5}g_0mR_T = 0 \quad \Rightarrow \quad E_c = \frac{2}{5}g_0mR_T = \frac{2}{5}\cdot 9{,}8\cdot 200\cdot 64\cdot 10^5 = 5{,}0176\cdot 10^9\ \mathrm{J} \quad ◂$$

4.57 Se coloca un satélite meteorológico de 10^3 kg en órbita circular de 500 km sobre la superficie terrestre. Si el radio de la Tierra es de 6370 km, calcular: a) la energía del satélite en órbita; b) la energía que se ha requerido para ponerlo en dicha órbita desde la Tierra.

a) En dicha órbita se ha de cumplir:

$$G\frac{Mm}{r^2} = m\frac{v^2}{r} \quad \Rightarrow \quad v^2 = \frac{GM}{r}$$

y la energía mecánica del satélite en su órbita, teniendo en cuenta la ecuación anterior será

$$E = \frac{1}{2}mv^2 - \frac{GMm}{r} = \frac{1}{2}m\frac{GM}{r} - \frac{GMm}{r} = -\frac{1}{2}G\frac{Mm}{r} \quad = -\frac{1}{2}gR_T^2\frac{m}{r}$$

que al sustituir valores, sabiendo que $r = R_T + 500 = 6870$ km, se tendrá:

$$E = -\frac{1}{2}mg\frac{R_T^2}{r} = -\frac{1}{2}\cdot 10^3\cdot 9{,}8\frac{405769\cdot 10^8}{687\cdot 10^4} = -2894\cdot 10^7 \text{ J} \quad \blacktriangleleft$$

b) Aplicando el principio de conservación de la energía mecánica entre dos puntos (superficie terrestre y órbita) se tiene:

$$E_{c_1} + E_{p_1} = E_{c_2} + E_{p_2}$$

$$E_{c_1} = E_{c_2} + E_{p_2} - E_{p_1} = \frac{1}{2}mv^2 - \frac{GMm}{r} - \left(-\frac{GMm}{R_T}\right) = -\frac{1}{2}G\frac{Mm}{r} + G\frac{Mm}{R_T} =$$

$$= GMm\left(\frac{1}{R_T} - \frac{1}{2r}\right) = gR_T^2m\left(\frac{1}{R_T} - \frac{1}{2r}\right) = mgR_T\left(1 - \frac{R_T}{2r}\right) =$$

$$= 10^3\cdot 9{,}8\cdot 637\cdot 10^4\left(1 - \frac{637\cdot 10^4}{2\cdot 687\cdot 10^4}\right) = 3371\cdot 10^7 \text{ J}$$

5

Sistemas de partículas

5.1 Hallar el vector de posición, respecto al origen de coordenadas, del centro de masas de un sistema de tres partículas ubicadas en los vértices de un triángulo rectángulo como se indica en la figura.

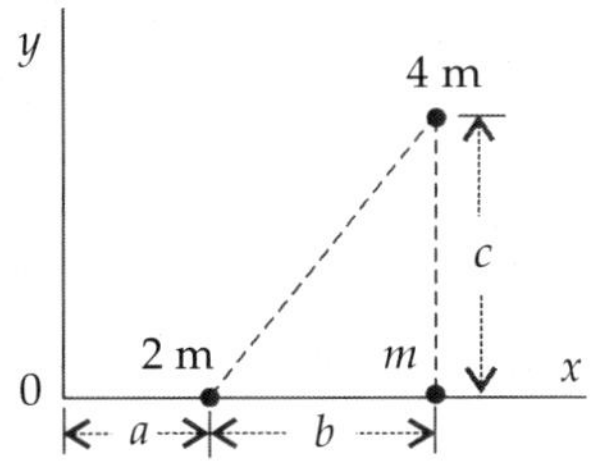

Se trata de un sistema de partículas discretas situadas en el plano XY, por lo que aplicamos la ecuación

$$\vec{r}_{CM} = \frac{\sum m_i \vec{r}_i}{\sum m_i}$$

que equivale a las dos ecuaciones escalares siguientes:

$$x_{CM} = \frac{\sum m_i x_i}{\sum m_i} = \frac{2ma + m(a+b) + 4m(a+b)}{7m} = \frac{7ma + 5mb}{7m} = a + \frac{5}{7}b$$

$$y_{CM} = \frac{\sum m_i y_i}{\sum m_i} = \frac{2m \cdot 0 + m \cdot 0 + 4mc}{7m} = \frac{4}{7}c$$

por lo que el vector de posición del CM es

$$\vec{r}_{CM} = \left(a + \frac{5}{7}b\right)\vec{\imath} + \frac{4}{7}c\,\vec{\jmath} \quad ◄$$

5.2 Se colocan masas de 15 g, 25 g, 40 g y 50 g en los vértices de un cuadrado de 25 cm de lado como se muestra en la figura. Hallar el vector de posición del centro de masas respecto al punto 0, origen de coordenadas.

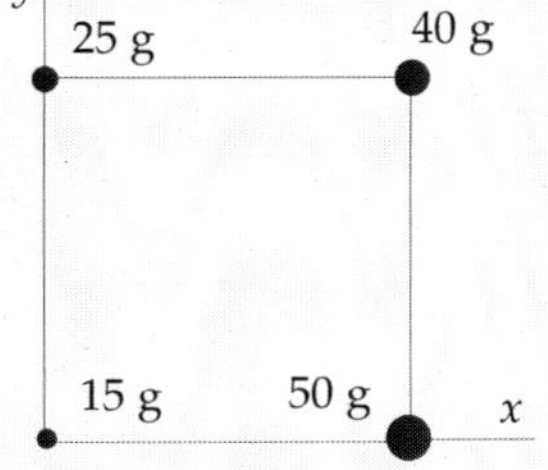

A partir de la definición del CM

$$\vec{r}_{CM} = \frac{\sum m_i \vec{r}_i}{\sum m_i} \begin{cases} x_{CM} = \dfrac{\sum m_i x_i}{\sum m_i} \\ y_{CM} = \dfrac{\sum m_i y_i}{\sum m_i} \end{cases}$$

y sustituyendo

$$x_{CM} = \frac{40 \cdot 25 + 50 \cdot 25}{15 + 25 + 40 + 50} = \frac{2250}{130} = 17{,}3 \text{ cm}$$

$$y_{CM} = \frac{25 \cdot 25 + 40 \cdot 25}{130} = \frac{1625}{130} = 12{,}5 \text{ cm}$$

Luego $\vec{r}_{CM} = (17{,}3\vec{\imath} + 12{,}5\vec{\jmath})$ cm ◂.

5.3 Un bate de béisbol de longitud ℓ tiene una densidad lineal (masa por unidad de longitud) dado por $\rho = \rho_0 \left(1 + kx^2\right)$, siendo x la distancia de un punto cualquiera del bate al extremo del mismo en el que la densidad es ρ_0, y k una constante. Determinar la coordenada x del centro de masas respecto a dicho extremo para el caso en que $k = 1/\ell^2$.

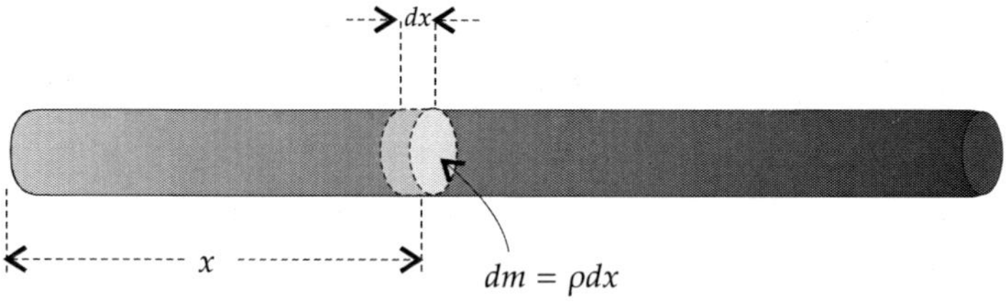

Se trata de un sistema de partículas con distribución continua de masas, por lo que la ecuación a aplicar es

$$\vec{r}_{CM} = \frac{\int \vec{r}\, dm}{\int dm}$$

Como además el cuerpo tiene forma de varilla, solo necesitamos conocer la coordenada x_{CM}:

$$x_{CM} = \frac{\int x\, dm}{\int dm}$$

Tomando un elemento de longitud dx, cuya masa es $dm = \rho dx = \rho_0 \left(1 + kx^2\right) dx$, y sustituyendo en la ecuación anterior, se tiene:

$$x_{CM} = \frac{\int_0^\ell \rho_0 \left(1 + kx^2\right) x dx}{\int_0^\ell \rho_0 \left(1 + kx^2\right) dx} = \frac{\int_0^\ell \left(1 + kx^2\right) x dx}{\int_0^\ell \left(1 + kx^2\right) dx} = \frac{\left[\frac{x^2}{2}\right]_0^\ell + \left[\frac{kx^4}{4}\right]_0^\ell}{[x]_0^\ell + \left[\frac{kx^3}{3}\right]_0^\ell} = \frac{\frac{\ell^2}{2} + \frac{k\ell^4}{4}}{\ell + \frac{k\ell^3}{3}}$$

$$x_{CM} = \frac{\frac{6\ell^2 + 3k\ell^4}{12}}{\frac{12\ell + 4k\ell^3}{12}} = \frac{6\ell^2 + 3k\ell^4}{12\ell + 4k\ell^3} = \frac{6\ell + 3k\ell^3}{12 + 4k\ell^2}$$

y aplicando $k = \dfrac{1}{\ell^2}$, nos queda

$$x_{CM} = \frac{6\ell + 3\ell}{12 + 4} = \frac{9\ell}{16} \quad ◂$$

5.4 La masa de la Luna es aproximadamente 0,013 veces la masa de la Tierra, y la distancia del centro de la Luna al centro de la Tierra es unas 60 veces el radio terrestre (R_T = 6400 km). ¿A qué distancia del centro de la Tierra está el centro de masa del sistema Tierra-Luna?

Si tomamos como origen el centro de la Tierra y consideramos que el centro de masas (*CM*) esta a una distancia x del mismo, por la propia definición del *CM* debe cumplirse:

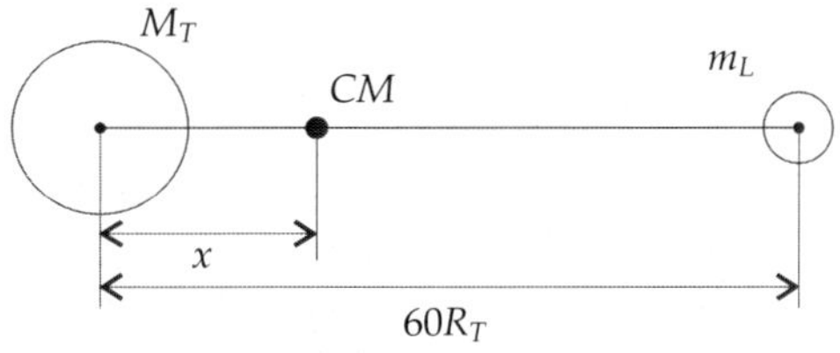

$$x_{CM} = \frac{\sum m_i x_i}{\sum m_i} = \frac{M_T \cdot 0 + 0{,}013\, M_T \cdot 60 R_T}{M_T + 0{,}013\, M_T} = \frac{0{,}013 \cdot 60 R_T}{1{,}013} = 4927{,}9 \text{ km} \quad ◂$$

5.5 Hallar el centro de masas de un arco semicircular homogéneo y sección uniforme de radio R, así como el de una lámina homogénea y espesor uniforme en forma de semicírculo de igual radio.

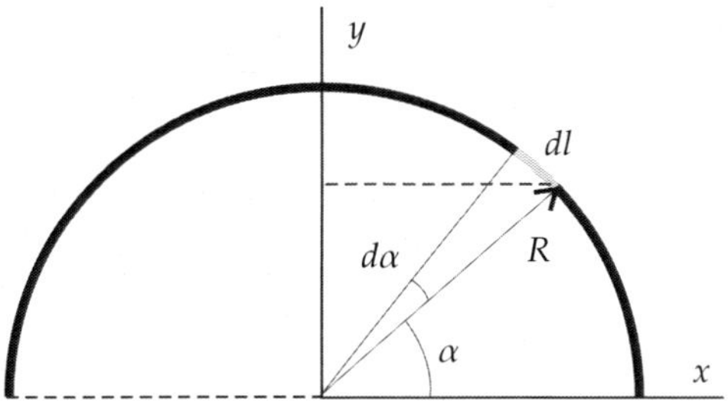

$y = R \operatorname{sen} \alpha; \quad dl = R\, d\alpha$

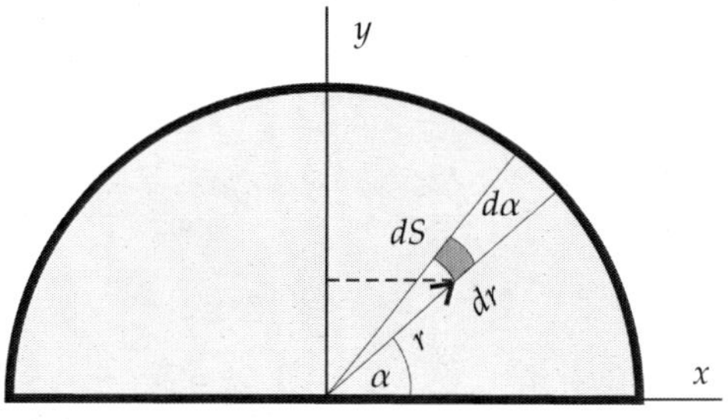

$y = \operatorname{sen} \alpha; \quad ds = r\, d\alpha\, dr$

Para el arco:

Por razón de simetría, el CM del arco semicircular se encontrará sobre el eje Y.

$$y_{CM} = \frac{\int y dm}{\int dm} = \frac{\int y\rho s d\ell}{\int \rho \ell s d\ell} = \frac{\int y d\ell}{\int d\ell}$$

$$y_{CM} = \frac{\int_0^{\pi} R \operatorname{sen} \alpha \cdot R d\alpha}{\pi R} = \frac{R \int_0^{\pi} \operatorname{sen} \alpha d\alpha}{\pi} = \frac{R\,[-\cos\alpha]_0^{\pi}}{\pi} = \frac{2R}{\pi}$$

Para la lámina:

Por razón de simetría, el CM del semicírculo se encontrará sobre el eje Y.

$$y_{CM} = \frac{\int y dm}{\int dm} = \frac{\int y\rho h ds}{\int \rho h ds} = \frac{\int y ds}{\int ds}$$

$$y_{CM} = \frac{\int r \operatorname{sen} \alpha \cdot r d\alpha dr}{\pi R^2/2} = \frac{\int_0^{\pi} \operatorname{sen} \alpha d\alpha \int_0^R r^2 dr}{\pi R^2/2} = \frac{[-\cos\alpha]_0^{\pi} \left[\frac{r^3}{3}\right]_0^R}{\pi R^2/2} = \frac{2R^3/3}{\pi R^2/2} = \frac{4R}{3\pi}$$ ◀

5.6 La densidad variable de una barra de longitud ℓ y sección uniforme viene dada por la expresión $\rho = \rho_0\,(1 + kx)$, siendo x la distancia de un punto cualquiera de la barra al extremo de la misma en el que la densidad es ρ_0 y k una constante. Determinar la posición del centro de gravedad, de la barra respecto a dicho extremo para el caso en que $k = 1/\ell$.

Se trata de un sistema de partículas con distribución continua de masas, por lo que:

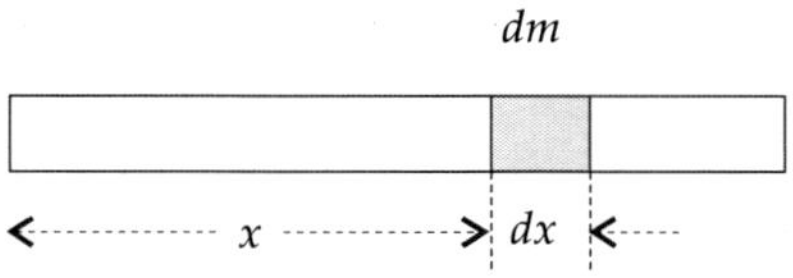

$$\vec{r}_{CM} = \frac{\int \vec{r} dm}{\int dm} \quad \rightarrow \quad x_{CM} = \frac{\int x dm}{\int dm}$$

Como el cuerpo tiene forma de varilla de sección uniforme, solo necesitamos conocer la coordenada x_{CM}. Si llamando S a la sección y tomamos un elemento de la barra de longitud dx, su masa vendría dada por

$$dm = \rho dv = \rho S dx = S\rho_0(1 + kx)dx$$

Podemos escribir:

$$x_{CM} = \frac{\int x dm}{\int dm} = \frac{\int_0^{\ell} S\rho_0(1 + kx)x dx}{\int_0^{\ell} S\rho_0(1 + kx)dx} = \frac{\int_0^{\ell} (1 + kx)x dx}{\int_0^{\ell} (1 + kx)dx}$$

$$x_{CM} = \frac{\left[\frac{x^2}{2}\right]_0^\ell + \left[\frac{kx^3}{3}\right]_0^\ell}{[x]_0^\ell + \left[\frac{kx^2}{2}\right]_0^\ell} = \frac{\frac{\ell^2}{2} + \frac{k\ell^3}{3}}{\ell + \frac{k\ell^2}{2}} = \frac{\frac{3\ell^2+2k\ell^2}{6}}{\frac{6\ell+3k\ell^2}{6}} = \frac{3\ell + 2k\ell^2}{6 + 3k\ell}$$

Y aplicando $k = \frac{1}{\ell}n$ nos queda

$$x_{CM} = \frac{5}{9}\ell \quad \blacktriangleleft$$

5.7 Un bastón, que está hecho de un material homogéneo y sección uniforme, consta de una semicircunferencia de radio R, que es la empuñadura, y una parte recta de longitud 12*R*. Calcular el centro de masas del bastón.

Si elegimos como sistema de referencia el indicado en la figura, el c.d.g. de la empuñadura, según se dijo para un arco semicircular en el problema anterior, tendrá por coordenadas:

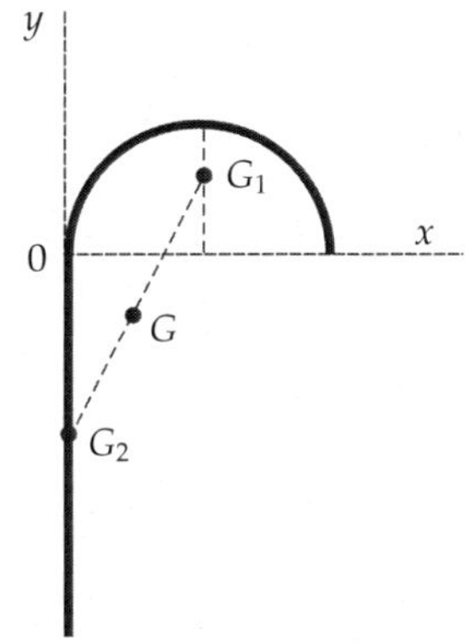

$$x_{G_1} = R; \quad y_{G_1} = \frac{2R}{\pi}$$

y para la parte recta

$$x_{G_2} = 0; \quad y_{G_2} = 6R$$

Localizados los *CM* de las dos varillas, de longitudes conocidas πR y $12R$, el *CM* del bastón, respecto a dicho sistema de referencia, se calcula aplicando las ecuaciones:

$$x_G = \frac{m_1x_1 + m_2x_2}{m_1 + m_2}; \quad y_G = \frac{m_1y_1 + m_2y_2}{m_1 + m_2}$$

que para este caso de varillas homogéneas y de sección uniforme se transforman en

$$x_G = \frac{l_1x_1 + l_2x_2}{l_1 + l_2}; \quad y_G = \frac{l_1y_1 + l_2y_2}{l_1 + l_2}$$

y sustituyendo en ellas las longitudes de las varillas y las coordenadas de sus centros de gravedad, se tiene:

$$x_G = \frac{\pi R \cdot R + 12R \cdot 0}{\pi R + 12R} = \frac{\pi R^2}{(12 + \pi)\,R} = \frac{\pi R}{12 + \pi}$$

$$y_G = \frac{\pi R \cdot \frac{2R}{\pi} + 12R \cdot 6R}{(12+\pi)\,R} = \frac{2R + 72R}{12+\pi} = \frac{74R}{12+\pi}$$

$$\vec{r}_G = \frac{\pi R}{12+\pi}\vec{\imath} + \frac{74R}{12+\pi}\vec{\jmath} = \frac{R}{12+\pi}(\pi\vec{\imath} + 74\vec{\jmath}) \quad ◂$$

5.8 Determinar el centro de gravedad de un alambre homogéneo y de sección uniforme doblado, como se indica en la figura, donde $OA = OB = R$.

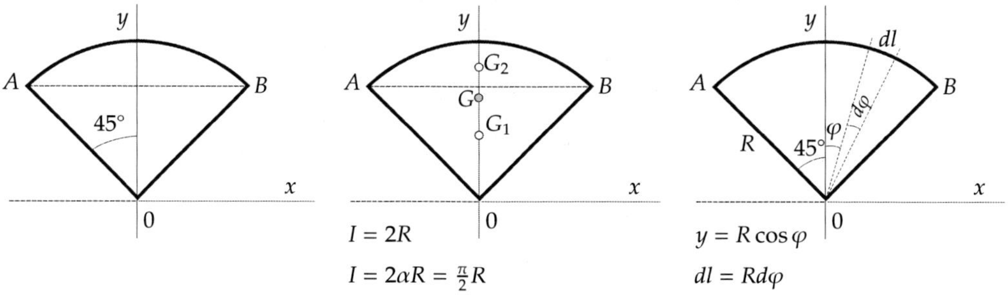

El centro de gravedad del conjunto de las dos partes rectas estará en el punto medio de la recta que une los centros de gravedad de OA y OB, que por razón de simetría coincidirá con un punto del eje Y situado en la bisectriz de la figura.

Por tanto,

$$y_1 = OG_1 = \frac{R}{2}\cos 45° = \frac{\sqrt{2}}{4}R$$

Por otra parte, el centro de gravedad del arco circular AB, por razón de simetría también estará en el eje Y, y su distancia a O se calcula así:

$$y_2 = 0G_2 = \frac{\int y d\ell}{\int d\ell} = \frac{\int_{-\alpha}^{\alpha} R\cos\varphi \cdot R d\varphi}{\int_{-\alpha}^{\alpha} R d\varphi} = \frac{R^2 \int_{-\alpha}^{\alpha} \cos\varphi d\varphi}{2R\alpha} = \frac{R^2\,[\operatorname{sen}\varphi]_{-\alpha}^{\alpha}}{2R\alpha}$$

$$= R\frac{2\operatorname{sen}\alpha}{2\alpha} = \frac{R\operatorname{sen}\alpha}{\alpha}$$

y para $\alpha = 45°$

$$y_2 = \frac{R\sqrt{2/2}}{\pi/4} = \frac{2R\sqrt{2}}{\pi}$$

Aplicando la ecuación para varias varillas homogéneas y uniformes de longitud l_i y centro de gravedad localizados, se tendrá el centro de gravedad buscado:

$$y_G = \overline{0G} = \frac{\sum y_i\ell_i}{\sum \ell_i} = \frac{y_i\ell_i + y_2\ell_2}{\ell_i + \ell_2} = \frac{\frac{\sqrt{2}R}{4}\cdot 2R + \frac{2\sqrt{2}R}{\pi}\cdot\frac{\pi}{2}R}{2R + \frac{\pi}{2}R} = \frac{\frac{\sqrt{2}R^2}{2} + \sqrt{2}R^2}{\frac{4R+\pi R}{2}} =$$

$$y_G = \frac{\sqrt{2}R^2 + 2\sqrt{2}R^2}{(4+\pi)R} = \frac{3\sqrt{2}R}{4+\pi} \quad ◂$$

5.9 A una lámina circular homogénea de radio R, se le ha practicado un orificio de radio $R/2$, como se indica en la figura. Determinar la posición del *CM* de la lámina resultante.

Por razón de simetría el CM o centro de gravedad (c.d.g.) buscado se encontrará sobre el eje Y. Según la figura, el c.d.g. de la lámina sin orificio tendrá por coordenadas $\vec{r}_{G_1}$ (0,0) y su área $s_1 = \pi R^2$.

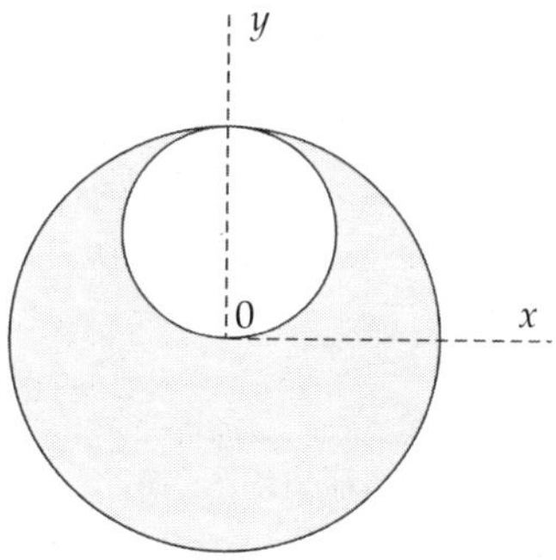

El c.d.g. de una lámina igual al orificio y ocupando su lugar tendría por coordenadas $\vec{r}_{G_2}(0, R/2)$, y su área $s_2 = \pi R^2/4$.

Aplicando la ecuación para varias láminas homogéneas y espesor uniforme de áreas s_i y centro de gravedad localizado en $\vec{r}_i\,(x_i,y_i)$, el c.d.g. de la lámina resultante será:

$$y_G = \frac{\sum y_i s_i}{\sum s_i} = \frac{y_1 s_1 - y_2 s_2}{s_1 - s_2} = \frac{0\cdot\pi R^2 - \frac{R}{2}\cdot\frac{\pi R^2}{4}}{\pi R^2 - \pi\frac{R^2}{4}} = -\frac{\pi\frac{R^3}{8}}{3\pi\frac{R^2}{4}} = -\frac{R}{6} \quad ◂$$

5.10 Determinar el c.d.g. de un sector circular homogéneo y uniforme de amplitud 2α y radio R.

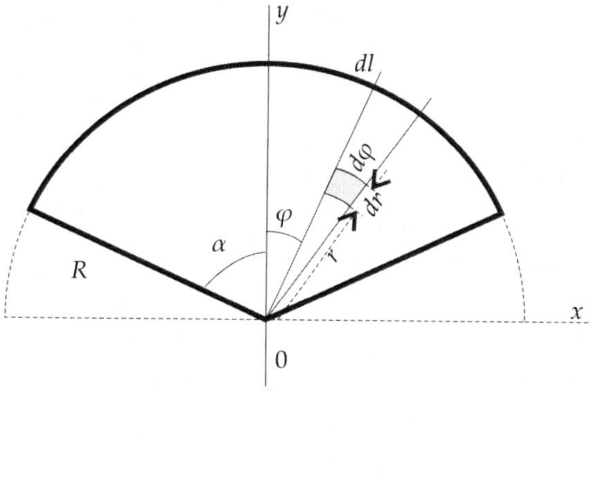

Igual que en el problema del arco de circunferencia de radio R y longitud $2x$, en el eje OY, que es eje de simetría, estará el centro de gravedad de esta lámina, por lo que bastará con la distancia al punto O.

$$y_G = \frac{\int y dm}{\int dm} = \frac{\int y\rho dv}{\int \rho dv} = \frac{\int y\rho h dS}{\int \rho h dS} = \frac{\int_s y dS}{\int_s dS}$$

$$\int_s y dS = \int_s r\cos\varphi \cdot r d\varphi dr = \int_{-\alpha}^{\alpha} \cos\varphi d\varphi \cdot \int_0^R r^2 dr = [\operatorname{sen}\varphi]_{-\alpha}^{\alpha} \cdot \left[\frac{r^3}{3}\right]_0^R =$$

$$= 2\operatorname{sen}\alpha \cdot \frac{R^3}{3} = \frac{2}{3}R^3 \cdot \operatorname{sen}\alpha$$

$$\int_s dS = \int_s r d\varphi dr = \int_{-\alpha}^{\alpha} d\varphi \cdot \int_0^R r dr = [\varphi]_{-\alpha}^{\alpha} \cdot \left[\frac{r^2}{2}\right]_0^R = 2\alpha \cdot \frac{R^2}{2} = R^2\alpha$$

$$y_G = \frac{\int_s y dS}{\int_s dS} = \frac{\frac{2}{3}R^3\operatorname{sen}\alpha}{R^2\alpha} = \frac{2}{3}R\frac{\operatorname{sen}\alpha}{\alpha}$$ ◄

5.11 Determinar el centro de masas (o centro de gravedad) de un segmento circular de amplitud 2α y radio R, suponiendo que es homogéneo y de espesor uniforme.

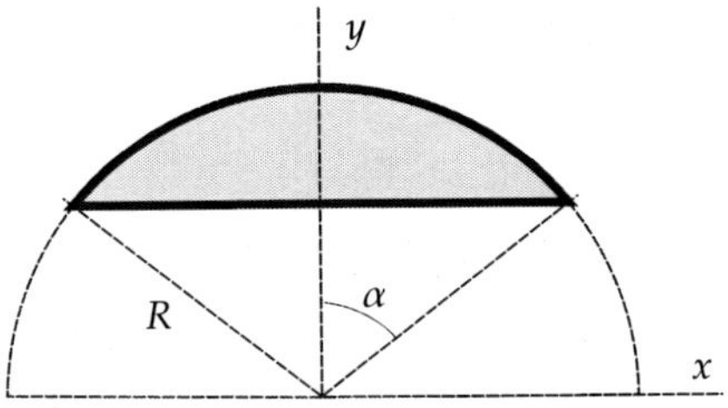

Por simetría el c.d.g. estará en el eje Y. Además podemos considerar el segmento ABC como un sector circular $OABC$ al que se le resta la parte triangular OAC.

Determinaremos en primer lugar el c.d.g. del sector circular que de acuerdo con la figura estará en el eje Y:

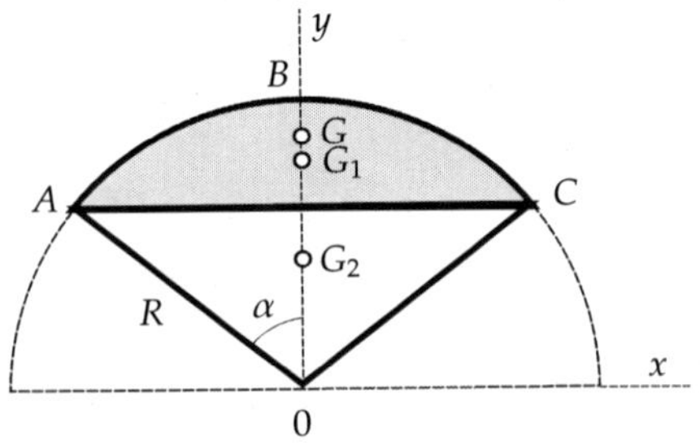

$$y_{G_1} = \frac{\int y dm}{\int dm} = \frac{\int y\rho dv}{\int \rho dv} = \frac{\int y\rho h ds}{\int \rho h ds} = \frac{\int_s y ds}{\int_s ds}$$

donde

$$\int_s y ds = \int_s r\cos\theta\, r\, d\theta\, dr =$$

$$= 2\int_0^{\alpha} \cos\theta d\theta \int_0^R r^2 dr = 2\,[\operatorname{sen}\theta]_0^{\alpha}\left[\frac{r^3}{3}\right]_0^R = 2\operatorname{sen}\alpha\frac{R^3}{3} = \frac{2}{3}R^3\operatorname{sen}\alpha$$

y

$$\int_s ds = \int_s r d\theta dr = 2\int_0^\alpha d\theta \int_0^R r dr = 2\left[\theta\right]_0^\alpha \left[\frac{r^2}{2}\right]_0^R = 2\alpha\frac{R^2}{2} = R^2\alpha$$

por lo que el c.d.g. del sector circular estará en

$$y_{G_1} = \overline{OG_1} = \frac{\int_s y ds}{\int_s ds} = \frac{\frac{2}{3}R^3 \operatorname{sen}\alpha}{R^2\alpha} = \frac{2}{3}R\frac{\operatorname{sen}\alpha}{\alpha}$$

El centro de gravedad G_2 del triángulo (el baricentro de un triángulo isósceles está a 1/3 h de la base) se encuentra a una distancia de 0 dada por

$$y_{G2} = \overline{OG_2} = \frac{2}{3}R\cos\alpha$$

Por otra parte, el área del sector circular es

$$s_1 = \frac{1}{2}\cdot R = \frac{1}{2}2\alpha R\cdot R = \alpha R^2$$

y la del triángulo OAC

$$s_2 = \frac{1}{2}\overline{AC}\cdot R\cos\alpha = \frac{1}{2}2R\operatorname{sen}\alpha\cdot R\cos\alpha = \frac{R^2\operatorname{sen}2\alpha}{2}$$

Aplicando ahora la ecuación para varias láminas homogéneas y espesor uniforme de áreas s_i y centros de gravedad localizados

$$y_G = \frac{\sum y_i s_i}{\sum s_i}$$

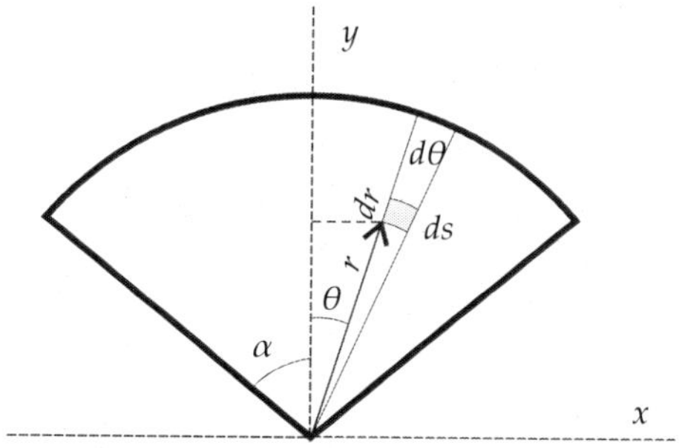

$y = r\cos\theta$; $ds = r d\theta\, dr$

donde

$$\begin{cases} y_1 = \frac{2}{3}R\frac{\operatorname{sen}\alpha}{\alpha} \\ y_2 = \frac{2}{3}R\cos\alpha \\ s_1 = \alpha R^2 \\ s_2 = \frac{R^2\operatorname{sen}2\alpha}{2} \end{cases}$$

se tiene finalmente:

$$y_G = \frac{y_1 s_1 - y_2 s_2}{s_1 - s_2} = \frac{\frac{2}{3}R\frac{\text{sen}\,\alpha}{\alpha}.\alpha R^2 - \frac{2}{3}R\cos\alpha.\frac{R^2\,\text{sen}\,2\alpha}{2}}{\alpha R^2 - \frac{R^2\,\text{sen}\,2\alpha}{2}} =$$

$$= \frac{\frac{2}{3}R^3\left(\text{sen}\,\alpha - \frac{\cos\alpha\,\text{sen}\,2\alpha}{2}\right)}{R^2\left(\alpha - \frac{\text{sen}\,2\alpha}{2}\right)} = \frac{\frac{2}{3}R\left(\text{sen}\,\alpha - \frac{\cos\alpha 2\,\text{sen}\,\alpha\, cos\alpha}{2}\right)}{\frac{2\alpha - \text{sen}\,2\alpha}{2}} =$$

$$= \frac{\frac{4}{3}R\left(\text{sen}\,\alpha - cos^2\alpha\,\text{sen}\,\alpha\right)}{2\alpha - \text{sen}\,2\alpha} = \frac{\frac{4}{3}R\left[\text{sen}\,\alpha - \left(1 - \text{sen}^2\,\alpha\right)\text{sen}\,\alpha\right]}{2\alpha - \text{sen}\,2\alpha} =$$

$$= \frac{4R\,\text{sen}^3\,\alpha}{3\,(2\alpha - \text{sen}\,2\alpha)} \quad ◄$$

5.12 En la figura se representa una placa con forma de triángulo rectángulo isósceles, homogénea y uniforme, cuyos catetos miden 5 cm. Determinar las coordenadas del centro de masas de la placa.

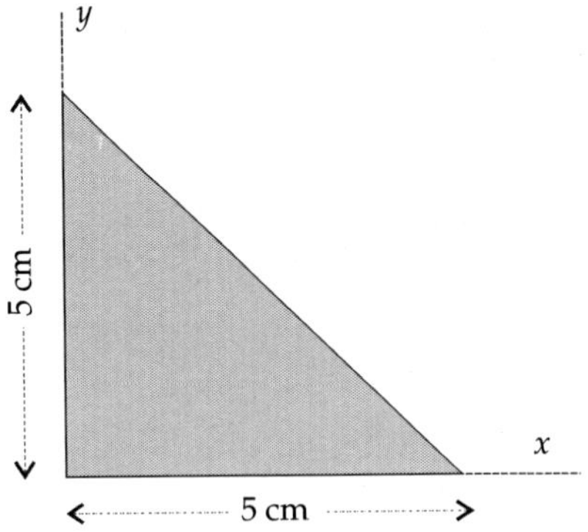

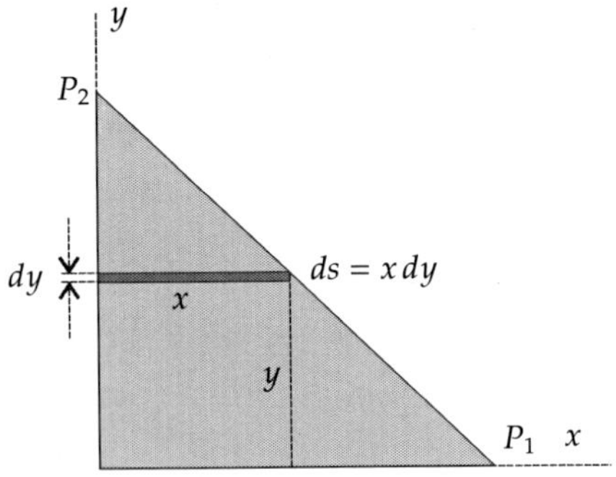

$$m = \rho S h; \quad dm = \rho\, dS\, h$$

$$\vec{r}_{cm} = \frac{\int \vec{r}\,dm}{m} \quad \rightarrow \quad \begin{cases} x_{cm} = \frac{1}{m}\int x dm \\ y_{cm} = \frac{1}{m}\int y dm \end{cases}$$

Por razones de simetría el centro de masas estará en la bisectriz del ángulo recto. Por lo tanto, las coordenadas del centro de masas serán iguales: $x_{cm} = y_{cm}$.

$$y_{cm} = \frac{1}{m}\int y dm = \frac{1}{\rho Sh}\int y\rho dS\, h = \frac{1}{S}\int y ds = \frac{1}{S}\int yx dy$$

Para poder integrar es necesario expresar x en función de y. Para ello, basta con considerar que la ecuación de la recta entre los puntos P_1 (5,0) y P_2 (0,5)

$$\frac{x - x_1}{x_2 - x_1} = \frac{y - y_1}{y_2 - y_1} \quad \rightarrow \quad \frac{x-5}{0-5} = \frac{y-0}{5-0} \quad \rightarrow \quad x = 5 - y$$

$$y_{cm} = \frac{1}{s}\int_0^5 y(5-y)dy = \frac{1}{s}\int_0^5 (5y - y^2)dy = \frac{1}{s}\left[\frac{5}{2}y^2 - \frac{1}{3}y^3\right]_0^5 = \frac{\left[\frac{5}{2}y^2 - \frac{y^3}{3}\right]_0^5}{\frac{1}{2}\cdot 5\cdot 5} = \frac{5}{3}\text{ cm}$$

$$x_{cm} = \frac{5}{3}\text{ cm}$$

El centro de masas estará situado en el punto de coordenadas: $\left(\frac{5}{3}, \frac{5}{3}\right)$ ◄

5.13 Calcular la posición del centro de masas de una semiesfera homogénea de radio R.

Según la figura podemos escribir

$$R^2 = z^2 + r^2 \quad \Rightarrow \quad r^2 = R^2 - z^2$$

$$V = \frac{2}{3}\pi R^3$$

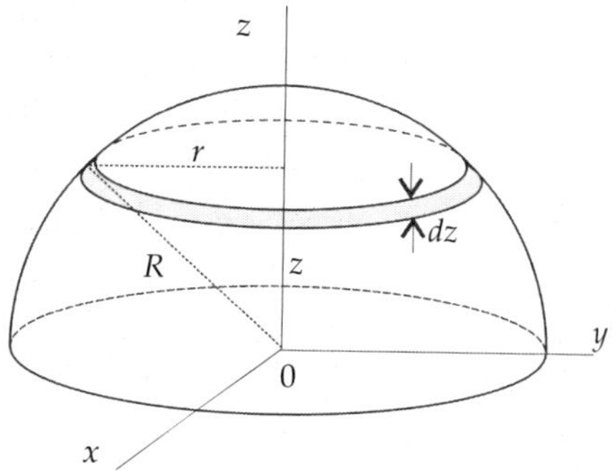

Por razón de simetría el centro de masa (o c.d.g.) se encuentra sobre el eje Z:

$$z_{CM} = \frac{\int z dm}{\int dm} = \frac{\int z\rho dV}{\int \rho dV} = \frac{\int z dV}{\int dV} = \frac{\int z dV}{V}$$

donde

$$dm = \rho dV \quad \text{y} \quad dV = \pi r^2 dz = \pi\left(R^2 - z^2\right)dz$$

y sustituyendo en la ecuación anterior se tiene

$$z_{CM} = \frac{\int_0^R z\cdot\pi\left(R^2 - z^2\right)dz}{\frac{2}{3}\pi R^3} = \frac{\int_0^R \left(R^2 - z^2\right)z dz}{\frac{2}{3}R^3} = \frac{\left[R^2\frac{z^2}{2} - \frac{z^4}{4}\right]_0^R}{\frac{2}{3}R^3} = \frac{3\left(\frac{R^4}{2} - \frac{R^4}{4}\right)}{2R^3} = \frac{3}{8}R$$ ◄

5.14 Una chapa delgada, homogénea y de espesor uniforme tiene la forma indicada en la figura. Determinar la posición de su centro de gravedad respecto al punto O.

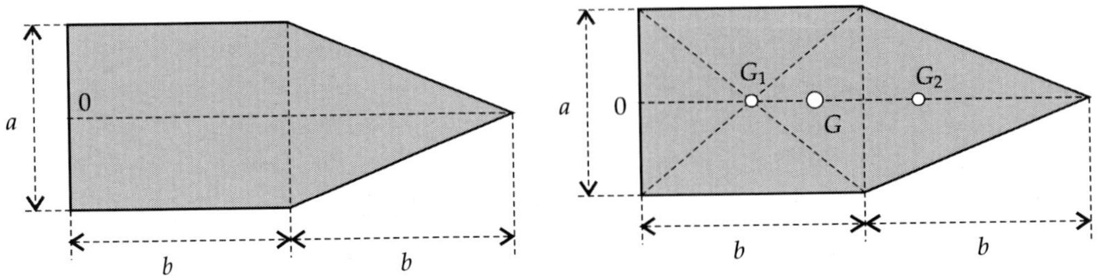

Por razón de simetría, los centros de gravedad del rectángulo, el triángulo isósceles y el conjunto de ambos estará en el eje X.

Aplicaremos la ecuación para varias láminas homogéneas y espesor uniforme de áreas S_i y centros de gravedad localizados:

$$x_G = \frac{\sum x_i S_i}{\sum S_i} = \frac{x_1 S_1 + x_2 S_2}{S_1 + S_2}$$

donde $x_1 = \dfrac{b}{2}; \quad x_2 = b + \dfrac{b}{3} = \dfrac{4b}{3}$

$$S_i = ab; \qquad S_2 = \frac{ab}{2}$$

sustituyendo

$$x_G = \frac{\dfrac{b}{2} \cdot ab + \dfrac{4b}{3} \cdot \dfrac{ab}{2}}{ab + \dfrac{ab}{2}} = \frac{\dfrac{ab^2}{2} + \dfrac{2ab^2}{3}}{\dfrac{3ab}{2}} = \frac{b + \dfrac{4b}{3}}{3} = \frac{7}{9}b \quad ◀$$

5.15 Hallar el c.d.g de un tronco de cono de revolución homogéneo, de altura $h = 8$ cm y de radios de las bases $R = 6$ cm y $r = 2$ cm.

El tronco de cono se puede considerar como la diferencia entre el cono de radio R y de altura H y el cono de radio r y altura $H - h$, como se muestra en la figura.

Por semejanza de triángulos podemos calcular la altura H:

$$\frac{H}{R} = \frac{H - h}{r} \quad \Rightarrow \quad Hr = HR - Rh \quad \Rightarrow \quad H = \frac{Rh}{R - r} = \frac{6 \cdot 8}{6 - 2} = 12 \text{ cm}$$

Por razón de simetría, tal como se ha tomado el sistema de referencia, es evidente que las coordenadas x e y del centro de masas valen cero, tanto para el tronco del cono como para los conos grande y pequeño, por lo que tan solo se debe determinar la coordenada z.

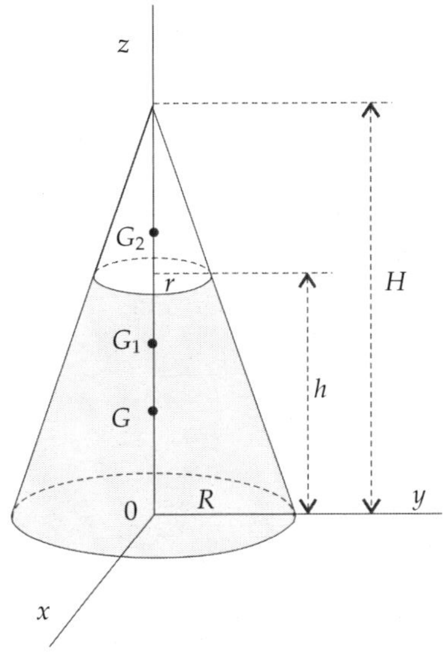

Ahora bien, sabiendo que el CM de un cono está a $h/4$ de la base, el c.d.g. del cono grande, de radio R y altura H, tiene por coordenadas $\vec{r}_{G_1}\,(0,0,3)$ cm, ya que $z_1 = OG_1 = H/4 = 3$ cm, y su volumen $V_1 = \frac{1}{3}\pi R^2 H = 452$ cm^3. Por la misma razón, el c.d.g. del cono pequeño, de radio r y altura $H-h$, tiene por coordenadas $\vec{r}_{G_2}\,(0,0,9)$ cm, puesto que $z_2 = OG_2 = h \cdot (H-h)/4 = 8+1 = 9$ cm, y su volumen $V_2 = \frac{1}{3}\pi r^2\,(H-h) = 16{,}75$ cm^3.

Aplicando la ecuación que nos da el c.d.g. de varios cuerpos homogéneos de volúmenes conocidos V_i y centros de masas localizados en $\vec{r}_i\,(x_i, y_i, z_i)$, el c.d.g. del tronco de cono estará a

$$z_G = \frac{\sum z_i V_i}{\sum V_i} = \frac{z_1 V_1 - z_2 V_2}{V_1 - V_2} = \frac{3 \cdot 452 - 9 \cdot 16{,}75}{452 - 16{,}75} = 2{,}77 \text{ cm} \quad ◂$$

de la base mayor.

5.16 Determinar la posición del c.d.g. de un cono de revolución homogénea de altura H.

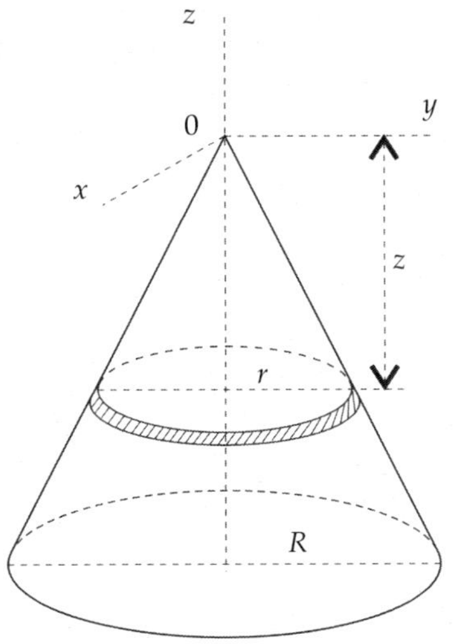

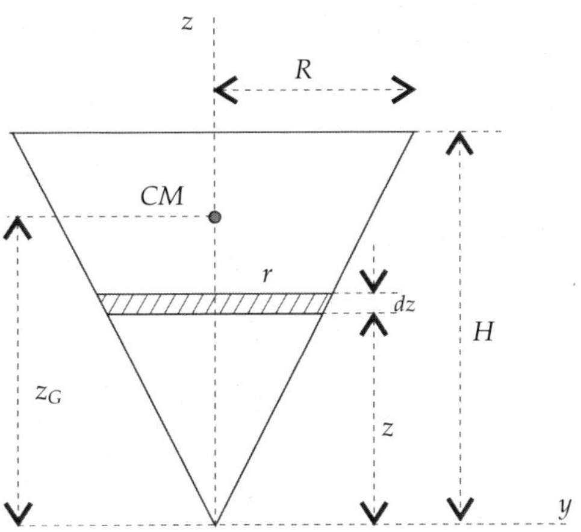

Por razón de simetría el c.d.g. estará en el eje Z:

$$z_G = \frac{\int z dm}{\int dm} = \frac{\int z\rho dV}{\int \rho dV} = \frac{\int_v z dV}{V} \tag{1}$$

Como elementos de volumen se toman rodajas normales a la altura y espesor dz:

$$dV = \pi r^2 dz \tag{2}$$

Por otra parte, por semejanza de triángulos se tiene:

$$\frac{R}{r} = \frac{H}{z} \Rightarrow r = \frac{R}{H} z$$

Que sustituyendo en la (2) queda:

$$dV = \pi \frac{R^2}{H^2} z^2 dz \quad \Rightarrow \quad z_G = \frac{\int_0^H \pi \frac{R^2}{H^2} z^3 dz}{\frac{1}{3}\pi R^2 H} = \frac{3\int_0^H z^3 dz}{H^3} = \frac{3}{H^3}\left[\frac{z^4}{4}\right]_0^H = \frac{3}{4}H$$

El c.d.g. se encuentra a $\frac{3}{4}H$ del vértice, o bien a $\frac{H}{4}$ de la base. ◄

5.17 Un paralelepípedo rectangular, de base cuadrada, de lado $\ell = 1{,}17$ m y de altura $h = 3$ m, tiene densidad variable $\rho = (2 + z)$ kg/m^3, siendo z la distancia a la base. ¿Volcará el paralelepípedo si lo colocamos apoyado por su base sobre un plano inclinado 30° con el suelo?

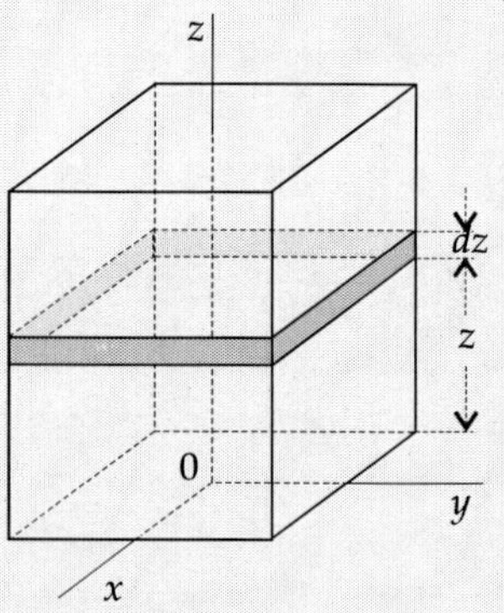

La altura máxima del c.d.g del paralelepípedo para que este no vuelque ha de ser:

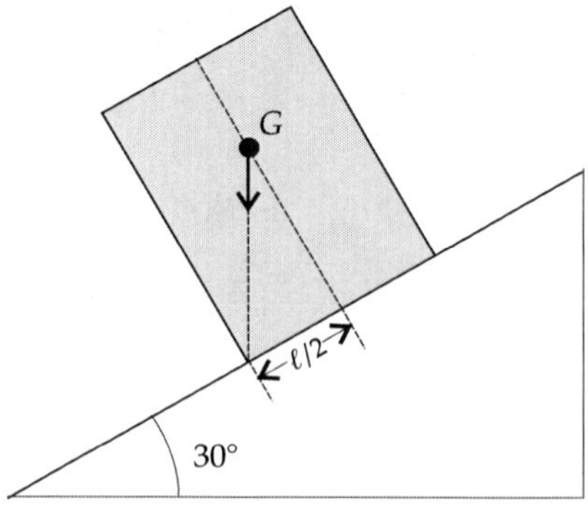

$$\operatorname{tg} 30° = \frac{\ell/2}{z_G} \quad \Rightarrow$$

$$\Rightarrow \quad z_G = \frac{\ell/2}{\operatorname{tg} 30°} = \frac{1{,}7}{2 \cdot 0{,}577} = 1{,}47 \text{ m}$$

Calculamos ahora la altura a que se encuentra el CM o c.d.g.

$$z_G = \frac{\int z dm}{\int dm} = \frac{\int_V \rho z dV}{\int_V \rho dV}$$

donde $dV = \ell^2 dz$, y sustituyendo:

$$z_G = \frac{\ell^2 \int_0^3 \rho z dz}{\ell^2 \int_0^3 \rho dz} = \frac{\int_0^3 (2+z)\, z dz}{\int_0^3 (2+z)\, dz} = \frac{\left[z^2\right]_0^3 + \left[\frac{z^3}{3}\right]_0^3}{\left[2z\right]_0^3 + \left[\frac{z^2}{2}\right]_0^3} = \frac{9+9}{6+4{,}5} = \frac{18}{10{,}5} = 1{,}71 \text{ m} \quad \blacktriangleleft$$

Resultado que es mayor que 1,47 m, luego el paralelepípedo volcará.

5.18 Tres partículas, cuyas masas son $m_1 = 3$ kg, $m_2 = 1$ kg y $m_3 = 2$ kg, se mueven bajo la influencia de un campo de fuerzas de modo que sus vectores de posición con relación a un sistema de coordenadas inercial vienen dados por:

$$\vec{r}_1 = 4\vec{\imath} + (2t^3 - 4)\vec{\jmath} - 12\vec{k}$$

$$\vec{r}_2 = (6t - 2t^2)\,\vec{\imath} - 2t\vec{\jmath} + 6t^3\vec{k}$$

$$\vec{r}_3 = (4t^2 - 3)\,\vec{\imath} + 4t\vec{\jmath} + 3\vec{k}$$

Encontrar el vector de posición del centro de masas, velocidad y aceleración del mismo en función de t.

Por la definición del CM:

$$\vec{r}_{CM} = \frac{\sum m_i \vec{r}_i}{\sum m_i} =$$

$$= \frac{3\left[4\vec{\imath} + (2t^3 - 4)\vec{\jmath} - 12\vec{k}\right] + 1\left[(6t - 2t^2)\,\vec{\imath} - 2t\vec{\jmath} + 6t^3\vec{k}\right] + 2\left[(4t^2 - 3)\,\vec{\imath} + 4t\vec{\jmath} + 3\vec{k}\right]}{6} =$$

$$= (t^2 + t + 1)\,\vec{\imath} + (t^3 + t - 2)\vec{\jmath} + (t^3 - 5)\,\vec{k} \quad \blacktriangleleft$$

Como

$$\vec{v}_{CM} = \frac{d\vec{r}_{CM}}{dt} \quad \text{y} \quad \vec{a}_{CM} = \frac{d\vec{v}_{CM}}{dt}$$

si derivamos la expresión obtenida anteriormente una y dos veces obtenemos,

$$\vec{v}_{CM} = (2t + 1)\,\vec{\imath} + (3t^2 + 1)\vec{\jmath} + 3t^2\vec{k} \quad \blacktriangleleft$$

$$\vec{a}_{CM} = 2\vec{\imath} + 6t\vec{\jmath} + 6t\vec{k} \quad \blacktriangleleft$$

5.19 Un sistema está integrado por tres cuerpos cuyas masas y posiciones (expresadas en metros) son:

$$m_1 = 3\text{ kg}, \quad \vec{r}_1\,(2t, 0, 3)\text{ m}$$

$$m_2 = 5\text{ kg}, \quad \vec{r}_2\left(4 + t, t^2, 2\right)\text{ m}$$

$$m_3 = 8\text{ kg}, \quad \vec{r}_3\left(0, 1 + t^2, 3t\right)\text{ m}$$

Calcular, en el instante $t = 2$ s, la posición, velocidad y cantidad de movimiento del centro de masas del sistema.

$$\vec{r}_{CM} = \frac{\sum m_i \vec{r}_i}{\sum m_i}$$

$$x_{CM} = \frac{\sum m_i x_i}{m} = \frac{3 \cdot 2t + 5\,(4 + t) + 8 \cdot 0}{3 + 5 + 8} = \frac{11t + 20}{16}$$

$$y_{CM} = \frac{\sum m_i y_i}{m} = \frac{3 \cdot 0 + 5t^2 + 8\left(1 + t^2\right)}{16} = \frac{13t^2 + 8}{16}$$

$$z_{CM} = \frac{\sum m_i z_i}{m} = \frac{3 \cdot 3 + 5 \cdot 2 + 8 \cdot 3t}{16} = \frac{24t + 19}{16}$$

por lo que la posición, velocidad y cantidad de movimiento del centro de masas son:

$$\vec{r}_{CM} = \frac{1}{16}\left[(11t + 20)\,\vec{\imath} + \left(13t^2 + 8\right)\vec{\jmath} + (24t + 19)\,\vec{k}\right]$$

$$\vec{v}_{CM} = \frac{d\vec{r}_{CM}}{dt} = \frac{1}{16}\left[11\,\vec{\imath} + 26t\,\vec{\jmath} + 24\,\vec{k}\right]$$

$$\vec{P} = m\vec{v}_{CM} = 11\,\vec{\imath} + 26t\,\vec{\jmath} + 24\,\vec{k}$$

y en el instante $t = 2$ s:

$$\left.\begin{array}{lcl} \vec{r}_{CM} = 2{,}62\,\vec{\imath} + 3{,}75\,\vec{\jmath} + 4{,}19\,\vec{k} & & r_{CM} = 6{,}20\text{ m} \\ \vec{v}_{CM} = 0{,}69\,\vec{\imath} + 3{,}25\,\vec{\jmath} + 1{,}5\,\vec{k} & \Rightarrow & v_{CM} = 3{,}64\text{ m/s} \\ \vec{P}_{CM} = 11\,\vec{\imath} + 52\,\vec{\jmath} + 24\,\vec{k} & & P = 58{,}3\text{ kgm/s} \end{array}\right\} \blacktriangleleft$$

5.20 Tres partículas inician su movimiento con velocidades constantes desde los siguientes puntos (cuyas coordenadas se expresan en metros) y con las velocidades que se indican:

$$m_1 = m\text{ kg}, \quad \vec{r}_1\,(0,2)\text{ m}, \quad \vec{v}_1 = 5\vec{\imath} + 3\vec{\jmath}\text{ m/s}$$

$$m_2 = 2m\text{ kg}, \quad \vec{r}_2\,(1,1)\text{ m}, \quad \vec{v}_2 = 6\vec{\imath}\text{ m/s}$$

$$m_3 = 3m\text{ kg}, \quad \vec{r}_3\,(1,-1)\text{ m}, \quad \vec{v}_3 = 4\vec{\imath} - 2\vec{\jmath}\text{ m/s}$$

Calcular: a) las coordenadas del CM del sistema antes de iniciarse el movimiento; b) velocidad del CM; c) energía cinética del sistema; d) cantidad de movimiento del sistema; e) ecuaciones paramétricas del movimiento del centro de masas.

a) El CM viene dado por: $\vec{r}_{cm} = \frac{\sum m_i \vec{r}_i}{\sum m_i}$ $\begin{cases} x_{cm} = \dfrac{\sum m_i x_i}{M} \\ y_{cm} = \dfrac{\sum m_i y_i}{M} \end{cases}$

En $t = 0$,

$$x_{0cm} = \frac{0 + 2m \cdot 1 + 3m \cdot 1}{6m} = \frac{5m}{6m} = \frac{5}{6}$$

$$y_{0cm} = \frac{m \cdot 2 + 2m \cdot 1 - 3m \cdot 1}{6m} = \frac{m}{6m} = \frac{1}{6}$$

$$\vec{r}_{0cm} = \left(\frac{5}{6}\vec{\imath} + \frac{1}{6}\vec{\jmath}\right)\text{ m} \quad \blacktriangleleft$$

La velocidad del CM viene dada por

b)
$$\vec{v}_{cm} = \frac{d\vec{r}_{cm}}{dt} = \frac{d}{dt}\left(\frac{\sum m_i \vec{r}_i}{M}\right) = \frac{m_1\vec{v}_1 + m_2\vec{v}_2 + m_3\vec{v}_3}{M} =$$

$$= \frac{5m\vec{\imath} + 3m\vec{\jmath} + 12m\vec{\imath} + 12m\vec{\imath} - 6m\vec{\jmath}}{6m} =$$

$$= \frac{29m\vec{\imath} - 3m\vec{\jmath}}{6m} = \frac{1}{6}\,(29\vec{\imath} - 3\vec{\jmath})\,\frac{\text{m}}{\text{s}} \quad \blacktriangleleft$$

c)
$$E_C = \frac{1}{2}\left(m_1 v_1^2 + m_2 v_2^2 + m_3 v_3^2\right) = \frac{1}{2}\,(m \cdot 34 + 2m \cdot 36 + 3m \cdot 20) = 83m\text{ J} \quad \blacktriangleleft$$

d)
$$\vec{P} = M v_{cm} = 6m\left[\frac{1}{6}\,(29\vec{\imath} - 3\vec{\jmath})\right] = m\,(29\vec{\imath} - 3\vec{\jmath})\text{ kg}\frac{\text{m}}{\text{s}}$$

O bien,

$$\vec{P} = \sum \vec{P}_i = m(5\vec{\imath} + 3\vec{\jmath}) + 2m \cdot 6\vec{\imath} + 3m\,(4\vec{\imath} - 2\vec{\jmath}) = m\,(29\vec{\imath} - 3\vec{\jmath})\text{ kgms}^{-1} \quad \blacktriangleleft$$

e) $\vec{v}_{cm} = d\vec{r}_{cm}/dt; \quad d\vec{r}_{cm} = \vec{v}_{cm}dt$

$$\vec{r}_{cm} = \int \vec{v}_{cm}dt = \vec{v}_{cm}t + c; \quad \text{para } t = 0 \quad \rightarrow \quad c = \vec{r}_{0cm}$$

$$\vec{r}_{cm} = \vec{r}_{0cm} + \vec{v}_{cm}t = \frac{5}{6}\vec{\imath} + \frac{1}{6}\vec{\jmath} + \frac{29}{6}t\vec{\imath} - \frac{3}{6}t\vec{\jmath} = \left(\frac{5}{6} + \frac{29}{6}t\right)\vec{\imath} + \left(\frac{1}{6} - \frac{3}{6}t\right)\vec{\jmath} \quad ◄$$

5.21 Dos partículas de masas $m_1 = 1$ kg y $m_2 = 2$ kg, están situadas en las posiciones que muestra la figura. El sistema está inicialmente en reposo. Entonces actúan las fuerzas $F_1 = 9$ N y $F_2 = 15$ N constantemente. Determinar: a) el vector aceleración del CM del sistema; b) las ecuaciones que describen la posición del CM en función del tiempo o ecuaciones paramétricas.

De acuerdo con la figura podemos escribir

$$m_1 = 1\text{ kg} \quad m_2 = 2\text{ kg}$$

$$\vec{F}_1 = 9\vec{\jmath} \quad \vec{F}_2 = 15\vec{\imath}$$

$$\vec{r}_1 = 0 \quad \vec{r}_2 = 4\vec{\imath} + 3\vec{\jmath}$$

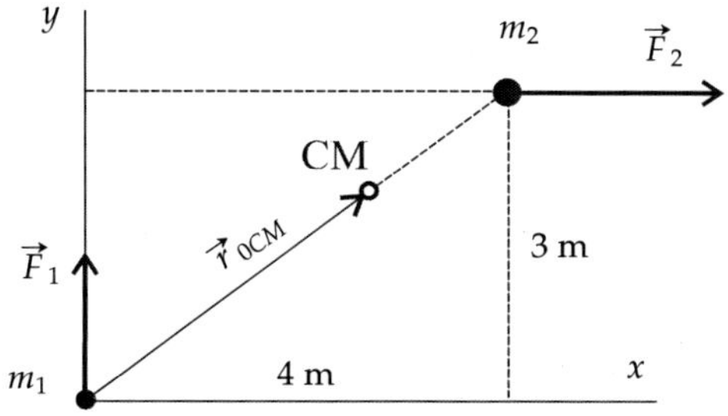

a) Aplicando la ecuación de movimiento para un sistema de partículas en la forma $\sum \vec{F}_{ext} = m\vec{a}_{CM}$, se tiene:

$$\vec{F}_1 + \vec{F}_2 = (m_1 + m_2)\,\vec{a}_{CM} \quad \Rightarrow \quad 9\vec{\jmath} + 15\vec{\imath} = 3\vec{a}_{CM}$$

$$\vec{a}_{CM} = 5\vec{\imath} + 3\vec{\jmath}\ \text{m/s}^2 \quad ◄$$

b) $$\frac{d\vec{v}_{CM}}{dt} = \vec{a}_{CM} \quad \Rightarrow \quad \vec{v}_{CM} = \int_0^t \vec{a}_{CM}\cdot dt = \int_0^t (5\vec{\imath} + 3\vec{\jmath})\,dt = 5t\vec{\imath} + 3t\vec{\jmath}$$

Conocida la velocidad podemos conocer la posición del centro de masas con:

$$\frac{d\vec{r}_{CM}}{dt} = \vec{v}_{CM} \quad \Rightarrow \quad \vec{r}_{CM} = \int_0^t \vec{v}_{CM}.dt = \int_0^t (5t\vec{\imath} + 3t\vec{\jmath})\,dt = 2{,}5t^2\vec{\imath} + 1{,}5t^2\vec{\jmath} + C$$

Para $t = 0$, $C = \vec{r}_{0CM}$, por lo que es necesario conocer el vector de posición inicial del sistema:

$$\vec{r}_{0CM} = \frac{\sum m_i\vec{r}_i}{m} = \frac{m_1\vec{r}_1 + m_2\vec{r}_2}{m_1 + m_2} = \frac{1\cdot 0 + 2\cdot(4\vec{\imath} + 3\vec{\jmath})}{3} = 2{,}67\vec{\imath} + 2\vec{\jmath}$$

Por consiguiente, el vector de posición en función del tiempo será

$$r_{CM} = r_{0CM} + 2{,}5t^2\vec{\imath} + 1{,}5t^2\vec{\jmath} = (2{,}67\vec{\imath} + 2\vec{\jmath}) + \left(2{,}5t^2\vec{\imath} + 1{,}5t^2\vec{\jmath}\right) =$$
$$= \left(2{,}67 + 2{,}5t^2\right)\vec{\imath} + \left(2 + 1{,}5t^2\right)\vec{\jmath}$$

y las ecuaciones paramétricas

$$\left.\begin{aligned} x_{CM} &= 2{,}67 + 2{,}5t^2 \\ y_{CM} &= 2 + 1{,}5t^2 \end{aligned}\right\} \blacktriangleleft$$

5.22 Dos masas m_1 y m_2 suspendidas de dos hilos inextensible y de igual longitud L se cargan con idéntica carga q positiva, observándose que el sistema adquiere una disposición como se muestra en la figura. Obtener la relación entre las cargas m_1 y m_2.

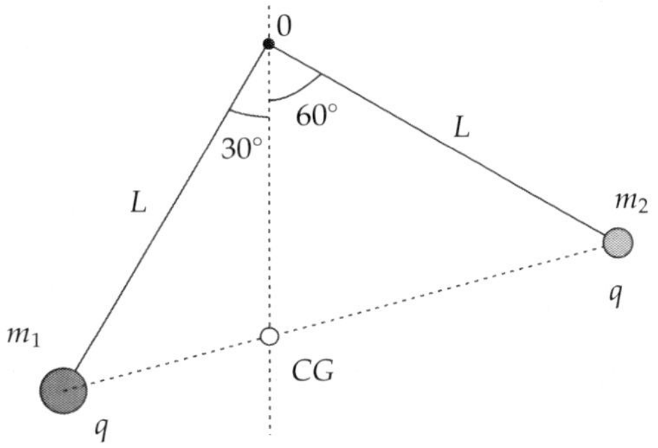

Si el sistema está en equilibrio, el centro de masas del sistema debe estar debajo del punto 0 y además en la línea que une ambas masas. Por tanto, deberá encontrarse en el punto CG.

Debe cumplirse que

$$m_1 g \cdot d_1 = m_2 g \cdot d_2 \quad \rightarrow$$
$$\rightarrow m_1 g{\cdot}d_1 = m_2 g{\cdot}d_2 \quad \rightarrow \quad \frac{m_1}{m_2} = \frac{d_2}{d_1}$$

Fijándonos en la figura, en los triángulos que forma cada carga con el CG y las líneas horizontales que pasan por las cargas:

$$\begin{aligned} d_1 \cos 15 &= L \operatorname{sen} 30 \\ d_2 \cos 15 &= L \operatorname{sen} 60 \end{aligned} \quad \rightarrow \quad \frac{m_1}{m_2} = \frac{d_2}{d_1} = \frac{\operatorname{sen} 60}{\operatorname{sen} 30} = \frac{\sqrt{3}/2}{1/2} = \sqrt{3} \quad \blacktriangleleft$$

5.23 Cuatro partículas, de masa m cada una, se encuentran unidas entre sí por seis muelles idénticos, de masa despreciable y constante de recuperación k, formando un tetraedro regular como se indica en la figura. Si se aplica una fuerza constante, $\vec{F}$, a una de las partículas, ¿cuál será la posición del CM del sistema en el instante t?

Las fuerzas que desarrollan los muelles sobre las partículas a las que están conectadas son fuerzas interiores al sistema y, por tanto, no intervienen en el movimiento del CM, pues éste se mueve como si en él estuviese concentrada toda la masa del sistema y en él actuasen las fuerzas exteriores.

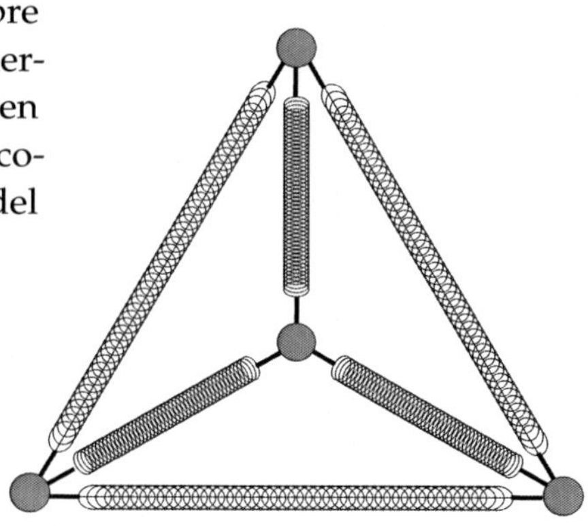

En consecuencia, si colocamos el origen de coordenadas en el CM cuando éste está en reposo y llamamos M a la masa total del sistema, podemos escribir:

$$\vec{F} = M\frac{d\vec{v}_{CM}}{dt} \quad \Rightarrow \quad d\vec{v}_{CM} = \frac{\vec{F}}{M}dt$$

e integrado tenemos

$$\vec{v}_{CM} = \frac{\vec{F}}{M}t$$

ya que para $t = 0$, $\vec{v}_{CM} = 0$. Finalmente, teniendo en cuenta que $\vec{v}_{CM} = \dfrac{d\vec{r}_{CM}}{dt}$ se obtiene

$$\frac{d\vec{r}_{CM}}{dt} = \frac{\vec{F}}{M}t \quad \Rightarrow \quad \vec{r}_{CM} = \frac{\vec{F}}{2M}t^2 \quad ◂$$

5.24 Una carretilla de 3 m de longitud y 100 kg de masa se encuentra en reposo sobre unos raíles lisos. Una mujer de 60 kg, que se encuentra sobre ella, pasa de un extremo a otro de la carretilla. ¿Qué distancia se desplaza dicha carretilla al ocurrir esto?

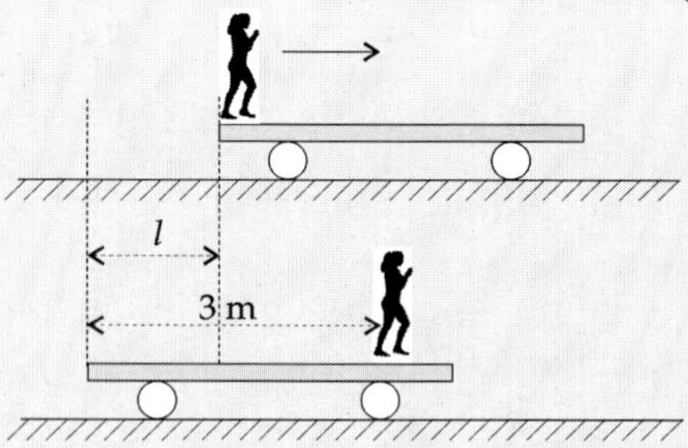

Como no se aplican fuerzas exteriores al sistema carretilla-hombre, se ha de cumplir el principio de conservación de la cantidad de movimiento.

$$m_1v_1 = (m_1 + m_2)v_2$$

siendo:

m_1, la masa de la mujer;

v_1, la velocidad de este respecto a un punto de la carretilla;

m_2, la masa de la carretilla, y

v_2, la velocidad de ésta en sentido opuesto a v_1.

Si s es el espacio recorrido por la carretilla, mientras la mujer recorre 3 m sobre ésta, se tiene:

$$v_2 = s/t; \quad v_1 = 3/t$$

Sustituyendo estos valores en la anterior:

$$m_1\left(\frac{3}{t}\right) = (m_1 + m_2)\frac{s}{t} \quad \rightarrow \quad 3m_1 = (m_1 + m_2)\,s$$

$$s = \frac{3m_1}{m_1 + m_2} = \frac{3 \cdot 60}{60 + 100} = \frac{180}{160} = \frac{18}{16} = 1{,}12 \text{ m} \quad ◄$$

Otra forma de hacerlo es sabiendo que, si inicialmente estaba en reposo y no hay fuerzas exteriores que actúen, el CM va a permanecer en el mismo sitio:

$$x_{cm} = \frac{\sum m_i x_i}{\sum m_i} = \frac{m_1 l + m_2(l + 1{,}5)}{m_1 + m_2}$$

$$x_{cm} = \frac{\sum m_i x_i}{\sum m_i} = \frac{m_1 3 + 1{,}5 m_2}{m_1 + m_2}$$

$$m_1 l + m_2(l + 1{,}5) = m_1 3 + 1{,}5 m_2 \quad m_1 l + m_2 l + m_2 1{,}5 = m_1 3 + 1{,}5 m_2$$

$$l(m_1 + m_2) = 3m_1$$

$$l = \frac{3m_1}{m_1 + m_2} = \frac{3 \cdot 60}{60 + 100} = \frac{180}{160} = \frac{18}{16} = 1{,}12 \text{ m} \quad ◄$$

5.25 Un hombre de 80 kg está en el extremo de una plataforma deslizable de 120 kg y 10 m de longitud. Se pone a correr a la velocidad de 5 m/s (respecto a la plataforma) hasta llegar al borde opuesto. Suponiendo que no existen fuerzas de rozamiento, calcular: a) la velocidad de la plataforma y la del hombre respecto al suelo; b) el espacio recorrido por la plataforma.

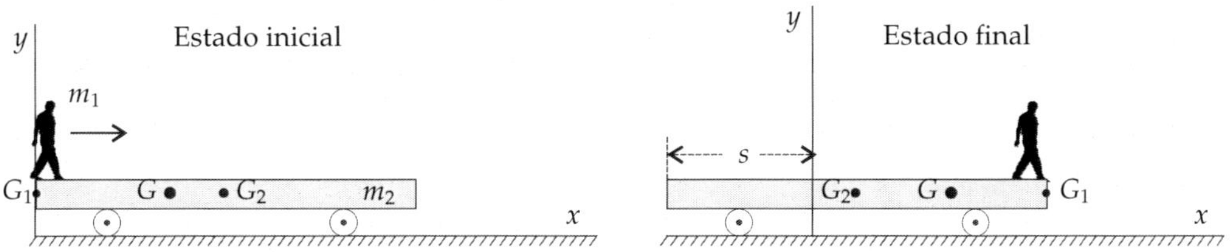

Si no existen fuerzas de rozamiento, y la fuerza peso del sistema plataforma-hombre es compensada por la fuerza normal que ejerce el suelo sobre el sistema, podemos admitir que se trata de un sistema aislado (resultante de las fuerzas externas cero).

a) Por consiguiente, si estando el sistema en reposo se desarrollan fuerzas internas (el hombre comienza a caminar) la cantidad de movimiento seguirá siendo nula (principio de conservación de la cantidad de movimiento), por lo que podemos escribir:

$$0 = m_1 \vec{v}_1 + (m_1 + m_2)\,\vec{v}_2 \quad \Rightarrow \quad \vec{v}_2 = -\frac{m_1 \vec{v}_1}{m_1 + m_2}$$

Donde m_1 es la masa del hombre; v_1 su velocidad respecto a la plataforma (velocidad relativa); m_2 la masa de la plataforma, y v_2 la velocidad de la plataforma respecto al suelo (velocidad de arrastre).

Sustituyendo los valores conocidos en la ecuación anterior

$$\vec{v}_2 = -\frac{80 \cdot 5\vec{\imath}}{80 + 120} = -2\vec{\imath} \quad \blacktriangleleft$$

La plataforma retrocede con una velocidad respecto al suelo de 2 m/s.

El recorrido del hombre respecto al suelo se hace con una velocidad absoluta de

$$\vec{v} = \vec{v}_1 + \vec{v}_2 = 5\vec{\imath} - 2\vec{\imath} = 3\vec{\imath}; \quad v = 3\ \text{m/s} \quad \blacktriangleleft$$

b) El tiempo que tarde el hombre en recorrer la plataforma es $t = 10/5 = 2$ s, y en ese mismo tiempo la plataforma retrocede:

$$s = v_2 t = 2 \cdot 2 = 4\ \text{m} \quad \blacktriangleleft$$

Otra forma de plantear el problema es el siguiente: si el sistema está en reposo y aislado, al desarrollar fuerzas internas su c. de masas permanecerá en reposo respecto al origen de coordenadas O.

Por otra parte, si la plataforma es homogénea y uniforme, su centro de masas (G_2 en la figura) estará en su centro, es decir, a 5 m del borde. De acuerdo con la figura podemos escribir:

$$\text{Estado inicial: } x_G = \frac{\sum m_i x_i}{\sum m_i} = \frac{m_1 \cdot 0 + m_2 \cdot 5}{m_1 + m_2}$$

$$\text{Estado final: } x_G = \frac{\sum m_i x_i}{\sum m_i} = \frac{m_1\,(10 - s) + m_2\,(5 - s)}{m_1 + m_2}$$

Igualando ambas ecuaciones puesto que el c.d.g. se mantiene en reposo, se tiene:

$$5m_2 = 10m_1 - m_1 s + 5m_2 - m_2 s$$

$$(m_1 + m_2)\,s = 10\,m_1 \quad\Rightarrow\quad s = \frac{10 \cdot 80}{200} = 4\ \text{m} \quad ◀$$

Por otra parte, si el hombre camina a 5 m/s respecto a la plataforma móvil, el tiempo en llegar a extremo opuesto es de 2 s, con lo que la velocidad de retroceso de la plataforma será de

$$v = 4/2 = 2\ \text{m/s} \quad ◀$$

En dicho tiempo, el hombre se ha separado del eje Y 6 m, por lo que su velocidad respecto al suelo vale

$$v = 6/2 = 3\ \text{m/s} \quad ◀$$

5.26 Desde la plataforma de un vagón, en reposo y unido al final de la vía mediante un resorte de constante elástica igual a 600 N/m, se dispara horizontalmente y formando un ángulo de 30° con la dirección de la vía un proyectil de 3 kg. Si la velocidad de salida del proyectil es de 500 m/s y el conjunto vagón-cañón tiene una masa de 1.200 kg, despreciando el rozamiento calcular: a) la velocidad de retroceso del vagón; b) el alargamiento del resorte.

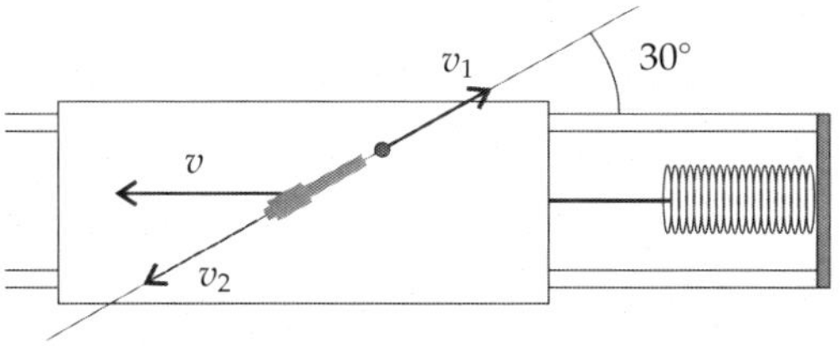

a) Aplicando el principio de conservación de la cantidad de movimiento se tiene:

$$m_1 v_1 + m_2 v_2 = 0 \quad\rightarrow\quad v_2 = -\frac{m_1}{m_2} v_1 = -\frac{3}{1200} \cdot 500 = -1{,}25 \frac{\text{m}}{\text{s}}$$

La velocidad de retroceso

$$v = v_2 \cos 30 = 1{,}25 \frac{\sqrt{3}}{2} = 1{,}08 \frac{\text{m}}{\text{s}} \quad ◀$$

b) La energía cinética del vagón se transforma en energía potencial elástica:

$$\frac{1}{2} m_2 v^2 = \frac{1}{2} k x^2 \quad\rightarrow\quad x = v\sqrt{\frac{m_2}{k}} = 1{,}08\sqrt{\frac{1200}{600}} = 1{,}53\ \text{m} \quad ◀$$

5.27 A un hombre que está de pie sobre una barca le separa del muelle una distancia de 10 m. Camina sobre la barca una distancia de 3 m y luego se detiene. Si el hombre pesa 70 kg y la barca 90 kg, suponiendo que no hay rozamiento entre ésta y el agua, calcular la distancia que finalmente hay entre el hombre y el muelle:

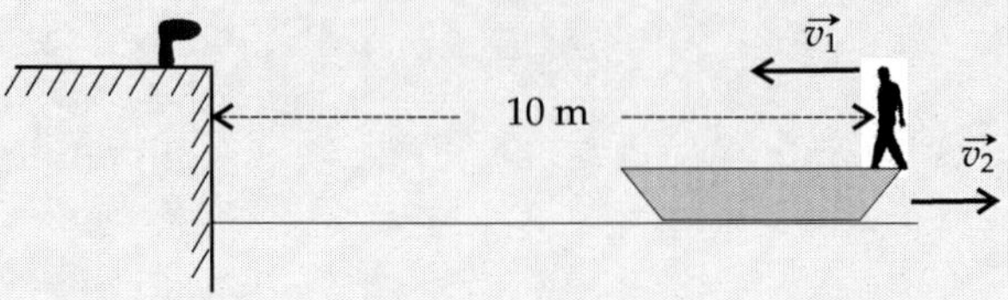

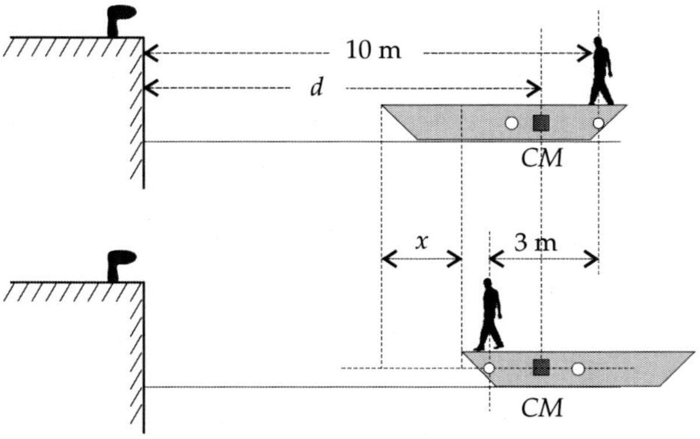

Se trata de un sistema aislado, por lo que podemos aplicar el principio de conservación de la cantidad de movimiento

$$0 = m_1 \vec{v}_1 + (m_1 + m_2)\,\vec{v}_2$$

$$m_1 \vec{v}_1 = -(m_1 + m_2)\,\vec{v}_2 \quad (1)$$

donde $\vec{v}_1$ es la velocidad relativa del hombre respecto a un sistema de referencia móvil ligada a la barca y $\vec{v}_2$ la velocidad de arrastre de traslación del sistema barca-hombre, respecto a un s. de r. fijo. Ambas velocidades tienen la misma dirección, pero sentido opuesto, por lo que la velocidad absoluta del hombre de aproximación al muelle

$$\vec{v} = \vec{v}_1 + \vec{v}_2$$

empleando sus módulos, si tomamos positivo el sentido de $\vec{v}_1$, la podemos escribir en la forma

$$v = v_1 - v_2 \qquad (2)$$

Sustituyendo en la (2), el valor de $v_2$obtenido de la (1) se tiene

$$v = v_1 - \frac{m_1}{m_1 + m_2} v_1 = \frac{m_2}{m_1 + m_2} v_1$$

y el espacio recorrido por el hombre hacia el muelle en el tiempo t vale

$$s = vt = \frac{m_2}{m_1 + m_2} v_1 t$$

y teniendo en cuenta que $v_1 = 3/t$, dicho espacio es

$$s = \frac{m_2}{m_1 + m_2}\frac{3}{t}t = \frac{3m_2}{m_1 + m_2} = \frac{3 \cdot 90}{160} = 1{,}7 \text{ m}$$

Distancia del hombre al muelle:

$$d = 10 - 1{,}7 = 8{,}3 \text{ m} \quad ◀$$

También se puede hacer considerando que el CM del sistema debe permanecer en reposo. Por tanto, si inicialmente el CM estaba a una distancia d del muelle seguirá a esta distancia después de que el hombre se haya movido. Por otra parte, al moverse dentro de la barca 3 m hacia el muelle hace que la barca entera, con él mismo, se mueva en sentido contario una distancia x, haciendo que respecto al muelle el hombre se encuentre a una distancia de $(10 - 3 + x)$ metros mientras que el CM de la barca se habrá desplazado al punto $(d + x)$ metros. Si m_1 es la masa del hombre y m_2 la de la barca:

Inicialmente:

$$x_{CM} = \frac{\sum m_i x_i}{\sum m_i} = \frac{70 \cdot 10 + 90 \cdot d}{70 + 90}$$

Después del desplazamiento

$$x_{CM} = \frac{\sum m_i x_i}{\sum m_i} = \frac{70\,(10 - 3 + x) + 90\,(d + x)}{70 + 90}$$

e igualando ambos términos

$$70 \cdot 10 + 90 \cdot d = 70\,(10 - 3 + x) + 90\,(d + x); \quad 160x = 210; \quad x = 1{,}3 \text{ m}$$

El hombre se encuentra a: $10 - 3 + x = 8{,}3$ m ◀

5.28 Un proyectil en el punto más alto de su trayectoria lleva una velocidad de 80 m/s y se rompe en tres trozos de igual masa. Uno de ellos sale hacia delante formando un ángulo de 0° con la horizontal a la velocidad de 45 m/s y los otros dos salen hacia adelante formando ángulos de +30° y −30° con respecto a la horizontal. Calcular: a) la velocidad de estos dos trozos inmediatamente después de la ruptura; b) la velocidad del CM instantes después de la explosión.

Aunque sobre el proyectil actúa la fuerza gravitatoria (fuerza externa al sistema), durante el breve periodo de tiempo de la explosión (desarrollo de fuerzas internas intensas) se puede considerar como un sistema aislado, por lo que deberá cumplirse el principio de conservación de la cantidad de movimiento.

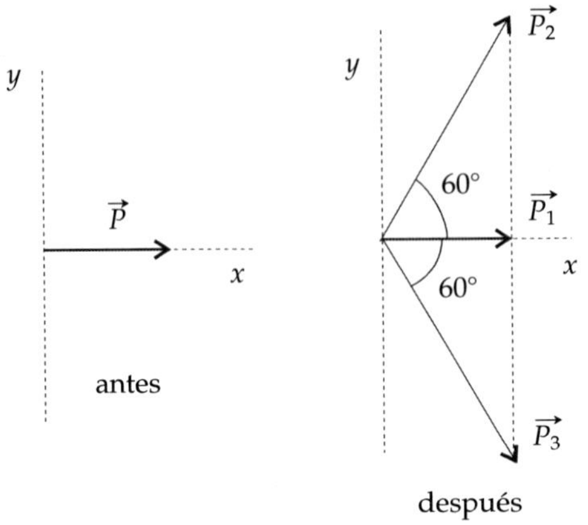

$$\vec{P} = \vec{P_1} + \vec{P_2} + \vec{P_3}$$

$$3m\vec{v} = m\vec{v_1} + m\vec{v_2} + m\vec{v_3} \quad \rightarrow \quad 3 \cdot 100\vec{i} = 50\vec{i} + \vec{v_2} + \vec{v_3}$$

a) Ecuación vectorial que equivale a los dos escalares diferentes

$$\text{Eje } X\text{: } 300 = 50 + v_2 \cos 60 + v_3 \cos 60$$

$$\text{Eje } Y\text{: } 0 = v_2 \,\text{sen}\, 60 - v_3 \,\text{sen}\, 60$$

$$v_2 = v_3 \quad \rightarrow \quad 300 = 50 + 2v_2 \cos 60 \quad \rightarrow \quad v_2 = v_3 = 250 \text{ m/s} \quad \blacktriangleleft$$

b) Si hemos asumido que el sistema es cerrado, la velocidad del C.M. será la misma inmediatamente antes e inmediatamente después de la explosión.

$$v_{CM} = 80 \text{ m/s} \quad \blacktriangleleft$$

5.29 Un bloque de masa m se desliza desde la parte superior de la superficie curva y lisa indicado en la figura. La rampa, de masa 4 m, está sobre una superficie horizontal que no presenta rozamiento sobre ella. Si el bloque ha empezado a deslizarse desde una altura h respecto a la superficie horizontal y después de abandonar la rampa ésta choca con un resorte de constantes elásticas k, calcular la comprensión que experimenta el resorte.

Debemos determinar, en primer lugar, la velocidad con la que choca la rampa con el resorte. Para ello aplicamos los principios de comparación de la cantidad de movimiento y energía mecánica entre los puntos inicial (bloque en la rampa a la altura h) y final (bloque al abandonar la rampa):

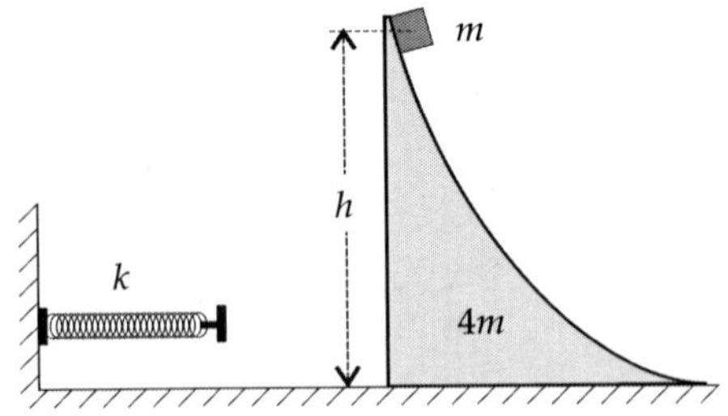

$$0 = m\vec{v_1} + 4m\vec{v_2}$$

$$mgh = \frac{1}{2}mv_1^2 + \frac{1}{2}(4m)\,v_2^2$$

Siendo $\vec{v_1}$ la velocidad del bloque en el instante final y $\vec{v_2}$ la velocidad del retroceso de la rampa.

Como ambas velocidades son de la misma dirección al final de la rampa (la superficie curva de la rampa es tangente a la superficie horizontal), la ecuación vectorial se puede sustituir por una escalar, por lo que las ecuaciones anteriores se transforman en

$$0 = v_1 + 4v_2$$

$$gh = \frac{v_1^2}{2} + 2v_2^2$$

De la primera, $v_1 = -4v_2$, y sustituyendo este valor en la segunda:

$$gh = \frac{16v_2^2}{2} + 2v_2^2 = 10v_2^2$$

$$v_2 = \sqrt{gh/10}$$

Aplicando el principio de conservación de la energía en el choque, se tiene finalmente:

$$\frac{1}{2}(4m)\,v_2^2 = \frac{1}{2}kx^2$$

$$4m\frac{gh}{10} = kx^2 \quad \Rightarrow \quad x = \sqrt{\frac{0{,}4mgh}{k}} \quad ◄$$

5.30 Se dispara una granada desde el suelo con una velocidad v_0 y ángulo de elevación φ. En el punto más alto de la trayectoria la granada explosiona, originando dos fragmentos de igual masa. Si uno de ellos sale con una velocidad vertical v_1 en dirección hacia el suelo, calcular: a) la velocidad del otro fragmento en el momento de la explosión; b) la distancia, medida desde el origen del lanzamiento, a que llegará dicho fragmento. Datos: $v_0 = 50$ m/s; $v_1 = 20$ m/s; $\phi = 30°$.

a) Sea $\vec{v}$ la velocidad de la granada en el instante de la explosión, que al producirse en el punto más alto de la trayectoria solo tendrá componente horizontal:

$$\vec{v} = v_0 \cos\phi\,\vec{\imath}$$

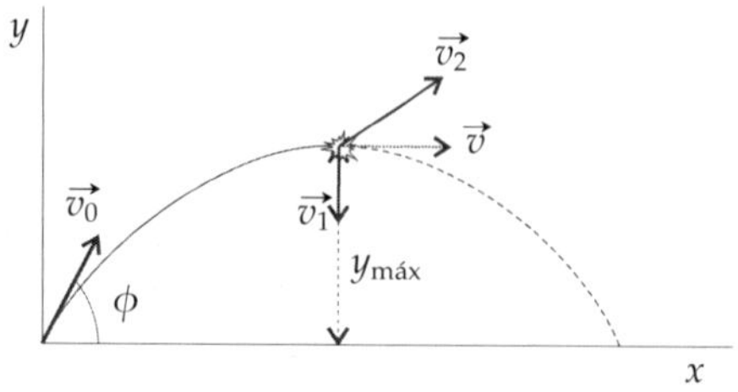

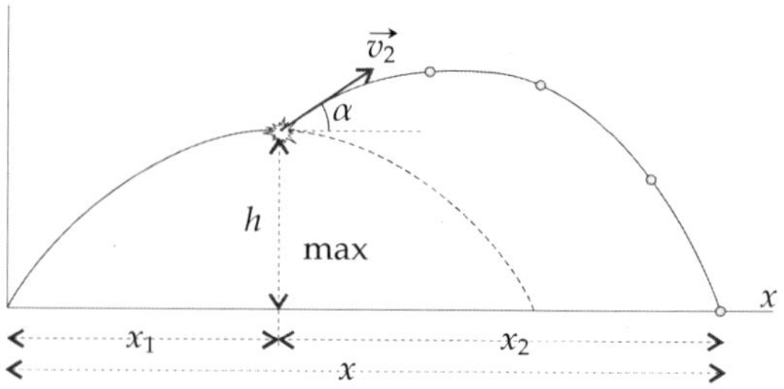

Como las fuerzas interiores desarrolladas en la explosión no contribuyen a la variación de la cantidad de movimiento, se puede escribir:

$$m\vec{v} = \frac{m}{2}\vec{v}_1 + \frac{m}{2}\vec{v}_2 \quad \Rightarrow \quad 2\vec{v} = \vec{v}_1 + \vec{v}_2$$

$$\vec{v}_2 = 2\vec{v} - \vec{v}_1 = 2v_0 \cos\phi\,\vec{\imath} + v_1\,\vec{\jmath} = 2 \cdot 50 \cdot \frac{\sqrt{3}}{2}\vec{\imath} + 20\vec{\jmath} =$$

$$= 86{,}6\,\vec{\imath} + 20\,\vec{\jmath} \quad \Rightarrow \quad v_2 = 88{,}9\,\frac{\text{m}}{\text{s}} \quad ◂$$

b) Con las ecuaciones paramétricas de la trayectoria seguida por la granada, calculamos donde cae el primer fragmento, y la altura a la que se produce la explosión.

$$v_g = v_0 \,\text{sen}\, 30 - gt; \quad \text{para } v_g = 0 \quad \rightarrow \quad t = \frac{v_0 \,\text{sen}\, 30}{g} = 2{,}55 \text{ s}$$

$$\begin{cases} x_1 = v_0 \cos 30 \cdot t = 50\dfrac{\sqrt{3}}{2}2{,}55 = 110{,}41 \text{ m} \\ y_{máx} = v_0 \,\text{sen}\, 30 \cdot t - \dfrac{1}{2}gt^2 = \dfrac{v_0^2 \,\text{sen}^2\, 30}{2g} = 31{,}88 \text{ m}; \; h = 31{,}88 \text{ m} \end{cases}$$

Para la trayectoria seguida por el segundo fragmento, las ecuaciones paramétricas son:

$$x_2 = v_2 \cos\alpha \cdot t = 86{,}6 \cdot t;$$

$$y_2 = h + v_2 \,\text{sen}\, \alpha \cdot t - \frac{1}{2}gt^2 = 31{,}88 + 44{,}45t - 4{,}9t^2$$

Cuando: $y_2 = 0$

$$54{,}9^2 - 44{,}45t - 31{,}88 = 0 \quad \rightarrow \quad t = 9{,}73 \text{ s}$$

$$x_2 = 76{,}99 \cdot 9{,}73 = 749{,}11 \text{ m} \quad \Rightarrow \quad x = x_1 + x_2 = 110{,}41 + 749{,}11 = 859{,}52 \text{ m} \quad ◂$$

5.31 Una granada de masa m explota antes de caer al suelo, escindiéndose en dos trozos que llegan al suelo simultáneamente y sin salirse del plano definido por la trayectoria. Un trozo de masa $m/3$ cae 10 m por delante del impacto previsto por la granada. ¿Dónde caerá el otro?

Si elegimos un sistema de referencia cuyo origen coincida con el impacto previsto, éste será el CM del sistema formado por los trozos en el instante de llegar al suelo, ya que la trayectoria seguida por el CM de la granada es independiente de las fuerzas internas desarrolladas en la explosión y del consiguiente fraccionamiento de la misma. Por tanto podemos escribir:

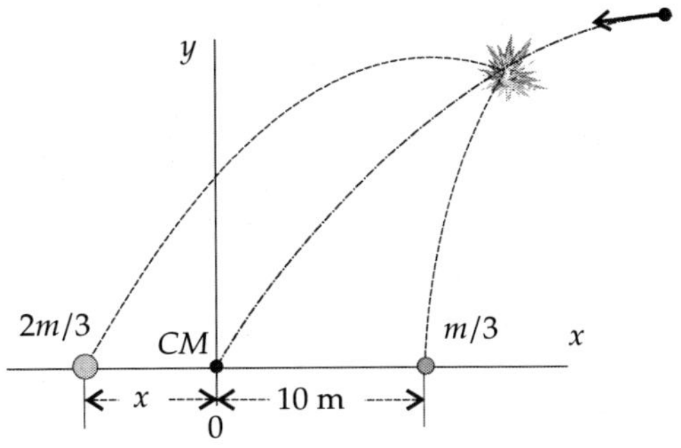

$$x_{CM} = \frac{\sum m_i x_i}{\sum m_i} = 0$$

$$0 = \frac{\frac{m}{3} \cdot 10 + \frac{2m}{3} \cdot x}{m} = \frac{10}{3} + \frac{2}{3}x$$

$$x = -\frac{10 \cdot 3}{3 \cdot 2} = -5 \text{ m} \quad ◄$$

5.32 Con una escopeta de aire comprimido se dispara a una caja de cerillas de 50 g que se encuentra situada sobre una mesa a una distancia de 30 cm del extremo. El plomo, de masa 1 g, lanzado paralelamente a la mesa a la velocidad $v_0 = 150$ m/s atraviesa la caja y sale de ella con una velocidad $v_0/2$. Calcular el coeficiente de rozamiento máximo entre la caja y la mesa para que la primera se caiga de ésta.

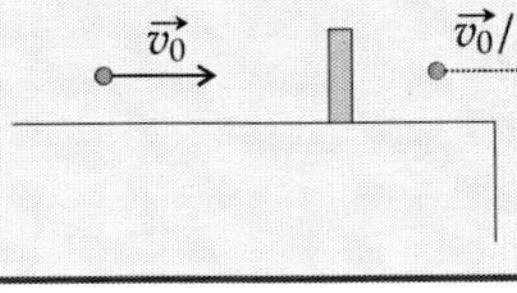

Por el principio de la cantidad de movimiento, se tiene:

$$mv_0 + 0 = m\frac{v_0}{2} + Mv \Rightarrow v = \frac{mv_0}{2M}$$

La energía cinética que recibe la caja, $\frac{1}{2}Mv^2$, se convierte en trabajo contra las fuerzas de rozamiento $W_r = \mu Mgs$.

El valor máximo que puede tener el coeficiente de rozamiento para que la caja se caiga (llegue justamente al extremo) se tiene cuando se cumple:

$$\mu M g s = \frac{1}{2} M v^2 \Rightarrow \mu g s = \frac{1}{2}\left(\frac{m v_0}{2M}\right)^2$$

$$\mu = \frac{m_2 v_0^2}{8M^2 g s} = \frac{1 \cdot 10^{-6} \cdot 150^2}{8\,(50 \cdot 10^{-3})^2 \cdot 9{,}8 \cdot 0{,}3} = 0{,}382 \quad ◂$$

5.33 Se dispara una granada de 600 g de masa desde el suelo con una velocidad inicial de 20 m/s y un ángulo de 60° sobre la horizontal. Cuando se encuentra en el punto más alto de su trayectoria se escinde en dos fragmentos. El de 400 g sale con una velocidad $\vec{v_1} = 15\vec{\imath} + 12\vec{\jmath}$ m/s. Calcular: a) velocidad con que sale el otro fragmento y variación de la energía cinética en la ruptura; b) tiempo que tarda cada trozo en caer y coordenada x de caída; c) posición del CM cuando toca tierra el primer fragmento.

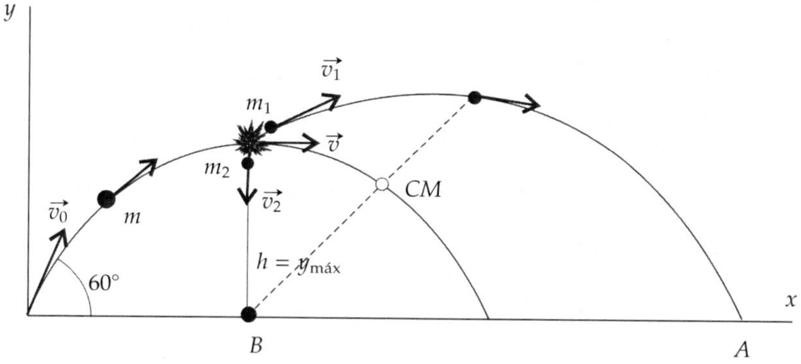

En el punto más alto de la trayectoria, los componentes de la velocidad son $v_x = v_o \cos 60° = 10$ m/s y $v_y = 0$, por lo que la velocidad en el instante de la explosión es $\vec{v} = 10\vec{\imath}$.

a) Como las fuerzas internas que se desarrollan en la explosión no contribuyen a la variación en la cantidad de movimiento, en el instante de la misma (antes y después) la cantidad de movimiento se conserva, por lo que teniendo en cuenta la figura podemos escribir:

$$m\vec{v} = m_1\vec{v}_1 + m_2\vec{v}_2$$

$$\vec{v}_2 = \frac{m\vec{v} - m_1\vec{v}_1}{m_2} = \frac{0{,}6 \cdot 10\vec{\imath} - 0{,}4\,(15\vec{\imath} + 12\vec{\jmath})}{0{,}2} = -24\vec{\jmath} \text{ m/s} \quad ◂$$

En cuanto a la variación de la energía cinética se tiene:

$$E_{ci} = \frac{1}{2}mv^2 = \frac{1}{2}0{,}6 \cdot 10^2 = 30 \text{ J}$$

$$E_{cf} = \frac{1}{2}m_1 v_1^2 + \frac{1}{2}m_2 v_2^2 = \frac{1}{2}0{,}4\left(15^2 + 12^2\right) + \frac{1}{2}0{,}2 \cdot 24^2 = 131 \text{ J}$$

$$\Delta E_c = E_{cf} - E_{ci} = 131 - 30 = 101 \text{ J} \quad \blacktriangleleft$$

lo que nos dice que el trabajo realizado por las fuerzas internas se invierte en aumento de energía cinética del sistema.

b) Desde el lanzamiento de la granada hasta que se produce la explosión, el tiempo transcurrido es

$$v_y = v_o \operatorname{sen} 60° - gt,$$

que cuando

$$v_y = 0 \quad \Rightarrow \quad t = \frac{v_o \operatorname{sen} 60°}{g} = \frac{20\sqrt{3/2}}{9{,}8} = 2{,}499 \text{ s}$$

y la altura alcanzada en dicho tiempo:

$$h = y_{\text{máx}} = (v_0 \operatorname{sen} 60°)\, t - 1/2gt^2 = 20\frac{\sqrt{3}}{2}2{,}499 - 1/2 \cdot 9{,}8 \cdot 2{,}499^2 = 12{,}68 \text{ m}$$

Desde el instante de la explosión, el tiempo que tarda en su caída el fragmento m_1 es:

$$y = h + v_{1y}t_1 - 1/2gt_1^2; \qquad 0 = 12{,}68 + 12t_1 - 4{,}9t_1^2; \qquad t_1 = 3{,}24 \text{ s} \quad \blacktriangleleft$$

y el que tarda m_2 en su caída vertical:

$$y = h - v_2 t_2 - 1/2gt_2^2; \qquad 0 = 12{,}68 - 24t_2 - 4{,}9t_2^2; \qquad t_2 = 0{,}48 \text{ s} \quad \blacktriangleleft$$

Las coordenadas x de caída de cada fragmento respecto al punto de lanzamiento son:

$$\left.\begin{aligned} x_B &= (v_0 \cos 60°)\, t = 10 \cdot 2{,}499 = 24{,}99 \text{ m} \\ x_A &= x_B + v_{1x}t_1 = 24{,}99 + 15 \cdot 3{,}24 = 73{,}59 \text{ m} \end{aligned}\right\} \quad \blacktriangleleft$$

c) El CM seguirá la trayectoria parabólica que hubiere seguido la granada de no explosionar. Por tanto, cuando el trozo m_2 llega a tierra, el tiempo que la granada llevaría en su trayectoria es igual a $t + t_2 = (2{,}49 + 0{,}48) = 2{,}97$ s, por lo que el CM del sistema se encontrará en las coordenadas:

$$x_{CM} = (v_0 \cos 60°)\,(t + t_2) = 10 \cdot 2{,}97 = 29{,}7 \text{ m}$$

$$y_{CM} = (v_0 \,\text{sen}\, 60°)\,(t + t_2) - \frac{1}{2} g\,(t + t_2)^2 = 10\sqrt{3} \cdot 2{,}97 - 4{,}9 \cdot (2{,}97)^2 = 8{,}22 \text{ m}$$

$$\vec{r}_{CM}\,(29'7, 8'22) \text{ m} \quad ◄$$

5.34 Un cuerpo de 1 Tm cae libremente sobre un pilote de 400 kg desde una altura de un metro. A consecuencia del golpe el pilote se hinca 8 cm. Calcular la resistencia que opone el terreno a la penetración del pilote.

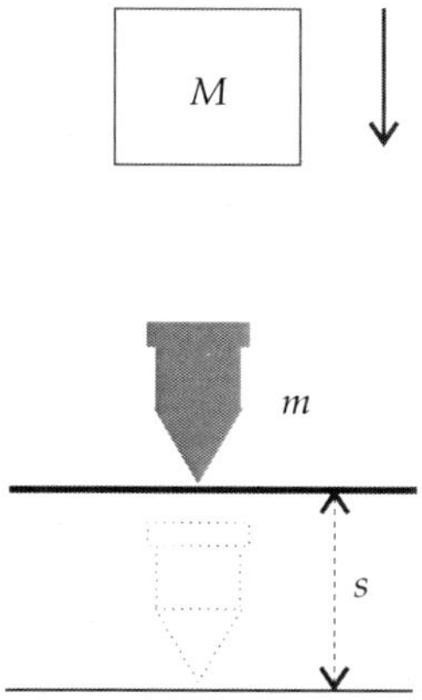

$$Mv + m0 = (M + m)\,v'$$

$$v' = \frac{Mv}{M + m} v = \frac{M}{M + m}\sqrt{2gh}$$

La energía cinética del conjunto realiza el trabajo de penetración.

$$\frac{1}{2}(M + m)v'^2 = F \cdot g$$

$$\frac{1}{2}(M + m)\frac{M^2}{(M + m)^2} \cdot 2gh = FS$$

$$F = \frac{M^2 gh}{(M + m)s} = \frac{10^6 \cdot 9{,}8 \cdot 1}{1400 \cdot 8 \cdot 10^{-2}} = 87500 \text{ N} \quad ◄$$

5.35 Un camión y un turismo que marchan por calles perpendiculares tienen tan mala fortuna que en el cruce de ambas se produce la colisión quedando empotrado el turismo en el camión. Si la masa del camión es de 5 Tm y su velocidad de 54 km/h y la masa del turismo 1 Tm y su velocidad de 90 km/h, calcular: a) la velocidad que adquiere el conjunto después del choque, así como la dirección en que salen despedidos; b) el espacio recorrido por el conjunto después del choque si el coeficiente de rozamiento es de 0,3; c) la pérdida de energía cinética en el choque.

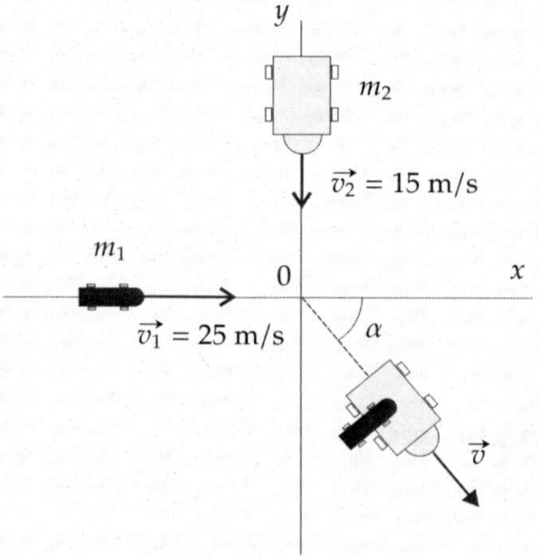

a) Se trata de un choque inelástico no frontal, por lo que aplicando el principio de conservación de la cantidad de movimiento, en forma vectorial, se tiene:

$$m_1\vec{v_1} + m_2\vec{v_2} = (m_1 + m_2)\,\vec{v}'$$

$$\vec{v}' = \frac{m_1\vec{v_1} + m_2\vec{v_2}}{m_1 + m_2} = \frac{10^3 \cdot 25\vec{\imath} - 5 \cdot 10^3 \cdot 15\vec{\jmath}}{6 \cdot 10^3} = 4{,}17\vec{\imath} - 12{,}5\vec{\jmath}$$

$$v' = \sqrt{(4{,}17)^2 + (12{,}5)^2} = 13{,}18 \text{ m/s} \quad ◂$$

formando un ángulo con la dirección que llevaba el turismo de

$$\operatorname{tg}\alpha = \frac{12{,}5}{4{,}17} \cong 3 \qquad \alpha = arctg3 = 71{,}5° \quad ◂$$

b) La energía cinética de los dos vehículos después del choque se transforma en trabajo de rozamiento

$$1/2\,(m_1 + m_2)\,v^2 = \mu\,(m_1 + m_2)\,gs$$

$$s = \frac{v^2}{2\mu g} = \frac{173{,}7}{5{,}88} \cong 29{,}54 \text{ m} \quad ◂$$

c)
$$E_{ci} - E_{cf} = 1/2\left(m_1v_1^2 + m_2v_2^2\right) - 1/2\,(m_1 + m_2)\,v'^2 =$$

$$= 0{,}5\left(10^3 \cdot 625 + 5 \cdot 10^3 \cdot 225\right) - 0{,}5 \cdot 6 \cdot 10^3 \cdot 173{,}7 = 353900 \text{ J} \quad ◂$$

5.36 Un proyectil de 10 g de masa se dispara horizontalmente sobre un péndulo balístico de 3 kg de modo que choque inelásticamente. Si el CM del bloque asciende una altura de 4 cm después de la colisión, calcular: a) la velocidad que llevaba el proyectil; b) el porcentaje de energía cinética que se disipa en el choque.

a)
$$mv = (M + m)v' \text{ donde } v' = \sqrt{2gh} = \sqrt{2 \cdot 9{,}8 \cdot 4 \cdot 10^{-2}} = 0{,}885$$

$$v = \frac{(M + m)v'}{m} = \frac{3{,}01 \cdot 0{,}885}{0{,}01} = 266{,}5\frac{\text{m}}{\text{s}} \quad ◂$$

b)
$$E_{ci} = \frac{1}{2}mv^2 = \frac{1}{2} \cdot 0{,}01 \cdot 266{,}5^2 = 355{,}1 \text{ J}$$

$$E_{cj} = \frac{1}{2}(M + m)v'^2 = (M + m)gh = 3{,}01 \cdot 9{,}8 \cdot 0{,}04 = 1{,}2 \text{ J}$$

$$\frac{\Delta E_c}{E_{ci}} \cdot 100 = \frac{353{,}9}{355{,}1} \cdot 100 = 99{,}7\,\% \quad ◂$$

5.37 Se dispara una bala de 8 g sobre un bloque de 2,5 kg inicialmente en reposo en el extremo de una mesa sin fricción de 1 m de altura. La bala después del choque queda incrustada en el bloque, que tras el impacto cae al suelo a una distancia de 2 m de la base de la mesa. Obtener la velocidad de la bala antes de penetrar en el bloque.

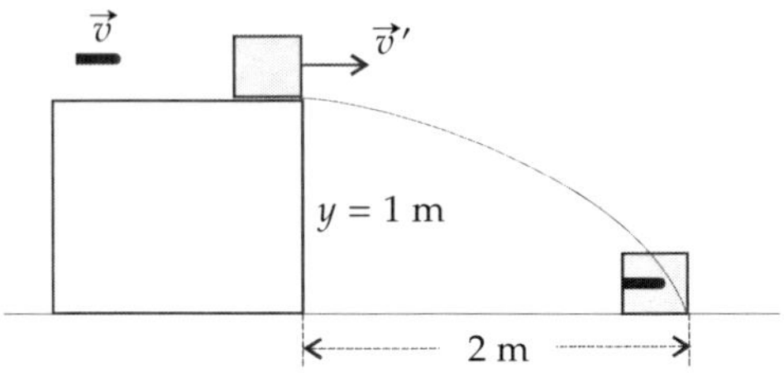

Si llamamos m a la masa de la bala y M a la masa del bloque, en el choque se cumple:

$$mv = (m + M)\,v' \quad v = \left(\frac{m + M}{m}\right) v' \qquad (1)$$

siendo v' la velocidad del conjunto.

Por otra parte, para calcular esta velocidad sabemos que en la caída se ha de cumplir

$$x = v't$$

$$y = 1/2gt^2$$

$$t = \sqrt{\frac{2y}{g}} = \sqrt{\frac{2 \cdot 1}{9{,}8}} = 0{,}45 \text{ s}$$

$$v' = \frac{x}{t} = \frac{2}{0{,}45} = 4{,}44 \text{ m/s}$$

y sustituyendo el valor de v' en la ecuación (1) finalmente se obtiene

$$v = \left(\frac{m + M}{m}\right) v' = \left(\frac{8 \cdot 10^{-3} + 2{,}5}{8 \cdot 10^{-3}}\right) \cdot 4{,}44 = 1392 \text{ m/s} \quad \blacktriangleleft$$

5.38 Se dispara una bala, de masa m, contra un bloque de madera, de masa M, unido a un muelle de constante de recuperación elástica k, como se indica en la figura. Tras el choque la bala queda incrustada en el bloque, desplazándose el sistema una longitud x. El coeficiente de rozamiento entre el bloque y el suelo sobre el que se apoya es μ. Determinar la velocidad de la bala en el instante anterior al impacto.

En el choque se cumple:

$$mv = (M + m)v_0' \Rightarrow v = \frac{(M + m)}{m} v_0'$$

Después del choque, la energía cinética de la bala; $\frac{1}{2}(M+m)v_0'^2$, se convierte en energía potencial elástica; $\frac{1}{2}kx^2$, y en trabajo de rozamiento, $\omega = \mu(M+m)gx$, por lo que podemos escribir:

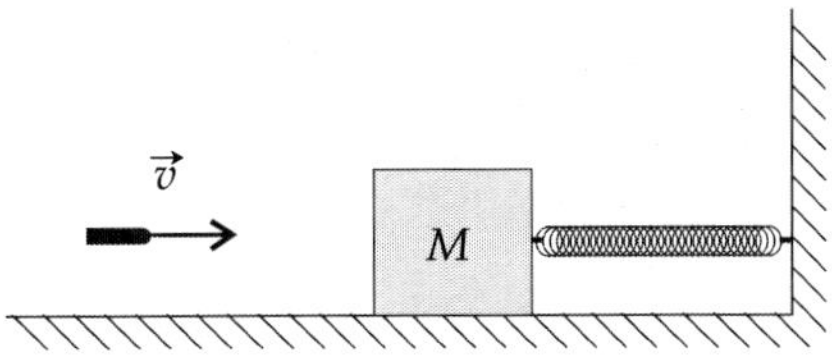

$$\frac{1}{2}(M+m)v_0'^2 = \frac{1}{2}kx^2 + \mu(M+m)gx$$

$$v_0' = \sqrt{\frac{kx^2 + 2\mu(M+m)gx}{M+m}}$$

Por lo que

$$v = \frac{M+m}{m}v_0' = \frac{M+m}{m}\sqrt{\frac{kx^2 + 2\mu(M+m)gx}{M+m}} \quad ◂$$

5.39 Sobre el bloque de la figura, de 1 kg de masa, se dispara paralelamente al plano una bala de 20 g que atraviesa el bloque saliendo con la mitad de la velocidad que llevaba antes del choque. Si la constante del resorte es de 2 N/cm y éste llega a contraerse 12 cm, calcular la velocidad de la bala justamente antes del choque, así como la del bloque inmediatamente después del mismo, suponiendo que el coeficiente de rozamiento del bloque con el plano es 0,3.

Se trata de un choque frontal inelástico, en el que se cumple

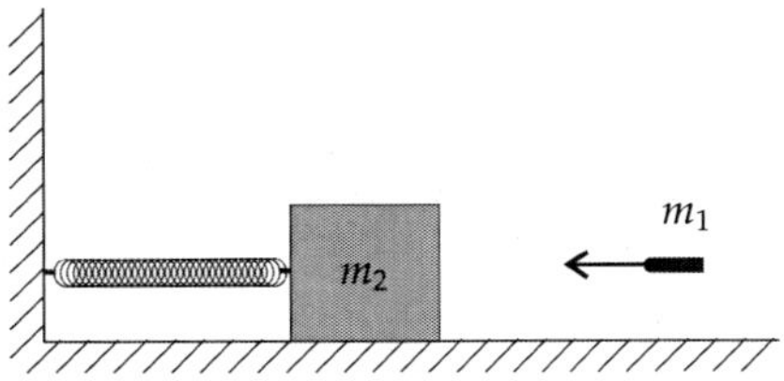

$$m_1v_1 = m_1v_1' + m_2v_2'$$

Donde v_1 es la velocidad inicial de la bala y v_2' la velocidad del bloque después del choque. Como $v_1' = v_1/2$, la ecuación anterior se transforma en

$$m_1v_1 = m_1\frac{v_1}{2} + m_2v_2' \quad \Rightarrow \quad v_1 = \frac{2m_2}{m_1}v_2'$$

El bloque, tras el choque adquiere una velocidad, y por tanto una energía cinética que posteriormente pierde, una parte convirtiéndose en energía potencial del muelle en la compresión y otra parte como pérdidas por el rozamiento, por lo que

$$\frac{1}{2}m_2v_2^{2'} = \frac{1}{2}kx^2 + \mu\, m_2g\,x$$

$$v_2^{2'} = \frac{kx^2 + 2\mu m_2 g x}{m_2} = \frac{2 \cdot 0{,}12^2 + 2 \cdot 0{,}3 \cdot 1 \cdot 9{,}8 \cdot 0{,}12}{1} = 0{,}73\ \mathrm{m^2/s^2}$$

$$v_1 = \frac{2m_2}{m_1} v_2' = \frac{2 \cdot 1}{0{,}02} \cdot \sqrt{0{,}73} = 85{,}7\ \mathrm{m/s} \quad ◂$$

y la del bloque después del mismo

$$v_2' = \sqrt{0{,}73} = 0{,}857\ \mathrm{m/s} \quad ◂$$

5.40 Un resorte vertical, de constante elástica $k = 1000$ N/m y masa despreciable, sostiene un plato de 2 kg de masa en su extremo superior. Desde una altura de 5 m respecto al plato se deja caer una masa de plastilina de 4 kg que se adhiere a él. Calcular la máxima comprensión del resorte. Datos: $m_1 = 4$ kg; $m_2 = 2$ kg; $h = 5$ m.

Como el choque es totalmente inelástico

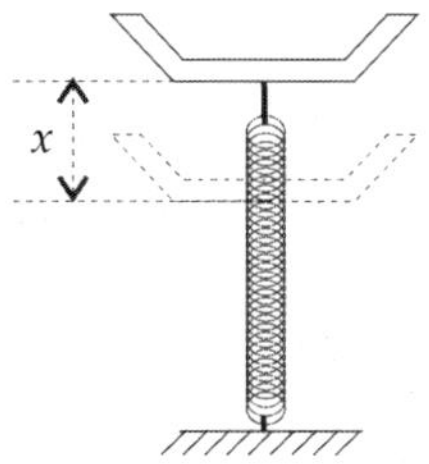

$$m_1 v_1 = (m_1 + m_2) v$$

$$v = \frac{m_1 \sqrt{2gh}}{m_1 + m_2} = 6{,}6 \frac{\mathrm{m}}{\mathrm{s}}$$

Inmediatamente después del choque sigue bajando una longitud x comprimiendo al muelle. Luego,

$$\frac{1}{2}(m_1 + m_2)v^2 + (m_1 + m_2)gx = \frac{1}{2}kx^2 \quad \Rightarrow \quad \frac{1}{2}(4+2)6{,}6^2 + (4+2)9{,}8x = \frac{1}{2}1000x^2$$

$$130{,}68 + 58{,}8x = 500x^2 \quad \Rightarrow \quad 5x^2 - 0{,}6x - 1{,}3 = 0 \quad \Rightarrow \quad x = 0{,}57\ \mathrm{m} = 57\ \mathrm{cm} \quad ◂$$

5.41 Una bala de masa m y velocidad v pasa a través de la esfera de un péndulo de masa M, saliendo con una velocidad $v/2$. La esfera pendular cuelga del extremo de una cuerda de longitud ℓ. ¿Cuál será el menor valor de v para el cual el péndulo complete una circunferencia entera?

Aplicando el principio de conservación de la energía mecánica entre el punto inferior (donde se produce el choque) y el superior, resulta:

$$\frac{1}{2}Mv_0^2 = \frac{1}{2}Mv_s^2 + Mg \cdot 2\ell \quad \Rightarrow \quad v_0^2 = v_s^2 + 4g\ell \qquad (1)$$

donde v_0 es la velocidad con que el péndulo inicia su movimiento, y v_s la velocidad del mismo en la parte superior de la circunferencia descrita.

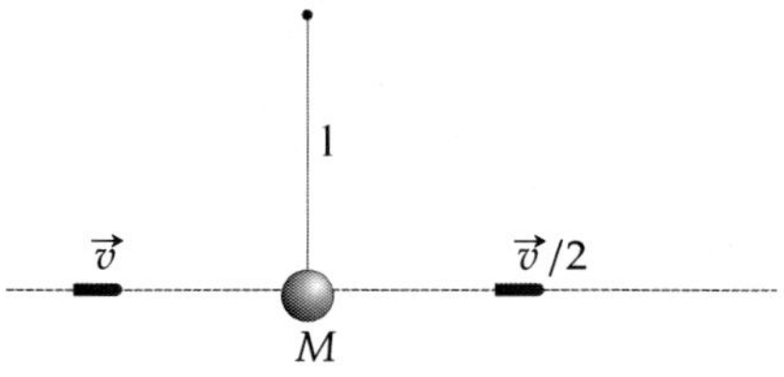

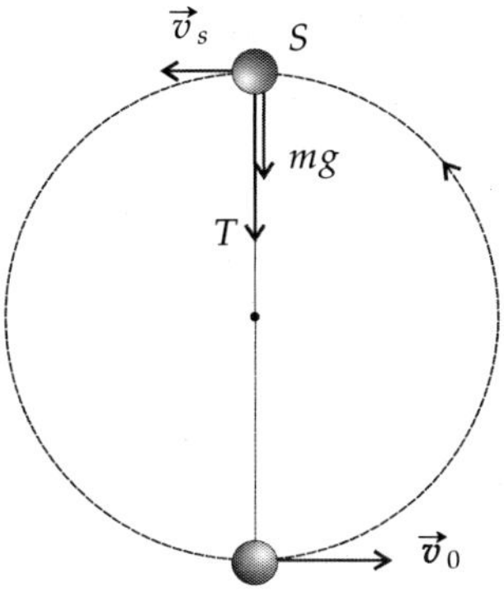

Por otra parte, al no actuar ninguna fuerza exterior en el sistema bala-péndulo, se conserva la cantidad de movimiento:

$$mv = Mv_0 + mv/2 \quad \Rightarrow \quad v_0 = \frac{mv}{2M}$$

En el punto superior de la circunferencia que describe el péndulo se debe cumplir:

$$Mg + T = M\frac{v_s^2}{\ell}$$

y la condición para que justamente complete la circunferencia se da cuando $T = 0$, por lo que $v_s^2 = g\ell$.

Sustituyendo en la ecuación (1) los valores de v_0 y v_s se obtiene

$$\frac{m^2v^2}{4M^2} = g\ell + 4g\ell = 5g\ell \quad \Rightarrow \quad m^2v^2 = 20M^2g\ell$$

$$v = \frac{M}{m}\sqrt{20g\ell} = \frac{2M}{m}\sqrt{5g\ell} \quad ◂$$

5.42 Sobre un bloque de madera de 2 kg. que se encuentra en la parte inferior de un plano inclinado 30° con la horizontal, se dispara paralelamente al plano y hacia arriba un proyectil de 100 g de masa con una velocidad inicial de 100 m/s incrustándose en él. Sabiendo que el coeficiente de rozamiento en el plano inclinado es 0,1, calcular: a) la distancia que recorre el bloque sobre el plano hasta que se para en la parte superior, b) la velocidad con que regresa el bloque al punto más bajo del plano.

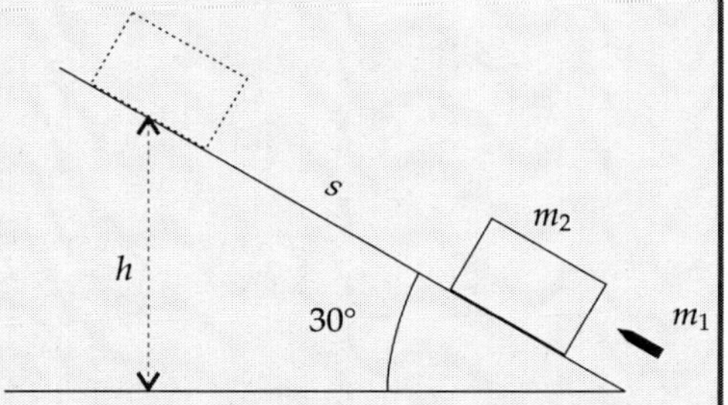

a) Se produce un choque inelástico, por lo que:

$$m_1 v_1 = (m_1 + m_2)\, v \quad \Rightarrow \quad v = \frac{m_1 v_1}{m_1 + m_2} = \frac{0{,}1 \cdot 100}{2{,}1} = 4{,}76 \frac{\text{m}}{\text{s}}$$

Por el principio de conservación de la energía, se tiene:

$$\frac{1}{2}(m_1 + m_2)\, v^2 = (m_1 + m_2)\, gh + \mu\,(m_1 + m_2)\, g \cos\alpha \cdot s$$

$$\frac{v^2}{2} = gh + \mu g s \cos\alpha = gs \operatorname{sen}\alpha + \mu g s \cos\alpha = gs\,(\operatorname{sen}\alpha + \mu\cos\alpha)$$

$$s = \frac{v^2}{2g\,(\operatorname{sen} 30 + \mu\cos 30)} = 1{,}97\ \text{m} \quad \blacktriangleleft$$

b)

$$(m_1 + m_2)\, gh = \frac{1}{2}(m_1 + m_2)\, v'^2 + \mu\,(m_1 + m_2)\, g\cos\alpha \cdot s$$

$$gh = \frac{1}{2} v'^2 + \mu g s \cos\alpha \quad \Rightarrow \quad gs \operatorname{sen}\alpha = \frac{v'^2}{2} + \mu g s \cos\alpha$$

$$v'^2 = 2gs\,(\operatorname{sen}\alpha - \mu\cos\alpha) = 2 \cdot 9{,}8 \cdot 1{,}97 \left(\frac{1}{2} - 0{,}1 \cdot \frac{\sqrt{3}}{2}\right) = 16 \frac{\text{m}^2}{\text{s}^2} \quad \Rightarrow$$

$$\Rightarrow \quad v' = \sqrt{16 \frac{\text{m}}{\text{s}}} = 4 \frac{\text{m}}{\text{s}} \quad \blacktriangleleft$$

5.43 Una esfera situada a una altura h de una superficie horizontal, se desliza hacia abajo por un plano inclinado 30° con la horizontal. Si la esfera cae sobre la superficie y el choque es perfectamente elástico, determinar la altura a la que se eleva. Se supone que no hay rozamiento y que la longitud del plano es $h/3$.

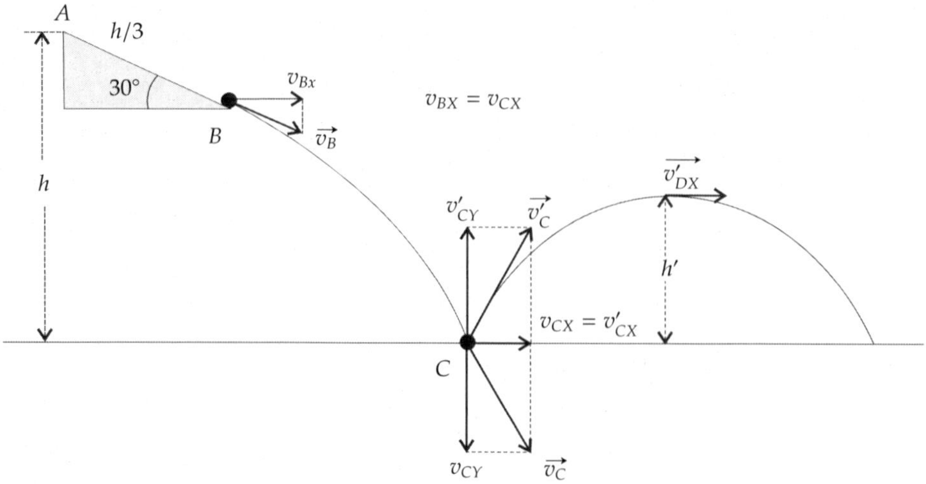

Observando la figura se puede decir que la energía cinética de la esfera en el punto C, al no tener rozamiento con el plano indicado, es

$$\frac{1}{2}mv_c^2 = mgh$$

Dicha energía se transforma íntegramente, al ser el choque elástico, en energía potencial en el punto D (mgh'), más la energía cinética en dicho punto debido a la componente horizontal de la velocidad $\left(v'_{DX} = v'_{CX}\right)$:

$$\frac{1}{2}mv_C^2 = mgh' + \frac{1}{2}mv_{CX}^{2'} \qquad (1)$$

Por otra parte, al ser un choque elástico, la componente horizontal v'_{CX} es igual a la componente horizontal de la velocidad en el punto B (v_{BX}), por lo que antes se debe calcular la velocidad v_B aplicando el principio de conservación de la energía mecánica entre los puntos A y B:

$$mg\frac{h}{3}sen30^\circ = \frac{1}{2}mv_B^2 \quad \Rightarrow \quad v_B = \sqrt{gh/3}$$

y su componente horizontal

$$v_{BX} = v_B \cos 30^\circ = \sqrt{gh/3} \cdot \sqrt{3}/2 = \frac{\sqrt{gh}}{2}$$

Sustituyendo en la ecuación (1) el valor de la energía cinética en C y el valor de v_{BX} se tiene finalmente:

$$mgh = mgh' + \frac{1}{2}m\frac{gh}{4} \quad \Rightarrow \quad h = h' + h/8$$

$$h' = \frac{7}{8}h \quad ◄$$

5.44 La bola A de masa $2m$ choca con la bola B de masa m en reposo sobre el suelo horizontal sin rozamiento. El choque es parcialmente elástico y se sabe que se pierde en él el 25 % de la energía cinética total disponible. Calcular la velocidad de cada bola después del choque frontal. Datos: m = 1 kg; v_1 = 2 m/s; $v_2 = 0$.

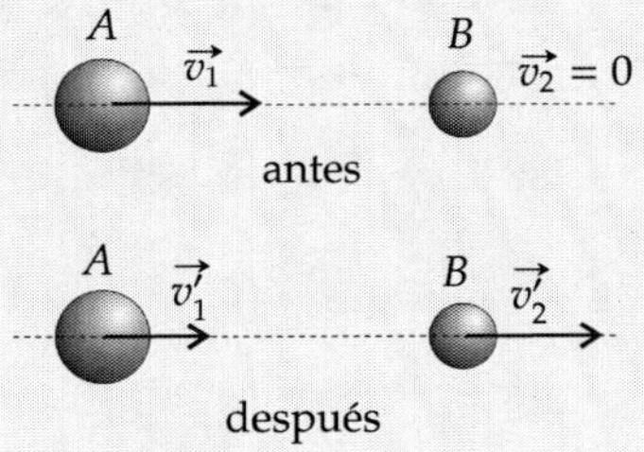

En el choque se conserva la cantidad de movimiento y se pierde el 25 % de la energía cinética inicial, por lo que

$$\begin{cases} m_1 v_1 = m_1 v_1' + m_2 v_2' \\ \underbrace{\frac{1}{2} m_1 v_1^2}_{E_C \text{ antes}} - \underbrace{\left(\frac{1}{2} m_1 v_1'^2 + \frac{1}{2} m_2 v_2'^2\right)}_{E_C \text{ después}} = \frac{25}{100} \underbrace{\left(\frac{1}{2} m_1 v_1^2\right)}_{E_C \text{ inicial}} \end{cases}$$

Operando

$$\begin{cases} 2 \cdot 2 = 2v_1' + 1v_2' & \rightarrow \quad v_2' = 4 - 2v_1' \\ 4 - \left(v_1'^2 + \frac{1}{2} v_2'^2\right) = 1 & \rightarrow \quad v_2'^2 = 6 - 2v_1'^2 \\ \left(4 - 2v_1'\right)^2 = 6 - 2v_1'^2 & \rightarrow \quad 3v_1'^2 - 8v_1' + 5 = 0 \end{cases}$$

$$v_1' = \frac{8 \pm \sqrt{64 - 60}}{6} = \frac{10}{6} = \frac{5}{3} = 1{,}66 \frac{\text{m}}{\text{s}} \quad ◄$$

$$v_2' = 4 - 2v_1' = 4 - 3{,}32 = 0{,}68 \frac{\text{m}}{\text{s}} \quad ◄$$

5.45 Una esfera de 4 kg, que se mueve hacia la derecha con velocidad de 6 m/s, realiza un choque frontal elástico con otra esfera de 2 kg y velocidad de 3 m/s. Calcular la velocidad de cada esfera después del choque: a) cuando la esfera de menor masa se mueve hacia la derecha; b) cuando lo hace hacia la izquierda; c) si la esfera de menor peso está en reposo. Se supone que las esferas no tienen movimiento de rotación.

Como el choque es elástico se conserva la cantidad de movimiento y la energía cinética. Además, por ser en una sola dirección podemos prescindir del carácter vectorial del momento lineal:

$$\left.\begin{aligned} m_1 v_1 + m_2 v_2 &= m_1 v_1' + m_2 v_2' \\ \frac{1}{2} m_1 v_1^2 + \frac{1}{2} m_2 v_2^2 &= \frac{1}{2} m_1 v_1'^2 + \frac{1}{2} m_2 v_2'^2 \end{aligned}\right\} \Rightarrow \quad \begin{aligned} m_1(v_1 - v_1') &= m_2(v_2' - v_2) \\ m_1(v_1^2 - v_1'^2) &= m_2(v_2'^2 - v_2^2) \end{aligned}$$

que dividiendo la segunda por la primera se llegue a $v_1 + v_1' = v_2 + v_2'$.

Por consiguiente, las ecuaciones que debemos aplicar para conocer las velocidades v_1' y v_2' en los choques frontales elásticos son:

$$m_1 v_1 + m_2 v_2 = m_1 v_1' + m_2 v_2'$$
$$v_1 + v_1' = v_2 + v_2'$$

Aplicadas al caso a), tomando de izquierda a derecha el sentido positivo de la velocidad, se tiene:

$$\left.\begin{array}{l} 4 \cdot 6 + 2 \cdot 3 = 4v_1' + 2v_2' \\ 6 + v_1' = 3 + v_2' \end{array}\right\} \Rightarrow \left.\begin{array}{r} 2v_1' + v_2' = 15 \\ v_1' - v_2' = -3 \end{array}\right\} \Rightarrow 3v_1' = 12$$

$$v_1' = 4 \text{ m/s}$$
$$v_2' = 7 \text{ m/s}$$

antes del choque después del choque

Haciendo lo mismo para el caso b), donde v_2 tiene sentido contrario a la v_1 resulta:

$$\left.\begin{array}{l} 4 \cdot 6 - 2 \cdot 3 = 4v_1' + 2v_2' \\ 6 + v_1' = -3 + v_2' \end{array}\right\} \Rightarrow \left.\begin{array}{r} 2v_1' + v_2' = 9 \\ v_1' - v_2' = -9 \end{array}\right\} \Rightarrow 3v_1' = 0$$

$$v_1' = 0$$
$$v_2' = 9 \text{ m/s}$$

antes del choque después del choque

En el caso de c), donde $v_2 = 0$, se tiene:

$$\left.\begin{array}{l} 4 \cdot 6 = 4v_1' + 2v_2' \\ 6 + v_1' = v_2' \end{array}\right\} \Rightarrow \left.\begin{array}{r} 2v_1' + v_2' = 12 \\ v_1' - v_2' = -6 \end{array}\right\} \Rightarrow 3v_1' = 6$$

$$v_1' = 2 \text{ m/s}$$
$$v_2' = 8 \text{ m/s}$$

5.46 Dos bolas elásticas penden de hilos delgados de tal modo que se hallan a la misma altura y están en contacto, como se muestra en la figura. Las longitudes de los hilos son $l_1 = 10$ cm y $l_2 = 6$ cm. Las masas de las bolas son $m_1 = 8$ g y $m_2 = 20$ g. La bola de masa m_1 se desvía un ángulo de 60° y se suelta. Determinar el ángulo máximo que cada hilo formará con la vertical después del choque.

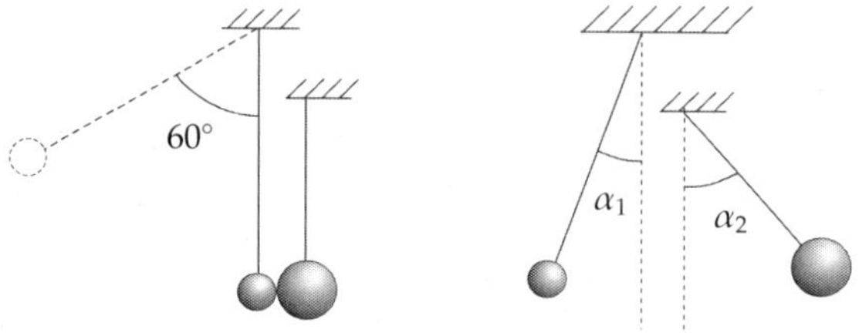

La velocidad de la esfera 1, inmediatamente antes del choque, se calcula por:

$$m_1 g h = \frac{1}{2} m_1 v_1^2; \quad v_1^2 = 2gh = 2g\,(\ell_1 - \ell_1 \cos 60) = g\ell_1$$

Como el choque es perfectamente elástico, se conserva la cantidad de movimiento y la energía cinética.

$$\left\{ \begin{array}{l} m_1 v_1 = m_1 v_1' + m_2 v_2' \\ \frac{1}{2} m_1 v_1^2 = \frac{1}{2} m_1 v_1'^2 + \frac{1}{2} m_2 v_2'^2 \end{array} \right\} \quad \begin{array}{l} m_1 \left(v_1 - v_1'\right) = m_2 v_2 \qquad (1) \\ m_1 \left(v_1^2 - v_1'^2\right) = m_2 v_2'^2 \end{array}$$

Que dividiendo la segunda por la primera:

$$\frac{v_1^2 - v_1'^2}{v_1 - v_1'} = \frac{v_2'^2}{v_2'}\,; \quad \frac{\left(v_1 + v_1'\right)\left(v_1 - v_1'\right)}{v_1 - v_1'} = v_2' \quad \Rightarrow \quad v_2' = v_1 + v_1'$$

Sustituyendo en la (1) el valor de v_2':

$$m_1 \left(v_1 - v_1'\right) = m_2 \left(v_1 + v_1'\right) \quad \Rightarrow \quad (m_1 - m_2)\, v_1 = (m_1 + m_2)\, v_1'$$

$$v_1' = \frac{(m_1 - m_2)}{m_1 + m_2} v_1 = \frac{(8 - 20)}{28} \sqrt{g\ell_1} = -\frac{12}{28} \sqrt{g\ell_1} = -\frac{3}{7} \sqrt{g\ell_1}$$

El signo (−) nos dice que la bola retrocede. Haciendo lo mismo, sustituyendo en (1) el valor $v_1' = v_2' - v_1$

$$m_1 \left(v_1 - v_2' + v_1\right) = m_2 v_2' \quad \Rightarrow \quad (m_1 + m_2)\, v_2' = 2 m_1 v_1$$

$$v_2' = \frac{2m_1 v_1}{m_1 + m_2} = \frac{16}{28}\sqrt{g\ell_1} = \frac{4}{7}\sqrt{g\ell_1}$$

Después del choque, la energía cinética de cada bola se transforma en energía potencial

$$\frac{1}{2}m_1 v_1'^2 = m_1 g h_1 \; ; \; h_1 = \frac{v_1'^2}{2g} = \frac{9/49 g\ell_1}{2g} = \frac{9}{98}\ell_1 \; ; \; h_2 = \frac{v_2'^2}{2g} = \frac{16}{98}\ell_1$$

$$\cos\alpha_1 = \frac{\ell_1 - h_1}{\ell_1} = 1 - \frac{h_1}{\ell_1} = 1 - \frac{9}{98} = 0{,}908 \; ; \; \alpha_1 = \arccos 0{,}908 \simeq 24{,}5^\circ \quad ◄$$

$$\cos\alpha_2 = \frac{\ell_2 - h_2}{\ell_2} = 1 - \frac{h_2}{\ell_2} = 1 - \frac{16}{98}\cdot\frac{\ell_1}{\ell_2} = 1 - \frac{16\cdot 10}{98\cdot 6} = 0{,}728 \; ; \; \alpha_2 = \arccos 0{,}728 \simeq 43^\circ \quad ◄$$

5.47 Una bola de 0,3 kg, fija al extremo de una cuerda de 2 m de longitud, se libera a partir de la posición horizontal, como se indica en la figura. En la parte más baja de su oscilación la bola choca contra un bloque de 0,4 kg, inicialmente en reposo sobre una superficie horizontal que presenta un coeficiente de rozamiento de 0,25. a) Si el choque es elástico, calcular la velocidad de la bola y el espacio recorrido por el bloque después del choque. b) Si el choque es totalmente inelástico (la bola y el bloque quedan unidos) determinar la altura que se eleva el centro de masas del sistema bola-bloque después del choque.

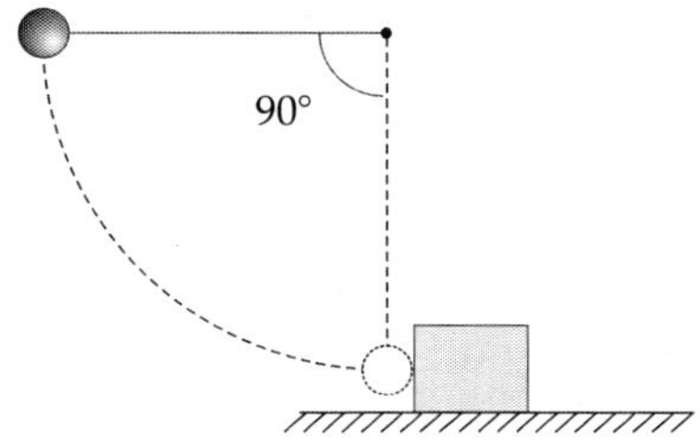

a) Al ser un choque elástico frontal podemos escribir:

$$m_1 v_1 + m_2 v_2 = m_1 v_1' + m_2 v_2'$$

$$v_1 + v_1' = v_2 + v_2'$$

donde $m_1 = 0{,}3$ kg, $m_2 = 0{,}4$ kg; $v_1 = \sqrt{2gh} = \sqrt{2\cdot 9{,}8\cdot 2} = 6{,}26$ m/s y $v_2 = 0$.

Sustituyendo en las ecuaciones anteriores, se tiene:

$$\left.\begin{aligned} 0{,}3\cdot 6{,}26 &= 0{,}3v_1' + 0{,}4v_2' \\ 6{,}26 + v_1' &= v_2' \end{aligned}\right\} \Rightarrow \quad 1{,}87 = 0{,}3v_1' + 0{,}4(6{,}26 + v_1')$$

$$0{,}7v_1' = -0{,}63 \quad \Rightarrow \quad v_1' = -0{,}9 \text{ m/s} \quad ◄$$

$$v_2' = 6{,}26 - 0{,}9 = 5{,}36 \text{ m/s} \quad ◄$$

La energía cinética adquirida por el bloque se convierte en trabajo de rozamiento, luego:

$$\frac{1}{2}m_2 v_2'^2 = \mu m_2 g s$$

$$s = \frac{v_2'^2}{2\mu g} = \frac{28{,}72}{2 \cdot 0{,}25 \cdot 9{,}8} = 5{,}86 \text{ m} \quad \blacktriangleleft$$

b) Si el choque es inelástico, la velocidad del sistema bola-bloque después del choque vale

$$m_1 v_1 = (m_1 + m_2)\, v'$$

$$v' = \frac{m_1 v_1}{m_1 + m_2} = \frac{1{,}9}{0{,}7} = 2{,}7 \text{ m/s}$$

y la energía cinética del conjunto se transforma en energía potencial:

$$\frac{1}{2}(m_1 + m_2)\, v'^2 = (m_1 + m_2)\, g h$$

$$h = \frac{v'^2}{2g} = \frac{7{,}29}{19{,}6} = 0{,}37 \text{ m} \quad \blacktriangleleft$$

5.48 Una bola de 0,2 kg, sujeta al extremo de una cuerda de 1,5 m de longitud, se libera a partir de la posición horizontal como se indica en la figura. En la parte más baja la bola choca contra un bloque de 0,3 kg, inicialmente en reposo sobre una superficie lisa. Si el coeficiente de restitución es 0,8 calcular la velocidad de la bola y la del bloque después del choque.

La bola inicialmente cae convirtiéndose la energía potencial en cinética por lo que llega con una velocidad que inmediatamente antes del choque vale

$$m_1 g h = \frac{1}{2} m_1 v_1^2 \quad \Rightarrow \quad v_1 = \sqrt{2gh} = \sqrt{2 \cdot 9{,}8 \cdot 1{,}5} = 5{,}42 \text{ ms}^{-1}$$

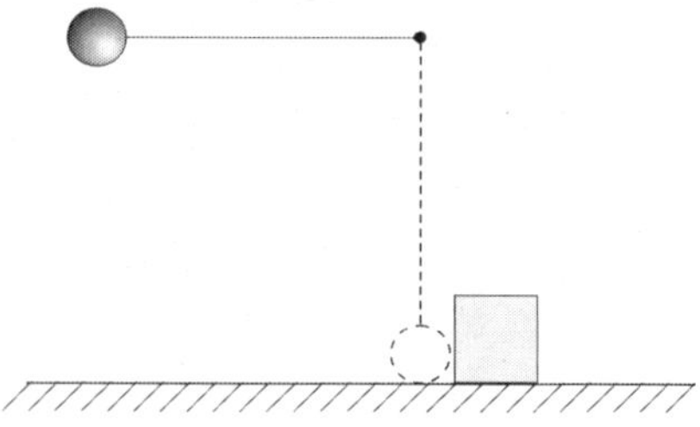

$$m_1 v_1 + m_2 v_2 = m_1 v_1' + m_2 v_2'$$

Inicialmente

$$v_2 = 0 \quad \Rightarrow \quad m_1 v_1 = m_1 v_1' + m_2 v_2'$$

Por otra parte

$$k = 0{,}8 = -\frac{v_2' - v_1'}{v_2 - v_1} = -\frac{v_2' - v_1'}{0 - v_1} = \frac{v_2' - v_1'}{v_1} \Rightarrow \quad 0{,}8\, v_1 = v_2' - v_1'$$

Sustituyendo valores y resolviendo:

$$\left.\begin{aligned}0{,}2\,v_1 &= 0{,}2\,v_1' + 0{,}3\,v_2'\\ 0{,}8\,v_1 &= v_2' - v_1'\end{aligned}\right\} \quad \left.\begin{aligned}1{,}08 &= 0{,}2\,v_1' + 0{,}3\,v_2'\\ 4{,}34 &= v_2' - v_1'\end{aligned}\right\} \quad \left.\begin{aligned}5{,}4 &= v_1' + 1{,}5\,v_2'\\ 4{,}34 &= v_2' - v_1'\end{aligned}\right\} \quad 9{,}74 = 2{,}5\,v_2'$$

De donde

$$v_1 = -0{,}43\ \mathrm{m/s}; \quad v_2' = 3{,}9\ \mathrm{m/s} \quad ◄$$

5.49 Dos péndulos, 1 y 2, de masas 100 g y 300 g respectivamente, cuelgan verticalmente de dos hilos de masa despreciable cuya longitud mide 1 m. El péndulo 1 se eleva una posición tal que el hilo forme un ángulo de 60° con la vertical, y desde allí se le suelta para que choque contra el péndulo 2, que está en reposo, como indica la figura. Si el coeficiente de restitución es 0,7, ¿qué altura alcanzará cada péndulo después del primer choque?

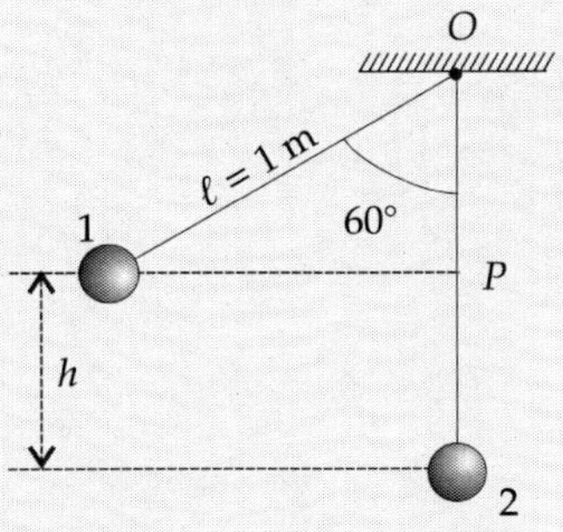

Se trata de un choque frontal parcialmente elástico, donde la ecuación

$$v_1 + v_1' = v_2 + v_2' \quad \Rightarrow \quad (v_1 - v_2) = -\left(v_1' - v_2'\right)$$

que se cumple en los choques perfectamente elásticos, hay que sustituirla por $c = -\dfrac{v_1' - v_2'}{v_1 - v_2}$, siendo c el coeficiente de restitución.

Por consiguiente, en este tipo de choques, se debe aplicar las ecuaciones

$$m_1 v_1 + m_2 v_2 = m_1 v_1' + m_2 v_2'$$

$$c = -\frac{v_1' - v_2'}{v_1 - v_2}$$

En este caso, la velocidad $v_2 = 0$ y la $v_1 = \sqrt{2gh} = 3{,}13$ m/s ya que $h = \ell - \overline{OP} = \ell\,(1 - \cos 60°) = 0{,}5$ m.

Sustituyendo en las ecuaciones anteriores se tiene:

$$\left.\begin{aligned}0{,}1 \cdot 3{,}13 &= 0{,}1 v_1' + 0{,}3 v_2'\\ 0{,}7 &= -\tfrac{v_1' - v_2'}{3{,}13}\end{aligned}\right\} \quad \Rightarrow \quad \left.\begin{aligned}v_1' + 3 v_2' &= 3{,}13\\ v_2' - v_1' &= 2{,}19\end{aligned}\right\} \quad \Rightarrow \quad \begin{aligned}v_1' &= -0{,}86\ \mathrm{m/s}\\ v_2' &= 1{,}33\ \mathrm{m/s}\end{aligned}$$

donde el signo (−) nos indica que el péndulo 1 retrocede.

Altura alcanzada por cada uno de ellos después del choque:

$$\left.\begin{aligned} h_1 &= \frac{v_1'^2}{2g} = \frac{(0{,}86)^2}{19{,}6} = 0{,}037 \text{ m} = 3{,}7 \text{ cm} \\ h_2 &= \frac{v_2'^2}{2g} = \frac{(1{,}33)^2}{19{,}6} = 0{,}09 \text{ m} = 9 \text{ cm} \end{aligned}\right\} \quad \blacktriangleleft$$

5.50 Una bola de billar, que se mueve con velocidad de 4 m/s, pega de refilón a otra bola idéntica en reposo y sale en una dirección que forma un ángulo de 60° con la dirección de su movimiento original, como se indica en la figura. Calcular la velocidad y dirección de la segunda bola, así como la velocidad de la primera, después del choque. Datos: $m_1 = m_2$; $v_1 = 4$ m/s; $v_2 = 0$.

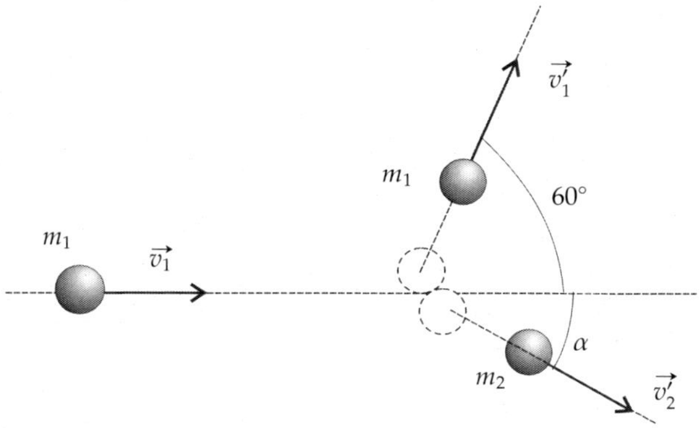

$$\begin{aligned} m_1\vec{v}_1 + m_2\vec{v}_2 &= m_1\vec{v}_1' + m_2\vec{v}_2' \\ \tfrac{1}{2}m_1v_1^2 + \tfrac{1}{2}m_2v_2^2 &= \tfrac{1}{2}m_1v_1'^2 + \tfrac{1}{2}m_2v_2'^2 \end{aligned} \quad \Rightarrow \quad \begin{aligned} \vec{v}_1 &= \vec{v}_1' + \vec{v}_2' \\ v_1^2 &= v_1'^2 + v_2'^2 \end{aligned}$$

$$\vec{v}_1 = \vec{v}_1' + \vec{v}_2' \left\{ \begin{aligned} &\text{eje } x\text{: } v_1 = v_1' \cos 60 + v_2' \cos\alpha \\ &\text{eje } y\text{: } 0 = v_1' \operatorname{sen} 60 - v_2' \operatorname{sen}\alpha \end{aligned} \right\} \rightarrow \begin{aligned} &v_2' \cos\alpha = 4 - 0{,}5v_1' \qquad (1) \\ &v_2' \operatorname{sen}\alpha = \frac{\sqrt{3}}{2}v_1' \qquad (2) \end{aligned}$$

$$v_1^2 = v_1'^2 + v_2'^2 \quad \Rightarrow \quad v_2'^2 = 16 - v_1'^2 \qquad (3)$$

Para resolver esta matriz de tres ecuaciones con tres incógnitas eliminamos α entre la (1) y la (2), elevando al cuadrado y sumando miembro a miembro:

$$\begin{aligned} v_2'^2 \cos^2\alpha &= 16 + 0{,}25v_1'^2 - 4v_1' \\ v_2'^2 \operatorname{sen}^2\alpha &= \frac{3}{4}v_1'^2 \\ \hline v_2'^2 &= v_1'^2 - 4v_1' + 16 \end{aligned}$$

Sustituyendo en este el valor de $v_2'^2$ dado por la (3), se obtiene:

$$16 - v_1'^2 = v_1'^2 - 4v_1' + 16 \quad \Rightarrow \quad 2v_1'^2 = 4v_1' \quad \Rightarrow \quad v_1' = 2\ \mathrm{m/s} \quad \blacktriangleleft$$

de la (3):

$$v_2' = \sqrt{16 - v_1'^2} = \sqrt{16-4} = 3{,}46\frac{\mathrm{m}}{\mathrm{s}} \quad \blacktriangleleft$$

de la (2):

$$\operatorname{sen}\alpha = \frac{\left(\frac{\sqrt{3}}{2}\right)v_1'}{v_2'} = \frac{\sqrt{3}}{3{,}46} = 0{,}5; \quad \alpha = \operatorname{arc\,sen} 0{,}5 = 30^\circ \quad \blacktriangleleft$$

5.51 En la jugada de billar indicada en la figura, una bola, con una velocidad $\vec{v}_1 = 10\vec{\imath}$ m/s, choca elásticamente con otras dos idénticas a la anterior y cuyos centros están en una línea perpendicular a la dirección de la velocidad inicial de la primera bola. Ambas bolas están en contacto y en reposo. Si la dirección de la velocidad de la primera bola pasa por el punto de contacto de las otras dos, determinar las velocidades de las tres bolas después de la colisión, suponiendo que no hay rozamiento.

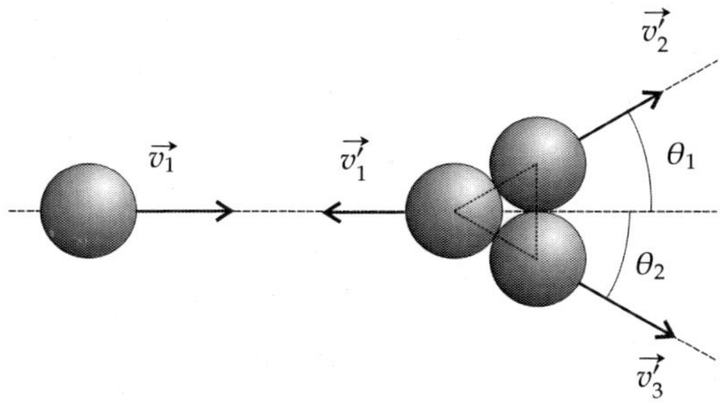

Las fuerzas impulsivas, que se originan en el choque se desarrollan en la dirección de las rectas que unen sus centros y por razón de simetría, según se muestra en la figura, $\theta_1 = \theta_2 = 30^o$.

Por otra parte, los principios de conservación de la cantidad de movimiento y energía cinética establecen:

$$\left.\begin{array}{l} m\vec{v}_1 = m\vec{v}_1' + m\vec{v}_2' + m\vec{v}_3' \\ \frac{1}{2}mv_1^2 = \frac{1}{2}mv_1'^2 + mv_2'^2 + mv_3'^2 \end{array}\right\} \quad \Rightarrow \quad \left.\vec{v}_1 = \vec{v}_2' + \vec{v}_2' + \vec{v}_3' v_1^2 = v_1'^2 + v_2'^2 + v_3'^2\right\} \quad \Rightarrow$$

$$\text{eje } X\text{: } v_1 = v_1' + v_2' \cos 30^\circ + v_3' \cos 30^\circ$$

$$\text{eje } Y\text{: } 0 = v_2' \operatorname{sen} 30^\circ - v_3' \operatorname{sen} 30^\circ \quad \Rightarrow \quad v_2' = v_3'$$

$$v_1^2 = v_1'^2 + v_2'^2 + v_3'^2$$

con lo que las dos ecuaciones que nos quedan son

$$\left.\begin{aligned} v_1 &= v_1' + 2v_2' \cos 30^\circ \\ v_1^2 &= v_1'^2 + 2v_2'^2 \end{aligned}\right\} \Rightarrow \begin{aligned} 10 &= v_1' + \sqrt{3}v_2' \quad (1) \\ 100 &= v_1'^2 + 2v_2'^2 \quad (2) \end{aligned}$$

De la (1), $v_1' = 10 - \sqrt{3}v_2'$ y sustituyendo este valor en (2):

$$100 = 100 + 3v_2'^2 - 20\sqrt{3}v_2' + 2v_2'^2 \quad \Rightarrow \quad 5v_2'^2 = 20\sqrt{3}v_2'$$

por lo que

$$v_2' = 4\sqrt{3} = 6{,}93 \text{ m/s}$$

De la (1) se obtiene la velocidad de retroceso de la primera bola:

$$v_1' = 10 - \sqrt{3}.v_2' = 10 - 12 = -2 \text{ m/s}$$

La solución que se pide es:

$$\left.\begin{aligned} \vec{v}_1' &= -2\vec{\imath} \\ \vec{v}_2' &= (6{,}93 \cos 30^\circ)\,\vec{\imath} + (6{,}93 \operatorname{sen} 30^\circ)\,\vec{\jmath} = 6\vec{\imath} + 3{,}5\vec{\jmath} \\ \vec{v}_3' &= (6{,}93 \cos 30^\circ)\,\vec{\imath} - (6{,}93 \operatorname{sen} 30^\circ)\,\vec{\jmath} = 6\vec{\imath} - 3{,}5\vec{\jmath} \end{aligned}\right\} \blacktriangleleft$$

5.52 Una partícula de masa m_1 choca con otra partícula de igual masa m_2 inicialmente en reposo. Después del choque, dichas partículas se alejan en direcciones perpendiculares con velocidades v_1' y v_2', como se muestra en la figura. Si $v_1' = 2v_2'$, determinar el ángulo que $\vec{v'}_1$ forma con la velocidad inicial de la partícula m_1.

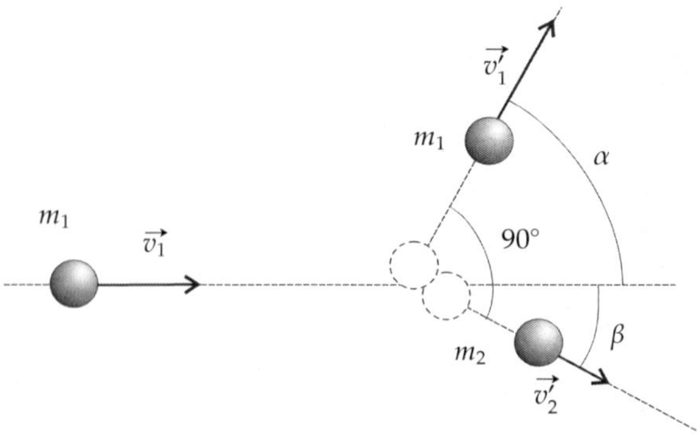

Aplicando el principio de conservación de la cantidad de movimiento:

$$\vec{v}_1 = \vec{v}\,'_1 + \vec{v}\,'_2 \quad \Rightarrow \quad \begin{cases} \text{eje } x\text{: } v_1 = v'_1 \cos\alpha + v'_2 \cos\beta \\ \text{eje } y\text{: } 0 = v'_1 \operatorname{sen}\alpha - v'_2 \operatorname{sen}\beta \end{cases}$$

De la segunda ecuación $v'_1 \operatorname{sen}\alpha = v'_2 \operatorname{sen}\beta$ y teniendo en cuenta que los ángulos α y β son complementarios $\operatorname{sen}\beta = \cos\alpha$, podemos escribir:

$$v'_1 \operatorname{sen}\alpha = v'_2 \cos\alpha \quad \Rightarrow \quad \operatorname{tg}\alpha = \frac{v'_2}{v'_1} = \frac{v'_2}{2v'_2} = \frac{1}{2} \quad \Rightarrow \quad \alpha = \operatorname{arc\,tg} 0{,}5 = 26{,}6^\circ \quad ◂$$

5.53 Un protón animado con una velocidad de 200 m/s choca elásticamente con un neutrón en reposo. Después de la colisión, el protón se desvía 45° de su dirección inicial. Calcular la velocidad de cada partícula después de chocar, así como el ángulo que forma el neutrón con dicha dirección original.

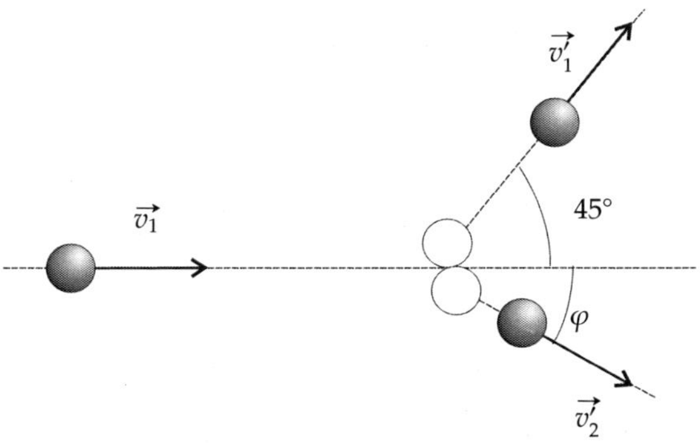

Admitiendo que ambas partículas tienen la misma masa ($m_1 = m_2$), los principios de conservación para este choque oblicuo

$$\left.\begin{array}{l} m_1\vec{v}_1 = m_1 v'_1 + m_2 v'_2 \\ \frac{1}{2}mv_1^2 = \frac{1}{2}mv_1'^2 + \frac{1}{2}m_2 v_2'^2 \end{array}\right\} \rightarrow \left.\begin{array}{l} m\vec{v}_1 = mv'_1 + mv'_2 \\ \frac{1}{2}mv_1^2 = \frac{1}{2}mv_1'^2 + \frac{1}{2}mv_2'^2 \end{array}\right\} \rightarrow \left.\begin{array}{l} \vec{v}_1 = v'_1 + v'_2 \\ v_1^2 = v_1'^2 + v_2'^2 \end{array}\right\}$$

se simplifican en

$$\vec{v}_1 = \vec{v}\,'_1 + \vec{v}\,'_2 \quad \Rightarrow \quad \begin{cases} \text{eje } X\text{: } v_1 = v'_1 \cos 45^\circ + v'_2 \cos\varphi \\ \text{eje } Y\text{: } 0 = v'_1 \operatorname{sen} 45^\circ - v'_2 \operatorname{sen}\varphi \end{cases}$$

que podemos escribir en la forma:

$$v'_2 \cos\varphi = v_1 - \frac{\sqrt{2}}{2} v'_1 \tag{1}$$

$$v_2' \operatorname{sen}\varphi = \frac{\sqrt{2}}{2} v_1' \qquad (2)$$

$$v_2'^2 = v_1^2 - v_1'^2 \qquad (3)$$

Elevando al cuadrado las ecuaciones (1) y (2) y sumando miembro a miembro:

$$\left.\begin{array}{l} v_2'^2 \cos^2\varphi = v_1^2 + \dfrac{v_1'^2}{2} - \sqrt{2} v_1 v_1' \\ v_2'^2 \operatorname{sen}^2\varphi = \dfrac{v_1'^2}{2} \end{array}\right\} \Rightarrow \quad v_2'^2 = v_1^2 + v_1'^2 - \sqrt{2} v_1 v_1'$$

Sustituyendo en esta ecuación el valor de $v_2'^2$ dado por la (3), se tiene:

$$v_1^2 - v_1'^2 = v_1^2 + v_1'^2 - \sqrt{2} v_1 v_1' \quad \Rightarrow \quad 2v_1'^2 = \sqrt{2} v_1 v_1'$$

$$v_1' = \frac{\sqrt{2}}{2} v_1 = \frac{\sqrt{2}}{2} \cdot 200 = 141{,}4 \text{ m/s} \quad ◂$$

De la ecuación (3), sustituyendo el valor de v_1' se tiene:

$$v_2'^2 = v_1^2 - v_1'^2 = v_1^2 - 1/2 v_1^2 = \frac{v_1^2}{2}$$

$$v_2' = \frac{v_1}{\sqrt{2}} = \frac{\sqrt{2}}{2} v_1 = 141{,}4 \text{ m/s} \quad ◂$$

Para calcular el ángulo, utilizamos la ecuación (2):

$$\operatorname{sen}\varphi = \frac{\sqrt{2}}{2} \frac{v_1'}{v_2'} = \frac{\sqrt{2}}{2} \quad \Rightarrow \quad \varphi = 45° \quad ◂$$

5.54 Suponiendo que el choque indicado en la figura es perfectamente elástico, calcular las velocidades de las esferas después del choque y el ángulo β.

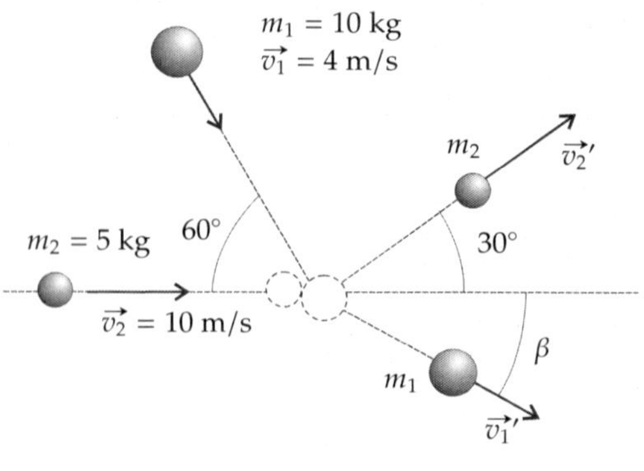

$$m_1 \vec{v}_1 + m_2 \vec{v}_2 = m_1 \vec{v}\,'_1 + m_2 \vec{v}\,'_2$$
$$\tfrac{1}{2} m_1 v_1^2 + \tfrac{1}{2} m_2 v_2^2 = \tfrac{1}{2} m_1 v_1'^2 + \tfrac{1}{2} m_2 v_2'^2$$

En el eje x:

$$\begin{cases} m_1 v_1 \cos 60° + m_2 v_2 = m_1 v_1' \cos\beta + m_2 v_2' \cos 30° \\ 10 \cdot 4 \cdot 0{,}5 + 5 \cdot 10 = 10 v_1' \cos\beta + 5 \cdot \dfrac{\sqrt{3}}{2} v_2' \\ 70 = 10 v_1' \cos\beta + 4{,}33 v_2' \end{cases} \qquad (1)$$

En el eje y:

$$\begin{cases} -m_1 v_1 \operatorname{sen} 60° = -m_1 v_1' \operatorname{sen}\beta + m_2 v_2' \operatorname{sen} 30° \\ -10 \cdot 4 \cdot \dfrac{\sqrt{3}}{2} = -10 v_1' \operatorname{sen}\beta + 5 \cdot 0{,}5 \cdot v_2' \\ -34{,}6y = -10 v_1' \operatorname{sen}\beta + 2{,}5 v_2' \end{cases} \qquad (2)$$

Conservación de la energía

$$\begin{cases} \tfrac{1}{2} m_1 v_1^2 + \tfrac{1}{2} m_2 v_2^2 = \tfrac{1}{2} m_1 v_1'^2 + \tfrac{1}{2} m_2 v_2'^2 \\ 160 + 500 = 10 v_1'^2 + 5 v_2'^2 \\ 132 = 2 v_1'^2 + v_2'^2 \end{cases} \qquad (3)$$

Para resolver esta matriz de tres ecuaciones con tres incógnitas, eliminamos β entre la (1) y (2):

$$10 v_1' \cos\beta = 70 - 4{,}33 v_2'$$
$$10 v_1' \operatorname{sen}\beta = 34{,}64 + 2{,}5 v_2'$$

Elevando al cuadrado:

$$10^2 v_1'^2 \left(\operatorname{sen}^2\beta + \cos^2\beta\right) = \left(4900 + 18{,}75 v_2'^2 - 606 v_2'\right) + \left(1200 + 6{,}25 v_2'^2 + 173 v_2'\right)$$
$$10^2 v_1'^2 = 6100 + 25 v_2'^2 - 433 v_2' \quad \Rightarrow \quad v_1'^2 = 61 + 0{,}25 v_2'^2 - 4{,}33 v_2'$$

En esta ecuación sustituimos el valor de $v_1'^2$ despejado en la (3)

$$\frac{132 - v_2'^2}{2} = 61 + 0{,}25 v_2'^2 - 4{,}33 v_2'$$
$$132 - v_2'^2 = 122 + 0{,}5 v_2'^2 - 8{,}66 v_2' \quad \Rightarrow \quad 1{,}5 v_2'^2 - 8{,}66 v_2' - 10 = 0$$
$$v_2' = \frac{8{,}66 \pm \sqrt{75 + 60}}{3} = \frac{8{,}66 \pm 11{,}6}{3} = 6{,}75 \frac{\text{m}}{\text{s}} \quad ◄$$

Sustituyendo en la ecuación (3)

$$132 = 2v_1'^2 + v_2'^2$$

El valor de v_2'

$$v_1' = \sqrt{\frac{132 - v_2'^2}{2}} = \sqrt{\frac{132 - 45{,}56}{2}} = 6{,}57\,\frac{\mathrm{m}}{\mathrm{s}} \quad ◂$$

$$\operatorname{sen}\beta = \frac{34{,}64 + 2{,}5v_2'}{10v_1'} = \frac{34{,}64 + 2{,}5 \cdot 6{,}75}{10 \cdot 6{,}57} = 0{,}784 \quad \Rightarrow \quad \beta = \operatorname{arc\,sen} 0{,}784 = 52^\circ \quad ◂$$

5.55 Dos esferas de igual masa y diámetro se mueven como se indica en la figura. Tras el choque la bola 2 sigue en la misma dirección que tenía. Si el coeficiente de restitución es de 0,9, determinar las velocidades de las esferas después del choque.

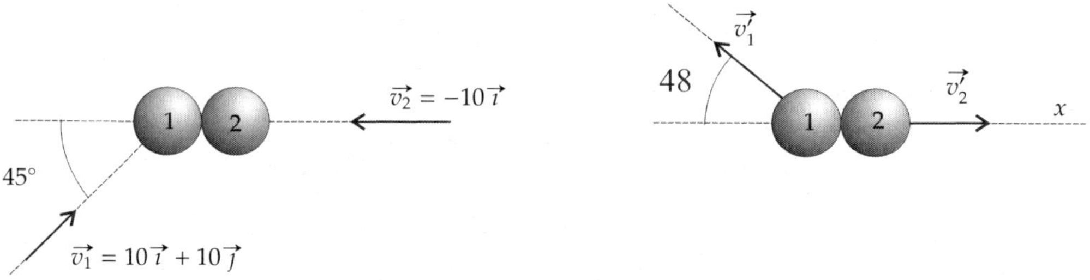

Como sabemos, las fuerzas impulsivas actúan en la colisión en la dirección de la recta que une los centros de ambas esferas en ese instante. Por ello, si elegimos un sistema de referencia cuyo eje X coincida con dicha recta, el principio de conservación de la cantidad de movimiento en este caso

$$m_1\vec{v}_1 + m_2\vec{v}_2 = m_1\vec{v}_1' + m_2\vec{v}_2' \quad \Rightarrow \quad \vec{v}_1 + \vec{v}_2 = \vec{v}_1' + \vec{v}_2'$$

lo podemos expresar, empleando los componentes de la velocidad, con las dos ecuaciones siguientes:

$$\left.\begin{aligned} v_{1x} + v_{2x} &= v_{1x}' + v_{2x}' \\ v_{1y} + v_{2y} &= v_{1y}' + v_{2y}' \end{aligned}\right\} \quad \to \quad \left.\begin{aligned} 10 - 10 &= v_{1x}' + v_{2x}' \\ 10 &= v_{1y}' \end{aligned}\right\} \quad \Rightarrow \quad v_{1x}' = -v_{2x}' \qquad (1);$$

$$10 = v_{1y}' \quad v_{1y}' = 10\ \mathrm{m/s}$$

ya que al no tener las fuerzas impulsivas componentes en el eje Y, $v_{2y}' = 0$.

Por otra parte, la ecuación

$$c = -\frac{v_1' - v_2'}{v_1 - v_2},$$

que nos define el coeficiente de restitución en un choque frontal parcialmente elástico, se satisface también para los componentes de las velocidades en la dirección de la recta que une los centros. Por consiguiente, teniendo en cuenta la ecuación (1) se puede escribir:

$$c = -\frac{v_{1x}' - v_{2x}'}{v_{1x} - v_{2x}} = -\frac{2v_{1x}'}{10 + 10} = -\frac{v_{1x}'}{10}$$

$$v_{1x}' = -10c = -9 \text{ m/s}$$

$$v_{2x}' = -v_{1x}' = 9 \text{ m/s}$$

Las velocidades después del choque son por tanto:

$$\left.\begin{aligned} \vec{v}_1' &= -9\vec{\imath} + 10\vec{\jmath} \\ \vec{v}_2' &= 9\vec{\imath} \end{aligned}\right\} \quad \blacktriangleleft$$

y el ángulo que forma la velocidad de la primera esfera con la dirección de la recta que une los centros de ambas en el momento de la colisión es de

$$\varphi = \operatorname{arc\,tg}\frac{10}{9} = 48° \quad \blacktriangleleft$$

5.56 Una bolita se mueve con una velocidad horizontal sobre el plano horizontal, cayendo en un hueco de longitud L donde, tras chocar con el suelo del hueco de manera elástica, puede salir y continuar en el segundo tramo horizontal. Calcular el valor máximo y mínimo de la velocidad v_x que debe llevar la bola, para que tras el rebote pueda salir del hueco, en función de las alturas de las paredes (h_1, h_2) y de la longitud del hueco (L).

Al ser un choque elástico la velocidad vertical en el punto de contacto con el suelo va a ser igual y de sentido contrario tras el choque. Llamémosla v_y.

Las condiciones límite serán las que permitan pasar a la bola por el punto superior de h_2. Para obtener esos valores límites de v_x vamos a establecer, por tanto, que la bola alcance ese punto, cosa que podrá hacer en los dos casos indicados en la figura siguiente.

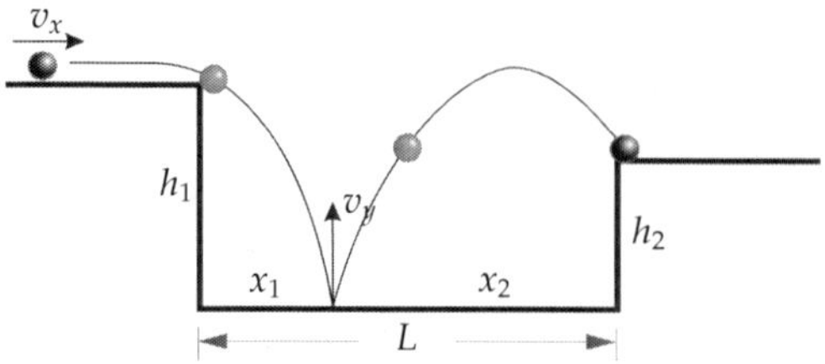

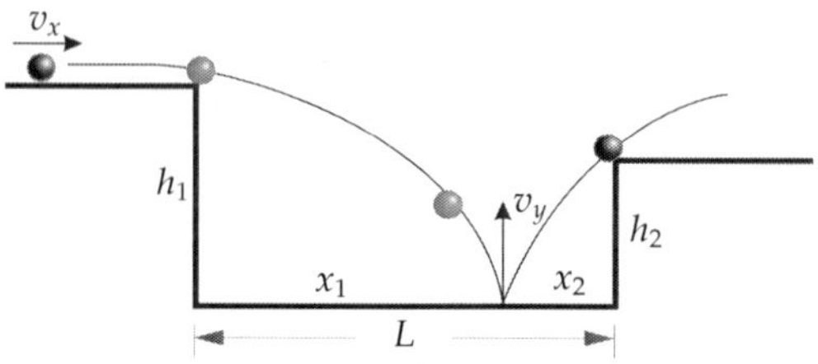

a) Para la bajada de la bola. Si llamamos t_1 al tiempo que tarda en caer:

$$x_1 = v_x t_1 \quad h_1 = \frac{1}{2} g t_1^2 \quad \rightarrow \quad t_1 = \sqrt{\frac{2h_1}{g}} \quad \rightarrow \quad x_1 = v_x \sqrt{\frac{2h_1}{g}}$$

v_x permanece constante y $v_1 = g t_1$ dirigida hacia abajo.

b) Para la subida de la bola. Se invierte la velocidad de v_y. Si llamamos t_2 al tiempo que tarda en subir:

$$x_2 = v_x t_2 \quad h_2 = v_y t_2 - \frac{1}{2} g t_2^2 \quad \rightarrow \quad \frac{1}{2} g t_2^2 - v_y t_2 + h_2 = 0 \quad \rightarrow \quad t_2 = \frac{v_y \pm \sqrt{v_y^2 - 2gh_2}}{g}$$

Sustituyendo v_y por su valor obtenido en las ecuaciones de caída

$$t_2 = \frac{v_y \pm \sqrt{v_y^2 - 2gh_2}}{g} = \frac{g t_1 \pm \sqrt{(g t_1)^2 - 2gh_2}}{g} = t_1 \pm \sqrt{\frac{g^2 t_1^2 - 2gh_2}{g^2}} = t_1 \pm \sqrt{t_1^2 - \frac{2h_2}{g}}$$

Como la suma de las distancias horizontales debe ser igual a L, $L = x_1 + x_2$

$$L = x_1 + x_2 = v_x t_1 + v_x t_2 = v_x t_1 + v_x t_2$$

y sustituyendo los valores de los tiempos

$$L = v_x t_1 + v_x t_2 = v_x \sqrt{\frac{2h_1}{g}} + v_x \left(t_1 \pm \sqrt{t_1^2 - \frac{2h_2}{g}} \right) =$$

$$= v_x \sqrt{\frac{2h_1}{g}} + v_x \left(\sqrt{\frac{2h_1}{g}} \pm \sqrt{\frac{2h_1}{g} - \frac{2h_2}{g}} \right) =$$

$$= v_x \sqrt{\frac{2h_1}{g}} + v_x \sqrt{\frac{2h_1}{g}} \pm v_x \sqrt{\frac{2(h_1 - h_2)}{g}} = 2v_x \sqrt{\frac{2h_1}{g}} \pm v_x \sqrt{\frac{2(h_1 - h_2)}{g}} =$$

$$= v_x \left(2 \sqrt{\frac{2h_1}{g}} \pm \sqrt{\frac{2(h_1 - h_2)}{g}} \right)$$

Despejando v_x

$$v_x = \frac{L}{2\sqrt{\frac{2h_1}{g}} \pm \sqrt{\frac{2(h_1-h_2)}{g}}} \blacktriangleleft$$

5.57 Se deja caer desde una altura de $h = 120$ cm una bolita sobre un plano inclinado de 30°, tal como se señala en la figura. La bola rebota en él, siendo el coeficiente de restitución 0,8. Obtener: a) velocidad con que sale la bola tras el primer rebote en A; b) ángulo que forma el vector de la velocidad de salida en A con el plano inclinado; c) distancia d que hay entre el primer y el segundo rebote de la bola en B.

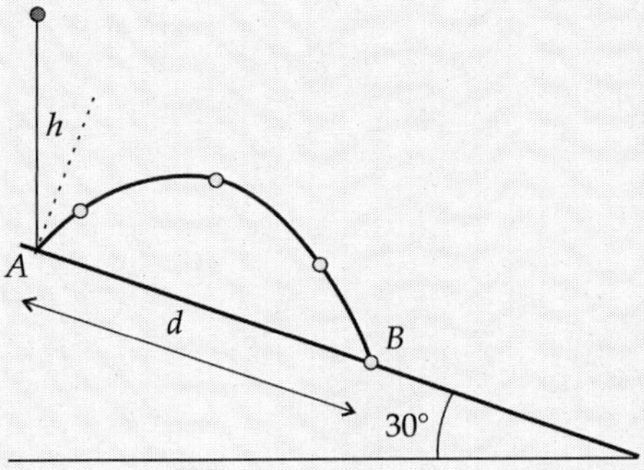

Que el coeficiente de restitución valga 0,8 supone que tras el rebote la componente de la velocidad perpendicular al plano se invierte y su valor es 0,8 veces la que llevaba antes del choque. La bola cuando llega al plano lo hace con una velocidad vertical v_0 que podemos descomponerla según una componente perpendicular al plano y otra en la dirección tangente al mismo. La componente vertical se invierte y vale 0,8 veces la inicial. Finalmente, la bola sale con una velocidad v que es la suma de ambas componentes tal como se indica en la figura. El ángulo de v con v_{0t} será α.

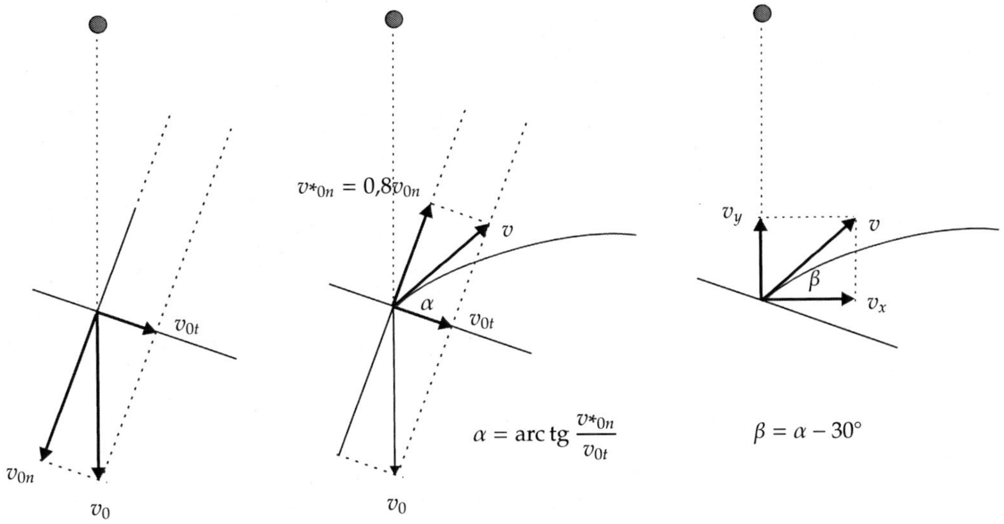

Para solucionar el problema debemos usar un sistema de referencia, que podríamos tomarlo siguiendo la dirección del plano y su perpendicular, pero esto tiene el inconveniente de que habría que trabajar también con las componentes de g en estas direcciones. Como estamos más habituados a tomar X y Y de forma que OY sea perpendicular a la tierra, lo haremos así. En este sistema de coordenadas la velocidad de salida v se descompondría según v_x y v_y tal como se indica en la figura anterior. El problema se reduce entonces a ver dónde se corta la trayectoria del movimiento parabólico con la recta que determina el plano.

$$v_0 = \sqrt{2gh} = \sqrt{2 \cdot 9{,}8 \cdot 1{,}2} = 4{,}85 \text{ ms}^{-1} \quad \rightarrow$$

$$\rightarrow \quad \begin{aligned} v_{0n} &= v_{0n} \cos 30^\circ = 4{,}85 \cdot 0{,}866 = 4{,}2 \text{ ms}^{-1} \\ v_{0t} &= v_{0n} \operatorname{sen} 30^\circ = 4{,}85 \cdot 0{,}5 = 2{,}425 \text{ ms}^{-1} \end{aligned}$$

Tras el choque la componente se vertical se reduce en un factor 0,8 por lo que

$$\begin{aligned} v_{0n}^* &= 4{,}2 \cdot 0{,}8 = 3{,}36 \text{ ms}^{-1} \\ v_{0t} &= 2{,}425 \text{ ms}^{-1} \end{aligned}$$

en las direcciones que se indican en la figura. El módulo de la velocidad v de salida es:

$$v = \sqrt{3{,}36^2 + 2{,}425^2} = 4{,}14 \text{ ms}^{-1} \quad \blacktriangleleft$$

con un ángulo α

$$\alpha = \operatorname{arc\,tg} \frac{0{,}8 v_{0n}}{v_{0t}} = \operatorname{arc\,tg} \frac{3{,}36}{2{,}425} = 54{,}18^\circ \quad \blacktriangleleft$$

Para descomponer en las direcciones X e Y necesitamos saber el ángulo que forma v con v_x que será $\beta = 54{,}18^\circ - 30^\circ = 24{,}18^\circ$. Por tanto:

$$\begin{aligned} v_x &= v \cos 24{,}18^\circ = 4{,}85 \cdot 0{,}912 = 4{,}42 \text{ ms}^{-1} \\ v_y &= v \operatorname{sen} 24{,}18^\circ = 4{,}85 \cdot 0{,}5 = 1{,}98 \text{ ms}^{-1} \end{aligned}$$

Expresado vectorialmente $\vec{v} = 4{,}42\,\vec{\imath} + 1{,}98\,\vec{\jmath} \text{ ms}^{-1}$ con $\vec{g} = -9{,}8\,\vec{\jmath} \text{ ms}^{-2}$.

El movimiento parabólico que se origina posee una trayectoria cuya ecuación es:

$$y = x\, tg\beta - \frac{g}{2v^2 \cos^2 \beta} x^2 = x \operatorname{tg} 54{,}18 - \frac{9{,}8}{2 \cdot 4{,}14^2 \cdot \cos^2 54{,}18} x^2 = 1{,}39\, x - 0{,}83\, x^2$$

y la del plano

$$y = -x\, tg\, 30 = -0{,}58\, x$$

que se cortan en los puntos en que $-0{,}58x = 1{,}39x - 0{,}83x^2$ y resolviendo

$$x = 0 \text{ m} \quad x = 2{,}37\text{m}$$

El primer punto ($x = 0$) corresponde al de salida en A y el segundo al de llegada en B que equivale a una distancia

$$d = \frac{2{,}37}{\cos 30} = 2{,}74 \text{ m} \quad \blacktriangleleft$$

5.58 Se deja caer una bolita de goma para que baje rebotando en unas escaleras, escalón por escalón, de modo que los rebotes sean iguales. Si la altura de los escalones es de 25 cm y su longitud 40 cm, y el coeficiente de restitución entre los peldaños y la bolita es 0,9, obtener a) altura de rebote en cada escalón b) velocidad horizontal con que hay que lanzar la bola.

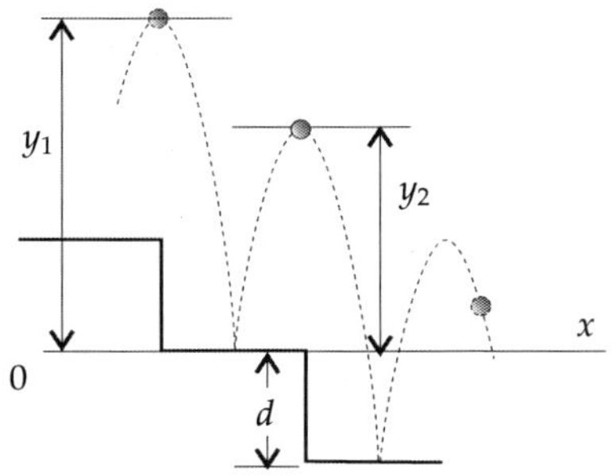

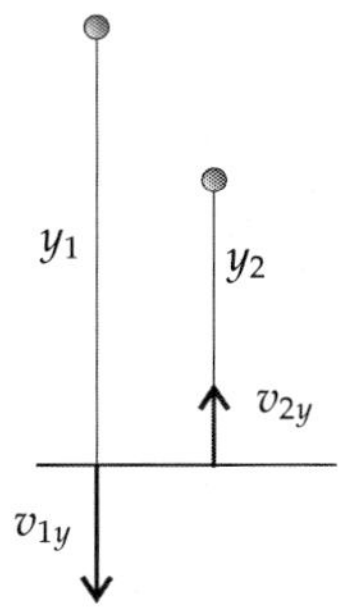

La bolita hace un movimiento parabólico. En cada rebote avanza una distancia en el eje X igual a la anchura del escalón. En el eje vertical, si nos fijamos en la figura tomando como referencia un escalón cualquiera desciende una altura y_1, rebota y alcanza una nueva altura y_2. Si la altura del escalón la llamamos d debe cumplirse que $y_1 = y_2 + d$, para que se encuentre después del rebote a la misma altura con respecto al escalón siguiente.

Por otra parte, en el rebote, la bola llega con una velocidad vertical v_{1y}. Como el choque no es elástico, sale hacia arriba con una velocidad v_{2y} que debe ser:

$$v_{2y} = c\, v_{1y}$$

siendo c el coeficiente de recuperación elástica.

Por otra parte, la relación entre las velocidades de llegada y salida y las alturas correspondientes viene dada por

$$\left.\begin{aligned} v_{1y}^2 &= 2gy_1 \\ v_{2y}^2 &= 2gy_2 \end{aligned}\right\} \quad \rightarrow \quad \frac{v_{2y}^2}{v_{1y}^2} = \frac{y_2}{y_1} = c^2$$

Como $y_1 = y_2 + d$

$$\frac{y_2}{y_1} = \frac{y_2}{y_2 + d} = c^2 \quad \rightarrow \quad y_2 = \frac{c^2}{1 - c^2} d$$

Sustituyendo valores,

$$y_2 = \frac{0{,}9^2}{1 - 0{,}9^2} \cdot 0{,}25 = 1{,}065 \text{ m} \quad \blacktriangleleft \quad v_{2y} = \sqrt{2 \cdot 9{,}8 \cdot 1{,}065} = 4{,}57 \text{ m/s}$$

Con respecto al siguiente escalón se encontrará a una altura

$$y_1 = 1{,}065 + 0{,}25 = 1{,}315 \text{ m}$$

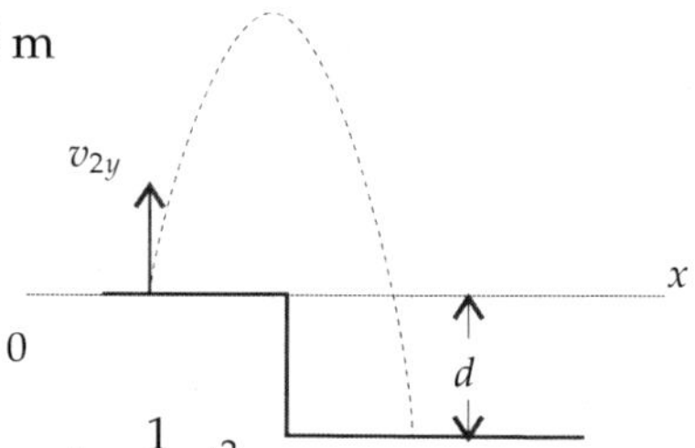

Para obtener la velocidad horizontal que debe llevar obtengamos el tiempo que tarda en llegar de un escalón a otro. Sabiendo que el siguiente escalón está a una altura $-d$ respecto a él en la ecuación del eje de las Y:

$$y = y_0 + v_{0y}t - \frac{1}{2}gt^2 \quad \rightarrow \quad -d = v_{2y}t - \frac{1}{2}gt^2$$

$$-0{,}25 = 4{,}57t - \frac{1}{2}9{,}8t^2$$

cuya solución positiva es $t = 0{,}985$ s.

En este tiempo debe recorrer una distancia horizontal de 40 cm. Como v_x es constante,

$$x = v_x t \quad \rightarrow \quad v_x = \frac{x}{t} = \frac{0{,}4}{0{,}985} = 0{,}41 \text{ m/s} \quad \blacktriangleleft$$

5.59 Una bolita que consideramos como una masa puntual se mueve con una velocidad constante de 2 m/s sobre un plano horizontal hasta que encuentra un orificio de paredes metálicas de 20 cm de diámetro, en el que cae. La bolita choca elásticamente contra la pared del mismo cayendo con sucesivos rebotes en sus paredes. Obtener: a) Distancia que ha caído cuando se produce el rebote número 4 y tiempo que tarda desde que sale de A hasta que se produce. b) Expresión que proporciona la distancia que ha caído en el rebote n y tiempo que tarda desde que sale de A hasta que se produce. Aplíquese la expresión obtenida para obtener la profundidad que alcanza la bolita cuando se produce el choque número 10.

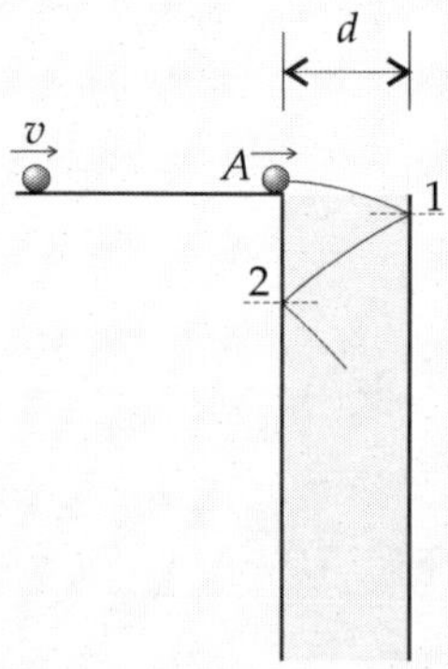

Como el choque es elástico la trayectoria es "equivalente" a la de la figura de puntos, donde $x = 80$ cm.

Por tanto

$$t = \frac{x}{v_x} = \frac{0{,}8}{2} = 0{,}4 \text{ s} \quad \blacktriangleleft$$

y el descenso lo obtenemos sabiendo que $y = v_{oy}t + \frac{1}{2}a_y t^2$. Por tanto

$$y = -\frac{1}{2}9{,}8\, t^2 = -0{,}784 \text{ m} \quad \blacktriangleleft$$

La solución general del tiempo que tarda en el rebote n sería

$$t = \frac{x}{v_x} = \frac{0{,}2\, n}{2} = 0{,}1n \text{ (s)} \quad \blacktriangleleft$$

y el descenso

$$y = -\frac{1}{2}9{,}8 \cdot (0{,}1n)^2 = 0{,}049n^2 \text{ (m)} \quad \blacktriangleleft$$

Para $n = 10$,

$$t = 0{,}1 \cdot 10 = 1 \text{ s} \quad \blacktriangleleft$$

y la profundidad

$$y = 0{,}049 \cdot 100 = 4{,}9 \text{ m} \quad \blacktriangleleft$$

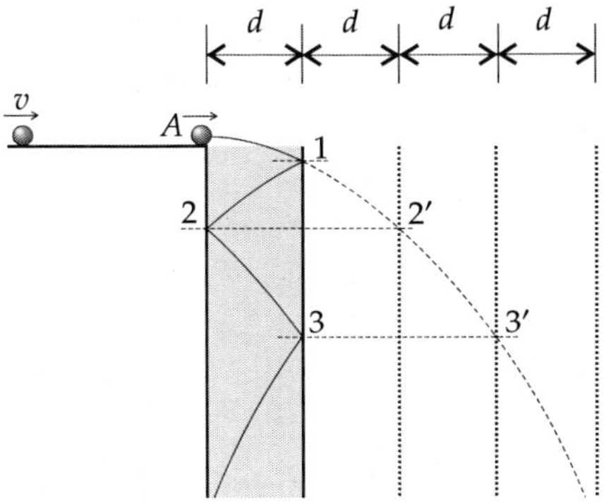

6 Sólido rígido

6.1 Cuatro partículas de igual masa están en los vértices de un rectángulo unidas por varillas de masa despreciable como si indica en la figura. Calcular el momento de inercia respecto a cada uno de los ejes coordenados, así como respecto al lado *b*.

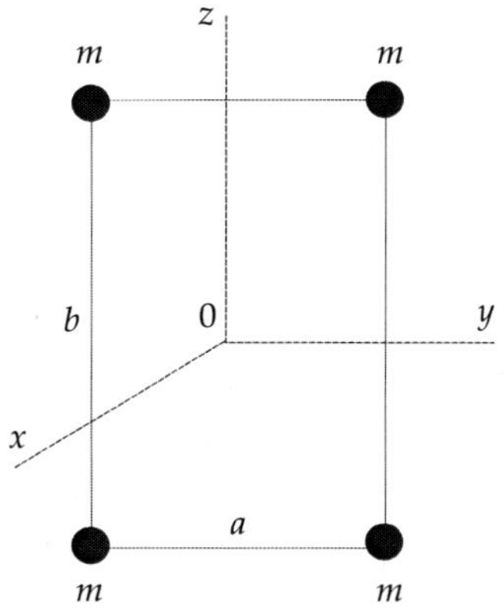

Para un conjunto de partículas discretas basta efectuar la sumatoria $I = \Sigma m_i r_i^2$:

$$I_z = 4m\left(\frac{a}{2}\right)^2 = ma^2 \quad ◄$$

$$I_y = 4m\left(\frac{b}{2}\right)^2 = mb^2 \quad ◄$$

$$I_x = 4m\left(\frac{a^2}{4} + \frac{b^2}{4}\right) = m\left(a^2 + b^2\right) \quad ◄$$

$$I_b = 2m\,a^2 \quad ◄$$

6.2 Cuatro partículas de igual masa están situadas en los vértices de un cuadrado unidas por varillas de masa despreciable como se indica en la figura. Calcular el momento de inercia respecto a cada uno de los ejes coordinados, así como respecto a un eje perpendicular al plano del cuadrado y que pase por su centro.

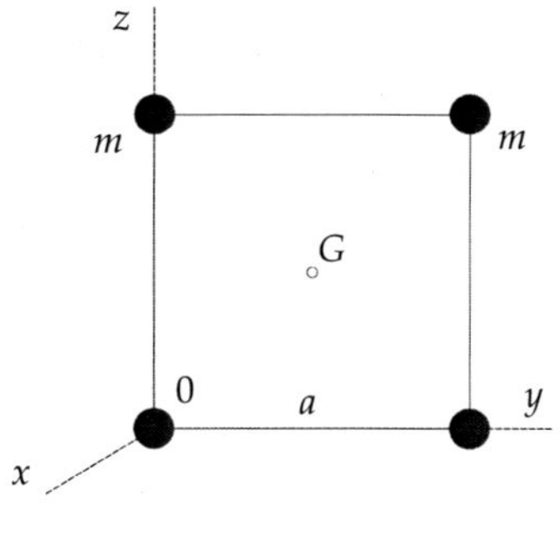

El momento de inercia respecto a los ejes que contienen las partículas es igual,

$$I_x = I_z = 2ma^2$$

$$I_x = 2ma^2 + m\left(a^2 + a^2\right) = 4ma^2$$

por lo que $I_G = 4m\left(\dfrac{a^2}{4} + \dfrac{a^2}{4}\right) = 2ma^2$ ◄

6.3 Con seis varillas delgadas, homogéneas, de longitud l y masa m, cada una de ellas, se construye un hexágono regular. Calcular el momento de inercia del hexágono respecto a un eje perpendicular al plano del mismo y que pase por el centro.

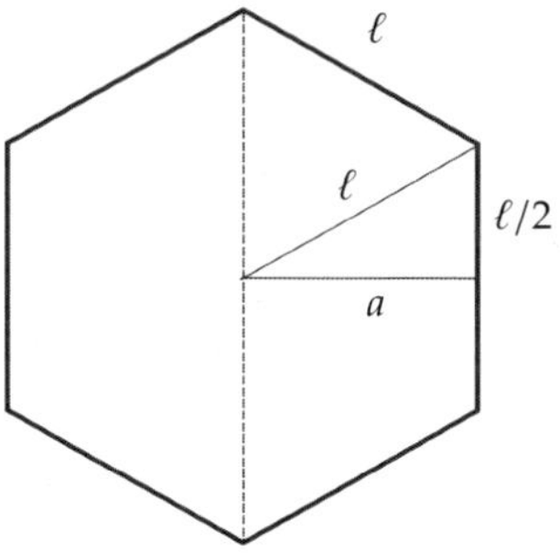

El momento de inercia de una cualquiera de las varillas respecto a un eje que pase por su c.d.g. y que sea perpendicular a la varilla es

$$I_G = \frac{1}{12} ml^2$$

Según el teorema de Steiner, el momento de inercia de esta varilla respecto a un eje paralela al anterior (perpendicular por tanto al plano del hexágono) y que pase por 0, vale:

$$I_0 = I_G + ma^2 = \frac{1}{12}ml^2 + m\left(l^2 - \frac{l^2}{4}\right) = \frac{5}{6}ml^2$$

El momento de inercia pedido será:

$$I = 6\,I_0 = 5\,m\,l^2 \quad ◀$$

6.4 Con cuatro varillas delgadas, homogéneas, de sección uniforme, de longitud l y masa m, cada una de ellas, se construye un cuadrado. Calcular el momento de inercia del cuadrado respecto a un eje perpendicular al plano del mismo y que pase por su centro.

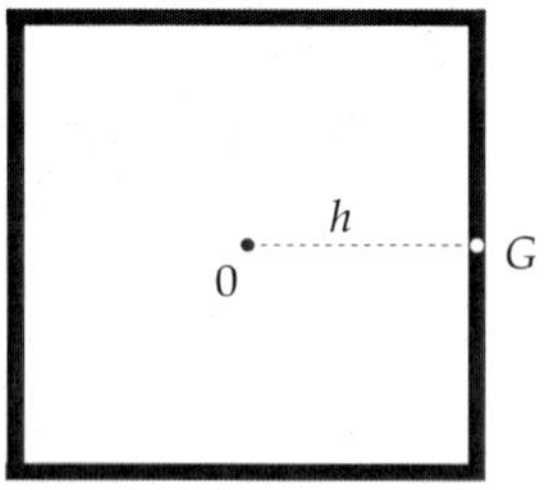

El momento de inercia de una cualquiera de las varillas respecto a un eje que pase por su c.d.g. y sea perpendicular a la misma es:

$$I_G = \frac{ml^2}{12}$$

Según el teorema de Steiner, el momento de inercia de esta misma varilla respecto a un eje que pasando por O sea perpendicular al plano del cuadrado vale:

$$I'_o = I_G + mh^2 = \frac{ml^2}{12} + m\left(\frac{l}{2}\right)^2 = \frac{ml^2}{12} + \frac{ml^2}{4} = \frac{4ml^2}{12}$$

$$I'_o = \frac{ml^2}{3}$$

El momento de inercia pedido será:

$$I = 4I'_o = \frac{4}{3} m\, l^2 \quad \blacktriangleleft$$

> **6.5** Con tres varillas de la misma longitud, l, se construye un triángulo equilátero. Cada una de ellas tiene la misma masa, m, e igual densidad lineal. Calcular el momento de inercia respecto de un eje que coincida con una de las alturas del triángulo.

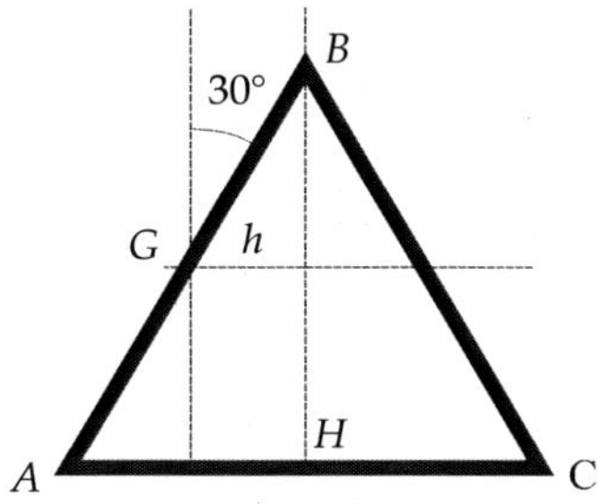

$h = \frac{1}{2}\,\text{sen}\,30° = \frac{1}{4}$

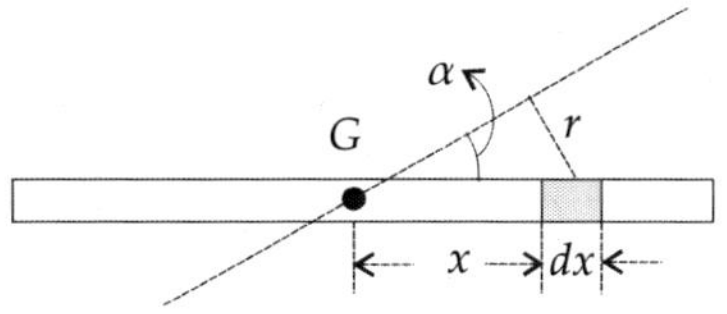

El momento de inercia de la varilla AC respecto a el eje BH, perpendicular a la misma y que pasa por su centro es

$$I_I = \frac{ml^2}{12}$$

Por otra parte, el momento de inercia de una varilla respecto a un eje que forma un ángulo α con ella y que pasa por su c.d.g., como sería el caso de la varilla AB si girase por el eje que forma un ángulo de 30° con ella, se obtiene aplicando

$$I_G = \int_{-l/2}^{l/2} r^2 dm$$

donde $r = x\,\text{sen}\,\alpha$ y $dm = \rho s\, dx$, por lo que sustituyendo resulta:

$$I_G = \int_{-l/2}^{l/2} x^2\,\text{sen}^2\,\alpha \rho s dx = \rho s\ \text{sen}^2\,\alpha \int_{-l/2}^{l/2} x^2 dx = \rho s\ \text{sen}^2\,\alpha \left[\frac{x^3}{3}\right]_{-l/2}^{l/2} =$$

$$= \rho s\ \text{sen}^2\,\alpha \left(\frac{l^3}{24} + \frac{l^3}{24}\right) = \frac{\rho s l^3\,\text{sen}^2\,\alpha}{12} = \frac{ml^2\,\text{sen}\,\alpha}{12}$$

Para la varilla AB donde $\alpha = 30°$ se tendría:

$$I_G = \frac{ml^2\,\text{sen}^2\,30°}{12} = \frac{ml^2}{48}$$

y el momento de inercia de esta varilla respecto al eje que coincide con la altura BH, según el teorema de Steiner, será:

$$I_2 = I_G + mh^2 = \frac{ml^2}{48} + \frac{ml^2}{16} = \frac{ml^2}{12}$$

Igual para la varilla BC respecto al mismo eje. Luego el momento de inercia buscado será:

$$I = I_1 + I_2 + I_3 = \frac{ml^2}{12} + 2\frac{ml^2}{12} = \frac{ml^2}{4} \quad ◂$$

6.6 Una rueda de vagón de 1 m de diámetro está formada por una llanta delgada de 8 kg y seis radios, cada uno de los cuales tiene una masa de 1,2 kg. Determinar el momento de inercia de la rueda respecto a su eje de rotación.

Momento de inercia de la llanta: $I_1 = m_1 R^2$

Momento de inercia de los seis radios: $I_2 = 6 \cdot \frac{m_2 l^2}{3} = 2m_2 R^2$

Momento de inercia de la rueda: $I = I_1 + I_2 = m_1 R^2 + 2m_2 R^2 = (m_1 + 2m_2) R^2$

$$I = (8 + 2 \cdot 1{,}2)\, 0{,}5^2 = 10{,}4 \cdot 0{,}25 = 2{,}6 \text{ kg} \cdot \text{m}^2 \quad ◂$$

6.7 Tres varillas delgadas, homogéneas y sección uniforme, de longitud l y masa m, cada uno de ellas, se colocan perpendicularmente entre sí como se muestra en la figura. Calcular su momento de inercia cuando el conjunto se hace girar alrededor de un eje que pasa por el extremo de una varilla y es paralelo a otra.

Si el conjunto girase alrededor del eje X, su momento de inercia sería:

$$I_x = 2\frac{ml^2}{12} = \frac{ml}{6}$$

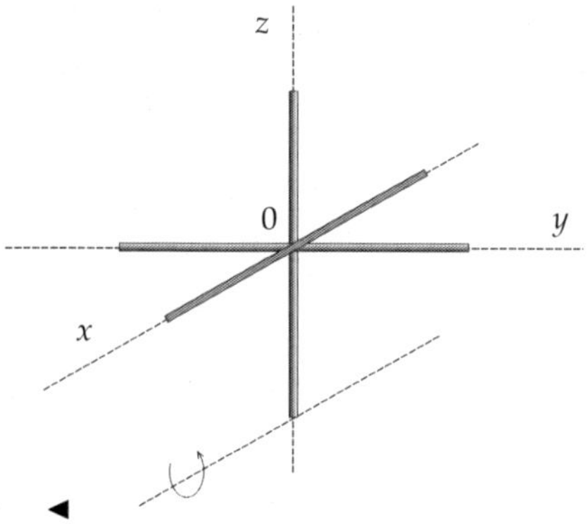

Aplicando el teorema de Steiner para un eje paralelo al eje X y que está a la distancia $l/2$, se tiene:

$$I'_x = \frac{ml^2}{6} + 3m\left(\frac{l}{2}\right)^2 = \frac{ml^2}{6} + \frac{3ml^2}{4} = \frac{22}{24}ml^2 = \frac{11}{12}ml^2 \quad ◂$$

6.8 Calcular el momento de inercia de una lámina cuadrada de lado a, sección uniforme y masa m, respecto a: a) un eje paralelo a un lado, contenido en el plano de la lámina y que pase por su centro de gravedad; b) un eje perpendicular a la lámina y que pase por su centro de gravedad; c) un eje paralelo al anterior y que pase por su vértice.

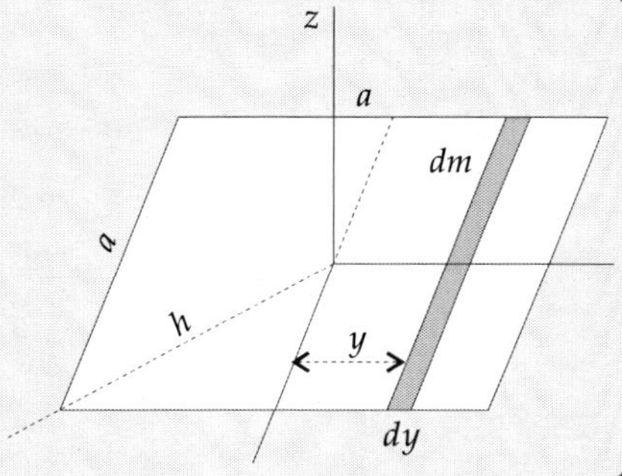

a) $$I_x = \int y^2 dm = \int y^2 \rho e a dy = \rho e a \int_{-a/2}^{a/2} y^2 dy = \rho e a \left[\frac{y^3}{3}\right]_{-a/2}^{a/2} = \rho e a \left(\frac{a^3}{2y} + \frac{a^3}{2y}\right) = \frac{\rho e a^4}{12}$$

$$I_x = \frac{1}{12} m a^2 \quad ◄$$

b) Como $I_x = I_y$

$$I_z = I_x + I_y = 2I_x = \frac{1}{6} m a^2 \quad ◄$$

c) $$I_{z'} = I_z + mh^2; \text{ siendo } h^2 = \frac{a^2}{4} + \frac{a^2}{4} = \frac{a^2}{2}$$

$$I_{z'} = \frac{1}{6} m a^2 + m\frac{a^2}{2} = \left(\frac{1}{6} + \frac{1}{2}\right) m a^2$$

$$I_{z'} = \frac{2}{3} m a^2 \quad ◄$$

6.9 Calcular el momento de inercia de una lámina metálica homogénea y espesor uniforme, rectangular, de masa m y lados a y b, respecto a: a) un eje paralelo al lado b, contenido en el plano de la lámina y que pase por su centro de gravedad; b) un eje paralelo al lado a, contenido en el plano de la lámina y que pase por su centro de gravedad; c) un eje perpendicular al plano de la lámina y que pase por su centro de gravedad; d) un eje paralelo al anterior y que pase por uno de sus vértices.

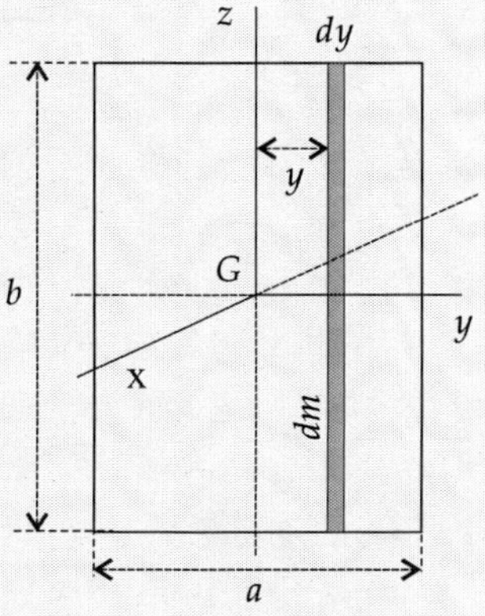

$dm = \rho b e dx$

a) Llamando $\underline{e}$ al espesor uniforme de la lámina, si se hace girar alrededor del eje Z, se tiene

$$I_z = \int y^2 dm = \int_{-a/2}^{a/2} y^2 \rho b e dy = \rho b e \int_{-a/2}^{a/2} y^2 dy = \rho b e \left[\frac{y^3}{3} \right]_{-a/2}^{a/2} =$$

$$= \rho b e \left[\frac{a^3}{24} + \frac{a^3}{24} \right] = \frac{\rho b e\, a^3}{12} = \frac{1}{12} m a^2 \quad ◂$$

b) Procediendo de igual forma para el eje Y:

$$I_y = \frac{1}{12} m b^2 \quad ◂$$

c) Aplicando el teorema de los ejes perpendiculares:

$$I_x = I_y + I_z = \frac{1}{12} m \left(a^2 + b^2 \right) \quad ◂$$

d) Aplicando el teorema de Steiner

$$I_{x'} = I_X + m h^2$$

donde $h^2 = \frac{a^2}{4} + \frac{b^2}{4} = \frac{a^2 + b^2}{4}$, se tiene

$$I_{x'} = \frac{m}{12} \left(a^2 + b^2 \right) + \frac{m}{4} \left(a^2 + b^2 \right) = \frac{m}{3} \left(a^2 + b^2 \right) \quad ◂$$

6.10 Momento de inercia de un cilindro homogéneo de altura H, radio R y masa m, respecto: a) a un plano que contenga al eje del cilindro; b) al plano paralelo a las bases y que contenga el c.d.g. del cilindro.

a) Sabemos que $I_z = I_{xz} + I_{yz}$ y por simetría $I_{xz} = I_{yz}$, por lo que:

$$I_{xz} = I_{yz} = \frac{I_z}{2} = \frac{1}{4} m R^2 \quad ◂$$

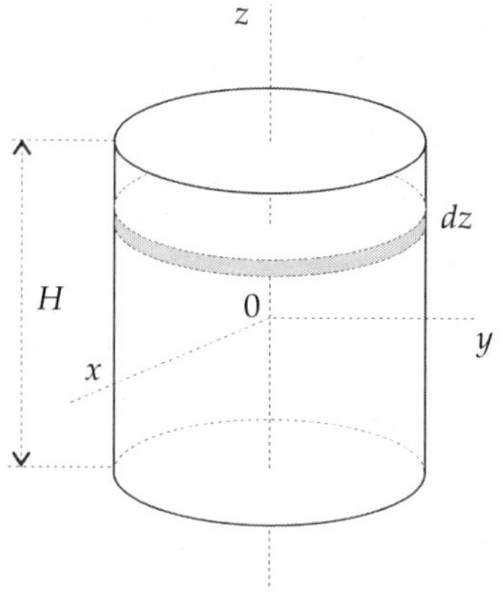

b) $$I_{xy} = \int_v r^2 dm \text{ donde } r^2 = z^2 \text{ y } dm = \rho \pi R^2 dz$$

$$I_{xy} = 2 \int_0^H z^2 \rho \pi R^2 dz = 2 \rho \pi R^2 \int_0^H z^2 dz =$$

$$= 2 \rho \pi R^2 \left[\frac{z^3}{3} \right]_0^H = \frac{2}{3} \rho \pi R^2 \cdot H^3 = \frac{1}{12} \rho \pi R^2 H^3 = \frac{1}{12} m H^2 \quad ◂$$

6.11 Calcular el momento de inercia de un cilindro de altura H, radio R y masa m, respecto a un eje que pasando por su c.d.g. sea perpendicular al eje del cilindro.

El momento de inercia respecto a un eje es igual a la suma de los momentos de inercia con respecto a dos planos perpendiculares que se cortan según él. Por tanto, de acuerdo con la figura, el momento de inercia respecto a un diámetro central, será:

$$I_x = I_{xy} + I_{xz} \tag{1}$$

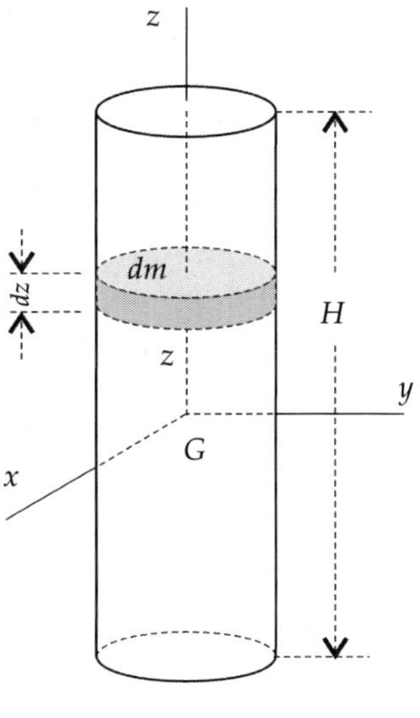

$dm = \rho\pi R^2 dz$

Para calcular el momento de inercia respecto al plano XY se aplica la integral

$$I_{xy} = \int z^2 dm = \int_{-H/2}^{H/2} \rho\pi R^2 dz = \rho\pi R^2 \int_{-H/2}^{H/2} z^2 dz =$$

$$= \rho\pi R^2 \left[\frac{z^3}{3}\right]_{-H/2}^{H/2} = \rho\pi R^2 \left(\frac{2H^3}{24}\right) = \frac{1}{12} mH^2$$

En cuanto al momento I_{xz} debemos tener en cuenta que el momento de inercia respecto al eje de revolución $\left(I_z = \frac{1}{2}mR^2\right)$ es igual a la suma de los momentos respecto a los planos XZ e YZ: $I_z = I_{xz} + I_{yz}$ y como por razón de simetría $I_{xz} = I_{yz}$, podemos escribir que

$$I_z = 2 I_{xz}, \quad I_{xz} = \frac{I_z}{2} = \frac{1}{4} mR^2.$$

Sustituyendo los valores de I_{xy} e I_{xz} en la (1) finalmente se tiene:

$$I_x = \frac{1}{12} mH^2 + \frac{1}{4} mR^2 = \frac{m}{4}\left(\frac{H^2}{3} + R^2\right) \quad \blacktriangleleft$$

6.12 En la figura tenemos dos poleas acopladas una a la otra formando un solo bloque que puede girar en torno a un eje central. El momento de inercia de las dos poleas en bloque es $6 \cdot 10^{-3}$ kg · m^2 y el valor de las masas $m_1 = 30$ g y $m_2 = 20$ g. Al dejar en libertad el sistema se pone en movimiento. a) ¿En qué sentido se mueve el sistema? b) Calcular la aceleración angular de las poleas y la que representa las masas m_1 y m_2. c) Calcular la tensión de cada cuerda.

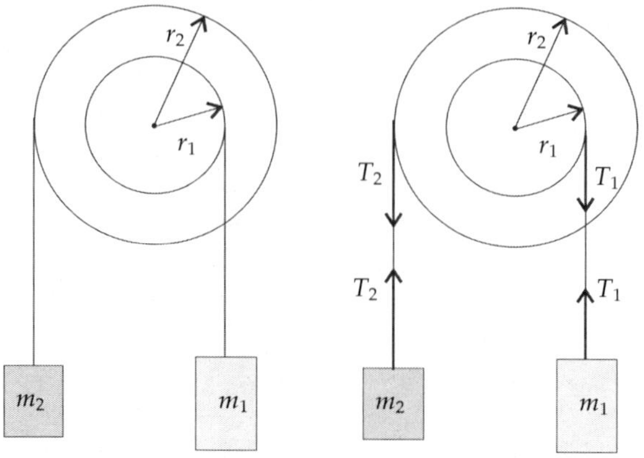

a)

$$T_2 \cdot r_2 = 20 \cdot 8 = 160$$

$$T_1 \cdot r_1 = 30 \cdot 5 = 150$$

Al ser $T_2 \cdot r_2 > T_1 \cdot r_1$, baja la masa m_2 y sube la m_1.

b)

$$T_1 - m_1 g = m_1 a_1 \rightarrow T_1 = m_1 (g + a_1)$$

$$m_2 g - T_2 = m_2 a_2 \rightarrow T_2 = m_2 (g - a_2)$$

$$T_2 r_2 - T_1 r_1 = I\alpha$$

Sustituyendo en esta última las tensiones:

$$m_2 (g - a_2) r_2 - m_1 (g + a_1) r_1 = I\alpha$$

$$m_2 (g - \alpha r_2) r_2 - m_1 (g + \alpha r_1) r_1 = I\alpha$$

$$m_2 g r_2 - m_2 \alpha r_2^2 - m_1 g r_1 - m_1 \alpha r_1^2 = I\alpha$$

$$(m_2 r_2 - m_1 r_1)\, g = \left(m_1 r_1^2 + m_2 r_2^2 + I\right) \alpha$$

$$\alpha = \frac{(m_2 r_2 - m_1 r_1)\, g}{m_1 r_1^2 + m_2 r_2^2 + I} = \frac{(0{,}02 \cdot 0{,}08 - 0{,}03 \cdot 0{,}05)\, 9{,}8}{0{,}03 \cdot 0{,}05^2 - 0{,}02 \cdot 0{,}08^2 + 6 \cdot 10^{-3}} = 0{,}16 \text{ rad/s}^2 \quad ◂$$

$$a_1 = \alpha r_1 = 0{,}16 \cdot 0{,}05 = 0{,}008 \text{ m/s}^2 = 0{,}8 \text{ cm/s}^2 \quad ◂$$

$$a_2 = \alpha r_2 = 0{,}16 \cdot 0{,}08 = 0{,}0126 \text{ m/s}^2 = 1{,}28 \text{ cm/s}^2 \quad ◂$$

c)

$$T_1 = m_1 (g + a_1) = 0{,}03\, (9{,}8 + 0{,}008) = 0{,}29 \text{ N} \quad ◂$$

$$T_2 = m_2 (g - a_2) = 0{,}02\, (9{,}8 - 0{,}0126) = 0{,}19 \text{ N} \quad ◂$$

6.13 Calcular el momento de inercia de una esfera maciza y homogénea de masa m y radio R respecto de un eje tangente a la esfera.

En primer lugar, debemos calcular el momento de inercia de la esfera respecto a un eje diametral y después aplicar el teorema de los ejes paralelos.

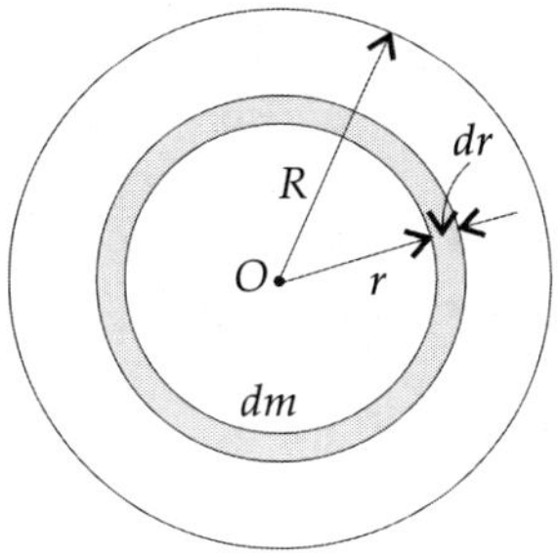

$dm = 4\pi r^2 \rho dr$

Para calcular I_z se puede seguir dos procedimientos. Uno es determinar el momento de inercia de la esfera respecto a su centro (Figura 6.13a), aplicando después la ecuación

$$I_0 = \frac{1}{2}\left(I_x + I_y + I_z\right) = \frac{3}{2} I_z$$

$$I_0 = \int_0^R r^2 dm = 4\pi\rho \int_0^R r^4 dr = 4\pi\rho \left[\frac{r^5}{5}\right]_0^R = \frac{4}{5}\pi\rho R^5$$

Como la masa de la esfera es

$$m = \frac{4}{3}\pi R^3 \rho$$

se puede escribir

$$I_0 = \frac{4}{3}\pi R^3 \rho \frac{3}{5} R^2 = \frac{3}{5} m R^2$$

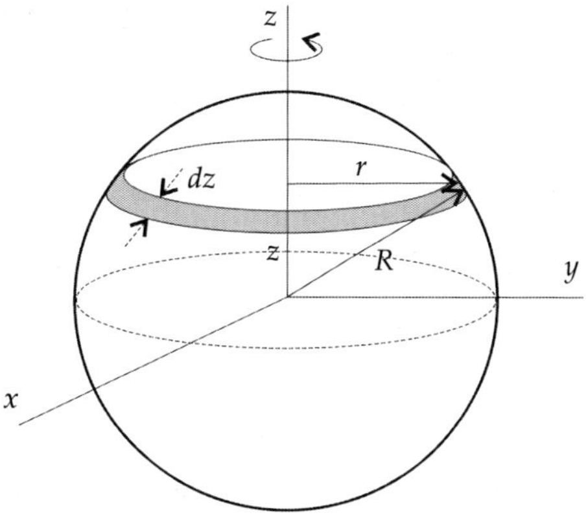

$r = \left(R^2 - z^2\right)^{1/2}$

Aplicando lo dicho anteriormente se tiene

$$I_z = \frac{2I_0}{3} = \frac{2}{5} m R^2$$

y aplicando el teorema de Steiner:

$$I_{z'} = I_z + mh^2 = \frac{2}{5} m R^2 + m R^2 = \frac{7}{5} m R^2$$ ◄

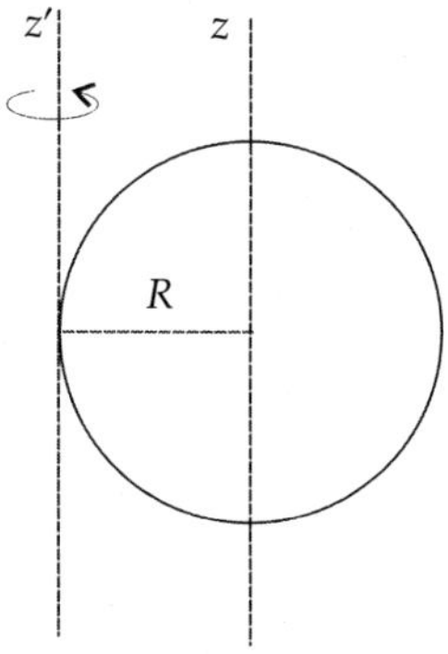

Otro procedimiento es descomponer la esfera en discos perpendiculares al eje de giro que pasa por su centro (Figura 6.13b) y después integrar. Sabiendo que el momento de inercia del disco viene dado por $I = \frac{1}{2} m r^2$, para un disco elemental será

$$dI = \frac{1}{2} r^2 dm$$

donde $dm = \rho \pi r^2 dz = \rho \pi (R^2 - z^2) dz$

Sustituyendo en la ecuación anterior el valor de dm, e integrando resulta:

$$I_z = \int_v 1/2(R^2 - z^2)\rho\pi(R^2 - z^2)dz = 1/2\rho\pi \int_{-R}^{R} (R^2 - z^2)^2 dz$$

$$I_z = \rho\pi \int_0^R \left(R^2 - z^2\right)^2 dz = \rho\pi \int_0^R \left(R^4 + z^4 - 2R^2z^2\right) dz = \rho\pi\left(R^5 + \frac{R^5}{5} - \frac{2}{3}R^5\right)$$

$$I_z = \frac{8}{15}\rho\pi R^5 = \frac{4}{3}\rho\pi R^3 \frac{2}{5}R^2 = \frac{2}{5}mR^2$$

Finalmente, aplicando el teorema de los ejes paralelos (Figura 6.13c), se tiene:

$$I_{z'} = I_z + mh^2 = \frac{2}{5}mR^2 + mR^2 = \frac{7}{5}mR^2 \quad ◄$$

6.14 Un disco de 10 kg de masa y 0,2 m de radio tiene un hilo enrollado en su periferia. Si se deja en libertad como indica la figura, calcular la aceleración angular del disco.

$$\begin{cases} mg - T = ma \\ TR = T\alpha = \frac{1}{2}mR^2\frac{a}{R} = \frac{1}{2}mRa \end{cases} \rightarrow \begin{cases} mg - T = ma \\ T = \frac{1}{2}ma \end{cases}$$

$$mg = \left(1 + \frac{1}{2}\right)ma = \frac{3}{2}a \quad \rightarrow \quad a = \frac{2}{3}g \quad ◄$$

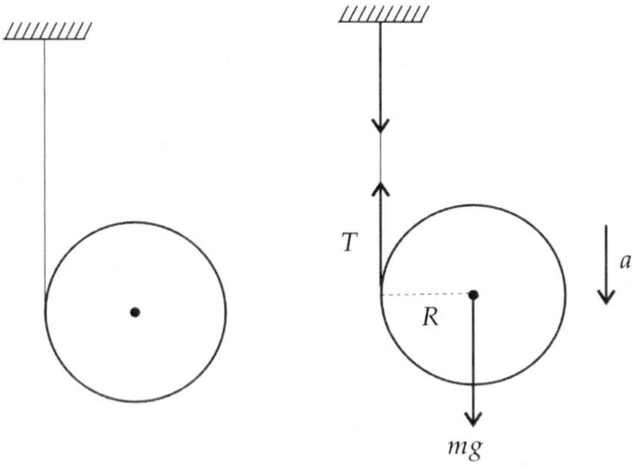

$$\alpha = \frac{a}{R} = \frac{2}{3}\cdot\frac{g}{R} = 32{,}6 \text{ rad/s}^2 \quad ◄$$

Aplicando el principio de conservación de la energía. Si el disco parte del reposo y recorre (desciende) una altura h, se puede escribir:

$$E_1 = E_2 \rightarrow mgh = \frac{1}{2}mv^2 + \frac{1}{2}I\omega^2$$

$$mgh = \frac{1}{2}mv^2 + \frac{1}{2}\cdot\frac{1}{2}mR^2\cdot\frac{v^2}{R^2} = \frac{1}{2}mv^2 + \frac{1}{4}mv^2$$

$$mgh = \frac{3}{4}mv^2 \rightarrow v^2 = \frac{4}{3}gh \quad \blacktriangleleft$$

y como se trata de un movimiento uniformemente acelerado:

$$v^2 = 2ah; \quad \frac{4}{3}gh = 2ah$$

$$a = \frac{2}{3}g; \quad \alpha = \frac{a}{R} = \frac{2}{3}\cdot\frac{g}{R} = 32{,}6 \text{ rad/s}^2 \quad \blacktriangleleft$$

6.15 De una polea fija al techo, de masa 4 kg y radio 10 cm, se suspenden dos bloques de masas $m_1 = 40$ kg y $m_2 = 30$ kg. Calcular la aceleración lineal de ambos bloques, la aceleración angular de la polea y la tensión en cada lado de la cuerda, para cada uno de los siguientes casos: a) si la superficie de la polea es lisa; b) si no hay deslizamiento entre la cuerda y la superficie de la polea.

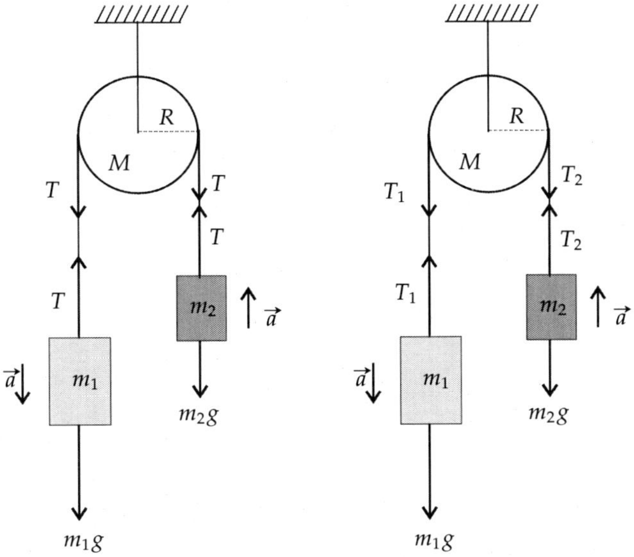

a) Si la superficie de la polea es lisa, la cuerda desliza sobre ella y la polea no gira. La tensión de la cuerda es la misma a ambos lados de la polea. Aplicando, por tanto, la ecuación fundamental de la dinámica de traslación a ambos bloques se tiene:

$$\left.\begin{aligned} m_1 g - T &= m_1 a \\ T - m_2 g &= m_2 a \end{aligned}\right\} \Rightarrow \quad (m_1 - m_2)\, g = (m_1 + m_2)\, a$$

$$\left.\begin{aligned} a &= \left(\frac{m_1 - m_2}{m_1 + m_2}\right) g = \frac{40 - 30}{70} \cdot 9{,}8 = 1{,}4 \text{ m/s}^2 \\ \alpha &= 0 \\ T &= m_1\,(g - a) = 40\,(9{,}8 - 1{,}4) = 336 \text{ N} \end{aligned}\right\} \blacktriangleleft$$

b) Si la superficie de la polea no es lisa, la cuerda no deslizará sobre ella y la polea girará. Aplicando en este caso, la ecuación fundamental de la dinámica de la traslación a los bloques y la de rotación a la polea se tiene:

$$\left.\begin{aligned} m_1 g - T_1 &= m_1 a \\ T_2 - m_2 g &= m_2 a \\ (T_1 - T_2)\, R &= I\alpha = 1/2 M R^2 \frac{a}{R} \end{aligned}\right\} \Rightarrow \left.\begin{aligned} 392 - T_1 &= 40\, a \\ T_2 - 294 &= 30\, a \\ T_1 - T_2 &= 1/2\, 4\, a \end{aligned}\right\} \Rightarrow \quad 98 = 70{,}04\, a$$

$$\left.\begin{aligned} a &= \frac{98}{70{,}04} = 1{,}399 \text{ m/s}^2 \\ \alpha &= \frac{a}{R} = \frac{1{,}399}{0{,}1} = 13{,}99 \text{ rad/s}^2 \end{aligned}\right\} \blacktriangleleft$$

$$\left.\begin{aligned} T_1 &= m_1 g - m_1 a = m_1\,(g - a) = 40\,(9{,}8 - 1{,}399) = 336{,}04 \text{ N} \\ T_2 &= m_2 g + m_2 a = m_2\,(g + a) = 30\,(9{,}8 + 1{,}399) = 335{,}97 \text{ N} \end{aligned}\right\} \blacktriangleleft$$

6.16 Los discos de la figura tienen igual masa M e igual radio R. El disco superior puede girar libremente alrededor de un eje horizontal que pasa por su centro. Una cuerda está enrollada alrededor de ambos discos, y se deja caer al disco inferior. Encontrar: a) la aceleración del C.M. del disco inferior; b) la tensión de la cuerda; c) la aceleración angular de cada disco.

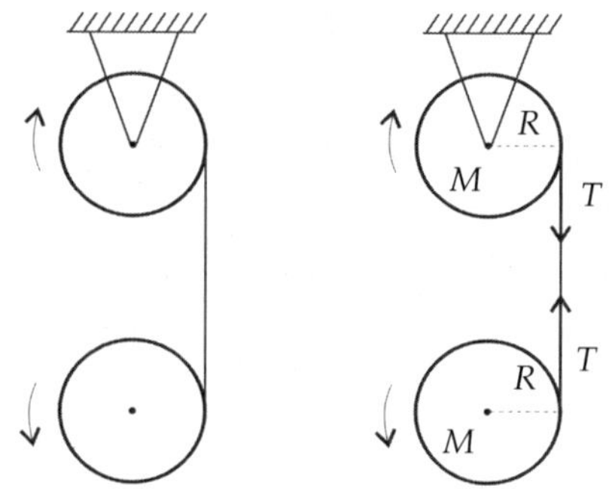

Si en lugar del disco inferior colgara un cuerpo de igual masa, el disco superior giraría con aceleración angular $Tr = I\alpha$ y la aceleración con que bajaría un peso cualquiera P de la cuerda sería $a' = R\alpha$.

Si ahora inmovilizamos el disco superior o cuando la fijamos directamente al techo, se tiene: $T \cdot R = I\alpha$ y el centro de masas del disco bajaría con la aceleración $a' = R\alpha$.

Cuando giran los dos discos lógicamente la aceleración con que baja el c.m. del disco inferior será doble: $a = 2R\alpha$.

a) Ahora se puede escribir para el disco inferior

$$\left.\begin{array}{l} T \cdot R = I\alpha \\ mg - T = ma \end{array}\right\} \quad \longrightarrow \quad T = \frac{I\alpha}{R} = \frac{\frac{1}{2}mR^2 \cdot \frac{a}{2}R}{R} = \frac{1}{4}ma$$

$$T = mg - ma \quad \longrightarrow \quad \frac{1}{4}ma = mg - ma$$

$$\left(\frac{1}{4} + 1\right)a = g; \quad \frac{5}{4}a = g; \quad a = \frac{4}{5}g \quad ◂$$

b) La tensión,

$$T = \frac{1}{4}ma = \frac{1}{4}m \cdot \frac{4}{5}g = \frac{1}{5}mg \quad ◂$$

c) y la aceleración angular,

$$\alpha = \frac{a}{2R} = \frac{\frac{4}{5}g}{2R} = \frac{2g}{5R} \quad ◂$$

6.17 Un cilindro de 20 cm de diámetro y 5 kg y de masa se coloca horizontalmente de forma que pueda girar alrededor de un eje que pase por el centro de sus bases. En su superficie lleva enrollada una cuerda inextensible y de masa despreciable. Deducir la aceleración angular que experimenta el cilindro cuando: a) se aplica a la cuerda una fuerza de 100 N; b) se cuelga en la misma un cuerpo de 10 kg.

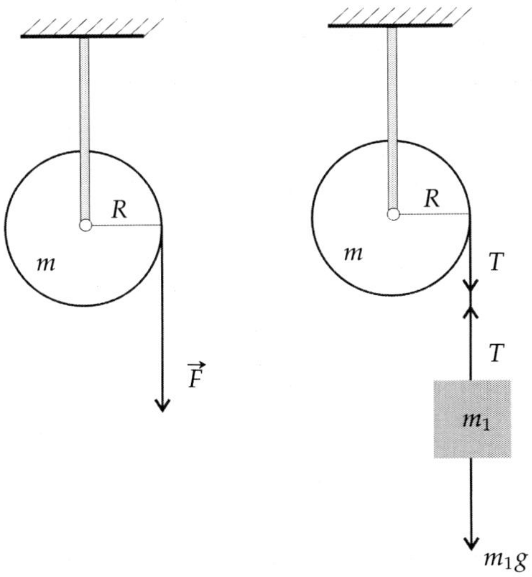

a) Aplicando la ecuación fundamental de la dinámica de rotación, $\vec{M} = I\vec{\alpha}$, se tiene:

$$\alpha = \frac{M}{I} = \frac{FR}{\frac{1}{2}mR^2} = \frac{2F}{mR} = \frac{200}{5 \cdot 0{,}1} = 400\ \text{rad/s}^2 \quad \blacktriangleleft$$

b) Para este apartado, aplicaremos la ecuación fundamental de la dinámica de traslación al cuerpo y la de rotación al cilindro:

$$\left.\begin{aligned} m_1 g - T &= m_1 a \\ T \cdot R = I\alpha &= \frac{Ia}{R} \end{aligned}\right\} \Rightarrow \quad \begin{aligned} T &= m_1 g - m_1 a \\ T &= \frac{Ia}{R^2} = \frac{\frac{1}{2}mR^2 a}{R^2} = \frac{1}{2}ma \end{aligned}$$

e igualando los segundos miembros de estas ecuaciones

$$m_1 g - m_1 a = 1/2\, ma \quad \Rightarrow \quad a = \frac{m_1 g}{m_1 + m/2} = \frac{10 \cdot 9{,}8}{10 + 2{,}5} = 7{,}84\ \text{m/s}^2$$

$$\alpha = \frac{a}{R} = \frac{7{,}84}{0{,}1} = 78{,}4\ \text{ml/s}^2 \quad \blacktriangleleft$$

6.18 En la figura, una cuerda fija a un punto A soporta un volante cuya masa M está repartida sobre la circunferencia de radio R, y pasa por una polea fija de masa despreciable. El otro extremo de la cuerda soporta una masa m. El volante rueda sin deslizarse sobre la cuerda. Si el sistema se abandona a sí mismo, determinar la aceleración a de la masa m y la aceleración a' del centro del volante.

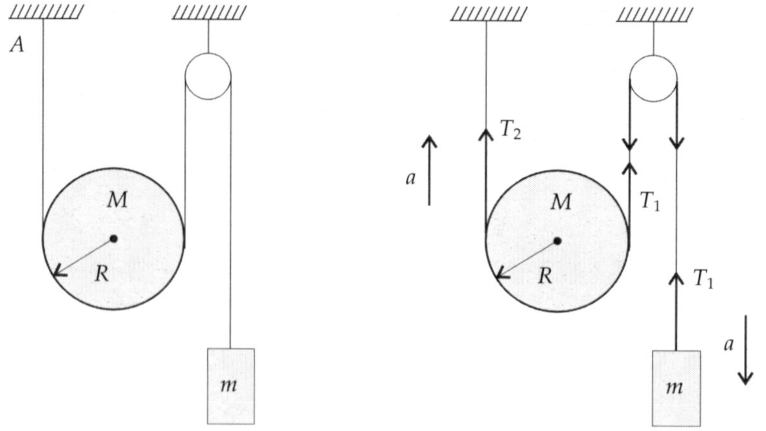

$$\left.\begin{aligned} & mg - T_1 = ma && (1) \\ & T_1 + T_2 - mg = ma' = \frac{ma}{2} \\ & (T_1 - T_2)\,R = I\alpha = mR^2\frac{a'}{R} = mR\frac{a}{2} \end{aligned}\right\}$$

de donde

$$T_1 + T_2 = mg + \frac{ma}{2} \qquad (2)$$

$$T_1 - T_2 = \frac{ma}{2} \qquad (3)$$

De las ecuaciones (2) y (3), se tiene: $2T_1 = mg + ma$. Con ésta y la (1)

$$2mg - 2T_1 = 2ma \quad \longrightarrow \quad 2mg = mg + (2m + m)\,a \quad \longrightarrow \quad 2T_1 = mg + ma$$

$$a = \frac{(2m - M)\,g}{(2m + M)} \quad \blacktriangleleft$$

$$a' = \frac{(2m - M)\,g}{(4m + 2M)} \quad \blacktriangleleft$$

De la ecuación (1): $T_1 = mg - ma = m\,(g - a)$

$$T_1 = m\left[g - \frac{(2m - M)\,g}{(2m + M)}\right] = mg\left(1 - \frac{2m - M}{2m + M}\right) = \frac{2mMg}{2m + M} \quad \blacktriangleleft$$

De la ecuación (3)

$$T_2 = T_1 - \frac{Ma}{2} = \frac{2mMg}{2m + M} - \frac{M}{2}\cdot\frac{(2m - M)\,g}{2m + M} \quad \blacktriangleleft$$

6.19 Un disco uniforme, de radio R y masa m, tiene un hilo enrollado sobre su borde. El extremo libre del hilo está sujeto al techo. Si soltamos el disco, partiendo del reposo, determinar: a) aceleración lineal del CM del disco; b) aceleración angular; c) tensión del hilo; d) velocidad del CM del disco cuando ha descendido la distancia h.

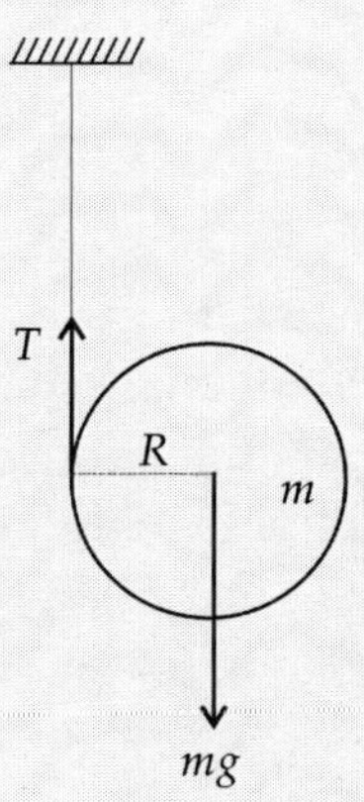

a) En este caso, el disco goza simultáneamente de un movimiento de rotación y otro de traslación, lo cual implica que para describir su movimiento global debemos aplicar las ecuaciones fundamentales de la dinámica de rotación y traslación. Además, la aceleración lineal de CM es igual a la aceleración tangencial de un punto cualquiera de su periferia, por lo que el CM en su descenso tendrá una aceleración de $a = \alpha R$. Por consiguiente podemos escribir:

$$\left.\begin{array}{l} T \cdot R = I\alpha \\ mg - T = ma \end{array}\right\} \Rightarrow \left.\begin{array}{l} T = \dfrac{\frac{1}{2}mR^2\frac{a}{R}}{R} = \frac{1}{2}\,ma \\ T = m(g - a) \end{array}\right\} \Rightarrow \frac{1}{2}\,ma = m\,(g - a)$$

y de aquí:

$$a = \frac{2g}{3} \quad \blacktriangleleft$$

b) La aceleración angular

$$\alpha = \frac{a}{R} = \frac{2g}{3R} \quad \blacktriangleleft$$

c) $$T = 1/2\,ma = 1/3\,mg \quad \blacktriangleleft$$

d) $$v^2 = v_0^2 + 2ah = 2ah = \frac{4}{3}gh \quad \Rightarrow \quad v = \sqrt{\frac{4}{3}gh} \quad \blacktriangleleft$$

Otro procedimiento para resolver el problema es aplicando el principio de conservación de la energía mecánica.

d) $$mgh = \tfrac{1}{2}mv^2 + \tfrac{1}{2}Iw^2 = \tfrac{1}{2}mv^2 + \tfrac{1}{2}\tfrac{1}{2}mR^2\tfrac{v^2}{R^2} = \tfrac{1}{2}mv^2 + \tfrac{1}{4}mv^2 = \tfrac{3}{4}mv^2$$

$$v = \sqrt{\frac{4}{3}gh} \quad \blacktriangleleft$$

a) $$v^2 = 2ah \quad \Rightarrow \quad \frac{4}{3}gh = 2ah \quad \Rightarrow \quad a = \frac{2}{3}g \quad \blacktriangleleft$$

6.20 Una masa m_1 está conectada por medio de una cuerda ligera a otra masa m_2, la cual resbala por una superficie lisa, como se indica en la figura. La polea gira alrededor de un eje sin fricción y tiene un momento de inercia I y un radio R. Suponiendo que la cuerda no resbala sobre la polea, determinar: a) la aceleración de las dos masas; b) las tensiones T_1 y T_2; c) ¿cuáles serían las respuestas si se despreciara la inercia de la polea? Datos: $I = 0{,}5\ \text{kg} \cdot \text{m}^2; R = 0{,}3\ \text{m}; m_1 = 4\ \text{kg}; m_2 = 3\ \text{kg}$.

Aplicando las ecuaciones fundamentales de la dinámica de traslación y rotación:

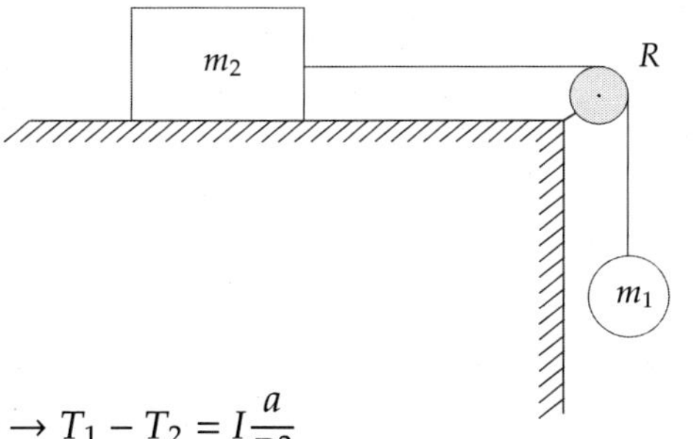

$$m_1 g - T_1 = m_1 a \rightarrow T_1 = m_1 g - m_1 a$$

$$T_2 = m_2 a \rightarrow T_2 = m_2 a$$

$$T_1 R - T_2 R = I\alpha = I\frac{a}{R^2} \rightarrow T_1 - T_2 = I\frac{a}{R^2}$$

$$m_1 g - m_1 a - m_2 a = I\frac{a}{R^2} \quad \rightarrow \quad m_1 g = \left(m_1 + m_2 + \frac{I}{R^2}\right)a$$

$$a = \frac{m_1 g}{m + m + \frac{I}{R^2}} = \frac{4 \cdot 9{,}8}{4 + 8 + \frac{0{,}5}{0{,}8^2}} = 3{,}12 \text{ m/s}^2 \quad ◄$$

a) Las tensiones $T_1 = m_1(g - a) = 4(9{,}8 - 3{,}12) = 26{,}72$ N ◄

$$T_2 = m_2 a = 3 \cdot 3{,}12 = 9{,}36 \text{ N} \quad ◄$$

b) En este caso las tensiones de la cuerda serían iguales a ambos lados de la polea

$$m_1 g - T = m_1 a \quad m_1 g = (m_1 + m_2)\, a$$

$$T = m_2 a$$

$$a = \frac{m_1 g}{m_1 + m_2} = \frac{4 \cdot 9{,}8}{7} = 5{,}6 \text{ m/s}^2 \quad ◄$$

$$T = 3 \cdot 5{,}6 = 16{,}8 \text{ N} T_1 = T_2 = 16{,}8 \text{ N} \quad ◄$$

6.21 Dos poleas con forma de disco están unidas como indica la figura. La primera, fija al techo, tiene un radio R = 8 cm y una masa m_1 = 1,6 kg, y la segunda, unida a la primera mediante una cuerda inextensible y masa despreciable, posee un radio $2R$ y una masa m_2 = 0,4 kg. En un momento dado se deja en libertad la segunda polea. Calcular: a) la aceleración con que descenderá su CM; b) la aceleración de cada polea; c) la tensión de la cuerda.

La aceleración con que desciende el CM de la polea móvil será la suma de la aceleración con que desciende cualquier punto de la cuerda ($\alpha_1 R$, debido a la rotación de la polea fija) más la adquirida respecto a ésta por la polea móvil ($\alpha_2 \cdot 2R$) debido a su rotación. Por tanto se puede escribir:

$$T \cdot R = I_1 \alpha_1 \quad \Rightarrow \quad \alpha_1 = \frac{TR}{I_1} \tag{1}$$

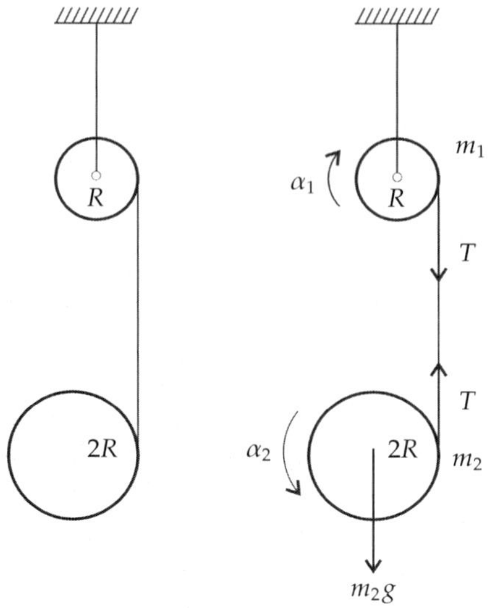

$$T \cdot 2R = I_2\alpha_2 \quad \Rightarrow \quad \alpha_2 = \frac{2TR}{I_2} \tag{2}$$

$$m_2 g - T = m_2 a \tag{3}$$

y según lo dicho anteriormente, teniendo en cuenta las ecuaciones (1) y (2), se tiene:

$$a = \alpha_1 R + \alpha_2 \cdot 2R = \frac{TR^2}{I_1} + \frac{4TR^2}{I_2} = TR^2\left(\frac{1}{I_1} + \frac{4}{I_2}\right) \tag{4}$$

donde los momentos de inercia valen:

$$I_1 = \tfrac{1}{2}m_1R^2 = \tfrac{1}{2}1{,}6\left(8 \cdot 10^{-2}\right)^2 \cong 5 \cdot 10^{-3}\ \mathrm{kgm}^2$$

$$I_2 = \tfrac{1}{2}m_2(2R)^2 = \tfrac{1}{2}0{,}4\left(16 \cdot 10^{-2}\right)^2 \cong 5 \cdot 10^{-3}\ \mathrm{kgm}^2$$

c) Si ahora despejamos T de la (3) y sustituimos en ella el valor de $\underline{a}$, dado por la (4), se tiene:

$$T = m_2 g - m_2 a = m_2 g - m_2 TR^2\left(\frac{1}{I_1} + \frac{4}{I_2}\right)$$

y de ésta, despejando de nuevo T:

$$T = \frac{m_2 g}{1 + m_2R^2\left(\frac{1}{I} + \frac{4}{I}\right)} = \frac{0{,}4 \cdot 9{,}8}{1 + 0{,}4 \cdot 6{,}4 \cdot 10^{-3}\left(\frac{5 \cdot 10^3}{5}\right)} = 1{,}10\ \mathrm{N} \quad ◄$$

a) Una vez conocida la tensión, utilizamos la (4) para la aceleración

$$a = TR^2\left(\frac{1}{I_1} + \frac{4}{I_2}\right) = 1{,}10 \cdot 6{,}4 \cdot 10^{-3}\left(\frac{5 \cdot 10^3}{5}\right) = 7{,}04\ \mathrm{m/s}^2 \quad ◄$$

b)

$$\left.\begin{aligned} \alpha_1 &= \frac{TR}{I_1} = \frac{1{,}10\cdot 0{,}08}{5\cdot 10^{-3}} = 17{,}92\ \mathrm{rad/s^2} \\ \alpha_2 &= \frac{2TR}{I_2} = 2\alpha_1 = 35{,}84\ \mathrm{rad/s^2} \end{aligned}\right\} \blacktriangleleft$$

6.22 En el sistema de la figura, la masa m_1 que está a una altura h del suelo se abandona a partir del reposo. Conociendo el coeficiente de rozamiento, μ, entre el bloque de masa m_2 y la superficie sobre la que desliza, calcular la velocidad con la que llega al suelo el bloque de masa m_1: a) aplicando las leyes de la dinámica de traslación y rotación; b) aplicando el principio de conservación de la energía.

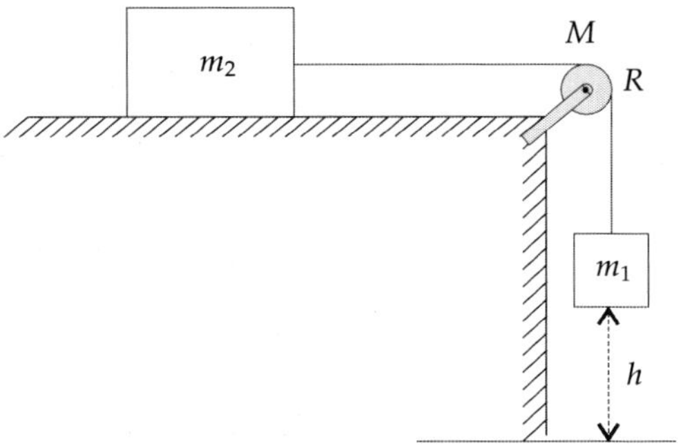

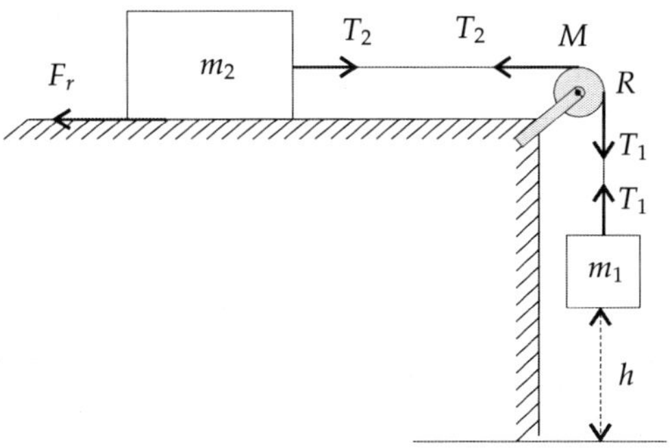

a) Como el movimiento es uniformemente acelerado $v^2 = 2ah$

Por otra parte,

$$\left.\begin{aligned} m_1g - T_1 &= m_1a \\ T_2 - F_r &= m_2a \\ (T_1 - T_2)\,R &= I\alpha \end{aligned}\right\}$$

Si rueda sin deslizamiento $a = R\alpha$

$$\left.\begin{aligned} m_1g - T_1 &= m_1a \\ T_2 - \mu m_2g &= m_2a \\ (T_1 - T_2)\,R &= I\tfrac{a}{R} = \frac{\frac{1}{2}MR^2a}{R} \end{aligned}\right\} \rightarrow \left.\begin{aligned} m_1g - T_1 &= m_1a \\ T_2 - \mu m_2g &= m_2a \\ T_1 - T_2 &= \tfrac{1}{2}Ma \end{aligned}\right\}$$

Sumando las ecuaciones

$$m_1g - \mu m_2g = m_1a + m_2a + \frac{1}{2}Ma = \left(m_1 + m_2 + \frac{1}{2}M\right)a$$

$$a = \frac{(m_1 - \mu m_2)\, g}{m_1 + m_2 + \frac{1}{2}M} \quad ◀$$

$$v^2 = 2ah = \frac{2gh\,(m_1 - \mu m_2)}{m_1 + m_2 + \frac{1}{2}M}; \qquad v = \sqrt{\frac{2gh\,(m_1 - \mu m_2)}{m_1 + m_2 + \frac{M}{2}}} \quad ◀$$

b) La disminución de energía potencial del sistema se transforma en aumento de energía cinética y trabajo de rozamiento.

$$\Delta E_p = \Delta E_c + W_r \qquad (1)$$

$$\Delta E_p = m_1 g h; \qquad W_r = \mu m_2 g h$$

$$\Delta E_c = \frac{1}{2}m_1 v^2 + \frac{1}{2}m_2 v^2 + \frac{1}{2}I\omega^2 = \frac{1}{2}(m_1 + m_2)\, v^2 + \frac{1}{2}\cdot\frac{1}{2}MR^2\frac{v^2}{R^2} =$$

$$= \frac{1}{2}(m_1 + m_2)\, v^2 + \frac{1}{4}Mv^2 = \frac{1}{2}\left(m_1 + m_2 + \frac{1}{2}M\right)v^2$$

Sustituyendo en (1):

$$m_1 g h = \frac{1}{2}\left(m_1 + m_2 + \frac{1}{2}M\right)v^2 + \mu m_2 g h$$

$$g h\,(m_1 - \mu m_2) = \frac{1}{2}\left(m_1 + m_2 + \frac{1}{2}M\right)v^2 \rightarrow v = \sqrt{\frac{2gh\,(m_1 - \mu m_2)}{m_1 + m_2 + M/2}} \quad ◀$$

6.23 Dos discos idénticos A y B, de radio $R = 50$ cm y masa $m = 10$ kg cada uno, están unidos por una cuerda como se indica en la figura. El disco A gira alrededor de un eje fijo y el B pende de la cuerda. Hallar el momento M del par que ha de aplicarse al disco A para que el centro de B se mantenga a una altura constante.

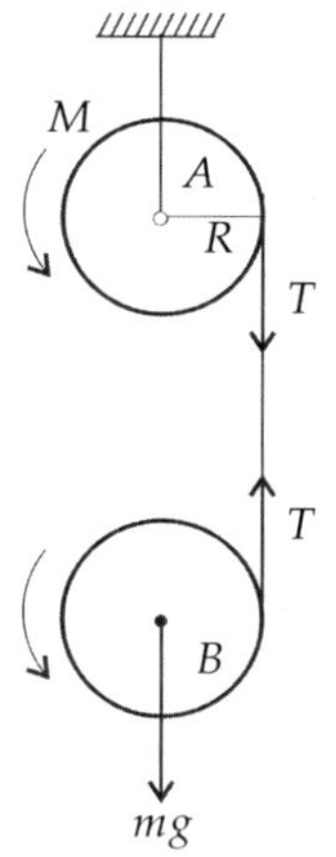

Aplicando la ecuación fundamental de la dinámica de rotación al disco A, se tiene:

$$M - T \cdot R = I\alpha \qquad (1)$$

siendo M el momento del par aplicado al disco A.

Para el disco B:

$$T \cdot R = I\alpha \qquad (2)$$

$$mg - T = ma = 0 \quad \Rightarrow \quad T = mg$$

Para que se cumpla la condición impuesta, α debe ser la misma para ambos discos por tener el mismo radio. Podemos, por tanto, igualar el primer miembro de la ecuación (1) con el de la ecuación (2):

$$M - TR = TR \quad \Rightarrow \quad M = 2\,TR, \quad \text{y como} \quad T = m\,g$$

se tiene finalmente:

$$M = 2mgR = 2 \cdot 10 \cdot 9{,}8 \cdot 0{,}5 = 98 \text{ Nm} \quad \blacktriangleleft$$

Un segundo procedimiento para llegar a la solución del problema sería aplicando el teorema de las fuerzas vivas:

$$M\theta = \frac{1}{2}\,I\omega^2 + \frac{1}{2}\,I\omega^2 = I\omega^2,$$

que derivando respecto al tiempo:

$$M\omega = 2\,I\omega\alpha \quad \Rightarrow \quad M = 2\,I\alpha = 2TR = 2mgR$$

6.24 Una cuerda pasa sobre una polea sin rozamiento. Uno de sus extremos está unido a una masa m que cae verticalmente y el otro está fijo en el eje de un cilindro macizo, de masa M y radio R, que rueda sobre un plano inclinado que forma un ángulo θ con la horizontal, como se indica en la figura. Calcular: a) la aceleración de m; b) la tensión de la cuerda; c) la fuerza de rozamiento entre el cilindro y el plano inclinado.

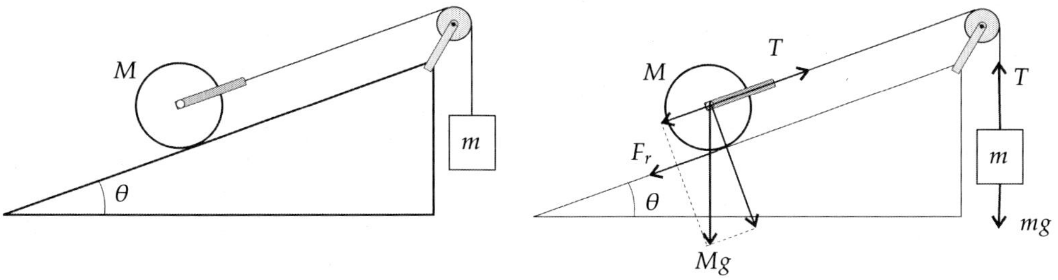

a)

$$\left.\begin{array}{l} mg - T = ma \\ T - Mg\,\text{sen}\,\theta - F_r = Ma \\ F_r R = I\alpha \rightarrow F_r = \frac{1}{2}Ma \end{array}\right\} \quad \rightarrow \quad mg - Mg \cdot \text{sen}\,\theta = ma + \frac{3}{2}Ma$$

$$a = \frac{(m - M\,\text{sen}\,\theta)\,g}{m + \frac{3}{2}M} \quad \blacktriangleleft$$

b)
$$T - mg - ma = m\left[g - \frac{(m - M\,\text{sen}\,\theta)\,g}{m + \frac{3}{2}M}\right]$$

$$T = mg\left(1 - \frac{m - M\,\text{sen}\,\theta}{m + \frac{3}{2}M}\right) \quad ◄$$

c)
$$F_r = \tfrac{1}{2}Ma = \tfrac{1}{2}M\frac{(m - M\,\text{sen}\,\theta)\,g}{m + \frac{3}{2}M}$$

$$F_r = \frac{(m - M\,\text{sen}\,\theta)\,Mg}{2m + 3M} \quad ◄$$

6.25 En el instante mostrado en la figura, el centro B de la polea tiene una velocidad de 0,6 m/s y una aceleración de 2,4 m/s^2 dirigidas hacia abajo. Determinar la aceleración total del punto D y el ángulo que forma con la horizontal, sabiendo que los radios valen r_1 = 8 cm y r_2 = 20 cm.

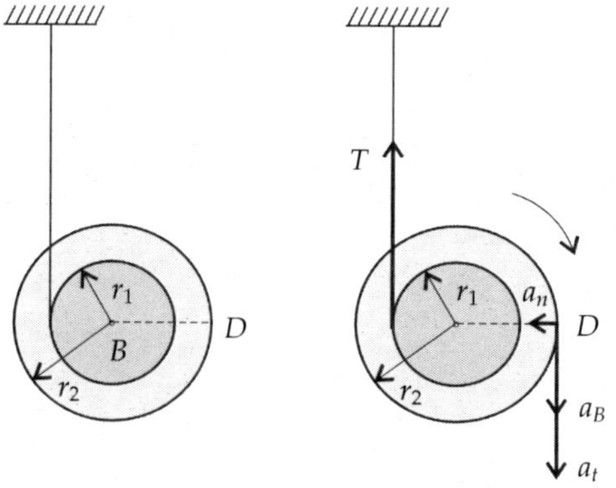

Observando la figura, podemos establecer las ecuaciones que nos permiten calcular la aceleración angular

$$\left.\begin{aligned} mg - T &= ma_B \\ T \cdot r_1 &= I\alpha \end{aligned}\right\} \Rightarrow \left.\begin{aligned} T &= m\,(g - a_3) \\ T &= \frac{mr_2^2}{2r_1}\alpha \end{aligned}\right\} \Rightarrow \frac{mr_2^2}{2r_1}\alpha = m\,(g - a_B)$$

$$\alpha = \frac{2(g - a_B)\,r_1}{r_2^2} = \frac{2\,(9{,}8 - 2{,}4)\cdot 0{,}08}{0{,}04} = 29{,}6\ \text{rad/s}^2$$

Las componentes de la aceleración total en la dirección de los ejes vertical y horizontal son:

$$\left.\begin{array}{l} a_t = \alpha \cdot r_2 = 29{,}6 \cdot 0{,}2 = 5{,}92\ \mathrm{m/s^2} \\ a_B = 2{,}4\ \mathrm{m/s^2} \end{array}\right\} \Rightarrow \quad a_y = a_t + a_B = 8{,}32\ \mathrm{m/s^2}$$

$$a_n = r_2\omega^2 = r\frac{v_B^2}{r_1^2} = \frac{0{,}2 \cdot 0{,}36}{64 \cdot 10^{-4}} = 11{,}25\ \mathrm{m/s^2} \quad \Rightarrow \quad a_x = 11{,}25\ \mathrm{m/s^2}$$

por lo que la aceleración total del punto D será

$$a = \sqrt{a_x^2 + a_y^2} = \sqrt{8{,}32^2 + 11{,}25^2} = 14\ \mathrm{m/s^2}, \quad \vec{a} = -11{,}25\vec{\imath} - 8{,}32\vec{\jmath} \quad ◄$$

$$\operatorname{tg}\varphi = \frac{8{,}32}{11{,}25} = 0{,}739 \quad \Rightarrow \quad \varphi = 36{,}48° \quad ◄$$

6.26 Dos planos inclinados se colocan como indica la figura. El bloque de masa $m_1 = 20$ kg se desliza sin rozamiento sobre el plano inclinado de 60°, mientras que el cilindro de masa $m_3 = 15$ kg sube rodando sin deslizar por el plano de inclinación 30°. La cuerda que une el cilindro con el bloque pasa por una polea de masa $m_2 = 6$ kg. Calcular: a) la aceleración del sistema, b) las tensiones en la cuerda.

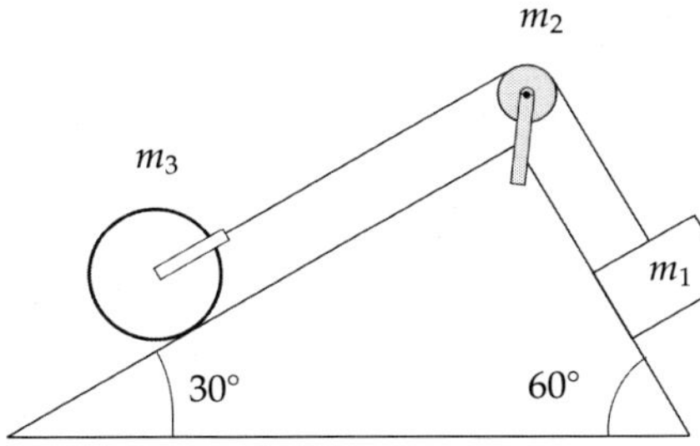

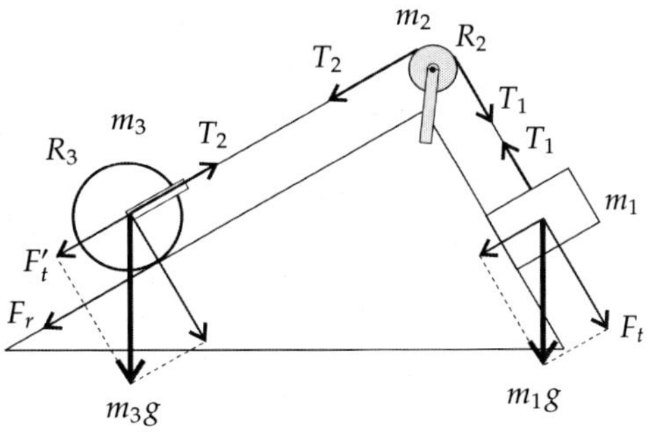

a) Dinámica de traslación

$$F_t - T_1 = m_1 a \rightarrow T_1 = m_1 g \cdot \operatorname{sen} 60 - m_1 a \tag{1}$$

$$T_2 - F_t' - F_r = m_3 a \rightarrow T_2 = m_3 g \cdot \operatorname{sen} 30 + F_r + m_3 a \tag{2}$$

Dinámica de rotación

$$(T_1 - T_2)\, R_2 = I_2 \alpha_2 \rightarrow T_1 - T_2 = \frac{\frac{1}{2} \cdot m_2 R_2^2 \cdot \frac{a}{R_2}}{R_2} = \frac{1}{2} m_2 a \tag{3}$$

$$F_r \cdot R_3 = I_3 \alpha_3 \rightarrow F_r = \frac{\frac{1}{2} \cdot m_3 R_3^2 \cdot \frac{a}{R_3}}{R_3} = \frac{1}{2} m_3 a \tag{4}$$

Sustituyendo en la (3) los valores de T_1, T_2 y F_r, dados por las ecuaciones (1), (2) y (4), se tiene:

$$m_1 g \cdot \operatorname{sen} 60 - m_1 a - m_3 g \cdot \operatorname{sen} 30 - F_r - m_3 a = \frac{1}{2} m_2 a$$

$$g\,(m_1 \operatorname{sen} 60 - m_3 \operatorname{sen} 30) = m_1 a + \frac{1}{2} m_3 a + m_3 a + \frac{1}{2} m_2 a$$

$$g\,(m_1 \operatorname{sen} 60 - m_3 \operatorname{sen} 30) = \left(m_1 + \frac{3}{2} m_3 + \frac{1}{2} m_2\right) a$$

$$a = \frac{g\,(m_1 \operatorname{sen} 60 - m_3 \operatorname{sen} 30)}{\left(m_1 + \frac{1}{2} m_2 + \frac{3}{2} m_3\right)} = \frac{9{,}8\left(20\frac{\sqrt{3}}{2} - 15 \cdot 0{,}5\right)}{(20 + 3 + 1{,}5 \cdot 15)} = 1{,}73 \text{ m/s}^2 \quad ◄$$

b) Las tensiones

$$T_1 = m_1 g \cdot \operatorname{sen} 60 - m_1 a = m_1\,(g \cdot \operatorname{sen} 60 - a) = 20\left(9{,}8\frac{\sqrt{3}}{2} + 1{,}73\right) = 204{,}34 \text{ N} \quad ◄$$

$$T_1 - T_2 = \frac{1}{2} m_2 a \rightarrow T_2 = T_1 - \frac{1}{2} m_2 a = 204{,}34 - \frac{1}{2} \cdot 6 \cdot 1{,}73 = 199{,}15 \text{ N} \quad ◄$$

6.27 En el sistema de la figura, donde el coeficiente de rozamiento entre el bloque de masa m, y la superficie sobre la que es desliza es 0,2, calcular: a) la aceleración de los bloques; b) las tensiones de la cuerda a ambos lados de la polea de masa M. Datos: $m_1 = 4$ kg; $m_2 = 2$ kg; $M = 3$ kg; $R = 20$ cm.

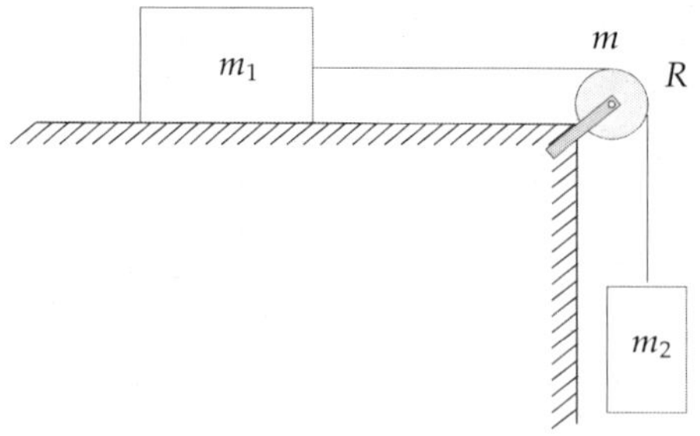

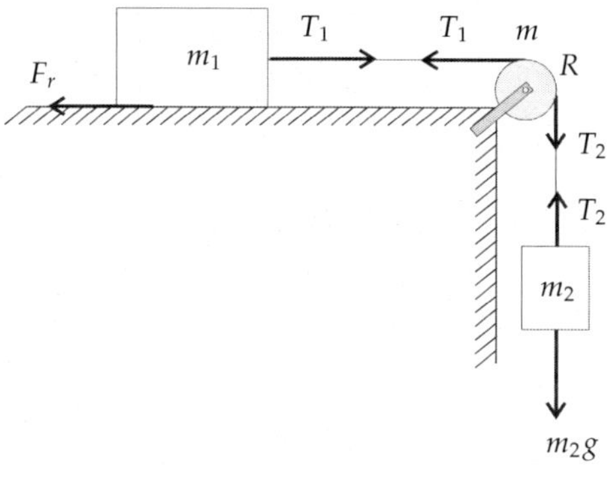

Podemos resolver el problema aplicando criterios dinámicos o energéticos.

a) Suponiendo que la cuerda no desliza sobre la polea ($a = R\alpha$, condición de rodadura) aplicando las ecuaciones de la dinámica de traslación y rotación al sistema de la figura, podemos escribir:

$$T_1 - F_r = m_1 a \tag{1}$$

$$m_2 g - T_2 = m_2 a \tag{2}$$

$$(T_2 - T_1)\,R = I\,\alpha \tag{3}$$

Despejando las tensiones de las ecuaciones (1) y (2) y sustituyendo en la (3) tenemos:

$$(m_2 g - m_2 a) - (\mu m_1 g + m_1 a) = \frac{I\,\alpha}{R} = \frac{\frac{1}{2}MR^2\frac{a}{R}}{R} = \frac{1}{2}M\,a$$

$$(m_2 - \mu m_1)\,g = (m_1 + m_2 + M/2)\,a$$

$$a = \frac{(m_2 - \mu m_1)\,g}{m_1 + m_2 + M/2} = \frac{(2 - 0{,}2 \cdot 4)\,9{,}8}{4 + 2 + 1{,}5} = 1{,}56\ \mathrm{m/s^2} \quad \blacktriangleleft$$

b) Volviendo de nuevo a las ecuaciones (1) y (2), las tensiones de la cuerda son:

$$\left.\begin{aligned} T_1 &= m_1\,(\mu g + a) = 4\,(0{,}2 \cdot 9{,}8 + 1{,}32) = 13{,}2\ \mathrm{N} \\ T_2 &= m_2\,(g - a) = 2\,(9{,}8 - 1{,}32) = 16{,}96\ \mathrm{N} \end{aligned}\right\} \quad \blacktriangleleft$$

Aplicando el principio de conservación de la energía, la energía potencial perdida por el sistema al bajar la masa m_2 un espacio h, se invierte en aumentar la energía cinética del sistema y en trabajo de rozamiento:

$$\Delta E_p = \Delta E_C + W_r \tag{4}$$

donde:

$$\Delta E_p = m_2 g h, \quad W_r = \mu m_1 g h$$

$$\Delta E_C = \frac{1}{2}m_1 v^2 + \frac{1}{2}m_2 v^2 + \frac{1}{2}I\omega^2 = \frac{1}{2}\,(m_1 + m_2)\,v^2 + \frac{1}{2}\cdot\frac{1}{2}MR^2\frac{v^2}{R^2}$$

$$= \frac{1}{2}\,(m_1 + m_2)\,v^2 + \frac{1}{4}Mv^2 = \frac{1}{2}\left(m_1 + m_2 + \frac{M}{2}\right)v^2$$

Si con estos valores aplicamos la ecuación (4), se tiene:

$$m_2 g h = \frac{1}{2}\left(m_1 + m_2 + \frac{M}{2}\right)v^2 + \mu m_1 g h$$

que al ser $v^2 = 2ah$, se llega finalmente al valor deducido anteriormente para a:

$$m_2 g h = \frac{1}{2}\left(m_1 + m_2 + \frac{M}{2}\right)2ah + \mu m_1 g h$$

$$m_2 g = \left(m_1 + m_2 + \frac{M}{2}\right)a + \mu m_1 g \quad \Rightarrow \quad a = \frac{(m_2 - \mu m_1)\,g}{m_1 + m_2 + \frac{M}{2}} \quad \blacktriangleleft$$

6.28 Por la periferia de un disco de masa M y radio R se pasa una cuerda, de masa despreciable, que se fija por uno de los extremos al punto A y por el otro se cuelga un cuerpo de masa m_1 después de pasar por una polea fija de masa m_2 y radio r, como se indica en la figura. Si el disco rueda sin deslizar, calcular: a) la aceleración de la masa m_1; b) la aceleración con que se desplaza el CM del disco; c) la tensión de la cuerda en sus distintas partes. Datos: $M = 20$ kg; $m_2 = 8$ kg y $m_1 = 4$ kg.

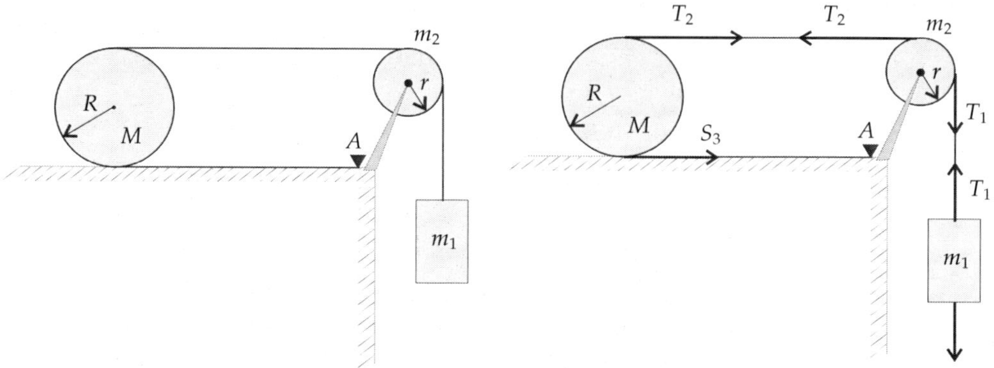

$$\left.\begin{aligned} T_2 + T_3 &= Ma' \\ (T_2 - T_3)\,R &= I'\alpha' \end{aligned}\right\} \quad (1) \quad \text{Para el disco}$$

$$\left.\begin{aligned} m_1 g - T_1 &= m_1 a \\ (T_1 - T_2)\,r &= I\alpha \end{aligned}\right\} \quad (2) \quad \text{Para la polea}$$

con $a' = R\alpha'$; $\quad a = r\alpha$.

Además, la aceleración del eje del cilindro es la mitad de la que adquiere una masa m_1 (se trata de una polea móvil) $a' = a/2$.

Sumando miembro a miembro las ecuaciones (1) eliminamos la tensión T_3.

$$2T_2 = ma' + \frac{I'\alpha'}{R} = Ma' + \frac{1}{2}MR^2\frac{a'}{R^2} = Ma' + \frac{1}{2}Ma'$$

y en función de a

$$2T_2 = \frac{3}{2}Ma' = \frac{3}{2}M\frac{a}{2} = \frac{3}{4}Ma; \quad T_2 = \frac{3}{8}Ma \tag{5}$$

En las ecuaciones (2) podemos eliminar la T_1.

$$\left.\begin{aligned} m_1g - T_1 &= m_1a \\ T_1 - T_2 &= \frac{I\alpha}{r} \end{aligned}\right\} \quad \rightarrow \quad m_1g - T_2 = m_1a + \frac{I\alpha}{r}$$

$$T_2 = m_1g - m_1a - \frac{1}{2}m_2r^2\frac{a}{r^2} = m_1g - m_1a - \frac{1}{2}m_2a = m_1g - \left(m_1 + \frac{1}{2}m_2\right)a$$

Igualando con la (3)

$$m_1g - \left(m_1 + \frac{1}{2}m_2\right)a = \frac{3}{8}Ma; \quad m_1g = \left(\frac{3}{8}M + \frac{1}{2}m_2 + m_1\right)a$$

$$a = \frac{m_1g}{\frac{3}{8}M + \frac{m_2}{2} + m_1} = \frac{8m_1g}{3M + 4m_2 + 8m_1} = 2{,}53\ \mathrm{m/s^2} \quad ◄$$

$$a' = \frac{a}{2} = 1{,}26\ \mathrm{m/s^2} \quad ◄$$

De la (3)

$$T_2 = \frac{3}{8}Ma = \frac{3}{8} \cdot 20\ \mathrm{kg} \cdot 2{,}53\ \mathrm{m/s^2} = 18{,}975\ \mathrm{N} \quad ◄$$

De $T_2 + T_3 = Ma'$

$$T_3 = Ma' - T_2 = 20\ \mathrm{kg} \cdot 1{,}26\ \mathrm{m/s^2} - 18{,}975\ \mathrm{N} = 6{,}225\ \mathrm{N} \quad ◄$$

De $m_1g - T_1 = m_1a$

$$T_1 = m_1\,(g - a) = 4\ \mathrm{kg} \cdot (9{,}8 - 2{,}53)\ sim/s^2 = 29{,}08\ \mathrm{N} \quad ◄$$

Aplicando el principio de conservación de la energía: cuando desciende la masa m_1 la altura h, se tiene:

$$m_1gh = \frac{1}{2}m_1v^2 + \frac{1}{2}Mv'^2 + \frac{1}{2}I'\omega'^2 + \frac{1}{2}I\omega^2$$

siendo v la velocidad de la masa m_1 cuando ha descendido h, v' y ω' la velocidad lineal y angular del disco en dicho instante y ω la velocidad angular de la polea de masa m_2. Además $v' = \frac{v}{2}$

$$m_1gh = \frac{1}{2}m_1v^2 + \frac{1}{2}Mv'^2 + \frac{1}{2} \cdot \frac{1}{2}MR^2\frac{v'^2}{R^2} + \frac{1}{2} \cdot \frac{1}{2}m_2r^2\frac{v^2}{r^2} =$$

$$= \frac{1}{2}m_1v^2 + \frac{1}{2}Mv'^2 + \frac{1}{4}Mv'^2 + \frac{1}{4}m_2v^2 =$$

$$= \frac{1}{2}m_1v^2 + \frac{1}{2}M\frac{v^2}{4} + \frac{1}{4}M\frac{v^2}{4} + \frac{1}{4}m_2v^2 = \frac{1}{2}m_1v^2 + \frac{3}{16}Mv^2 + \frac{1}{4}m_2v^2$$

$$m_1gh = \frac{1}{2}\left(m_1 + \frac{3}{8}M + \frac{1}{2}m_2\right)v^2; \quad v^2 = 2ah$$

$$m_1g = \left(m_1 + \frac{3}{8}M + \frac{1}{2}m_2\right)a$$

$$a = \frac{m_1g}{\frac{3}{8}M + \frac{m_2}{2} + m_1} = \frac{8m_1g}{3M + 4m_2 + 8m_1} \quad ◂$$

6.29 Un cilindro uniforme de masa m y radio $2R$ descansa sobre una mesa horizontal. Se ata un hilo, mediante una horquilla, a un eje que pasa por el centro del cilindro de modo que éste pueda girar. El hilo pasa por una polea de masa m y radio R y de su extremo libre se suspende un bloque de masa m, como se indica en la figura. El hilo no resbala en la polea, y el cilindro rueda sin resbalar sobre la mesa. Si el sistema se libera, calcular: a) la aceleración que tendrá el bloque; b) la tensión del hilo a ambos lados de la polea.

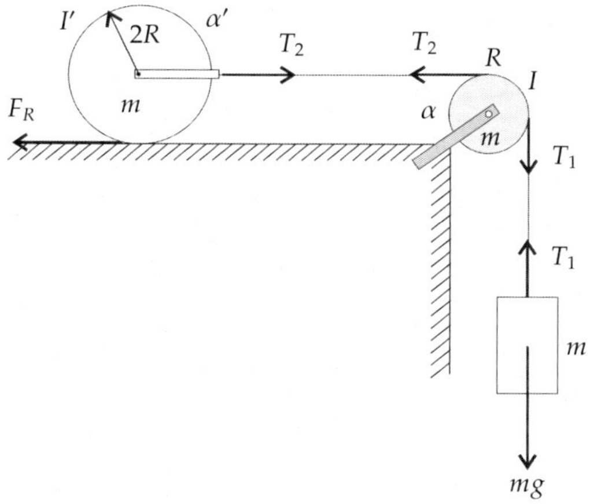

a) La dinámica de traslación y rotación establece

$$\left.\begin{aligned} mg - T_1 &= ma \\ (T_1 - T_2)R &= I\alpha \end{aligned}\right\} \qquad (1)$$

$$\left.\begin{aligned} T_2 - F_r &= ma \\ F_r \cdot 2R &= I\alpha \end{aligned}\right\} \qquad (2)$$

Por la condición de rodadura $a = R\alpha = 2R\alpha'$, siendo α la aceleración angular de la polea y α' la del cilindro.

De las ecuaciones (1) se tiene por tanto:

$$\left.\begin{aligned} mg - T_1 &= ma \\ (T_1 - T_2)R &= \tfrac{1}{2}mR^2\tfrac{a}{R} \end{aligned}\right\} \Rightarrow \left.\begin{aligned} mg - T_1 &= ma \\ T_1 - T_2 &= \tfrac{1}{2}ma \end{aligned}\right\} \Rightarrow mg - T_2 = \frac{3}{2}ma \qquad (3)$$

y de las ecuaciones (2):

$$\left.\begin{aligned} T_2 - F_r &= ma \\ F_r \cdot 2R &= \tfrac{1}{2}m \cdot 4R^2\tfrac{a}{2R} \end{aligned}\right\} \Rightarrow \left.\begin{aligned} T_2 - F_r &= ma \\ F_r &= \tfrac{1}{2}ma \end{aligned}\right\} \Rightarrow T_2 = \frac{3}{2}ma \qquad (4)$$

Si sumamos miembro a miembro (3) y (4) obtenemos el valor de la aceleración del bloque:

$$mg = 3ma \quad \Rightarrow \quad a = g/3 \quad ◂$$

b) De las ecuaciones (1) y (4) se obtiene, respectivamente, las tensiones:

$$\left.\begin{array}{l} T_1 = m\,(g-a) = m\,(g-g/3) = \frac{2}{3}mg \\ T_2 = \frac{3}{2}ma = \frac{3}{2}m\frac{g}{3} = 1/2mg \end{array}\right\} \blacktriangleleft$$

6.30 En el sistema de la figura, donde el coeficiente de rozamiento entre el bloque de masa m y la superficie del plano inclinado es μ, calcular: a) la aceleración del bloque; b) la tensión de la cuerda. Aplicar los resultados para los siguientes datos: $M = 400$ g; $m = 300$ g; $\mu = 0{,}25$; $g = 9{,}8$ ms^{-2}.

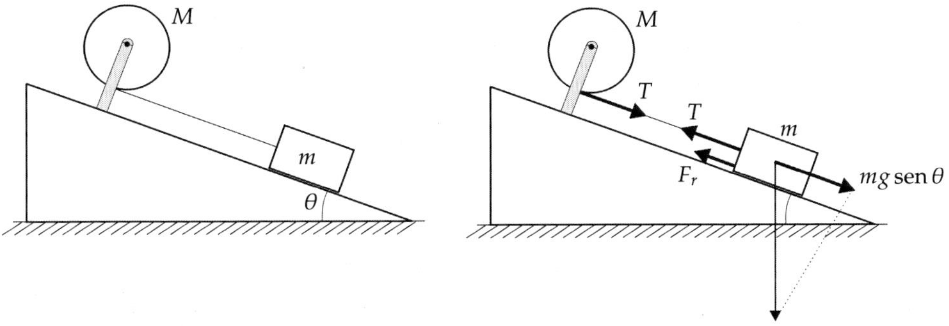

$$\left.\begin{array}{l} F_t - T - F_r = ma \\ T \cdot R = I\alpha \end{array}\right\} \quad \text{con} \quad \alpha = \frac{a}{R}$$

$$\left.\begin{array}{l} mg\,\text{sen}\,\theta - T - \mu mg\cos\theta = ma \\ T = I\dfrac{\alpha}{R} = \dfrac{1}{2}MR^2 \cdot \dfrac{a}{R^2} = \dfrac{1}{2}Ma \end{array}\right\} \quad mg\,\text{sen}\,\theta - \mu mg\cos\theta = ma + \frac{1}{2}Ma$$

$$mg\,(\text{sen}\,\theta - \mu\cos\theta) = \left(m + \frac{M}{2}\right)a$$

$$a = \frac{mg\,(\text{sen}\,\theta - \mu\cos\theta)}{m + \frac{M}{2}} = \frac{2mg\,(\text{sen}\,\theta - \mu\cos\theta)}{2m + M}$$

$$T = \frac{1}{1}Ma = \frac{Mmg\,(\text{sen}\,\theta - \mu\cos\theta)}{2m + M}$$

Sustituyendo valores,

$$a = \frac{2mg\,(\text{sen}\,\theta - \mu\cos\theta)}{2m + M} = \frac{2 \cdot 0{,}3 \cdot 9{,}8 \cdot (0{,}5 - 0{,}25 \cdot 0{,}866)}{2 \cdot 0{,}3 + 0{,}4} = 1{,}67\ \text{ms}^{-2} \quad \blacktriangleleft$$

$$T = \frac{Mmg\,(\text{sen}\,\theta - \mu\cos\theta)}{2m + M} = \frac{0{,}4 \cdot 0{,}3 \cdot 9{,}8 \cdot (0{,}5 - 0{,}25 \cdot 0{,}866)}{2 \cdot 0{,}3 + 0{,}4} = 0{,}33\ \text{N} \quad \blacktriangleleft$$

Por conservación de la energía también puede obtenerse la solución:

$$mgh = \frac{1}{2}mv^2 + \frac{1}{2}I\omega^2 + \mu mg\cos\theta \cdot s$$

$$mg \cdot s \cdot \operatorname{sen}\theta = \frac{1}{2}mv^2 + \frac{1}{4}Mv^2 + \mu mg\cos\theta \cdot s$$

$$mg \cdot s\operatorname{sen}\theta - \mu mg \cdot s \cdot \cos\theta = \frac{1}{2}\left(m + \frac{M}{2}\right)v^2$$

$$mgs\,(\operatorname{sen}\theta - \mu\cos\theta) = \left(m + \frac{M}{2}\right)a \cdot s$$

$$a = \frac{mg\,(\operatorname{sen}\theta - \mu\cos\theta)}{m + \frac{M}{2}} = \frac{2mg\,(\operatorname{sen}\theta - \mu\cos\theta)}{2m + M} \quad ◂$$

6.31 En el sistema de la figura, el disco de masa M rueda por acción de una cuerda arrollada en su periferia. Si despreciamos la masa de la pequeña polea, calcular: a) aceleración de m; b) aceleración del centro del disco; c) tensión de la cuerda; d) fuerza de rozamiento. Datos: $M = 1$ kg; $m = 0{,}2$ kg; $R = 10$ cm.

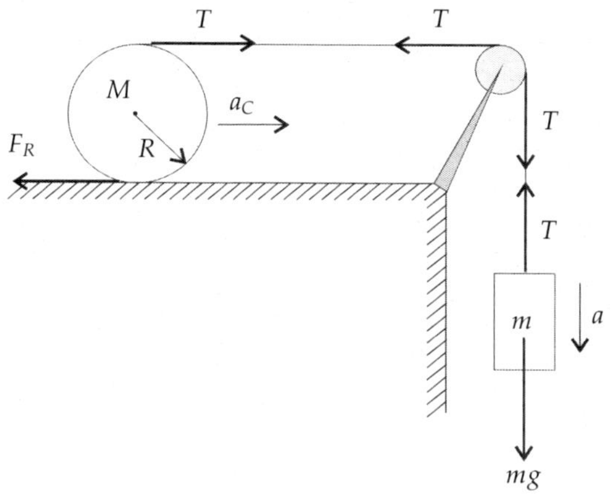

a) De acuerdo con la situación que representa la figura, las ecuaciones que describen el movimiento del bloque de masa m y el que tiene el disco (de traslación y rotación) son:

$$mg - T = ma \quad (1)$$

$$T - F_r = Ma_C \quad (2)$$

$$(T + F_r)\,R = I\alpha \quad (3)$$

También se cumple que $a_C = \alpha R = a/2$, lo que nos permite reducir las dos últimas ecuaciones a:

$$\left.\begin{aligned} T - F_r &= Ma_C \\ T + F_r &= I\alpha/R \end{aligned}\right\} \quad \Rightarrow$$

$$\Rightarrow \qquad 2T = Ma_C + I\alpha/R = Ma_C + \frac{1}{2}MR^2\frac{a_C}{R^2} = Ma_C + \frac{1}{2}Ma_C = \frac{3}{2}Ma_C = \frac{3}{4}Ma$$

Con esta ecuación y la primera (1) se obtiene el valor de a:

$$\left.\begin{aligned} T &= \tfrac{3}{8}Ma \\ T &= mg - ma \end{aligned}\right\} \quad \Rightarrow \quad \frac{3}{8}Ma = mg - ma \quad \Rightarrow \quad \left(\frac{3}{8}M + m\right)a = mg$$

$$a = \frac{mg}{\frac{3}{8}M + m} = \frac{g}{1 + \frac{3}{8}\frac{M}{m}} = \frac{9{,}8}{1 + \frac{3}{8}\cdot\frac{1}{0{,}2}} = 3{,}41 \text{ m/s}^2 \quad ◂$$

b) La aceleración del centro del disco es:

$$a_c = \frac{a}{2} = 1{,}705 \text{ m/s}^2 \quad ◂$$

c) La tensión de la cuerda:

$$T = \frac{3}{8}Ma = \frac{3}{8}\cdot 1 \cdot 3{,}47 = 1{,}28 \text{ N} \quad ◂$$

d) La fuerza de rozamiento:

$$F_r = Ma_C - T = 1 \cdot 1{,}705 - 1{,}28 = 0{,}425 \text{ N} \quad ◂$$

6.32 Un carrete de masa m, radio interior r y radio exterior R, está sobre una superficie plana rugosa. Mediante una cuerda enrollada alrededor del pequeño cilindro se tira con una fuerza F como se indica en la figura. Considerando que el carrete rueda sin deslizar y que su momento de inercia es $^1/_2 mR^2$, determinar la aceleración del centro de masas.

$$F - F_r = ma \quad \rightarrow \quad F_r = F - ma \quad (1)$$

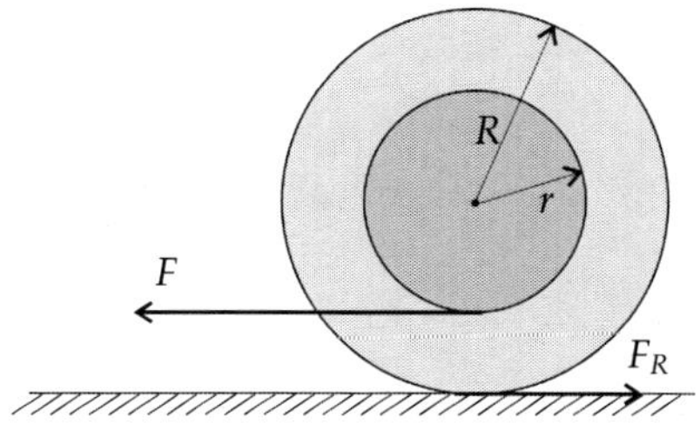

$$\left.\begin{aligned} F_r \cdot R - F \cdot r &= \tfrac{1}{2}mR^2\alpha \\ a &= R\alpha \end{aligned}\right\} \quad \rightarrow \quad F_r{\cdot}R{-}F{\cdot}r = \frac{1}{2}mRa$$

Sustituyendo el valor de F_r dado por la ecuación (1) en la ecuación (2), se tiene:

$$(F - ma)\,R - F \cdot r = \frac{1}{2}Ra \quad \rightarrow \quad FR - mRa - F \cdot r = \frac{1}{2}mRa$$

$$F\,(R - r) = \frac{3}{2}mRa$$

$$a = \frac{2F\,(R - r)}{3mR} = \frac{2}{3}\frac{F}{R}\,(1 - r/R) \quad ◂$$

6.33 Determinar a qué altura h de la superficie de una mesa de billar debe golpearse horizontalmente con el taco la bola, de radio R, para que ruede sin deslizar. Considere que, durante el golpeo de la bola, la fuerza de rozamiento es mucho menor que la fuerza aplicada.

La condición para que la bola ruede sin deslizar es que se cumplan las ecuaciones $a = R\alpha$ y $v = R\omega$.

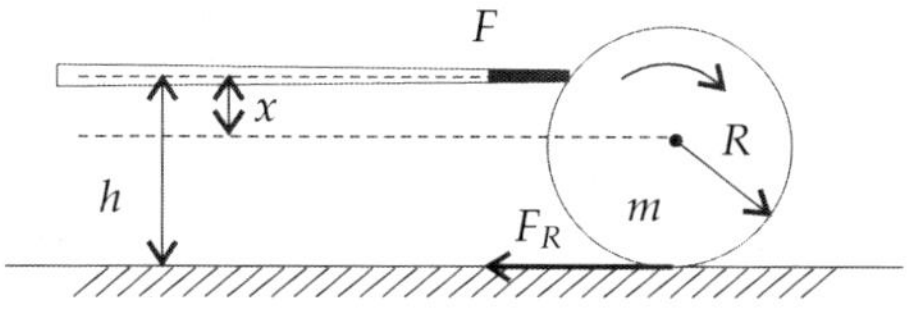

Aplicando la ecuación fundamental de la dinámica a la traslación y rotación, y teniendo en cuenta la figura, se puede escribir:

$$F - F_r = ma = mR\alpha$$

$$F \cdot x + F_r \cdot R = I\alpha$$

Como el taco ejerce una fuerza impulsiva muy grande durante un tiempo muy corto, podemos despreciar la fuerza de rozamiento durante ese tiempo, por lo que las ecuaciones anteriores se reducen a:

$$F = mR\alpha$$

$$F \cdot x = I\alpha$$

y dividiendo miembro a miembro la segunda por la primera

$$x = \frac{I}{mR} = \frac{\frac{2}{5}mR^2}{mR} = \frac{2}{5}R$$

$$h = R + x = R + \frac{2}{5}R = \frac{7}{5}R \quad ◂$$

6.34 Una rueda maciza, de 30 cm de diámetro y 17 kg de masa, queremos que gire a 382 r.p.m. aplicándole para ello dos fuerzas iguales de 20 N en sentidos opuestos sobre su periferia. a) ¿Qué tiempo tardaría en lograrse si no existiese rozamiento? b) ¿cuánto tardaría realmente si los rozamientos equivalen a un par de rodadura de 0,15 kgm? c) si una vez lograda dicha velocidad se dejara girar libremente a la rueda, ¿cuánto tiempo seguiría girando según se considera o no la presencia del par de rodadura?

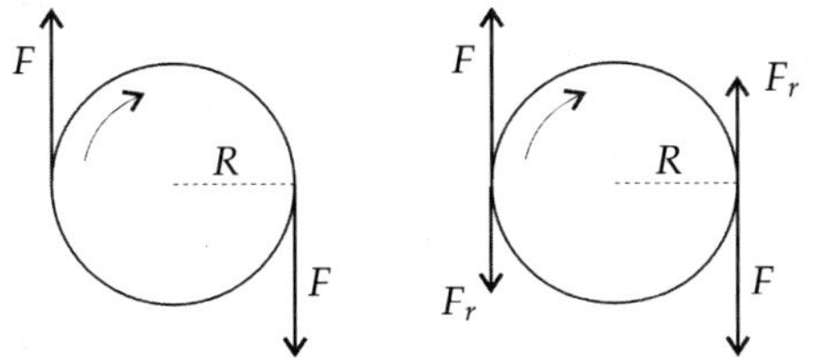

a) Se produce un movimiento de rotación uniformemente acelerado

$$\omega = \alpha t \rightarrow t = \omega/\alpha$$

Por otra parte,

$$\vec{M} = I\vec{\alpha} \rightarrow \alpha = \frac{M}{I} = \frac{F \cdot 2R}{\frac{1}{2}mR^2} = \frac{4F}{mR} = \frac{4 \cdot 20}{17 \cdot 0{,}15} = 31{,}37 \text{ rad/s}^2$$

$$t = \frac{\omega}{\alpha} = \frac{40}{39{,}2} = 1{,}275 \text{ s} \quad \blacktriangleleft$$

b) En el caso de existir rozamiento equivalente a un par $M_1 = 0{,}15 \cdot 9{,}8$ Nm, se tiene:

$$M - M_1 = I\alpha_1 \quad \rightarrow \quad \alpha_1 = \frac{M - M_1}{I} = \frac{F \cdot 2R - 0{,}15 \cdot 9{,}8}{\frac{1}{2}mR^2} = \frac{4{,}53}{0{,}19} = 23{,}84 \text{ rad/s}^2$$

$$t_1 = \frac{\omega}{\alpha_1} = \frac{40}{23{,}84} = 1{,}68 \text{ s} \quad \blacktriangleleft$$

c) Si una vez alcanzada la velocidad de 382 r.p.m. se dejara girar a la rueda libremente y no existiese rozamiento, la rueda seguiría indefinidamente con la misma velocidad angular (principio de conservación del momento cinético por un sólido indeformable).

Con rozamiento, el movimiento será uniformemente retardado, con aceleración

$$\alpha_2 = \frac{M_1}{I} = \frac{0{,}15 \cdot 9{,}8}{0{,}5 \cdot 17 \cdot 0{,}15^2} = 7{,}69 \text{ rad/s}^2$$

Y teniendo en cuenta que la velocidad final, ω, es nula:

$$\omega = \omega_o - \alpha_2 t_2 \rightarrow t_2 = 5{,}2 \text{ s} \quad \blacktriangleleft$$

6.35 Por un plano inclinado un ángulo θ queremos que ruede sin deslizar un disco de masa m y radio R. Determinar el valor que debe tener el coeficiente de rozamiento para ello.

Para que un cuerpo ruede sin deslizar, se ha de cumplir que la fuerza de rozamiento que presenta sea menor o igual que la fuerza de rozamiento al deslizamiento: $F_r \leq \mu F_n$.

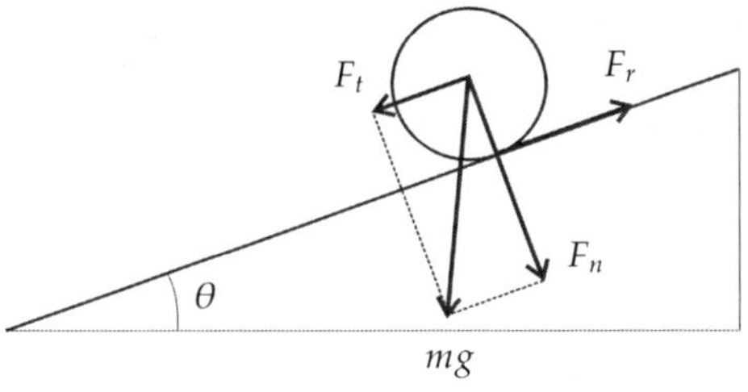

En nuestro caso, el movimiento del disco viene definido por las ecuaciones:

$$mg \operatorname{sen}\theta - F_r = m\,a \tag{1}$$

$$\left.\begin{aligned} F_r \cdot R &= I\alpha \\ a &= R\alpha \end{aligned}\right\} \quad \Rightarrow \quad F_r = \frac{1}{2}ma \tag{2}$$

siendo a la aceleración lineal del CM del disco.

Teniendo en cuenta la ecuación (2), la (1) podemos escribirla en la forma:

$$F_r = mg \operatorname{sen}\theta - m\,a = mg \operatorname{sen}\theta - 2F_r \quad \Rightarrow \quad 3\,F_r = mg \operatorname{sen}\theta \quad \Rightarrow \quad F_r = \frac{mg \operatorname{sen}\theta}{3}$$

y aplicando lo dicho para que un cuerpo ruede

$$\frac{mg \operatorname{sen}\theta}{3} \leq \mu mg \cos\theta \quad \Rightarrow \quad \mu \geq \frac{1}{3} tg\theta \quad ◂$$

6.36 La rueda de un volante tiene un radio de 2 m y una masa de 100 kg concentrada en la periferia. Cuando está girando a razón de 10 r.p.s. y la energía motora se reduce a cero, el volante se va parando en virtud del rozamiento con la correa de transmisión. Si las tensiones en ambas ramas de la correa son T_1 = 5 kg y T_2 = 0,5 kg, determinar el tiempo que tarda en pararse.

$$\omega_o = 10 \cdot 2\pi = 20\pi \text{ rad/s}$$

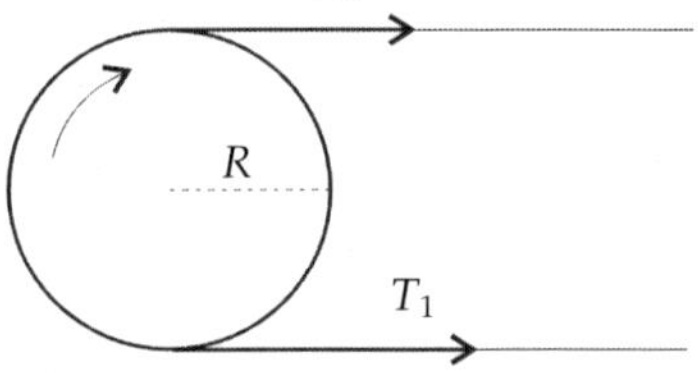

El tiempo que tarda en pararse se obtiene de $\omega = \omega_o - \alpha t$, cuando $\omega = 0$

$$t = \frac{\omega_o}{\alpha}$$

Por otra parte $M = I\alpha$

$$M = (T_1 - T_2)\,R = (5 - 0{,}5)\,9{,}8 \cdot 2 = 88{,}2\ \text{Nm}$$

$$I = mR^2 = 100 \cdot 2^2 = 400\ \text{kg} \cdot \text{m}^2$$

$$\alpha = \frac{M}{I} = \frac{88{,}2}{400} = 0{,}22\ \text{rad/s}^2$$

$$t = \frac{\omega_o}{\alpha} = \frac{20\pi}{0{,}22} = 285\ \text{s} \quad ◂$$

6.37 Sobre un plano inclinado, perfectamente liso, se mueve una placa de masa m por la acción de una fuerza F constante, como se indica en la figura. Encima de la placa está situado un disco homogéneo de igual masa m y radio R. Entre la placa y el disco existe un rozamiento suficiente para evitar el deslizamiento. Hallar el valor de F para que el centro del disco permanezca en posición fija durante el movimiento.

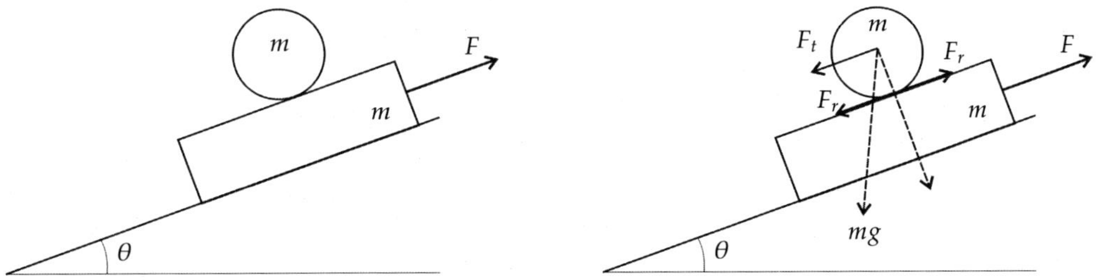

Al permanecer fijo el centro del disco su aceleración es nula, mientras que el punto de contacto de éste con la placa tendrá la misma aceleración que ésta. Por tanto podemos plantear las siguientes ecuaciones:

Movimiento de la placa

$$F - F_r - mg\,\text{sen}\,\theta = ma \tag{1}$$

Movimiento del disco

$$F_r \cdot R = I\alpha \quad \Rightarrow \quad F_r = I\alpha/R = \frac{1}{2}mR^2\frac{a}{R^2} = \frac{1}{2}ma \tag{2}$$

$$mg\,\text{sen}\,\theta - F_r = 0 \quad \Rightarrow \quad F_r = mg\,\text{sen}\,\theta \tag{3}$$

Despejando F de la ecuación (1) y tendiendo en cuenta (2) y (3), se tiene finalmente:

$$F = F_r + mg \text{ sen } \theta + ma = F_r + mg \text{ sen } \theta + 2F_r = 3F_r + mg \text{ sen } \theta$$

$$F = 3mg \text{ sen } \theta + mg \text{ sen } \theta = 4mg \text{ sen } \theta \quad ◄$$

6.38 Un volante de 3 m de diámetro, cuya masa de 300 kg puede considerarse concentrada en la periferia, gira a razón de 180 r.p.m., calcular: a) la energía cinética del volante; b) el tiempo que tarda en pararse desde el instante que se frena con un par de fuerzas de momento 800 Nm; c) el número de vueltas que dará en dicho tiempo.

a)
$$E_{cr} = \frac{1}{2} I\omega^2 \quad \text{con} \quad I = mR^2 = 300 \cdot 1{,}5^2 = 675 \text{ kg} \cdot \text{m}^2$$

$$\omega = \frac{180 \cdot 2\pi}{60} = 18{,}84 \text{ rad/s}$$

$$E_{cr} = \frac{1}{2} \cdot 675 \cdot 18{,}84^2 = 119794 \text{ J} \quad ◄$$

b)
$$\omega = \omega_o - \alpha t \rightarrow t = \frac{\omega_o}{\alpha}$$

$$M = I\alpha \rightarrow \alpha = \frac{M}{I} = \frac{800}{675} = 1{,}19 \text{ rad/s}^2$$

$$t = \frac{18{,}84}{1{,}19} = 15{,}8 \text{ seg} \quad ◄$$

c)
$$\omega^2 = \omega_o^2 - 2\alpha\varphi \rightarrow \varphi = \frac{\omega_o^2}{2\alpha} = 149{,}14 \text{ rad}$$

$$n = \frac{\varphi}{2\pi} = 23{,}75 \text{ vueltas} \quad ◄$$

6.39 En el sistema indicado en la figura determinar la fuerza F necesaria para mantener el cilindro en una posición fija respecto a la cuña, sabiendo que el coeficiente de rozamiento entre el cilindro y la cuña es μ_1 y entre la cuña y el plano horizontal μ_2.

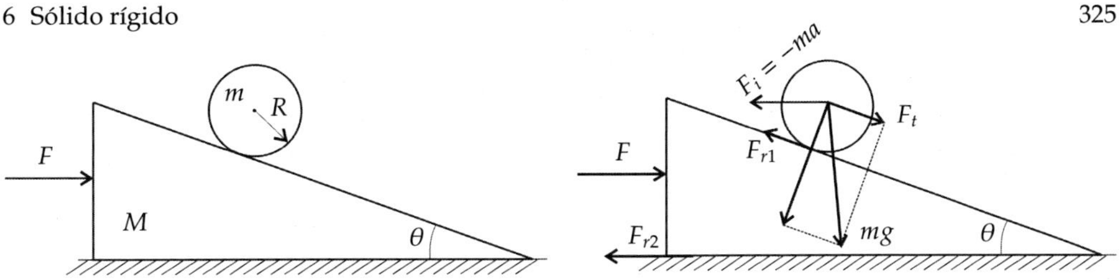

El sistema en su conjunto, por acción de la fuerza F, adquiere la aceleración $\underline{a}$, por lo que

$$F - F_{r_2} = (M+m)\,a \quad \Rightarrow \quad F = \mu_2(M+m)g + (M+m)a \tag{1}$$

Por otra parte, si el cilindro está en equilibrio respecto a la cuña bajo la acción de las fuerzas F_t, F_i y F_{r_1}, teniendo en cuenta la figura, podemos escribir:

$$F_t - F_{r_1} - F_i \cos\theta = 0 \quad \Rightarrow \quad mg \operatorname{sen}\theta - F_{r_1} - ma\cos\theta = 0$$

y como $F_{r1}R = 0 \quad \Rightarrow \quad F_{r1} = 0$, la ecuación anterior se reduce a

$$mg \operatorname{sen}\theta = ma\cos\theta \quad \Rightarrow \quad a = g\ \operatorname{tg}\theta$$

Sustituyendo el valor de la aceleración en la (1), finalmente se tiene:

$$F = \mu_2(M+m)g + (M+m)g\ \operatorname{tg}\theta\ = (M+m)g\,(\mu_2 + \operatorname{tg}\theta) \quad ◄$$

6.40 Un disco de radio 0,2 m y masa 5 kg puede girar libremente alrededor de un eje fijo que pasa por su C.M. Se enrolla una cuerda alrededor del disco y se tira con una fuerza de 20 N. Calcular: a) el momento cinético del disco al cabo de 3 s, suponiendo que el disco partió del reposo; b) comprobar que se cumple el teorema de las fuerzas vivas.

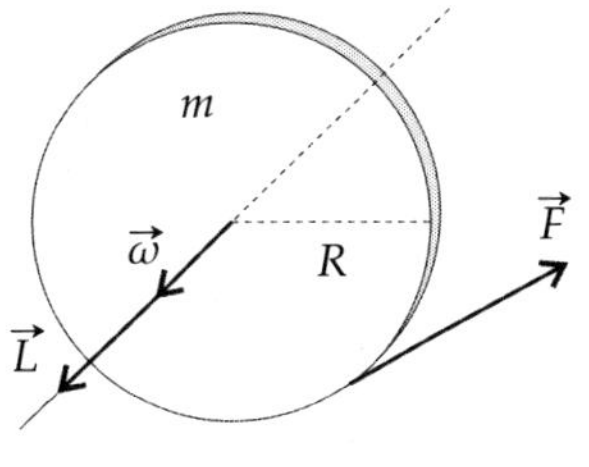

Sabemos que $\vec{L} = I\vec{\omega}$ y

$$\vec{M} = \frac{d\vec{L}}{dt} = I\frac{d\vec{\omega}}{dt} = I\vec{\alpha}$$

con $M = FR = 20\ \text{N} \cdot 0{,}2\ \text{m} = 4\ \text{Nm}$;

$$I = \frac{1}{2}mR^2 = \frac{1}{2} \cdot 5 \cdot 4 \cdot 10^{-2} = 0{,}1\ \text{kg} \cdot \text{m}^2$$

$$\alpha = \frac{M}{I} = \frac{4\ \text{Nm}}{0{,}1\ \text{Kg} \cdot \text{m}^2} = 40\ \text{rad/s}^2$$

$$\omega = \alpha t = 40\ \text{rad/s}^2 \cdot 3\ \text{s} = 120\ \text{rad/s}$$

a) $L = \int M dt = M\Delta t = 4 \text{ Nm} \cdot 3 \text{ s} = 12 \text{ N} \cdot \text{m} \cdot \text{s} = 12 \text{ kgm}^2/\text{s}$ ◄

b) El teorema de las fuerzas vivas establece $W = \Delta E_{cr}$

$$\left.\begin{aligned} W &= M\theta \\ \Delta E_{cr} &= \tfrac{1}{2} I\omega^2 \end{aligned}\right\} \quad \text{con} \quad \theta = \frac{1}{2}\alpha t^2 = \frac{1}{2} \cdot 40 \text{ rad/s}^2 \cdot 9 \text{ s} = 180 \text{ rad}$$

$$W = M\theta = 4 \text{ Nm} \cdot 180 \text{ rad} = 720 \text{ J} \quad ◄$$

$$\Delta E_{cr} = \frac{1}{2} I\omega^2 = \frac{1}{2} \cdot 0{,}1 \text{ Kg} \cdot \text{m}^2 \cdot 14400 \text{ rad}^2/\text{s}^2 = 720 \text{ J} \quad ◄$$

6.41 Un cilindro de masa m y radio R rueda sin deslizar por una superficie horizontal. El cilindro está dotado de un sistema que permite tirar de su eje con una fuerza paralela a la superficie horizontal. Determinar el valor que debe tener la fuerza aplicada para que el cilindro comience a deslizar, sabiendo que el coeficiente de rozamiento entre la superficie y el disco es μ.

Después de aplicar la fuerza, si el cilindro rueda solamente, dicho movimiento viene definido por las ecuaciones:

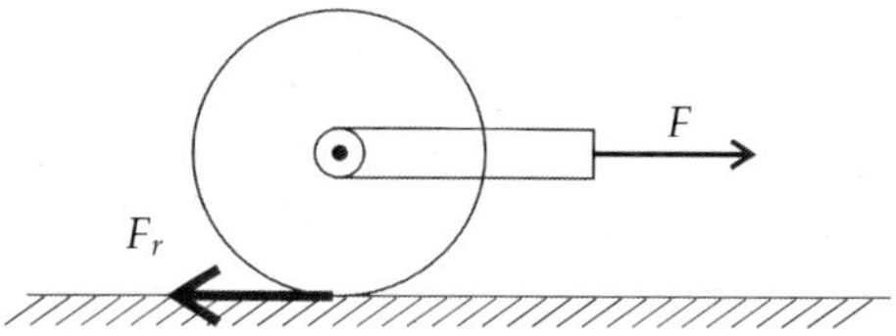

$$F - F_r = m\,a \quad \Rightarrow \quad F = F_r + m\,a \qquad (1)$$

$$\left.\begin{aligned} F \cdot R &= I\alpha \\ a &= R\alpha \end{aligned}\right\} \quad \Rightarrow \quad F = \frac{1}{2} m\,a \qquad (2)$$

siendo a la aceleración, lineal del c. d. g. del cilindro.

La ecuación (1), teniendo en cuenta la (2), se puede escribir en la forma:

$$F = F_r + 2F_r = 3F_r \quad \Rightarrow \quad F_r = \frac{F}{3} \quad ◄$$

Habrá deslizamiento si esta fuerza de rozamiento es igual a la fuerza del rozamiento por deslizamiento: $F_r = \mu m g$.

Por tanto se puede escribir:

$$\frac{F}{3} = \mu\, m g \quad \Rightarrow \quad F = 3\mu\, m g \quad ◄$$

6.42 Un cubo macizo y homogéneo de arista "a" y masa m, gira alrededor de un eje principal de inercia con velocidad angular inicial ω_o. Calcular: a) momento de inercia respecto a dicho eje de giro; b) momento cinético; c) energía cinética; d) si el rozamiento del cubo con el eje de giro equivale a un momento M_o, hallar el número de vueltas que dará antes de pararse.

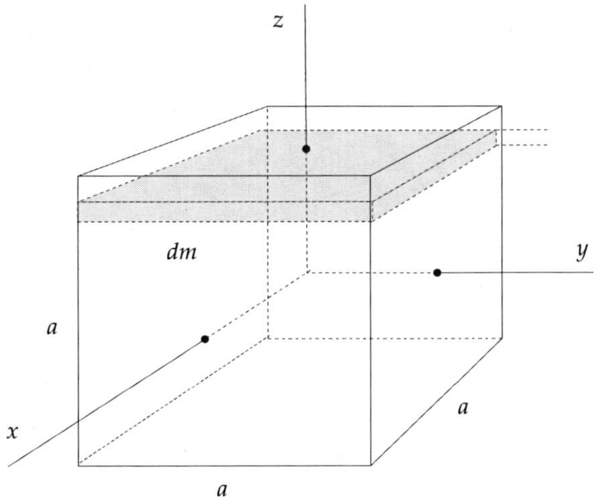

a) El momento de inercia respecto al eje X es igual a la misma de los momentos de inercia respecto a los planos XY y XZ: $I_x = I_{xy} + I_{xz}$.

Por razón de simetría $I_{xy} = I_{xz}$, de donde $I_x = 2I_{xy}$.

El momento de inercia respecto al plano XY es:

$$I_{xy} = \int z^2 dm = \int_{-a/2}^{a/2} \rho a^2 dz = 2\int_0^{a/2} z^2 \rho a^2 dz = 2\rho a^2 \int_0^{a/2} z^2 dz =$$

$$= 2\rho a^2 \left[\frac{z^2}{3}\right]_0^{a/2} = 2\rho a^2 \frac{a^3}{24} = \frac{1}{12}\rho a^5 = \frac{1}{12} Ma^2$$

$$I_x = 2I_{xy} = \frac{1}{6} ma^2 \quad \blacktriangleleft$$

b)
$$\vec{L} = I\vec{\omega}_o \quad \rightarrow \quad L = \frac{1}{6} ma^2 \omega_o \quad \blacktriangleleft$$

c)
$$E_{cr} = \frac{1}{2} I\omega_o^2 = \frac{1}{12} ma^2 \omega_0^2 \quad \blacktriangleleft$$

d)
$$\vec{M_o} = I\vec{\alpha} \quad \rightarrow \quad \alpha = \frac{M_o}{I}$$

$$\omega^2 = \omega_o^2 - 2\alpha\theta$$

Cuando $\omega = 0 \quad \rightarrow \quad \theta = \frac{\omega_o^2}{2\alpha} = \frac{\omega_o^2}{2M_o} I = \frac{\omega_o^2}{2M_o} \cdot \frac{1}{6} M a^2 = \frac{M a^2 \omega_o^2}{12 M_o}$ rad que dividiendo por 2π:

$$\text{número de vueltas} = \frac{m a^2 \omega_0^2}{24 \pi M_0} \quad ◄$$

6.43 Un pequeño cilindro de masa m y radio R se acelera por una fuerza F que se aplica mediante una cuerda enrollada a un tambor ligero de radio r unido al cilindro como se indica en la figura. El coeficiente de rozamiento es suficiente para que el cilindro ruede sin deslizar. Calcular: a) la aceleración del centro de masa; b) la fuerza de rozamiento que actúa en la rodadura.

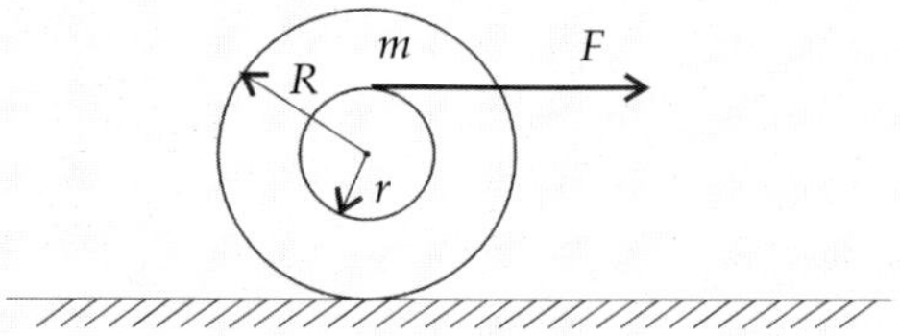

a) Si rueda sin deslizar, las ecuaciones que rigen su movimiento son:

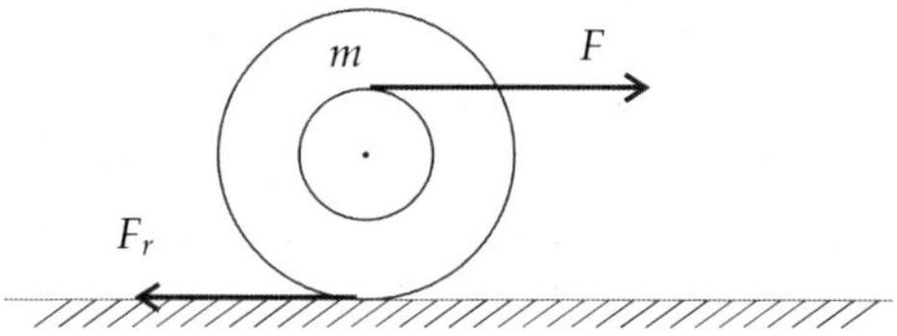

$$F - F_r = ma \quad \Rightarrow \quad F_r = F - ma \quad (1)$$

$$\left. \begin{array}{l} F \cdot r + F_r \cdot R = \frac{1}{2} m R^2 \alpha \\ a = R\alpha \end{array} \right\} \quad \Rightarrow \quad Fr + F_r R = \frac{1}{2} m R a \qquad (2)$$

siendo a la aceleración lineal del CM. Sustituyendo en la (2) el valor de F_r dado por la (1), se tiene:

$$F \cdot r + (F - ma)R = \frac{1}{2} m R a \quad \Rightarrow \quad F(r + R) = \frac{3}{2} m R a$$

$$a = \frac{2F(r + R)}{3mR} = \frac{2}{3} \frac{F}{m} \left(\frac{r}{R} + 1 \right) \quad ◄$$

b) Sustituyendo en la ecuación (1) el valor de la aceleración podemos escribir:

$$F_r = F - m \frac{2F}{3m} \left(\frac{r}{R} + 1 \right) = F \left[1 - \frac{2}{3} \left(\frac{r}{R} + 1 \right) \right] = \frac{F}{3} \left(1 - \frac{2r}{R} \right) \quad ◄$$

6.44 Una plataforma horizontal en forma de disco gira sin fricción alrededor de un eje vertical que pasa por el centro, como se indica en la figura. La plataforma tiene una masa de 100 kg y un radio $R = 2$ m. Un estudiante cuya masa es de $m = 60$ kg camina lentamente desde el borde de la plataforma hacia el centro. Si la velocidad angular del sistema es de 2 rad/s cuando el estudiante está en el borde, calcular: a) velocidad angular cuando el estudiante ha alcanzado un punto a 0,5 m del centro; b) las energías cinéticas de rotación inicial y final.

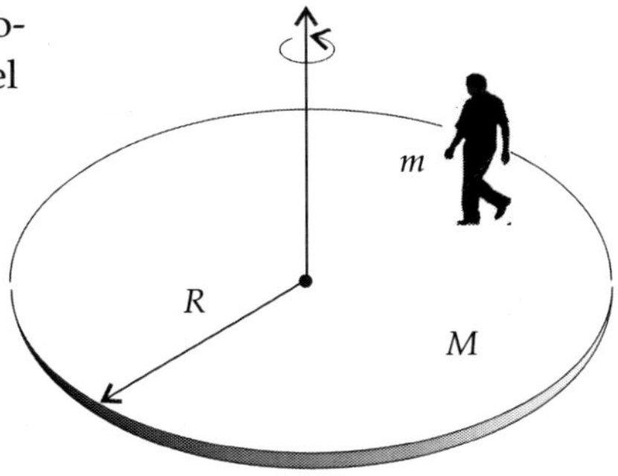

a) Se ha de cumplir: $I\vec{\omega} = I'\vec{\omega}'$, donde I es el momento de inercia cuando el estudiante está en el borde y I' cuando está a 0,5 del centro.

$$\vec{\omega}' = \frac{I}{I'}\vec{\omega} = \frac{\left(\frac{1}{2}MR^2 + mR^2\right)}{\left(\frac{1}{2}MR^2 + mr^2\right)}\vec{\omega} \quad \rightarrow$$

$$\rightarrow \quad \omega = \frac{(200 + 240)}{(200 + 15)} \cdot 2\vec{k} = 4{,}1 \text{ rad/s} \quad ◂$$

b)

$$E_{ci} = \frac{1}{2}I\omega^2 = \frac{1}{2}\left(440 \text{ kg} \cdot \text{m}^2\right) \cdot \left(2\frac{\text{rad}}{\text{s}}\right)^2 = 880 \text{ J} \quad ◂$$

$$E_{cf} = \frac{1}{2}I'\omega^{2'} = \frac{1}{2}\left(215 \text{ kg} \cdot \text{m}^2\right) \cdot \left(4{,}1\frac{\text{rad}}{\text{s}}\right)^2 = 1800 \text{ J} \quad ◂$$

6.45 Un sistema formado por dos discos coaxiales y unidos, de radios R y r, de masa total m y momento de inercia I, está sobre una superficie plana que presenta rozamiento. Mediante un hilo enrollado en la periferia del disco menor se tira con una fuerza F que forma un ángulo con la horizontal θ, como se indica en la figura. Calcular el ángulo θ para que: a) el sistema no gire; b) gire a derechas; c) gire a izquierdas.

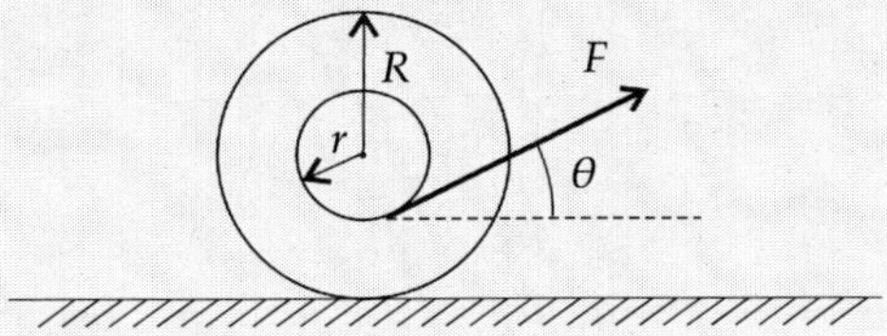

a) Según el esquema de fuerzas de la figura, las ecuaciones que rigen el movimiento de rodadura son:

$$F\cos\theta - F_r = ma \quad \Rightarrow \quad F_r = F\cos\theta - ma \tag{1}$$

$$\left.\begin{aligned} F_r \cdot R - F \cdot r &= I\alpha \\ a &= R\alpha \end{aligned}\right\} \quad \Rightarrow \quad F_r \cdot R - F \cdot r = \frac{I}{R} a \tag{2}$$

Sustituyendo en la ecuación (2) el valor de F_r dado por la (1), podemos escribir:

$$(F\cos\theta - ma)\,R - F \cdot r = \frac{I}{R}a \quad \Rightarrow \quad F\,(\cos\theta \cdot R - r) = \left(mR + \frac{I}{R}\right)a$$

$$a = \frac{F\,(\cos\theta \cdot R - r)}{mR + I/R}$$

El sistema no gira si la aceleración es nula, por lo que ha de ser $\cos\theta \cdot R - r = 0$ y de aquí $\cos\theta = r/R \quad \Rightarrow \quad \theta = \arccos(r/R)$ ◄.

b) El sistema girará a derechas si la aceleración es mayor que cero. Luego:

$$R\cos\theta - r > 0 \quad \Rightarrow \quad R\cos\theta > r \quad \Rightarrow \quad \cos\theta > \frac{r}{R}$$

$$\theta > \arccos\frac{r}{R} \quad ◄$$

c) y girará a izquierdas si se cumple que

$$R\cos\theta - r < 0 \quad \Rightarrow \quad R\cos\theta < r \quad \Rightarrow \quad \cos\theta < \frac{r}{R}$$

$$\theta < \arccos\frac{r}{R} \quad ◄$$

6.46 Una bola de 1 kg de masa rueda sin deslizar sobre una superficie horizontal a velocidad de 20 m/s y llega a un plano inclinado liso que forma un ángulo de 30° con la horizontal. Sabiendo que el momento de inercia de la esfera es $I = 2/5mR^2$, calcular: a) la energía cinética de la bola antes de iniciar la subida por el plano; b) la distancia que recorrerá sobre el plano inclinado.

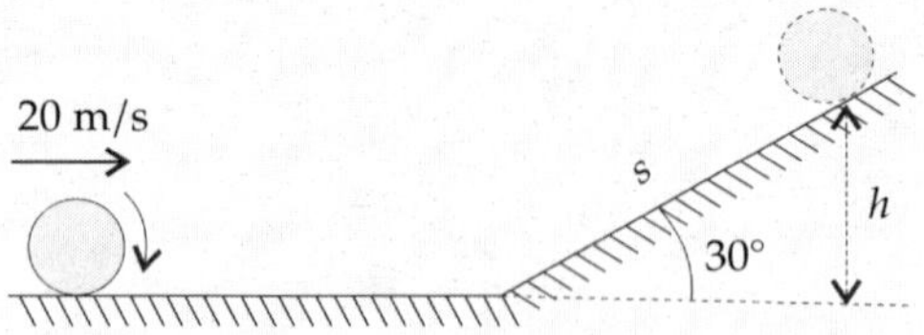

a)
$$E_c = \frac{1}{2}mv^2 + \frac{1}{2}I\omega^2 = \frac{1}{2}mv^2 + \frac{1}{2}\left(\frac{2}{5}mv^2\right)\frac{v^2}{r^2} =$$

$$= \frac{1}{2}mv^2 + \frac{2}{10}mv^2 = \frac{7}{10}mv^2 = \frac{7}{10} \cdot 1 \cdot 20^2 = 280\ \text{J} \quad ◄$$

b) La energía cinética de la bola, al pie del plano inclinado, se transforma íntegramente en energía potencial:

$$mgh = 280 \quad \rightarrow \quad h = \frac{280}{1 \cdot 9{,}8} = 28{,}6 \text{ m}$$

$$\text{sen}\,30° = \frac{h}{s} \quad \rightarrow \quad s = \frac{h}{\text{sen}\,30} = \frac{28{,}6}{0{,}5} = 57{,}2 \text{ m} \quad ◄$$

6.47 Un disco homogéneo, de masa m y radio R, se lanza sobre un plano horizontal con velocidad de traslación v_o y sin velocidad angular inicial. Si entre el plano y el disco existe un coeficiente de rozamiento μ calcular: a) tiempo que ha de transcurrir desde que se inicia la rodadura hasta que el disco ruede sin deslizar; b) velocidad de su CM y velocidad angular en ese instante.

Puesto que inicialmente el disco desliza, la fuerza de rozamiento $F_r = \mu mg$ produce un movimiento retardado, por lo que la velocidad del CM del disco va disminuyendo hasta que en un cierto instante, inicia su rodadura. Durante algún tiempo, el disco rueda y se desliza simultáneamente, pero disminuyendo v y aumentando ω, hasta que se cumple que $v = R\omega$, con lo cual el disco deja de deslizarse y solo rodará.

a) Durante el tiempo que dura los dos movimientos simultáneos, se puede escribir:

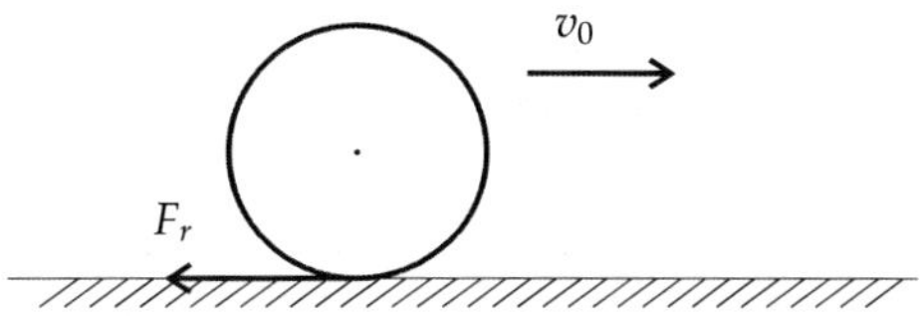

$$F_r = m\,a \quad \Rightarrow \quad a = \frac{\mu mg}{m} = \mu g$$

$$F_r{\cdot}R = \frac{1}{2}mR^2\alpha \quad \Rightarrow \quad \alpha = \frac{2\mu mgR}{mR^2} = \frac{2\mu g}{R}$$

siendo <u>a</u> la aceleración del CM en este movimiento uniforme retardado y α la aceleración angular.

Para la velocidad del CM y velocidad angular, teniendo en cuenta los valores anteriores, se puede escribir:

$$\left.\begin{aligned} v &= v_o - at \\ \omega &= \alpha\, t \end{aligned}\right\} \quad \Rightarrow \quad \begin{aligned} v &= v_o - \mu g t \\ \omega &= \frac{2\mu g}{R} t \end{aligned}$$

Para el tiempo en que se cumpla la condición de rodadura sin deslizamiento, $v = R\omega$, se tiene:

$$v_o - \mu g t = \frac{2\mu g}{R} t \cdot R \quad \Rightarrow \quad v_o = \mu g t + 2\mu g t = 3\mu g t \quad \Rightarrow \quad t = \frac{v_o}{3\mu g} \quad ◄$$

b) A partir de este instante, como no hay fuerzas que tiendan a deslizar el disco, no habrá fuerza de rozamiento al deslizamiento y el disco continuará con movimiento uniforme, con velocidad de su CM igual a

$$v = v_o - \mu g t = v_o - \mu g \frac{v_o}{3\mu g} = \frac{2}{3} v_o \quad \blacktriangleleft$$

y velocidad angular

$$\omega = \frac{v}{R} = \frac{2}{3}\frac{v_o}{R} \quad \blacktriangleleft$$

6.48 Una bola de masa m y radio R cae, desde el punto A, rodando sin deslizar por el plano inclinado de la figura. A partir del punto B no hay rozamiento y la bola desliza por el plano horizontal. a) Hallar la velocidad de traslación de la bola en el tramo BC; b) si en el punto C choca elásticamente con otra bola de masa 2 m, calcular las velocidades de ambas bolas después del choque. Datos: momento de inercia de la esfera $I = 2/5mR^2$; $h = 20$ m.

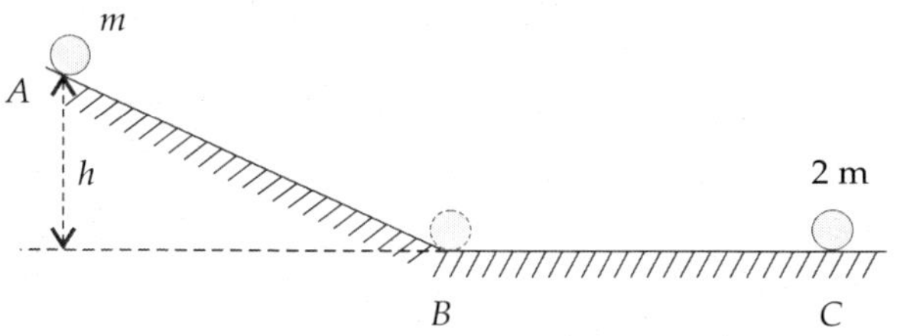

a) La energía potencial se convierte en energía cinética de rotación y de traslación

$$mgh = \frac{1}{2}I\omega^2 + \frac{1}{2}mv^2 = \frac{1}{2}\cdot\frac{2}{5}mR^2\cdot\frac{v^2}{R^2} + \frac{1}{2}mv^2 = \frac{7}{10}mv^2$$

$$v = \sqrt{\frac{10}{7}gh} = 16{,}7 \text{ m/s} \quad \blacktriangleleft$$

b) Como el choque es elástico

$$\left.\begin{aligned} m_1v_1 + m_2v_2 &= m_1v_1' + m_2v_2' \\ v_1 + v_1' &= v_2 + v_2' \end{aligned}\right\} \quad \rightarrow \quad \left.\begin{aligned} mv_1 &= mv_1' + 2v_2' \\ v_1 + v_1' &= v_2' \end{aligned}\right\}$$

$$16{,}7 = v_1' + 2v_2' \quad \rightarrow \quad 16{,}7 = v_1' + 2v_2'$$

$$16{,}7 + v_1' = v_2' \quad \rightarrow \quad 16{,}7 = -v_1' + v_2'$$

de donde

$$v_1' = v_2' - 16{,}7 = 11{,}13 - 16{,}7 = -5{,}57 \text{ m/s} \quad ◄$$

$$v_2' = \frac{33{,}4}{3} = 11{,}13 \text{ m/s} \quad ◄$$

6.49 Un aro de 1 m de radio y 2 kg de masa se encuentra girante, en ausencia de rozamientos, alrededor de un eje perpendicular a su plano y que pasa por su centro con una frecuencia de 3 Hz. Se le aplica entonces una fuerza tangencial constante que le comunica una aceleración angular de 2π rad/s^2 hasta que adquiere una frecuencia de 10 Hz. Calcular: a) trabajo realizado por la fuerza; b) tiempo que dura la aceleración; c) valor de la fuerza tangencial aplicada; d) potencia mecánica en juego.

a) Aplicando el teorema de las fuerzas vivas, se tiene:

$$W = \frac{1}{2}I\omega^2 - \frac{1}{2}I\omega_o^2 = \frac{1}{2}I\left(\omega^2 - \omega_o^2\right)$$

donde el momento de inercia del aro, la velocidad angular inicial ω_o y la final ω valen

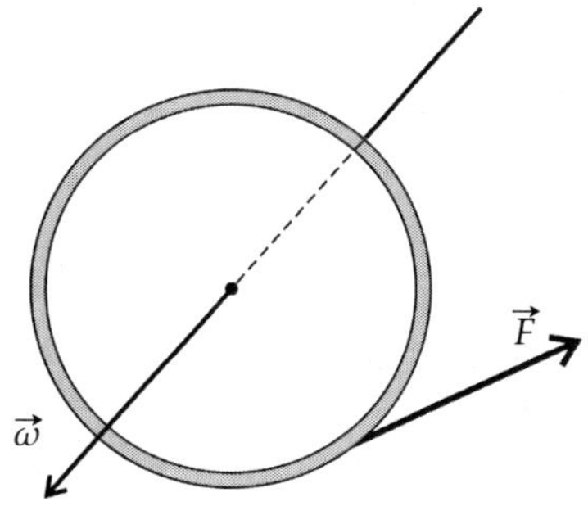

$$I = mR^2, \quad \omega_o = 2\pi\nu_o = 6\pi, \quad \omega = 2\pi\nu = 20\pi$$

y sustituyendo estos valores en la ecuación anterior resulta:

$$W = \frac{1}{2}mR^2\left(\omega^2 - \omega_0^2\right) = \frac{1}{2}2 \cdot 1\left(400\pi^2 - 36\pi^2\right) = 3589 \text{ J} \quad ◄$$

b) $$\omega = \omega_0 + \alpha t \quad \Rightarrow \quad t = \frac{\omega - \omega_0}{\alpha} = \frac{20\pi - 6\pi}{2\pi} = 7 \text{ s} \quad ◄$$

c) $$M = I\alpha \quad \Rightarrow \quad FR = mR^2\alpha \quad \Rightarrow \quad F = mR\alpha = 2 \cdot 1 \cdot 2\pi = 4\pi\text{N} \quad ◄$$

d) $$P = \frac{W}{t} = \frac{3589}{7} = 512{,}7 \text{ W} \quad ◄$$

6.50 Una barra delgada y uniforme de 1 m de longitud está articulada en uno de sus extremos a la pared y puede girar en un plano vertical. Si se abandona a sí misma desde su posición horizontal, calcular la velocidad angular de la barra y la velocidad final de su c.d.g. en el instante en que forme un ángulo de 60° con la horizontal.

Cuando la barra gira por un eje perpendicular a la barra y que pasa por uno de sus extremos, el momento de inercia vale $I = \frac{1}{3}ml^2$. Aplicando el principio de conservación de la energía entre las dos posiciones indicadas de tiene:

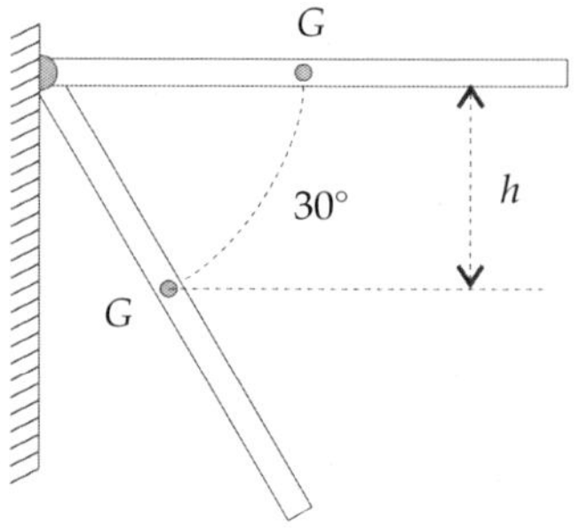

$$F_1 = F_2 \quad \rightarrow \quad mgh = \frac{1}{2}I\omega^2$$

donde $h = \frac{1}{2} \cdot \text{sen}\,60$

$$mg\frac{1}{2}\,\text{sen}\,60 = \frac{1}{2} \cdot \frac{1}{3}ml^2\omega^2$$

$$g \cdot \text{sen}\,60 = \frac{1}{3}l\omega^2 \quad \rightarrow \quad \omega^2 = \frac{3g}{l} \cdot \text{sen}\,60$$

$$\omega = \sqrt{\frac{3g}{l} \cdot \text{sen}\,60} = 5{,}046 \text{ rad/s} \quad \blacktriangleleft$$

La velocidad lineal de extremo libre en ese instante

$$v = r\omega = \frac{l}{2}\omega = 0{,}5 \cdot 5{,}046 = 2{,}523 \text{ m/s} \quad \blacktriangleleft$$

6.51 Un disco de momento de inercia I_1, gira alrededor de un eje vertical, sin fricción y que pasa por su centro, con una velocidad angular ω_1. Un segundo disco, cuyo momento de inercia es I_2, y que no gira en principio, se deja caer sobre el primero acoplándose con él. Calcular: a) la velocidad angular, ω, con la cual giran ambos discos después de la unión; b) la fracción de energía mecánica perdida en el acoplamiento.

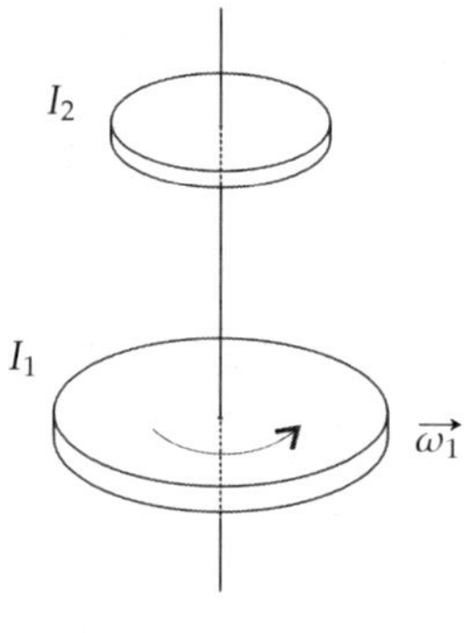

a) Puesto que el momento de las fuerzas externas al sistema es nulo, podemos aplicar el principio de conservación del momento cinético:

$$I_1\omega_1 = (I_1 + I_2)\,\omega \quad \Rightarrow \quad \omega = \frac{I_1\omega_1}{I_1 + I_2} \quad \blacktriangleleft$$

b) Las energías antes y después del proceso de acoplamiento son:

$$E_{c_i} = \frac{1}{2}I_1\omega_1^2$$

$$E_{c_f} = \frac{1}{2}(I_1 + I_2)\,\omega^2 = \frac{1}{2}(I_1 + I_2)\,\frac{I_1^2\omega_1^2}{(I_1 + I_2)^2} = \frac{1}{2}\frac{I_1^2\omega_1^2}{I_1 + I_2}$$

La energía cinética perdida vale

$$E_{c_i} - E_{c_f} = \frac{1}{2}I_1\omega^2 - \frac{1}{2}\frac{I_1^2\omega_1^2}{(I_1+I_2)^2} = \frac{1}{2}I_1\omega^2\left(1 - \frac{I_1}{I_1+I_2}\right)$$

y la fracción de energía mecánica perdida:

$$\frac{E_{c_i} - E_{c_f}}{E_{c_i}} = \left(1 - \frac{I_1}{I_1+I_2}\right) = \frac{I_2}{I_1+I_2} \quad \blacktriangleleft$$

6.52 Un cilindro hueco e indeformable, cuyos radios interno y externo miden R_1 y R_2, respectivamente, tiene una masa M. Dicho cilindro rueda sin deslizar sobre un plano inclinado, llegando a la base con una velocidad v. Calcular: a) momento de inercia del cilindro respecto a su eje; b) energía cinética total con que llega el cilindro a la base del plano inclinado; c) la altura vertical desde la que cae el cilindro.

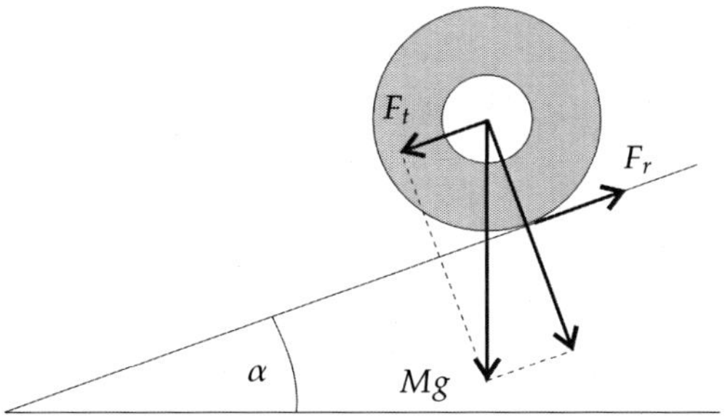

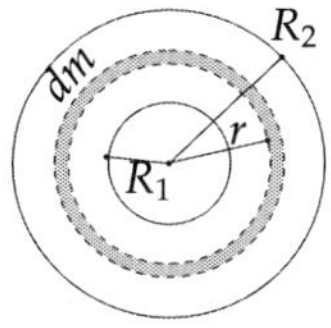

a) Para el cálculo de I tomemos elementos de masa constituidos por anillos cilíndricos de radio r y espesor dr y masa dm.

$$dm = \rho dv = \rho 2\pi r l dr$$

$$I = \int r^2 dm = \int r^2 \rho 2\pi r l dr = 2\pi\rho l \int_{R_1}^{R_2} r^3 dr = 2\pi\rho l \left[\frac{r^4}{4}\right]_{R_1}^{R_2} =$$
$$= \frac{1}{2}\pi\rho l\left(R_2^4 - R_1^4\right) = \frac{1}{2}\pi\rho l\left(R_2^2 - R_1^2\right)\left(R_2^2 + R_1^2\right)$$

La masa del cilindro hueco vale: $M = \pi\rho l\left(R_2^2 - R_1^2\right)$, por tanto

$$I = \frac{1}{2}m\left(R_1^2 + R_2^2\right) \quad \blacktriangleleft$$

b) $E_c = \frac{1}{2}mv^2 + \frac{1}{2}I\omega^2$ y teniendo en cuenta que $v = R_2\omega$

$$E_c = \frac{1}{2}\left[mv^2 + \frac{1}{2}m\left(R_2^2 + R_1^2\right)\frac{v^2}{R_2^2}\right] = \frac{1}{2}mv^2\left(1 + \frac{R_2^2 + R_1^2}{2R_2^2}\right) =$$

$$= \frac{1}{2}mv^2\left(\frac{2R_2^2 + R_2^2 + R_1^2}{2R_2^2}\right) = \frac{1}{4}mv^2\left(3 + \frac{R_1^2}{R_2^2}\right)$$

$$E_c = \frac{1}{4}mv^2\left(3 + \frac{R_1^2}{R_2^2}\right) \quad ◀$$

c)
$$mgh = \frac{1}{4}mv^2\left(3 + \frac{R_1^2}{R_2^2}\right) \quad \rightarrow \quad h = \frac{v^2}{4g}\left(3 + \frac{R_1^2}{R_2^2}\right) \quad ◀$$

6.53 Un pequeño ventilador, formado por tres aspas en forma de sectores circulares homogéneos de 30°, 10 cm de radio y 50 g de masa cada uno de ellos, tiene en un momento dado una energía cinética de rotación de 5 J. Calcular: a) su momento de inercia; b) el momento cinético en dicho instante; c) el momento equivalente de las fuerzas de rozamiento si al desconectarlo se para en 15 s.

a) La suma de los tres sectores circulares completan 1/4 de círculo, por lo que el momento de inercia del ventilador será

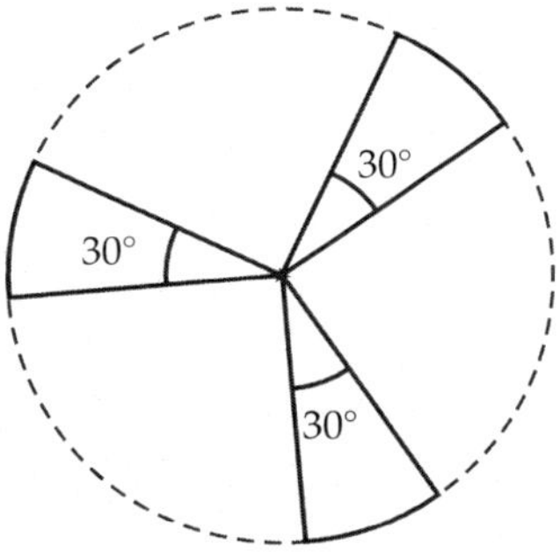

$$I = \frac{1}{4} \cdot \frac{1}{2}m_cR^2$$

siendo m_c la masa del círculo completo, que sería $m_c = 4 \cdot 3 \cdot 50 = 600$ g $= 0{,}6$ kg.

Sustituyendo en la anterior se tiene

$$I = \frac{1}{8}0{,}6 \cdot 10^{-2} = 7{,}5 \cdot 10^{-4}\ \text{kgm}^2 \quad ◀$$

b) Para calcular el momento angular, $L = I\omega$, debemos hallar previamente su velocidad angular a partir de la energía cinética de rotación:

$$E_{cr} = \frac{1}{2}I_1\omega^2 \quad \Rightarrow \quad \omega = \sqrt{\frac{2E_{cr}}{I}},$$

y sustituyendo en la anterior, finalmente se tiene

$$L = I\sqrt{\frac{2E_{cr}}{I}} = \sqrt{2IE_{cr}} = \sqrt{2 \cdot 7{,}5 \cdot 10^{-4} \cdot 5} = 8{,}7 \cdot 10^{-2}\ \text{kgm}^2/\text{s} \quad ◀$$

c) Para este apartado aplicamos el teorema del momento cinético

$$\vec{M} = \frac{d\vec{L}}{dt} \quad \Rightarrow \quad M = \frac{\Delta L}{\Delta t}$$

teniendo en cuenta que en 15 s la variación sufrida en su momento angular es el valor calculado anteriormente:

$$M = \frac{8{,}7 \cdot 10^{-2}}{15} = 5{,}8 \cdot 10^{-3}\ \text{Nm} \quad ◄$$

6.54 Una volante gira por acción de una masa $m = 4$ kg que cuelga verticalmente del extremo de una cuerda arrollada a su eje, como se indica en la figura. Partiendo del reposo, la masa m desciende una altura vertical $h = 3$ m en el tiempo $t = 12$ s. Determinar la energía cinética de rotación adquirida por el volante en ese intervalo, y la tensión de la cuerda durante el movimiento.

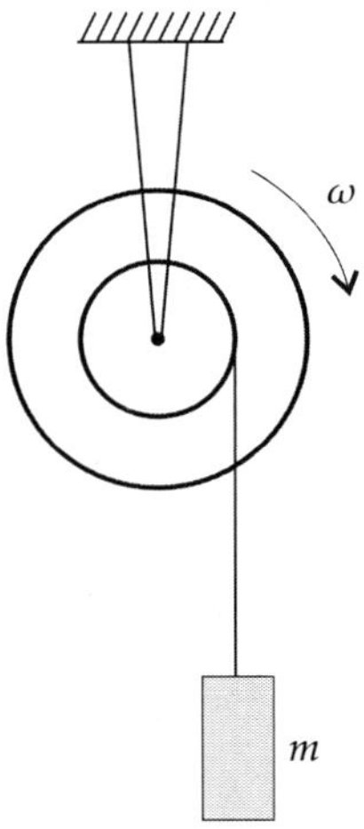

Haciendo el balance de energías,

$$mgh = \frac{1}{2}mv^2 + \frac{1}{2}I\omega^2$$

$$\frac{1}{2}I\omega^2 = mgh - \frac{1}{2}mv^2 = mgh - mah = mh\,(g-a)$$

$$\frac{1}{2}I\omega^2 = mgh - \frac{1}{2}mv^2 = mgh - \frac{1}{2}m\frac{4h^2}{t^2} = m\left(gh - \frac{2h^2}{t^2}\right)$$

Sustituyendo valores,

$$E_{cR} = \frac{1}{2}I\omega^2 = m\left(gh - \frac{2h^2}{t^2}\right) = 4\left(9{,}8 \cdot 3 - \frac{2 \cdot 9}{144}\right) = 117\ \text{J} \quad ◄$$

Para la tensión, $mg - T = ma \rightarrow T = m\,(g-a) = m\left(g - \frac{2h}{t^2}\right)$

$$T = 4\left(9{,}8 - \frac{2 \cdot 3}{144}\right) = 39\ \text{N} \quad ◄$$

6.55 Un proyectil de masa m_1 y velocidad $v = 8$ m/s choca en la periferia (a distancia R del eje) de un cilindro de masa $m_2 = 4m_1$ y radio $R = 20$ cm. El cilindro que puede girar alrededor de su eje horizontal, está inicialmente en reposo. Determinar: a) la velocidad angular después de que la bala se haya incrustado en él; b) la fracción de energía perdida en el choque.

a) En el choque se cumple el principio de conservación del momento cinético respecto a un punto del eje de giro. Por tanto, podemos escribir $L = L'$:

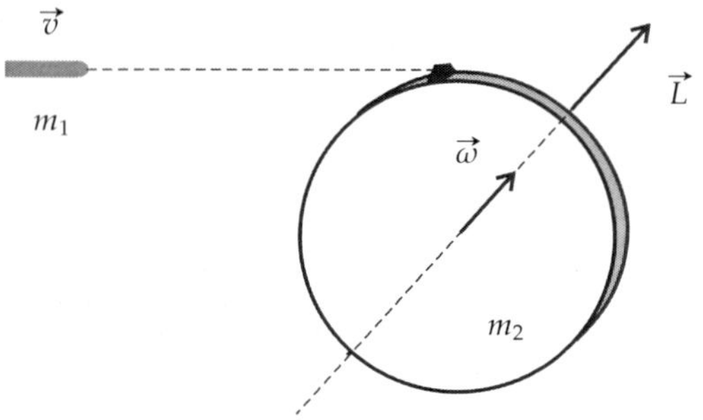

El momento cinético del sistema respecto a un punto del eje antes del choque es

$$\vec{L} = \vec{R} \times m_1 \vec{v} \quad \Rightarrow \quad L = m_1 R v$$

y después del choque

$$\vec{L}' = I_1 \vec{\omega} + I_2 \vec{\omega}$$

$$L' = (I_1 + I_2)\,\omega = (m_1 R^2 + \frac{1}{2} m_2 R^2)\omega = \left(m_1 + \frac{4m_1}{2}\right) R^2 \omega = 3 m_1 R^2 \omega$$

Igualando ambos valores se tiene

$$m_1 R v = 3 m_1 R^2 \omega \quad \Rightarrow \quad v = 3R\omega$$

$$\omega = \frac{v}{3R} = \frac{8}{3 \cdot 0{,}2} = 12{,}33 \text{ rad/s} \quad ◂$$

b) La energía cinética antes del choque es

$$E_{c_i} = 1/2 m_1 v^2$$

y después del choque

$$E_{c_f} = \frac{1}{2}(I_1 + I_2)\,\omega^2 = \frac{1}{2}\left(m_1 R^2 + \frac{1}{2} m_2 R^2\right)\omega^2 = \frac{1}{2}(m_1 + 2m_1)\,R^2 \omega^2 =$$

$$= \frac{3}{2} m_1 R^2 \omega^2 = \frac{3}{2} m_1 R^2 \frac{v^2}{9R^2} = \frac{1}{6} m_1 v^2$$

La energía cinética perdida en el choque es:

$$\Delta E_c = E_{c_i} - E_{c_f} = \frac{1}{2} m_1 v^2 - \frac{1}{6} m_1 v^2 = \frac{2}{6} m_1 v^2$$

y el porcentaje o fracción perdida:

$$\frac{\Delta E_c}{E_{c_i}} = \frac{\frac{2}{6} m_1 v^2}{\frac{1}{2} m_1 v^2} = \frac{4}{6} = 0{,}67 = 67\,\% \quad ◂$$

6.56 En el sistema indicado en la figura se gira la polea en el sentido de las agujas del reloj hasta que el muelle se estire x metros respecto a su longitud natural, y en esta situación se deja en libertad. Si la superficie horizontal es lisa, calcular: a) la velocidad del bloque de masa m cuando pasa por la posición de equilibrio; b) la potencia que el muelle suministra al bloque en el instante que pasa por dicha posición.

a) Aplicando el principio de conservación de la energía se tiene:

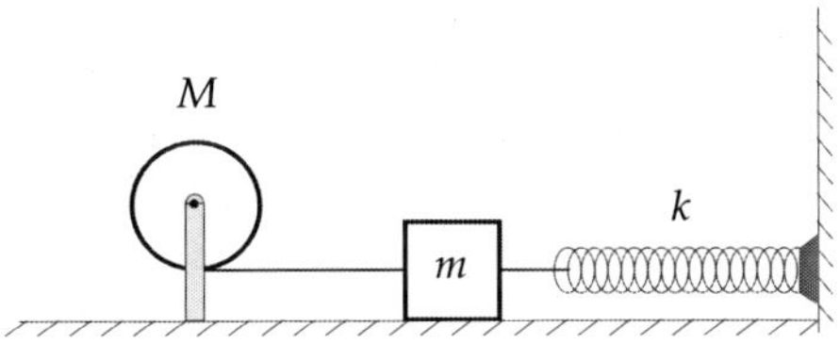

$$\frac{1}{2}kx^2 = \frac{1}{2}mv^2 + \frac{1}{2}I\omega^2 = \frac{1}{2}mv^2 + \frac{1}{4}Mv^2$$

$$\frac{1}{2}kx^2 = \frac{1}{2}\left(m + \frac{M}{2}\right)v^2$$

$$v^2 = \frac{kx^2}{m + \frac{M}{2}} = \frac{2kx^2}{2m + M} \quad \rightarrow \quad v = x\sqrt{\frac{2k}{2m + M}} \quad ◂$$

b) La potencia suministrada por el muelle en esa posición es nula, $P = Fv$, puesto que en la posición de equilibrio la fuerza recuperadora $F = -kx$ vale 0.

6.57 Una varilla homogénea, de sección uniforme, de longitud $l = 1$ m y masa $m = 1$ kg, está sujeta por un extremo y en posición horizontal. Si se deja caer y gira en un plano vertical alrededor del extremo fijo, calcular: a) la aceleración angular con que inicia el movimiento; b) la velocidad del extremo libre al pasar por la vertical; c) la fuerza que ha de hacer en este instante el soporte del extremo fijo.

a) Aplicando la ecuación fundamental de la dinámica de rotación, se tiene

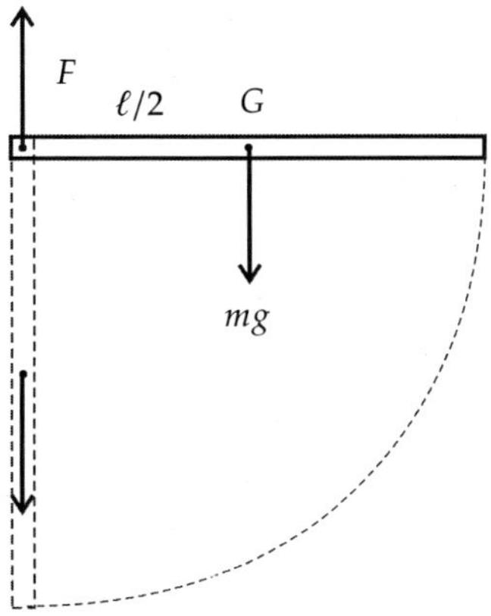

$$\vec{M} = I\vec{\alpha} \quad \Rightarrow \quad mg\frac{l}{2} = \frac{1}{3}ml^2\alpha \quad \Rightarrow$$

$$\Rightarrow \quad \alpha = \frac{3}{2}\frac{g}{l} = \frac{3}{2}\frac{9{,}8}{1} = 14{,}7 \text{ rad/s}^2 \quad ◂$$

b) El principio de conservación de la energía, aplicado a este caso, nos dice que la pérdida de energía potencial sufrida por la varilla será igual al aumento que experimenta su energía cinética de rotación:

$$\Delta E_p = \Delta E_{c_r} \quad \Rightarrow \quad mg\frac{l}{2} = \frac{1}{2}I\omega^2 = \frac{1}{2}\frac{1}{3}ml^2\omega^2 \quad \Rightarrow \quad \omega = \sqrt{3g/l}$$

La velocidad lineal del extremo será, por tanto:

$$v = l\omega = l\sqrt{3g/l} = \sqrt{3gl} = \sqrt{3 \cdot 9{,}8 \cdot 1} = 5{,}42 \text{ m/s} \quad ◂$$

c) En la posición vertical, la resistencia que ejerce el soporte será igual a la fuerza peso más la fuerza centrífuga:

$$F = mg + m\omega^2 r = mg + m\omega^2\frac{l}{2} = mg + m\frac{3g}{l}\frac{l}{2} = mg\left(1 + \frac{3}{2}\right) = \frac{5}{2}mg = 24{,}5 \text{ N} \quad ◂$$

6.58 Una pequeña esfera homogénea de radio r se coloca en el borde de una oquedad semiesférica de radio R. Se libera desde el reposo y rueda sin deslizar. Determinar su velocidad cuando alcanza el fondo, así como la fuerza con que la presiona.

Aplicando el principio de conservación de la energía, se tiene:

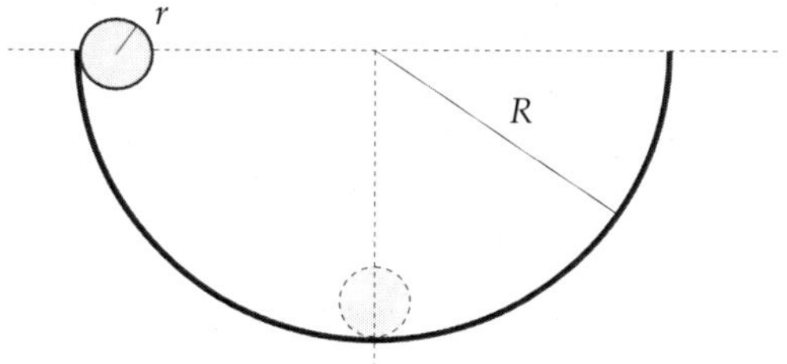

$$mgh = \frac{1}{2}mv^2 + \frac{1}{2}I\omega^2$$

Y sustituyendo h por R; I por $\frac{2}{5}mr^2$ y ω por v/r, se tiene finalmente

$$mgR = \frac{7}{10}mv^2 \quad \rightarrow \quad v = \sqrt{\frac{10}{7}gR} \quad ◂$$

$$F_n = F_c + mg = m\frac{v^2}{R} + mg = m\frac{\frac{10}{7}gR}{R} + mg = mg\left(\frac{10}{7} + 1\right) = \frac{17}{7}mg \quad ◂$$

6.59 Una varilla homogénea de masa m y longitud l, puede girar sin rozamiento alrededor de un pivote que pasa por uno de sus extremos O. Si estando en posición vertical se deja en libertad, la varilla empieza a caer girando alrededor de O. Calcular la velocidad y aceleración angulares en función del ángulo girado θ.

Aplicando el principio de conservación de la energía entre la posición inicial (varilla vertical) y una posición cualquiera definida por el ángulo θ, se tiene:

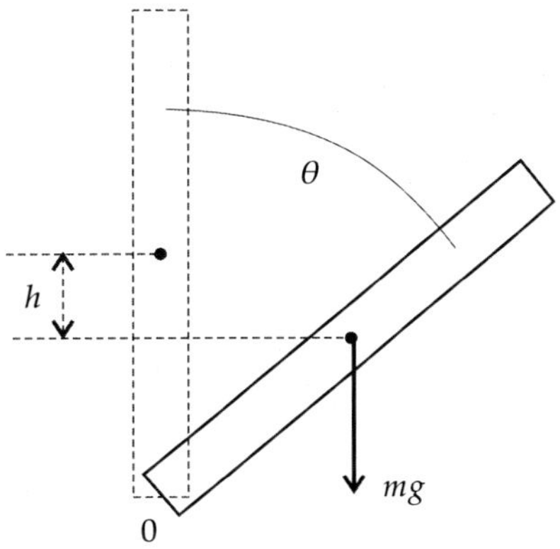

$$mgh = \frac{1}{2} I\omega^2$$

siendo:

$$h = \frac{l}{2} - \frac{l}{2}\cos\theta = \frac{l}{2}(1 - \cos\theta)$$

y

$$I = \frac{ml^2}{3}$$

Sustituyendo en la ecuación anterior se tiene

$$mg\frac{l}{2}(1 - \cos\theta) = \frac{1}{2}\frac{ml^2}{3}\omega^2 \quad \Rightarrow \quad g(1 - \cos\theta) = \frac{l}{3}\omega^2$$

$$\omega = \sqrt{\frac{3g}{l}(1 - \cos\theta)} \quad ◀$$

En cuanto a la aceleración angular, aplicamos $M = I\alpha$, donde en nuestro caso

$$M = mg\frac{l}{2}\operatorname{sen}\theta$$

Por consiguiente, podemos escribir

$$mg\frac{l}{2}\operatorname{sen}\theta = I\alpha \quad \Rightarrow \quad mg\frac{l}{2}\operatorname{sen}\theta = \frac{ml^2}{3}\alpha \quad \Rightarrow \quad \alpha = \frac{3}{2}\frac{g}{l}\operatorname{sen}\theta \quad ◀$$

6.60 Una bola, un cilindro y un anillo, todos de masa uniforme m y radio R, ruedan sin deslizar por un plano inclinado de pendiente θ. Determinar la aceleración del centro de masa de cada uno de estos cuerpos.

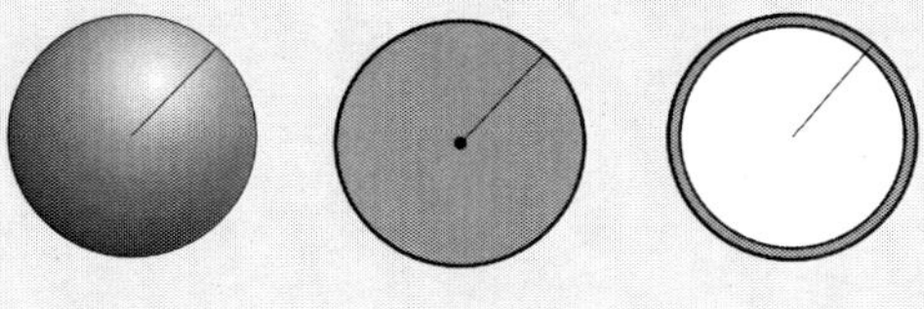

radio R

Para cualquiera de los cuerpos debe cumplirse:

$$\left.\begin{array}{l} F_t - F_r = ma \\ R \cdot F_r = I\alpha \end{array}\right\} \quad \rightarrow \quad \left.\begin{array}{l} F_t - F_r = ma \\ F_r = I\frac{a}{R^2} \end{array}\right\} \quad \rightarrow \quad F_t = ma + I\frac{a}{R^2}$$

Por lo que

$$mg \text{ sen}\,\theta = m\left(1 + \frac{I}{mR^2}\right)a \quad \longrightarrow \quad a = \frac{g \text{ sen}\,\theta}{1 + {}^{I}/_{mR^2}}$$

Para el caso del anillo:

$$(I = mR^2) \quad a_{\text{anillo}} = \frac{g \text{ sen}\,\theta}{1 + \frac{mR^2}{mR^2}} = \frac{1}{2}g \text{ sen}\,\theta \quad ◂$$

Para el caso del cilindro:

$$\left(I = \tfrac{1}{2}mR^2\right) \quad a_{\text{cilindro}} = \frac{g \text{ sen}\,\theta}{1 + \frac{\frac{1}{2}mR^2}{mR^2}} = \frac{2}{3}g \text{ sen}\,\theta \quad ◂$$

Para el caso de la esfera:

$$\left(I = \frac{2}{5}mR^2\right) \quad a_{\text{esfera}} = \frac{g \text{ sen}\,\theta}{1 + \frac{\frac{2}{5}mR^2}{mR^2}} = \frac{5}{7}g \text{ sen}\,\theta \quad ◂$$

Luego $a_{\text{esfera}} > a_{\text{cilindro}} > a_{\text{anillo}}$. Llega antes la esfera.

6.61 Un coche de juguete, de masa $m_1 = 1$ kg, tiene 4 ruedas macizas de masa $m_2 = 10$ g cada una de ellas. El coche se deja en libertad en un plano inclinado de pendiente el 5 % y recorre 150 cm en 2,5 segundos. Sabiendo que las ruedas no deslizan, encontrar el valor de la gravedad en el lugar de la experiencia.

Despreciando el rozamiento de las ruedas en el plano inclinado, se ha de cumplir el principio de conservación de la energía mecánica, por lo que la energía potencial perdida en el descenso debe ser igual a la energía cinética ganada, $\Delta E_p = \Delta E_c$, donde

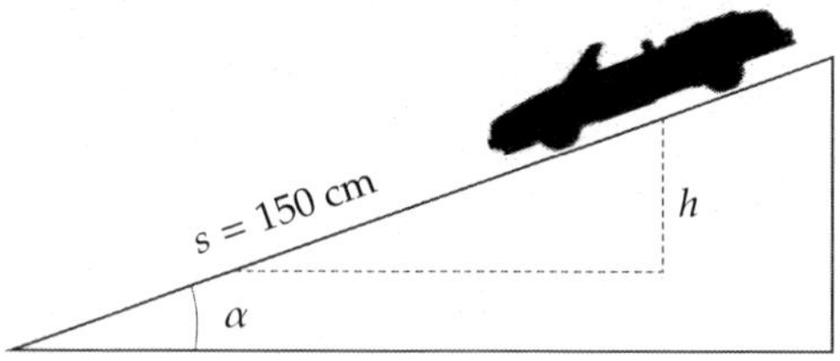

sen $\alpha = 5/100 = 0{,}05$

$$\Delta E_p = m_1 g h = m_1 g s \text{ sen}\,\alpha$$

$$\Delta E_c = \frac{1}{2}m_1 v^2 + 4\frac{1}{2}I\omega^2 = \frac{1}{2}m_1 v^2 + 4\frac{1}{2}\frac{1}{2}m_2 r^2 \frac{v^2}{r^2} =$$
$$= \frac{1}{2}m_1 v^2 + m_2 v^2 = \frac{1}{2}(m_1 + 2m_2)\,v^2$$

por lo que igualando tenemos

$$m_1 g s \text{ sen}\,\alpha = \frac{1}{2}(m_1 + 2m_2)\,v^2$$

Por otra parte, teniendo en cuenta que en un movimiento uniformemente acelerado se cumple $v^2 = 2\,a\,s$, podemos escribir

$$m_1 g s \text{ sen } \alpha = (m_1 + 2m_2)\, as$$

$$g = \frac{(m_1 + 2m_2)}{m_1 \text{ sen } \alpha} a$$

Además, en este movimiento $s = \frac{1}{2}at^2$, lo que nos permite calcular la aceleración de bajada, que vale

$$a = \frac{2s}{t^2} = \frac{3}{6{,}25} = 0{,}48 \text{ m/s}^2$$

y con ello finalmente conocer la gravedad

$$g = \frac{1 + 2 \cdot 0{,}01}{1 \cdot 0{,}05} 0{,}48 = 9{,}78 \text{ m/s}^2 \quad \blacktriangleleft$$

6.62 Una bola homogénea de radio r rueda sin deslizarse a lo largo de una vía que forma un bucle según se indica en la figura. Parte del reposo a la altura h por encima del punto inferior del lazo. a) Si la bola no abandona la vía en la parte superior del bucle, ¿cuál es el valor mínimo que puede tener h en función del radio R del bucle?; b) ¿cuál debería ser h si la bola sólo se deslizara a lo largo de la vía?

Para que la bola no abandone la vía en la parte superior del bucle, su velocidad como mínimo tiene que ser tal que la fuerza centrífuga iguale a la fuerza peso en dicho punto:

$$m\frac{v^2}{R} = mg \quad \Rightarrow \quad v^2 = gR \qquad (1)$$

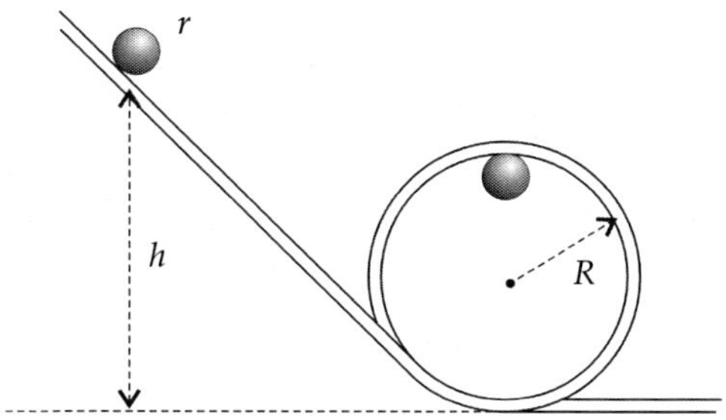

a) Aplicando el principio de conservación de la energía, se tiene:

$$mgh = mg \cdot 2R + \frac{1}{2}mv^2 + \frac{1}{2}I\omega^2$$

Teniendo en cuenta la condición de rodadura, $v = r\omega$, y que el momento de inercia de la esfera es $I = \frac{2}{5}mr^2$, la ecuación anterior se reduce a

$$gh = 2gR + \frac{7}{10}v^2$$

y sustituyendo el valor de v dado por la (1):

$$gh = 2gR + \frac{7}{10}gR \quad \Rightarrow \quad h = \frac{27}{10}R = 2{,}7\,R \quad ◂$$

b) Si la bola solo desliza, se ha de cumplir:

$$mgh = mg \cdot 2R + \frac{1}{2}mv^2$$

$$gh = 2gR + \frac{1}{2}gR^2 \quad \Rightarrow \quad h = 2{,}5\,R \quad ◂$$

6.63 Un cuerpo de radio R y masa m rueda hacia abajo de un plano inclinado un ángulo θ respecto a la horizontal. Determinar el espacio recorrido sobre el plano inclinado en el tiempo t cuando el cuerpo es: a) un aro; b) un disco; c) una esfera; d) el espacio que recorrerían dichos cuerpos si el plano no presentará rozamiento.

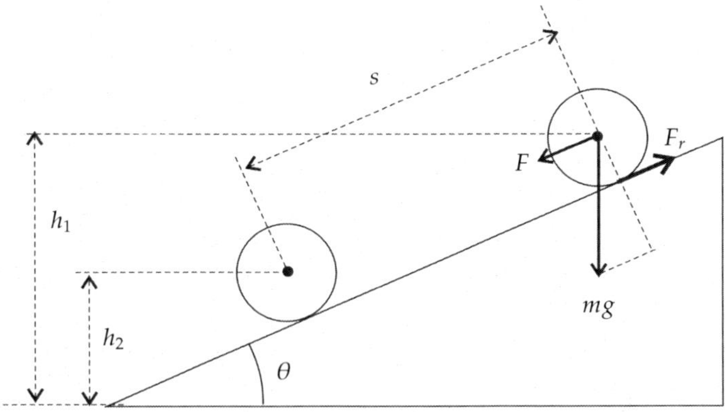

Utilizando las leyes de la dinámica de traslación y rotación se tiene:

$$F - F_r = m\,a$$

$$F_r R = I\,\alpha$$

$$a = R\,\alpha$$

y despejando F_r en las dos primeras e igualando después:

$$F_r = F - ma = mg\,\text{sen}\,\theta - ma$$

$$F_r = \frac{I\alpha}{R} = \frac{Ia}{R^2}$$

$$mg\operatorname{sen}\theta - ma = \frac{Ia}{R^2} \quad \Rightarrow \quad mg\operatorname{sen}\theta = \left(m + \frac{I}{R^2}\right)a$$

$$a = \frac{m}{m + I/R^2}g\operatorname{sen}\theta$$

Como se trata de un movimiento uniformemente acelerado que parte del reposo, podemos escribir

$$s = \frac{1}{2}at^2 = \frac{1}{2}\left(\frac{m}{m + I/R^2}\right)gt^2\operatorname{sen}\theta$$

Finalmente, aplicamos esta ecuación a cada uno de los cuerpos:

a) Para el aro, $I = mR^2$:

$$s = \frac{1}{2}\frac{m}{m + mR^2/R^2}gt^2\operatorname{sen}\theta = \frac{1}{4}gt^2\operatorname{sen}\theta \quad \blacktriangleleft$$

b) Para el cilindro, $I = \dfrac{1}{2}mR^2$:

$$s = \frac{1}{2}\frac{m}{m + \frac{1}{2}mR^2/R^2}gt^2\operatorname{sen}\theta = \frac{1}{3}gt^2\operatorname{sen}\theta \quad \blacktriangleleft$$

c) Para la esfera, $I = \dfrac{2}{5}mR^2$:

$$s = \frac{1}{2}\frac{m}{m + \frac{2}{5}mR^2/R^2}gt^2\operatorname{sen}\theta = \frac{5}{14}gt^2\operatorname{sen}\theta \quad \blacktriangleleft$$

d) En un plano sin rozamiento, el cuerpo no rodaría (se deslizaría solamente) y la ecuación sería $F = ma \quad \Rightarrow \quad mg\operatorname{sen}\theta = ma$, con lo que los tres bajarían con la misma aceleración, $a = g\operatorname{sen}\theta$, y recorrerían en el tiempo t el mismo espacio:

$$s = \frac{1}{2}at^2 = \frac{1}{2}gt^2\operatorname{sen}\theta \quad \blacktriangleleft$$

que es mayor que en los tres casos anteriores.

Utilizando criterios energéticos, podemos llegar al mismo resultado:

$$mgh_1 = mgh_2 + \frac{1}{2}mv^2 + \frac{1}{2}I\omega^2$$

$$mg\,(h_1 - h_2) = \frac{1}{2}mv_2 + \frac{1}{2}I\frac{v^2}{R^2} = \frac{1}{2}\left(m + \frac{I}{R^2}\right)v^2$$

Como $(h_1 - h_2) = s \operatorname{sen}\theta$ y en este movimiento se cumple que $v^2 = 2as$ sustituyendo estos valores en la ecuación anterior, resulta:

$$mgs \operatorname{sen}\theta = \frac{1}{2}\left(m + \frac{I}{R^2}\right)2as \quad \Rightarrow \quad a = \frac{m}{m + I/R}g \operatorname{sen}\theta$$

7

Estática y deformaciones

7.1 Desde dos puntos del techo entre sí 4 metros parten dos cables de idéntica naturaleza que soportan una masa de 1500 N. Los cables forman ángulos iguales de 45° con la horizontal. Determinar las tensiones de los cables y la distancia del techo a la que se encuentra la masa.

A partir de la figura

$$\frac{d}{\frac{1}{2}L} = \frac{d}{2} = \text{tg}\,45 \quad\rightarrow\quad d = 2\cdot\text{tg}\,45 = 2\text{ m} \quad ◄$$

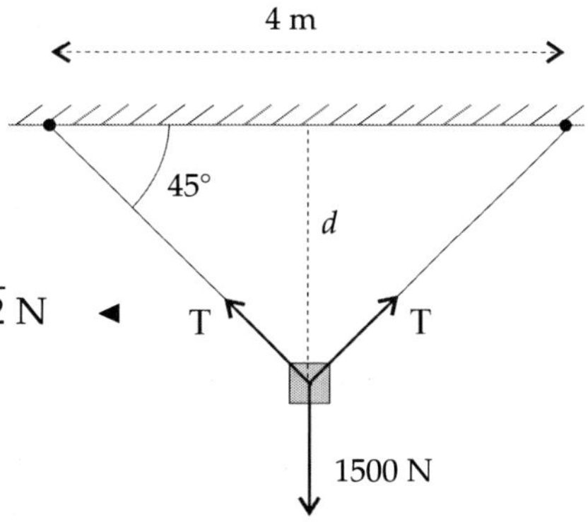

Para determinar las tensiones

$$2T\cos 45° = 1500\text{ N} \quad\rightarrow\quad T = \frac{1500\text{ N}}{2\cdot\frac{\sqrt{2}}{2}} = 750\sqrt{2}\text{ N} \quad ◄$$

7.2 Determinar el ángulo máximo que puede tener un plano inclinado para que al colocar en él un paralelepípedo recto de base cuadrada b y altura h no vuelque.

Para que no vuelque el CM debe permanecer dentro de la base. Por lo tanto, de la figura,

$$\text{tg}\,\alpha = \frac{b/2}{h/2} = \frac{b}{h}$$

Luego,

$$\alpha_{\text{máx}} = \text{arc tg}\,\frac{b}{h} \quad ◄$$

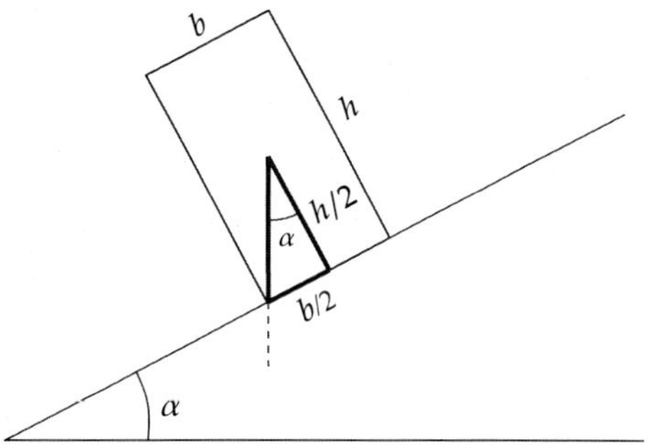

7.3 Un tablón de 10 m de largo y 100 N de peso se apoya sobre dos caballetes situados a 3 m y 6 m de uno de los extremos. Obtener la máxima carga que podría situarse en el otro extremo para que no vuelque.

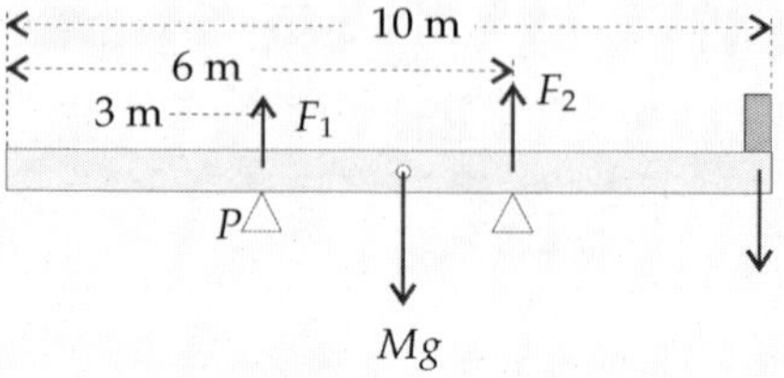

Si llamamos M a la masa del tablón y m a la de la carga, para que esté en equilibrio

$$\sum \vec{F} = 0$$

$$Mg + mg = F_1 + F_2$$

Para los momentos de las fuerzas, tomándolas respecto al punto P del primer caballete

$$Mg \cdot 2 + mg \cdot 7 - F_2 \cdot 3 = 0$$

En el momento en que vuelca $F_1 = 0$.

$$\left.\begin{aligned} 180 + mg &= F_2 \\ 200 + mg \cdot 7 &= 3F_2 \end{aligned}\right\} \quad \rightarrow \quad \begin{aligned} 300 + 3mg &= 3F_2 \\ 200 + 7mg &= 3F_2 \end{aligned}$$

$$300 + 3mg = 200 + 7mg \quad \rightarrow \quad 100 = 4mg \quad \rightarrow \quad mg = 25 \text{ N} \quad \blacktriangleleft$$

7.4 La figura muestra una barra muy ligera (consideramos su masa despreciable en relación con las masas que soporta) sostenida por dos cables, de la que cuelgan dos masas de 5 y 10 N de peso, respectivamente, a las distancias que se indican. Obtener, a) la tensión que soportan los cables. Si en el punto C situamos una nueva masa, b) calcular el valor que debe tener para que la tensión de cable que hay en A sea 0 y c) la tensión que soporta el cable B.

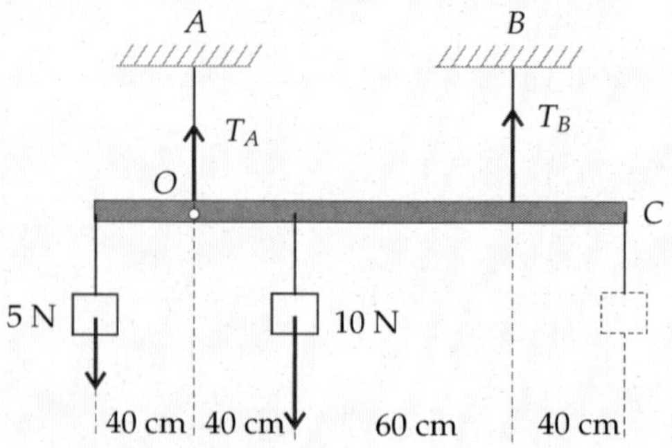

a) $$\sum F_y = 0 \quad \rightarrow \quad T_A + T_B = 15\text{ N}$$

Si tomamos los momentos respecto al punto O.

$$\sum \vec{M} = 0 \quad \rightarrow \quad -5 \cdot 0{,}4 + T_A \cdot 0 + 10 \cdot 0{,}4 - T_B \cdot 1 = 0$$

$$T_B = \frac{10 \cdot 0{,}4 - 5 \cdot 0{,}4}{1} = 2\text{ N} \quad \blacktriangleleft \quad T_A = 15 - 2 = 13\text{ N} \quad \blacktriangleleft$$

b) Cuando colocamos en C una masa de peso P

$$\sum F_y = 0 \quad \rightarrow \quad T_B = 5 + 10 + P_C$$

$$\sum \vec{M} = 0 \text{ (respecto a } O) \quad \rightarrow \quad -5 \cdot 0{,}4 + 10 \cdot 0{,}4 - T_B \cdot 1 + P_C \cdot 1{,}4 = 0$$

Y despejando

$$\left.\begin{array}{l} P_C = 32{,}5\text{ N} \\ T_B = 47{,}5\text{ N} \end{array}\right. \quad \blacktriangleleft$$

7.5 Una esfera de radio y de masa M está suspendida de un hilo que se apoya en una pared, tal como se indica en la figura. El hilo forma un ángulo α con la pared. Obtener las fuerzas que actúan sobre la esfera.

Como

$$\left.\begin{array}{l} \sum F_x = 0 \\ \sum F_y = 0 \end{array}\right\} \quad \rightarrow \quad \begin{array}{l} T \operatorname{sen} \alpha - F_n = 0 \\ T \cos \alpha - P = 0 \end{array}$$

$$\operatorname{tg} \alpha = \frac{F_n}{P} \quad \rightarrow \quad F_n = P \operatorname{tg} \alpha = Mg \operatorname{tg} \alpha \quad \blacktriangleleft$$

$$T = \frac{P}{\cos \alpha} = \frac{Mg}{\cos \alpha} \quad \blacktriangleleft$$

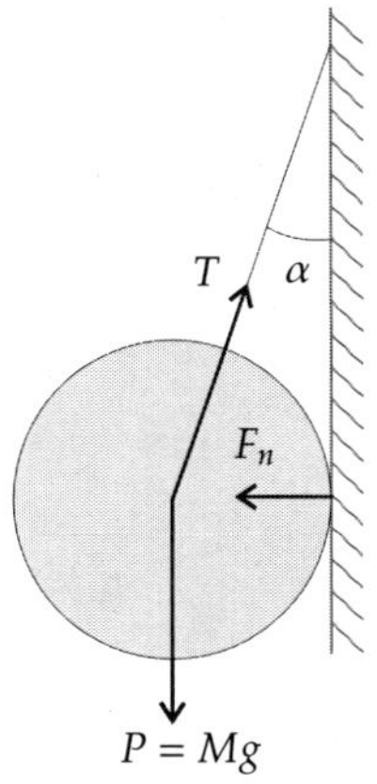

7.6 Una escalera de longitud L, que pesa 80 N, se apoya contra una pared vertical y lisa (se supone que no hay rozamiento con la pared). Si el coeficiente de rozamiento estático entre la escalera y el suelo vale 0,3, determine el ángulo mínimo que evitará que la escalera resbale.

Viendo el diagrama de fuerzas, al aplicar la condición de equilibrio de traslación a la escalera, se obtiene,

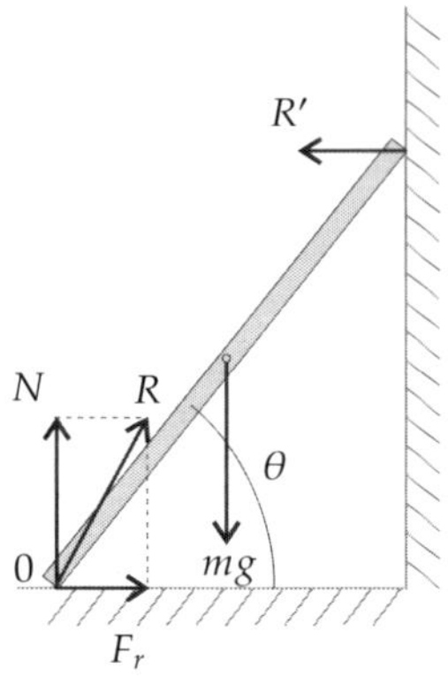

$$\left.\begin{array}{r} N - mg = 0 \\ F_r - R' = 0 \end{array}\right\} \quad \Rightarrow \quad N = 80\text{ N} \quad ◂$$

Cuando la escalera está a punto de resbalar, la F_r es máxima

$$F_r = \mu N = 0{,}3 \cdot 80 = 24\text{ N}$$

Para el ángulo que estamos buscando $R' = 24$ N. Para calcular θ, ángulo que forma la escalera con el suelo, debemos aplicar

$$\sum \vec{M} = 0$$

Tomando los momentos respecto de 0,

$$R'L \operatorname{sen}\theta - mg\frac{L}{2}\cos\theta = 0$$

Como $$R' = 24\text{ N} \quad \rightarrow \quad \operatorname{tg}\theta = \frac{mg}{2R'} = \frac{80}{48} = 1{,}67$$

$$\theta_{\text{mín}} = 59{,}04° \quad ◂$$

7.7 Una viga uniforme y horizontal, cuya longitud es de 6 m y que pesa 300 N, está unida mediante un pivote en la pared tal como se muestra en la figura. En el otro extremo está soportada por un cable que forma un ángulo de 60° con la horizontal. Si una persona que pesa 700 N se para a 2 m de la pared, calcule la tensión del cable y la fuerza de reacción del pivote.

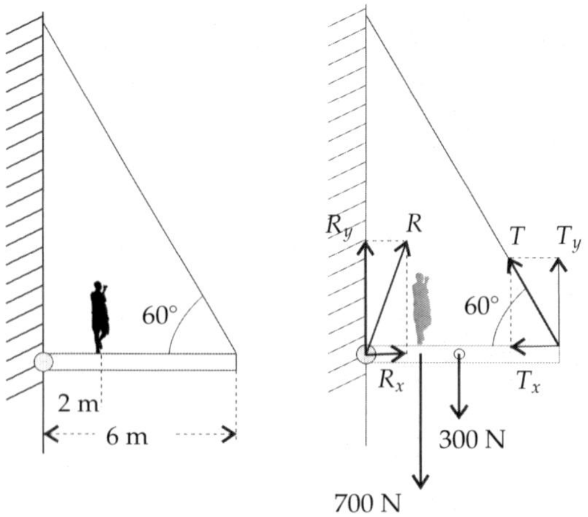

El diagrama de fuerzas se representa en la figura.

Condición de equilibrio de fuerzas,

$$\sum \vec{F} = 0 \quad \rightarrow \quad \begin{array}{c} \sum F_x = 0 \\ \sum F_y = 0 \end{array} \quad \rightarrow \quad \begin{array}{l} \sum F_x = R \cdot \cos\alpha - T \cdot \cos 60° = 0 \\ \sum F_y = R \cdot \operatorname{sen}\alpha - T \cdot \operatorname{sen} 60° - 700 - 300 = 0 \end{array}$$

Para los momentos, $\sum \overrightarrow{M} = 0$.

Si tomamos como origen más conveniente para calcular los momentos el punto del pivote con la pared

$$T \cdot \operatorname{sen} 60° \cdot 6 - 700 \cdot 2 - 300 \cdot 4 = 0; \quad T = 500{,}4 \text{ N} \quad \blacktriangleleft$$

Sustituyendo este valor en las dos primeras ecuaciones se tiene

$$\left.\begin{array}{l} R\cos\alpha = 250{,}2 \\ R\operatorname{sen}\alpha = 566{,}6 \end{array}\right\} \quad \rightarrow \quad \operatorname{tg}\alpha = \frac{566{,}6}{250{,}2} \quad \rightarrow \quad \alpha = 66{,}17°$$

Por tanto,

$$R = \frac{250{,}2}{\cos\alpha} = 619{,}27 \text{ N} \quad \blacktriangleleft$$

7.8 Un hombre está subido en una escalera que se apoya sobre una pared sin fricción, formando un ángulo de 60° con el suelo. La longitud de la escalera es de 6 m y tiene una masa de 15 kg. El hombre se encuentra a un tercio de la longitud de la escalera, desde el suelo, y posee una masa de 60 kg. Obtener: a) las fuerzas que actúan sobre la base de la escalera; b) el coeficiente de rozamiento estático mínimo para evitar que la escalera deslice.

Para que haya equilibrio $\sum \vec{F} = 0$ y $\sum \overrightarrow{M} = 0$.

De la primera condición

$$\left.\begin{array}{l} \sum F_x = 0 \\ \sum F_y = 0 \end{array}\right\} \quad \rightarrow \quad \begin{array}{c} F_x - F_n = 0 \\ F_y - m_1 g - m_2 g = 0 \end{array} \qquad (1)$$

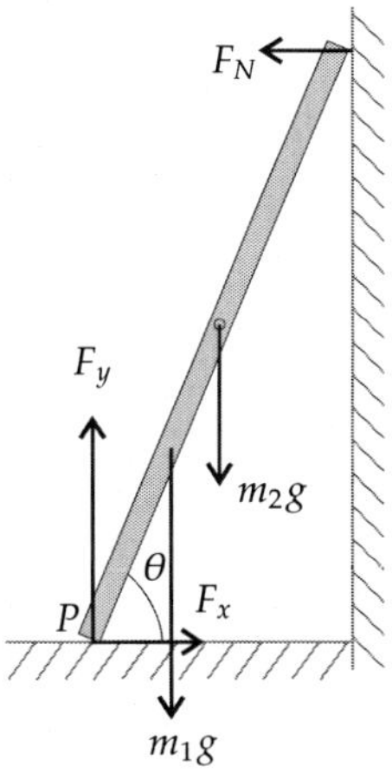

La fuerza F_x es la fuerza de rozamiento que impide que la escalera deslice. Por tanto, $F_x = \mu F_y$.

De la segunda condición de equilibrio $\sum \overrightarrow{M} = 0$ si tomamos P como punto respecto al cual calculamos los momentos de la fuerza:

$$F_n \cdot l \cdot \operatorname{sen}\theta - (m_1 g \cdot \frac{l}{3}\cos\theta + m_2 g \cdot \frac{l}{2}\cos\theta) = 0 \qquad (2)$$

De las expresiones anteriores, obteniendo F en (1) y sustituyendo en (2)

$$F_y = m_1 g + m_2 g = (60 + 15)9{,}8 = 735\ \text{N} \quad ◄$$

$$F_n = \left(\frac{m_1}{3} + \frac{m_2}{2}\right)\frac{\cos\theta}{\operatorname{sen}\theta}g = \left(\frac{60}{3} + \frac{15}{2}\right)\frac{\cos 60}{\operatorname{sen} 60}9{,}8 = 155{,}6\ \text{N} \quad ◄$$

Como $F_n = F_x = \mu F_y$

$$\mu = \frac{F_n}{F_y} = \frac{155{,}6}{735} = 0{,}21 \quad ◄$$

7.9 Un tablón de 2 m de largo y 100 N de peso se apoya en dos soportes situados, cada uno, a 40 cm de los extremos. ¿Cuál es el mínimo peso que puede situarse en uno de sus extremos para que el tablón vuelque?

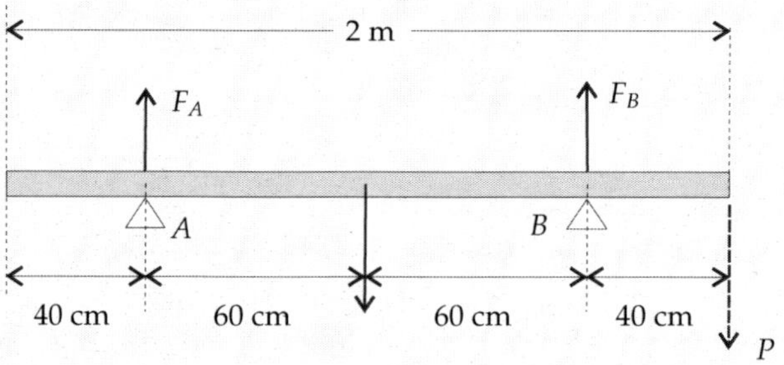

$$\sum \vec{F} = 0$$

$$100 + P = F_A + F_B \qquad (1)$$

$$\sum \vec{M} = 0$$

Tomando momentos respecto a A

$$mg \cdot 0{,}6 - F_B \cdot 1{,}2 + P \cdot 1{,}6 = 0 \qquad (2)$$

Cuando comienza a volcar $F_A = 0$. Poniendo esta condición en (1) y sustituyendo en (2)

$$100 \cdot 0{,}6 - (100 + P) \cdot 1{,}2 + P \cdot 1{,}6 = 0$$

$$P = \frac{60}{0{,}4} = 150\ \text{N}$$

7.10 En el sistema de la figura una esfera de 250 N de peso está unida mediante un muelle a la pared y mediante un cable al suelo, permaneciendo en equilibrio. Si la tensión que marca un dinamómetro en el muelle es de 80 N, obtener la tensión que soporta la barra y la fuerza de reacción del suelo sobre la esfera.

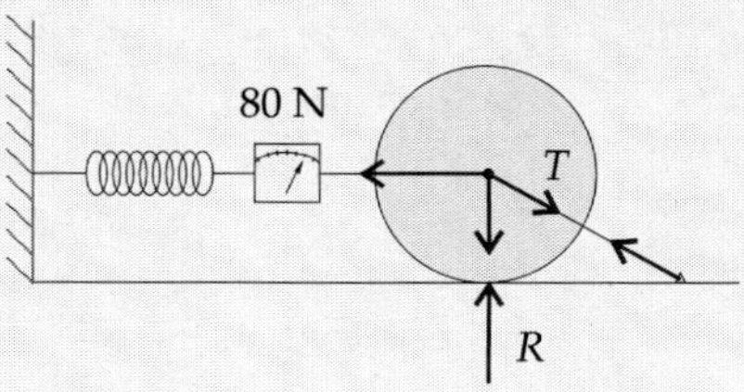

$$\sum F_X = 0 \Rightarrow T\cos 30 = 80\ \text{N} \qquad T = \frac{80}{\cos 30} = 92{,}37\ \text{N} \quad ◂$$

$$\sum F_Y = 0 \quad \Rightarrow \quad R = mg + T\,\text{sen}\,30 = 250 + 92{,}37\cdot\frac{1}{2} = 296{,}18\ \text{N} \quad ◂$$

7.11 Un peso de 50 N está suspendido de dos paredes mediante sendos hilos situados a distinta altura, tal como muestra la figura. La distancia entre las paredes es de 2 metros, y la longitud total del hilo es de 4 metros. Si las tensiones T_1 y T_2 que soportan los hilos son iguales, obtener los ángulos α y β, y el valor de dichas tensiones.

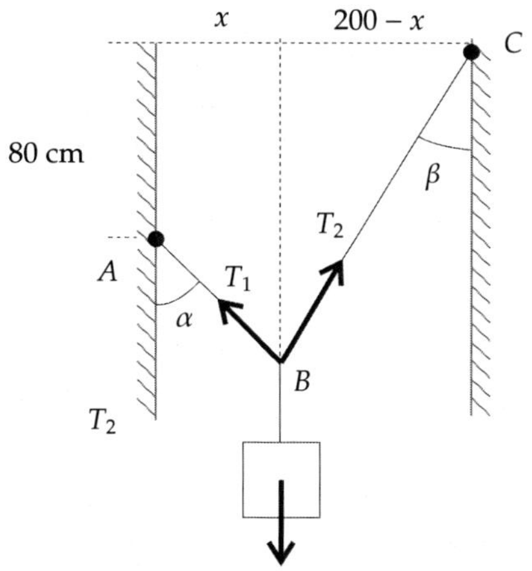

Como $\sum F_X = 0$ y $T_1 = T_2 = T$ deben ser también iguales $T_1 x = T_2 x$ y como las tensiones son iguales deberán serlo también los ángulos $\alpha = \beta$.

En el eje Y

$$\sum F_Y = 0 \quad \Rightarrow \quad 2T\cos\alpha = 50 \qquad (1)$$

$$\overline{AB} + \overline{BC} = \frac{x}{\text{sen}\,\alpha} + \frac{2-x}{\text{sen}\,\alpha} = 4 \quad \rightarrow \quad \frac{2}{\text{sen}\,\alpha} = 4$$

$$\text{sen}\,\alpha = \frac{1}{2} \quad \rightarrow \quad \alpha = \text{arc sen}\,0{,}5 = 30^\circ \quad ◂$$

De (1)

$$T = \frac{50}{2\cos\alpha} = \frac{50}{2\cdot 0{,}866} = 28{,}86\ \text{N} \quad ◂$$

7.12 Una masa puntual m está insertada en un anillo circular de radio R en la que se puede mover libremente. Si el anillo está girando sobre un eje central, con velocidad angular ω, obtener la posición de equilibrio de la masa.

Estará en equilibrio si la suma de la fuerza centrípeta y mg se encuentran en la dirección de la normal.

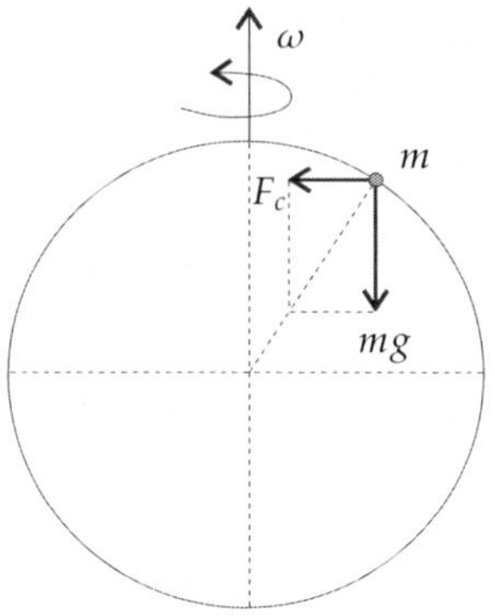

$$\vec{R} = m\omega^2 x\vec{\imath} + mg\vec{\jmath}$$

De la ecuación $x^2+y^2 = R^2$, la pendiente de la normal a la circunferencia será

$$\frac{y_0}{x_0} \rightarrow \frac{y_0}{x_0} = \frac{mg}{m\omega^2 x} \quad y = \frac{g}{\omega^2}$$

$$x^2 + \frac{g^2}{w^4} = R^2 \quad \rightarrow \quad x = \sqrt{R^2 - \frac{g^2}{w^4}}$$ ◄

7.13 Una puerta de $2L$ de altura y L de anchura, y de peso 600 N, descansa sobre dos bisagras situadas a una altura $\frac{L}{2}$ y $\frac{3L}{2}$ del suelo. Si el peso que soportan las bisagras es proporcional a su distancia al suelo, obtener las fuerzas que se hacen sobre las bisagras.

Para las fuerzas

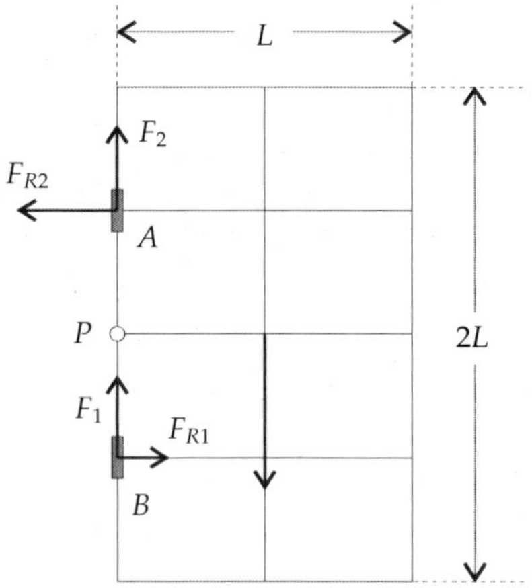

$$\sum \vec{F} = 0 \begin{cases} \sum \vec{F_X} = 0 \\ \sum \vec{F_Y} = 0 \end{cases} \rightarrow$$

$$\rightarrow \quad \begin{cases} F_{R1} - F_{R2} = 0 \rightarrow F_{R1} = F_{R2} & (1) \\ F_1 \cdot 1 + F_2 = P \text{ con } F_2 = 3F_1 & (2) \end{cases}$$

Para los momentos $\sum M = 0$.

Tomando los momentos respecto a P:

$$F_{R1} \cdot \frac{L}{2} + F_{R2} \cdot \frac{L}{2} - P \cdot \frac{L}{2} = 0 \qquad (3)$$

De (2): $F_1 = 150$ N; $F_2 = 450$ N ◄

De (3): $F_{R1} = \frac{P}{2}$; $F_{R1} = F_{R2} = 300$ N ◄

En A: $R_A = \sqrt{450^2 + 300^2} = 540{,}83$ N ◄

En B: $R_B = \sqrt{150^2 + 300^2} = 335{,}41$ N ◄

7.14 De forma simplificada el brazo se comporta como una palanca con su centro de gravedad en el codo. En el esquema de la figura, obtener la fuerza que hace el músculo y la que ejerce el humano sobre la articulación al soportar la mano un peso de 5 kg. La masa total de antebrazo y mano es de 1,5 kg y su centro de gravedad está a 25 cm del centro de la masa.

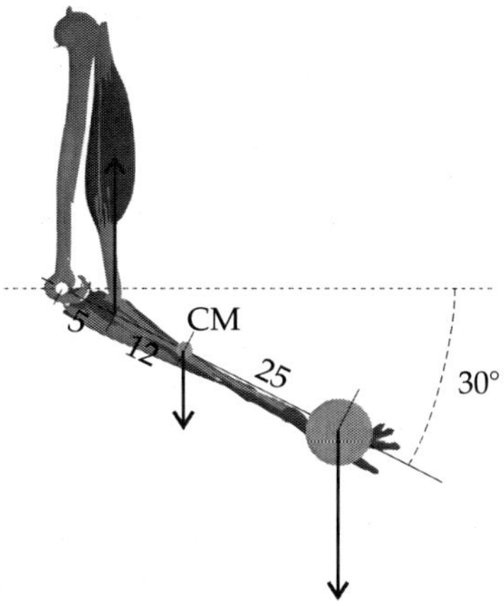

Deberá cumplirse

$$\sum \vec{F_i} = 0 \rightarrow F_H + F_M = P_B + P \qquad (1)$$

Para los momentos $\sum \vec{M} = 0$, tomando respecto al punto C:

$$P{\cdot}0{,}45{\cdot}\cos 30 + P_B{\cdot}0{,}20{\cdot}\cos 30 - F_M{\cdot}0{,}45{\cdot}\cos 30 = 0$$

$$20{\cdot}0{,}45 + 15{\cdot}0{,}20 = F_M{\cdot}0{,}05 \quad \rightarrow \quad F_M = 270 \text{ N} \quad \blacktriangleleft$$

De (1):

$$F_H = P_B + P - F_M = 20 + 15 - 270 = -205 \text{ N} \quad \blacktriangleleft$$

7.15 Dos masas m_1 y m_2 suspendidas de dos hilos inextensibles y de igual longitud L se cargan con idéntica carga q positiva, observándose que el sistema adquiere una disposición como se muestra en la figura. Obtener la relación entre las cargas m_1 y m_2.

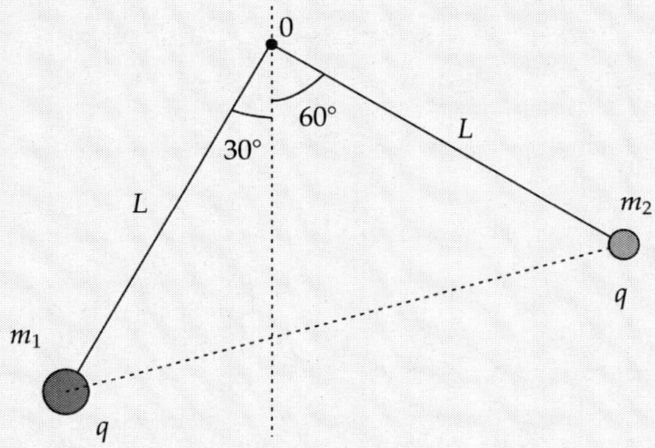

Hagamos el diagrama de fuerzas que actúan sobre cada carga:

Para cada partícula debe cumplirse que $\sum \vec{F} = 0$.

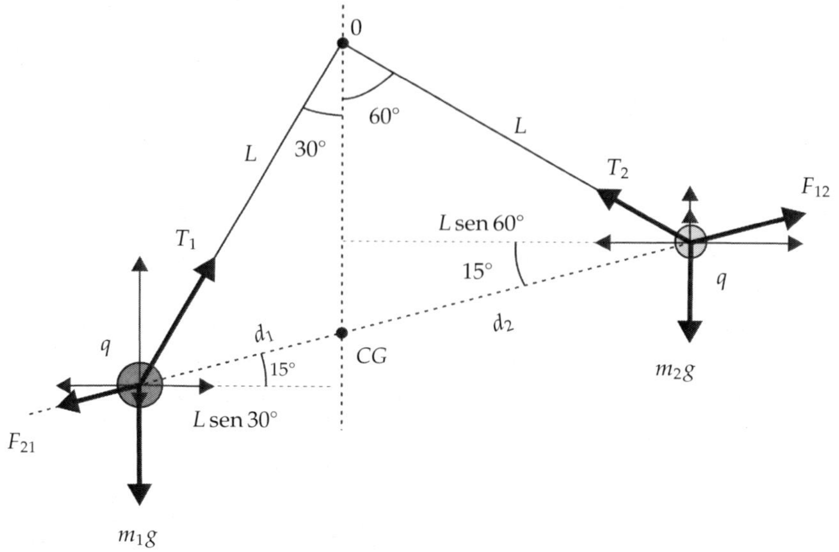

Asimismo como todo el sistema está en reposo también $\sum \vec{F} = 0$.

En el sistema debe cumplise por tanto que

$$\vec{F}_{21} + m_1\vec{g} + \vec{T}_1 + \vec{F}_{12} + m_2\vec{g} + \vec{T}_2 = 0$$

Pero como $\vec{F}_{21} + \vec{F}_{12} = 0$ entonces $m_1\vec{g} + \vec{T}_1 + m_2\vec{g} + \vec{T}_2 = 0$.

Por tanto

$$T_1 \cos 60 = T_2 \cos 30 \quad \text{y} \quad \frac{T_1}{T_2} = \frac{\cos 30}{\cos 60}$$

Consideremos cada partícula.

Como el triángulo $(0, m_1, m_2)$ es isósceles por tener dos lados iguales el ángulo que forma la horizontal con la línea que une las masas es de 15°.

Para la partícula 1, descomponiendo las fuerzas en sus componentes:

$$\left.\begin{array}{l} T_{1x} = F_{21x} \\ m_1 g + F_{21y} = T_{1y} \end{array}\right\} \quad \left.\begin{array}{l} T_1 \cos 60 = F_{21} \cos 15 \\ m_1 g + F_{21} \cos 75 = T_1 \cos 30 \end{array}\right\} \quad \left.\begin{array}{l} T_1 \cos 60 = F_{21} \cos 15 \\ m_1 g = T_1 \cos 30 - F_{21} \cos 75 \end{array}\right\}$$

Para la partícula 2, descomponiendo las fuerzas en sus componentes:

$$\left.\begin{array}{l} T_{2x} = F_{12x} \\ m_2 g = F_{12y} + T_{2y} \end{array}\right\} \quad \left.\begin{array}{l} T_2 \cos 30 = F_{12} \cos 15 \\ m_2 g = F_{12} \cos 75 + T_2 \cos 60 \end{array}\right\}$$

Dividiendo miembro a miembro las expresiones donde aparecen las masas

$$\frac{m_1}{m_2} = \frac{T_1 \cos 30 - F_{21} \cos 75}{F_{12} \cos 75 + T_2 \cos 60}$$

y poniendo todo en funcion de F_{21} y F_{12}, que son iguales, utilizando las primeras ecuaciones de cada componente:

$$T_1 = \frac{F_{21} \cos 15}{\cos 60} \qquad T_2 = \frac{F_{12} \cos 15}{\cos 30}$$

$$\frac{m_1}{m_2} = \frac{T_1 \cos 30 - F_{21} \cos 75}{F_{12} \cos 75 + T_2 \cos 60} = \frac{\frac{F_{21} \cos 15}{\cos 60} \cos 30 - F_{21} \cos 75}{F_{12} \cos 75 + \frac{F_{12} \cos 15}{\cos 30} \cos 60} = \sqrt{3} = 1{,}73 \quad ◀$$

7.16 Se quiere subir una rueda maciza de 150 N de peso y 30 cm de radio a un escalón de 12 cm, mediante la aplicación de una fuerza F en su parte superior. Obtener el valor de dicha fuerza y de la fuerza que se hace en A contra la rueda.

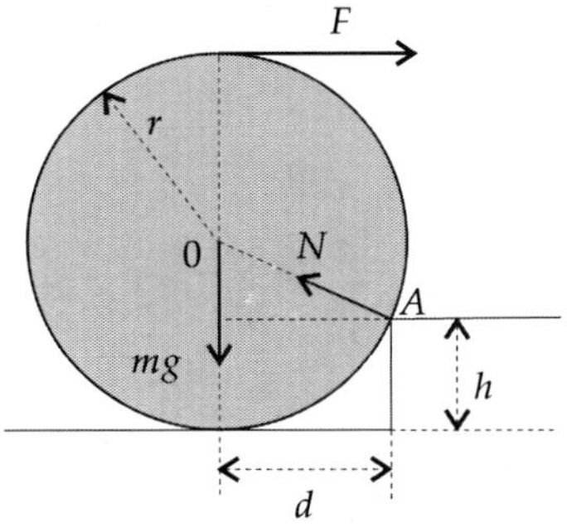

En el momento en que se aplica la mínima fuerza para que la rueda se separe del suelo y comience a subir, la reacción del suelo sobre la rueda es 0.

En ese instante, si ponemos las condiciones de equilibrio, tomando momentos respecto al punto A,

$$\sum \vec{F} = 0 \quad \rightarrow \quad \begin{cases} F - N_x = 0 \\ N_y - mg = 0 \end{cases}$$

$$\sum \vec{M} = 0 \quad \rightarrow \quad mg \cdot d = F \cdot (2r - h) \quad \rightarrow \quad F = \frac{mgd}{(2r - h)}$$

El valor de d: $d = \sqrt{r^2 - (r - h)^2} = \sqrt{2rh - h^2}$

$$F = \frac{mg\sqrt{2rh - h^2}}{(2r - h)} = \frac{150\sqrt{2 \cdot 0{,}3 \cdot 0{,}12 - 0{,}12^2}}{(2 \cdot 0{,}3 - 0{,}12)} = 75 \text{ N} \quad ◀$$

Para saber el valor de N,

$$\begin{cases} N_x = F = 75 \text{ N} \\ N_y = mg = 150 \text{ N} \end{cases} \quad \rightarrow \quad N = \sqrt{N_x^2 + N_y^2} = \sqrt{75^2 + 150^2} = 167{,}7 \text{ N} \quad ◀$$

7.17 Un puntal AB, de 80 kg, que puede girar sobre A está sujeto por un tensor que forma un ángulo de 60° con la horizontal. Del punto B está suspendido una masa de 100 kg. Obtener la tensión del cable y las fuerzas que actúan en A.

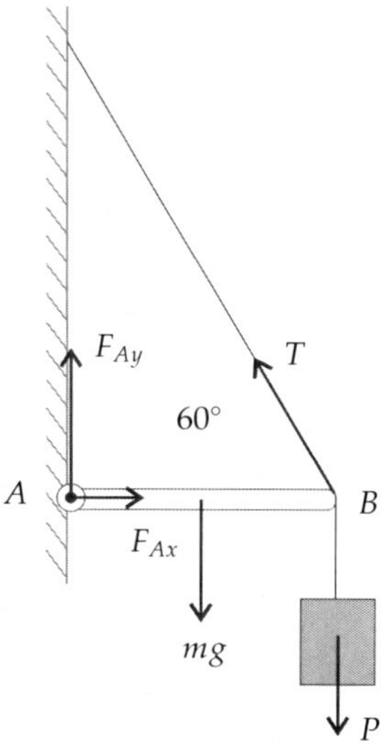

$$\sum F_X = 0 \rightarrow T\cos 60 = F_{XA} \qquad (1)$$

$$\sum F_Y = 0 \rightarrow T\,\mathrm{sen}\,60 + F_{YA} = mg + P \qquad (2)$$

$$\sum M = 0$$

Si los tomamos respecto al punto A y L a la longitud del puntal

$$mg\cdot\frac{L}{2} + P\cdot L = T\,\mathrm{sen}\,60\cdot L \qquad (3)$$

Despejando T en (3) y sustituyendo en (1) y (2)

$$\frac{80}{2} + 100 = T\frac{\sqrt{3}}{2} \quad\rightarrow\quad T = \frac{280}{\sqrt{3}} = 161{,}65\ \mathrm{N} \ \blacktriangleleft$$

De (1)

$$F_{XA} = T\cos 60 = 80{,}83\ \mathrm{N}$$

De (2)

$$F_{YA} = mg + P - T\,\mathrm{sen}\,60 = 80 + 100 - 161{,}65\frac{\sqrt{3}}{2} = 40\ \mathrm{N}$$

$$F_A = \sqrt{F_{XA}^2 + F_{YA}^2} = 90{,}16\ \mathrm{N} \ \blacktriangleleft$$

7.18 De un punto O se encuentran suspendidas una esfera de 2 kg de masa y radio 20 cm mediante un hilo de 70 cm de longitud y una barra de longitud b y masa 800 g que contacta con la esfera en su punto medio tal como indica la figura. Obtener: a) la tensión que soporta el hilo del que cuelga; b) la longitud de la barra; c) el ángulo que forma la vertical con OP.

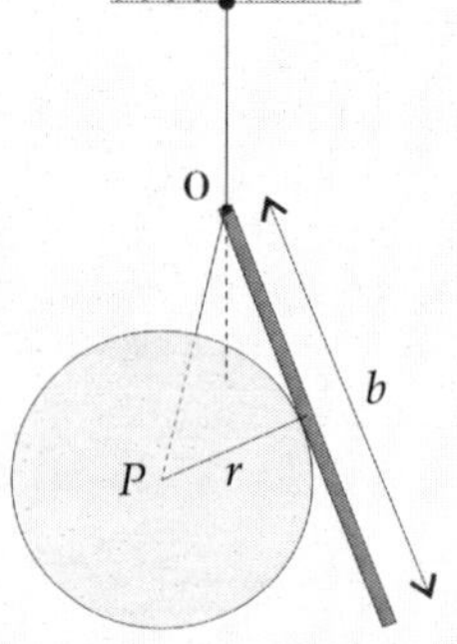

La distancia desde el punto O hasta el contacto con la esfera es a, y hasta el centro de la misma $a+r$. El triángulo OPM es un triángulo rectángulo. Las masas de la esfera y de la barra son respectivamente M y m. El ángulo que forma la esfera con la barra es α y el ángulo buscado β.

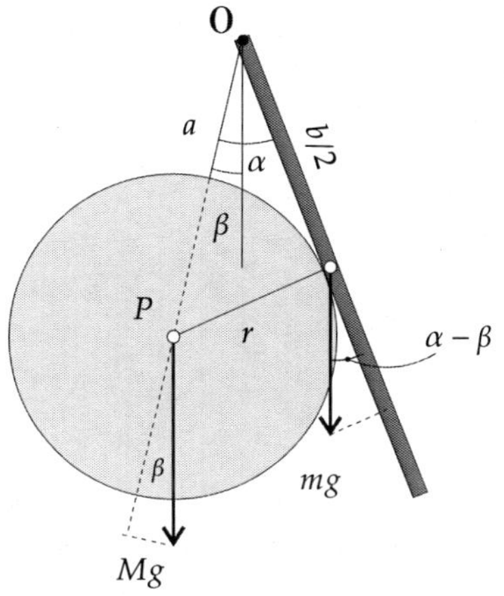

a) Poniendo las condiciones de equilibrio

$$\sum F_y = 0 \quad \Rightarrow \quad Mg + mg - T = 0$$

$$T = Mg + mg = (2 + 0{,}8) \cdot 9{,}8 = 28{,}42 \text{ N} \quad ◂$$

b) Como $\sum \vec{M} = 0$, si tomamos los momentos respecto a O,

$$Mg(a + r)\,\text{sen}\,\beta - mg\frac{b}{2}\,\text{sen}(\alpha - \beta) = 0 \tag{1}$$

c) De la figura

$$\left.\begin{aligned} \text{sen}\,\alpha = \frac{r}{a+r} = \frac{0{,}2}{0{,}9} \quad &\Rightarrow \alpha = 12{,}84^\circ \\ \cos\alpha = \frac{b/2}{a+r} \quad &\Rightarrow b = 2(a+r)\cos\alpha \end{aligned}\right\} \rightarrow b = 2 \cdot 0{,}9 \cdot \cos 12{,}84 = 1{,}75 \text{ m} \quad ◂$$

De la ecuación (1)

$$M(a + r)\,\text{sen}\,\beta = m\frac{b}{2}\,\text{sen}(\alpha - \beta) = m\frac{b}{2}(\text{sen}\,\alpha\cos\beta - \cos\alpha\,\text{sen}\,\beta)$$

despejando:

$$\text{tg}\,\beta = \frac{m\frac{b}{2}\,\text{sen}\,\alpha}{M(a + r) + m\frac{b}{2}\cos\alpha}$$

y sustituyendo valores

$$\text{tg}\,\beta = 0{,}628 \quad \Rightarrow \quad \beta = 3{,}59^\circ \quad ◂$$

7.19 Una esfera de 15 cm de radio se encuentra soportada por una barra homogénea que a su vez está unida por su extremo a un cable, formando un triángulo rectángulo tal como se indica en la figura. En el cable se encuentra incorporado un dinamómetro que marca una tensión de 50 N. Si la barra tiene una masa de 4 kg y una longitud de L = 30 cm, obtener, a) la masa del disco, b) la tensión en el punto P.

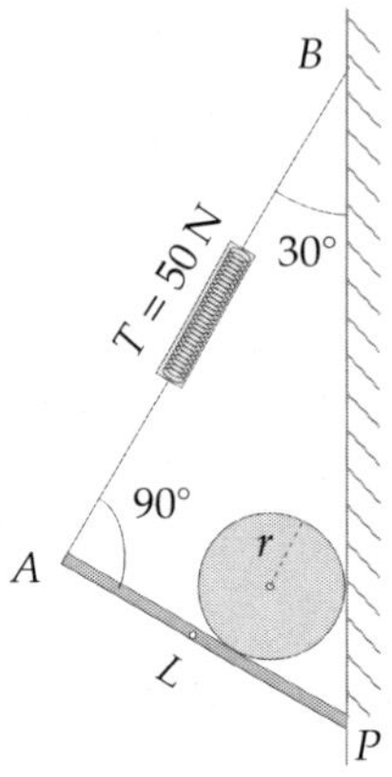

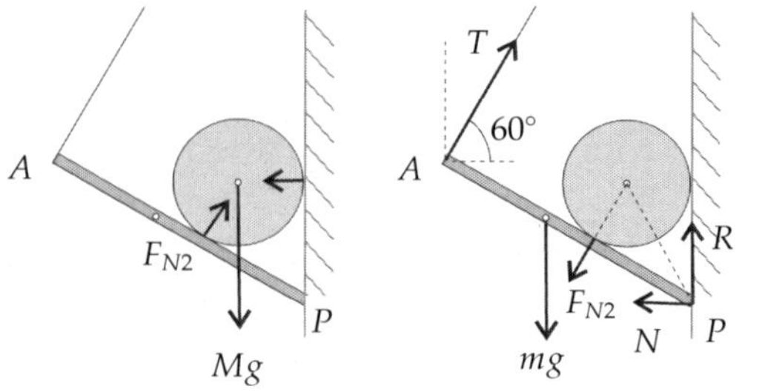

a) Fijémonos primero en la esfera.

$$F_{N2} \cos 30 = Mg \quad \rightarrow \quad F_{N2} = \frac{2Mg}{\sqrt{3}}$$

b) En la barra, para las fuerzas.

$$\sum \vec{F} = 0 \Rightarrow$$

$$\sum F_x = 0 \rightarrow T \cos 60 - N + F_{N2} \cos 60 = 0 \tag{1}$$

$$\sum F_y = 0 \rightarrow mg - T \cos 30 - R + F_{N2} \cos 30 = 0 \tag{2}$$

Para los momentos

$$\sum \vec{M} = 0$$

$$L \cdot T - mg\tfrac{L}{2} \cos 30 - F_{N2} \cdot r \cdot \text{cotg}\, 30 = 0$$

Sustituyendo el valor de F_{N2} obtenido para la esfera

$$L \cdot T - mg\tfrac{L}{2} \cdot \cos 30 - \tfrac{2M \cdot g \cdot r}{\sqrt{3}} \cdot \sqrt{3} = 0$$

$$2L \cdot T - mg\tfrac{\sqrt{3}}{2} - 2M \cdot g \cdot r = 0$$

La masa del disco valdrá

$$M = \frac{4LT - mgL\sqrt{3}}{4rg} \quad \blacktriangleleft$$

Que sustituyendo

$$M = \frac{4 \cdot 0{,}3 \cdot 50 - 4 \cdot 9{,}8 \cdot 0{,}3 \cdot \sqrt{3}}{4 \cdot 0{,}15} = 6{,}74 \text{ Kg}$$

En el punto P la tensión que actúa vale

De (1)

$$N = T\cos 60 + F_{N2}\cos 60 = 50\cdot\frac{1}{2} + \frac{2\cdot 6{,}74\cdot 9{,}8}{\sqrt{3}}\cdot\frac{1}{2} = 63{,}13\ \mathrm{N} \quad \blacktriangleleft$$

De (2)

$$R = mg + F_{N2}\cos 30 - T\cos 30 = 4\cdot 9{,}8 + \frac{2\cdot 6{,}74\cdot 9{,}8}{\sqrt{3}}\cdot\frac{\sqrt{3}}{2} - 50\frac{\sqrt{3}}{2} = 61{,}95\ \mathrm{N} \quad \blacktriangleleft$$

7.20 De un puntal como el de la figura, homogéneo, de longitud L y de peso P, se cuelga una masa M tal como indica la figura. Obtener la tensión de la cuerda y las fuerzas que actúan sobre el punto de sujeción del puntal. Aplicar para el caso en que $P = 300$ N; $Mg = 400$ N; $\alpha = 30°$; $\beta = 45°$.

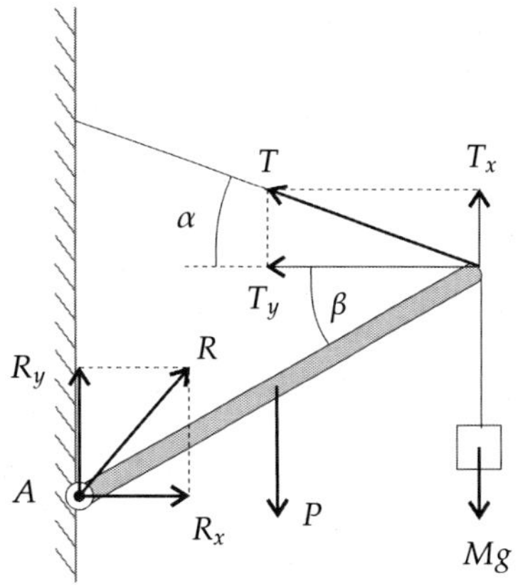

Poniendo las condiciones de equilibrio:

$$\sum \vec{F} = 0 \rightarrow \begin{cases} R_x = T_x & (1) \\ T_y + R_y = P + Mg & (2) \end{cases}$$

Para los momentos $\sum \vec{M} = 0$, tomando respecto al punto O

$$P\cdot\frac{L}{2}\cos\beta + R_x\cdot L\,\mathrm{sen}\,\beta - R_y\cdot L\cdot\cos\beta = 0 \quad (3)$$

De (3)

$$\mathrm{tg}\,\beta = \frac{R_y - \frac{P}{2}}{R_x}$$

y como

$$\mathrm{tg}\,\alpha = \frac{T_y}{T_x}$$

Aplicando para los datos que se dan:

$$R_x = T_x; \qquad T_y + R_y = 400 + 300$$

$$\mathrm{tg}\,45 = 1 = \frac{R_y - 150}{R_x}; \quad \mathrm{tg}\,30 = \frac{\sqrt{3}}{3} = \frac{T_y}{T_x}$$

Sistema de ecuaciones que resueltas dan:

$$R_x = 348{,}68 \text{ N} \quad \blacktriangleleft$$

$$R_y = 498{,}68 \text{ N} \quad \blacktriangleleft$$

$$T_y = 201{,}32 \text{ N} \quad \blacktriangleleft$$

$$T_x = 348{,}68 \text{ N} \quad \blacktriangleleft$$

7.21 Sobre dos guías que forman ángulo α y β con la vertical pueden moverse dos anillos de masas P y Q atadas por un hilo sin peso. Determinar el ángulo de equilibrio, la tensión de la cuerda y las fuerzas de reacción sobre las guías. $\alpha = 45°$; $\beta = 30°$; $P = 80$ g; $\varphi = 60°$.

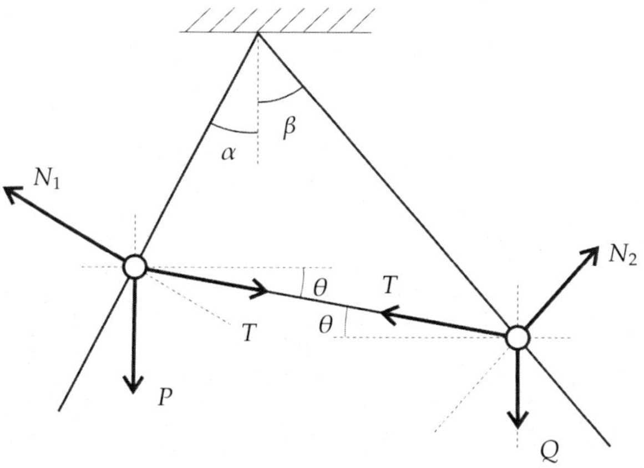

Para cada partícula se cumple

$$\begin{cases} N_1 \cos\alpha = T\cos\theta \\ N_1 \operatorname{sen}\alpha = T\operatorname{sen}\theta + P \end{cases} \qquad \begin{cases} N_2 \cos\beta = T\cos\theta \\ N_2 \operatorname{sen}\beta + T\operatorname{sen}\theta = Q \end{cases}$$

Sustituyendo valores

$$\begin{cases} N_1 \cos 30 = T\cos\theta \\ N_1 \operatorname{sen} 30 = T\operatorname{sen}\theta + 6 \end{cases} \qquad \begin{cases} \dfrac{\sqrt{3}}{2}N_1 = T\cos\theta \\ \dfrac{1}{2}N_1 - 6 = T\operatorname{sen}\theta \end{cases}$$

$$\begin{cases} N_2 \cos 45 = T\cos\theta \\ N_2 \operatorname{sen} 45 + T\operatorname{sen}\theta = 8 \end{cases} \qquad \begin{cases} \dfrac{\sqrt{2}}{2}N_2 = T\cos\theta \\ 8 - \dfrac{\sqrt{2}}{2}N_2 = T\operatorname{sen}\theta \end{cases}$$

Cuatro ecuaciones con cuatro incógnitas que resolviendo dan

$$\begin{cases} N_1 = 15{,}22\ \text{N} \\ N_2 = 18{,}64\ \text{N} \end{cases} \blacktriangleleft \quad \theta = 6{,}96^\circ \blacktriangleleft \quad T = 13{,}28\ \text{N} \blacktriangleleft$$

7.22 Una bola de masa m está unida a dos muelles de constantes elásticas k_1 y k_2 fijos en los extremos y que al colgar de ellos la bola han sufrido sendos alargamientos d_1 y d_2. Si el ángulo que forman los muelles en su unión con la bola es 90°, obtener el ángulo de equilibrio y el valor de la masa.

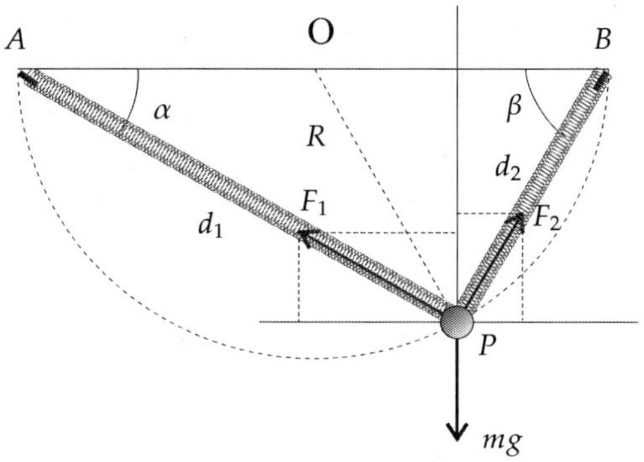

En el equilibrio, $\vec{F_1} + \vec{F_2} + \vec{P} = 0$.

Proyectando sobre los ejes y teniendo en cuenta que $\beta = 90 - \alpha$,

$$\begin{array}{l} \text{En el eje } X \\ \text{En el eje } Y \end{array} \begin{cases} F_1 \cos\alpha - F_2 \cos\beta = 0 \\ F_1 \operatorname{sen}\alpha + F_2 \operatorname{sen}\beta = mg \end{cases} \quad \begin{cases} F_1 \cos\alpha - F_2 \operatorname{sen}\alpha = 0 \\ F_1 \operatorname{sen}\alpha + F_2 \cos\alpha = mg \end{cases} \quad (1)$$

con

$$\begin{cases} F_1 = k_1 d_1;\ d_1 = 2R\cos\alpha \\ F_2 = k_2 d_2;\ d_2 = 2R\cos\beta = 2R\operatorname{sen}\alpha \end{cases}$$

Sustituyendo en (1) y teniendo en cuenta que $\beta = 90 - \alpha$ y por tanto $\operatorname{sen}\beta = \cos\alpha$

$$\begin{cases} k_1 \cdot 2R\cos^2\alpha = k_2 2R \operatorname{sen}^2\alpha \\ k_1 \cdot 2R\cos\alpha \cdot \operatorname{sen}\alpha + k_2 2R \operatorname{sen}\alpha \cdot \cos\alpha = mg \end{cases}$$

$$\begin{cases} k_1 \cos^2\alpha = k_2 \operatorname{sen}^2\alpha \\ (k_1 + k_2)\operatorname{sen}\alpha\cos\alpha = \dfrac{mg}{2R} \end{cases} \quad \begin{cases} k_1 \cos^2\alpha = k_2 \operatorname{sen}^2\alpha & (2) \\ (k_1 + k_2)\operatorname{sen}\alpha\cos\alpha = \dfrac{mg}{2R} & (3) \end{cases}$$

De (2)

$$\operatorname{tg}\alpha = \sqrt{\frac{k_1}{k_2}} \quad \blacktriangleleft$$

$$k_1(1 - \operatorname{sen}^2\alpha) = k_2 \operatorname{sen}^2\alpha \qquad \operatorname{sen}\alpha = \sqrt{\frac{k_1}{k_1 + k_2}}$$

$$k_1 \cos^2\alpha = k_2(1 - \cos^2\alpha) \qquad \cos\alpha = \sqrt{\frac{k_2}{k_1 + k_2}}$$

Sustituyendo en (3)

$$(k_1 + k_2)\sqrt{\frac{k_1}{k_1 + k_2}}\sqrt{\frac{k_2}{k_1 + k_2}} = \frac{mg}{2R}; \qquad \sqrt{k_1 k_2} = \frac{mg}{2R}; \qquad m = \frac{2R}{g}\sqrt{k_1 k_2} \quad \blacktriangleleft$$

7.23 Una bolita de masa m esta insertada en una semicircunferencia y sujeta a dos muelles de constantes elásticas k_1 y k_2 fijos en los extremos de una dicha semicircunferencia de radio R dentro de la cual puede moverse la bola. Obtener el ángulo donde se encuentra en equilibrio.

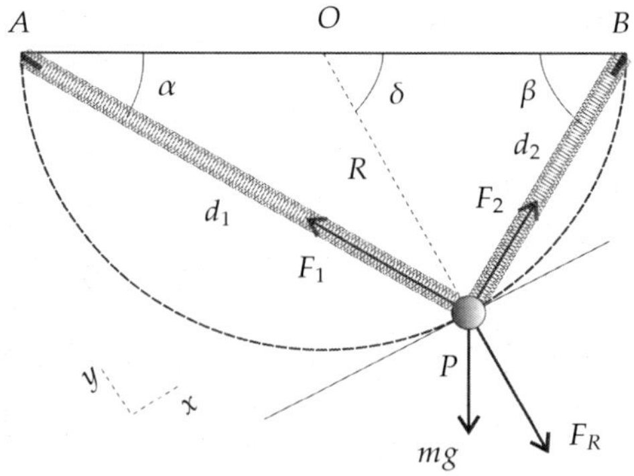

En el problema anterior se buscaba el valor de la masa que hacía que APB fuera un triángulo rectángulo sin estar sometido a ninguna fuerza de ligadura. Si la masa tiene un valor diferente y está ensartada en la semicircunferencia aparecerá una fuerza de reacción F_R que antes no existía.

Para estudiar las fuerzas que actúan sobre m vamos a proyectar sobre la tangente a la semicircunferencia y su normal con el fin de que F_R se sitúe en el eje OP.

a) En el punto P están actuando las dos fuerzas de los muelles, el peso de la bola y la fuerza de reacción de la guía semicircular sobre la bola. Como el movimiento está inscrito en la circunferencia, las fuerzas F_1 y F_2 son perpendiculares y tomando como ejes para proyectar OP y la tangente a la circunferencia en P

$$F_2 \operatorname{sen}\beta - F_1 \operatorname{sen}\alpha - mg\cos\delta = 0$$

Para poner todo en función de un ángulo, como

$$\alpha = \frac{\delta}{2}; \qquad \beta = 90^\circ - \frac{\delta}{2}$$

Y sabiendo que las fuerzas F_1 y F_2 son proporcionales a la deformación:

$$F_1 = k_1 d_1 = 2Rk_1 \cos\frac{\delta}{2}$$

$$F_2 = k_2 d_2 = 2Rk_2 \operatorname{sen}\frac{\delta}{2}$$

Sustituyendo valores en la primera ecuación:

$$2Rk_2 \operatorname{sen}\frac{\delta}{2}\cos\frac{\delta}{2} - 2Rk_1\cos\frac{\delta}{2}\operatorname{sen}\frac{\delta}{2} - mg\cos\delta = 0$$

Y teniendo en cuenta que la transformación trigonométrica $\operatorname{sen}2\varphi = 2\operatorname{sen}\varphi\cos\varphi$:

$$R\cdot\operatorname{sen}\delta\cdot(k_2 - k_1) = mg\cos\delta$$

De donde

$$\operatorname{tg}\delta = \frac{mg}{R(k_2 - k_1)} \quad ◀$$

7.24 Sobre dos planos inclinados que forman 90° se apoya un cilindro de masa m. Uno de los planos forma con respecto a la horizontal un ángulo α. Obtener las reacciones en los apoyos.

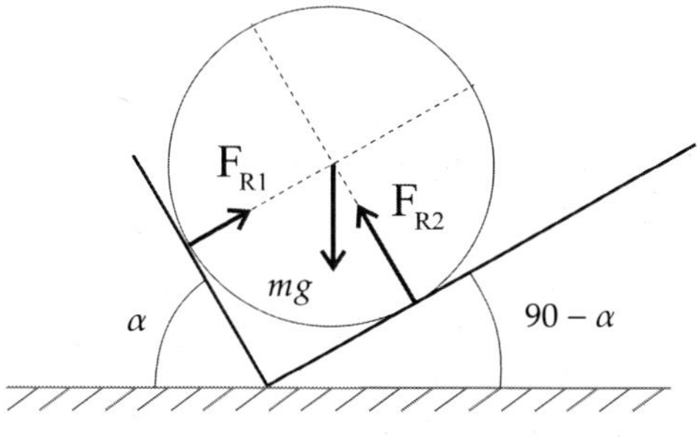

En el eje X

$$\sum F_X = 0 \rightarrow F_{R_1}\operatorname{sen}\alpha - F_{R_2}\operatorname{sen}(90-\alpha) = 0 \qquad (1)$$

$$\sum F_Y = 0 \rightarrow -mg + F_{R_1}\cos\alpha + F_{R_2}\cos(90-\alpha) = 0 \qquad (2)$$

$$\begin{cases} F_{R_1} \operatorname{sen} \alpha - F_{R_2} \cos \alpha = 0 & (1) \\ -mg + F_{R_1} \cos \alpha + F_{R_2} \operatorname{sen} \alpha = 0 & (2) \end{cases}$$

Despejando F_{R_1} en (1) y sustituyendo en (2)

$$-mg + F_{R_2} \frac{\cos \alpha}{\operatorname{sen} \alpha} \cdot \cos \alpha + F_{R_2} \operatorname{sen} \alpha = 0 \qquad (2)$$

$$\operatorname{sen} \alpha \cdot mg = F_{R_2}(\cos^2 \alpha + \operatorname{sen}^2 \alpha) \quad \rightarrow \quad F_{R_2} = mg \cdot \operatorname{sen} \alpha \quad ◂$$

$$F_{R_1} = \frac{mg \cdot \operatorname{sen} \alpha \cos \alpha}{\operatorname{sen} \alpha} = mg \cdot \cos \alpha \quad ◂$$

7.25 Obtener el ángulo de equilibrio de una barra de longitud l situada en el interior de una cavidad semiesférica de radio R, así como las fuerzas de reacción en los puntos de contacto de la barra con la semiesfera.

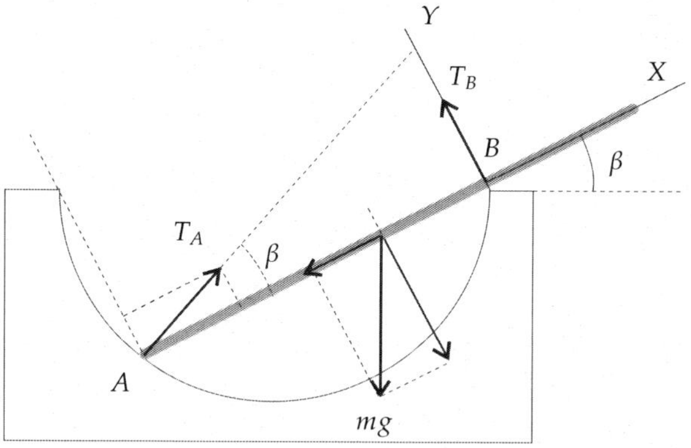

Para que esté en equilibrio:

$$\sum \vec{F} = 0 \begin{cases} \sum F_x = 0 \\ \sum F_y = 0 \end{cases}$$

$$\begin{cases} T_A \cos \beta - m \cdot g \cdot \operatorname{sen} \beta = 0 \quad \Rightarrow \quad T_A = m \cdot g \cdot \operatorname{tg} \beta \\ T_B + T_A \operatorname{sen} \beta - m \cdot g \cdot \cos \beta = 0 \end{cases} \qquad (1)$$

Para los momentos, si tomamos respecto al punto A

$$\sum \vec{M} = 0$$

$$T_B \cdot 2R \cos \beta - mg \frac{l}{2} \cos \beta = 0 \quad \rightarrow \quad T_B = \frac{mg \frac{l}{2}}{2R} = \frac{mgl}{4R} \quad ◂$$

Sustituyendo en (1)

$$\frac{mgl}{4R} + T_A \operatorname{sen}\beta - mg\cos\beta = 0$$

$$\frac{mgl}{4R} + mg\operatorname{tg}\beta\operatorname{sen}\beta - mg\cos\beta = 0 \quad\rightarrow\quad \frac{mgl}{4R} + mg\frac{\operatorname{sen}^2\beta}{\cos\beta} - mg\cos\beta = 0$$

Como $\operatorname{sen}^2\beta = 1 - \cos^2\beta$,

$$\frac{l}{4R}\cos\beta + (1-\cos^2\beta) - \cos^2\beta = 0 \quad\rightarrow\quad 2\cos^2\beta - \frac{l}{4R}\cos\beta - 1 = 0$$

$$\cos\beta = \frac{l \pm \sqrt{l^2 + 128R^2}}{16R} \quad ◀$$

7.26 Una masa m de 200 g está suspendida de un hilo que posee una anilla *B* que puede resbalar a lo largo de la varilla *AC*, y que está sujeto al techo en un punto O, tal como muestra la figura. La varilla forma un ángulo de 60° con el suelo y masa del hilo podemos considerarla despreciable. La distancia *OA* entre la sujeción del hilo al techo y la de la varilla es 120 cm. En el equilibrio, calcular la fuerza de reacción sobre la varilla y la distancia AB a la que queda la anilla.

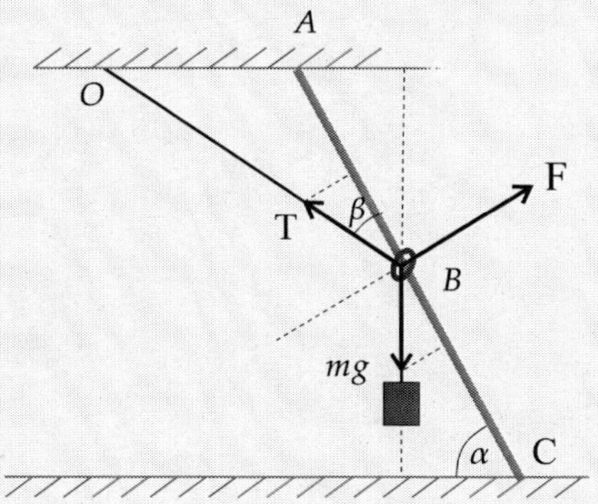

a) En *B*, las fuerzas del peso $P = mg$ y de la tensión son iguales, $P = T$. Si proyectamos sobre la línea *AC* y su normal.

$$P\operatorname{sen}\alpha - P\cos\beta = 0 \quad\rightarrow\quad \cos\beta = \operatorname{sen}\alpha \quad\rightarrow\quad \beta = \frac{\pi}{2} - \alpha = 90° - 60° = 30°$$

$$F_r = T\operatorname{sen}\beta + P\operatorname{sen}\beta = 2P\operatorname{sen}\beta = 2mg\operatorname{sen}\beta = 2mg\operatorname{sen}\left(\frac{\pi}{2} - \alpha\right)$$

Sustituyendo valores:

$$F_r = 2mg\operatorname{sen}\left(\frac{\pi}{2} - \alpha\right) = 2 \cdot 0{,}4 \cdot 9{,}8\operatorname{sen}60° = 6{,}79\ \text{N} \quad ◀$$

b) Aplicando el teorema de los senos al triángulo OAB

$$\frac{AB}{\text{sen}(\alpha - \beta)} = \frac{OA}{\text{sen}\,\beta} \quad \rightarrow \quad AB = OA\frac{\text{sen}(\alpha - \beta)}{\text{sen}\,\beta}$$

$$AB = OA\frac{\text{sen}\,30^\circ}{\text{sen}\,30^\circ} = 1{,}2\ \text{m}$$

La distancia desde el techo: $PB = AB\,\text{sen}\,60^\circ = 1{,}04$ m ◂

7.27 Sobre dos superficies, una horizontal con un tope y otra inclinada 60° se apoya una barra homogénea de 80 N de peso y longitud L tal como se indica en la figura. El ángulo que forma la barra con la superficie horizontal es de 30°. Entre las superficies y la varilla no hay rozamiento. Calcular: a) las fuerzas de reacción que cada una de las superficies ejercen sobre la varilla; b) la fuerza horizontal que ejerce el tope sobre la varilla.

Aplicando las condiciones de equilibrio $\sum \vec{F} = 0$

$$\sum F_x = 0 \rightarrow F_T - F_{N_2}\,\text{sen}\,60^\circ = 0$$

$$\sum F_y = 0 \rightarrow F_{N_1} + F_{N_2}\cos 60^\circ - P = 0$$

y para los momentos $\sum \vec{M} = 0$.

Tomando los momentos de las fuerzas en A

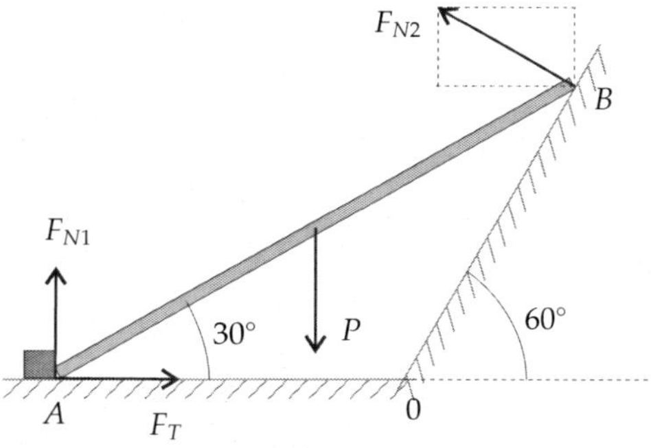

$$F_{N_1}\cdot 0 + F_T \cdot 0 + P\cdot\frac{L}{2}\cos 30^\circ - F_{N_2}\cdot L\,\text{sen}(90+30) = 0$$

Despejando en esta ecuación

$$F_{N_2} = \frac{P}{2} = 40\ \text{N} \quad ◂$$

Y sustituyendo en las ecuaciones anteriores

$$F_T = F_{N_2}\cdot\text{sen}\,60^\circ = 40\cdot\frac{\sqrt{3}}{2} = 20\cdot\sqrt{3}\ \text{N} = 34{,}64\ \text{N} \quad ◂$$

$$F_{N_1} = P - F_{N_2}\cos 60^\circ = 80 - 20\sqrt{3}\cdot\frac{1}{2} = 62{,}68\ \text{N} \quad ◂$$

7.28 Una varilla homogénea, de longitud $2b$ y de peso P de 6 N se apoya en el suelo y en una superficie metálica inclinada un ángulo β de 45° tal como se indica en la figura. El ángulo que forma la varilla con el suelo es 30°. Si suponemos que no hay rozamiento de la varilla con la superficie inclinada, obtener: a) las fuerzas de reacción en los puntos A y B, b) la fuerza de rozamiento de la varilla con el suelo, c) el coeficiente de rozamiento mínimo para mantener esos ángulos.

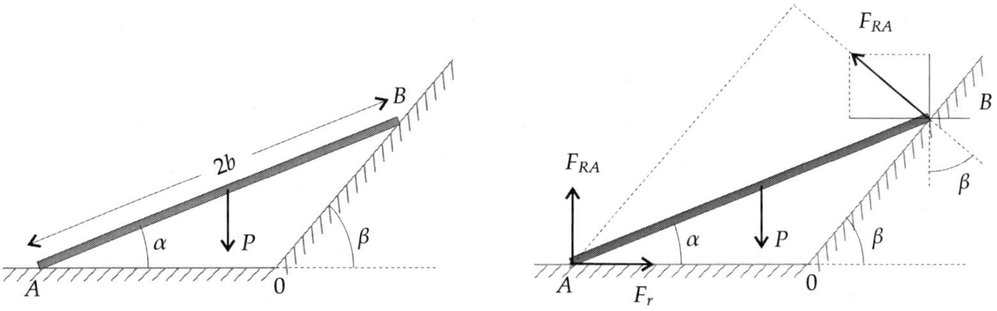

Aplicando las condiciones de equilibrio $\sum \vec{F} = 0$

$$\sum F_x = 0 \quad \rightarrow \quad F_r - F_{RB}\,\text{sen}\,\beta = 0 \tag{1}$$

$$\sum F_y = 0 \quad \rightarrow \quad F_{RA} - P + F_{RB}\cos\beta = 0 \tag{2}$$

y para los momentos $\sum \vec{M} = 0$ tomándolos respecto al punto A,

$$P\,b\,\cos\alpha - F_{RB}2b\,\cos(\beta - \alpha) = 0 \tag{3}$$

De la ecuación (3)

$$F_{RB} = \frac{P\cos\alpha}{2\cos(\beta-\alpha)} = \frac{6\cos 30}{2\cos 15} = 2{,}69 \text{ N} \quad \blacktriangleleft$$

Sustituyendo este valor en la ecuación (2)

$$F_{RA} = P - \frac{P\cos\alpha}{2\cos(\beta-\alpha)}\cos\beta = P\left(1 - \frac{\cos\alpha\,\cos\beta}{2\,\cos(\beta-\alpha)}\right) = 6\left(1 - \frac{\cos 30\cos 45}{2\cos 15}\right) = 4{,}1 \text{ N} \quad \blacktriangleleft$$

La fuerza de rozamiento de (1)

$$F_r = F_{RB}\cdot\text{sen}\,\beta = 2{,}69\,\text{sen}\,60 = 2{,}33 \text{ N}$$

Como la $F_r = \mu N = \mu F_{RA} \quad \rightarrow \quad \mu = \dfrac{F_r}{F_{RA}} = \dfrac{2{,}33}{4{,}1} = 0{,}57 \quad \blacktriangleleft$

7.29 En un cilindro hueco de acero de radio R se desea sostener una barra de longitud L y masa m en equilibrio apoyada en su parte superior y en la pared del propio cilindro tal como se indica en la figura. Si se considera que no hay rozamiento, determinar el ángulo de apoyo y las reacciones en los puntos de contacto de la barra con el cilindro. Aplicar para $L = 5R$ y $m = 800$ g.

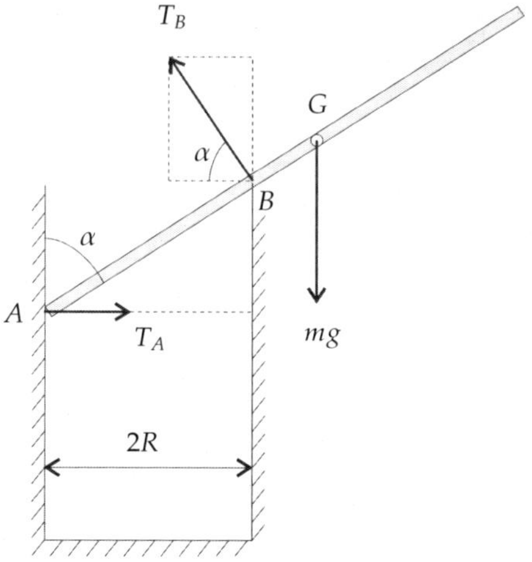

Si no hay rozamiento, en el punto A no hay fuerzas en la dirección del eje de las Y.

En el equilibrio $\sum \bar{F} = 0$

$$\sum F_x = 0 \quad \rightarrow \quad T_A = T_B \cos\alpha \quad (1)$$

$$\sum F_y = 0 \quad \rightarrow \quad mg = T_B \operatorname{sen}\alpha \quad (2)$$

Para los momentos $\sum \bar{M} = 0$.

Si tomamos momentos respecto a A, y considerando que la distancia AB es $\frac{2R}{\operatorname{sen}\alpha}$

$$mg\frac{L}{2}\operatorname{sen}\alpha = T_B\frac{2R}{\operatorname{sen}\alpha}$$

Despejando T_B en (2) y sustituyendo

$$mg\frac{L}{2}\operatorname{sen}\alpha = \frac{mg}{\operatorname{sen}\alpha}\frac{2R}{\operatorname{sen}\alpha}$$

de donde

$$\operatorname{sen}\alpha = \left(\frac{4R}{L}\right)^{\frac{1}{3}}$$

Y para $L = 5R \rightarrow \operatorname{sen}\alpha = \left(\frac{4}{5}\right)^{1/3} \rightarrow \alpha = 68{,}17°$.

De (1) y (2) las reacciones en los puntos A y B valdrán,

$$T_B = \frac{mg}{\operatorname{sen}\alpha} = \frac{mg}{\left(\frac{4R}{L}\right)^{\frac{1}{3}}} = mg\left(\frac{L}{4R}\right)^{1/3}$$

Y para $L = 5R$ y $m = 0{,}8$ kg

$$T_B = 1{,}08mg = 8{,}44 \text{ N} \quad \blacktriangleleft$$

$$T_A = T_B\cos\alpha = T_B(1-\operatorname{sen}^2\alpha)^{\frac{1}{2}}$$

$$T_A = 1{,}08mg(1-\operatorname{sen}^2 68{,}17)^{1/2} = 0{,}4mg = 3{,}14 \text{ N} \quad \blacktriangleleft$$

7.30 Una barra homogénea se apoya en el suelo, en el que hay un tope, y en la superficie de un semicilindro de radio R, con el que se considera que no tiene rozamiento tal como se indica en la figura. La longitud de la barra es $\sqrt{3}/2R$. La barra forma un ángulo de 60° con el suelo. Obtener: a) la fuerza que ejerce el cilindro sobre la barra, b) fuerza del suelo sobre la barra, c) fuerza del tope sobre la barra.

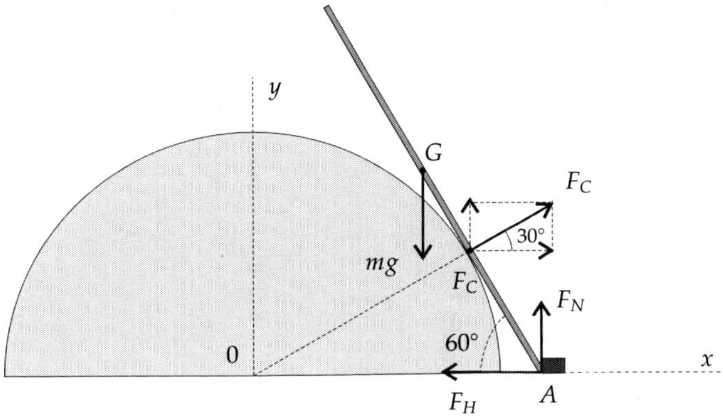

Viendo la figura se cumple

$$AG = \frac{1}{2}L = \frac{\sqrt{3}}{4}R$$

$$AC = R \cdot \operatorname{tg} 30 = \frac{R}{\sqrt{3}}$$

Debe cumplirse que

$$\sum F = 0 \Rightarrow \begin{cases} \sum F_x = 0 \rightarrow F_C \cos 30 = F_R & (1) \\ \sum F_y = 0 \rightarrow F_C \operatorname{sen} 30 + F_N = mg & (2) \end{cases}$$

$$\sum M = 0 \rightarrow F_C \cdot AC = mg \cdot AG \cdot \cos 30 = mg\frac{\sqrt{3}}{4}R \qquad (3)$$

Resolviendo las ecuaciones:

De (3): $F_C = \dfrac{mg\frac{\sqrt{3}}{4}R}{AC} = \dfrac{mg\frac{\sqrt{3}}{4}R}{\frac{R}{\sqrt{3}}} = \dfrac{3}{4}mg$ ◄

De (1): $F_H = F_C \cos 30 = \dfrac{3}{4}mg \cdot \dfrac{\sqrt{3}}{2} = \dfrac{3\sqrt{3}}{8}mg$ ◄

De (2): $F_N = mg - F_C \operatorname{sen} 30 = mg - \dfrac{3}{2}mg \cdot \dfrac{1}{2} = \dfrac{1}{4}mg$ ◄

7.31 Una barra de longitud L y peso P se encuentra apoyada en dos superficies, sin rozamiento, que forman con respecto a la horizontal sendos ángulos α y β. Obtener, a) fuerzas de reacción en los puntos en que se apoya la barra, b) ángulo que forma la barra respecto con la horizontal.

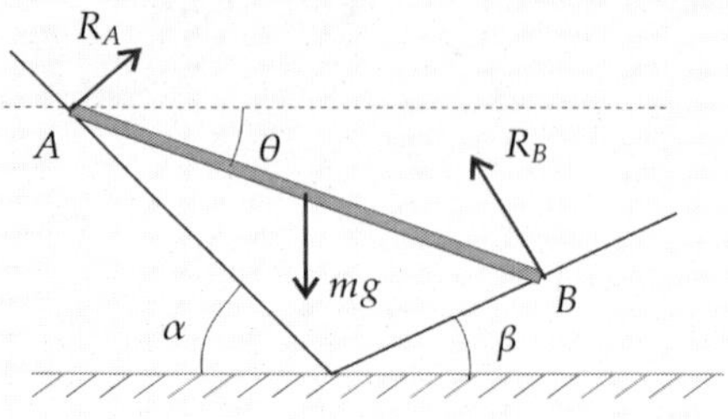

a) En el equilibrio debe cumplirse $\sum \vec{F} = 0$. Por tanto

$$\sum F_x = 0 \quad \rightarrow \quad R_A \operatorname{sen} \alpha = R_B \operatorname{sen} \beta \tag{1}$$

$$\sum F_y = 0 \quad \rightarrow \quad R_A \cos \alpha + R_B \cos \beta = P \tag{2}$$

Despejando R_A en la primera y sustituyendo en la segunda y teniendo en cuenta que $\operatorname{sen}(\alpha + \beta) = \operatorname{sen} \alpha \cos \beta + \cos \alpha \operatorname{sen} \beta$

$$R_B \frac{\operatorname{sen} \beta}{\operatorname{sen} \alpha} \cos \alpha + R_B \cos \beta = P \quad \rightarrow \quad R_B = \frac{P \operatorname{sen} \alpha}{\operatorname{sen}(\alpha + \beta)} \tag{3}$$

Y de igual forma

$$R_A = \frac{P \operatorname{sen} \beta}{\operatorname{sen}(\alpha + \beta)} \tag{4}$$

b) Para los momentos $\sum \vec{M} = 0$. Si tomamos los momentos respecto al centro de la barra

$$R_A \cos(\alpha - \theta) = R_B \cos(\beta + \theta)$$

Y teniendo en cuenta (3) y (4)

$$\operatorname{sen} \beta \cos(\alpha - \theta) = \operatorname{sen} \alpha \cos(\beta + \theta)$$

Desarrollando términos y agrupando de nuevo,

$$\operatorname{tg} \theta = \frac{\operatorname{sen}(\alpha - \beta)}{2 \operatorname{sen} \alpha \cdot \operatorname{sen} \beta}$$

7.32 Un cable sujeto en la pared en A pasa por una polea y de él están suspendidas dos masas de 10 N, tal como indica la figura. Los ángulos que forma el cable con la horizontal en A y en B son respectivamente 2α y α. Obtener el valor de α y la tensión que soporta el cable en A.

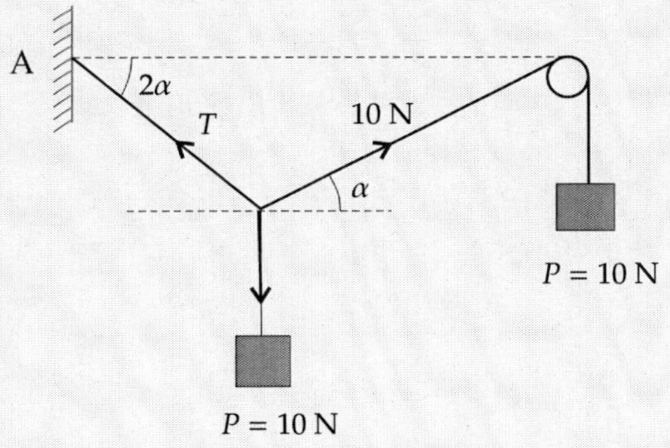

$$\left.\begin{array}{l}\sum F_X = 0\\ \sum F_Y = 0\end{array}\right\} \rightarrow \left.\begin{array}{l}T\cos 2\alpha = 10\cos\alpha\\ T\,\mathrm{sen}\,2\alpha + 10\,\mathrm{sen}\,\alpha = 10\end{array}\right\} \rightarrow \left.\begin{array}{l}T\cos 2\alpha = 10\cos\alpha\\ T\,\mathrm{sen}\,2\alpha = 10 - 10\,\mathrm{sen}\,\alpha\end{array}\right\} \quad (1)$$

Poniendo todo en función del sen α y teniendo en cuenta las relaciones trigonométricas

$$\left.\begin{array}{l}\cos 2\alpha = 1 - 2\,\mathrm{sen}^2\alpha\\ \mathrm{sen}\,2\alpha = 2\,\mathrm{sen}\,\alpha\cdot\cos\alpha\\ \mathrm{sen}^2\alpha + \cos^2\alpha = 1\end{array}\right\}$$

Dividiendo miembro a miembro en (1)

$$\frac{\mathrm{sen}\,2\alpha}{\cos 2\alpha} = \frac{10 - 10\,\mathrm{sen}\,\alpha}{10\cos\alpha} = \frac{1-\mathrm{sen}\,\alpha}{\cos\alpha};$$

$$\frac{2\,\mathrm{sen}\,\alpha\cdot\cos\alpha}{1-2\,\mathrm{sen}^2\alpha} = \frac{1-\mathrm{sen}\,\alpha}{\cos\alpha} \quad\rightarrow\quad 2\,\mathrm{sen}\cos^2\alpha = (1-\mathrm{sen}\,\alpha)(1-2\,\mathrm{sen}^2\alpha)$$

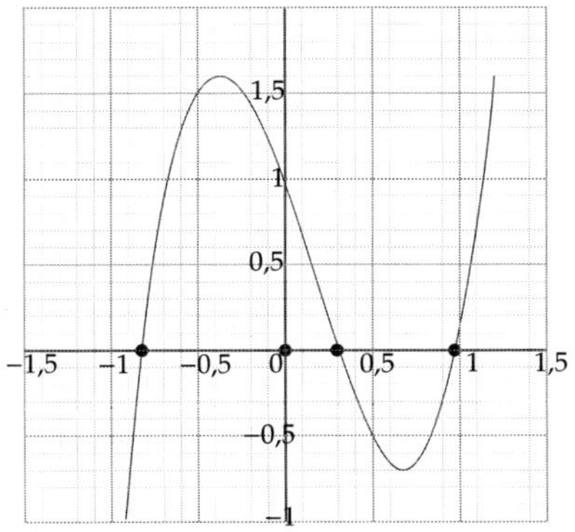

$$2\,\mathrm{sen}(1-\mathrm{sen}^2\alpha) = 1 - 2\,\mathrm{sen}^2\alpha - \mathrm{sen}\,\alpha + 2\,\mathrm{sen}^3\alpha$$

$$2\,\mathrm{sen}\,\alpha - 2\,\mathrm{sen}^3\alpha = 1 - 2\,\mathrm{sen}^2\alpha - \mathrm{sen}\,\alpha + 2\,\mathrm{sen}^3\alpha$$

$$4\,\mathrm{sen}^3\alpha - 2\,\mathrm{sen}^2\alpha - 3\,\mathrm{sen}\,\alpha + 1 = 0$$

Si sustituimos $\mathrm{sen}\,\alpha$ por t,

$$4t^3 - 2t^2 - 3t + 1 = 0$$

Como no hay un procedimiento analítico para resolverlo, podemos graficar la función de (t) y ver dónde corta $f(t)$ con $t = 0$. Corresponde con el valor de $t = 0{,}309$ y por tanto

$$\mathrm{sen}\,\alpha = 0{,}309 \quad \Rightarrow \quad \alpha = \mathrm{arc\,sen}\,0{,}28 = 18^\circ \quad \blacktriangleleft$$

En una aproximación, también podemos considerar que como el ángulo α debe ser pequeño, $\mathrm{sen}^3\alpha \ll \mathrm{sen}\,\alpha$ y resolver $-2t^2 - 3t + 1 = 0$

$$2t^2 3t - 1 = 0 \quad \rightarrow \quad t = \frac{-3 \pm \sqrt{9+8}}{4} = 0{,}28 \quad \text{(la solución negativa no vale)}$$

Luego

$$\mathrm{sen}\,\alpha \approx 0{,}28 \quad \Rightarrow \quad \alpha \approx \mathrm{arc\,sen}\,0{,}28 \approx 16{,}3^\circ \quad \blacktriangleleft$$

El valor de la tensión T (tomando el valor no aproximado) vale

$$T = \frac{10\cos\alpha}{\cos 2\alpha} = \frac{10\cos 18}{\cos 36} = 11{,}74\ \mathrm{N} \quad \blacktriangleleft$$

7.33 Tres cilindros se encuentran apilados y descansan sobre dos planos, tal como indica la figura. Suponiendo que no hay rozamiento entre los diferentes cuerpos, hallar el valor mínimo de α para que permanezcan en equilibrio estático.

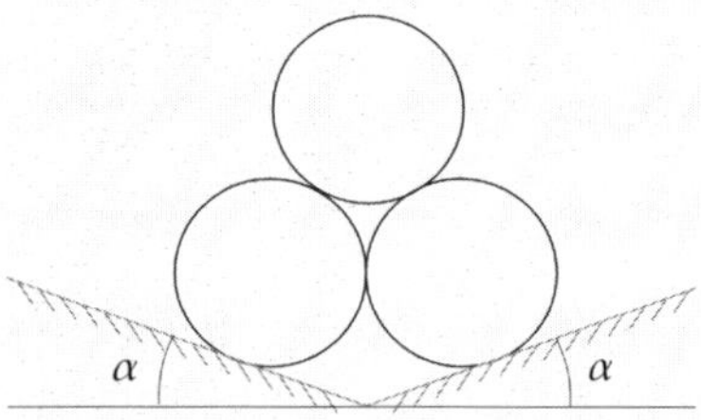

Si el peso de cada cilindro es P, el peso total que soportan las dos superficies será la suma total de todas, $3P$. Si llamamos N a la fuerza que se ejerce sobre los puntos de contacto con las superficies deberá cumplirse:

$$2N\cos\alpha = 3P \tag{1}$$

Por otra parte, si nos fijamos en las interacciones entre los cilindros, al ser un triángulo equilátero el que forman los tres centros, para el cilindro superior, en el eje de las Y:

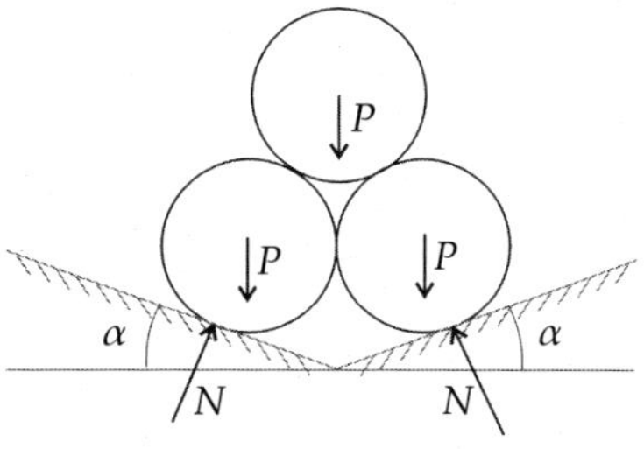

$$P = F_{12}\cos 30 + F_{13}\cos 30 = 2F_{13}\cos 30 \qquad (2)$$

Anulándose las componentes horizontales

$$F_{12}\,\mathrm{sen}\,30 - F_{13}\,\mathrm{sen}\,30 = 0$$

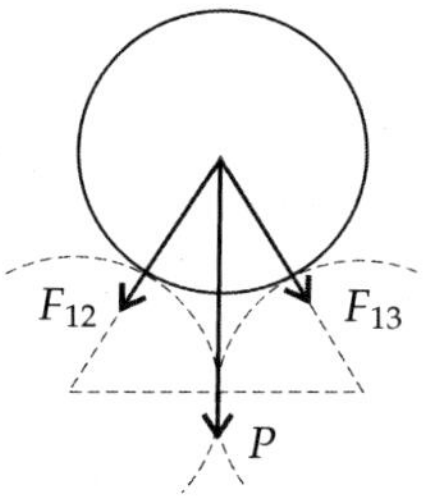

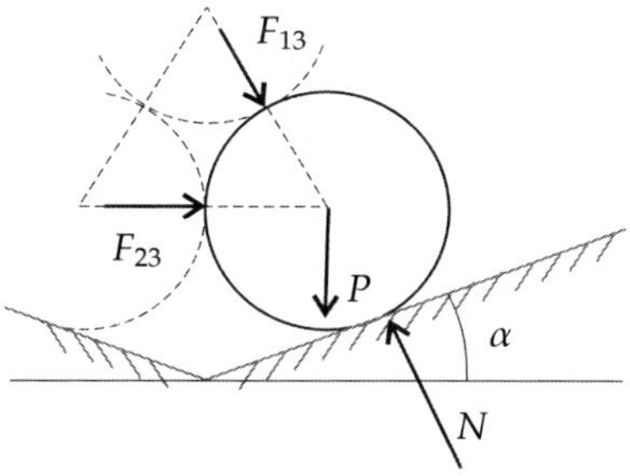

Para los cilindros inferiores:

$$\sum F_X = 0;\quad N\,\mathrm{sen}\,\alpha - F_{13}\,\mathrm{sen}\,30 - F_{23} = 0 \qquad (3)$$

$$\sum F_Y = 0;\quad N\cos\alpha - F_{13}\cos 30 - F_{23} = 0 \qquad (4)$$

De (4) $F_{23} = N\,\mathrm{sen}\,\alpha - F_{13}\,\mathrm{sen}\,30 \quad \rightarrow$

$$F_{23} = \frac{3P}{2}\,\mathrm{tg}\,\alpha - \frac{P}{2}\,\mathrm{tg}\,30$$

Para que no haya desplazamiento horizontal debe cumplirse que en la expresión anterior el valor indicado sea el valor máximo. Por tanto,

$$3\,\mathrm{tg}\,\alpha_{\text{mín}} > \mathrm{tg}\,30$$

De donde,

$$\mathrm{tg}\,\alpha_{\text{mín}} \geq \mathrm{tg}\,30 \quad \rightarrow \quad \alpha_{\text{mín}} \geq 10°55' \quad ◂$$

7.34 Un cilindro de radio R y masa m se apoya en dos medios cilindros de igual radio y masa $m/2$ como indica la figura. Obtener el coeficiente de rozamiento entre los semicilindros y el suelo para que la distancia entre los puntos A y B sea $3R$.

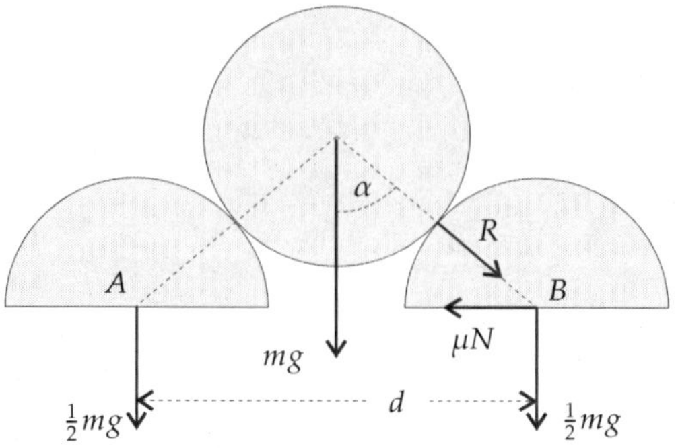

En la esfera superior

En el eje Y:

$$2F\cos\alpha = mg \quad\rightarrow\quad F = \frac{mg}{2\cos\alpha} \tag{1}$$

Para las esferas inferiores

$$\sum F_y = 0 \quad\rightarrow\quad N = \frac{mg}{2} + F\cos\alpha = mg \tag{2}$$

$$\sum F_x = 0 \quad\rightarrow\quad F_r = \mu N = \mu mg = F\,\mathrm{sen}\,\alpha \tag{3}$$

Poniendo el ángulo en función de las variables d y r, como $\mathrm{sen}\,\alpha = \dfrac{\frac{1}{2}d}{2R} = \dfrac{d}{4R}$,

$$\cos\alpha = \sqrt{1-\mathrm{sen}^2\,\alpha} = \sqrt{1-\left(\frac{\frac{1}{2}d}{2R}\right)^2} = \sqrt{1-\left(\frac{d}{4R}\right)^2} = \frac{\sqrt{16R^2-d^2}}{4R}$$

De (3) y (1)

$$\mu\, mg = F\,\mathrm{sen}\;\alpha = \frac{mg}{2\cos\alpha}\,\mathrm{sen}\,\alpha \quad\rightarrow\quad \mu = \frac{\mathrm{sen}\,\alpha}{2\cos\alpha}$$

Y sustituyendo

$$\mu = \frac{\dfrac{d}{4R}}{\dfrac{2\sqrt{16R^2-d^2}}{4R}} = \frac{d}{2\sqrt{16R^2-d^2}} = \frac{3R}{2\sqrt{16R^2-9R^2}} = \frac{3}{2\sqrt{7}} = 0{,}57 \quad ◂$$

7.35 Un disco de radio R apoyado en el suelo tiene un agujero como el de la figura de radio $R/2$. a) Obtener donde se encuentra su CM. b) Si no desliza, ¿cuál debe ser la tensión de la cuerda que le impida moverse en la situación representada?

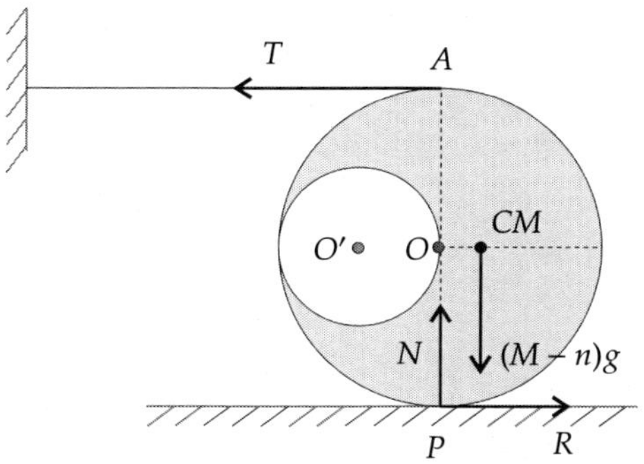

El CM se situará en el eje de las X. Para obtenerlo, si consideramos todo el disco sin el agujero con una masa M situada en el centro O, el agujero se comporta como una masa negativa de valor $-m$ situada en O'.

Si llamamos ρ a su densidad y h al grosor del disco, el CM estará

$$x_{CM} = \frac{\sum m_i x_i}{\sum m_i} = \frac{M \cdot 0 + (-m) \cdot \left(-\frac{R}{2}\right)}{M - m} = \frac{\rho \cdot \pi R^2 h \cdot 0 + \rho \cdot \pi \left(\frac{R}{2}\right)^2 h \frac{R}{2}}{\rho \cdot \pi R^2 h - \rho \cdot \pi \left(\frac{R}{2}\right)^2 h} = \frac{1}{6} R \quad ◂$$

Haciendo el diagrama de fuerzas y aplicando las condiciones de la estática:

$$\sum_{\vec{F}} = 0 \Rightarrow \begin{cases} R - T = 0 \\ N - (M - m)g = 0 \end{cases}$$

Para los momentos, tomándolos respecto al punto P,

$$\sum_{\vec{M}=0}$$

$$(M - m)g \cdot \frac{1}{6} R - T \cdot 2R = 0 \quad T = \frac{1}{12}(M - m)g \quad ◂$$

7.36 Una masa de 16 kg sujeta al extremo de un alambre de acero, con módulo de Young $\Upsilon = 2 \cdot 10^{11}$ Nm^{-2}, cuya longitud normal es de 60 cm, da vueltas describiendo una circunferencia vertical con una velocidad angular de 2 r.p.s. La sección transversal del alambre es de 5 mm^2. Calcular el alargamiento del alambre cuando la masa se encuentra en el punto más bajo de la trayectoria.

$$T - mg = ma_n = m\frac{v^2}{R} = m\omega^2 R$$

Como

$$1 \text{ rps} = 2\pi \text{ rad/s} \quad \Rightarrow \quad \omega = 2 \text{ rps} = 4\pi \text{ rad/s}$$

El módulo de Young viene dado por

$$\Upsilon = \frac{F_n/A}{\Delta L/L}; \quad \Rightarrow \quad F_n = T\Delta L = \frac{T}{A}\frac{L}{\Upsilon} = \frac{m(g+\omega^2 R)\cdot 0{,}6}{(5\cdot 10^{-6})2\cdot 10^{11}} =$$

$$= \frac{16(9{,}8+16\pi^2\cdot 0{,}6)\cdot 0{,}6}{5\cdot 10^{6}\cdot 2\cdot 10^{11}} = 10^{-3}\ \text{m} \quad \blacktriangleleft$$

7.37 Una pequeña varilla está colgada del techo mediante dos alambres, uno de cobre ($\Upsilon = 13\cdot 10^{10}$ Nm^{-2}) de 3 m de longitud y 5 mm^2 de sección, y otro de hierro ($\Upsilon = 2\cdot 10^{10}$ Nm^{-2}) de 2 m de longitud y 2 mm^2 de sección que forman ángulos de 30° y 60° respectivamente con la horizontal. ¿Cuánto se alargarán cada uno de los alambres al colgar de la varilla una pesa de 30 kg?

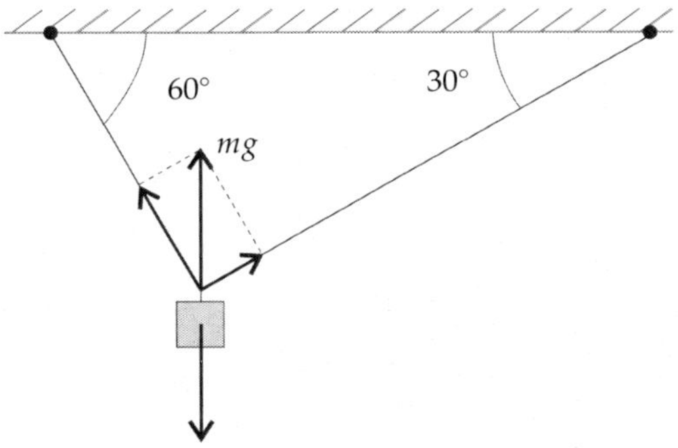

Condición de equilibrio:

$$\left.\begin{aligned}\textstyle\sum F_x &= 0\\ \textstyle\sum F_y &= 0\end{aligned}\right\}$$

En el eje X:

$$T_1\cos 60° - T_2\cos 30° = 0 \quad \rightarrow \quad T_1 = \sqrt{3}T_2$$

En el eje Y:

$$T_1\,\text{sen}\,60° + T_2\,\text{sen}\,30° - mg = 0$$

$$\sqrt{3}T_2\,\text{sen}\,60° + T_2\,\text{sen}\,30° = mg; \qquad 1{,}5T_2 + 0{,}5T_2 = 300; \qquad T_2 = \frac{300}{2} = 150\ \text{N}$$

$$T_1 = \sqrt{3}T_2 = \sqrt{3}\cdot 150 = 259{,}8\ \text{N}$$

Como $\Upsilon = \dfrac{F_n/A}{\Delta L/L}$ siendo F_n las tensiones en los hilos,

$$\Delta L_{cu} = \frac{L_{cu}T_2}{\Upsilon_{cu}A_{cu}} = \frac{3 \cdot 150}{13 \cdot 10^{10} \cdot 5 \cdot 10^{-6}} = 6{,}92 \cdot 10^{-4}\ \text{m} \quad ◀$$

$$\Delta L_{fe} = \frac{L_{fe}T_1}{\Upsilon_{fe}A_{fe}} = \frac{2 \cdot 259{,}8}{2 \cdot 10^{10} \cdot 2 \cdot 10^{-6}} = 1{,}3 \cdot 10^{-2}\ \text{m} \quad ◀$$

7.38 En la superficie del océano la fuerza normal por unidad de superficie sobre un cuerpo es de 10^5 Nm^{-2}. A una profundidad de 3000 m dicha fuerza es de $31 \cdot 10^6$ Nm^{-2}. ¿Cuál será la disminución relativa de volumen de una esfera de aluminio al llevarla a dicha profundidad? El módulo de comprensibilidad del aluminio es de $7{,}7 \cdot 10^{10}$ Pa.

El módulo de comprensibilidad, B, viene dado por la expresión:

$$B = \frac{-\Delta P}{\Delta V/V_0}$$

$$\frac{-\Delta V}{V_0} = \frac{\Delta P}{B} = \frac{(310 - 1) \cdot 10^5\ \text{N/m}^2}{7{,}7 \cdot 10^{10}\ \text{N/m}^2} = 40{,}13 \cdot 10^5 \simeq 0{,}04\,\% \quad ◀$$

8 Fluidos

8.1 Se deja un objeto en el agua que flota con el 80 % de su volumen por debajo de la superficie. El mismo objeto flota en otro líquido con el 70 % de su volumen por debajo de la superficie. Determinar la densidad del objeto y la densidad relativa del otro líquido respecto a la del agua. $\rho = 10^3\ \mathrm{kg/m^3}$.

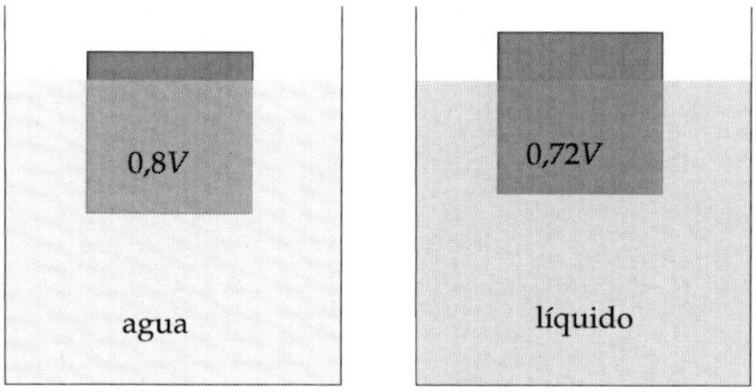

Considerando las figuras, si están en equilibrio debe cumplirse que

Peso del sólido = Empuje del agua

$$\rho_s V g = \rho_a 0{,}80\, V g \quad \rho_s = 0{,}80\rho_a = 800\ \mathrm{kg\,m^{-3}}$$

En la segunda figura

Peso del sólido = Empuje del líquido

$$\rho_s V g = \rho_l 0{,}70\, V g \quad \rho_s = \rho_l 0{,}70 \quad \rightarrow \quad \rho_l = \frac{\rho_s}{0{,}70} = \frac{0{,}8\rho_a}{0{,}70} = 1{,}14\rho_a = 1140\ \mathrm{kg\,m^{-3}}$$ ◀

8.2 Un cubo de madera de 5 cm de lado y densidad 750 $\mathrm{kg/m^3}$ flota en el agua. Calcular a) Distancia que hay entre el nivel del agua y la parte superior del cubo; b) ¿qué masa debería tener una piedra para que colocada encima del cubo su parte superior quedara a ras del agua?

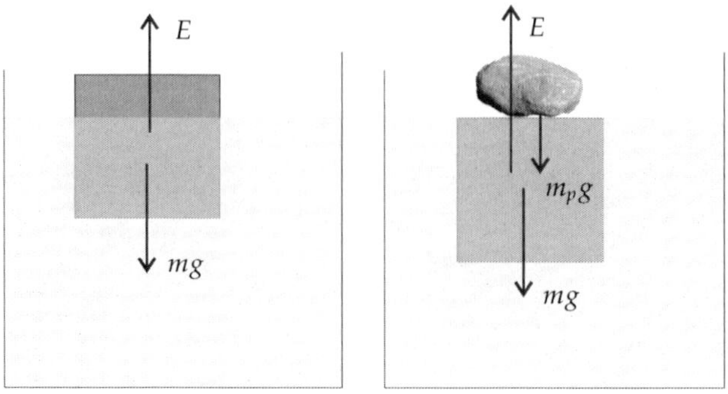

a) Como el empuje es igual al peso del líquido desalojado,

$$E = \rho_{ag} V_{ag} g = (1\ \text{g/cm}^3)\,[5 \cdot 5 \cdot (5 - h)]\ \text{cm}^3 \cdot g$$

y

$$E = \rho_m V_m g = (0{,}750\ \text{g/cm}^3) \cdot (5{,}0)^3 g$$

Igualando

$$0{,}750(5{,}0)^3 g = 1{,}00[5 \cdot 5 \cdot (5 - h)]g$$

Por lo que

$$h = 5(1 - 0{,}750) = 1{,}25\ \text{cm} \quad ◄$$

b) Por otra parte, cuando el bloque esté totalmente sumergido al colocar la piedra encima, el empuje será igual a la suma de los pesos de la madera y la piedra. Por tanto:

$$E = \rho_m V_m g + m_p g$$

$$1\ \text{gr/cm}^3 \cdot 5^3\ \text{cm}^3 \cdot g = 0{,}750\ \text{gr/cm}^3 \cdot 5^3\ \text{cm}^3 \cdot g + m_p \cdot g$$

$$m_p = (1 - 0{,}750) \cdot 5^3 = 31{,}25\ \text{g} \quad ◄$$

8.3 La medida de un barómetro de mercurio es 735 mm. Obtener la presión atmosférica en pascales. Densidad del mercurio: 13,59 g/cm^3.

$$P = \rho g h = 13{,}59\ \text{g/cm}^3 \cdot 9{,}8\ \text{m/s}^2 \cdot 0{,}735\ \text{m}$$

$$P = 13590\ \text{kg/m}^3 \cdot 9{,}8\ \text{m/s}^2 \cdot 0{,}735\ \text{m} = 97.888{,}7\ \text{Pa} \quad ◄$$

8.4 El sumergible Titán se construyó para bajar a grandes profundidades. El 18 de junio de 2023 comenzó una expedición con el objetivo de ver los restos del Titanic situados a 3880 metros de profundidad. Horas después se perdió el contacto y finalmente se dedujo que había implosionado a una profundidad aproximada de 3500 m. ¿Qué presión soportaba el casco en ese momento? Si la superficie del sumergible era de 45 m^2. ¿Qué fuerza se ejercía sobre la superficie del casco? El Empire State, rascacielos de 443 m de altura, posee una masa de 370.000 Toneladas y se asienta sobre una base de 8094 m^2. Compare la presión media que se ejerce sobre su base con la que soportaba el sumergible cuando implosionó.

a) La presión en el casco del Titán a 3500 m

$$P_T = \rho g h = 1000\ \mathrm{kgm^{-3}} \cdot 9{,}8\ \mathrm{ms^{-2}} \cdot 3500\ \mathrm{m} = 34{,}3 \cdot 10^6\ \mathrm{Pa}$$

Y la fuerza sobre él

$$F_T = P_T S = 34{,}3 \cdot 10^6\ \mathrm{Pa} \cdot 45\ \mathrm{m^2} = 1{,}54 \cdot 10^9\ \mathrm{N} \quad \blacktriangleleft$$

b) La presión sobre la base de Empire State

$$P_E = \frac{F}{S} = \frac{mg}{S} = \frac{370000\ \mathrm{Tm} \cdot 1000\ \mathrm{kg/Tm} \cdot 9{,}8\ \mathrm{ms^{-2}}}{8094\ \mathrm{m^2}} = 4{,}57 \cdot 10^5\ \mathrm{Pa} \quad \blacktriangleleft$$

La relación entre ambas presiones:

$$\frac{P_T}{P_E} = \frac{34{,}3 \cdot 10^6\ \mathrm{Pa}}{4{,}57 \cdot 10^5\ \mathrm{Pa}} = 75{,}05 \quad \blacktriangleleft$$

Luego la presión que soportaba el sumergible era aproximadamente 75 veces mayor que la de los cimientos del Empire State.

8.5 Se introduce una bolita bajo el agua de radio 2,40 cm y con una densidad promedio de $\rho_p = 0{,}12\ \mathrm{g/cm^3}$. ¿Qué fuerza se requiere para mantenerla completamente sumergida?

Para que esté en equilibrio

$$\sum \vec{F} = 0 \quad \rightarrow \quad F + mg = E$$

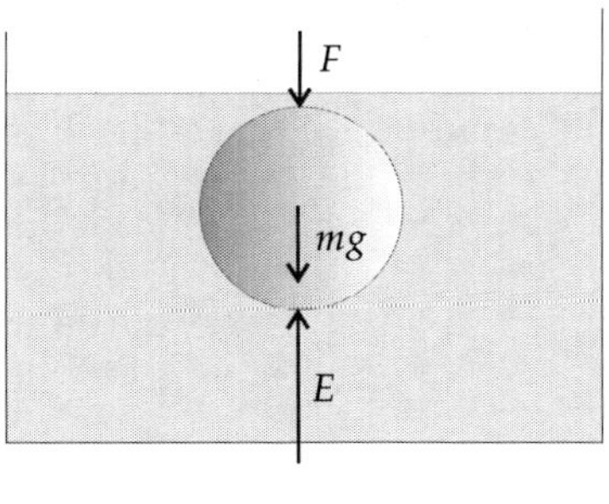

Donde E es la fuerza de empuje y F la fuerza que debemos aplicar. Por tanto, la fuerza aplicada:

$$F = E - mg$$

Si V es el volumen de la pelota, el empuje es $E = m_{ag}g = \rho_{ag} V g$.

Y el peso de la bolita $P = m_b g = \rho_b V g$.

Por tanto

$$F = \rho_{ag} V g - \rho_b V g = V g(\rho_{ag} - \rho_p) = \frac{4}{3}\pi r^3 g(\rho_{ag} - \rho_p)$$

Sustituyendo,

$$F = \frac{4}{3}\pi(2{,}4 \cdot 10^{-2})^3 \cdot 9{,}8 \cdot (10^3 - 120) = 0{,}5 \text{ N} \quad ◂$$

8.6 Un globo aerostático de 100 kg de masa se llena con 600 m^3 de helio. Sabiendo que la densidad del helio es 0,179 kg m^{-3}, la del hidrógeno 0,09 kg m^{-3}, y la del aire 1,29 kg m^{-3}, obtener la masa que podría levantar. Si se reemplazara el He por hidrógeno, ¿qué masa podría levantar?

a) Cuando el globo esté en equilibrio con la carga, el empuje ha de ser igual a la suma de todos los pesos:

$$\sum F_y = 0 \quad \rightarrow \quad E - P_{\text{globo}} - P_{\text{helio}} - P_{\text{carga}} = 0$$

$$\rho_a g V - 100g - \rho_{he} g V - mg = 0$$

Por tanto:

$$m = (\rho_a - \rho_{he})V - 100 = (1{,}29 - 0{,}179)(600) - 100 = 566{,}6 \text{ kg} \quad ◂$$

b) Para el caso del hidrógeno

$$m = (\rho_a - \rho_{he})V - 100 = (1{,}29 - 0{,}09)(600) - 100 = 620 \text{ kg} \quad ◂$$

8.7 Un objeto sólido tiene un peso de 15 N en el aire. Posteriormente el objeto se suspende de una balanza de resorte y se sumerge en el agua, siendo su lectura en la balanza de 10 N. Obtener la densidad del objeto ρ_o.

Si llamamos E al empuje y F_r la fuerza de recuperación del resorte.

Cuando el objeto está sumergido:

$$\sum F_y = 0 \Rightarrow E - mg + F_r = 0 \quad \rightarrow \quad E = 15 \text{ N} - 10 \text{ N} = 5 \text{ N}$$

Este valor es el del peso del agua desalojada que posee un volumen V igual al del objeto:

$$E = m_{ag}g = \rho_{ag}Vg \quad V = \frac{E}{\rho_{ag} \cdot g}$$

Por tanto, la densidad del objeto es:

$$\rho_o = \frac{m_o}{V} = \frac{m_o\rho_{ag} \cdot g}{E} = \frac{15 \cdot 1000}{5} = 3{\cdot}10^3\,\text{kg/m}^3 \quad ◄$$

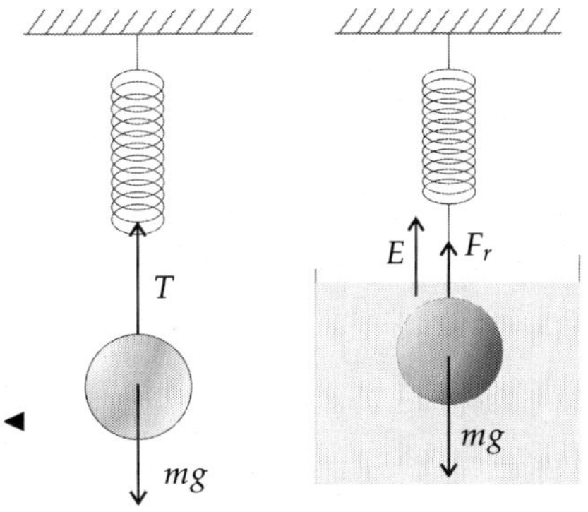

8.8 Una esfera hueca de 1,20 m de radio y $6 \cdot 10^3$ kg de masa posee agua en su interior, de manera que se mantiene en equilibrio dentro del agua. ¿Qué cantidad de agua contiene? Si queremos que descienda con una velocidad constante de 2 m/s, ¿qué cantidad adicional de agua hay que añadir, sabiendo que la fuerza de rozamiento es de 2000 N?

a) Si llamamos M a la masa de la esfera y m a la del agua que contiene, por el principio de Arquímedes debe cumplirse:

$$E = \rho_{ag}Vg = (M + m)g$$

Siendo

$$V = \frac{4}{3}\pi r^3$$

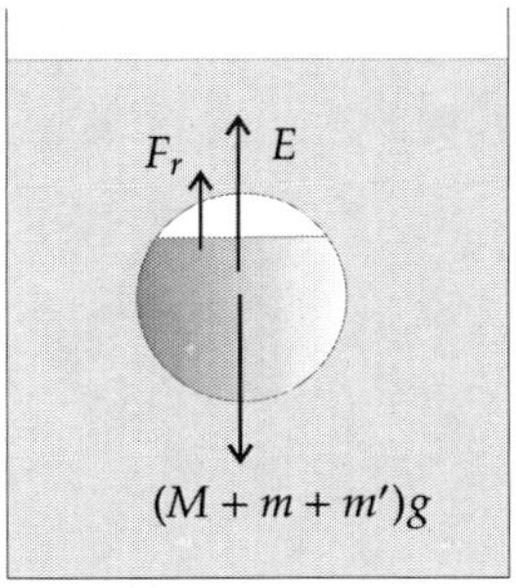

$$m = \rho_{ag}{\cdot}V_{ag}{-}M = 10^3{\cdot}(\frac{4}{3}\pi 1{,}2^3){-}6{\cdot}10^3 = 1{,}24{\cdot}10^3\,\text{kg} \quad ◄$$

b) La velocidad constante supone que la suma de fuerzas es 0, por lo que

$$E + F_r = (M + m + m') \cdot g$$

$$\rho_{ag} \cdot V \cdot g + 2000 = (M + m + m') \cdot g$$

$$10^3(\frac{4}{3} \cdot \pi \cdot 1{,}2^3) + \frac{2000}{9{,}8} = 6 \cdot 10^3 + 1{,}24 \cdot 10^3 + m'$$

Despejando,

$$m' = 202{,}31\,\text{kg} \quad ◄$$

8.9 Se deja un bloque de corcho en aceite y se observa que el 55 % de su volumen está sumergido. Posteriormente, se sumerge en agua y flota con el 60 % de su volumen sumergido. Determina las densidades del aceite y del corcho.

Si llamamos ρ_{ag} a la densidad del agua, ρ_c a la densidad del corcho, y ρ_{ac} a la densidad del aceite.

El empuje es igual al peso del líquido desalojado. Por tanto,

$$\left.\begin{aligned}\rho_{ag}\cdot g\cdot 0{,}60V = \rho_c\cdot g\cdot V\\ \rho_{ag}\cdot g\cdot 0{,}55V = \rho_c\cdot g\cdot V\end{aligned}\right\} = \frac{\rho_{ac}}{\rho_{ag}} = \frac{0{,}55}{0{,}60}$$

$$\rho_{ac} = 916{,}7\ \mathrm{kg/m^3} \quad \blacktriangleleft$$

$$\rho_c = \rho_{ag}\cdot 0{,}6 = 600\ \mathrm{kg/m^3} \quad \blacktriangleleft$$

8.10 Un tubo en forma de U posee dos brazos, el de la izquierda tiene una sección transversal A_1 de 8 $\mathrm{cm^2}$, y el de la derecha A_2 de 5 $\mathrm{cm^2}$. Se vierte en ellos agua y posteriormente se vierten 80 g de aceite en el brazo derecho. Determine a) la altura de la columna de agua en el brazo derecho; b) altura h que se eleva el agua en el brazo izquierdo. Densidad del aceite: 0,92 $\mathrm{g\,cm^{-3}}$.

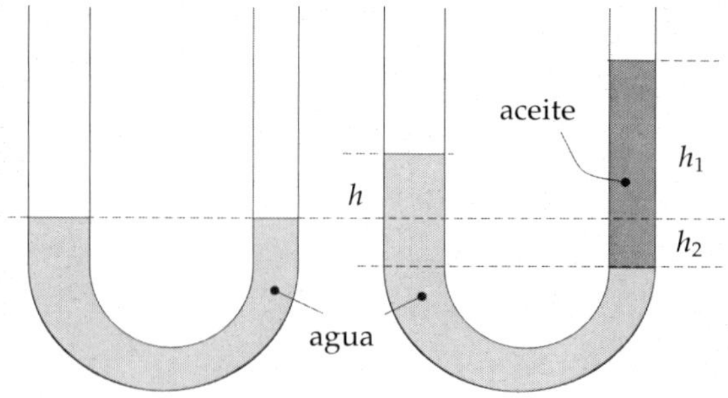

a) Llamemos ρ_{ac} a la densidad del aceite y ρ_{ag} a la del agua.

$$H = h_1 + h_2 = \frac{m_{ac}}{A_2\rho_{ac}} = \frac{80\ \mathrm{g}}{5\ \mathrm{cm^2}\cdot 0{,}92\ \mathrm{g/cm^3}} = 17{,}4\ \mathrm{cm}$$

b) Viendo la figura, la cantidad de agua que se desplazado a A_1 debe ser igual a la que ha bajado en A_2. Por tanto,

$$A_2h_2 = A_1h \quad \mathrm{o} \quad h_2 = \frac{A_1}{A_2}h$$

Tomando como nivel en el tubo derecho la interfaz agua-aceite, la presión allí vale:

$$P = P_0 + \rho_{ac} g H$$

La presión en el mismo nivel del tubo izquierdo es dada por:

$$P = P_0 + \rho_{ag} g(h + h_2) = P_0 + \rho_{ac} g \cdot H$$

Teniendo en cuenta ambas ecuaciones:

$$\rho_{ag} h \left[1 + \frac{A_1}{A_2}\right] = \rho_{ac} H \quad \rightarrow \quad h = \frac{\rho_{ac} h_1}{p_{ag}(1 + A_1/A_2)}$$

El agua alcanza una altura sobre el nivel inicial:

$$h = \frac{0{,}92\ \mathrm{g/cm^3} \cdot 17{,}4\ \mathrm{cm}}{1 \cdot (1 + 8/5)\ \mathrm{g/cm^3}} = 6{,}16\ \mathrm{cm} \quad \blacktriangleleft$$

8.11 Sabiendo que la densidad del hielo es 917 $\mathrm{kg\,m^{-3}}$ y la del agua salada, 1030 $\mathrm{kg\,m^{-3}}$ calcule la fracción del iceberg que se encuentra bajo el nivel del agua.

Como el empuje que experimenta el hielo ha de ser igual al peso del agua desalojada.

$$E = P \quad \rightarrow \quad \rho_a V_a g = \rho_h V_h g$$

Y la fracción sumergida

$$f = \frac{V_a}{V_h} = \frac{\rho_h}{\rho_a} = \frac{917}{1030} = 0{,}890 = 89{,}0\,\% \quad \blacktriangleleft$$

Solo es visible del orden del 11 %.

8.12 Un tubo en forma de U se rellena con agua hasta que el nivel del líquido está a 40 cm por encima del fondo del tubo. Posteriormente, en una de las ramas del tubo se vierte aceite de densidad 0,85 $\mathrm{gr/cm^3}$ hasta que el nivel del agua en la otra rama alcanza 46 cm por encima del fondo del tubo. Obtener la altura que alcanza el aceite desde la interfase aceite-agua.

Cuando el agua sube 6 cm, el aceite quedará 6 cm por debajo de la línea inicial.

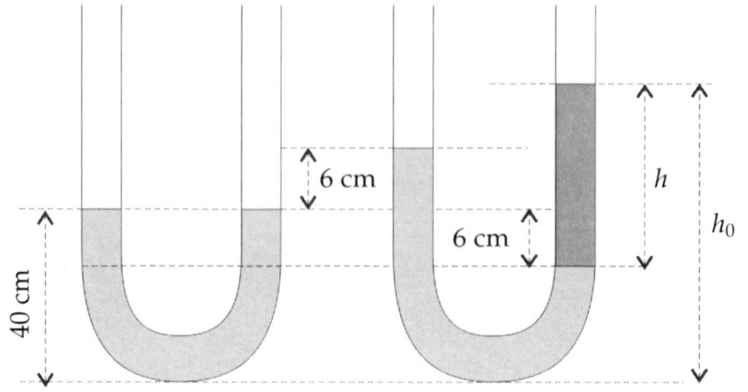

Observando la figura, se cumple respecto al fondo del tubo:

$$\rho_a g \cdot 46 = \rho_c g h + \rho_a g(h_0 - h)$$

Y respecto a la línea que está a 40 cm:

$$\rho_a g \cdot 40 = \rho_c g 6 + \rho_a g(h_0 - h)$$

Por lo que restando ambas ecuaciones

$$\rho_a g(46 - 40) = \rho_c g(h - 6); \qquad 6\rho_a = \rho_c(h - 6); \qquad h = \frac{6\rho_a}{\rho_c} + 6 = 13{,}06 \text{ cm} \quad ◀$$

8.13 Un tubo U, abierto en ambos extremos, está parcialmente lleno con agua. A continuación, se vierte aceite en uno de sus brazos con una densidad de 912 kg/m^3 que forma una columna $L = 5$ cm de alto. ¿Qué diferencia de altura h hay entre las dos superficies de los líquidos?

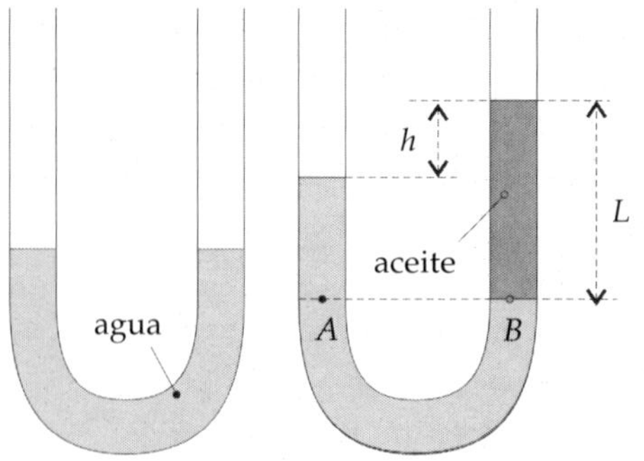

Si consideramos la presión en los puntos A y B en la segunda figura y llamamos ρ_a a la densidad del agua y ρ_0 a la del aceite:

En el tubo izquierdo: $P_A = P_{atm} + \rho_a g(L - h)$

En el tubo derecho: $P_B = P_{atm} + \rho_0 g L$

El principio de Pascal nos indica que $P_A = P_B$ por lo que,

$$P_{atm} + \rho_0 g L = P_{atm} + \rho_{agua}\, g(L - h)$$

$$\rho_a g L = \rho_a g (L - h)$$

$$h = \frac{(\rho_a - \rho_0)}{\rho_a} L = \left(\frac{1000 - 912}{1000}\right) \cdot 5{,}00 \text{ cm} = 0{,}44 \text{ cm} \quad ◀$$

8.14 La densidad del aire disminuye con la altura según la expresión $\rho = \rho_0 e^{z/8400}$ (z en metros) siendo el valor de la densidad a nivel de mar, ρ_0, 1,225 kg m^{-3}. ¿Qué cantidad de He que habría que introducir en un globo, cuya masa es 50 kg, para que levante una carga adicional de 600 kg desde el nivel del mar hasta una altura de 3650 m, suponiendo que no varía el volumen del globo con la altura. Densidad del Helio: 0,18kg m^{-3}.

El globo está subiendo hasta que el empuje es igual a la masa que soporte. Si ρ_a es la densidad del aire, m la masa del globo y M la carga, deberá cumplirse:

$$\rho_a g V + mg + Mg = \rho_{He} g V$$

$$V = \frac{M + m}{\rho_a - \rho_{He}} = \frac{650}{1{,}225 e^{-3650/8400} - 0{,}18} = 1.059{,}88 \text{ m}^3 \quad ◀$$

8.15 Un depósito de agua abierto en la parte superior está lleno con agua. A 1,4 m bajo el nivel del agua se hace un orificio pequeño. Si el caudal del agua que sale es 3 litros por minuto, determine a) la velocidad a la que el agua sale del orificio y b) el diámetro del orificio. (Considérese que la superficie superior del tanque es ≫ que la del orificio).

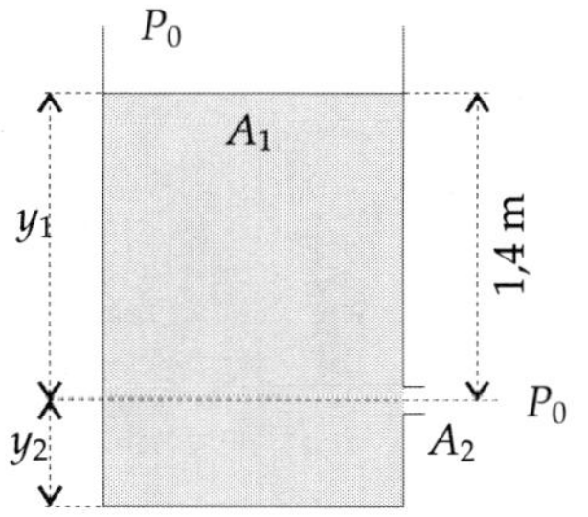

Si suponemos que la parte superior del tanque está abierta a la atmósfera,

$$P_0 = P_1$$

El caudal es

$$Q = 3 \text{ l/min} = 3{\cdot}10^{-3} \text{ m}^3/60 \text{ s} = 5{\cdot}10^{-5} \text{ m}^3/\text{s}$$

a) Si la superficie superior del tanque, A_1 es mucho mayor que la del orificio A_2,

$$A_1 \gg A_2$$

También deberá ocurrir que $v_1 \ll v_2$. Por tanto, si en la ecuación de Bernoulli

$$P_1 + \frac{\rho v_1^2}{2} + \rho g y_1 = P_2 + \frac{\rho v_2^2}{2} + \rho g y_2$$

consideramos despreciable el término $\frac{\rho v_1^2}{2}$

$$\rho \cdot g \cdot y_1 = \frac{\rho \cdot v_2^2}{2} + \rho \cdot g \cdot y_2$$

y como

$$y_1 - y_2 = h \quad \rightarrow \quad \rho \cdot g(y - y_2) = \frac{\rho \cdot v_2^2}{2} = \rho \cdot g \cdot h$$

Luego

$$v_2 = \sqrt{2 \cdot g \cdot h} = \sqrt{2 \cdot 9{,}8 \cdot 1{,}4} = 5{,}24 \text{ m/s} \quad \blacktriangleleft$$

b) El caudal es

$$A_2 v_2 = \left(\frac{\pi d^2}{4}\right)(5{,}24) = 5 \cdot 10^{-5} \text{ m}^3/\text{s}$$

y despejando,

$$d = 3{,}48 \cdot 10^{-3} \text{ m} = 3{,}48 \text{ mm} \quad \blacktriangleleft$$

8.16 Un depósito de agua abierto posee un desagüe en su parte inferior mediante un tubo de 1,2 cm de diámetro. Si suponemos que la altura del agua es de 8 metros y que su nivel varía muy lentamente en comparación con velocidad de salida, calcule la masa de agua que fluye de la boquilla en 1 hora.

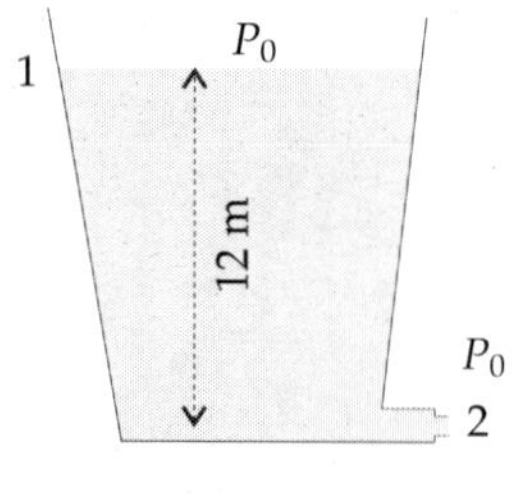

Si el punto 1 es la superficie libre del agua en el tanque y el punto 2 donde está de la salida, la v_1 se puede considerar ≈ 0. Además, las presiones en los puntos 1 y 2 son iguales a la presión atmosférica,

$$P_1 = P_2 = P_0$$

La ecuación de Bernoulli

$$P_1 + \rho g y_1 + \frac{1}{2}\rho v_1^2 = P_2 + \rho g y_2 + \frac{1}{2}\rho v_2^2$$

queda

$$\rho g(y_1 - y_2) = \frac{1}{2}\rho v_2^2$$

$$1000\ \mathrm{kg/m^3} \cdot 9{,}8\ \mathrm{m/s^2} \cdot 8\ \mathrm{m} = \frac{1}{2}1000\ \mathrm{kg/m^3} \cdot v_2^2$$

$$v_2 = 12{,}52\ \mathrm{m/s}$$

La masa de agua que fluye en 1 h es:

$$\rho V = \rho A v_2 t = (1000\ \mathrm{kg/m^3})\pi(0{,}006\ \mathrm{m})^2(12{,}52\ \mathrm{m/s})3600\ \mathrm{s} = 5{,}1 \cdot 10^3\ \mathrm{kg} \quad ◄$$

8.17 Determinar el alargamiento que se produce en un muelle vertical fijo de constante $k = 75$ N/m cuando se le conecta en su parte superior un globo de 1,5 kg lleno con helio con un volumen de 8 m^3 tal como se indica en la figura. Datos: densidad del helio 0,167 kg m^{-3}; densidad del aire 1,26 kg m^{-3}.

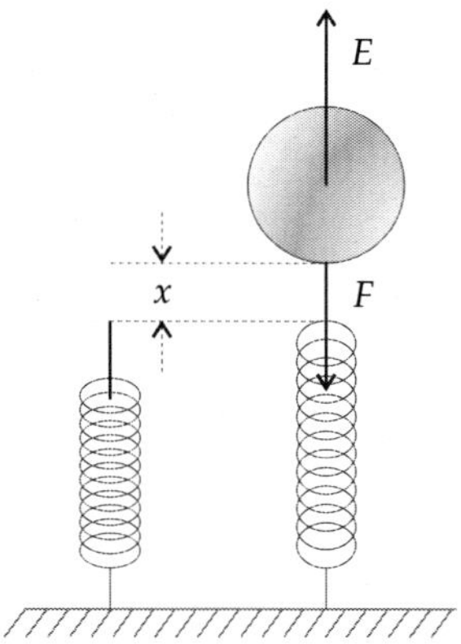

En equilibrio, $\sum F_y = 0$.

Por tanto,

$$kx = E - (m_{He} + m_{globo})g$$

siendo $E = \rho_a V g$ el peso del aire desplazado.

La masa de Helio es:

$$m_{He} = \rho_{He} V$$

Por lo tanto, tenemos:

$$kx = \rho_a V g - \rho_{He} V g - m_{globo} g$$

Y despejando

$$x = \frac{(\rho_a - \rho_{He})V - m_{globo}}{k} g$$

Para los valores dados,

$$x = \frac{(1{,}265 - 0{,}167)8 - 1{,}5}{75} \cdot 9{,}80 = 0{,}95\ \mathrm{m} \quad ◄$$

8.18 Una presa rectangular de anchura L y altura H está llena de agua. a) Determine la fuerza resultante que el agua ejerce sobre el dique. b) Obtener el momento total que el agua ejerce respecto a un eje horizontal a través de O.

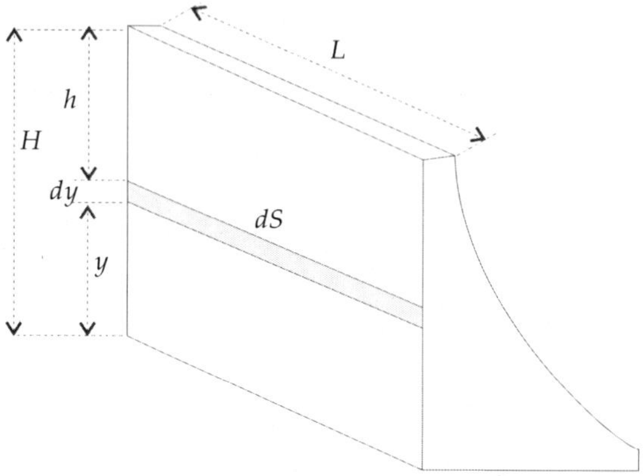

Tomemos un eje vertical y, con $y = 0$ en el fondo del dique. La presión que se ejerce en una línea situada a una profundidad y de la superficie depende solo de la altura del agua que hay por encima.

$$p = \rho g(H - y)$$

La fuerza elemental sobre un elemento diferencial de longitud L y altura dy, será

$$dF = pdS = \rho g(H - y)Ldy$$

La fuerza total

$$F = \int_0^H dF = \int_0^H pdS = \int_0^H \rho g(H - y)Ldy = \frac{1}{2}\rho g L H^2$$

y el momento de la fuerza es

$$M = \int dM = \int_0^H rdF = \int_0^H y[\rho g(H - y)Ldy] = \frac{1}{6}\rho g L H^3$$ ◂

8.19 Se cuenta que en la antigua Grecia le regalaron al rey una corona de oro y éste le encargó a Arquímedes comprobar si realmente era de ese material. Arquímedes pesó la corona primero en aire y luego en agua. La lectura de la balanza fue 14,4 N cuando la corona estaba en el aire y 13,5 N cuando estaba en agua. Si la densidad del oro es $19{,}3 \cdot 10^3$ kg m^{-3}. ¿Era realmente de oro la corona? ¿Qué volumen tenía la corona y cual debería haber sido si fuese de oro?

En el aire el peso de la corona es $T_1 = F_g$. Cuando la corona se sumerge en agua, la fuerza de flotación B reduce la lectura de la balanza, que da un peso *aparente* de $T_2 = F_g - B$.

La condición de equilibrio de fuerza sobre la corona

$$\sum F = E + T_2 - F_g = 0$$

$$E = F_g - T_2 = 14{,}4\ \mathrm{N} - 13{,}5\ \mathrm{N} = 0{,}9\ \mathrm{N}$$

Esta fuerza de flotación es igual en magnitud al peso del agua desalojado

$$\rho_a g_a V_a = 1{,}00\ \mathrm{N},$$

donde V_a es el volumen de agua desplazada y ρ_a es su densidad. El volumen de la corona V_c es igual al volumen del agua desplazada.

$$V_c = V_a = \frac{1{,}00}{\rho_a g} = \frac{0{,}9}{(10^3)(9{,}80)} = 9{,}1 \cdot 10^{-5}\ \mathrm{m}^3$$

La densidad de la corona:

$$\rho_c = \frac{m_c}{V_c} = \frac{m_c g}{V_c g} = \frac{14{,}4}{(9{,}1 \cdot 10^{-3})(9{,}80)} = 16{,}1 \cdot 10^3\ \mathrm{kg/m^3}$$

Por tanto, no era de oro.

El volumen de la corona era

$$V_c = \frac{m_c}{\rho_c} = \frac{m_c g}{\rho_c g} = \frac{14{,}4}{(16{,}1 \cdot 10^3)(9{,}80)} = 9{,}11 \cdot 10^{-5}\ \mathrm{m}^3 \quad \blacktriangleleft$$

El volumen de la corona de oro sólido debería haber sido:

$$V_c = \frac{m_c}{\rho_o} = \frac{m_c g}{\rho_o g} = \frac{14{,}4}{(19{,}3 \cdot 10^3)(9{,}80)} = 7{,}6 \cdot 10^{-5}\ \mathrm{m}^3 \quad \blacktriangleleft$$

8.20 Un camión de incendios suministra un caudal de 20 l/s a una manguera de 4 cm de diámetro interior que termina en una boquilla de 2 cm de diámetro. ¿Con que velocidad sale el agua de la boquilla? ¿Cuánta cantidad de agua suministra en 10 minutos? ¿Cuánto tiempo tardaría en vaciarse una cisterna de 40000 litros?

Por la ecuación de continuidad:

$$Q = v_1 A_1 = v_2 A_2 = 20\ \mathrm{dm^3\ s^{-1}} = 0{,}02\ \mathrm{m^3\ s^{-1}}$$

$$v_2 = \frac{Q}{A_2} = \frac{0{,}02\ \text{m}^3\ \text{s}^{-1}}{\pi(0{,}01\ \text{m})^2} = 63{,}66\ \text{m/s}$$

El volumen será el caudal por el tiempo $V = Q\,t$. Luego,

$$t = \frac{V}{Q} = \frac{40000\ \text{l}}{20\ \text{l/s}} = 2000\ \text{s} = 33{,}3\ \text{min} \quad \blacktriangleleft$$

8.21 En una casa la presión de entrada del agua es de $4 \cdot 10^4$ Pa y lo hace a través de una tubería de 6 cm de diámetro. En un punto de la primera planta, 3 m más alto, la tubería es de 2 cm de diámetro y la presión es igual a $0{,}50 \cdot 10^4$ Pa. Encuentre la velocidad del flujo a) en la sección inferior y b) en la sección superior. c) ¿Cuál es el caudal a través de la tubería?

a) Si consideramos un líquido ideal, aplicando la ecuación de Bernoulli:

$$P_1 + \rho g y_1 + \frac{1}{2}\rho v_1^2 = P_2 + \rho g y_2 + \frac{1}{2}\rho v_2^2$$

y por la ecuación de continuidad

$$A_1 v_1 = A_2 v_2 \quad \rightarrow \quad \pi r_1^2 v_1 = \pi r_2^2 v_2 \quad \rightarrow \quad \frac{v_1}{v_2} = \frac{\pi r_2^2}{\pi r_1^2} = \frac{1^2}{3^2} \quad \rightarrow \quad v_2 = 9 v_1$$

Por tanto,

$$P_1 + \frac{1}{2}\rho v_1^2 = P_2 + \rho g (y_2 - y_1) + \frac{1}{2}\rho \cdot (9 v_1)^2$$

$$4 \cdot 10^4\ \text{Pa} + \frac{1}{2}(1000\ \text{kg/m}^3)(v_1)^2 = 0{,}5 \cdot 10^4\ \text{Pa} + (1000)(9{,}8)(3)\ \text{Pa} + \frac{1}{2}(1000\ \text{kg/m}^3)(9 v_1)^2$$

y, despejando $v_1 = 1{,}4\ \text{m/s}$ ◂

b)

$$v_2 = 9 v_1 = 12{,}6\ \text{m/s} \quad \blacktriangleleft$$

c) El caudal

$$Q = A_1 v_1 = \pi r_1^2 v_1 = \pi (0{,}03\ \text{m})^2 (1{,}4\ \text{m/s}) = 3{,}96 \cdot 10^{-3}\ \text{m}^3\ \text{s}^{-1} \quad \blacktriangleleft$$

8.22 En una almazara el aceite, de densidad 0,916 kg/l, se mueve entre dos puntos A y B de una tubería horizontal. El diámetro del tubo en A es 4 cm y el diámetro en B, 2 cm. Si la diferencia de presión entre A y es de 4000 Pa, calcule las velocidades del aceite en A y en B.

El caudal es el mismo en los dos puntos. Por tanto,

$$A_A v_A = A_B v_B \quad \rightarrow \quad v_B = 4v_A$$

Como los tubos están a la misma altura ($y_B = y_A$),

$$P_A + \rho g y_A + \tfrac{1}{2}\rho v_A^2 = P_B + \rho g y_B + \tfrac{1}{2}\rho v_B^2$$

$$P_A - P_B = \tfrac{1}{2}\rho(4v_A)^2 - \tfrac{1}{2}\rho v_A^2 = \tfrac{15}{2}\rho v_A^2$$

$$4000 = \frac{1}{2}\cdot 916\cdot 15\, v_A^2 \quad \rightarrow \quad v_A = \sqrt{\frac{2\cdot 4000}{916\cdot 15}} = 0{,}76\ \mathrm{ms}^{-1} \quad ◂$$

$$v_B = 4v_A = 3{,}05\ \mathrm{ms}^{-1} \quad ◂$$

8.23 Para extraer agua de un tanque, se utiliza un tubo tal como se muestra en la figura que se succiona inicialmente para llenarlo. Si el comportamiento del líquido es ideal, obtener la velocidad de salida en el extremo del sifón si está a 2 m por debajo del nivel del agua.

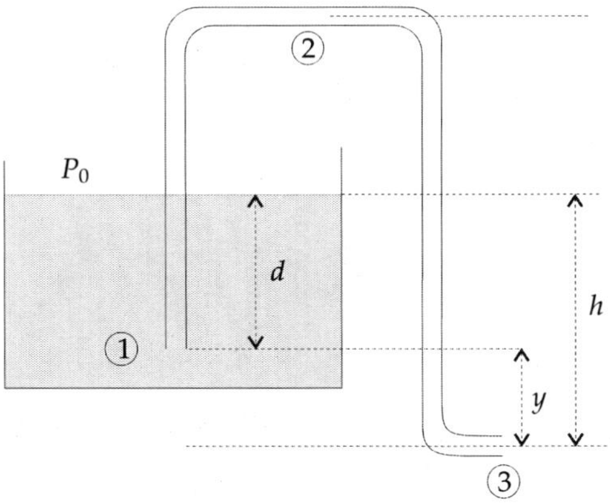

Apliquemos le ecuación de Bernoulli al punto 1 y 3 tomando como origen la línea horizontal que pasa por el punto 1. En el punto 1, la altura será 0 y la velocidad también es 0

$$P_1 + \rho g\cdot 0 + \frac{1}{2}\rho\cdot 0^2 = P_0 + \rho g(-y) + \frac{1}{2}\rho v_3^2$$

Por otra parte, como la presión en 1 es $P_1 = P_0 + \rho g d$ sustituyendo en la ecuación anterior y despejando,

$$v_3 = \sqrt{2g(y+d)} = \sqrt{2gh}$$

Si $h = 2$ m $\quad v_3 = 6{,}26$ m/s ◂

8.24 Un tanque de agua posee una salida a través de un tubo inclinado tal como muestra la figura, ¿cuál es la altura máxima sobre el suelo que alcanza la corriente de agua que sale del tanque? Datos: $h = 8$ m, $d = 1$ m y $\theta = 45°$ (suponga que el área de sección transversal A es muy grande comparada con la de B).

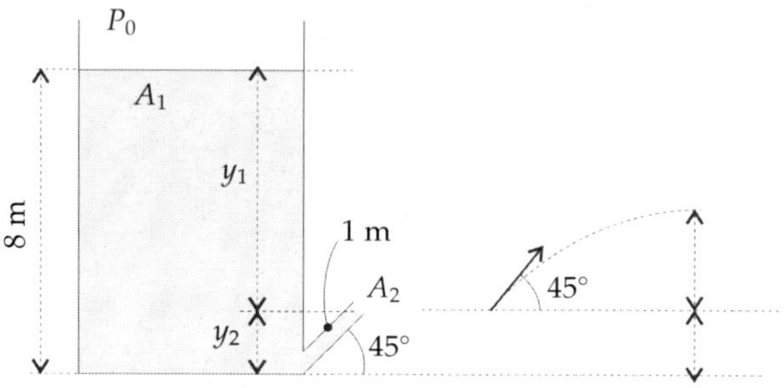

Aplicando la ecuación de Bernoulli a los puntos A y B, tomando como $y = 0$ al nivel del punto B, y considerando que $v_A \approx 0$. Además, como el sistema está abierto por los dos lados las presiones en A y B son iguales a la presión atmosférica, $P_A = P_B$.

$$P_A + \frac{1}{2}\rho_a \cdot 0^2 + \rho_a g(h - d \cdot \operatorname{sen}\theta) = P_A + \frac{1}{2}\rho_a v_B^2 + \rho_a g \cdot 0$$

Por lo tanto,

$$\rho_a g(h - d \cdot \operatorname{sen}\theta) = \frac{1}{2}\rho_a v_B^2 \quad \rightarrow \quad v_B = \sqrt{2g(h - d \cdot \operatorname{sen}\theta)}$$

$$v_B = \sqrt{2 \cdot 9{,}80 \cdot (8 - 1 \cdot \operatorname{sen} 45°)} = 11{,}96 \text{ m/s}$$

Para conocer la altura que alcanza el agua, consideremos las ecuaciones del movimiento parabólico con $v_{0y} = v_B \operatorname{sen} 45° = 8{,}45$ m/s. Entonces $v_{0y}^2 = 2gh$ siendo h la altura máxima sobre el punto de salida del agua

$$h = \frac{v_{oy}^2}{2g} = \frac{8{,}45^2}{2 \cdot 9{,}8} = 3{,}65 \text{ m}$$

La altura sobre el suelo será $h + d \operatorname{sen} 45 = 3{,}65 + 0{,}7 = 4{,}35$ m ◂.

8.25 En un tubo de sección variable como el de la figura fluye aceite que sale al exterior por C. El diámetro del tubo es 2,0 cm en A, 1,0 cm en B y 0,8 cm en C. La presión manométrica del tubo en A es 1,22 atm y el caudal 0,8 l/s. Los tubos verticales están abiertos al aire. Determinar a) la velocidad del aceite en los puntos A, B y C; b) el nivel (sobre la línea media que se muestra) de las interfases aceite-aire en los dos tubos verticales.

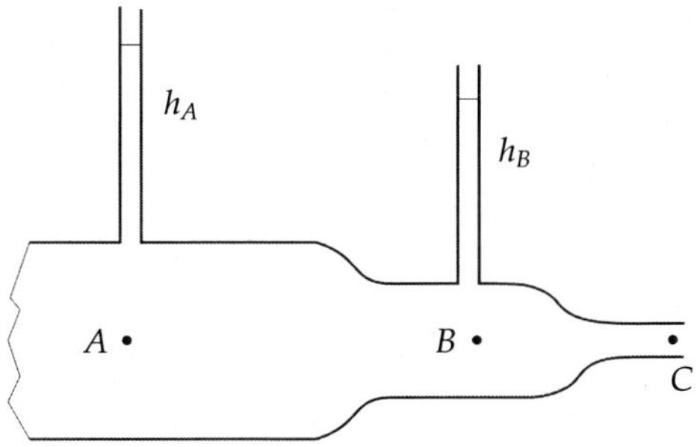

a) Las secciones en A, B y C son

$$A_A = \pi \cdot 10^{-4}\ \text{m}^2 \quad A_B = \pi \cdot 0{,}25 \cdot 10^{-4}\ \text{m}^2 \quad A_C = \pi \cdot 0{,}16 \cdot 10^{-4}\ \text{m}^2$$

Velocidad del flujo en A. El caudal es

$$Q = v_A A_A = 0{,}8 l s^{-1} = 8 \cdot 10^{-4}\ \text{m}^3\,\text{s}^{-1}$$

Luego

$$v_A = \frac{Q}{A_A} = \frac{8 \cdot 10^{-4} m^3 s^{-1}}{\pi \cdot 10^{-4} m^2} = \frac{8}{\pi}\ \text{ms}^{-1} \quad ◂$$

Velocidad del flujo en B:

$$Q = v_A A_A = v_B A_B \quad v_B = \frac{v_A A_A}{A_B} = 4 v_A = \frac{32}{\pi}\ \text{ms}^{-1} \quad ◂$$

Velocidad del flujo en C:

$$Q = v_A A_A = v_C A_C \quad v_C = \frac{v_A A_A}{A_C} = \frac{50}{\pi}\ \text{ms}^{-1} \quad ◂$$

b) Altura en A:

$$P_A - P_C = \rho g h_A \quad 1{,}22\ \text{atm} = 1{,}22 \cdot 1{,}013 \cdot 10^5\ \text{Pa} = 10^3 \cdot 9{,}8 \cdot h_A$$

$$h_A = \frac{1{,}22 \cdot 1{,}013 \cdot 10^5}{10^3 \cdot 9{,}8} = 12{,}6\ \text{m}$$

Aplicando Bernoulli:

$$P_A + \frac{1}{2}\rho v_A^2 = P_B + \frac{1}{2}\rho v_B^2$$

$$P_B = P_A + \frac{1}{2}\rho v_A^2 - \frac{1}{2}\rho v_B^2 = P_A - \frac{1}{2}\rho (v_B^2 - v_A^2)$$

$$P_B = 1{,}22 \cdot 1{,}013 \cdot 10^5 - \frac{1}{2}10^3 \cdot \left[\left(\frac{32}{\pi}\right)^2 - \left(\frac{8}{\pi}\right)^2\right] = 1{,}53 \cdot 10^5\ \mathrm{Nm^{-2}}$$

La altura será

$$P_B - P_C = \rho g h_B \quad 1{,}53 \cdot 10^5 - 1{,}013 \cdot 10^5 = 10^3 \cdot 9{,}8 \cdot h_B \quad h_B = 5{,}3\ \mathrm{m}$$ ◄

8.26 Para llenar un cubo de 20 litros un jardinero usa una manguera de 2 cm de diámetro tardando 80 segundos en llenarse. Luego acopla una boquilla con una abertura de 0,50 cm^2 de área de sección transversal sosteniendo la manguera de modo que el agua se sale horizontalmente a 1,2 m sobre el suelo. ¿A qué distancia horizontal llega el agua?

El área de sección transversal de la manguera:

$$A_1 = \pi r^2 = \pi \frac{d^2}{4} = \pi \left[\frac{4\ \mathrm{cm}^2}{4}\right] = 3{,}14\ \mathrm{cm}^2$$

El caudal en cm^3/s:

$$v_1 = \frac{20\ \mathrm{l}}{80\ \mathrm{s}} = 250\ \mathrm{cm^3\,s^{-1}}$$

Por lo que la velocidad del agua en la manguera usando unidades del sistema cegesimal:

$$Q = A_1 v_1 \quad \to \quad v_1 = \frac{250\ \mathrm{cm^3\,s^{-1}}}{\pi} = 79{,}6\ \mathrm{cm\,s^{-1}} \approx 0{,}8\ \mathrm{m\,s^{-1}}$$

La velocidad v_2 se obtiene mediante la ecuación de continuidad

$$v_2 = \frac{A_1}{A_2} v_1 = \frac{3{,}14}{0{,}5} \cdot 0{,}8 = 5{,}02\ \mathrm{m/s}$$

Para ver el alcance consideremos el movimiento parabólico del agua. Como sale horizontalmente, el tiempo en llegar al suelo es:

$$y_0 = v_{0y} \cdot t - \frac{1}{2} g t^2 - 1{,}2 = -\frac{1}{2} \cdot 9{,}8 \cdot t^2 t = 0{,}49\ \mathrm{s}$$

Y la distancia horizontal recorrida:

$$x = v_{0x} t = 5{,}02\ \mathrm{m/s} \cdot 0{,}49\ \mathrm{s} = 2{,}46\ \mathrm{m}$$ ◄

8.27 Un depósito contiene un líquido de densidad ρ. A una distancia y_1 desde el fondo del tanque, posee un orificio abierto a la atmósfera, con un diámetro mucho menor que el diámetro superior del tanque. Si consideramos que la velocidad con que baja el nivel del depósito es muy pequeña en relación con la que sale el agua por el orificio, determine la velocidad del líquido que sale del orificio cuando el nivel del líquido está a una distancia h sobre el orificio en los siguientes casos: a) el depósito está cerrado y la presión sobre el líquido es P, b) si el depósito está abierto.

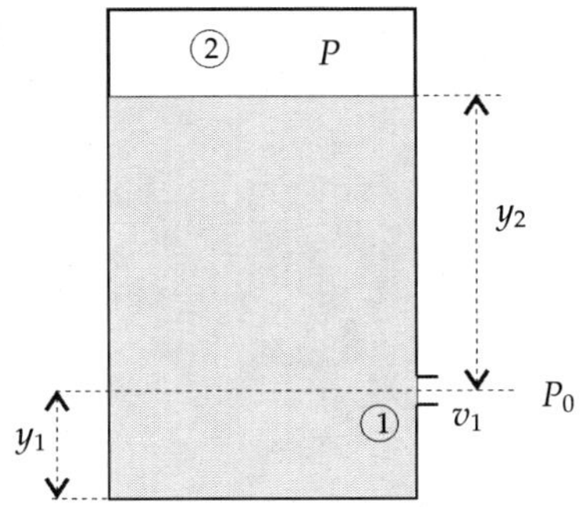

a) En el orificio v_1 es igual a la presión atmosférica P_0.

Aplicando la ecuación de Bernoulli entre los puntos 1 y 2, teniendo en cuenta que v_2 es mucho más pequeña que v_1 y por tanto podemos aproximar la v_2 a 0:

$$P_0 + \frac{1}{2}\rho v_1^2 + \rho g y_1 = P + \rho g y_2$$

Como $y_2 - y_1 = h$; la velocidad v_1 será:

$$v_1 = \sqrt{\frac{2(P - P_0)}{\rho} + 2gh} \quad ◄$$

b) En el caso en que el tanque estuviera abierto $\rho = \rho_0$ y $v_1 = \sqrt{2gh}$

$$R = 2\sqrt{h(H - h)} \quad ◄$$

8.28 Un tubo horizontal de 4 cm^2 se estrecha pasando a ser su sección 1 cm^2. Por el tubo circula aceite de densidad 0,9 kg/dm^3 a razón de 0,6 litros por segundo. Calcule a) la velocidad del aceite en las zonas ancha y estrecha del tubo y b) la diferencia de presión entre estas zonas.

Poniendo nuestros datos en el S.I.,

$$A = 4\ \text{cm}^2 = 4 \cdot 10^{-4}\ \text{m}^2; \qquad B = 1\ \text{cm}^2 = 10^{-4}\ \text{m}^2; \qquad \rho = 900\ \text{kg/m}^3$$

$$Q = 0{,}6 \cdot 10^{-3}\ \text{m}^3\,\text{s}^{-1}$$

a)
$$Q = Av_A \quad \Rightarrow \quad v_A = \frac{Q}{A} = \frac{0{,}6 \cdot 10^{-3}}{4 \cdot 10^{-4}} \quad \Rightarrow \quad v_A = 1{,}5\ \text{m/s}$$

$$v_B = \frac{Q}{B} = \frac{0{,}6 \cdot 10^{-3}}{10^{-4}} \quad \Rightarrow \quad v_B = 6\ \text{m/s} \quad \blacktriangleleft$$

b) Aplicando la ecuación de Bernoulli entre los puntos A y B

$$P_A + \rho g y_A + \frac{1}{2}\rho v_A^2 = P_B + \rho g y_B + \frac{1}{2}\rho v_B^2$$

Y teniendo en cuenta que el tubo es horizontal

$$P_A - P_B = \frac{1}{2}\rho(v_B^2 - v_A^2) = \frac{1}{2} \cdot 900 \cdot (6^2 - 1{,}5^2) = 15187{,}5\ \text{Pa} \quad \blacktriangleleft$$

8.29 Un hombre desea vaciar su piscina mediante un sifón que acaba a una distancia d por debajo de la superficie de la misma. Si el volumen de la piscina es V y la sección transversal del tubo de drenaje es A, obtener el tiempo que tarda en vaciarse, sabiendo que el tubo está muy por debajo del fondo de la piscina. Aplicar si $V = 18\ \text{m}^3$, el diámetro del tubo es 2 cm y $d = 8$ m.

a) Tomemos como referencia la superficie de la piscina donde la presión es la atmosférica. El punto (1) en la parte libre de la superficie del agua en la piscina y el punto (2) en la parte inferior del tubo:

$$P_1 + \rho g y_1 + \frac{1}{2}\rho v_1^2 = P_2 + \rho g y_2 + \frac{1}{2}\rho v_2^2$$

$$P_0 + \rho g d + 0 = P_0 + 0 + \frac{1}{2}\rho v_2^2$$

$$v_2 = \sqrt{2gd}$$

Téngase en cuenta que la velocidad no es constante pues la distancia d va decreciendo conforme se va vaciando la piscina.

b) La cantidad de agua que se vacía en un tiempo t, viene dada por el producto del caudal por el tiempo. Vamos a considerar que al estar el desagüe muy por debajo de la piscina la velocidad de salida se va a mantener constante

El volumen desalojado por unidad de tiempo es $V = Q\,t = v_2 A\,t$, por lo que

$$t = \frac{V}{v_2 A} = \frac{V}{A\sqrt{2gd}} = \frac{18}{\pi \cdot (10^{-2})^2 \sqrt{2 \cdot 9{,}8 \cdot 8}} = 4575{,}26\ \text{s} \approx 1{,}27\ \text{horas} \quad \blacktriangleleft$$

8.30 La figura representa un tubo Venturi. Entre los puntos A y B de diferente sección hay un codo que posee en su interior mercurio. La diferencia de altura que alcanza el mercurio entre los dos brazos sirve para medir la velocidad del fluido dentro del tubo. Considere una tubería de 4 cm^2 de sección que sufre un estrechamiento siendo su sección en B de 2 cm^2. Si la diferencia de altura, h, que se observa en el mercurio es 2,5 cm, calcule a) velocidad del fluido en los puntos A y B, b) el caudal que circula por la tubería. $\rho_{Hg} = 13{,}6\ \mathrm{kg\,dm^{-3}}$; $\rho_a = 1\ \mathrm{kg\,dm^{-3}}$.

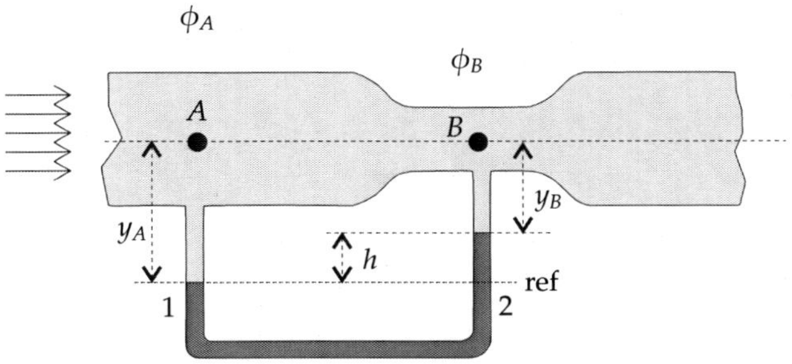

Por la ecuación de continuidad

$$Q = \phi_A \cdot v_A = \phi_B \cdot v_B \rightarrow 4v_A = 2v_B \rightarrow 2v_A = v_B \qquad (1)$$

Por Bernoulli. Llamando ρ_a a la densidad del agua

$$P_A + \frac{1}{2}\rho_a v_A^2 = P_B + \frac{1}{2}\rho_a v_B^2 \rightarrow P_A - P_B = \frac{1}{2}\rho_a(4v_A^2 - v_A^2) = \frac{3}{2}\rho_a v_A^2 \qquad (2)$$

Las presiones en A y B podemos determinarlas a partir de Pascal. Tomando la línea de referencia la presión en los puntos 1 y 2 serán iguales.

$$\left.\begin{aligned} &P_1 = P_2 \\ &P_1 = P_A + \rho_a g y_A \\ &P_2 = P_B + \rho_a g y_B + \rho_{Hg} g h \end{aligned}\right\} P_A - P_B = \rho_{Hg} g h + \rho_a g(y_B - y_A) = (\rho_{Hg} - \rho_a) g h$$

Igualando a (2)

$$\frac{3}{2}\rho_a v_a^2 = (\rho_{Hg} - \rho_a) g h$$

$$v_A = \sqrt{\frac{2}{3}\frac{\rho_{Hg} - \rho_a}{\rho_a} g h} = \sqrt{\frac{2}{3}\frac{13{,}6 - 1}{1} 9{,}8 \cdot 2{,}5 \cdot 10^{-2}} = 1{,}43\ \mathrm{m/s} \quad ◄$$

Y de (1)

$$v_B = 2v_A = 2{,}86\ \mathrm{m/s} \quad ◄$$

El caudal

$$Q = \phi_A \cdot v_A = (4 \cdot 10^{-2})^2 \text{ m}^2 \cdot 2{,}86 \text{ m/s} = 4{,}57 \cdot 10^{-3} \text{ m}^3/\text{s} = 4{,}57 \text{ dm}^3/\text{s} \quad ◀$$

8.31 En un medidor Venturi inclinado fluye hacia abajo aceite de densidad 920 kg m^{-3}. Las secciones en A y en B son respectivamente 30 cm^2 y 10 cm^2. Si la velocidad del aceite en la sección A es de 0,4 ms^{-1}, determinar la deflexión h del manómetro de mercurio. $\rho_{Hg} = 13600$ kg m^{-3}.

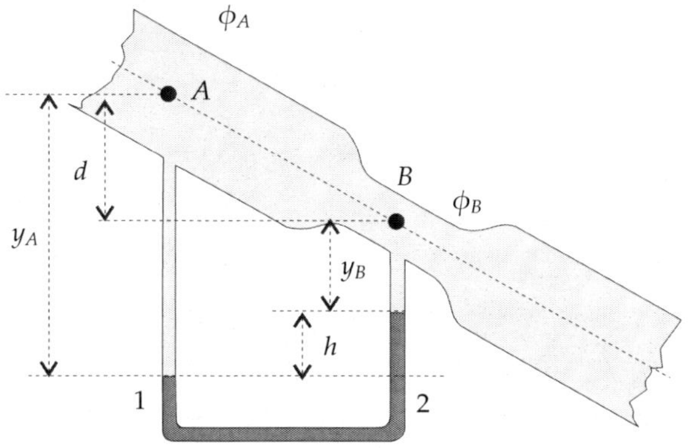

Por la ecuación de continuidad

$$Q = \phi_A v_A = \phi_B v_B \rightarrow 30 \text{ cm}^2 \cdot v_A = 10 \text{ cm}^2 \cdot v_B \rightarrow 3v_A = v_B$$

Aplicando la ecuación de Bernoulli a los puntos A y B y tomando como referencia la altura del punto B

$$P_A + \frac{1}{2}\rho_{ac}v_A^2 + \rho_{ac}gd = P_B + \frac{1}{2}\rho_{ac}v_B^2$$

$$P_A + \frac{1}{2}\rho_{ac}v_A^2 + \rho_{ac}gd = P_B + \frac{1}{2}\rho_{ac}9v_A^2$$

$$P_A - P_B = 4\rho_{ac}v_A^2 - \rho_{ac}gd$$

Por otra parte, por el principio de Pascal $P_1 = P_2$

$$\left.\begin{aligned} P_1 &= P_A + \rho_{ac}gy_A \\ P_2 &= P_B + \rho_{ac}gy_B + \rho_{Hg}gh \end{aligned}\right\} P_A - P_B = \rho_{ac}g(y_B - y_A) + \rho_{Hg}gh$$

Igualando y sabiendo que $y_A = d + y_B + h \rightarrow y_A - y_B = d + h$

$$4\rho_{ac}v_A^2 - \rho_{ac}gd = \rho_{ac}g[-(d+h)] + \rho_{Hg}gh = -\rho_{ac}gd - \rho_{ac}gh + \rho_{Hg}gh = gh(\rho_{Hg} - \rho_{ac})$$

Despejando h

$$h = \frac{4\rho_{ac}v_A^2}{g(\rho_{Hg} - \rho_{ac})} = \frac{0{,}4 \cdot 920 \cdot 16}{9{,}8(13600 - 920)} = 0{,}047 \text{ m} = 4{,}7 \text{ cm} \quad \blacktriangleleft$$

8.32 Una de las causas principales de sustentación de los aviones se debe al efecto Venturi, debida a la fuerza ascendente que provoca la diferencia de presión entre las dos superficies de las alas. En el caso ideal de que el aire posea un flujo no turbulento en torno al ala, si la velocidad de flujo en la cara inferior de la misma es 160 m s^{-1}, y en la cara superior es 185 m s^{-1}. ¿Cuál es la fuerza de sustentación que actúa sobre cada ala de 80 m^2? Si la masa del avión es 6 Tm, ¿qué cantidad adicional de masa máxima podría transportar? Densidad media del aire: 1,2 kg m^{-3}.

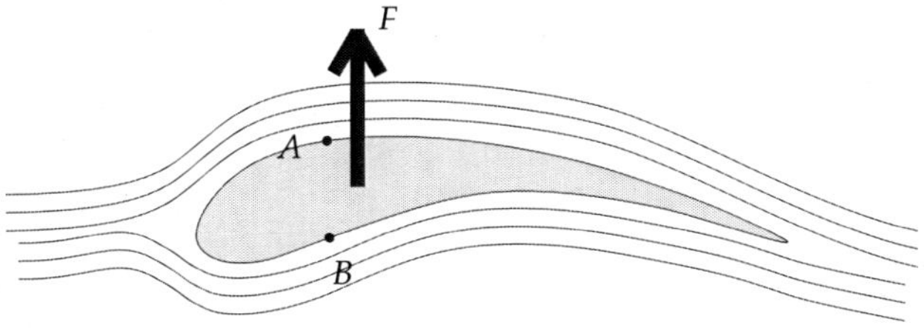

Aplicamos la ecuación de Bernoulli a los puntos A y B

$$P_A + \rho g y_A + \frac{1}{2}\rho v_A^2 = P_B + \rho g y_B + \frac{1}{2}\rho v_B^2$$

Considerando que A y B están prácticamente a la misma altura,

$$(P_B - P_A) = \frac{1}{2}\rho(v_B^2 - v_A^2) = \frac{1}{2}1{,}2(185^2 - 160^2) = 5175 \text{ Nm}^{-2}$$

La fuerza que se ejerce sobra cada ala de 20 m^2,

$$F = (P_B - P_A) \cdot S = 5175 \text{ Nm}^{-2} \cdot 20 \text{ m}^2 = 103500 \text{ N} \quad \blacktriangleleft$$

El peso del avión es

$$P = mg = 6000 \cdot 9{,}8 = 58800 \text{ N}$$

La masa que podría transportar sería como máximo la que igualara a la fuerza de sustentación:

$$P + P' = mg + m'g = F$$

$$m' = \frac{F - mg}{g} = \frac{103500 - 58800}{9,8} = 4561,2 \text{ kg} \quad \blacktriangleleft$$

8.33 Se sueltan simultáneamente desde una altura de 2 m sobre la superficie de una piscina dos bolitas esféricas de 1 cm de radio, sobre un estanque de agua de 3 m de profundidad. Una bola es de acero, de densidad 8,3 g/cm^3, y otra de madera de densidad 0,45 g/cm^3. Si prescindimos del rozamiento con el agua y el aire. Calcular: a) aceleración que adquiere cada bola dentro del agua. b) Diferencia de tiempos entre que la bola de acero toca el fondo y la de madera vuelve a la superficie. c) Velocidad de ambas bolas en los momentos señalados en b).

Cuando llegan a la superficie de la piscina la velocidad que llevan las bolitas viene dada por

$$v = \sqrt{2gh} = \sqrt{2 \cdot 9,8 \cdot 2} = 6,26 \text{ m/s}$$

Al penetrar en el agua aparece un empuje sobre cada bolita. Por tanto, las fuerzas que actúa sobre cada una de ellas es la suma vectorial del peso y el empuje.

Para la esfera de acero

$$P - E = ma_{ac} \quad \longrightarrow \quad \rho_{ac}Vg - \rho_{ag}Vg = \rho_{ac}V\,a_{ac}$$

$$a_{ac} = g\frac{\rho_{ac} - \rho_{ag}}{\rho_{ac}} = 9,8\frac{8,3 - 1}{8,3} = 8,62 \text{ m/s}^2 \quad \blacktriangleleft$$

Para la esfera de madera

$$P - E = ma_{m} \quad \longrightarrow \quad \rho_{m}Vg - \rho_{ag}Vg = \rho_{m}V\,a_{m}$$

$$a_{m} = g\frac{\rho_{m} - \rho_{ag}}{\rho_{m}} = 9,8\frac{0,45 - 1}{0,45} = -11,98 \text{ m/s}^2 \quad \blacktriangleleft$$

Son dos movimientos uniformemente acelerados con igual velocidad inicial y distinta aceleración. Si consideramos negativo lo que va hacia abajo y positivo lo que va hacia arriba y ponemos el origen en la superficie del agua

Para la bola de acero. Tiempo que tarda en llegar al fondo

$$s = v_0t + \frac{1}{2}at^2 \quad \rightarrow \quad -3 = -6,26\,t - \frac{1}{2}8,62t^2 \quad \rightarrow \quad t = 0,38 \text{ s}$$

y la velocidad

$$v = v_0 + at \quad v = -6{,}26 - 8{,}62 \cdot 0{,}38 = -9{,}54 \text{ m/s} \quad \blacktriangleleft$$

Para la de madera (el valor del espacio es 0 porque llega de nuevo a la superficie)

$$s = v_0 t + \frac{1}{2}at^2 \quad \rightarrow \quad 0 = -6{,}26\,t + \frac{1}{2}11{,}98t^2 \quad \rightarrow \quad t = 1{,}045 \text{ s}$$

y su velocidad, como el tiempo de bajada es igual que el de subida:

$$v = v_0 + at \quad v = v_0 - a\frac{v_0}{\frac{1}{2}a} = -v_0 = 6{,}26 \text{ m/s} \quad \blacktriangleleft$$

Luego la diferencia de tiempos es:

$$\Delta t = 1{,}05 - 0{,}38 = 0{,}67 \text{ s} \quad \blacktriangleleft$$

8.34 Obtener el tiempo que tarda en vaciarse un depósito de sección A, lleno hasta una altura h, a través de un orificio practicado en la parte inferior del mismo de sección S (Considere que $A \gg S$).

Por Bernoulli sabemos que a una distancia y entre el nivel del líquido y el orificio de salida (aproximando que si $A \gg S$, la velocidad de bajada del líquido es muy pequeña, es decir aproximándola a 0).

$$P_0 + \rho g dy + 0 = P_0 + 0 + \frac{1}{2}\rho v^2$$

En el tiempo dt el nivel del líquido en el depósito baja dy. Igualando lo que se vacía el depósito en el tiempo dt a la cantidad de líquido que sale por el orificio en ese mismo tiempo, tendremos:

$$-Ady = S \cdot v \cdot dt = S\sqrt{2gy} \cdot dt \quad \Rightarrow \quad dt = -\frac{A}{S}\frac{dy}{\sqrt{2gy}}$$

Integrando

$$\int_0^t dt = -\frac{A}{S}\int_h^0 \frac{dy}{\sqrt{2gy}}$$

O sea

$$t = -\frac{A}{S}\frac{1}{\sqrt{2g}}\int_h^0 y^{-1/2}dy = -\frac{A}{S}\frac{1}{\sqrt{2g}}\left[\frac{y^{1/2}}{1/2}\right]_h^0 = \frac{A}{S}\frac{2}{\sqrt{2g}}h^{1/2}$$

De donde

$$t = \frac{A}{S}\sqrt{\frac{2h}{g}} \quad ◂$$

8.35 En la superficie de un depósito de glicerina se deposita una bola de acero de 8 mm de radio. Obtener la velocidad límite. Densidad del acero 8,3 g cm^{-3}; densidad de la glicerina 1,23 g cm^{-3}; coeficiente de viscosidad de la glicerina $\eta = 1{,}31\ \mathrm{kg\,m^{-1}\,s^{-1}}$.

La bolita baja incrementando su velocidad hasta llegar a la velocidad límite. A partir de entonces sigue bajando a velocidad constante y por tanto la suma de las fuerzas que actúan sobre ella es cero.

$$P - E - F_v = 0 \quad \longrightarrow \quad \frac{4}{3}\pi r^3 \rho_1 g - \frac{4}{3}\pi r^3 \rho_2 g - 6\pi\eta r v = 0$$

$$v = \frac{\frac{4}{3} r^2 g(\rho_1 - \rho_2)}{6\eta} = \frac{2gr^2(\rho_1 - \rho)}{9\eta}$$

Poniendo todo en el SI y sustituyendo valores

$$v = \frac{2 \cdot 9{,}8 \cdot (8 \cdot 10^{-3})^2 (8{,}3 - 1{,}23) \cdot 10^3}{9 \cdot 1{,}31} = 0{,}752\ \mathrm{m/s} = 7{,}52\ \mathrm{cm/s} \quad ◂$$

9

Movimiento oscilatorio

9.1 Un cuerpo de masa $m = 300$ g oscila con movimiento armónico simple a lo largo del eje X. Su desplazamiento respecto al origen varía según la ecuación $x = 10\,\text{sen}(\pi t + \pi/4)$, donde x se mide en metros y t en segundos. Determinar: a) periodo del movimiento; b) posición, velocidad y aceleración del cuerpo para $t = 1$ s; c) velocidad y aceleración máximas; d) energía total del cuerpo; e) valor de elongación en el instante en que la velocidad sea igual a 20 m/s.

a) De acuerdo con la ecuación $x = A\ \text{sen}(\omega t + \varphi)$ vemos que se trata de un movimiento de amplitud $A = 10$ m, pulsación $\omega = \pi$ rad/s y fase inicial $\varphi = \pi/4$ rad.

Por tanto, de $\omega T = 2\pi$, se tiene

$$T = \frac{2\pi}{\omega} = \frac{2\pi}{\pi} = 2\text{ s} \quad ◀$$

b)

$$x = 10\,\text{sen}\left(\pi t + \frac{\pi}{4}\right)$$

$$v = 10\pi\cos\left(\pi t + \frac{\pi}{4}\right)$$

$$a = -10\pi^2\,\text{sen}\left(\pi t + \frac{\pi}{4}\right)$$

Sustituyendo en estas ecuaciones el valor de $t = 1$ s, se obtiene:

$$\left.\begin{aligned} x &= 10\,\text{sen}\left(\pi + \frac{\pi}{4}\right) = 10\,\text{sen}\,\frac{5\pi}{4} = -7{,}07\text{ m} \\ v &= 10\pi\ \cos\frac{5\pi}{4} = -7{,}07\pi\frac{\text{m}}{\text{s}} \\ a &= -10R^2\,\text{sen}\,\frac{5\pi}{4} = 7{,}07\pi^2\text{ m/s}^2 \end{aligned}\right\} \quad ◀$$

c) La velocidad y aceleración máximas (en valor absoluto) se presentarán cuando las funciones armónicas de las que dependen (seno o coseno) sean ± 1. Por tanto:

$$\left.\begin{aligned} v_{\text{max}} &= A\omega = 10\pi \text{ m/s} \\ a_{\text{max}} &= -A\omega^2 = -10\pi^2 \text{ m/s}^2 \end{aligned}\right\} \blacktriangleleft$$

d) La energía total de un cuerpo que describe un M.A.S. viene dada por:

$$E = \frac{1}{2}kA^2 = \frac{1}{2}m\omega^2 A^2 = \frac{1}{2} \cdot 0{,}3 \cdot \pi^2 \cdot 100 = 15\pi^2 \text{ J} \quad \blacktriangleleft$$

e) La velocidad viene dada, como hemos visto, por

$$v = 10\pi cos\,(\pi t + \pi/4)$$

y sustituyendo en ella el valor de $v = 20$ m/s, se tiene

$$20 = 10\pi cos\,(\pi t + \pi/4) \quad \Rightarrow \quad cos\,(\pi t + \pi/4) = \frac{20}{10\pi} = \frac{2}{\pi}$$

y volviendo a la ecuación de este movimiento:

$$x = 10\,\text{sen}\,(\pi t + \pi/4) = 10\sqrt{1 - cos^2\,(\pi t + \pi/4)} = 10\sqrt{1 - \frac{4}{\pi^2}} = 7{,}7 \text{ m} \quad \blacktriangleleft$$

9.2 Un movimiento armónico simple tiene de frecuencia $v = 1$ Hz, amplitud 12 cm y fase inicial $\varphi = 0$. Calcular la elongación, velocidad y aceleración para $t = 0{,}75$ s después de iniciado el movimiento.

Teniendo en cuenta las ecuaciones de un M.A.S.,

$$x = A \cdot \text{sen}\,\omega t = A \cdot \text{sen}\,2\pi v t = 12 \cdot \text{sen}\,2\pi \cdot 1 \cdot 0{,}75 = -12 \text{ cm} \quad \blacktriangleleft$$

$$v = A\omega\cos\omega t = A \cdot 2\pi v \cos 2\pi v t = 12 \cdot 2\pi \cdot 1 \cdot \cos 2\pi \cdot 1 \cdot 0{,}75 = 0 \text{ cm/s} \quad \blacktriangleleft$$

$$a = -A\omega^2 \cdot \text{sen}\,\omega t = -12 \cdot 4\pi^2 \cdot 1 \cdot \text{sen}\,2\pi \cdot 1 \cdot 0{,}75 = 48\pi^2 \text{ cm/s}^2 \quad \blacktriangleleft$$

9.3 Un punto material, que está animado de un movimiento armónico simple, se desplaza sobre un segmento de longitud 6 m. La frecuencia de dicho movimiento es 5 Hz y en el instante inicial se encuentra en su máxima elongación positiva. Determinar: a) la ecuación de su movimiento; b) la velocidad y aceleración en el instante $t = 0$; c) los instantes en los que el punto pasa por el origen.

a) La ecuación del movimiento armónico simple es:

$$x = A\,\text{sen}(\omega t + \varphi)$$

Donde, en nuestro caso $A = 3$ m, $\omega = \dfrac{2\pi}{T} = 2\pi\upsilon = 2\pi \cdot 5 = 10\pi$ rad/s y $\varphi = \pi/2$.

Por consiguiente, la ecuación buscada será:

$$x = 3\,\mathrm{sen}(10\pi t + \pi/2) = 3\cos 10\pi t \qquad (1)$$

b)
$$\left.\begin{aligned} v &= \frac{dx}{dt} = -30\pi\,\mathrm{sen}\,10\pi t \\ a &= -300\pi^2\cos 10\pi t \end{aligned}\right\} \text{ que para } t = 0 \quad \Rightarrow \quad \begin{cases} v = 0 \\ a = -300\pi^2 \text{ m/s} \end{cases}$$

c) Cuando pasa por el origen $x = 0$, y según la (1), $0 = 3\cos 10\pi t$, lo que implica que $\cos 10\pi t = 0$. De aquí que $10\pi t$ debe ser $\pi/2$, o mejor un nº impar de veces $\pi/2$:

$$10\pi t = (2n + 1)\pi/2$$

por lo que los instantes en que el punto pasa por el origen viene dado por

$$t = \frac{2n + 1}{20} \quad ◄$$

donde $n = 0, 1, 2, 3 \ldots$

9.4 Una partícula ejecuta un M.A.S. sobre una trayectoria rectilínea. En el instante inicial ($t = 0$) se encuentra en el origen con velocidad 4 m/s y regresa al origen un segundo después. Determinar su pulsación, amplitud y elongación en un tiempo cualquiera.

A partir de las ecuaciones de la elongación $x = A\,\mathrm{sen}(\omega t + \varphi)$ si ponemos la condición inicial que en $t = 00$, la elongación es 0,

$$x = A\,\mathrm{sen}(\omega t + \varphi_0) \quad \rightarrow \quad 0 = A\,\mathrm{sen}\,\varphi_0 \quad \rightarrow \quad \varphi_0 = 0$$

Luego, $x = A\,\mathrm{sen}\,\omega t$ y la velocidad $v = A\omega\cos\omega t$.

El periodo vale $T = 2$ s, luego la frecuencia $\upsilon = 0{,}5$ y la pulsación,

$$\omega = 2\pi\upsilon = 2\pi\tfrac{1}{2} = \pi \text{ rad/s} \quad ◄$$

Por otra parte, para $t = 0$

$$4 = A\omega\cos\omega t = A\omega \quad \rightarrow \quad A = \frac{4}{\pi} \text{ m} \quad ◄$$

Y la ecuación de su movimiento

$$x = \frac{4}{\pi}\,\mathrm{sen}\,\pi t \quad ◄$$

9.5 Un punto material que goza de un movimiento circular uniforme describe una circunferencia, de radio 20 cm, en 2 s. Si se proyectan las posiciones de dicho punto sobre un diámetro, determinar la ecuación de su movimiento sobre él, sabiendo que al empezar a contar el tiempo dicha proyección se encuentra en el punto medio del radio y alejándose del centro.

La proyección de dicho punto sobre su diámetro ejecuta un M.A.S. y, de acuerdo con el enunciado del problema, la ecuación de su movimiento se podrá expresar en la forma

$$x = A\,\text{sen}\,(\omega t + \varphi) \qquad (1)$$

donde no coincide el origen del espacio con el origen del tiempo (hay una fase inicial φ).

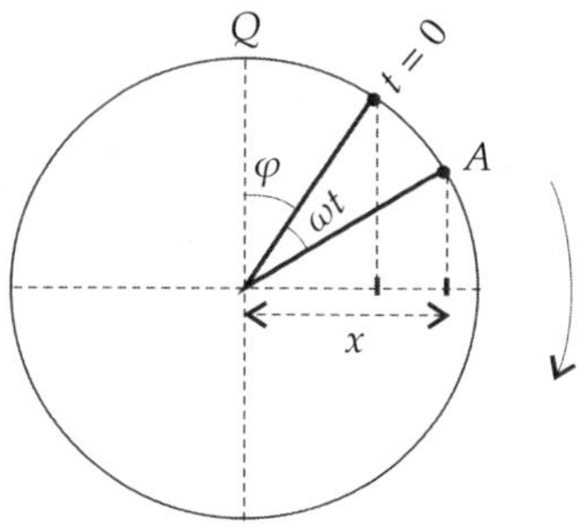

La amplitud vale $A = 20$ cm y $\omega = \dfrac{2\pi}{T} = \dfrac{2\pi}{2} = \pi$ rad/s. Para determinar φ se debe tener en cuenta que para $t = 0$, la proyección de Q cae en la mitad de A:

$$\frac{A}{2} = A\,\text{sen}\,\varphi \quad \Rightarrow \quad \text{sen}\,\varphi = \frac{1}{2} \quad \Rightarrow \quad \varphi = 30^\circ = \pi/6 \text{ rad}$$

Sustituyendo valores en la (1), la ecuación de su movimiento será:

$$x = 20\ \text{sen}(\pi t + \pi/6) \quad ◄$$

9.6 Un punto material oscila con M.A.S. de amplitud 2 cm y frecuencia 10 oscilaciones/segundo. Suponiendo que el origen del tiempo se ha tomado cuando el punto pasa por el centro de la trayectoria y hacia la elongación positiva, calcular: a) su velocidad y aceleración máximas; b) la velocidad y aceleración en el tiempo $t = \frac{1}{20}$ s.

A partir de los datos del problema, $A = 2$ cm, $\upsilon = 10$ Hz por lo que

$$\omega = \frac{2\pi}{T} = 2\pi\upsilon = 20\pi \text{ rad/s}$$

Como el $t = 0$ se encuentra en el origen $\varphi_0 = 0$ y la ecuación del movimiento $x = A\,\text{sen}(\omega t + \varphi_0) = 2\,\text{sen}\,20\pi t$ cm

$$v = \omega A \cos \omega t = 20\pi \cdot 2 \cos 20\pi t \text{ cm/s}$$

$$a = -\omega^2 x = -400\pi^2\,\text{sen}\,20\pi t \text{ cm/s}^2$$

a) La velocidades y aceleración máxima son cuando las funciones sen y cos son 1. Por tanto,

$$v_{\text{max}} = \omega A = 40\pi \text{ cm/s} \quad \blacktriangleleft$$

$$a_{\text{max}} = -\omega^2 A = -800\pi^2 \text{ cm/s}^2 \quad \blacktriangleleft$$

b) Cuando es 1/20 s,

$$v_{1/20} = \omega A \cos \omega t = 40\pi \cos\left(20\pi \frac{1}{20}\right) = -40\pi \text{ cm/s} \quad \blacktriangleleft$$

$$a_{1/20} = -\omega^2 A \operatorname{sen} \omega \cdot t = -800\pi^2 \operatorname{sen} \pi = 0 \quad \blacktriangleleft$$

9.7 Una partícula de 50 g vibra a lo largo del eje X alejándose como máximo 10 cm a un lado y a otro de la posición de equilibrio. Sabiendo que la aceleración de la partícula viene dada por la expresión $a = -16\pi^2 x$ determinar: a) la posición y velocidad de la partícula en función del tiempo, si éste se comenzó a medir cuando la partícula pasaba por su máxima elongación positiva; b) las energías cinética y potencial de la partícula cuando se encuentra a 5 cm de la posición de equilibrio.

a) En este caso no coincide el origen del espacio con el del tiempo, por lo que podemos escribir

$$x = A \operatorname{sen}(\omega t + \varphi) = A \operatorname{sen}(\omega t + \pi/2) = A \cos \omega t \tag{1}$$

donde $A = 10$ cm, y en cuanto a ω se deduce que vale:

$$\left.\begin{aligned} a &= -16\pi^2 \\ a &= -\omega^2 x \end{aligned}\right\} \quad \Rightarrow \quad \omega^2 = 16\pi^2 \quad \Rightarrow \quad \omega = 4\pi \text{ rad/s}$$

Por tanto, sustituyendo valores en (1), se tiene

$$x = 0{,}1 \cos 4\pi t \quad \text{ó} \quad x = 0{,}1 \operatorname{sen}(4\pi t + \pi/2) \quad \blacktriangleleft$$

En cuanto a la velocidad, derivando la (1):

$$v = -A\omega \operatorname{sen} \omega t = -0{,}1 \cdot 4\pi \operatorname{sen} 4\pi t = -0{,}4\pi \operatorname{sen} \pi t$$

o bien

$$v = 0{,}4\pi \cos(4\pi t + \pi/2) \quad \blacktriangleleft$$

b) Para calcular las energías de la partícula, $E_c = 1/2mv^2$ y $E_p = 1/2kx^2$, donde $k = m\omega^2$, hay que hallar previamente la velocidad de la misma, que en función de la elongación viene dado por

$$v = A\omega \operatorname{sen} \omega t = -A\omega \sqrt{1 - \cos^2 \omega t} = -\omega \sqrt{A^2 - A^2 \cos^2 \omega t} = -\omega \sqrt{A^2 - x^2}$$

Por lo que la energía cinética de la partícula cuando está a 5 cm de la posición de equilibrio vale:

$$E_c = \frac{1}{2}mv^2 = \frac{1}{2}m\omega^2 \left(A^2 - x^2\right) =$$

$$= \frac{1}{2}5 \cdot 10^{-2} \cdot 16\pi^2 \left(10^{-2} - 25 \cdot 10^{-4}\right) = 29{,}6 \cdot 10^{-3}\ \mathrm{J} \quad \blacktriangleleft$$

y su energía potencial:

$$E_p = \frac{1}{2}kx^2 = \frac{1}{2}m\omega^2 x^2 = \frac{1}{2}5 \cdot 10^{-2} \cdot 16\pi^2 \cdot 25 \cdot 10^{-4} = 9{,}86 \cdot 10^{-3}\ \mathrm{J} \quad \blacktriangleleft$$

9.8 Una masa de 1 kg, sujeta a un muelle de constante recuperadora $k = 2 \cdot 10^3$ N/m, se separa 8 cm de su posición de equilibrio y se deja en libertad. Determinar: a) el periodo y pulsación de la oscilación; b) el valor de la elongación y de la energía potencial en función del tiempo.

La ecuación $x = A \operatorname{sen}(\omega t + \varphi)$, se escribe en la forma $x = 8 \operatorname{sen}\left(\omega t + \frac{\pi}{2}\right)$, ya que para $t = 0$ la masa se encuentra en A.

a) El periodo de oscilación es:

$$T = 2\pi \sqrt{\frac{m}{k}} = 2\pi \sqrt{\frac{1}{2 \cdot 10^3}} = 0{,}14\ \mathrm{s} \quad \blacktriangleleft$$

$$\omega = \frac{2\pi}{T} = \frac{6{,}28}{0{,}14} = 44{,}86\ \mathrm{rad/s} \quad \blacktriangleleft$$

b)

$$x = 8 \operatorname{sen}\left(44{,}86\, t + \frac{\pi}{2}\right) = 8 \cos 44{,}86t \quad \blacktriangleleft$$

$$E_p = \frac{1}{2}kx^2 = \frac{1}{2}2 \cdot 10^3 \cdot 0{,}64 \cos^2 44{,}86\, t = 640 \cos^2 44{,}86t \quad \blacktriangleleft$$

9.9 Una pelota rebota elásticamente una y otra vez sobre un suelo horizontal, alcanzando una altura h por encima del mismo. a) Explique razonadamente que se trata de un movimiento periódico, pero no de un M.A.S. b) Calcular la frecuencia de dicho movimiento.

a) Como los choques con el suelo son elásticos, la altura alcanzada en los sucesivos rebotes es la misma, por lo que el tiempo empleado en bajar y subir (periodo) se mantiene constante. Se trata, pues, de un movimiento periódico.

No es un M.A.S. ya que la pelota está sometida a una fuerza F'', mientras que en el movimiento armónico simple es variable, F'', directamente proporcional a la distancia que le separa de la posición de equilibrio.

b) Obviamente la pelota tarda el mismo tiempo en bajar que en subir, por lo que el tiempo de bajada será $t = T/2$. Si sustituimos este tiempo en la ecuación $h = 1/2gt^2$, se tiene:

$$h = \frac{1}{2}g\frac{T^2}{4} \quad \Rightarrow \quad T = \sqrt{8h/g} \quad \Rightarrow \quad \upsilon = \frac{1}{T} = \sqrt{g/8h} \quad ◀$$

9.10 Un punto material se mueve de acuerdo con la ecuación $x = 10\,\text{sen}\,2t$ (S.I.). Determinar el valor de la elongación en el instante en que la velocidad sea igual a 4.

La ecuación que nos da la velocidad es

$$v = \frac{dx}{dt} = 20\cos 2t$$

por lo que sustituyendo en ella el valor de la velocidad,

$$4 = 20\cos 2t \longrightarrow \cos 2t = \frac{4}{20} = \frac{1}{5}$$

En la ecuación de su movimiento

$$x = 10\,\text{sen}\,2t = 10\sqrt{1-\cos^2 2t} = 10\sqrt{1-\frac{1}{25}} = \frac{10}{5}\sqrt{24} = 2\sqrt{24} = 4\sqrt{6}\ \text{m} \quad ◀$$

9.11 Una partícula de un miligramo de masa ejecuta un movimiento oscilatorio que puede expresarse por la ecuación $x = A\,\text{sen}\,2\pi t/T$, donde $T = 10^{-2}$ s. Cuando $t = T/12$ la velocidad vale 3,14 cm/s. Calcular: a) la amplitud de su movimiento; b) la energía total; c) la fuerza recuperadora.

a) La velocidad de la partícula vendrá dada por

$$v = \frac{dx}{dt} = \omega A\cos\omega t = \frac{2\pi}{T}\cdot A\cos\frac{2\pi}{T}\cdot t$$

y sustituyendo valores:

$$3{,}14 = \frac{2\pi}{10^{-2}} \cdot A \cos \frac{2\pi}{T}\frac{T}{12} = 200\pi A \cos \pi/6 \quad \Rightarrow$$

$$\Rightarrow \quad A = \frac{3{,}14}{200\pi \cos 30^\circ} = 5{,}77 \cdot 10^{-3}\ \text{cm} \quad ◀$$

b) La energía de un oscilador armónico viene dada por

$$E = \frac{1}{2}mv^2 + \frac{1}{2}kx^2$$

Cuando la partícula pasa por la posición de equilibrio, $x = 0$, $E = 1/2mv^2_{\text{max}}$, y cuando pasa por los extremos de la trayectoria, $E = 1/2\,kA^2$. Como no conocemos k, usaremos la primera.

$$v = \omega A cos \omega t \qquad \Rightarrow \qquad v_{\text{max}} = \omega A$$

$$E = \frac{1}{2}mv^2_{\text{max}} = \frac{1}{2}m\,(\omega A)^2 = \frac{1}{2}m\frac{4\pi^2}{T^2}A^2 = \frac{1}{2} \cdot 10^{-3} \cdot \frac{4\pi^2}{10^{-4}}\left(5{,}77 \cdot 10^{-3}\right)^2 =$$

$$= 6{,}57 \cdot 10^{-3}\ \text{erg} = 6{,}57 \cdot 10^{-10}\ \text{J} \quad ◀$$

c) La fuerza recuperadora es $F = -kx = ma$ donde

$$a = \frac{dv}{dt} = -\omega^2 A \operatorname{sen} \omega t$$

Por tanto, podemos escribir:

$$F = ma = -m\omega^2 \operatorname{sen} \omega t = -m\frac{4\pi^2}{T^2}A \operatorname{sen} \frac{2\pi}{T}\frac{T}{12}$$

$$F = -10^{-3} \cdot \frac{4\pi^2}{10^{-4}} \cdot 5{,}77 \cdot 10^{-3} \operatorname{sen}\ 30^\circ = -113{,}7 \cdot 10^{-2}\ \text{din} = -1{,}14 \cdot 10^{-5}\ \text{N} \quad ◀$$

9.12 Un resorte vertical se alarga 20 cm cuando se aplica en su extremo libre una fuerza de 20 N. Calcular: a) la masa que ha de suspenderse del resorte para que el sistema al hacerlo oscilar lo haga con un periodo de $\pi/4$ s; b) la posición del cuerpo y en qué sentido se mueve $\pi/12$ s al pasar por la posición de equilibrio dirigiéndose hacia abajo, si se supone que la amplitud de movimiento es de 5 cm; c) la fuerza que ejerce el resorte sobre el cuerpo cuando este se encuentra 3 cm por debajo de la posición de equilibrio y moviéndose hacia arriba.

a) La constante recuperadora del resorte vale,

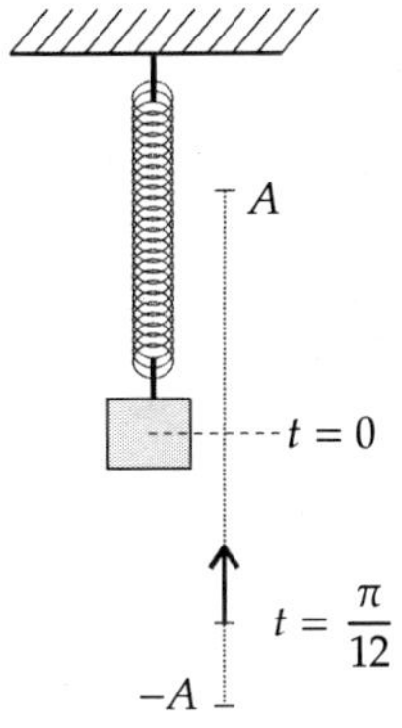

$$k = \frac{F}{x} = \frac{20}{0{,}2} = 100 \text{ N/m}$$

y aplicando la ecuación que nos da el periodo de un M.A.S.

$$T = 2\pi\sqrt{m/k} \quad \rightarrow \quad m = \frac{T^2}{4\pi^2}k = \frac{\frac{\pi^2}{16}}{4\pi^2}k = \frac{100}{64} = 1{,}56 \text{ kg} \quad ◂$$

b) En la ecuación de movimiento

$$x = A \operatorname{sen}(\omega t + \varphi)$$

Si comenzamos a medir el movimiento cuando el cuerpo pasa por el punto de equilibrio y consideramos negativo a los valores por debajo del mismo, podemos escribir

$$x = -A \operatorname{sen} \omega t$$

Y sustituyendo en ella el valor de $\omega = \frac{2\pi}{T} = \frac{2\pi}{\frac{\pi}{4}} = 8$ rad/s y de $t = \frac{\pi}{12}$, se tiene:

$$x = -5 \operatorname{sen} 8 \cdot \frac{\pi}{12} = -5 \operatorname{sen} \frac{2}{3}\pi = -4{,}33 \quad ◂$$

el cuerpo está en ese instante a 4,33 cm por debajo de la posición de equilibrio y se mueve hacia arriba ya que $\pi/12$ s, es mayor que un cuarto de periodo $\pi/16$ s que es el tiempo necesario para llegar a la posición más baja.

c) La fuerza que ejerce el nuevo resorte sobre el cuerpo es igual a la fuerza recuperadora $(-kx)$ en valor absoluto más la fuerza constante gravitatoria mg:

$$F - mg = ma \quad \text{siendo} \quad a = \omega^2 x$$

$$F = mg + m\omega^2 x = mg + kx = 1{,}56 \cdot 9{,}8 + 100 \cdot 0{,}03 = 18{,}29 \text{ N} \quad ◂$$

9.13 Un objeto de 0,2 kg, unido al extremo de un resorte, efectúa oscilaciones armónicas de $0{,}1\pi$ s de periodo, siendo su energía cinética máxima de 0,5 J. Determinar la constante elástica del resorte y la ecuación de su movimiento.

La fuerza de recuperación elástica del resorte es

$$F = ma = -m\omega^2 x = -kx$$

De aquí

$$k = m\omega^2 = m\frac{4\pi^2}{T^2} = 0{,}2\frac{4\pi^2}{0{,}01\pi^2} = 80\ \text{N/m} \quad \blacktriangleleft$$

La ecuación de su movimiento viene dada por $x = A\,\text{sen}\,\omega t$, en la que se desconoce el valor de la amplitud. Pero la energía potencial máxima del oscilador vale $E = 1/2kA^2$, y de aquí

$$A = \sqrt{2E/k} = \sqrt{2 \cdot 0{,}5/80} = 0{,}112\ \text{m}$$

por lo que su ecuación de movimiento será

$$x = 0{,}112\,\text{sen}\,\frac{2\pi}{0{,}1\pi}t = 0{,}112\,\text{sen}\,20t \quad \blacktriangleleft$$

9.14 La aceleración de una partícula viene dada por la expresión $a = -16\pi^2 x$, donde a se mide en cm/s^2 y x en cm. Sabiendo que el desplazamiento máximo es 4 cm y que se ha comenzado a contar el tiempo cuando la aceleración adquiere su valor absoluto máximo en su desplazamiento positivo, determinar: a) la ecuación del desplazamiento para cualquier instante; b) la velocidad y aceleración máximas; c) la velocidad y aceleración cuando el desplazamiento es la mitad del máximo.

a) En este caso no coincide el origen de espacio con el de tiempo, siendo la fase inicial $\pi/2$, por lo que podemos escribir

$$x = A\,\text{sen}\left(\omega t + \frac{\pi}{2}\right) = A\cos\omega t \tag{1}$$

donde $A = 4$ cm. En cuanto a ω, se puede escribir

$$a = -\omega^2 x = -16\pi^2 x \quad \longrightarrow \quad \omega = 4\pi$$

por lo que sustituyendo valores en (1), tenemos

$$x = 4\,\text{sen}\left(4\pi t + \frac{\pi}{2}\right) = 4\cos 4\pi t \quad \blacktriangleleft$$

b) La velocidad viene dada por $v = -\omega A\,\text{sen}\,\omega t$ y la velocidad máxima

$$v_{\text{max}} = -\omega A = -4\pi \cdot 4 = -16\pi\ \text{cm/s} \quad \blacktriangleleft$$

En cuanto a la aceleración, $a = -\omega^2 A\cos\omega t$ y la aceleración máxima

$$a_{\text{max}} = -\omega^2 A = -16\pi^2 \cdot 4 = -64\pi^2\ \text{cm/s}^2 \quad \blacktriangleleft$$

c) Como sabemos,

$$v = -\omega A \operatorname{sen} \omega t = -\omega A \sqrt{1 - \cos^2 \omega t} = -\omega \sqrt{A^2 - A^2 \cos^2 \omega t} = -\omega \sqrt{A^2 - x^2}$$

$$v = -4\pi \sqrt{16 - 4} = -4\pi \cdot 2\sqrt{3} = -8\pi \sqrt{3} \text{ cm/s} \quad ◄$$

Para obtener la aceleración sustituimos x por $A/2$ en

$$a = -\omega^2 x = -16\pi^2 \cdot 2 = -32\pi^2 \text{ cm/s}^2 \quad ◄$$

9.15 Una partícula está sometida a dos movimientos armónicos simples en la misma dirección, definidos por las ecuaciones $x_1 = 5 \operatorname{sen} \omega t$ y $x_2 = 10 \operatorname{sen}(2\pi t + \pi)$. a) Para que el movimiento resultante sea armónico simple, ¿qué valor debe tener ω? ¿Cuál sería su ecuación de movimiento? b) Si al movimiento resultante anterior se le superpone otro de dirección perpendicular y ecuación de movimiento $y = 5 \operatorname{sen}(2\pi t + \pi/2)$, determinar la ecuación de la trayectoria de la partícula.

a) El movimiento resultante será armónico siempre que los dos movimientos componentes tengan la misma frecuencia, por lo que sus pulsaciones deben ser iguales. Por tanto, el valor de la pulsación del segundo movimiento debe ser:

$$\omega = 2\pi \text{ rad/s} \quad ◄$$

y la ecuación del movimiento resultante será:

$$x = x_1 + x_2 = 5 \operatorname{sen} 2\pi t + 10 \operatorname{sen}(2\pi t + \pi) = 5 \operatorname{sen} 2\pi t - 10 \operatorname{sen} 2\pi t = -5 \operatorname{sen} 2\pi t \quad ◄$$

b) Los dos movimientos perpendiculares son:

$$x = -5 \operatorname{sen} \pi t$$

$$y = 5 \operatorname{sen}(2\pi t + \pi/2) = 5 cos \pi t$$

que elevando al cuadrado y sumando para eliminar el tiempo, se tiene:

$$x^2 + y^2 = 25\left(\operatorname{sen}^2 2\pi t + cos^2 2\pi t\right) \quad \Rightarrow \quad x^2 + y^2 = 25 \quad ◄$$

que es una circunferencia de 5 m de radio y centrada en el origen.

9.16 Una masa puntual de 10 g vibra con M.A.S. de amplitud 8 cm y frecuencia 0,5 Hz. En el instante $t = 0$ se encuentra en su máxima elongación positiva. Determinar: a) la posición de la partícula en el tiempo $t = 1/4$ s; b) magnitud y dirección de la fuerza en ese momento; c) tiempo que pasa hasta la posición $x = -4$ cm.

a) La posición viene dada por

$$x = A\,\text{sen}\,(\omega t + \varphi) = A\,\text{sen}\left(\omega t + \frac{\pi}{2}\right) = A\cos\omega t \quad \text{por ser} \quad \varphi = 90^\circ$$

$$\omega = \frac{2\pi}{T} = 2\pi\upsilon = 2\pi \cdot 0{,}5 = \pi \text{ rad/s}$$

$$x = A\cos\omega t = 8\cos\pi \cdot \frac{1}{4} = 8\cos 45^\circ = 5{,}66 \text{ cm} \quad ◄$$

b) La fuerza que está actuando viene dada por

$$F = -kx = -m\omega^2 x = -10^{-2} \cdot \pi^2 \cdot 5{,}66 \cdot 10^{-2} = -5{,}58 \cdot 10^{-3}\text{ N} \quad ◄$$

c) Cuando la partícula se encuentra en $x = -4$,

$$-4 = 8\cos\pi t \quad \longrightarrow \quad \cos\pi t = -0{,}5 \quad \longrightarrow \quad \pi t = \text{arc}\cos(-0{,}5) = 120^\circ$$

Luego $t = \dfrac{120}{\pi} = \dfrac{120}{180} = \dfrac{2}{3}$ s ◄.

9.17 Una partícula está sometida a dos movimientos vibratorios perpendicular entre sí de igual frecuencia 3 Hz y fase inicial (30°), siendo sus amplitudes de 5 cm la de uno y de 8 cm la del otro. Encontrar del movimiento resultante: a) la ecuación de la trayectoria; b) el periodo de oscilación; c) la ecuación de movimiento.

a) Los movimientos vibratorios componentes son:

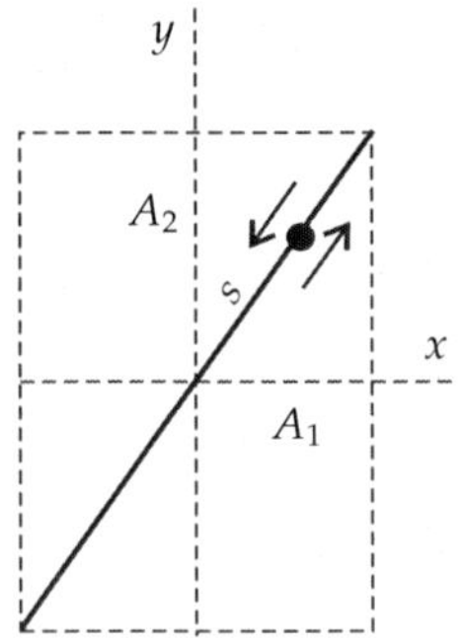

$$x = A_1\,\text{sen}\,(\omega t + \varphi) = 5\,\text{sen}\,(6\pi t + \pi/6)$$

$$y = A_2\,\text{sen}\,(\omega t + \varphi) = 8\,\text{sen}\,(6\pi t + \pi/6)$$

Eliminando el tiempo entre ambas ecuaciones se tiene

$$\frac{x}{y} = \frac{5}{8} \quad \Rightarrow \quad y = \frac{8}{5}x \quad ◄$$

que es la ecuación de una recta en el primer y tercer cuadrante, pasando por el origen de coordenadas.

b) El movimiento resultante tendrá la misma frecuencia que los componentes, por lo que el periodo de oscilación vale:

$$T = \frac{1}{v} = \frac{1}{3}\ \text{s} \quad \blacktriangleleft$$

c) El movimiento resultante tendrá también la misma fase inicial que los componentes y su amplitud $A = \sqrt{A_1 + A_2} = \sqrt{25 + 64} = 9{,}43$ cm, por lo que la ecuación de movimiento resultante, o su desplazamiento a lo largo de la trayectoria rectilínea, será:

$$s = 9{,}43\,\text{sen}\left(6\pi t + \frac{\pi}{6}\right) \quad \blacktriangleleft$$

9.18 Un punto material está sometido simultáneamente a dos movimientos armónicos simples de la misma dirección y frecuencia, definidos por las ecuaciones: $x_1 = 3\,\text{sen}\,(\omega t + \pi/3)$; $x_2 = 3\,\text{sen}\,\omega t$. Obtener la ecuación del movimiento resultante del punto material.

Al tener los movimientos componentes la misma pulsación, el desfase entre ellos $\varphi_1 - \varphi_2 = (\pi/3) - 0 = \pi/3 = 60$ se mantiene constante. El movimiento componente también tendrá la misma pulsación. Y su ecuación de movimiento vendrá dada por

$$x = A\,\text{sen}\,(\omega t + \varphi)$$

donde $A = \sqrt{A_1^2 + A_2^2 + 2A_1A_2 \cdot \cos(\varphi_1 - \varphi_2)} = \sqrt{9 + 9 + 2 \cdot 3 \cdot 3 \cdot 0{,}5} = 5{,}2$.

La fase inicial del movimiento resultante, φ:

$$\text{tg}\,\varphi = \frac{A_1\,\text{sen}\,\varphi_1 + A_2\,\text{sen}\,\varphi_2}{A_1\cos\varphi_1 + A_2\cos\varphi_2} = \frac{3 \cdot \frac{\sqrt{3}}{2} + 0}{3 \cdot \frac{1}{2} + 3} = \frac{\sqrt{3}}{3}$$

Por lo que $\varphi = \arctan\dfrac{\sqrt{3}}{2} = 30° = \dfrac{\pi}{6}$.

La ecuación de movimiento será

$$x = 5{,}2\,\text{sen}\left(\omega t + \frac{\pi}{6}\right) \quad \blacktriangleleft$$

9.19 Un resorte ligero se alarga 20 cm cuando soporta un bloque de 250 g de masa. Seguidamente el resorte se alarga 5 cm por debajo de su posición de equilibrio y a continuación se abandona. Determinar: a) el periodo de oscilación y la velocidad máxima que adquiere el bloque; b) la fuerza que ejerce el resorte sobre el cuerpo cuando éste se encuentra 4 cm por debajo de la posición de equilibrio y moviéndose hacia arriba.

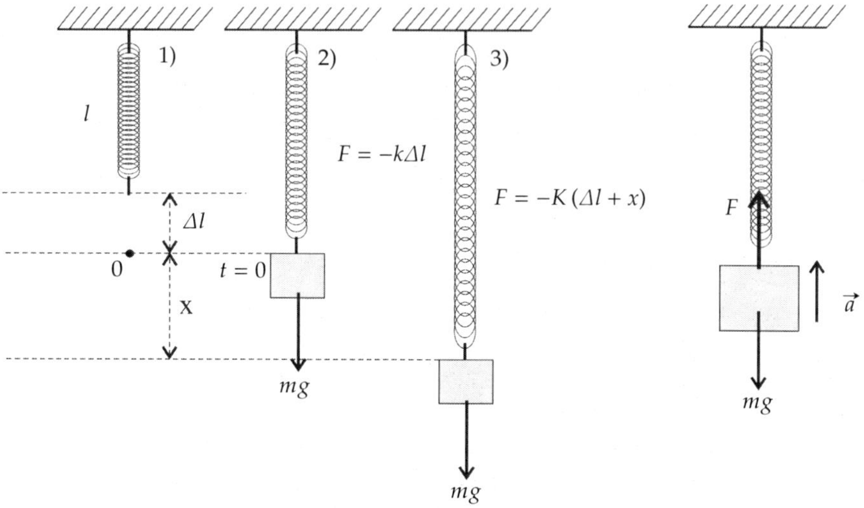

a) De la posición 2) de la figura se calcula la constante elástica del resorte:

$$mg - k\Delta l = 0$$

$$k = \frac{mg}{\Delta l} = \frac{0{,}25 \cdot 9{,}8}{0{,}2} = 12{,}25 \text{ N/m}$$

La fuerza resultante en la posición 3) es

$$F = mg - k(\Delta l + x) = mg - k\Delta l - kx = -kx$$

que se trata de una fuerza recuperadora elástica que origina en el bloque de masa m un movimiento variado rectilíneo, cuya ecuación diferencial será:

$$ma = -kx \qquad \Rightarrow \qquad m\frac{d^2x}{dt^2} + kx = 0$$

lo cual indica que dicho movimiento es armónico simple. Por tanto, el periodo de oscilación viene dado por

$$T = 2\pi\sqrt{m/k} = 2\pi\sqrt{0{,}25/12{,}25} = 0{,}9 \text{ s} \quad \blacktriangleleft$$

y la velocidad máxima

$$\left.\begin{array}{l} x = A \operatorname{sen} \omega t \\ v = \omega A \cos \omega t \end{array}\right\} \quad v_{\max} = \omega A = \frac{2\pi}{T} A = \frac{2\pi}{0{,}9} 0{,}05 = 0{,}35 \text{ m/s} \quad \blacktriangleleft$$

b) La fuerza que ejerce el resorte sobre el bloque es igual a la fuerza recuperadora $(-kx)$ en valor absoluto más la fuerza constante gravitatoria:

$$F - mg = ma$$

$$F = mg + m\omega^2 x = mg + kx = 0{,}25 \cdot 9{,}8 + 12{,}25 \cdot 0{,}04 = 2{,}94 \text{ N} \quad \blacktriangleleft$$

9.20 Una partícula se encuentra sometida a la acción de dos movimientos armónicos simples perpendiculares cuyas ecuaciones son:

$$x = 5 \operatorname{sen} 10\pi t; \quad y = 3 \operatorname{sen} (10\pi t + \varphi)$$

Encontrar la ecuación de la trayectoria cuando: a) $\varphi = 0$; b) $\varphi = \pi/2$; c) $\varphi = \pi$.

a) A partir de las ecuaciones, cuando $\varphi = 0$,

$$\left.\begin{array}{l} x = 5 \operatorname{sen} 10\pi t \\ y = 3 \operatorname{sen} 10\pi t \end{array}\right\} \quad \longrightarrow \quad \frac{x}{y} = \frac{5}{3} \quad \longrightarrow \quad y = \frac{3}{5} x \quad \blacktriangleleft$$

b) Para $\varphi = \dfrac{\pi}{2}$

$$x = 5 \operatorname{sen} 10\pi t$$

$$\left.\begin{array}{l} x = 5 \operatorname{sen} 10\pi t \\ y = 3 \operatorname{sen}\left(10\pi t + \frac{\pi}{2}\right) = 3 \cos 10\pi t \end{array}\right\} \quad \longrightarrow \quad \left.\begin{array}{l} x^2 = 25 \operatorname{sen}^2 10\pi t \\ y^2 = 9 \cos^2 10\pi t \end{array}\right\}$$

Luego $\dfrac{x^2}{25} + \dfrac{y^2}{9} = 1 \quad \blacktriangleleft$.

c) Para $\varphi = \pi$

$$\left.\begin{array}{l} x = 5 \operatorname{sen} 10\pi t \\ y = 3 \operatorname{sen} (10\pi t + \pi) = -3 \operatorname{sen} 10\pi t \end{array}\right\} \quad \longrightarrow \quad \frac{x}{y} = -\frac{5}{3} \quad \longrightarrow \quad y = -\frac{3}{5} x \quad \blacktriangleleft$$

9.21 Una masa $m = 0{,}3$ kg está unida a dos resortes de constantes de recuperación elástica $k_1 = 10$ N/m y $k_2 = 15$ N/m. La masa descansa sobre una superficie horizontal lisa, como se muestra en la figura. Después de reparar la masa, desde su posición de equilibrio, una distancia de 6 cm hacia la derecha el sistema se deja en libertad. Determinar: a) el periodo de oscilación de la masa; b) la ecuación de su movimiento.

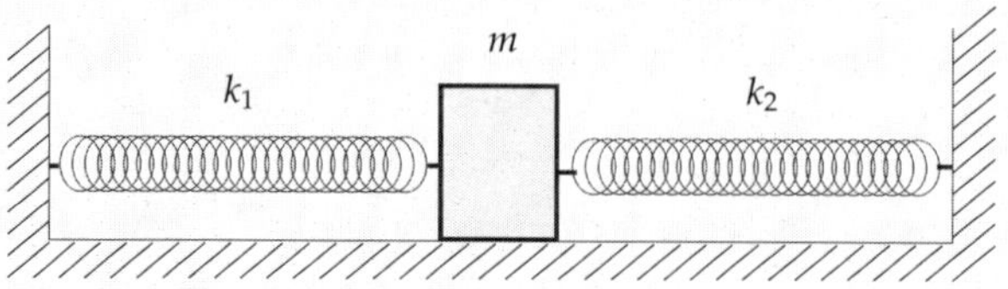

a) Para un desplazamiento x a partir de la posición de equilibrio, uno de los resortes se alargará x y el otro se contraerá x. Por tanto, la fuerza, sobre la masa debido a cada uno de los resortes, que irá en sentido contrario a la deformación, será:

$$F = F_1 + F_2 = -k_1 x - k_2 x = -(k_1 + k_2)\,x = -kx = -25x$$

por lo que la pulsación vale $\omega = \sqrt{k/m}$ y el periodo

$$T = 2\pi\sqrt{m/k} = 2\pi\sqrt{0{,}3/25} = 0{,}69 \text{ s} \quad ◄$$

b) La ecuación de su movimiento es

$$x = A\,\text{sen}\,(\omega t + \varphi)$$

siendo $A = 6$ cm, $\varphi = \pi/2$ rad y

$$\omega = \sqrt{\frac{k_1 + k_2}{m}} = \sqrt{25/0{,}3} = 9{,}13 \text{ rad/s},$$

por lo que sustituyendo estos valores en la ecuación anterior se tiene:

$$x = 6 \cdot 10^{-2}\,\text{sen}\,(9{,}13 \cdot t + \pi/2) \text{ m} \quad \text{ó} \quad x = 6 \cdot 10^{-2} \cos 9{,}13 \cdot t \text{ m} \quad ◄$$

9.22 Una partícula está sometida simultáneamente a dos movimientos armónicos simples perpendiculares de igual amplitud, 3 cm, e igual frecuencia, 5 ciclos, pero desfasados en 90°. Calcular la ecuación de su trayectoria y la velocidad resultante para un tiempo t.

A partir de las ecuaciones $\begin{cases} x = 3\,\text{sen}\,\omega t \\ y = 3\,\text{sen}\left(\omega t + \frac{\pi}{2}\right) = 3\cos\omega t \end{cases}$

$$\left.\begin{aligned} \frac{x^2}{9} &= \text{sen}^2\,\omega t \\ \frac{y^2}{9} &= \cos^2\omega t \end{aligned}\right\} \quad \rightarrow \quad \frac{x^2}{9} + \frac{y^2}{9} = 1 \quad \rightarrow \quad x^2 + y^2 = 9 \quad ◂$$

La velocidad resultante la obtenemos a partir de las expresiones de las respectivas velocidades

$$\left.\begin{aligned} v_x &= 3\omega\cos\omega t \\ v_y &= -3\omega\,\text{sen}\,\omega t \end{aligned}\right\} \quad \rightarrow \quad \left.\begin{aligned} v_x^2 &= 9\omega^2\cos^2\omega t \\ v_y^2 &= 9\omega^2\,\text{sen}\,\omega t \end{aligned}\right\}$$

Sumando las ecuaciones,

$$v_x^2 + v_y^2 = 9\omega^2\left(\text{sen}^2\,\omega t + \cos^2\omega t\right)$$

$$v = \sqrt{v_x^2 + v_y^2} = 3\omega = 3 \cdot 2\pi \cdot 5 = 30\pi \text{ cm/s} \quad ◂$$

9.23 Una particular de masa m se cuelga sucesivamente de dos resortes idénticos, de constante de recuperación k, colocados en serie y en paralelo, como se indica en la figura. Calcular la relación existente entre los periodos de ambas oscilaciones cuando la masa se aleja de la posición de equilibrio y se deja en libertad.

Para cada resorte por separado se cumple

$$F = kx$$

donde F es la fuerza necesaria para alargar el resorte una distancia x.

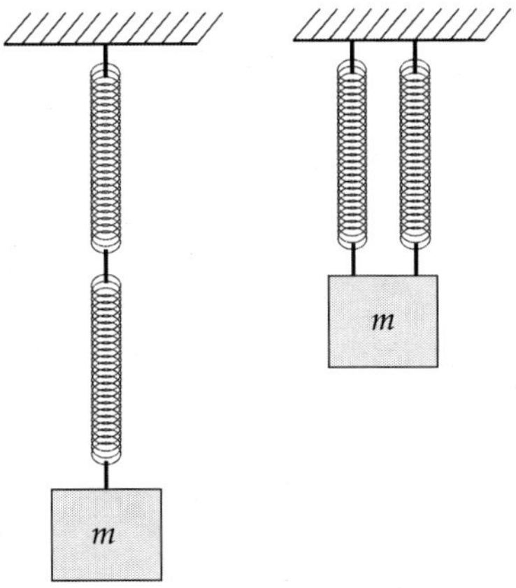

En serie, una fuerza F provocará en el sistema un alargamiento $2x$, puesto que cada uno aumenta su longitud en x. Por tanto, podemos escribir:

$$F = k_1 2x \qquad \Rightarrow \qquad k_1 = \frac{F}{2x} = \frac{k}{2}$$

siendo k_1 la constante de recuperación del sistema de dos resortes iguales, de constante k, en serie.

El periodo de oscilación en este caso valdrá

$$T_1 = 2\pi\sqrt{m/k_1} = 2\pi\sqrt{2m/k}$$

En paralelo, para provocar un alargamiento x habrá que actuar con una fuerza $2F$. Por tanto

$$2F = k_2 x \qquad \Rightarrow \qquad k_2 = \frac{2F}{x} = 2k$$

donde k_2 es la constante de recuperación del sistema de los dos resortes en paralelo. El periodo de oscilación en estas condiciones será:

$$T_2 = 2\pi\sqrt{m/k_2} = 2\pi\sqrt{m/2k}$$

La razón entre dichos periodos es

$$\frac{T_1}{T_2} = \frac{2\pi\sqrt{2m/k}}{2\pi\sqrt{m/2k}} = \sqrt{4} = 2s \quad ◄$$

9.24 Un punto material de masa m ejecuta un M.A.S. de amplitud A y pulsación ω, dado por la expresión $x = A\,\mathrm{sen}\,\omega t$. Determinar su fase, elongación y velocidad cuando: a) su energía cinética es máxima; b) su energía cinética es mínima; c) su energía cinética es igual a la potencial.

Como $x = A\,\mathrm{sen}\,\omega t$ la expresión de la velocidad es $v = A\omega\cos\omega t$.

La energía cinética y potencial vienen dadas por

$$E_c = \frac{1}{2}mv^2 = \frac{1}{2}mA^2\omega^2\cos^2\omega t = \frac{1}{2}kA^2\cos^2\omega t$$

$$E_p = \frac{1}{2}kv^2 = \frac{1}{2}kA^2\,\mathrm{sen}^2\,\omega t$$

a) El máximo valor de E_c se obtiene cuando $\cos\omega t = \pm 1$, es decir, cuando:

$$\varphi = n\pi, \quad x = 0 \quad \text{y} \quad v = A\omega \quad ◄$$

b) El mínimo valor de E_c se obtiene cuando $\cos\omega t = 0$, es decir, cuando:

$$\varphi = (2n-1)\frac{\pi}{2}, \quad x = A \quad \text{y} \quad v = 0 \quad ◄$$

c) Si $E_c = E_p$ implica que $\mathrm{sen}^2\,\omega t = \cos^2\omega t$, es decir, cuando:

$$\varphi = (2n-1)\frac{\pi}{4}, \quad x = \frac{\sqrt{2}A}{2} \quad \text{y} \quad v = \frac{\sqrt{2}}{2}A\omega \quad ◄$$

9.25 Supongamos que se deja caer un cuerpo de masa m por un tubo recto que atraviesa la Tierra de polo a polo. Si ésta fuese homogénea: a) demostrar que el cuerpo adquiere un M.A.S.; b) calcular el periodo de este movimiento.

a) La fuerza gravitatoria, dirigida hacia el centro de la Tierra, que actúa sobre la masa m a la distancia x del centro viene dada por

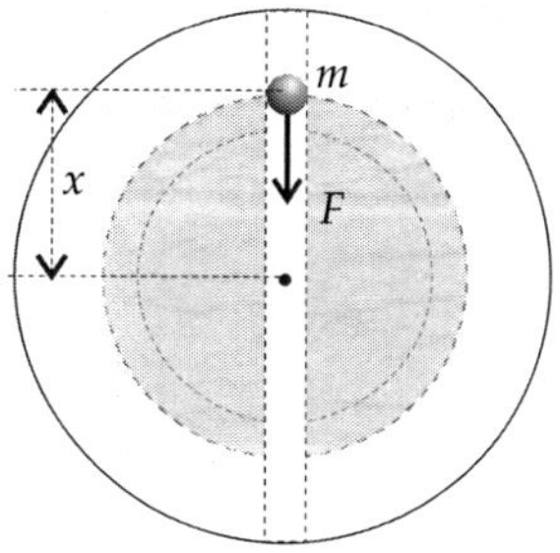

$$F = -G\frac{Mm}{x^2}$$

siendo M la masa de la Tierra encerrada en la superficie gaussiana de radio x, que vale

$$M = \rho v = \rho\frac{4}{3}\pi x^3 = \frac{4}{3}\rho\pi x^3$$

Sustituyendo este valor en la ecuación anterior, la fuerza con que es atraído el cuerpo hacia el centro de la Tierra será:

$$F = -G\frac{\frac{4}{3}\rho\pi x^3 m}{x^2} = \frac{4}{3}Gm\rho\pi x = -kx$$

Fuerza proporcional a la distancia que les separa a la posición de equilibrio y además recuperadora por estar siempre dirigido hacia dicho punto, oponiéndose a que se aleje de él.

Como por otra parte: $F = m\frac{d^2x}{dt^2}$, podemos escribir

$$m\frac{d^2x}{dt} = -kx \qquad \Rightarrow \qquad m\frac{d^2x}{dt} + kx = 0 \quad ◂$$

que es la ecuación diferencial del M.A.S.

b) La frecuencia angular del M.A.S viene dada por $\omega = \sqrt{k/\omega}$ y de aquí que su periodo valga:

$$T = 2\pi\sqrt{m/k} = 2\pi\sqrt{\frac{m}{\frac{4}{3}Gm\rho\pi}} = 2\pi\sqrt{\frac{3}{4G\rho\pi}} = \sqrt{\frac{3\cdot 4\pi^2}{4G\rho\pi}} = \sqrt{\frac{3\pi}{G\rho}} \quad ◂$$

9.26 Un bloque de masa $M = 980$ g, que está sobre un plano horizontal, se encuentra unido a un muelle de masa despreciable como se muestra en la figura. Un proyectil de masa $m = 20$ g y velocidad horizontal igual a 30 m/s choca con el bloque quedando incrustado en él. El muelle se comprime 6 cm e inicia un movimiento armónico simple. a) Suponiendo que no hay rozamiento calcular la constante elástica del muelle y el periodo de dicho movimiento; b) si por el contrario hubiese rozamiento y su coeficiente fuera $\mu = 0{,}1$. ¿Qué longitud se comprimiría el muelle?

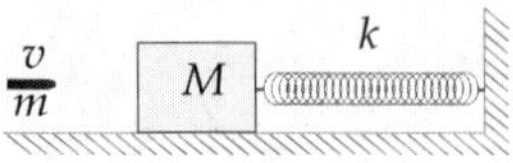

a) En el choque se conserva la cantidad de movimiento por lo que, llamando v_1 a la velocidad final después del choque

$$mv = (M+m)\,v_1 \quad \longrightarrow \quad v_1 = \frac{mv}{M+m} = \frac{0{,}02 \cdot 30}{1} = 0{,}6 \text{ m/s}$$

Tras el choque, la energía cinética del sistema, se transforma en energía potencial elástica

$$\frac{1}{2}(M+m)\,v_1^2 = \frac{1}{2}kx^2 \quad \longrightarrow \quad k = \frac{(M+m)\,v_1^2}{x^2} = \frac{1 \cdot 0{,}36}{(0{,}06)^2} = 100 \text{ N/m} \quad \blacktriangleleft$$

$$T = 2\pi\sqrt{\frac{(M+m)}{k}} = 2\pi\sqrt{\frac{1}{100}} = 0{,}628 \text{ s} \quad \blacktriangleleft$$

b) Si hubiera rozamiento, parte de la energía cinética inicial se perdería como trabajo de rozamiento

$$\frac{1}{2}(M+m)\,v_1^2 = \frac{1}{2}kx^2 + \mu\,(M+m)\,g \cdot x$$

Sustituyendo valores y resolviendo

$$50x^2 + x - 0{,}18 = 0 \quad \longrightarrow \quad x = \frac{1 \pm \sqrt{1+36}}{100} = 0{,}05 \text{ m} = 5 \text{ cm} \quad \blacktriangleleft$$

9.27 La figura muestra un tubo de sección recta constante A abierto a la atmósfera, lleno hasta el nivel indicado por la línea de trazos con un líquido incompresible que fluye sin rozamiento. La longitud total de la columna de líquido es L. Demostrar que, si se hace descender la superficie del líquido en uno de los brazos de la U, y luego se deja libre, el nivel del líquido oscilará alrededor de la posición de equilibrio mediante un M.A.S. con un período $T = 2\pi\,(L/2g)^{1/2}$.

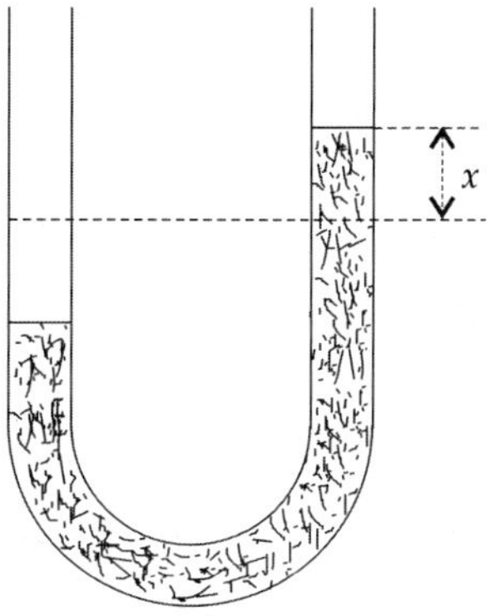

Si se hace descender el líquido en una de sus ramas y sube en la otra, se produce una fuerza peso que tiende a oponerse a que aumente el desplazamiento x:

$$F = -mg = -\rho Vg = -\rho A2xg = -2A\rho gx.$$

Por otra parte, esta fuerza recuperadora produce una aceleración a la masa oscilante, que es la masa total del líquido M, $F = Ma$. Haciendo $k = 2A\rho g$, podemos escribir $F = -kx$.

Igualando los segundos miembros de estas ecuaciones, se tiene

$$Ma = -kx \qquad \Rightarrow \qquad M\frac{d^2x}{dt^2} + kx = 0$$

Se trata, pues, de un M.A.S. cuyo periodo será

$$T = 2\pi\sqrt{M/k}$$

y teniendo en cuenta que $M = \rho AL$ se llega a la solución indicada:

$$T = 2\pi\sqrt{AL\rho/2A\rho g} = 2\pi\sqrt{L/2g} \quad ◀$$

9.28 Un bloque de masa $m = 0{,}5$ kg se cuelga de dos resortes de constantes de recuperación elástica $k_1 = 3$ N/m y $k_2 = 5$ N/m, como se indica en la figura. Calcular el periodo de oscilación del bloque cuando la masa se aleja ligeramente de la posición de equilibrio y se deja en libertad.

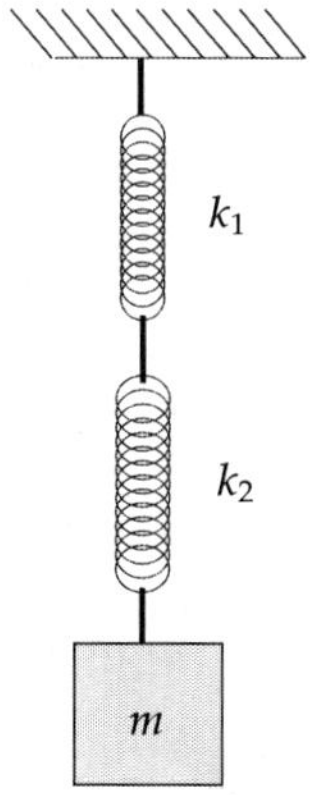

Al aplicar una fuerza F para cada uno de los resortes, se cumple:

$$\left.\begin{aligned} F &= -k_1x_1 \\ F &= -k_2x_2 \end{aligned}\right\} \qquad (1)$$

Si están unidos en serie al aplicarle la misma fuerza también se ha de cumplir

$$F = -kx \qquad (2)$$

Siendo $x = x_1 + x_2$ (3) y k la constante de recuperación elástica del sistema. De acuerdo con las ecuaciones (1) y (2), se puede escribir, por tanto,

$$k_1 x_1 = k_2 x_2 = kx \qquad (3)$$

De donde $x_2 = \dfrac{k_1}{k_2} x_1$, que al sustituirlo en la (3):

$$x = x_1 + \frac{k_1}{k_2} x_1 = \left(1 + \frac{k_1}{k_2}\right) x_1 = \frac{k_1 + k_2}{k_2} x_1$$

Y de aquí $x_1 = \dfrac{k_2}{k_1 + k_2} x$. Sustituyendo este valor en la (2), teniendo en cuenta la (4), se tiene:

$$F = -kx = -k_1 x_1 = -k_1 \frac{k_2}{k_1 + k_2} x = -\frac{k_1 k_2}{k_1 + k_2} x = -kx = -\frac{3 \cdot 5}{3 + 5} x = -1{,}875x \quad \blacktriangleleft$$

El periodo de oscilación del sistema será

$$T = 2\pi \sqrt{\frac{m}{k}} = 2\pi \sqrt{\frac{0{,}5}{1{,}875}} = 3{,}24 \text{ s} \quad \blacktriangleleft$$

9.29 Sobre una boya cilíndrica de 0,2 m^2 de base y 200 kg de masa está situado un cuerpo de 40 kg de masa, flotando el conjunto en el mar. Si el cuerpo cae al mar: a) demostrar que la boya realiza un M.A.S.; b) ¿cuál será la amplitud de dicho movimiento?; c) calcular el periodo del mismo. Se supone que el movimiento de la boya es vertical y paralelo a su generatriz. Tómese $g = 10$ m/s^2 y $\rho = 1$ g/cm^3 la densidad del agua.

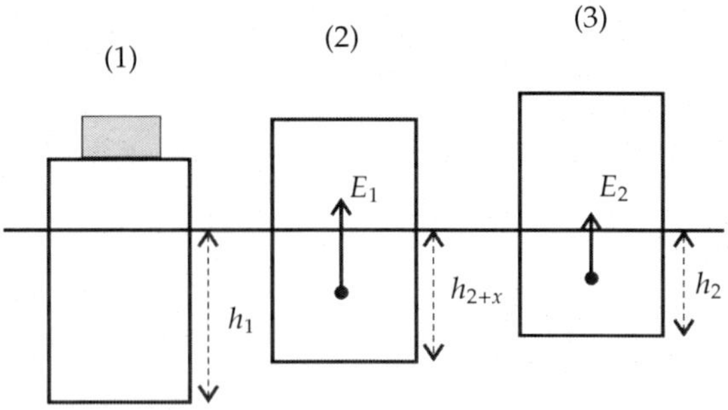

a) Sea h_1 la altura de la parte sumergida de la boya cuando está sobre ella el cuerpo de 40 kg, como se indica en la posición (1) de la figura; h_2 sería la altura de la parte sumergida si no hubiese nada sobre la boya y estuviese en equilibrio (3).

Al caer el cuerpo al mar, la boya empezará a subir, y en una posición en que la boya esté sumergida $h_2 + x$ (3) la fuerza (empuje) resultante sobre ella será:

$$F = E_1 - E_2 = s(h_2 + x)\rho g - sh_2\rho g = s\rho g x$$

que se opone a que aumente x, por lo que debemos escribir

$$F = -s\rho g x = -kx$$

que hace de fuerza recuperadora y le produce a la boya una aceleración ascendente. Por tanto, se cumple:

$$ma = -kx \qquad \Rightarrow \qquad m\frac{d^2x}{dt^2} + kx = 0 \quad ◄$$

Se trata, pues, de un movimiento armónico simple.

b) La amplitud será $A = h_1 - h_2$, y sabiendo que la fuerza peso de la boya en las posiciones (1) y (3) es igual a los empujes que surgen en ellas, se tiene:

$$(200 + 40)\,g = sh_1\rho g \qquad \Rightarrow \qquad h_1 = \frac{240 \text{ kg}}{0{,}2 \text{ m}^2 10^3 \text{ kg/m}^3} = 1{,}2 \text{ m}$$

$$200g = sh_2\rho g \qquad \Rightarrow \qquad h_2 = \frac{200}{0{,}2 \cdot 10^3} = 1 \text{ m}$$

Luego $A = 1{,}2 - 1 = 0{,}2$ m ◄

$$T = 2\pi\sqrt{m/k}$$

donde $k = s\rho g = 0{,}2 \cdot 10^3 \cdot 10 = 2 \cdot 10^3$ N/m.

Por tanto

$$T = 2\pi\sqrt{200/2 \cdot 10^3} \cong 2s \quad ◄$$

9.30 Una masa m está unida a dos cuerdas elásticas de longitud L, cada una bajo una tensión T, como se indica en la figura. Si la masa se desplaza verticalmente una pequeña distancia y suponemos que la tensión no cambia, calcular: a) la constante de recuperación elástica; b) el periodo de las oscilaciones que efectúa al dejarla en libertad.

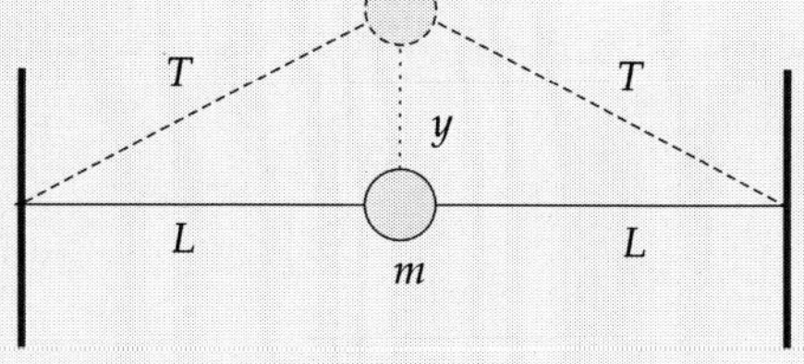

a) En la posición indicada la fuerza que actúa sobre la masa en dirección vertical vale

$$F = 2T \operatorname{sen} \theta = 2T \frac{y}{L}$$

Como esta fuerza se opone al desplazamiento se puede escribir,

$$F = -\frac{2T}{L} y = -ky$$

Luego la constante recuperadora vale

$$k = \frac{2T}{L} \quad ◄$$

b) Dicha fuerza produce una aceleración en la partícula

$$F = ma = m \frac{d^2y}{dt^2}$$

Por lo que $m \frac{d^2y}{dt^2} + \frac{2T}{L} y = 0$. Se trata de un M.A.S. cuyo período será

$$T = 2\pi \sqrt{\frac{mL}{2T}} \quad ◄$$

9.31 Un bloque B de masa m_b descansa sobre otro A de masa m_a ejecutando ambos un movimiento armónico de frecuencia υ sobre una superficie horizontal sin rozamiento como muestra la figura. Sabiendo que el coeficiente de rozamiento entre ambos bloques es μ, calcular la elongación máxima de oscilación para que el bloque B no deslice sobre el bloque A.

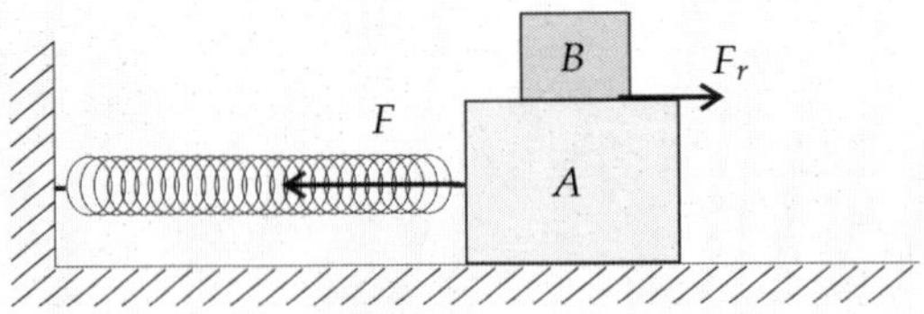

La fuerza recuperadora $F = -kx$, que en su valor máximo vale kA, provoca una aceleración de todo el sistema de manera que $kA = (m_a + m_b)a$, por lo que

$$a = \frac{kA}{(m_a + m_b)}$$

La masa B experimenta una fuerza de inercia en sentido contrario a la aceleración que es

$$F_i = -m_b a = -m_b \frac{kA}{(m_a + m_b)}$$

Para que no deslice sobre la masa A la fuerza de rozamiento ha de ser igual, al menos, a dicha fuerza de inercia por lo que $F_r = \mu m_b g$.

Igualando ambas fuerzas

$$m_b \frac{kA}{(m_a + m_b)} = \mu m_b g \quad \rightarrow \quad A = \frac{(m_a + m_b)\mu g}{k} = \frac{(m_a + m_b)\mu g}{(m_a + m_b)\omega^2} = \frac{\mu g}{4\pi^2 \nu^2} \quad ◂$$

9.32 Un bloque cúbico de madera, de arista A y masa m, está flotando en un estanque. Se le empuja hacia abajo y después se deja en libertad. Calcular la frecuencia de sus oscilaciones.

Cuando el cubo está en equilibrio, tras sumergirse en el agua se cumple, el peso debe ser igual al empuje:

$$mg = \rho V g = \rho A^2 g h$$

Siendo ρ la densidad del líquido desalojado.

Si estando en la posición de equilibrio lo empujamos hacia dentro del agua y penetra una distancia x, se produce una variación de empuje, que vale,

$$\Delta E = E' - E = \rho A^2 (h + x) g - \rho A^2 h g = \rho A^2 g x$$

oponiéndose a que aumente x, por lo que debemos escribir

$$\Delta E = -\rho A^2 g x$$

que hace de fuerza recuperadora.

Esta fuerza produce una aceleración

$$\Delta E = ma = m \frac{d^2 x}{dt^2},$$

por lo que podemos escribir:

$$-\rho A^2 g x = m \frac{d^2 x}{dt^2} \quad \rightarrow \quad m \frac{d^2 x}{dt^2} + \rho A^2 g x = 0$$

ecuación diferencial del tipo $m \frac{d^2 x}{dt^2} + kx = 0$, donde $k = \rho A^2 g$, que nos indica que es un M.A.S. cuyo periodo es

$$T = 2\pi\sqrt{\frac{m}{k}} = 2\pi\sqrt{\frac{m}{\rho A^2 g}} = \frac{2\pi}{\sqrt{\rho g}}\frac{\sqrt{m}}{A} = 0{,}0634\frac{\sqrt{m}}{A}$$

y la frecuencia

$$\upsilon = \frac{1}{T} = 15{,}76\frac{A}{\sqrt{m}} \quad ◄$$

9.33 Una partícula de masa m resbala por la parte interior e inferior de una superficie cilíndrica de radio *R*. a) Demostrar que para pequeños desplazamientos respeto a la posición de equilibrio, la partícula presenta un M.A.S. b) Calcular el periodo de dicho movimiento.

a) La componente tangencial del peso, que tiende a llevar a la partícula a la posición de equilibrio, tiene por valor

$$F_t = -mg \operatorname{sen}\theta$$

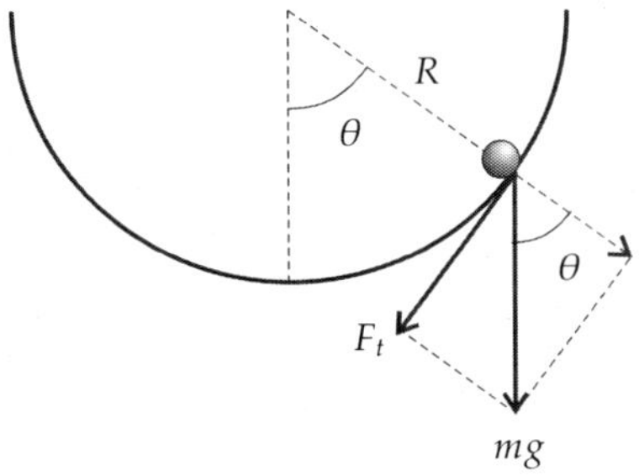

donde el signo negativo significa que actúa en sentido opuesto al desplazamiento angular. Por otra parte

$$F = -ma_t = mR\alpha = mR\frac{d^2\theta}{dt^2}$$

por lo que la ecuación diferencial del movimiento de la partícula es:

$$mR\frac{d^2\theta}{dt^2} + mg \operatorname{sen}\theta = 0 \qquad \Rightarrow \qquad m\frac{d^2\theta}{dt^2} + \frac{mg}{R}\operatorname{sen}\theta = 0$$

$$m\frac{d^2\theta}{dt^2} + k \operatorname{sen}\theta = 0$$

Ecuación que indica que no se trata de un M.A.S. Sin embargo, para oscilaciones de pequeña amplitud el valor del $\operatorname{sen}\theta \cong \theta$ y la ecuación anterior se puede escribir en la forma

$$m\frac{d^2\theta}{dt^2} + k\theta = 0 \quad ◄$$

que es análoga a la ecuación diferencial del M.A.S. donde se sustituye x por θ.

b) En tales condiciones, el periodo del movimiento oscilatorio será:

$$T = 2\pi\sqrt{m/k} = 2\pi\sqrt{\frac{m}{mg/R}} = 2\pi\sqrt{R/g} \quad ◄$$

9.34 Una barra cilíndrica de madera, de sección 100 cm^2, tiene un trozo de metal incrustado en un extremo, de modo que flota en un líquido tal como se indica en la figura. La masa total del sistema es de 2 kg y la densidad del líquido 1 g/cm^3. Si se empuja la barra un poco hacia abajo y después se deja en libertad, calcular: a) la constante recuperadora, b) el periodo de sus oscilaciones.

a) Si estando la barra en posición de equilibrio, la hacemos penetrar una distancia x, se produce una variación de empuje:

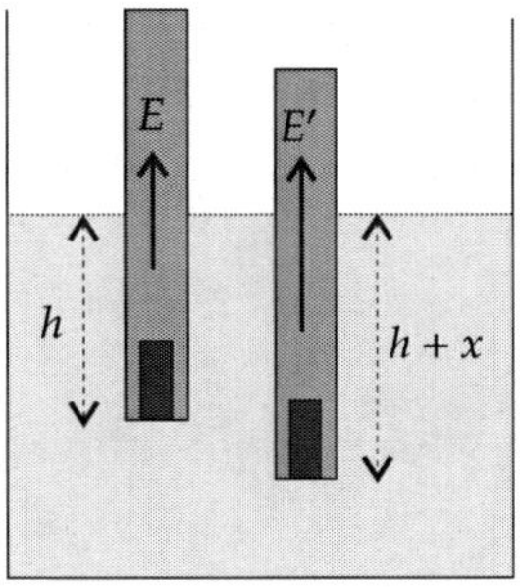

$$\Delta E = E' - E = \rho S\,(h + x)\,g - \rho Shg = \rho Sgx$$

que se opone a que aumente x, por lo que debemos escribir $\Delta E = -\rho Sgx$.

Esa fuerza debe ser $\Delta E = ma$, y por tanto

$$ma = -\rho Sgx = -kx$$

con $k = \rho Sg = 0{,}01 \cdot 10^3 \cdot 10 = 10^2$ N/m ◄ Se trata, pues de un M.A.S.

b) Si conocemos la masa total de la barra, su periodo de oscilación vendrá dado por:

$$T = 2\pi\,\sqrt{m/k} = 2\pi\,\sqrt{m/\rho sg} = 2\pi\,\sqrt{\frac{2}{10^3 \cdot 0{,}01 \cdot 10}} = 0{,}89 \text{ s} \quad ◄$$

9.35 Una esfera de radio r rueda sin deslizar por la parte interior e inferior de una superficie cilíndrica de radio $R = 4r$. Calcular el periodo de las oscilaciones de pequeña amplitud.

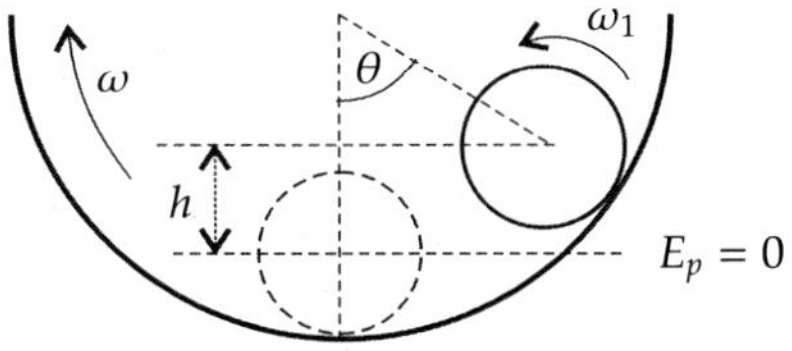

La energía total de la esfera rodando en cualquier posición, es la suma de la energía potencial, energía cinética de traslación y energía cinética de rotación

$$E = mgh + \frac{1}{2}mv^2 + \frac{1}{2}I\omega_1^2 \tag{1}$$

siendo ω_1 la velocidad angular de la esfera en rotación. Ahora debemos expresar h, v y ω_1 en función de la amplitud angular, y de acuerdo con la figura, se tiene:

$$h = (R - r) - (R - r)\cos\theta = (R - r)(1 - \cos\theta)$$

Por otra parte, para oscilaciones de pequeña amplitud

$$\cos\theta = \sqrt{1 - \operatorname{sen}^2\theta} = \left(1 - \theta^2\right)^{1/2} \qquad (1)$$

y teniendo en cuenta que el desarrollo de la serie binómica $(1 - x)^n$ para $x \ll 1$ puede expresarse en la forma $1 - n\,x$, el desarrollo del $\cos\theta$ de la ecuación (1) es

$$\cos\theta = 1 - \frac{\theta^2}{2} \qquad \Rightarrow \qquad 1 - \cos\theta = \frac{\theta^2}{2}$$

Por tanto, la altura valdrá

$$h = (R - r)\frac{\theta^2}{2}$$

En cuanto a la velocidad lineal de la esfera

$$v = (R - r)\,\omega = (R - r)\frac{d\theta}{dt}$$

donde ω es la velocidad angular de la esfera en su movimiento de traslación circular y la velocidad angular de rotación de la misma

$$\omega_1 = \frac{v}{r} = \frac{R - r}{r}\frac{d\theta}{dt}$$

Sustituyendo los valores de h, v y ω_1, en la ecuación (1), tendremos:

$$E = \frac{1}{2}mg(R - r)\theta^2 + \frac{1}{2}m(R - r)^2\left(\frac{d\theta}{dt}\right)^2 + \frac{1}{2}\cdot\frac{2}{5}mr^2\frac{(R - r)^2}{r^2}\left(\frac{d\theta}{dt}\right)^2$$

que simplificando

$$E = \frac{1}{2}mg(R - r)\theta^2 + \frac{7}{10}m(R - r)^2\left(\frac{d\theta}{dt}\right)^2$$

Como la energía mecánica de la esfera se ha de mantener constante si no existe rozamiento, derivando respecto a θ e igualando a cero, resulta:

$$0 = mg(R - r)\theta\frac{d\theta}{dt} + \frac{14}{10}m(R - r)^2\frac{d\theta}{dt}\cdot\frac{d^2\theta}{dt}$$

y finalmente

$$\frac{7}{5}(R-r)\frac{d^2\theta}{dt^2} = -g\theta \quad \Rightarrow \quad \frac{d^2\theta}{dt^2} + \frac{5g}{7(R-r)}\theta = 0 \quad \Rightarrow \quad \frac{d^2\theta}{dt} + k\theta = 0$$

Se trata pues, de un M.A.S., cuyo periodo vale

$$T = 2\pi\sqrt{\frac{7(R-r)}{5g}} = 2\pi\sqrt{\frac{21r}{5g}}\ \text{s} \quad ◄$$

9.36 Una esfera de radio R y masa m, está unida a una varilla de masa despreciable de modo que la distancia desde el centro de la esfera al punto de suspensión de la varilla es d. Encontrar el periodo de este péndulo.

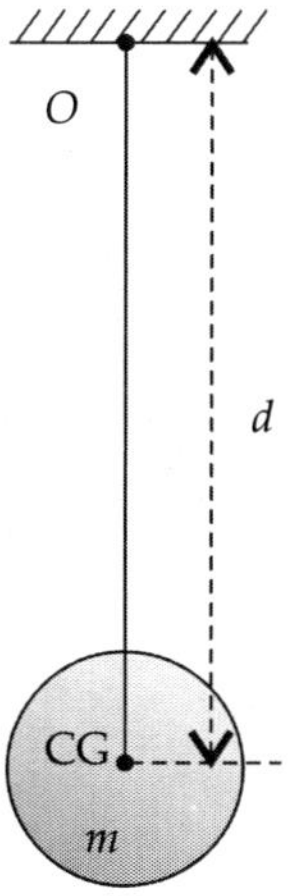

El periodo del péndulo físico viene dado por $T = 2\pi\sqrt{I/k}$ siendo $k = mgd$ e I el momento de inercia del sólido cuando gira por un eje horizontal que pasa por el centro de suspensión O.

Por otra parte, el momento de una esfera que gira alrededor de un diámetro es $I_G = \frac{2}{5}mR^2$.

Aplicando el teorema de Steiner podemos calcular el momento de inercia respecto al punto O:

$$I_O = I_G + md^2 = \frac{2}{5}mR^2 + md^2 = m\left(\frac{2}{5}R^2 + d^2\right)$$

Por lo que el periodo de oscilación será,

$$T = 2\pi\sqrt{\frac{m\left(\frac{2}{5}R^2 + d^2\right)}{mdg}} = 2\pi\sqrt{\frac{\left(\frac{2}{5}R^2 + d^2\right)}{dg}} \quad ◄$$

9.37 Una esfera maciza de masa $m = 0{,}8$ kg, unida a un resorte horizontal de constante recuperadora $k = 15$ N/m, como se indica en la figura. Si se separa de la posición de equilibrio una distancia de 10 cm y después se deja en libertad, calcular: a) la velocidad de traslación de la esfera al pasar por la posición de equilibrio; b) el periodo de oscilación de la misma.

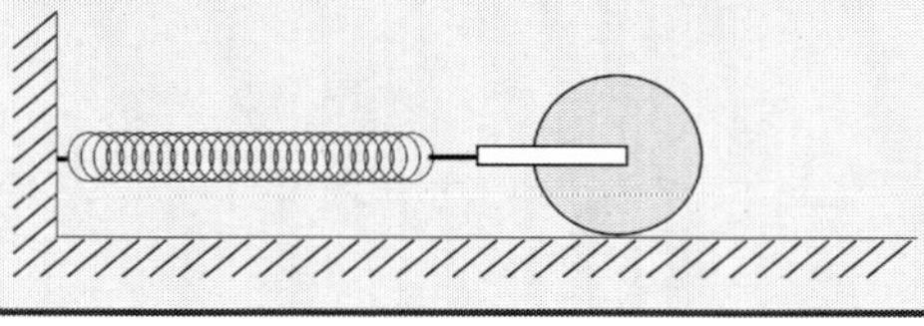

a) Al pasar por la posición de equilibrio la energía potencial elástica del resorte se transforma en energía cinética de traslación y rotación de la esfera:

$$\frac{1}{2}kA^2 = \frac{1}{2}mv^2 + \frac{1}{2}I\omega^2 = \frac{1}{2}mv^2 + \frac{1}{2}\frac{2}{5}mR^2\frac{v^2}{R^2}$$

$$\frac{1}{2}kA^2 = \frac{7}{10}mv^2 \quad \Rightarrow \quad v = A\sqrt{\frac{5}{7}\frac{k}{m}} = 0{,}44\ \mathrm{m/s} \quad \blacktriangleleft$$

b) En cualquier posición de la esfera, la energía total del sistema, $E = \frac{1}{2}kA^2$, será constante, por lo que para una elongación x podemos escribir:

$$E = \frac{1}{2}kx^2 + \frac{1}{2}kv^2 + \frac{1}{2}k\omega^2 = \mathrm{cte}$$

$$kx^2 + kv^2 + \frac{2}{5}mR^2\frac{v^2}{R^2} = \mathrm{cte}$$

$$kx^2 + \frac{7}{5}mv^2 = \mathrm{cte} \quad \Rightarrow \quad kx^2 + \frac{7}{5}m\left(\frac{dx}{dt}\right)^2 = \mathrm{cte}$$

y derivando respecto al tiempo se tiene:

$$2kx\frac{dx}{dt} + \frac{14}{5}m\frac{dx}{dt}\cdot\frac{d^2x}{dt^2} = \mathrm{cte} \quad \Rightarrow \quad m\frac{d^2x}{dt^2} + \frac{5}{7}kx = 0$$

El periodo de oscilación será:

$$T = 2\pi\sqrt{\frac{m}{\frac{5}{7}k}} = 2\pi\sqrt{\frac{7}{5}\frac{m}{k}} = 1{,}72\ \mathrm{s} \quad \blacktriangleleft$$

9.38 Dos discos de plomo iguales, de 10 cm de diámetro, penden de un alambre rígido sin peso como se indica en la figura. El c.d.g. del primero dista 25 cm del centro de suspensión del alambre, y el del segundo está 15 cm por debajo del primero. Calcular el periodo de oscilación para pequeñas amplitudes.

El periodo de oscilación del péndulo físico así formado será

$$T = 2\pi\sqrt{I/mdg} \qquad (1)$$

Donde I es el momento de inercia del sistema respecto al centro de suspensión que vale:

$$I = I_1 + I_2$$

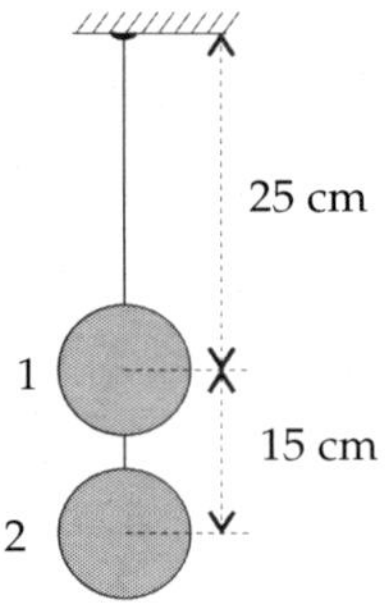

con

$$\begin{cases} I_1 = I_G + mh_1^2 = \dfrac{1}{2}mR^2 + mh_1^2 \\ I_2 = I_G + mh_2^2 = \dfrac{1}{2}mR^2 + mh_2^2 \end{cases}$$

$$I = mR^2 + m\left(h_1^2 + h_2^2\right) = m\left(R^2 + h_1^2 + h_2^2\right)$$

La distancia de CG del sistema al centro de suspensión es:

$$d = \frac{\sum m_i y_i}{\sum m_i} = \frac{25m + 40m}{2m} = \frac{65}{2} = 32{,}5 \text{ cm} = 0{,}33 \text{ m}$$

por lo que sustituyendo en la expresión (1) del periodo

$$T = 2\pi\sqrt{\frac{m\left(R^2 + h_1^2 + h_2^2\right)}{2mgd}} = 2\pi\sqrt{\frac{0{,}05^2 + 0{,}25^2 + 0{,}4^2}{2 \cdot 10 \cdot 0{,}33}} = 1{,}16 \text{ s} \quad ◂$$

9.39 Una masa m unida al extremo de una barra homogénea y uniforme de longitud L y masa m puede girar por su parte superior alrededor de un pivote, como se indica en la figura. Calcular su periodo de oscilación para desplazamientos pequeños, considerando puntual la masa unida al extremo de la barra.

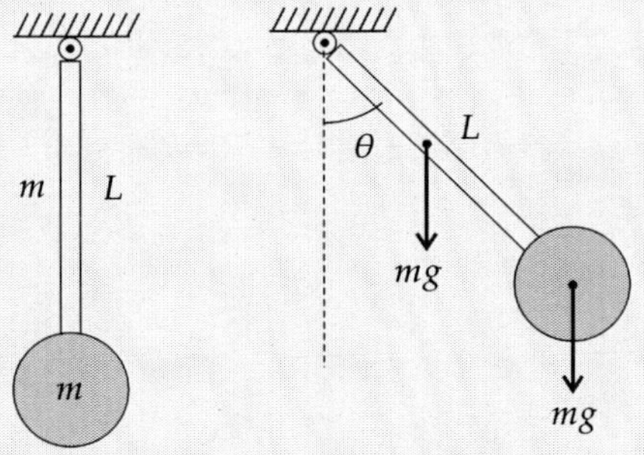

Cuando la barra se separa de la posición de equilibrio aparecen los momentos de la fuerza peso

$$\sum M = -mg\frac{L}{2}\operatorname{sen}\theta - mgL\operatorname{sen}\theta = -\frac{3}{2}mgL\operatorname{sen}\theta$$

donde el signo menos indica que se oponen al aumento de θ.

Por otra parte

$$\sum M = I\alpha = I\frac{d^2\theta}{dt^2}$$

donde

$$I = mL^2 + 1/3mL^2 = \frac{4}{3}mL^2$$

Por tanto, se puede escribir, para oscilaciones de pequeña amplitud (sen $\theta \cong \theta$):

$$I\frac{d^2\theta}{dt^2} + \frac{3}{2}mgL\theta = 0 \qquad \Rightarrow \qquad I\frac{d^2\theta}{dt^2} + k\theta = 0$$

por lo que se trata de un M.A.S., cuyo periodo vale:

$$T = 2\pi\sqrt{I/k} = 2\pi\sqrt{\frac{\frac{4}{3}mL^2}{(3/2)mgL}} = 2\pi\sqrt{\frac{8L}{9g}} = \frac{4\pi}{3}\sqrt{2L/g} \quad ◄$$

Un procedimiento más rápido es aplicar la fórmula del péndulo físico

$$T = 2\pi\sqrt{\frac{I}{mgd}}$$

teniendo en cuenta que la masa total del sistema es $2m$ y donde

$$I = mL^2 + \frac{1}{3}mL^2 = \frac{4}{3}mL^2$$

$$d = \frac{\sum m_i y_i}{\sum m_i} = \frac{m\frac{L}{2} + mL}{2m} = \frac{3}{4}L$$

Sustituyendo valores en la fórmula anterior se obtiene:

$$T = 2\pi\sqrt{\frac{\frac{4}{3}mL^2}{2mg\frac{3L}{4}}} = 2\pi\sqrt{\frac{8L}{9g}} = \frac{4\pi}{3}\sqrt{\frac{2L}{g}} \quad ◄$$

9.40 Una barra homogénea y sección uniforme, de masa M y longitud L, tiene un pivote en uno de sus extremos y oscila en un plano vertical. Calcular: a) su periodo de oscilación; b) la longitud del péndulo simple equivalente.

El momento de inercia de la barra respecto a uno de sus extremos vale:

$$I = \int r^2 dm = \int_0^L x^2 \rho S dx = \rho S\left[\frac{x^3}{3}\right]_0^L = \frac{1}{3}\rho S L^3 = \frac{1}{3}ML^2$$

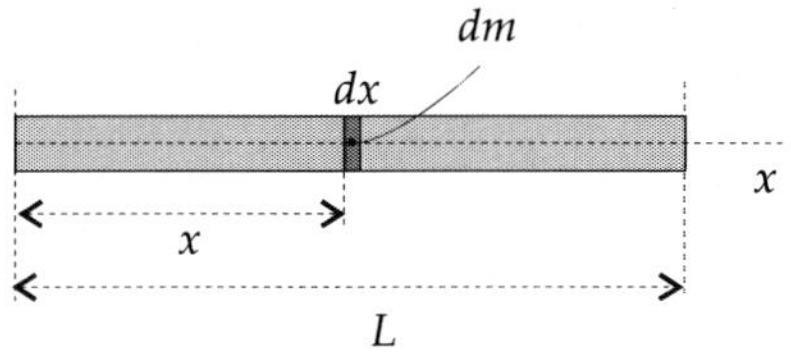

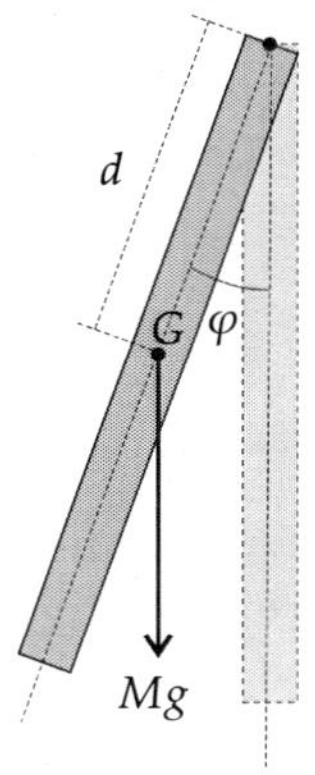

a) El momento de la fuerza provoca un giro que vale

$$-Mgd\,\mathrm{sen}\,\varphi = I\alpha,$$

que, para ángulos pequeños, en los que se puede considerar que el ángulo y su seno son iguales, se puede escribir,

$$I\alpha = -Mgd\varphi = -k\varphi \quad \rightarrow \quad k = Mgd = \frac{1}{2}MgL$$

El periodo de oscilación vale

$$T = 2\pi\sqrt{\frac{I}{k}} = 2\pi\sqrt{1/3ML^2}1/2MgL = 2\pi\sqrt{\frac{2L}{3g}} \quad ◀$$

b) La longitud del péndulo simple equivalente: comparando las expresiones

$$T = 2\pi\sqrt{\frac{L_o}{g}} \quad \text{y} \quad T = 2\pi\sqrt{\frac{I}{k}}$$

$$\frac{L_o}{g} = \frac{2L}{3g} \quad \rightarrow \quad L_o = \frac{2}{3}L \quad ◀$$

9.41 Una varilla rígida de peso despreciable y longitud L lleva en su extremo una masa puntual m. Dicha varilla, a una distancia d por debajo de un punto de suspensión, está unidad a un resorte horizontal de constante elástica k como se indica en la figura. Se le separa de la posición de equilibrio mediante un giro pequeño θ y después se deja en libertad, oscilando en el plano vertical definido por la varilla y el resorte. Demostrar que realiza un M.A.S. y calcular su periodo.

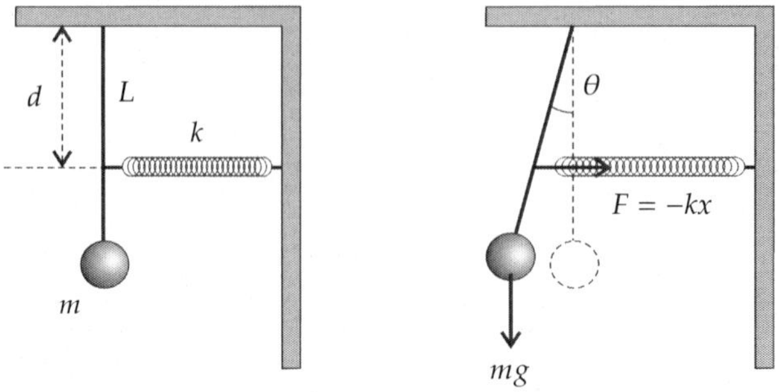

Cuando la varilla se separa de su posición de equilibrio aparecen los momentos de la fuerza peso y la del resorte que tienden a llevarla de nuevo a la posición de equilibrio.

Dichos momentos valen

$$\sum M = -mgL \operatorname{sen}\theta - kxd$$

donde el signo menos indica que se oponen al aumento del desplazamiento angular.

Por otra parte, en la rotación se ha de cumplir

$$\sum M = I\alpha = I\frac{d^2\theta}{dt^2}$$

donde

$$I = mL^2$$

Luego la ecuación diferencial del movimiento que ejecuta la masa puntual será:

$$I\frac{d^2\theta}{dt^2} = -mgL \operatorname{sen}\theta - kxd \quad \Rightarrow \quad I\frac{d^2\theta}{dt^2} + mgL \operatorname{sen}\theta + kxd = 0$$

Para ángulos muy pequeños se cumple:

$$\operatorname{sen}\theta \cong \theta; \quad \frac{x}{d} = \theta \quad \Rightarrow \quad x = \theta d$$

y teniendo en cuenta los valores de x y $\operatorname{sen}\theta$, la ecuación anterior toma la forma:

$$I\frac{d^2\theta}{dt^2} + mgL\theta + k\theta d^2 = 0$$

$$I\frac{d^2\theta}{dt^2} + \left(mgL + kd^2\right)\theta = 0$$

$$I\frac{d^2\theta}{dt^2} + k\theta = 0 \quad ◂$$

donde $k = mgL + kd^2$ es la constante recuperadora del sistema. Se trata, pues, de un M.A.S.

Para dichas condiciones de pequeña amplitud, el periodo vale:

$$T = 2\pi\sqrt{I/k} = 2\pi\sqrt{\frac{mL^2}{mgL + kd^2}} \quad \blacktriangleleft$$

9.42 Una barra homogénea y de sección uniforme de longitud L tiene un pivote a una distancia d por encima de su centro de masas. Para un desplazamiento pequeño de su posición de equilibrio vertical, la barra exhibe un movimiento armónico simple. a) Determinar la frecuencia angular de este movimiento; b) si la longitud de la barra es de 1 m y el pivote está a 75 cm, calcula su periodo.

a) El momento recuperador es $M = -mgd \operatorname{sen}\theta$

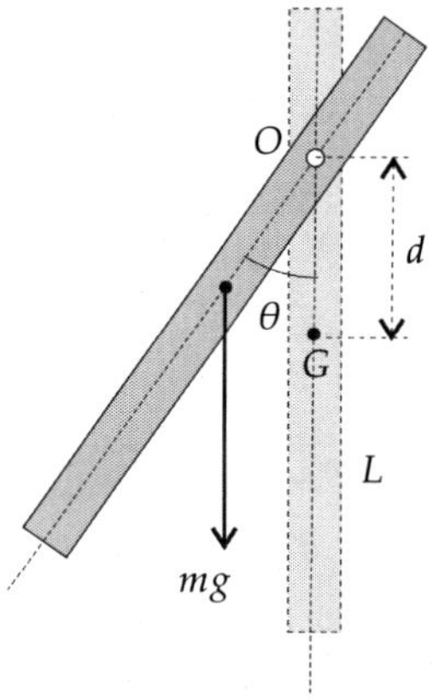

$$M = I_o\alpha = I_o\frac{d^2\theta}{dt^2}$$

$$I_o\frac{d^2\theta}{dt^2} + mgd\theta = 0$$

con $k = mgd$. Se trata de un M.A.S. de frecuencia angular

$$\omega = \sqrt{\frac{k}{I_o}}$$

Para calcular el momento de inercia con respecto a un eje que pasa por O aplicamos el teorema de Steiner sabiendo que el momento de inercia de una barra homogénea y de sección uniforme respecto a un eje perpendicular a ella y que pasa por un centro de gravedad es

$$I_G = \frac{1}{12}mL$$

Por tanto

$$I_o = I_G + md^2 = \frac{1}{12}mL^2 + md^2 = \left(\frac{L^2}{12} + d^2\right)m$$

$$\omega = \sqrt{\frac{mgd}{(L^2/12 + d^2)\,m}} = \sqrt{\frac{gd}{L^2/12 + d^2}} \quad \blacktriangleleft$$

b) El periodo $T = 2\pi/\omega = 2\pi\sqrt{\dfrac{L^2/12 + d^2}{gd}}$.

Para $L = 1$ m, $d = 0{,}25$m, se obtiene

$$T = 2\pi\sqrt{\frac{\frac{1}{12} + 0{,}25^2}{9{,}8 \cdot 0{,}25}} = 1{,}53 \text{ s} \quad ◄$$

9.43 El disco de la figura puede oscilar alrededor de un eje fijo horizontal que pasa por el punto de suspensión O. Se separa ligeramente de la posición de equilibrio y el periodo de sus oscilaciones vale $T = 2\pi\sqrt{0{,}015}$ s. Calcular: a) el radio del disco; b) la longitud del péndulo simple equivalente.

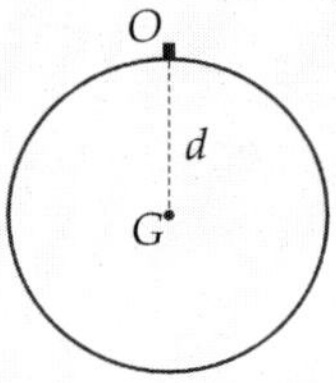

a) El periodo de péndulo físico viene dado por $T = 2\pi\sqrt{I/mgd}$ siendo d la distancia del c.d.g. del disco al centro de suspensión y donde I, según el teorema de Steiner, vale:

$$I = I_G + mh^2 = 1/2mR^2 + mR^2 = \frac{3}{2}mR^2$$

Por tanto, podemos escribir para el periodo

$$T = 2\pi\sqrt{\frac{\frac{3}{2}mR^2}{mgR}} = 2\pi\sqrt{\frac{3}{2}\frac{R}{g}}$$

que teniendo en cuenta que dicho periodo vale $2\pi\sqrt{0{,}015}$, se tiene:

$$\frac{3}{2}\frac{R}{g} = 0{,}015 \qquad \Rightarrow \qquad R = \frac{2 \cdot 0{,}015}{3}g = 0{,}1 \text{ m} = 10 \text{ cm} \quad ◄$$

b)
$$\left.\begin{array}{ll}\text{Péndulo simple:} & T = 2\pi\sqrt{l/g} \\ \text{Péndulo físico:} & T = 2\pi\sqrt{I/mgd}\end{array}\right\} \quad \rightarrow \quad l = \frac{I}{md}$$

$$l = \frac{\frac{3}{2}mR^2}{mR} = \frac{3}{2}R = \frac{3}{2} \cdot 10 = 15 \text{ cm} \quad ◄$$

9.44 Un aro de radio $R = 0{,}5$ m oscila con pequeña amplitud alrededor del punto o como se indica en la figura. Calcular: a) periodo de oscilación; b) longitud del péndulo simple equivalente.

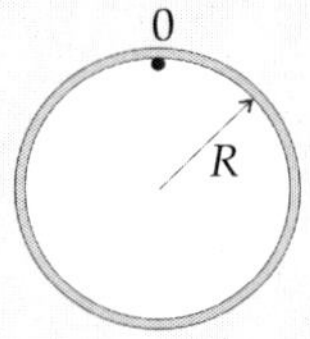

a) El periodo sabemos que vale $T = 2\pi\sqrt{\dfrac{I}{mgd}}$.

Debemos por tanto obtener el momento de inercia del aro respecto de O. Aplicando el teorema de Steiner,

$$I_O = I_G + mh^2 = mR^2 + mR^2 = 2mR^2 \quad \text{y} \quad d = R$$

Por tanto:

$$T = 2\pi\sqrt{\frac{2mR^2}{mgR}} = 2\pi\sqrt{\frac{2R}{g}} = 2\text{ s} \quad ◄$$

b) Para obtener la longitud equivalente. Comparando la del péndulo simple $T = 2\pi\sqrt{\dfrac{l}{g}}$ con la del péndulo físico $T = 2\pi\sqrt{\dfrac{I}{mgd}}$

$$l = \frac{I}{md} \quad \rightarrow \quad l = \frac{2mR^2}{mR} = 2R = 1\text{ m} \quad ◄$$

9.45 Una barra homogénea y de sección uniforme, de masa m y longitud L, puede oscilar en un plano vertical alrededor de un eje horizontal que pasa a una distancia $L/4$ de su c.d.g. Para oscilaciones de pequeña amplitud, calcular su periodo y la longitud del péndulo simple equivalente.

El periodo de un péndulo físico viene dado por

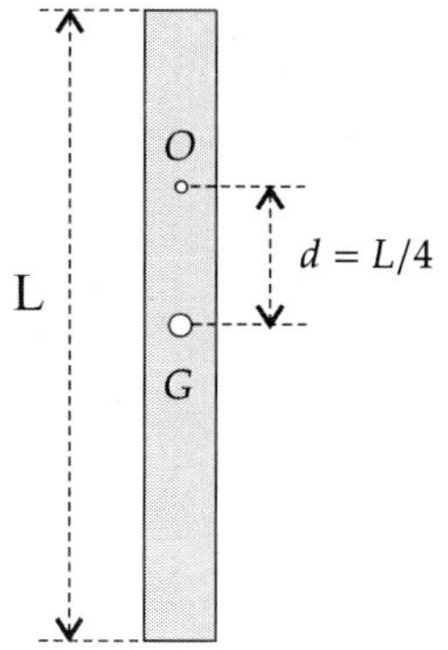

$$T = 2\pi\sqrt{I_0/mgd} \qquad (1)$$

siendo I_0 el momento de inercia cuando gira alrededor de un eje horizontal que pasa por el punto <u>O</u>, que, aplicando el teorema de Steiner, vale:

$$I_0 = I_G + mh^2 = \frac{mL^2}{12} + \frac{mL^2}{16} = \frac{7}{48}mL^2$$

Sustituyendo en (1) este valor, y $d = L/4$ se obtiene

$$T = 2\pi\sqrt{\frac{\frac{7}{48}mL^2}{\frac{1}{4}mgL}} = 2\pi\sqrt{\frac{7}{12}\frac{L}{g}} \quad ◄$$

La longitud del péndulo simple equivalente vale

$$l = \frac{I_0}{md} = \frac{\frac{7}{48}mL^2}{m\cdot L/4} = \frac{7}{12}L \quad ◄$$

9.46 Con 4 varillas homogéneas de igual sección, de longitud $L = 50$ cm y masa $m = 2$ kg cada una de ellas, se construye un cuadrado. Dicho cuadrado se cuelga como indica la figura de un hilo metálico cuya constante de torsión es $k = 3$ Nm/rad. Por acción de un par exterior el cuadrado, que está en un plano horizontal, gira un ángulo y al dejarlo en libertad adquiere un M.A.S. Calcular el momento de inercia y el periodo de oscilación.

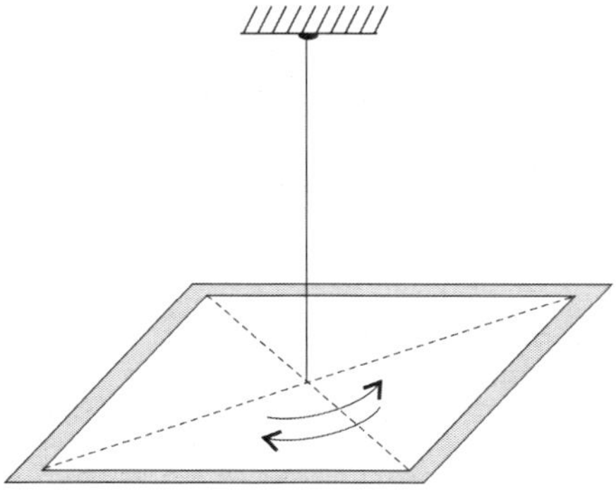

El periodo de oscilación de un péndulo físico viene dado por

$$T = 2\pi\sqrt{\frac{I}{k}}$$

En la ecuación I es el momento de inercia del cuadrado respecto a un eje perpendicular al plano y que pasa por su centro, es decir, que coincida con el hilo metálico. El momento de inercia de una varilla homogénea cuando gira alrededor de un eje perpendicular a ella y que pasa por su c.d.g. es

$$I_G = \frac{1}{12}ML^2$$

Y según el teorema de Steiner

$$I_o = I_G + Mh^2 = \frac{1}{12}ML^2 + M\left(\frac{L}{2}\right)^2 = \frac{1}{3}ML^2$$

El momento de inercia de las cuatro varillas:

$$I = 4I_o = \frac{4}{3}ML^2 = \frac{4}{3}\cdot 2\cdot 0{,}5^2 = 0{,}67 \text{ kg}\cdot\text{m}^2 \quad ◂$$

El periodo por tanto valdrá

$$T = 2\pi\sqrt{\frac{I}{k}} = 2\pi\sqrt{\frac{0{,}67}{3}} = 2{,}97 \text{ s} \quad ◂$$

9.47 Una barra homogénea y de sección uniforme, de masa m y longitud L, puede oscilar en un plano vertical alrededor de un eje horizontal. Calcular la posición de tal eje de suspensión para que oscile con un periodo máximo.

Como el periodo de un péndulo físico viene dado por $2\pi\sqrt{I/mgd}$, y en este caso $I = I_G + mx^2$ y $d = x$, podemos escribir:

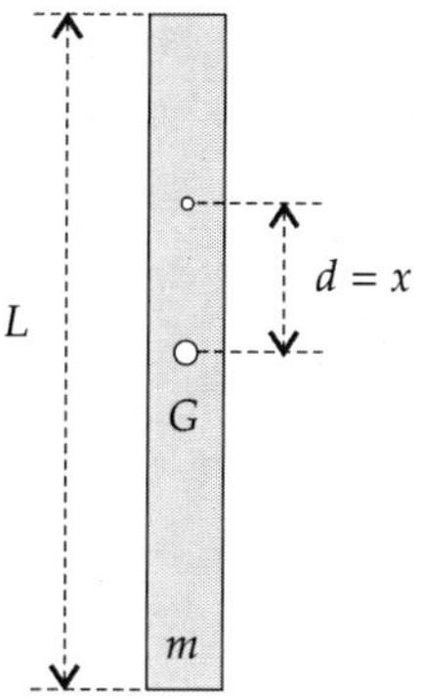

$$T = 2\pi\sqrt{\frac{I_G + mx^2}{mgx}}$$

Si T ha de ser máximo, lo será también

$$\frac{I_G + mx^2}{mgx} = \frac{I_G}{mgx} + \frac{x}{g}$$

y derivando con respecto a x e igualando a cero, se tiene:

$$\frac{d}{dx}\left(\frac{I_G}{mgx} + \frac{x}{g}\right) = -\frac{I_G}{mgx^2} + \frac{1}{g} = 0$$

De aquí que $I_G = mx^2 = 0 \quad \Rightarrow \quad x = \sqrt{I_G/m}$. Como por otra parte $I_G = \frac{1}{12}mL^2$ resulta que

$$x = \sqrt{\frac{1/12mL^2}{m}} = \sqrt{L^2/12} = \frac{L}{2\sqrt{3}} = \frac{\sqrt{3}L}{6} \quad ◂$$

Al ser la segunda derivada

$$\frac{d^2}{dx^2}\left(\frac{I_g}{mgx^2} + \frac{x}{g}\right) = \frac{2I_G}{mgx^3} > 0$$ se trata efectivamente de un máximo.

9.48 En el sistema de la figura, una cuerda inextensible y sin peso pasa por una polea cilíndrica de radio R y masa M. Uno de sus extremos va unido a un resorte fijo de constante k y del otro pende un cuerpo de masa m. Si consideramos que la cuerda no desliza sobre la polea, calcular el periodo de las oscilaciones que se producen al separar ligeramente el cuerpo de su posición de equilibrio y dejarlo en libertad.

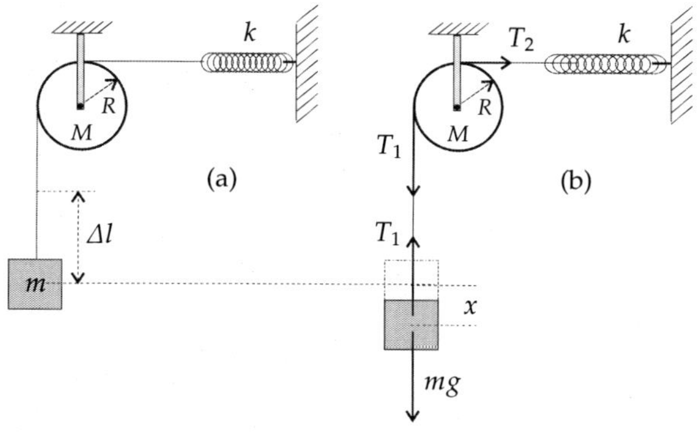

En la posición de equilibrio (a) se cumple

$$mg - k \cdot \Delta l = 0 \quad \rightarrow \quad mg = k \cdot \Delta l \tag{1}$$

En la posición (b), cuando el peso baja en la oscilación, cumpliendo la ley de la dinámica de rotación, se tiene:

$$(T_1 - T_2)R = I\alpha = \frac{1}{2}MR^2\frac{a}{R}$$

$$T_1 - T_2 = \frac{1}{2}Ma \tag{2}$$

Para la masa m aplicando la ley de la dinámica de traslación

$$mg - T_1 = ma \tag{3}$$

Sumando miembro a miembro la (2) y la (3):

$$mg - T_2 = \left(\frac{M}{2} + m\right)a$$

Y teniendo en cuenta que en la posición (b), la $T_2 = k(\Delta l + x) = k\Delta l + kx$, se puede escribir:

$$mg - k\Delta l - kx = \left(\frac{M}{2} + m\right)a$$

Con lo que finalmente queda

$$\left(\frac{M}{2} + m\right)\frac{d^2x}{dt^2} + kx = 0$$

Y el periodo de oscilación

$$T = 2\pi\sqrt{\frac{\left(\frac{M}{2} + m\right)}{k}}$$ ◂

9.49 En la figura se muestra un péndulo de reloj. La barra uniforme de longitud $L = 1{,}5$ m tiene una masa m. Sujeto a la barra hay un disco de masa $M = 3$ m y radio 0,15 m que puede desplazarse a lo largo de la barra. ¿Cuál debe ser la distancia del centro de suspensión al c.d.g. del disco para que el periodo del péndulo sea 2 s? (Tómese $g \approx \pi^2$ ms^{-2}).

Para aplicar la fórmula del péndulo físico, $T = 2\pi\sqrt{I/mgd}$, hay que tener en cuenta que la masa oscilante, en nuestro caso, es 4 m; I es el momento de inercia del sistema barra-disco, y d la distancia del centro de suspensión al c.d.g del sistema.

Calculamos por tanto estas dos magnitudes:

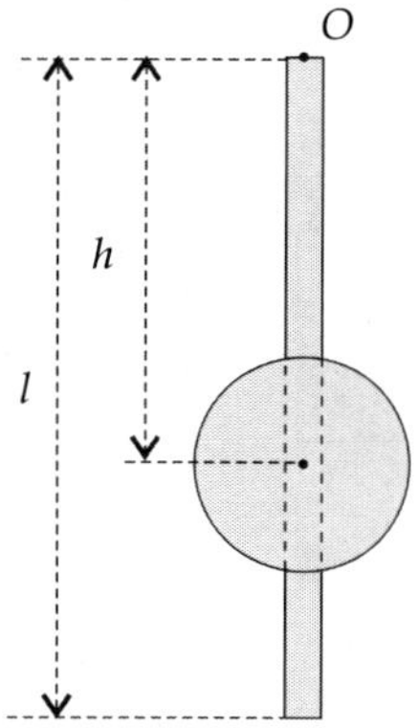

$$I = \frac{1}{3}mL^2 + \left(I_G + Mh^2\right) = \frac{1}{3}mL^2 + \left(\frac{1}{2}MR^2 + Mh^2\right) =$$
$$= \frac{1}{3}mL^2 + \frac{1}{2}3mR^2 + 3mh^2 = m\left(\frac{L^2}{3} + \frac{3}{2}R^2 + 3h^2\right)$$

donde h es la distancia que buscamos.

$$d = \frac{\sum m_i y_i}{\sum m_i} = \frac{m\frac{L}{2} + 3mh}{4m} = \frac{\frac{L}{2} + 3h}{4}$$

Sustituyendo valores en la fórmula anterior se tiene:

$$2 = 2\pi\sqrt{\frac{m\left(\frac{L^2}{3} + 3\frac{R^2}{2} + 3h^2\right)}{\frac{4mg\left(\frac{L}{2}+3h\right)}{4}}} = 2\pi\sqrt{\frac{\frac{L^2}{3} + 3\frac{R^2}{2} + 3h^2}{g\left(\frac{L}{2} + 3h\right)}}$$

Elevando al cuadrado y teniendo en cuenta que $g = \pi^2$, se tiene

$$1 = \frac{\frac{L^2}{3} + 3\frac{R^2}{2} + 3h^2}{\frac{L}{2} + 3h} \quad \Rightarrow \quad 3h^2 - 3h + \frac{L^2}{3} + 3\frac{R^2}{2} - \frac{L}{2} = 0$$

y para L=1,5 m se obtiene la ecuación de segundo grado

$$3h^2 - 3h + 0{,}034 = 0$$

que tomando la solución positiva da

$$h = 0{,}99 \text{ m} \quad ◄$$

9.50 Un volante de radio 30 cm y masa 800 g, gira con movimiento oscilatorio armónico simple alrededor de un eje perpendicular a un plano y que pasa por su centro. Si la amplitud de la oscilación es $\varphi = 45°$ y su periodo de 3 s, calcular: a) el momento que actúa sobre él cuando la elongación iguala a la amplitud; b) la velocidad cuando pasa por la posición de equilibrio.

El movimiento es del tipo $\theta = \theta_o \operatorname{sen}(\omega t + \delta)$ y considerando que comenzamos a contar el tiempo cuando empieza el movimiento, $\theta = \theta_o \operatorname{sen} \omega t$.

Las ecuaciones del movimiento son, por tanto,

$$\theta = \theta_o \operatorname{sen} \omega t \quad \dot{\theta} = \frac{d\theta}{dt} = \omega\, \theta_o \cos \omega t \quad \alpha = \ddot{\theta} = \frac{d^2\theta}{dt^2} = -\omega^2 \theta_o \operatorname{sen} \omega t = -\omega^2 \theta$$

con periodo $T = 3\ s$ y amplitud angular, $\theta_o = 45° = \dfrac{\pi}{4}$.

El momento de inercia del volante respecto a su eje central, si esta toda la masa en e exterior del mismo es $I = mR^2$.

a) Para hallar el momento $M = I\alpha$ cuando $\theta = \theta_o$ la aceleración $\alpha = -\omega^2\theta_o$ por lo que

$$M = I\alpha = mR^2(-\omega^2\theta_o) = 0{,}8 \cdot 0{,}3^2(-\frac{4\pi^2}{T^2}\frac{\pi}{4}) = -2{,}48 \text{ Nm} \quad ◄$$

El signo (−) indica que se opone a que aumente la elongación θ.

b) Cuando el volante pasa por la posición de equilibrio la elongación angular será máxima:

$$\dot{\theta} = \frac{d\theta}{dt} = \omega\, \theta_o \cos \omega t = \omega\, \theta_o = \frac{2\pi}{T}\frac{\pi}{4} = \frac{\pi^2}{6} \text{ rad/s} = \frac{\pi^2}{6} \cdot \frac{60}{2\pi} = 5\pi \text{ rpm} \quad ◄$$

9.51 Se suspende sucesivamente un sólido de dos ejes horizontales y paralelos distantes entre sí 10 cm, obteniéndose dos péndulos físicos de distinto periodo. Las longitudes de sus péndulos simples equivalentes son, respectivamente, $l_1 = 3$ cm y $l_2 = 8$ cm. Calcular la distancia d_1 y d_2 de los dos ejes al c.d.g.

$$\left.\begin{array}{ll}\text{Péndulo simple:} & T = 2\pi\sqrt{l/g} \\ \text{Péndulo físico:} & T = 2\pi\sqrt{I/mgd}\end{array}\right\} \Rightarrow \quad l = \frac{I}{md} \qquad (1)$$

Aplicando la ecuación (1), que nos da la longitud del péndulo simple equivalente, a los dos péndulos del enunciado, se tiene:

$$\begin{array}{ll} 3 = \dfrac{I_1}{md_1} & \Rightarrow I_1 = 3md_1 \\ 8 = \dfrac{I_2}{md_2} & \Rightarrow I_2 = 8md_2 \end{array} \qquad (2)$$

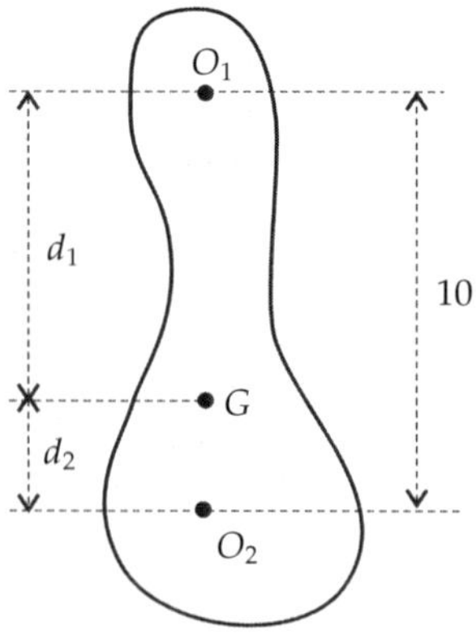

Dichos momentos de inercia según el teorema de Steiner, valen:

$$\left.\begin{aligned} I_1 &= I_G + md_1^2 \\ I_2 &= I_G + md_2^2 \end{aligned}\right\} \quad \rightarrow \quad I_1 - md_1^2 = I_2 - md_2^2 \tag{3}$$

y sustituyendo en la ecuación (3) los valores de I_1 e I_2 dados por (2) resulta:

$$3md_1 - md_1^2 = 8md_2 - md_2^2 \quad \Rightarrow \quad 3d_1 - 8d_2 = d_1^2 - d_2^2 = (d_1 + d_2) \cdot (d_1 - d_2)$$

Como $d_1 + d_2 = 10$ cm, podemos escribir

$$3d_1 - 8d_2 = 10\,(d_1 - d_2) \quad \Rightarrow \quad 7d_1 = 2d_2 \quad \Rightarrow \quad d_2 = \frac{7}{2}d_1$$

Y si la suma de ambas distancias es igual a 10 cm, finalmente se obtiene:

$$\left.\begin{aligned} & d_1 + \frac{7}{2}d_1 = 10 \quad \Rightarrow \quad d_1 = \frac{20}{9}\text{ cm} = 2{,}2\text{ cm} \\ & d_2 = 10 - \frac{20}{9} = \frac{70}{9} = 7{,}8\text{ cm} \end{aligned}\right\} \quad \blacktriangleleft$$

9.52 En el extremo libre de un resorte de constante elástica 60 N/m se cuelga una masa de 2 kg. El sistema se sumerge en un fluido viscoso que ejerce una fuerza disipativa dada por $-bv$, donde b es el coeficiente de amortiguamiento y v la velocidad de la masa en m/s. Se observa que cuando la masa se impulsa una distancia de 50 cm, por debajo de su posición de equilibrio y se deja en libertad, la amplitud del movimiento se reduce a 20 cm en 2 s. Determinar: a) tipo de movimiento que describe la masa, así como la ecuación de movimiento; b) coeficiente de amortiguamiento; c) periodo.

a) En un oscilador amortiguado se cumple $-kx - bv = ma$ o bien

$$m\frac{d^2x}{dt^2} + b\frac{dx}{dt} + kx = 0$$

cuya solución es

$$x = A \cdot e^{-\gamma t} \cdot \operatorname{sen}(\omega t + \varphi)$$

donde:

$$A_{(t)} = A \cdot e^{-\gamma t} \quad \text{(Amplitud en el tiempo } t\text{)}$$

$$\omega = \sqrt{\omega_o^2 - \gamma^2} \quad \text{(Frecuencia angular de las oscilaciones)}$$

$$\gamma = \frac{b}{2m} \quad \text{(Factor de amortiguamiento)}$$

La A y φ son constantes que se determinan a partir de las condiciones iniciadas. En nuestro caso valen $A = 0{,}5$ m y $\varphi = \pi/2$ rad.

Para determinar el tipo de movimiento que presenta la masa, debemos conocer previamente la frecuencia natural ω_o y el factor de amortiguamiento:

$$\omega_o = \sqrt{\frac{k}{m}} = \sqrt{\frac{60}{2}} = 5{,}48 \text{ rad/s}$$

Si en 2 segundos la amplitud de 50 cm pasa a 20 cm, se tiene

$$\frac{Ae^o}{Ae^{-2\gamma}} = \frac{0{,}5}{0{,}2} \quad \rightarrow \quad e^{2\gamma} = 2{,}5 \quad \rightarrow \quad \gamma = \frac{\ln 2{,}5}{2} = 0{,}46 \text{ s}^{-1} \quad \blacktriangleleft$$

En la expresión $\omega = \sqrt{\omega_o^2 - \gamma^2}$, dependiendo del valor de γ, podemos tener distintos tipos de movimiento amortiguado.

Si $\omega_o < \gamma$ Será un movimiento sobreamortiguado.

Si $\omega_o = \gamma$ Será un amortiguamiento crítico.

Si $\omega_o > \gamma$ Será un movimiento amortiguado.

Como en nuestro caso $\omega_o > 0{,}46$, se trata de un movimiento oscilatorio amortiguado ◀

b) Para la ecuación de movimiento de la masa, debemos conocer la frecuencia angular,

$$\omega = \sqrt{\omega_o^2 - \gamma^2} = 5{,}46 \text{ rad/s} \quad \blacktriangleleft$$

Por lo que $x = 0{,}5 \cdot e^{-0{,}46t} \cdot \text{sen}\,(5{,}46 \cdot t + \pi/2) = 0{,}5 \cdot e^{-0{,}46t} \cdot \cos 5{,}46t$

c) $b = 2m\gamma = 2 \cdot 2 \cdot 0{,}46 = 1{,}84 \text{ kg} \cdot \text{s}^{-1}$ ◀

d) $T = \dfrac{2\pi}{\omega} = \dfrac{2\pi}{5{,}46} = 1{,}15 \text{ s}$ ◀.

9.53 Un cuerpo de 1 kg cuelga de un muelle vertical de constante $k = 16$ N/m. Desplazamos verticalmente la masa una distancia de 6 cm por debajo de su posición de equilibrio y después se deja en libertad. Suponiendo que el medio ofrece una fuerza resistente dada por $3v$, donde v se mide en m/s y la fuerza en N, se pide: a) si oscilará o no el cuerpo; b) en caso afirmativo, ecuación del movimiento y su periodo; c) tiempo que ha de transcurrir para que la amplitud se reduzca al 5 % de su valor inicial; d) si sometemos el sistema anterior a una fuerza impulsora armónica dada por $F = 2\,\text{sen}\,3t$, donde F se mide en N y t en segundos, determinar la amplitud de la oscilación forzada, la ecuación de movimiento y la máxima amplitud en resonancia.

La ecuación diferencial de un oscilador amortiguado es:

$$-kx - bv = ma \qquad \Rightarrow \qquad m\frac{d^2x}{dt^2} + b\frac{dx}{dt} + kx = 0$$

cuya solución es una función armónica de la forma

$$x = Ae^{-\gamma t} \cdot \operatorname{sen}(\omega t + \varphi)$$

donde:

$A(t) = Ae^{-\gamma t}$	(amplitud en el tiempo t)
$\omega = \sqrt{\omega_0^2 - \gamma^2}$	(frecuencia angular de las oscilaciones amortiguadas)
$\gamma = \dfrac{b}{2m}$	(parámetro de amortiguamiento)
A y φ	(constantes que dependen de las condiciones iniciales)

a) La oscilación no será posible si se produce un sobreamortiguamiento, cuya condición es $\gamma > \omega_0$. En nuestro caso tenemos:

$$\left.\begin{array}{l} \gamma = \dfrac{b}{2m} = \dfrac{3}{2 \cdot 1} = 1{,}5 \\ \omega_0 = \sqrt{k/m} = \sqrt{16} = 4 \end{array}\right\} \quad \Rightarrow \quad 1{,}5 < 4$$

por lo que el cuerpo oscilará ◂

b) Para la ecuación de movimiento, por las condiciones iniciales del problema, conocemos $A = 0{,}06$ m y $\varphi = \pi/2$. Por otra parte, la frecuencia angular de la oscilación amortiguada vale:

$$\omega = \sqrt{\omega_0^2 - \gamma^2} = \sqrt{16 - 2{,}25} = 3{,}7 \text{ rad/s}$$

por lo que la ecuación del movimiento es

$$x = 0{,}06 \cdot e^{-1{,}5t} \cdot \operatorname{sen}(3{,}7t + \pi/2) = 0{,}06 \cdot 10^{-1{,}5t} \cdot cos3{,}7t \quad ◂$$

y su periodo

$$T = \frac{2\pi}{\omega} = \frac{2\pi}{3{,}78} = 1{,}66 \text{ s} \quad ◂$$

c) De la ecuación $A(t) = A \cdot e^{-\gamma t}$, se puede calcular el tiempo necesario para que su amplitud se reduzca al 5 % de su valor inicial:

$$\frac{5}{100} \cdot 6 = 6 \cdot e^{-1{,}5t} \qquad \Rightarrow \qquad e^{-1{,}5t} = 0{,}05 \qquad \Rightarrow \qquad -1{,}5t = \ln 0{,}05$$

$$t = -\frac{\ln 0{,}05}{1{,}5} = 2 \text{ s} \quad ◄$$

d) Si a un oscilador amortiguado (disminuye su energía y amplitud con el tiempo), se le aplica una fuerza externa que produzca el mismo trabajo que la energía perdida, se obtiene una oscilación forzada. Si la fuerza aplicada es armónica $F = F_0 \operatorname{sen} \omega_F t$, la ecuación diferencial del movimiento será:

$$F_0 \operatorname{sen} \omega_F t - bv - kx = ma$$

$$m\frac{d^2x}{dt^2} + b\frac{dx}{dt} + kx = F_0 \operatorname{sen} \omega_F t$$

cuya solución estacionaria es una función armónica de la forma

$$x = A \operatorname{sen} (\omega_F t - \delta)$$

donde

$$A = \frac{F_o}{\sqrt{m^2\left(\omega_0^2 - \omega_F^2\right) + b^2\omega_F^2}}$$

$$\delta = \operatorname{arc\,tg} \frac{2\gamma\omega_F}{\left(\omega_0^2 - \omega_F^2\right)}$$

Por tanto, la amplitud de la oscilación forzada será:

$$A = \frac{2}{\sqrt{(16-9)^2 + 9 \cdot 9}} = 0{,}175 \text{ m} = 17{,}5 \text{ cm} \quad ◄$$

Por otra parte

$$\delta = \operatorname{arc\,tg} \frac{2 \cdot 1{,}5 \cdot 3}{16 - 9} = \operatorname{arc\,tg}\ 1{,}286\ \cong 52°$$

por lo que la ecuación del movimiento forzado será:

$$x = 17{,}5 \cdot 10^{-2} \operatorname{sen} (3t - 52°) \quad ◄$$

La máxima amplitud en resonancia se obtiene cuando la frecuencia angular de la fuerza impulsora coincide con la frecuencia natural del oscilador. Luego si $\omega = \omega_0$ la ecuación que nos da la amplitud se reduce a:

$$A_{\max} = \frac{F_o}{b\omega_F} = \frac{2}{3 \cdot 3} = 0{,}222 \text{ m} = 22{,}2 \text{ cm} \quad ◄$$

9.54 Un objeto de 2 kg oscila unido a una muelle de constante elástica k = 400 Nm. El coeficiente de amortiguamiento es $b = 2$ kg/s. Se le aplica una fuerza impulsora externa dada por $F = 10 \operatorname{sen} 10t$, donde la fuerza se mide en N y el tiempo en segundos. Calcular: a) la amplitud de la oscilación forzada; b) la ecuación del movimiento estacionario; c) la frecuencia angular de la fuerza impulsora para la cual se produce resonancia.

La ecuación diferencial del movimiento oscilatorio forzado será

$$m\frac{d^2x}{dt^2} + b\frac{dx}{dt} + kx = F_o \operatorname{sen} \omega_F t$$

cuya solución estacionaria es una fracción armónica de la forma

$$x = A \operatorname{sen}(\omega_F t - \delta)$$

donde

$$A = \frac{F_o}{\sqrt{m^2\left(\omega_o^2 - \omega_F^2\right)^2 + b^2\omega_F^2}} \tag{1}$$

$$\delta = \operatorname{arc\,tg}\left(\frac{2\gamma\omega_F}{\omega_o^2 - \omega_F^2}\right) \tag{2}$$

a) Para aplicar la ecuación (1) debemos calcular previamente la frecuencia angular natural del oscilador:

$$\omega_o = \sqrt{\frac{k}{m}} = \sqrt{\frac{400}{2}} = 14{,}14$$

$$A = \frac{10}{\sqrt{4\,(200 - 100)^2 + 4 \cdot 100}} = 0{,}05 \text{ m} = 5 \text{ cm} \quad ◄$$

b) Para aplicar la ecuación (2), se debe conocer antes el parámetro de amortiguamiento

$$\gamma = \frac{b}{2m} = \frac{2}{2 \cdot 2} = \frac{1}{2}$$

Que sustituyendo en la (2), se tiene

$$\delta = \operatorname{arc\,tg}\left(\frac{2 \cdot 1/2 \cdot 14{,}14}{100}\right) = 8°$$

Por lo que la ecuación del movimiento forzado será

$$x = 0{,}05 \cdot \operatorname{sen}(10t - 8°) \quad ◄$$

c) Aparece resonancia cuando

$$\omega_F = \sqrt{\omega_o^2 - 2\gamma^2} = \sqrt{100 - 2 \cdot 0{,}25} = 14{,}12 \text{ rad/s} \quad ◄$$

9.55 Un volante gira con un movimiento oscilatorio armónico simple, como se muestra en la figura. La constante de torsión del hilo es $k = 0{,}8$ Nm/rad, la amplitud $\psi = 60°$ y su periodo $T = 4$ s. a) Calcular: el momento de inercia del volante; el momento que actúa sobre él y su aceleración cuando la elongación es de 45°; la velocidad que presenta cuando pasa por la posición de equilibrio. b) Sumergido el sistema en un líquido viscoso se comprueba que la amplitud pasa de 60° a 30° en 5 s. Determinar: el parámetro y coeficiente de amortiguamiento; la frecuencia angular de la oscilación amortiguada; la ecuación de movimiento.

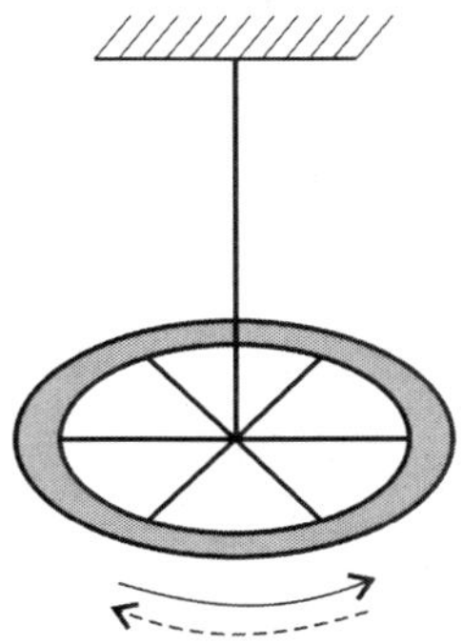

Si en la ecuación del M.A.S., $x = A\,\text{sen}\,(\omega t + \varphi)$, sustituimos el desplazamiento lineal por el desplazamiento angular, como ocurre en este caso, se puede escribir

$$\theta = \psi\,\text{sen}\,(\omega t + \varphi)$$

y para la velocidad y aceleración

$$\Omega = \omega\psi cos\,(\omega t + \varphi)$$

$$\alpha = -\omega^2\psi\,\text{sen}\,(\omega t + \varphi) = -\omega^2\theta$$

a) El periodo del péndulo de torsión viene dado por $T = 2\pi\,\sqrt{I/k}$, y de aquí

$$I = \frac{kT^2}{4\pi^2} = \frac{0{,}8 \cdot 16}{4 \cdot 9{,}86} = 0{,}32 \text{ kgm}^2 \quad ◄$$

El par a que se verá sometido el volante en la posición de $\theta = 45° = \pi/4$ vale:

$$M = -k\theta = -0{,}8 \cdot \frac{\pi}{4} = -0{,}63 \text{ Nm} \quad ◄$$

donde el signo (−) indica que el par se opone a que aumente la elongación.

La aceleración en dicha posición será:

$$\alpha = -\omega^2\theta = -\frac{4\pi^2}{T^2} \cdot \frac{\pi}{4} = -\frac{\pi^3}{16} = -1{,}93\ rad/s^2$$

La velocidad cuando pasa por la posición de equilibrio será máxima:

$$\Omega = \omega\psi = \frac{2\pi}{T} \cdot \frac{\pi}{3} = \frac{\pi^2}{6}\frac{rad}{s} = \frac{\pi^2}{6} \cdot \frac{60}{2\pi} = 5\pi \text{ r.p.m.} \quad ◄$$

b) La ecuación diferencial cuando el sistema se introduce en el líquido viscoso será:

$$I\frac{d^2\theta}{dt^2} + b\frac{d\theta}{dt} + k\theta = 0$$

y su solución

$$\theta = \psi \cdot e^{-\gamma t} \cdot \text{sen}\,(\omega t + \varphi)$$

donde:

$$\psi\,(t) = \psi e^{-\gamma t} \tag{1}$$

$$\omega = \sqrt{\omega_0^2 - \gamma^2} \tag{2}$$

$$\gamma = \frac{b}{2I} \tag{3}$$

Para el parámetro de amortiguamiento, utilizando la ecuación (1), se tiene:

$$\frac{\pi}{6} = \frac{\pi}{3} \cdot e^{-5\gamma} \quad \Rightarrow \quad -5\gamma = \ln 0{,}5 \quad \Rightarrow \quad \gamma = 0{,}14\ \text{s}^{-1} \quad \blacktriangleleft$$

y teniendo en cuenta la (3), el coeficiente de amortiguamiento:

$$b = 2I\gamma = 2 \cdot 0{,}32 \cdot 0{,}14 = 0{,}09\ \text{kgm}^2/\text{s} \quad \blacktriangleleft$$

La frecuencia angular de la oscilación amortiguada

$$\omega = \sqrt{\omega_0^2 - \gamma^2} = \sqrt{\frac{4\pi^2}{T^2} - \gamma^2} = \sqrt{\frac{4 \cdot 9{,}86}{16} - 0{,}02} = 1{,}56\ \text{rad/s} \quad \blacktriangleleft$$

y la ecuación del movimiento

$$\theta = \frac{\pi}{3} \cdot e^{-0{,}14t} \cdot \text{sen}\,(1{,}56t + \pi/2) = 1{,}05 \cdot e^{-0{,}14t} \cdot cos 1{,}56\,t \quad \blacktriangleleft$$

10

Movimiento ondulatorio

10.1 La ecuación de una onda transversal que se propaga en una cuerda es

$$y = 3\,\text{sen}\,2\pi\,(3t - 2x)$$

donde x e y se miden en metros y t en segundos. Determinar: a) la amplitud, frecuencia, frecuencia angular, número de onda, longitud de onda y velocidad de prolongación; b) la elongación y velocidad de un punto de la cuerda situado a 1 m del foco, 1 s después de iniciarse el movimiento ondulatorio.

El movimiento ondulatorio es la propagación de la perturbación que experimenta una magnitud física a través del espacio y del tiempo. La función que describe tal perturbación en un punto P, situado a la distancia x del origen, es de la forma

$$\psi = \psi\left(t \pm \frac{x}{c}\right)$$

donde el signo (−) indica que el desplazamiento es hacia la derecha y el (+) hacia la izquierda; es decir, alejándose del sistema de referencia o acercándose a él.

Para una onda armónica, la ecuación que describe la perturbación de cualquier punto del medio en cualquier instante es:

$$y = A\,\text{sen}\,\omega\left(t - \frac{x}{c}\right) = A\,\text{sen}\,2\pi\left(\frac{t}{T} - \frac{x}{CT}\right) = A\,\text{sen}\left(2\pi v t - \frac{2\pi}{\lambda}x\right) = A\,\text{sen}\,(2\pi v t - kx) \tag{1}$$

donde A es la amplitud, λ la longitud de onda, v la frecuencia, c la velocidad de prolongación de la onda y k el nº de onda.

a) Para calcular los parámetros que nos piden, basta comparar la ecuación de la onda dada con las distintas formas de la ecuación general (1) e identificar términos

$$y = 3\,\text{sen}\,2\pi\,(3t - 2x) \quad \Rightarrow \quad \begin{cases} A = 3\ \text{m} \\ v = 3\ \text{Hz} \\ \omega = 6\pi\ \text{rad/s} \\ k = 4\pi\ \text{rad/s} \end{cases} \blacktriangleleft$$

En cuanto a la longitud de onda, de acuerdo con la definición del nº de onda, se tiene:

$$k = \frac{2\pi}{\lambda} \quad \Rightarrow \quad \lambda = \frac{2\pi}{k} = \frac{2\pi}{4\pi} = 0{,}5 \text{ m} \quad \blacktriangleleft$$

y la velocidad de prolongación o velocidad de onda:

$$c = \lambda \upsilon = 0{,}5 \cdot 3 = 1{,}5 \text{ m/s} \quad \blacktriangleleft$$

b) La elongación del punto situado a 1 m del foco en el tiempo indicado es:

$$y = 3 \operatorname{sen} 2\pi\,(3 \cdot 1 - 2 \cdot 1) = 3 \operatorname{sen} 2\pi = 0 \quad \blacktriangleleft$$

y la velocidad de oscilación de dicho punto en el tiempo $t = 1$ s:

$$v = \frac{dy}{dt} = 3 \cdot 6\pi \cdot cos 2\pi\,(3t - 2x) = 18\pi cos 2\pi\,(3 \cdot 1 - 2 \cdot 1) = 18\pi \text{ m/s} \quad \blacktriangleleft$$

10.2 Dada la onda de ecuación $y = 8 \operatorname{sen} 2\pi(5t - 0{,}1x)$ donde x e y se miden en metros y t en segundos, determinar: a) la frecuencia, número de onda, longitud de onda y velocidad de prolongación; b) la velocidad y aceleración de un punto que dista 5 m del origen en el instante $t = 0{,}3$ s.

a) En la ecuación general,

$$y = A \operatorname{sen} \omega \left(t - \frac{x}{c}\right) = A \operatorname{sen} 2\pi \left(\upsilon t - \frac{x}{\lambda}\right)$$

identificando términos con los datos proporcionados, se tiene:

$$\upsilon = 5 \text{ Hz} \quad \blacktriangleleft \quad \frac{1}{\lambda} = 0{,}1 \rightarrow \lambda = 10 \text{ m} \quad k = 0{,}2\pi \text{ ondas/m} \quad \blacktriangleleft$$

$$c = \lambda \upsilon = 10 \cdot 5 = 50 \text{ m/s} \quad \blacktriangleleft$$

b)

$$v = \frac{dy}{dt} = 8 \cdot 10\pi \cos 2\pi\,(5t - 0{,}1x)$$

$$v_{(5,0,3)} = 80\pi \cos 2\pi\,(5 \cdot 0{,}3 - 0{,}1 \cdot 5) = 80\pi \text{ m/s} \quad \blacktriangleleft$$

$$a = \frac{dv}{dt} = -80\pi \cdot 10\pi \operatorname{sen}(5t - 0{,}1x) = -800\pi^2 \operatorname{sen}(5t - 0{,}1x)$$

$$a_{(5,0,3)} = -800\pi^2 \operatorname{sen}(5 \cdot 0{,}3 - 0{,}1 \cdot 5) = 0 \quad \blacktriangleleft$$

10.3 Se hace oscilar transversalmente un extremo de una cuerda de gran longitud con un periodo de $0{,}5\pi$ s y una amplitud de 0,2 m, propagándose a través de ella una onda con velocidad de 0,1 m/s. a) Determinar la ecuación de onda si en el instante inicial la elongación del extremo donde se aplica el M.A.S. es nula. b) Indicar que características de la onda cambian si se aumenta el periodo de oscilación en el extremo, así como cuando se disminuye la tensión en la cuerda.

a) La ecuación de onda será de la forma

$$y = A\,\mathrm{sen}\,2\pi\left(\upsilon t - \frac{x}{\lambda}\right)$$

Debemos calcular antes la frecuencia y longitud de onda:

$$\upsilon = \frac{1}{T} = \frac{1}{0{,}5\pi}\ \mathrm{Hz}$$

$$\lambda = cT = 0{,}1 \cdot 0{,}5\pi = 0{,}05\pi\ \mathrm{m}$$

Sustituyendo valores en la ecuación anterior se tiene

$$y = 0{,}2\,\mathrm{sen}\,2\pi\left(\frac{1}{0{,}5\pi}t - \frac{x}{0{,}05\pi}\right) = 0{,}2\,\mathrm{sen}\,(4t - 40x) \quad ◄$$

b) Cuando se aumenta el periodo de oscilación en el extremo de la cuerda, la frecuencia disminuye ($\upsilon = 1/T$) y la longitud de onda aumenta ($c = \lambda\upsilon$).

Si disminuye la tensión de la cuerda, disminuye la velocidad de proporción de la onda, puesto que ésta viene dada por

$$c = \sqrt{F/\mu}$$

donde F es la tensión de la cuerda y μ la densidad lineal de la misma. Si disminuye la velocidad, también disminuirá la longitud de onda.

10.4 Una onda armónica transversal, que viaja en la dirección positiva de eje X, tiene una longitud de onda de 20 cm, una amplitud de 9 cm y frecuencia de 4 Hz. Si el desplazamiento vertical del medio en el instante $t = 0$ y $x = 0$, es de 9 cm, determinar: a) el periodo, frecuencia angular, el número de onda y la velocidad de propagación de la onda; b) la ecuación de onda.

a)
$$T = \frac{1}{\upsilon} = \frac{1}{4} = 0{,}25\ \mathrm{s} \quad ◄$$

$$\omega = 2\pi\upsilon = 2\pi \cdot 4 = 8\pi \text{ rad/s} \quad ◄$$

$$k = \frac{2\pi}{\lambda} = \frac{2\pi}{0{,}2} = 10\pi \text{ ondas/m} \quad ◄$$

$$c = \upsilon\lambda = 4 \cdot 20 = 80 \text{ cm/s} \quad ◄$$

b) Sustituyendo en la ecuación general

$$y = A \operatorname{sen} \omega \left(t - \frac{x}{c} + \frac{\pi}{2}\right) = A \cos \omega \left(t - \frac{x}{c}\right) = A \cos 2\pi \left(\upsilon t - \frac{x}{\lambda}\right)$$

$$y = 9 \cos 2\pi \left(4t - \frac{x}{20}\right) \quad ◄$$

10.5 En el centro de un estanque circular de 18 m de radio se produce una perturbación que origina un movimiento armónico en la superficie del agua. La longitud de onda es 3/4 m y la onda tarda 36 s en llegar a la orilla. Calcular: a) la frecuencia de dicho movimiento; b) la amplitud, sabiendo que en el instante $t = 0{,}25$ s la elongación del origen es 4 cm; c) la elongación y velocidad de un punto situado a 6 cm del foco emisor al cabo de 12 s.

a) $$c = 18/36 = 0{,}5 \text{ m/s} \quad \Rightarrow \quad \upsilon = c/\lambda = 2/3 \text{ Hz} \quad ◄$$

b) Tomando como origen de coordenadas el foco emisor y haciendo que en el instante inicial ($t = 0$) $y = 0$, la condición de onda de este movimiento será

$$y = A \operatorname{sen} (\omega t - kx) = A \operatorname{sen} \left(\frac{4\pi}{3}t - \frac{8\pi}{3}x\right)$$

Para el punto situado en el origen, en el instante $t = 0{,}25$ s se tendrá

$$4 = A \operatorname{sen} (4\pi/3 \cdot 1/4) = A \operatorname{sen} (\pi/3) = 0{,}866 \text{ A}$$

$$A = 4/0{,}866 = 4{,}61 \text{ cm} \quad ◄$$

c) La ecuación de onda del movimiento es pues

$$y = 4{,}61 \cdot 10^{-2} \operatorname{sen} 2\pi \left(\frac{2}{3}t - \frac{4}{3}x\right)$$

La elongación del punto situado a 6 cm del origen en el instante $t = 12$ s, será

$$y = 4{,}61 \cdot 10^{-2} \operatorname{sen} 2\pi \left(\frac{2}{3}12 - \frac{4}{3}0{,}06\right) = 4{,}61 \cdot 10^{-2} \operatorname{sen} 2\pi \left(\frac{24 - 0{,}24}{3}\right) =$$

$$= 4{,}61 \cdot 10^{-2} \,\text{sen}\, 15{,}84\pi = -2{,}22 \cdot 10^{-2} \text{ m} = -2{,}22 \text{ cm} \quad ◄$$

La velocidad de dicho punto es:

$$v = \frac{dy}{dt} = 4{,}61 \cdot 10^{-2} \cdot \frac{4\pi}{3} cos 2\pi \left(\frac{2}{3}t - \frac{4}{3}x\right)$$

y sustituyendo valores

$$v = 4{,}61 \cdot 10^{-2} \,\frac{4 \cdot 3{,}14}{3} cos 2\pi \left(\frac{2}{3}12 - \frac{4}{3}0{,}06\right) = 19{,}3 \cdot 10^{-2} cos 1{,}84\pi$$

$$v = 16{,}91 \text{ cm/s} \quad ◄$$

10.6 La ecuación de una onda transversal que se propaga en una cuerda es $y = 8\,\text{sen}\,2\pi(4t - 2x)$ donde x e y se expresan en cm y t en segundos. Calcular: a) la diferencia de fase entre los estados de vibración de una partícula de la cuerda en los instantes $t = 0$ y $t = 0{,}5$ s; b) la diferencia de fase, en un mismo instante, entre dos partículas de la cuerda separadas 10 cm; c) si el desplazamiento de una determinada partícula en un instante dado es de 5 cm, ¿cuál será su desplazamiento 3 s después?

a) $$\varphi = (8\pi t_2 - 4\pi x) - (8\pi t_1 - 4\pi x) = 8\pi\,(t_2 - t_1) = 8\pi\,(0{,}5 - 0) = 4\pi \text{ rad}$$

b) $$\varphi = (8\pi t - 4\pi x_1) - (8\pi t - 4\pi x_2) = 4\pi\,(x_2 - x_1) = 4\pi \cdot 10 = 40\pi \text{ rad}$$

c) Sabemos que

$$5 = 8\,\text{sen}\,(8\pi t - 4\pi x) \tag{1}$$

Tres segundos después, se cumplirá:

$$y = 8\,\text{sen}\,[8\pi\,(t + 3) - 4\pi x] = 8\,\text{sen}\,[(8\pi t - 4\pi x) + 24\pi]$$

Utilizando el desarrollo $\text{sen}\,(\alpha + \beta) = \text{sen}\,\alpha \cdot \cos\beta + \cos\alpha \cdot \text{sen}\,\beta$, se tiene:

$$y = 8\,[\text{sen}\,(8\pi t - 4\pi x) \cdot \cos 24\pi + \cos\,(8\pi t - 4\pi x) \cdot \text{sen}\,24\pi] \tag{2}$$

y como

$$\text{sen}\,24\pi = 0; \quad \cos 24\pi = 1$$

Sustituyendo en (2) la expresión (1) $\text{sen}\,(8\pi t - 4\pi x) = \dfrac{5}{8}$

$$y = 8\left(\frac{5}{8}\right) \cdot 1 = 5 \text{ cm} \quad ◄$$

10.7 Una onda armónica transversal, que se propaga de izquierda a derecha, tiene una longitud de onda de 16 cm, una amplitud de 5 cm y una velocidad de propagación de 4 cm/s. Determinar: a) la ecuación de onda; b) la diferencia de fase, en un mismo instante, entre dos puntos separados 24 cm; c) la diferencia de fase entre dos estados de oscilación del mismo punto cuando el intervalo de tiempo transcurrido es de 2 s; d) si el desplazamiento de un determinado punto respecto a la posición de equilibrio, en un instante dado, es de 3 cm, ¿cuál será su desplazamiento 7 s después?

Tomando como origen de coordenadas un punto de onda tal que en el instante inicial ($t = 0$) $y = 0$, la ecuación general de una onda armónica, que se propaga de izquierda a derecha, se puede expresar en las formas:

$$y = A \operatorname{sen} w\left(t - \frac{x}{c}\right) = A \operatorname{sen} 2\pi\left(\upsilon t - \frac{x}{\lambda}\right) = A \operatorname{sen}(2\pi\upsilon t - kx)$$

a) Con los datos del problema, y calculando previamente la frecuencia

$$\upsilon = \frac{c}{\lambda} = \frac{4}{16} = 0{,}25 \text{ Hz}$$

podemos escribir

$$y = 5 \operatorname{sen}\left(0{,}5\pi t - \frac{\pi}{8}x\right) \quad ◄$$

b) La diferencia de fase entre dos puntos separados una cierta distancia será:

$$\varphi = \left(0{,}5\pi t - \frac{\pi}{8}x_1\right) - \left(0{,}5\pi t - \frac{\pi}{8}x_2\right) = \frac{\pi}{8}(x_2 - x_1) = \frac{\pi}{8} \cdot 24 = 3\pi \text{ rad} \quad ◄$$

c) En cuanto a la diferencia de fase entre dos posiciones del mismo punto cuando ha transcurrido un cierto tiempo es:

$$\varphi = \left(0{,}5\pi t_2 - \frac{\pi}{8}x\right) - \left(0{,}5\pi t_1 - \frac{\pi}{8}x\right) = 0{,}5\pi(t_2 - t_1) = 0{,}5\pi \cdot 2 = \pi \text{ rad} \quad ◄$$

d) Sabemos que en un instante determinado se cumple

$$3 = 5 \operatorname{sen}\left(0{,}5\pi t - \frac{x}{8}\right) \tag{1}$$

y siete segundos más tarde

$$y = 5 \operatorname{sen}\left[\left(0{,}5\pi(t + 7) - \frac{\pi}{8}x\right)\right] = 5 \operatorname{sen}\left[\left(0{,}5\pi t - \frac{\pi}{8}x\right) + 3{,}5\pi\right]$$

La ecuación anterior, utilizando la relación trigonométrica

$$\operatorname{sen}(\alpha + \beta) = \operatorname{sen}\alpha \cdot cos\beta + cos\alpha \cdot \operatorname{sen}\beta$$

se puede escribir en la forma:

$$y = 5\left[\text{sen}\left(0{,}5\pi\,(t+7) - \frac{\pi}{8}x\right)\cdot cos 3{,}5\pi + cos\left(0{,}5\pi t - \frac{\pi}{8}x\right)\cdot \text{sen}\,3{,}5\pi\right]$$

Ahora bien, como $\cos 3{,}5\pi = 0$ y $\text{sen}\,3{,}5\pi = -1$, y teniendo en cuenta la (1),

$$\cos\left(0{,}5\pi t - \frac{\pi}{8}x\right) = \sqrt{1 - \frac{9}{25}} = 0{,}8,$$

sustituyendo valores en la ecuación anterior, resulta:

$$y = 5\,[0{,}8\cdot(-1)] = -4 \text{ cm} \quad ◄$$

10.8 El extremo de una cuerda se somete a un vibrador que le produce un M.A.S. de ecuación $y = 5\,\text{sen}\,6\pi t$, donde y se expresa en cm y t en segundos. La onda generada se propaga en la dirección positiva del eje OX con una velocidad de fase de 12 cm/s. Determinar: a) la ecuación de onda; b) la elongación de una partícula de la cuerda situada a 19 cm del foco a los 7 s después de empezar a vibrar éste, así como a los 7 s después de empezar a vibrar la propia partícula; c) la distancia entre dos partículas de la cuerda que se encuentran desfasadas 120°.

a) La ecuación de onda tendrá la forma general

$$y = A\,\text{sen}\,(2\pi\upsilon t - kx + \varphi) \tag{1}$$

con las condiciones iniciales, $A = 5$ cm y $\varphi = 0$.

A partir de la ecuación del M.A.S. que genera la onda $\upsilon = 3$ Hz, por lo que

$$\lambda = \frac{c}{\upsilon} = \frac{12}{3} = 4 \text{ cm}$$

y el nº de onda

$$k = \frac{2\pi}{\lambda} = \frac{2\pi}{4} = 0{,}5\pi \text{ rad/cm}$$

Sustituyendo valores en la (1) se tiene:

$$y = 5\,\text{sen}\,(6\pi t - 0{,}5\pi x) \quad ◄$$

b) La elongación de la partícula en x a 19 cm del filo en el tiempo $t = 7$ s, es

$$y = 5\,\text{sen}\,(6\pi\cdot 7 - 0{,}5\pi\cdot 19) = 5 \text{ cm}$$

El tiempo que tarda la onda en recorrer la distancia de 19 cm para que inicie su vibración vale

$$t = \frac{x}{c} = \frac{19}{12} = 1{,}58 \text{ s}$$

Por lo tanto, el estado de vibración de la partícula en el tiempo ($t = 1{,}58+7 = 8{,}58$ s) será

$$y = 5 \operatorname{sen}(6\pi \cdot 8{,}58 - 0{,}5\pi \cdot 19) = -0{,}31 \text{ cm} \quad ◂$$

c)

$$\Delta\varphi = (6\pi t - 0{,}5\pi x_1) - (6\pi t - 0{,}5\pi x_2) = 0{,}5\pi\,(x_2 - x_1)$$

$$x_2 - x_1 = \frac{\Delta\varphi}{0{,}5\pi} = \frac{120^\circ}{90^\circ} = \frac{\frac{2}{3}\pi}{\frac{1}{2}\pi} = 1{,}33 \text{ cm} \quad ◂$$

10.9 Un foco puntual vibra según la ecuación $y = 6 \operatorname{sen} 5\pi t$, donde y se expresa en cm y t en segundos. La onda generada se propaga en la dirección positiva del eje X con velocidad de fase $c = 1{,}25$ cm/s. Calcular: a) velocidad en función del tiempo de un punto situado a 10 cm del foco; b) velocidad máxima de ese punto; c) en qué instante alcanza su velocidad máxima un punto situado a 50 cm del foco; d) posición de los puntos que tiene velocidad máxima en el tiempo $t = 0$.

a) En primer lugar debemos determinar la ecuación de onda del movimiento generado por la vibración del foco, cuya expresión general será

$$y = A \operatorname{sen}(2\pi\upsilon t - kx + \varphi) \qquad (1)$$

De acuerdo con la ecuación de vibración del foco:

$$A = 6 \text{ cm}; \qquad \upsilon = 2{,}5 \text{ Hz} \quad \text{y} \qquad \varphi = 0$$

Por otra parte,

$$\lambda = c/\nu = 1{,}25/2{,}5 = 0{,}5 \text{ cm} \quad \text{y} \quad k = 2\pi/\lambda = 2\pi/0{,}5 = 4\pi \text{ rad/cm}$$

Sustituyendo valores en la ecuación (1), la ecuación de onda es:

$$y = 6 \operatorname{sen}(5\pi t - 4\pi x)$$

y la velocidad de un punto cualquiera en el tiempo t:

$$v = \frac{dy}{dt} = 30\pi \cos(5\pi t - 4\pi x) \tag{2}$$

Cuando $x = 10$ cm, entonces

$$v = 30\pi \cos(5\pi t - 40\pi)$$

que aplicando la relación trigonométrica

$$\cos(\alpha - \beta) = \cos\alpha \cdot \cos\beta + \operatorname{sen}\alpha \cdot \operatorname{sen}\beta$$

se obtiene:

$$v = 30\pi\,[\cos 5\pi t \cdot \cos 40\pi + \operatorname{sen} 5\pi t \cdot \operatorname{sen} 40\pi]$$

que al ser $\cos 40\pi = 1$ y $\operatorname{sen} 40\pi = 0$, finalmente podemos escribir:

$$v = 30\pi \cos 5\pi t \quad \blacktriangleleft$$

b) La velocidad máxima, en valor absoluto, de dicho punto se presenta cuando $\cos 5\pi t = \pm 1$, por lo que su valor es:

$$v = 30\pi \text{ cm/s} \quad \blacktriangleleft$$

c) Procediendo de igual forma, para $x = 50$ cm, la ecuación que nos da la velocidad en función del tiempo será:

$$y = 30\pi \cos(5\pi t - 200\pi) = 30\pi \cos 5\pi t$$

y si v es máxima $\cos 5\pi t = \pm 1$, por lo que

$$5\pi t = n\pi \quad \Rightarrow \quad t = n/5 \text{ s} \;\; (n = 0, 1, 2, 3 \ldots) \quad \blacktriangleleft$$

d) Aplicando de nuevo la relación trigonométrica $\cos(\alpha - \beta)$ a la ecuación (2), se tiene:

$$v = 30\pi\,[\cos 5\pi t \cdot cos 4\pi x + \operatorname{sen} 5\pi t \cdot \operatorname{sen} 4\pi x]$$

que, para $t = 0$, queda $v = 30\pi \cos 4\pi x$. Para que sea máxima se ha de cumplir

$$\cos 4\pi x = \pm 1,$$

y de aquí

$$4\pi x = n\pi \quad \Rightarrow \quad x = n/4 \text{ cm} \;\; (n = 0, 1, 2, 3 \ldots) \quad \blacktriangleleft$$

10.10 Una onda senoidal de 20 cm de amplitud viaja por una cuerda cuya densidad lineal de masa es $\mu = 5 \cdot 10^{-2}$ kg · m^{-1}. El oscilador que genera a la onda completa 30 oscilaciones en 20 s. Además, un máximo dado se desplaza 350 cm en 8 s. Calcular: a) la longitud de onda; b) la potencia transportada por la onda.

a) $$\lambda = \frac{c}{\upsilon} \quad \text{donde} \quad \upsilon = \frac{30}{20} = \frac{3}{2}\ \text{Hz} \quad \text{y} \quad c = \frac{3{,}5}{8} = 0{,}437\ \text{m/s}$$

Por lo que sustituyendo valores

$$\lambda = \frac{0{,}437}{3/2} = 0{,}29\ \text{m} \quad ◄$$

b) La potencia transportada por las ondas transversales en una cuerda tensa viene dada por

$$P = \tfrac{1}{2}\mu c \omega^2 A^2$$

Siendo el valor de $\omega = 2\pi\upsilon = 2\pi \cdot \dfrac{3}{2} = 3\pi$ rad/s.

Sustituyendo valores en la ecuación anterior, se tiene:

$$P = \tfrac{1}{2} \cdot 5 \cdot 10^{-2} \cdot 0{,}437 \cdot 9\pi^2 \cdot 4 \cdot 10^{-2} = 1{,}94\ \text{W} \quad ◄$$

10.11 Una cuerda cuya densidad lineal de masa es $\mu = 7 \cdot 10^{-2}$ kg/m se somete a una tensión de 100 N. Calcular la potencia que debe aplicarse a la cuerda para generar ondas armónicas de 50 Hz de frecuencia y 8 cm de amplitud.

La potencia media transportada por una onda armónica que viaja por una cuerda tensa viene dada por

$$P_m = \frac{1}{2}\mu c \omega^2 A^2 \tag{1}$$

energía por unidad de tiempo que debe ser suministrada por algún agente externo a un extremo de la cuerda.

Por otra parte, la velocidad de propagación de la onda en la cuerda tensa viene dada por

$$c = \sqrt{F/\mu} = \sqrt{100/7 \cdot 10^{-2}} = 37{,}8\ \text{m/s}$$

y la frecuencia angular de las ondas senoidales en la cuerda es

$$\omega = 2\pi\nu = 2\pi \cdot 50 = 100\pi \text{ rad/s}$$

Sustituyendo valores en la ecuación (1) se obtiene:

$$P_m = 1/2 \cdot 7 \cdot 10^{-2} \cdot 37{,}8 \cdot 10^4\pi^2 \cdot 64 \cdot 10^{-4} = 834{,}75 \text{ W} \quad ◄$$

10.12 Un cuerpo de masa $M = 1$ kg, soportado por una cuerda, descansa sobre un plano inclinado 30° sobre la horizontal, como se indica en la figura. La longitud de la cuerda es de 2 m y su masa $m = 2$ g, por lo que ésta se puede despreciar frente a M. Calcular el tiempo que tarda una onda transversal en viajar de un extremo de la cuerda al otro.

$$c = \sqrt{\frac{F}{\mu}}$$

donde

$$F = F_E = mg \cdot \text{sen}\, 30 = 1 \cdot 9{,}8 \cdot \frac{1}{2} = 4{,}9 \text{ N}; \quad \mu = \frac{2 \cdot 10^{-3}}{2} = 10^{-3} \text{ kg/m}$$

Por tanto:

$$c = \sqrt{\frac{4{,}9}{10^{-3}}} = 70 \text{ m/s} \quad \Rightarrow \quad t = \frac{l}{c} = \frac{2}{70} = 0{,}028\text{s} \quad ◄$$

10.13 Una onda armónica transversal, que se propaga sobre una cuerda, se puede describir por la ecuación $y = 2\,\text{sen}(30t - 4x)$ donde x e y se miden en metros y t en segundos. Si la densidad lineal de masa es $\mu = 12$ g/m, determinar: a) la frecuencia, longitud de onda y velocidad de propagación, b) la potencia transmitida a la onda.

a) Según la ecuación dada $k = 4$ y $2\pi\nu = 30$, por lo que

$$\left.\begin{aligned} 2\pi/\lambda = 4 \quad &\Rightarrow \quad \lambda = 2\pi/4 = 1{,}57 \text{ m} \\ \nu &= 30/2\pi = 4{,}77 \text{ Hz} \\ c = \lambda\nu &= 1{,}57 \cdot 4{,}77 = 7{,}49 \text{ m/s} \end{aligned}\right\} \quad ◄$$

También se puede llegar a este último resultado con la relación

$$c = \frac{\omega}{k} = \frac{30}{4} = 7{,}5 \text{ m/s}$$

b) La potencia transmitida a la cuerda, por el agente externo que produce la oscilación en el extremo libre de la cuerda, es

$$P = \frac{1}{2}\mu c\omega^2 A^2 = \frac{1}{2} \cdot 12 \cdot 10^{-3} \cdot 7{,}54 \cdot 9 \cdot 10^2 \cdot 4 \cdot 10^{-2} = 1{,}63 \text{ W} \quad \blacktriangleleft$$

10.14 Una onda sonora se propaga en el aire a 340 m/s, tiene una frecuencia de 10^3 Hz y su intensidad a una determinada distancia del foco es 10^8 W/m^2. a) Si la densidad del aire es $1{,}3 \cdot 10^{-3}$ g/cm^3, determinar la amplitud de onda sonora en dicho lugar. b) Calcular el espesor que debe tener una lámina de material absorbente para que se reduzca la intensidad a la décima parte de la que incide sobre ella, sabiendo que el coeficiente de absorción de dicho material para la onda sonora dada es de 100 m^{-1}.

a) Como sabemos, la intensidad de una onda tridimensional que se propaga por un medio isótropo y homogéneo de densidad ρ, como son las ondas sonoras, viene dada por

$$I = \frac{1}{2}\rho c\omega^2 A^2 = 2\rho c\pi^2 v^2 A^2$$

De aquí

$$A = \frac{1}{\pi v}\sqrt{\frac{I}{2\rho c}} = \frac{1}{10^{-3}\pi}\sqrt{\frac{10^8}{2 \cdot 1{,}3 \cdot 340}} = 107 \cdot 10^{-3} \text{ m} = 10{,}7 \text{ cm} \quad \blacktriangleleft$$

b) Al pasar una onda por un medio absorbente, la intensidad varía según la expresión:

$$I = I_o e^{-\beta x}$$

En nuestro caso se puede escribir

$$0{,}1 I_o = I e^{-\beta x} \rightarrow -\beta x = \ln 0{,}1; \quad \rightarrow \quad x = -\frac{\ln 0{,}1}{\beta} = -\frac{-2{,}3}{100} = 0{,}023 \text{ m} = 2{,}3 \text{ cm} \quad \blacktriangleleft$$

10.15 Una onda plana reduce su intensidad en un 20 % al atravesar un material absorbente de 5 cm de espesor. Determinar la distancia que tendrá que recorrer la onda en dicho material para que su intensidad se reduzca a la mitad.

Al pasar una onda por un medio absorbente su intensidad varía según la expresión:

$$I = I_0 e^{-\beta x}$$

donde β es el coeficiente de absorción que depende del medio y de la frecuencia de la onda.

Con los datos del problema podemos determinar dicho coeficiente:

$$0{,}8 I_0 = I_0 e^{-\beta x}$$

que tomando logaritmos neperianos

$$-\beta x = \ln 0{,}8 \qquad \Rightarrow \qquad \beta = -\frac{\ln 0{,}8}{x} = -\frac{-0{,}223}{5} = 0{,}045\ \text{cm}^{-1}$$

Para que la intensidad se reduzca a la mitad, la distancia (espesor de semiabsorción D) deberá ser:

$$0{,}5 I_0 = I_0 e^{-0{,}045D} \qquad \Rightarrow \qquad -0{,}045D = \ln 0{,}5$$

$$D = -\frac{\ln 0{,}5}{0{,}045} = 15{,}4\ \text{cm} \quad \blacktriangleleft$$

10.16 Dos silbatos de igual potencia ($4\pi \cdot 10^{-2}$ W) están situados a 5 m y 10 m de un punto P. Ambos emiten un sonido en todas direcciones de frecuencia 850 Hz. Si la densidad del aire es $1{,}3 \cdot 10^{-3}$ g/cm^3 y la velocidad de propagación del sonido en el mismo es de 340 m/s, calcular: a) las intensidades en el punto P provocadas independientemente por cada uno de los silbatos; b) la intensidad en dicho punto cuando actúan los dos silbatos; c) la amplitud con que vibrará el punto P en el caso del apartado b.

a) La intensidad de una onda es la potencia transmitida a través de la unidad de superficie. Suponiendo nula la absorción, la intensidad que llega al punto P procedente de cada uno de los silbatos por separado vale:

$$I_1 = \frac{P_m}{4\pi r_1^2} = \frac{4\pi \cdot 10^{-2}}{4\pi \cdot 25} = 4 \cdot 10^{-4}\ \text{W/m}^2 = 4 \cdot 10^{-8}\ \text{W/cm}^2 \quad \blacktriangleleft$$

$$I_2 = \frac{P_m}{4\pi r_2^2} = \frac{4\pi \cdot 10^{-2}}{4\pi \cdot 100} = 10^{-4}\ \text{W/m}^2 = 10^{-8}\ \text{W/cm}^2 \quad \blacktriangleleft$$

b) Cuando actúan los dos silbatos al mismo tiempo, la intensidad en el punto P será:

$$I_P = \sqrt{I_1^2 + I_2^2 + 2I_1 I_2 \cos\varphi}$$

donde

$$\varphi = 2\pi\frac{x_2 - x_1}{\lambda} = 2\pi\frac{5}{0{,}4} = 25\pi \quad \text{y} \quad \lambda = \frac{c}{v} = \frac{340}{850} = 0{,}4\ \text{m}$$

Luego

$$I_P = \sqrt{16\cdot 10^{-8} + 10^{-8} + 2\cdot 4\cdot 10^{-8}\cos 25\pi} = \sqrt{17\cdot 10^{-8} - 8\cdot 10^{-8}} = 3{\cdot}10^{-4}\ \text{W/m}^2 \quad \blacktriangleleft$$

c) Teniendo en cuenta que $I = 2\rho c\pi^2 v^2 A^2$ la amplitud de vibración del punto P será:

$$A = \frac{1}{\pi v}\sqrt{\frac{I_P}{2\rho c}} = \frac{1}{\pi\cdot 850}\sqrt{\frac{3\cdot 10^{-4}}{2\cdot 1{,}3\cdot 340}} = 2{,}18\cdot 10^{-7}\ \text{m} \quad \blacktriangleleft$$

10.17 Dos ondas transversales armónicas, de igual frecuencia (10 Hz) y amplitud (15 cm), viajan por una onda en sentido positivo del eje X con velocidad de 2 m/s, existiendo entre ellas un desfase de 60°. Calcular: a) la amplitud de la onda resultante y su ecuación de onda; b) la elongación y velocidad de un punto de la cuerda situado a 80 cm del origen en el instante $t = 3$ s.

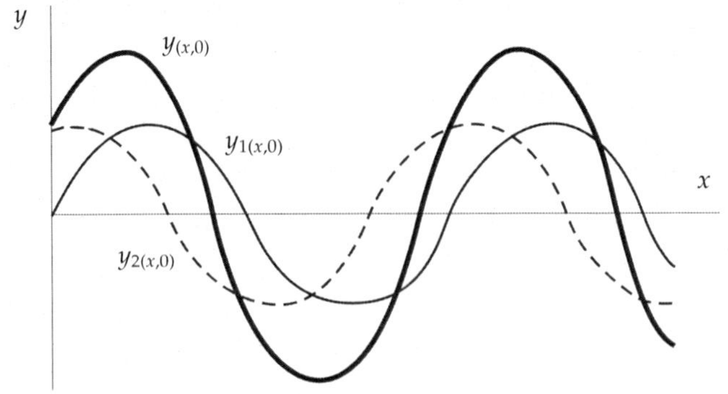

a) La longitud de onda y el nº de onda de las ondas que intervienen son:

$$\lambda = \frac{c}{v} = \frac{2}{10} = 0{,}2\ \text{cm}$$

$$k = \frac{2\pi}{0,2} = 10\pi \text{ rad/m}$$

Para facilitar el problema tomamos el origen ($x = 0$, $t = 0$) cuando la fase inicial de la segunda onda es nula. Luego las ecuaciones de las ondas dadas serán:

$$y_1 = A \operatorname{sen}(\omega t - kx + \varphi) = 0{,}15 \operatorname{sen}(20\pi t - 10\pi x + \pi/3)$$

$$y_2 = A \operatorname{sen}(\omega t - kx) = 0{,}15 \operatorname{sen}(20\pi t - 10\pi x)$$

Aplicando el principio de superposición y teniendo en cuenta que las elongaciones en la misma dirección pueden sumarse como escalares, la elongación resultante vale:

$$y = y_1 + y_2 = A\left[\operatorname{sen}(\omega t - kx + \varphi) + \operatorname{sen}(\omega t - kx)\right]$$

y teniendo en cuenta la relación trigonométrica

$$\operatorname{sen}\alpha + \operatorname{sen}\beta = 2\cos\frac{\alpha-\beta}{2} \cdot \operatorname{sen}\frac{\alpha+\beta}{2}$$

resulta:

$$y = 2A\cos\frac{\varphi}{2} \cdot \operatorname{sen}\left(\omega t - kx + \frac{\varphi}{2}\right) = A_r \operatorname{sen}\left(\omega t - kx + \frac{\varphi}{2}\right)$$

Por tanto, la amplitud de la onda resultante es:

$$A_r = 2A\cos\pi/6 = 2 \cdot 0{,}15 \cdot \cos 30^\circ = 0{,}26 \text{ m} = 26 \text{ cm} \quad ◂$$

y su ecuación de onda

$$y = 0{,}26 \operatorname{sen}(20\pi t - 10\pi x + \pi/6) = 0{,}26 \operatorname{sen}\pi\,(20t - 10x + 1/6) \quad ◂$$

b) La elongación del punto de la cuerda situado a 80 cm del origen, en el tiempo $t = 3$ s, es

$$y = 0{,}26 \operatorname{sen}\pi\left(20 \cdot 3 - 10 \cdot 0{,}8 + \frac{1}{6}\right) = 0{,}26 \operatorname{sen}\pi\left(60 - \frac{47}{6}\right) = 0{,}13 \text{ m} = 13 \text{ cm} \quad ◂$$

y su velocidad

$$v = 0{,}26 \cdot 20\pi\cos\left(20\pi t - 10\pi x + \frac{\pi}{6}\right) = 5{,}2\pi\cos\pi\left(60 - \frac{47}{6}\right) = 14{,}14 \text{ m/s} \quad ◂$$

El apartado a) se puede resolver más fácilmente calculando la amplitud resultante por el teorema del coseno:

$$A_r = \sqrt{2A^2 + 2A^2\cos 60^\circ} = A\sqrt{3} = 15\sqrt{3} = 26 \text{ cm}$$

y la fase inicial con la ecuación:

$$\varphi = \operatorname{arc\,tg} \frac{A \operatorname{sen} 60^\circ + A \operatorname{sen} 0^\circ}{A \cos 60^\circ + A \cos 0^\circ} = \operatorname{arc\,tg} \frac{A \frac{\sqrt{3}}{2}}{A \frac{1}{2} + A} = \frac{\pi}{6} \quad ◀$$

10.18 Dos ondas armónicas que viajan por una cuerda en el sentido positivo del eje X, se describen por medio de las ecuaciones

$$y_1 = 5 \operatorname{sen} \pi(6t - 4x + 1/4)$$
$$y_2 = 5 \operatorname{sen} \pi(6t - 4x)$$

donde x e y se miden en cm y t en segundos. Calcular: a) la ecuación de onda del movimiento resultante; b) la elongación y velocidad en el instante $t = 7$ s de un punto de la cuerda situado a 10 cm del origen.

a) Aplicando el principio de superposición de dos ondas de igual frecuencia, longitud de onda y amplitud, se tiene:

$$y_1 = A \operatorname{sen}(\omega t - kx + \varphi) \qquad y_2 = A \operatorname{sen}(\omega t - kx)$$

$$y_1 = A\left[\operatorname{sen}(\omega t - kx + \varphi) + \operatorname{sen}(\omega t - kx)\right]$$

Y teniendo en cuenta la relación trigonométrica.

$$\operatorname{sen} \alpha + \operatorname{sen} \beta = 2 \cos \frac{\alpha - \beta}{2} \operatorname{sen} \frac{\alpha + \beta}{2}$$

Resulta

$$y = 2A \cos \varphi \cdot \operatorname{sen}\left(\omega t - kx + \frac{\varphi}{2}\right) \quad ◀$$

Se trata de un movimiento armónico de la misma frecuencia, longitud de onda y velocidad de fase que los movimientos componentes y cuya amplitud es $A_r = 2A \cos \varphi$.

Sustituyendo valores en ella se tiene

$$y = 2 \cdot 5 \cdot \cos \frac{\pi}{8} \operatorname{sen}\left(6\pi t - 4\pi x + \frac{\pi}{8}\right) = 9{,}24 \operatorname{sen} 2\pi\left(3t - 2x + \frac{1}{16}\right) \quad ◀$$

b) La elongación para un punto situado a 10 cm del origen en el instante $t = 7$ s. Se tiene:

$$y = 9{,}24 \operatorname{sen} 2\pi \left(21 - 20 + \frac{1}{16}\right) = 3{,}54 \text{ cm} \quad \blacktriangleleft$$

y su velocidad en el mismo instante:

$$v = 9{,}24 \cdot 6\pi \cos 2\pi \left(3t - 2x + \frac{1}{2}\right)$$

Y sustituyendo valores

$$v = 9{,}24 \cdot 6\pi \cos 2\pi \left(21 - 20 + \frac{1}{16}\right) = 17{,}4 \text{ cm/s} \quad \blacktriangleleft$$

10.19 Dos ondas armónicas de igual frecuencia (100 Hz) y amplitudes de 3 cm la primera y 5 cm la segunda se desplazan a velocidad de 4 m/s en el sentido positivo del eje X. Se sabe que, para la primera, en el origen ($x = 0$, $t = 0$), $y_1 = 1{,}5$ cm y $v_1 > 0$, y para la segunda $y_2 = 5\sqrt{3}/2$ y $v_2 > 0$. Determinar a) la ecuación de onda de cada una de ellas; b) la ecuación de la onda resultante.

a) La frecuencia angular, longitud de onda y nº de onda de las ondas que interfieren son:

$$\omega = 2\pi \nu = 200\pi \text{ rad/s}$$

con $\lambda = \dfrac{c}{\nu} = \dfrac{4}{100} = 0{,}04$ m.

$$k = \frac{2\pi}{0{,}04} = 50\pi \text{ rad/m}$$

Con estos datos podemos escribir, para cada una de las ondas:

$$y_1 = A_1 \operatorname{sen}(\omega t - kx + \varphi_1) = 3 \cdot 10^{-2} \cdot \operatorname{sen}(200\pi t - 50x + \varphi_1)$$

$$y_2 = A_2 \operatorname{sen}(\omega t - kx + \varphi_2) = 5 \cdot 10^{-2} \cdot \operatorname{sen}(200\pi t - 50x + \varphi_2)$$

Ahora debemos calcular la fase inicial de cada onda. Para ello sabemos que en el origen ($x = 0$, $t = 0$), para la primera onda se cumple:

$$1{,}5 = 3 \operatorname{sen} \varphi_1$$

$$\operatorname{sen} \varphi_1 = 0{,}5 \quad \rightarrow \quad \varphi_1 = \begin{cases} \pi/6 \\ 5\pi/6 \end{cases}$$

Para decidirnos por uno de estos valores, también sabemos que la velocidad en el origen es > 0; es decir, se ha de cumplir $v_1 = 3 \cdot 10^{-2} \cdot 200\pi \cos\varphi_1 > 0$. Para que esto ocurra $\cos\varphi_1 > 0$, luego φ_1 debe ser $\pi/6$, ya que $\cos\dfrac{5\pi}{6} < 0$.

En cuanto a la segunda onda:

$$5\frac{\sqrt{3}}{2} = 5\,\text{sen}\,\varphi_2 \quad\Rightarrow\quad \text{sen}\,\varphi_2 = \frac{\sqrt{3}}{2} \quad\Rightarrow\quad \varphi_2 = \begin{cases} \pi/3 \\ 2\pi/3 \end{cases}$$

Si debe ser $v_2 = 5 \cdot 10^{-2} \cdot 200\pi \cos\varphi_2 > 0$, se ha de cumplir que $\cos\varphi_2 > 0$. Por tanto, el desfase inicial φ_2 debe ser $\pi/3$, ya que $\cos\dfrac{2\pi}{3} < 0$.

Las ecuaciones de onda que buscamos son pues:

$$\left.\begin{aligned} y_1 &= 3 \cdot 10^{-3}\,\text{sen}\,(200\pi t - 50\pi x + \pi/6) \\ y_2 &= 5 \cdot 10^{-3}\,\text{sen}\,(200\pi t - 50\pi x + \pi/3) \end{aligned}\right\} \quad \blacktriangleleft$$

b) La onda resultante tiene la misma frecuencia, longitud de onda y velocidad de prolongación que las ondas componentes. La amplitud de la onda resultante se obtiene aplicando el teorema del coseno

$$A_r^2 = A_1^2 + A_2^2 + 2A_1A_2\cos(\varphi_1 - \varphi_2) = 9 + 25 + 2 \cdot 3 \cdot 5\cos\left(\frac{\pi}{6} - \frac{\pi}{3}\right) = 59{,}98$$

$$A_r = 7{,}74 \text{ cm}$$

y para la fase inicial aplicamos $\text{tg}\,\varphi = \dfrac{A_1\,\text{sen}\,\varphi_1 + A_2\,\text{sen}\,\varphi}{A_1\cos\varphi_1 + A_2\cos\varphi_2}$:

$$\text{tg}\,\varphi = \frac{3\,\text{sen}\,30^\circ + 5\,\text{sen}\,60^\circ}{3\cos 30^\circ + 5\cos 60^\circ} = \frac{3 \cdot (1/2) + 5 \cdot (\sqrt{3}/2)}{3 \cdot (\sqrt{3}/2) + 5 \cdot (1/2)} = 1{,}143$$

$$\varphi = \text{arc tg}\,1{,}1143 = 48{,}8^\circ = 0{,}27\pi \text{ rad}$$

La ecuación de la onda resultante será por tanto:

$$y = 7{,}74 \cdot 10^{-2} \cdot \text{sen}\,(200\pi t - 50\pi x + 0{,}27\pi)$$

$$y = 7{,}74 \cdot 10^{-2}\,\text{sen}\,2\pi\,(100t - 25x + 0{,}135) \quad \blacktriangleleft$$

10.20 A un punto P llegan dos ondas sonoras de igual frecuencia procedentes de dos focos que oscilan en fase y se encuentran a 5 m y 5,68 m, de dicho punto P. La amplitud del sonido procedente de cada foco es 0,5 m y la velocidad de propagación 340 m/s. Para frecuencias de ambas ondas de 1000 Hz y 250 Hz. Calcular: a) la diferencia de fase de las ondas sonoras en el punto P; b) la amplitud de oscilación de dicho punto.

Como los focos oscilan en fase, la ecuación de onda para cada una en el punto P será

$$y_1 = A\,\mathrm{sen}\,2\pi\left(\upsilon t - \frac{x_1}{\lambda}\right); \qquad y_2 = A\,\mathrm{sen}\,2\pi\left(\upsilon t - \frac{x_2}{\lambda}\right)$$

a) La diferencia de fase en el punto P de ambas ondas sonoras vale:

$$\Delta\varphi = 2\pi\left(\upsilon t - \frac{x_1}{\lambda}\right) - 2\pi\left(\upsilon t - \frac{x_2}{\lambda}\right) = 2\pi\frac{x_2 - x_1}{\lambda}$$

por lo que antes debemos saber la x para cada frecuencia de oscilación:

Para 10^3 Hz : $\lambda = \dfrac{c}{\upsilon} = \dfrac{340}{1000} = 0{,}34$ m.

Para 250 Hz : $\lambda = \dfrac{c}{\upsilon} = \dfrac{340}{250} = 1{,}36$ m.

Por tanto, la diferencia de fase de las ondas en el punto P para una y otra frecuencia es

$$\Delta\varphi = 2\pi\frac{0{,}68}{0{,}34} = 2\pi\cdot 2 = 4\pi \text{ rad} \quad \blacktriangleleft$$

$$\Delta\varphi = 2\pi\frac{0{,}68}{1{,}36} = 2\pi\frac{1}{2} = \pi \text{ rad} \quad \blacktriangleleft$$

b) Aplicando el principio de superposición, el punto P, oscilará según

$$y = y_1 + y_2 = A\left[\mathrm{sen}\,2\pi\left(\upsilon t - \frac{x_1}{\lambda}\right) + \mathrm{sen}\,2\pi\left(\upsilon t - \frac{x_2}{\lambda}\right)\right]$$

y teniendo en cuenta la relación trigonométrica

$$\mathrm{sen}\,\alpha + \mathrm{sen}\,\beta = 2\cos\frac{\alpha - \beta}{2}\,\mathrm{sen}\,\frac{\alpha + \beta}{2}$$

se tiene:

$$y = 2A\cos\pi\left(\frac{x_2 - x_1}{\lambda}\right) + \mathrm{sen}\,2\pi\left(\upsilon t - \frac{x_2 - x_1}{2\lambda}\right)$$

Sustituyendo el valor de λ para cada uno de las frecuencias:

$$A_r = 2A\cos\pi\frac{0{,}68}{0{,}34} = 2A\cos 2\pi = 2A = 2\cdot 0{,}5 = 1 \quad \blacktriangleleft$$

$$A_r = 2\pi\cos\pi\frac{0{,}68}{1{,}36} = 2\pi\cos\frac{\pi}{2} = 0 \quad \blacktriangleleft$$

10.21 En la interferencia de dos ondas armónicas con vibraciones paralelas de igual velocidad de fase y ambas de frecuencia 100 Hz, sabemos que para $t = 0$ la elongación del movimiento resultante viene dado por

$$y_0 = 5\left(\sqrt{3}\cos 2x + \operatorname{sen} 2x\right) \tag{1}$$

donde x e y se expresan en cm. Calcular la ecuación de onda de dicho movimiento resultante.

En general, las ondas componentes tendrán por ecuaciones:

$$\left.\begin{aligned} y_1 &= A_1 \operatorname{sen}(\omega t \pm kx + \varphi_1) \\ y_2 &= A_2 \operatorname{sen}(\omega t \pm kx + \varphi_2) \end{aligned}\right\}$$

y la onda resultante

$$y = y_1 + y_2 = A_1 \operatorname{sen}(\omega t \pm kx + \varphi_1) + A_2 \operatorname{sen}(\omega t \pm kx + \varphi_2)$$

que para $t = 0$, se tiene

$$y_0 = A_1 \operatorname{sen}(\pm kx + \varphi_1) + A_2 \operatorname{sen}(\pm kx + \varphi_2) \tag{2}$$

La ecuación (1) se puede poner en la forma

$$y_0 = 5\left[\sqrt{3}\operatorname{sen}(2x + \pi/2) + \operatorname{sen} 2x\right]$$

Comparando esta ecuación con la (2) se deduce:

$$A_1 = 5\sqrt{3}\ \text{cm}; \qquad A_2 = 5\ \text{cm}; \qquad \varphi_1 = \pi/2; \qquad \varphi_1 = 0; \qquad kx = 2x$$

Con estos datos, además de que $\upsilon = 100$ Hz y $\omega = 200\pi$ rad/s, las ecuaciones de las ondas componentes son:

$$y_1 = 5\sqrt{3}\operatorname{sen}(200\pi t + 2x + \pi/2)$$

$$y_2 = 5\operatorname{sen}(200\pi t + 2x)$$

La amplitud de la onda resultante vale:

$$A_r = \sqrt{A_1^2 + A_2^2 + 2A_1A_2\cos(\varphi_1 - \varphi_2)} = \sqrt{75 + 25 + 0} = 10 \text{ cm}$$

y la fase inicial

$$\operatorname{tg}\varphi = \frac{A_1 \operatorname{sen}\varphi_1 + A_2 \operatorname{sen}\varphi_2}{A_1\cos\varphi_1 + A_2\cos\varphi_2} = \frac{5\cdot\sqrt{3}\cdot\operatorname{sen}90 + 5\operatorname{sen}0^\circ}{5\cdot\sqrt{3}\cdot\cos 90 + 5\cos 0^\circ} = \frac{5\sqrt{3}\cdot 1}{5\cdot 1} = \sqrt{3}$$

$$\varphi = \operatorname{arc\,tg}\sqrt{3} = 60^\circ = \pi/3$$

La ecuación de onda resultante es, por tanto

$$y = 10\operatorname{sen}(200\pi t + 2x + \pi/3) \quad \blacktriangleleft$$

10.22 Dos ondas armónicas de amplitudes 5 y 7 cm, con igual frecuencia de 50 Hz, viajan en el sentido positivo del eje X con una velocidad de fase de 1 m/s. Si la diferencia de fase entre ambas es de $\pi/4$ rad, calcular la amplitud y ecuación de onda de la onda resultante.

La onda resultante tendrá la misma frecuencia, longitud de onda y velocidad de fase que las ondas componentes. Por tanto, debemos calcular antes esos parámetros:

$$\lambda = \frac{c}{v} = \frac{100}{50} = 2 \text{ m}$$

$$k = \frac{2\pi}{\lambda} = \frac{2\pi}{2} = \pi \text{ rad/cm}$$

$$\omega = 2\pi v = 100\pi \text{ rad/s}$$

La amplitud resultante será:

$$A_r = \sqrt{A_1^2 + A_2^2 + 2A_1A_2\cos 45^\circ} = \sqrt{25 + 49 + 49{,}49} = 11{,}1 \text{ cm}$$

y la fase inicial

$$\varphi = \operatorname{arc\,tg}\frac{A_1 \operatorname{sen}\varphi_1 + A_2 \operatorname{sen}\varphi_2}{A_1\cos\varphi_1 + A_2\cos\varphi_2} = \operatorname{arc\,tg}\frac{5\frac{\sqrt{2}}{2}}{5\frac{\sqrt{2}}{2} + 7\cdot 1} = \operatorname{arc\,tg} 0{,}335 = 18{,}52^\circ = 0{,}103\pi$$

La ecuación de la onda será

$$y = 11{,}1\operatorname{sen}(100\pi t - \pi x + 0{,}103\pi) = 11{,}1\operatorname{sen}\pi\,(100t - x + 0{,}103) \text{ cm} \quad \blacktriangleleft$$

10.23 A un punto P llegan dos ondas armónicas, que viajan a 1 m/s, procedentes de dos focos vibratorios en fase que distan 7,5 y 3,5 m del punto P. Ambas ondas tienen la misma frecuencia (50 Hz) y la misma amplitud (3 cm). Determinar: a) la ecuación de movimiento del punto P; b) los instantes en los que el desplazamiento del punto P es nulo.

a) Las ecuaciones de cada una de las ondas que se superponen en el punto P, al ser focos que vibran en fase, vienen dadas por

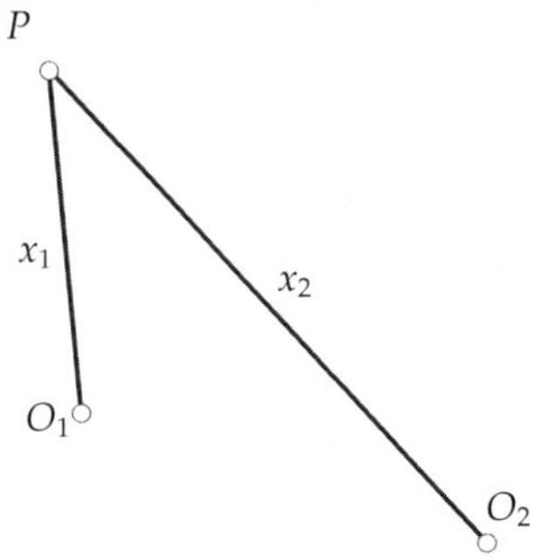

$$y_1 = A \operatorname{sen} 2\pi \left(\nu t - \frac{x_1}{\lambda}\right)$$

$$y_2 = A \operatorname{sen} 2\pi \left(\nu t - \frac{x_2}{\lambda}\right)$$

donde la longitud de onda de ambas vale

$$\lambda = \frac{c}{\nu} = \frac{100}{50} = 2 \text{ cm}$$

Por el principio de superposición, la ecuación que nos describe el estado de vibración del punto P será

$$y = y_1 + y_2 = A\left[\operatorname{sen} 2\pi \left(\nu t - \frac{x_1}{\lambda}\right) + \operatorname{sen} 2\pi \left(\nu t - \frac{x_2}{\lambda}\right)\right]$$

y aplicando la relación trigonométrica

$$\operatorname{sen} \alpha + \operatorname{sen} \beta = 2 \cos \frac{\alpha - \beta}{2} \cdot \operatorname{sen} \frac{\alpha + \beta}{2}$$

se tiene:

$$y = 2A \cos \pi \left(\frac{x_2 - x_1}{\lambda}\right) \cdot \operatorname{sen} 2\pi \left(\nu t - \frac{x_1 + x_2}{2\lambda}\right)$$

y sustituyendo valores:

$$y = 6 \cos 2\pi \cdot \operatorname{sen} (100\pi t - 5{,}5\pi) = 6 \operatorname{sen} 2\pi\, (50t - 2{,}75) \quad \blacktriangleleft$$

b) El punto P tendrá un desplazamiento nulo, $y = 0$, cuando $\operatorname{sen} 2\pi\, (50t - 2{,}75) = 0$ lo que se cumple si $2\pi\, (50t - 2{,}75) = n\pi$ por lo que los instantes en que el punto P pasa por la posición de equilibrio o desplazamiento cero serán:

$$t = \frac{5{,}5 + n}{100} \quad (n = ,1,2,\ldots) \quad \blacktriangleleft$$

10.24 Dos altavoces se excitan por medio de un oscilador común a 400 Hz y se ponen uno frente a otro a una distancia de 1,25 m. Localizar los puntos a lo largo de la línea que une los dos altavoces donde se producen máximos y mínimos. Velocidad del sonido en el aire: 340 m/s.

Sea P un punto cualquiera en la línea que une los dos altavoces. Para que en él se produzca un máximo de intensidad se ha de cumplir

$$x_2 - x_1 = n\lambda \ (n = 0,1,2\ldots) \qquad (1)$$

siendo $\lambda = \dfrac{c}{v} = \dfrac{340}{400} = 0{,}85$ m.

Sustituyendo en la (1) este valor y teniendo en cuenta que $x_1 + x_2 = 1{,}25$ m se tiene:

$$x_1 = \frac{1{,}25 - 0{,}85n}{2}$$

Para $n = 0$; $x_1 = 0{,}625$ m.

Para $n = 1$; $x_1 = 0{,}2$ m $\quad\rightarrow\quad x_2 = 1{,}05$ m.

A estas mínimas distancias del altavoz se producen también máximos relativos. Luego los puntos donde se registran máximos están a las siguientes distancias del altavoz O_1:

0,2 m; 0,625 m y 1,05 m ◄

Mínimos: se produce un mínimo en aquellos puntos de la línea en la que se cumple

$$x_2 - x_1 = (2n + 1)\,\frac{\lambda}{2}$$

y procediendo de igual forma que en el apartado anterior, se llega a

$$x_1 = \frac{1{,}25 - (2n+1)\,\frac{\lambda}{2}}{2}$$

Para $n = 0$, $x_1 = 0{,}412$ m $\quad\rightarrow\quad x_2 = 0{,}838$ m.

Para $n = 1$, $x_1 = -0{,}0125$ m.

Esto indica que dicho mínimo se produce a la izquierda del altavoz O_1 es decir, fuera de la línea que nos piden. Por tanto, los puntos donde se producen mínimos están a las siguientes distancias del altavoz O_1: 0,412 m; 0,838 m ◄.

10.25 Dos ondas armónicas de amplitudes 2 y 5 cm, que viajan a 2 m/s, llegan a un punto P procedentes de los focos que oscilan en fase y distan 7 cm y 9 cm respectivamente de dicho punto. Ambas tienen una frecuencia de 50 Hz. Determinar: a) la ecuación de movimiento del punto P; b) los instantes en que el punto P se encuentra en su elongación máxima positiva.

a) En este caso de ondas de igual frecuencia y longitud de onda, pero de amplitudes diferentes, la interferencia produce en el punto P un movimiento armónico de igual frecuencia y longitud de onda, cuya ecuación es:

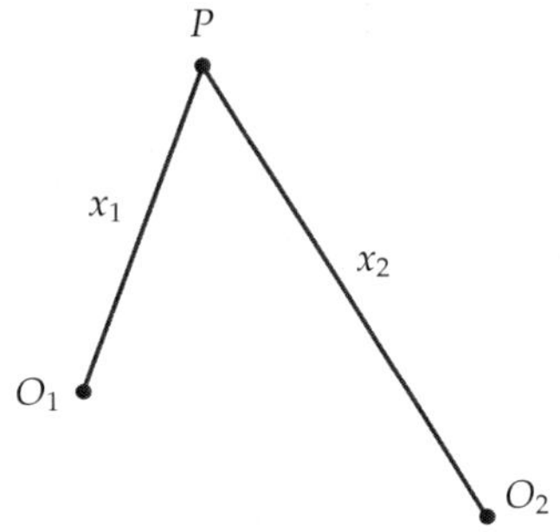

$$y = A_r \operatorname{sen} 2\pi \left(vt - \frac{x_2 + x_1}{2\lambda} \right) \qquad (1)$$

donde la amplitud de la onda del movimiento resultante se calcula por el teorema del coseno

$$A_r = \sqrt{A_1^2 + A_2^2 + 2A_1A_2 \cos\varphi}$$

siendo $\varphi = 2\pi \dfrac{x_2 - x_1}{\lambda}$.

En nuestro caso:

$$\lambda = \frac{c}{v} = \frac{200}{50} = 4 \text{ cm}$$

$$\varphi = 2\pi \frac{9-7}{4} = \pi \text{ rad}$$

$$A_r = \sqrt{4 + 25 + 2 \cdot 2 \cdot 5 \cos\pi} = \sqrt{9} = 3 \text{ cm}$$

Sustituyendo valores en (1), se tiene: $y = 3 \operatorname{sen} 2\pi\,(50t - 2)$ ◄

b) Para que el punto P alcance por primera vez su elongación máxima positiva se ha de cumplir $\operatorname{sen} 2\pi\,(50t - 2) = 1$, lo que implica que el tiempo que tarda en alcanzar por primera vez tal posición vale:

$$2\pi\,(50t - 2) = \frac{\pi}{2} \quad \Rightarrow \quad t = \frac{4 + 1/2}{100} = 0{,}045 \text{ s}$$

A partir de ese instante, la posición se repite cada tiempo igual a un periodo $T = \dfrac{1}{50}$ s. Luego los instantes en que el punto P se encuentra en su máxima elongación positiva serán:

$$t = 0{,}045 + \frac{n}{50} \quad (n = 0{,}1{,}2{,}3\ldots)$$ ◄

10.26 En el punto P se superponen dos ondas armónicas de amplitudes 0,4 m y 0,3 m procedentes de dos focos que oscilan en fase. El primero se encuentra a 35 m de P y el segundo a 20 m. Si la velocidad de propagación de ambas ondas es de 900 m/s y su frecuencia de 150 Hz, calcular: a) la ecuación de movimiento del punto P; b) la relación entre la intensidad del movimiento resultante en P y la de cada uno de los movimientos incidentes.

a) El movimiento resultante en el punto P, vendrá dado por la ecuación

$$y = A_r \operatorname{sen} 2\pi \left(\nu t - \frac{x_1 + x_2}{2\lambda} \right) \tag{1}$$

donde $A_r = \sqrt{A_1^2 + A_2^2 + 2A_1 A_2 \cos\varphi}$ con $\varphi = 2\pi \frac{x_2 - x_1}{\lambda}$.

Como

$$\lambda = \frac{c}{\nu} = \frac{900}{150} = 6 \text{ m} \quad \rightarrow \quad \varphi = 2\pi \frac{35 - 20}{6} = 5\pi$$

por lo que

$$A_r = \sqrt{0{,}16 + 0{,}09 - 0{,}24} = 0{,}1 \text{ m}$$

y sustituyendo valores en (1)

$$y = 0{,}1 \operatorname{sen} 2\pi \left(150t - \frac{55}{12} \right) = 0{,}1 \operatorname{sen} 2\pi \, (150t - 4{,}58) \quad \blacktriangleleft$$

b) La intensidad de una onda, o potencia transmitida a través de una unidad de superficie, es directamente proporcional al cuadrado de su amplitud y de su frecuencia. Por tanto, las intensidades de las ondas incidentes son:

$$I_1 = 2\rho c \pi^2 \nu^2 A_1^2; \qquad I_2 = 2\rho c \pi^2 \nu^2 A_2^2$$

y la del movimiento resultante en el punto P

$$I_P = 2\rho c \pi^2 \nu^2 A_2$$

Por lo que las relaciones que nos piden son:

$$\frac{I_P}{I_1} = \frac{A_r^2}{A_1^2} = \frac{0{,}01}{0{,}16} = \frac{1}{16} \quad \blacktriangleleft$$

$$\frac{I_P}{I_2} = \frac{A_r^2}{A_2^2} = \frac{0{,}01}{0{,}09} = \frac{1}{9} \quad \blacktriangleleft$$

10.27 Dos focos sonoros, O_1 y O_2, separados una distancia de 2 m, emiten ondas sonoras de la misma frecuencia (500 Hz) e intensidad. Obtener las posiciones en las que se registren máximos y mínimos de intensidad a lo largo del segmento $O_1\,O_2$, sabiendo que la velocidad del sonido en el aire es de 340 m/s.

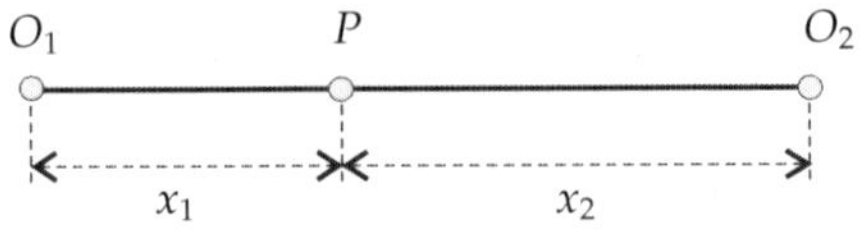

Sea P un punto del segmento $O_1\,O_2$, como se indica en la figura. Para que se produzca un máximo de intensidad se ha de cumplir

$$x_2 - x_1 = n\lambda \quad (n = 0{,}1{,}2\ldots) \tag{1}$$

siendo $\lambda = c/v = 3{,}4/5 = 0{,}68$ m.

Teniendo en cuenta que $x_1 + x_2 = 2$ m despejando x_2 y sustituyendo valores en (1), se tiene:

$$x_1 = \frac{2 - 0{,}68n}{2}$$

Para $n = 0$, $x_1 = 1$ m.

Para $n = 1$, $x_1 = 0{,}66$ m.

Para $n = 2$, $x_1 = 0{,}32$ m.

Por simetría, a estas distancias del foco O_2 se producen también máximos, por lo que las posiciones de los puntos donde se registran máximos, tomando como origen de coordenadas el foco O_1, serán:

0,32 m, 0,66 m, 1 m, 1,34 m, 1,68 m ◂

Igualmente, para que la posición del punto P corresponda a un mínimo se ha de cumplir:

$$x_2 - x_1 = (2n + 1)\,\frac{\lambda}{2}$$

y procediendo de igual forma se deduce:

$$x_1 = \frac{2 - (2n + 1)\,0{,}34}{2}$$

Para $n = 0$, $x_1 = 0{,}83$ m.

Para $n = 1$, $x_1 = 0{,}49$ m.

Para $n = 2$, $x_1 = 0{,}15$ m.

Por la misma razón anterior, las distancias, a partir del foco O_1 en que se presentan mínimos son:

$$0{,}15\text{ m},\quad 0{,}49\text{ m},\quad 0{,}83\text{ m},\quad 1{,}17\text{ m},\quad 1{,}51\text{ m},\quad 1{,}85\text{ m} \quad ◄$$

10.28 La ecuación de onda que se propaga hacia el extremo fijo de una cuerda tensa es

$$y = 4\,\text{sen}\,\pi(50t + 4x) \text{ (en unidades S.I.)}$$

Determinar la ecuación de la onda estacionaria que se origina, así como su longitud de onda y frecuencia.

La onda

$$y_1 = 4\,\text{sen}\,(50\pi t + 4\pi x)$$

y su reflejada

$$y_2 = 4\,\text{sen}\,(50\pi t - 4\pi x + \pi) = -4\,\text{sen}\,(50\pi t - 4\pi x)$$

interfieren y originan una onda estacionaria

$$y = 8\,\text{sen}\,4\pi x \cdot \cos 50\pi t \quad ◄$$

$$\frac{2\pi}{\lambda} = 4\pi \quad \rightarrow \quad \lambda = 0{,}5\text{ m} \quad ◄$$

$$2\pi\upsilon = 50\pi \quad \rightarrow \quad \upsilon = 25\text{ Hz} \quad ◄$$

10.29 Las ondas armónicas descritas por

$$y_1 = 5\,\text{sen}\left(16\pi t - \frac{\pi}{2}x\right) \quad y_2 = 5\,\text{sen}\left(16\pi t + \frac{\pi}{2}x\right)$$

donde x e y se miden en centímetros y t en segundos, interfieren dando una "onda estacionaria". Determinar a) la ecuación de dicha onda; b) el desplazamiento máximo para valores de x igual a 0,5 cm, 1 cm y 2 cm; c) los tres valores más pequeños de x que corresponden a puntos ventrales.

a) Aplicando de principio de superposición y teniendo en cuenta la relación trigonométrica

$$\operatorname{sen}\alpha + \operatorname{sen}\beta = 2\cos\frac{\alpha-\beta}{2}\cdot\operatorname{sen}\frac{\alpha+\beta}{2}$$

resulta:

$$y = 10\cos\frac{\pi}{2}x\cdot\operatorname{sen}16\pi t \quad ◂$$

b) En una onda estacionaria, cualquier punto vibra con movimiento armónico simple de igual frecuencia que los movimientos componentes, pero su amplitud varía según una ley sinusoidal en función de la distancia. En nuestro ejemplo:

$$A_r = 10\cos\frac{\pi}{2}x$$

En consecuencia, los puntos situados a 0,5 cm, 1 cm y 2 cm vibrarán con un desplazamiento máximo o amplitud de:

$$\left.\begin{aligned} A_r &= 10\cos\frac{\pi}{2}\cdot 0{,}5 = 7{,}07 \text{ cm} \\ A_r &= 10\cos\frac{\pi}{2}\cdot 1 = 0 \text{ cm} \\ A_r &= 10\cos\frac{\pi}{2}\cdot 2 = 10 \text{ cm} \end{aligned}\right\} \quad ◂$$

c) Los vientres corresponden a aquellos puntos que vibran con la amplitud máxima. Para ello se ha de cumplir que

$$\cos\frac{\pi}{2}x = \pm 1$$

lo que significa que

$$\frac{\pi}{2}x = n\pi \qquad \Rightarrow \qquad x = 2n \;\; (n = 0,1,2\ldots)$$

Por consiguiente, los tres valores más pequeños de x, donde se producen vientres son:

$$2 \text{ cm}, \quad 4 \text{ cm} \quad \text{y } 6 \text{ cm} \quad ◂$$

10.30 La ecuación de una onda estacionaria en una cuerda es

$$y = 0{,}3\operatorname{sen}0{,}25x\cdot\cos 120\pi t$$

donde x se expresa en metros y t en segundos. Calcular la amplitud, longitud de onda, frecuencia y velocidad de propagación de las ondas viajeras que interfieren.

La ecuación de onda de una onda estacionaria producida en una cuerda con un extremo fijo viene dada por

$$y = 2A \cdot \operatorname{sen} kx \cos \omega t$$

que tiene la misma longitud de onda y frecuencia que las ondas que interfieren. Por tanto, comparando ambas ecuaciones se deduce:

$$A = \frac{0{,}3}{2} = 0{,}15 \text{ m} \quad ◄$$

$$\frac{2\pi}{\lambda} = 0{,}25 \quad \rightarrow \quad \lambda = \frac{2\pi}{0{,}15} = 25{,}12 \text{ m} \quad ◄$$

Como $120\pi = 2\pi v \quad \rightarrow \quad v = 60$ Hz

$$c = \lambda v = 25{,}12 \cdot 60 = 1507 \text{ m/s} \quad ◄$$

10.31 En una cuerda horizontal, fija por un extremo, se genera una onda estacionaria de 2 cm de longitud de onda cuando su extremo libre se somete a un movimiento armónico simple definido por $y = 1{,}5 \operatorname{sen} 100\pi t$, donde y se expresa en cm y t en segundos. Calcular: a) la ecuación de dicha onda estacionaria; b) la velocidad máxima de un punto de la cuerda que corresponde a un vientre; c) la amplitud de las vibraciones de un punto de la cuerda situado a 2,25 cm del extremo fijo.

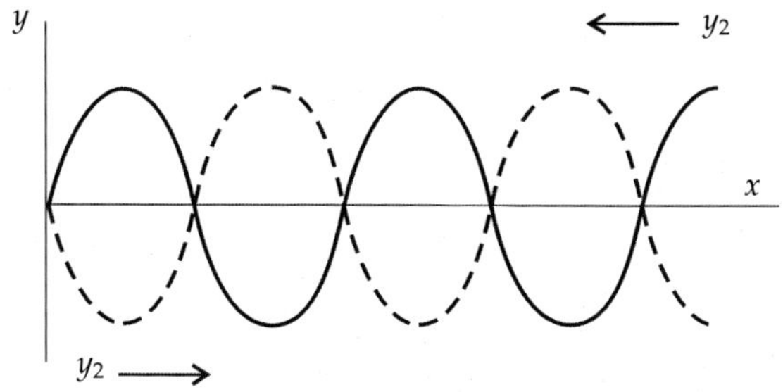

a) Si se elige como origen de coordenadas el punto fijo de la cuerda (donde se produce la reflexión de la onda que se genera en el extremo libre), la ecuación de la onda incidente es

$$y_1 = 1{,}5 \operatorname{sen} w\left(t + \frac{x}{c}\right) = 1{,}5 \operatorname{sen} 2\pi\left(50t + \frac{x}{\lambda}\right) = 1{,}5 \operatorname{sen} 2\pi\left(50t + \frac{x}{2}\right) =$$
$$= 1{,}5 \operatorname{sen}(100\pi t + \pi x)$$

y la ecuación de la onda reflejada, teniendo en cuenta que $\operatorname{sen}(\alpha + \pi) = -\operatorname{sen}\alpha$, será:

$$y_2 = 1{,}5\,\text{sen}\,(100\pi t - \pi x + \pi) = -1{,}5\,\text{sen}\,(100\pi t - \pi x)$$

Aplicando el principio de superposición:

$$y = y_1 + y_2 = 1{,}5\,[\text{sen}\,(100\pi t + \pi x) - \text{sen}\,(100\pi t - \pi x)]$$

y recordando la relación trigonométrica

$$\text{sen}\,\alpha - \text{sen}\,\beta = 2\cos\frac{\alpha+\beta}{2}\cdot\text{sen}\,\frac{\alpha-\beta}{2}$$

se tiene:

$$y = 2\cdot 1{,}5\cos(100\pi t)\cdot\text{sen}\,\pi x = 3\,\text{sen}\,\pi x\cdot\cos 100\pi t \quad \blacktriangleleft$$

b) La amplitud de la onda estacionaria es

$$A_r = 3\,\text{sen}\,\pi x$$

que será máxima cuando $\text{sen}\,\pi x = \pm 1$, lo que ocurre en los puntos situados en los vientres. Luego la velocidad de un punto de la cuerda que corresponda a un vientre viene dada por

$$v = \frac{dy}{dt} = \frac{d\,(3\cos 100\pi t)}{dt} = -3\cdot 100\pi\,\text{sen}\,100\pi t$$

y será máxima cuando sea $\text{sen}\,100\pi t = \pm 1$. Por tanto, en valor absoluto valdrá:

$$v_{\text{max}} = 300\pi = 942\ \text{cm/s} = 9{,}42\ \text{m/s} \quad \blacktriangleleft$$

c) La amplitud de las vibraciones de un punto situado a 2,25 cm del extremo fijo de la cuerda es:

$$A_r = 3\,\text{sen}\,\pi x = 3\,\text{sen}\,2{,}25\pi = 2{,}12\ \text{cm} \quad \blacktriangleleft$$

10.32 Una onda estacionaria tiene por ecuación

$$y = 10\,\text{sen}\left(\frac{\pi}{6}x\right)\cos 10\pi t$$

donde x se mide en centímetros y t en segundos. Hallar: a) la amplitud, longitud de onda, frecuencia y velocidad de las ondas componentes; b) distancia entre dos nodos consecutivos y entre un nodo y un vientre; c) velocidad de una partícula situada en el punto $x = 3$ cm en el tiempo $t = 3/8$ s.

a) Comparando la ecuación dada con la ecuación general de una onda estacionaria

$$y = 2A \cdot \operatorname{sen} kx \cos \omega t$$

e identificando términos

$$A = 5 \text{ cm} \quad ◂$$

$$\frac{2\pi}{\lambda} = \frac{\pi}{6} \quad \rightarrow \quad \lambda = 12 \text{ cm} \quad ◂$$

$$2\pi\nu = 10\pi \quad \rightarrow \quad \nu = 5 \text{ Hz} \quad ◂$$

$$c = \lambda\nu = 12 \cdot 5 = 60 \text{ cm/s} \quad ◂$$

b) La distancia entre dos nodos consecutivos es

$$x = \frac{\lambda}{2} = \frac{12}{2} = 6 \text{ cm} \quad ◂$$

entre un nodo y el próximo

$$x = \frac{\lambda}{4} = \frac{12}{4} = 3 \text{ cm} \quad ◂$$

c)
$$v = \frac{dy}{dt} = -10 \operatorname{sen}\left(\frac{\pi}{6}x\right) 10\pi \operatorname{sen} 10\pi t = -100\pi \operatorname{sen}\left(\frac{\pi}{6}3\right) \operatorname{sen} 10\pi \frac{3}{8}$$

$$v = -100\pi \operatorname{sen} \frac{30\pi}{8} = 222 \text{ cm/s} = 2{,}22 \text{ m/s} \quad ◂$$

10.33 La ecuación de una onda en una cuerda es $y = 0{,}4 \operatorname{sen} 12\pi x \cos 40\pi t$ (en unidades S.I.) Calcular: a) la frecuencia y longitud de onda de las ondas cuya superposición da lugar a la onda dada y escribir sus ecuaciones; b) la distancia entre dos nodos consecutivos y la velocidad de un punto de la cuerda situado en la posición $x = 1{,}5 \cdot 10^{-2}$ m en el instante $t = 2{,}33$ s.

a) La ecuación de una onda estacionaria producida en una cuerda con un extremo fijo, donde se suele tomar el origen de coordenadas, viene dada por

$$y = 2A \cdot \operatorname{sen} kx \cdot \cos \omega t$$

que tiene la misma frecuencia y longitud de onda que las ondas que interfieren. Por tanto, comparando ambas ecuaciones se deduce:

$$\left.\begin{array}{lll} \dfrac{2\pi}{\lambda} = 12\pi & \Rightarrow & \lambda = 1/6\ \text{m} \\ 2\pi\nu = 40\pi & \Rightarrow & \nu = 20\ \text{Hz} \end{array}\right\} \blacktriangleleft$$

Las ondas incidentes y reflejada tienen por ecuaciones, respectivamente

$$y_1 = A\,\text{sen}\,(\omega t + kx)$$

$$y_2 = A\,\text{sen}\,(\omega t - kx + \pi)$$

por lo que sustituyendo valores resulta:

$$\left.\begin{array}{l} y_1 = 0{,}2\,\text{sen}\,(40\pi t + 12\pi x) \\ y_2 = 0{,}2\,\text{sen}\,(40\pi t - 12\pi x + \pi) \end{array}\right\} \blacktriangleleft$$

b) Los nodos se presentan en los puntos cuya amplitud es cero; es decir, cuando se cumple que $\text{sen}\,\dfrac{2\pi}{\lambda}x = 0$, lo que implica que

$$\frac{2\pi}{\lambda}x = n\pi \qquad \Rightarrow \qquad x = n\frac{\lambda}{2}$$

La distancia entre dos nodos consecutivos será, por tanto:

$$x_{n+1} - x_n = (n+1)\,\frac{\lambda}{2} - n\frac{\lambda}{2} = \frac{\lambda}{2} = \frac{1/6}{2} = 1/12\ \text{m} \quad \blacktriangleleft$$

La velocidad de un punto cualquiera de la cuerda será:

$$v = \frac{dy}{dt} = -0{,}4\,\text{sen}\,12\pi x \cdot 40\pi\,\text{sen}\,40\pi t$$

y sustituyendo los valores de x y t:

$$v = -26{,}92\,\text{sen}\,93{,}2\pi = -26{,}92\,\text{sen}\,1{,}2\pi = 15{,}82\ \text{m/s} \quad \blacktriangleleft$$

10.34 Una cuerda de longitud $L = 12$ cm y 0,2 kg de masa está sometida a una tensión de 36 N. Sus extremos están fijos y por ella se propaga una onda estacionaria. Determinar: a) la velocidad de propagación; b) la frecuencia fundamental; c) la ecuación de la onda si la amplitud de las ondas que interfieren es de 5 cm.

a) La velocidad de propagación de las ondas transversales en una cuerda, siendo μ la densidad lineal de la cuerda, viene dada por

$$c = \sqrt{\frac{F}{\mu}} = \sqrt{\frac{36}{0{,}017}} = 46 \text{ m/s} \quad ◀$$

b) La ecuación de una onda estacionaria es $y = 2A \cdot \operatorname{sen} kx \cos \omega t$. Los vientres están en aquellas partes cuya distancia x al punto fijo de una cuerda cumple la condición

$$\operatorname{sen} \frac{2\pi}{\lambda} x = \pm 1$$

lo que se verifica cuando

$$\frac{2\pi}{\lambda} x = (2n+1)\frac{\pi}{2} \quad \rightarrow \quad x = (2n+1)\frac{\lambda}{4} \qquad (1)$$

y los nodos en aquellos que

$$\operatorname{sen} \frac{2\pi}{\lambda} x = 0 \quad \rightarrow \quad x = n\frac{\lambda}{2} \qquad (2)$$

Si en los extremos de la cuerda están fijos en el extremo $x = L$ existe un nodo por lo que se tiene:

$$L = n\frac{\lambda}{2} \quad \rightarrow \quad \lambda = \frac{2L}{n}$$

Por tanto, solo se forman las ondas estacionarias tales que la cuerda contenga un número entero de semilongitudes de onda, que corresponden a las frecuencias

$$\upsilon_n = \frac{c}{\lambda_n} = \frac{c}{2L/n} = n\frac{c}{2L}$$

La frecuencia fundamental (para $n = 1$) en nuestro caso vale

$$\upsilon = \frac{46}{24} = 1{,}92 \text{ Hz} \quad ◀$$

b) La longitud de onda correspondiente a la frecuencia fundamental es $\lambda = 2L = 24$ m, por lo que la ecuación de la onda estacionaria será

$$y = 0{,}1 \operatorname{sen} \frac{\pi}{12} x \cos 3{,}84\pi t \quad ◀$$

10.35 En una cuerda de 18 m de longitud, fija por un extremo, se origina una onda estacionaria cuya ecuación es

$$y = 8 \operatorname{sen} \frac{\pi}{12} x \cos 4\pi t$$

en unidades S.I. Calcular: a) la amplitud de las ondas originales; b) longitud de onda, periodo y velocidad de propagación de la onda estacionaria; c) posición de los nodos y vientres de la misma.

a) Como sabemos, la ecuación de una onda estacionaria en una cuerda viene dada por

$$y = 2A \operatorname{sen} kx \cos \omega t$$

Comparando esta ecuación con la de nuestro ejemplo, se tiene:

$$2A = 8 \quad \Rightarrow \quad A = 4 \text{ m} \quad ◂$$

b)

$$\left.\begin{array}{lllll} k = \pi/12 & \Rightarrow & 2\pi/\lambda = \pi/12 & \Rightarrow & \lambda = 24 \text{ m} \\ \omega = 4\pi & \Rightarrow & 2\pi/T = 4\pi & \Rightarrow & T = 0{,}5 \text{ s} \\ & & c = \lambda v = 24 \cdot 2 = 48 \text{ m/s} & & \end{array}\right\} \quad ◂$$

c) Los nodos se presentan en los puntos cuya amplitud $A_r = 2A \operatorname{sen} kx = 0$, lo que se verifica en aquellos que cumplen la condición:

$$\operatorname{sen} \frac{2\pi}{\lambda} x = 0 \quad \Rightarrow \quad \frac{2\pi}{\lambda} x = n\pi \quad \Rightarrow \quad x = n\frac{\lambda}{2}$$

En nuestro ejemplo, los nodos están en los puntos

$$x_0 = 0; \qquad x_1 = 1 \cdot \frac{24}{2} = 12 \text{ m} \quad ◂$$

Los vientres son los puntos que vibran con la máxima amplitud, para lo cual se requiere que $\operatorname{sen} \frac{2\pi}{\lambda} x = \pm 1$, lo que se verifica cuando

$$\frac{2\pi}{\lambda} x = (2\pi + 1)\frac{\pi}{2} \quad \Rightarrow \quad x = (2\pi + 1)\frac{\lambda}{4}$$

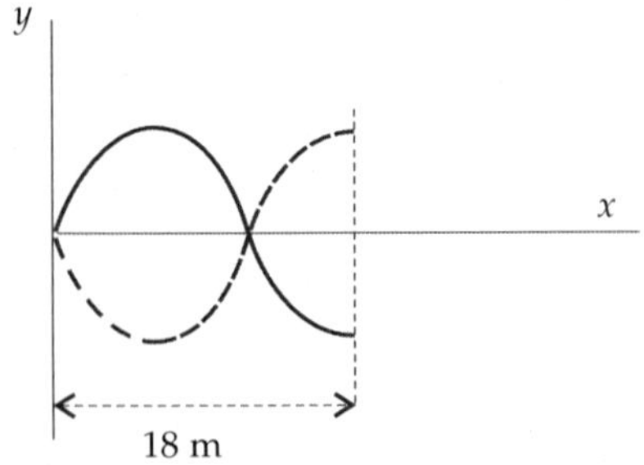

Los puntos de la cuerda en que se presentan vientres son:

$$x_0 = \frac{\lambda}{4} = \frac{24}{4} = 6 \text{ m}; \qquad x_1 = \frac{3\lambda}{4} = 18 \text{ m} \quad ◂$$

10.36 Un alambre de longitud 2,5 m y masa 0,1 kg está fijo por ambos extremos bajo una tensión de 30 N. Al excitar el armónico n se forma un nodo a 0,5 m de un extremo. Determinar: a) el valor de n; b) las frecuencias de los tres primeros nodos de vibración o armónicos permitidos.

a) Sea una onda estacionaria que se propaga por una cuerda, los nodos están en aquellos puntos cuya distancia x al punto fijo de una cuerda cumple la condición

$$\operatorname{sen} \frac{2\pi}{\lambda} x = 0$$

lo que se verifica cuando $\frac{2\pi x}{\lambda} = n\pi$ y de aquí

$$x = n\frac{\lambda}{2} \tag{1}$$

En nuestro caso, sabemos que a la distancia $x = 0{,}5$ m se presenta el primer nodo ($n = 1$). Por tanto, el valor de $\lambda = 2 \cdot 0{,}5 = 1$ m.

Por otra parte, si los dos extremos de la cuerda están fijos, en el extremo $x = L$ existe un nodo y según la condición (1), podemos escribir

$$2{,}5 = n\frac{1}{2} \quad \rightarrow \quad n = 5 \quad ◄$$

b) Las frecuencias de las ondas estacionarias posibles en una cuerda con ambos extremos fijos vienen dadas por

$$\upsilon_n = \frac{c}{\lambda_n} = n\frac{c}{2L}$$

siendo $c = \sqrt{\frac{F}{\mu}} = \sqrt{\frac{30 \cdot 2{,}5}{0{,}1}} = 27{,}39$ m/s.

Sustituyendo valores en la ecuación anterior se obtiene:

$$\upsilon_1 = 1 \cdot \frac{27{,}39}{2 \cdot 2{,}5} = 5{,}48 \text{ Hz} \quad ◄$$

$$\upsilon_2 = 2 \cdot 5{,}48 = 10{,}95 \text{ Hz} \quad ◄$$

$$\upsilon_3 = 3 \cdot 5{,}48 = 16{,}43 \text{ Hz} \quad ◄$$

10.37 Una cuerda de 160 g de masa y 4 m de longitud está fija por un extremo. Al extremo libre se somete a un movimiento oscilatorio. Si la tensión de la cuerda es de 400 N, determinar: a) la velocidad de propagación de la onda estacionaria formada; b) la longitud de onda del armónico fundamental, así como la de los dos armónicos siguientes; c) la frecuencia fundamental y la de los dos armónicos siguientes.

a) La velocidad de propagación de las ondas transversales en una cuerda viene dada por

$$c = \sqrt{F/\mu}$$

En nuestro caso:

$$c = \sqrt{\frac{400 \cdot 4}{0{,}16}} = 100 \text{ m/s} \quad ◂$$

b) La ecuación de una onda estacionaria en una cuerda es

$$y = 2A \cdot \operatorname{sen} kx \cdot \cos \omega t$$

Los vientres están en aquellos puntos cuya distancia x al punto fijo de la cuerda (origen del sistema de referencia) cumple la condición

$$\operatorname{sen} \frac{2\pi}{\lambda} x = \pm 1$$

lo que se verifica cuando

$$\frac{2\pi x}{\lambda} = (2\pi + 1)\,\frac{\pi}{2} \qquad \Rightarrow \qquad x = (2n + 1)\,\frac{\lambda}{4} \qquad (1)$$

y los nodos en aquellos que

$$\operatorname{sen} \frac{2\pi x}{\lambda} = 0 \qquad \Rightarrow \qquad \frac{2\pi x}{\lambda} = n\pi \qquad \Rightarrow \qquad x = n\frac{\lambda}{2} \qquad (2)$$

Ahora bien, así como el extremo fijo de la cuerda pertenece a un nodo, el extremo libre pertenece a un vientre, por lo que, si en una cuerda de longitud L aplicamos a dicho punto extremo, la ecuación (1) se tiene:

$$L = (2n + 1)\,\frac{\lambda}{4}$$

Ecuación que nos dice que solo se formarán aquellas ondas estacionarias cuya longitud de onda sea igual a

$$\lambda_n = \frac{4L}{2n+1}$$

En nuestro caso, la longitud de onda del armónico fundamental ($n = 0$) es

$$\lambda_o = 4L = 16 \text{ m} \quad \blacktriangleleft$$

Para los armónicos siguientes:

$$\left.\begin{array}{l} \lambda_1 = 4L/3 = 16/3 = 5{,}33 \text{ m} \\ \lambda_2 = 4L/5 = 16/5 = 3{,}2 \text{ m} \end{array}\right\} \quad \blacktriangleleft$$

c) Las frecuencias de las ondas estacionarias posibles en una cuerda con un extremo fijo vienen dadas por:

$$v_n = \frac{c}{\lambda_n} = (2n+1)\frac{c}{4L}$$

En nuestro caso, la frecuencia fundamental o la del primer armónico ($n = 0$) es

$$v_0 = c/4L = 100/16 = 6{,}25 \text{ Hz} \quad \blacktriangleleft$$

y las de los dos armónicos siguientes:

$$\left.\begin{array}{l} v_1 = 3c/4L = 300/16 = 18{,}75\text{Hz} \\ v_2 = 5\,c/4L = 500/16 = 31{,}25\text{Hz} \end{array}\right\} \quad \blacktriangleleft$$

10.38 Una fuente de sonido tiene una frecuencia de 800 Hz y se desplaza a 30 m/s. Calcular la frecuencia y longitud de onda registradas por un observador en reposo cuando la fuente: a) se aproxima; b) se aleja. Se supone que la velocidad del sonido en aire en calma es de 340 m/s.

a) La expresión $v' = \left(\frac{c \pm v}{c \pm v_F}\right) v$ en este ejemplo se reduce a

$$v' = \left(\frac{c}{c - v_F}\right) v$$

Puesto que el observador está en reposo y el foco se aproxima a él (debe aumentar la frecuencia). Sustituyendo valores se tiene

$$v' = \left(\frac{340}{340 - 30}\right) 800 = 877{,}4 \text{ Hz} \quad \blacktriangleleft$$

$$\lambda' = \frac{c}{v'} = \frac{340}{877{,}4} = 0{,}387 \text{ m} \quad ◀$$

b) Cuando el foco se aleja $v' = \left(\frac{c}{c + v_F}\right) v$ puesto que debe disminuir la frecuencia

$$v' = \left(\frac{340}{340 + 30}\right) 800 = 735 \text{ Hz} \quad ◀$$

$$\lambda' = \frac{c}{v'} = \frac{340}{735} = 0{,}462 \text{ m} \quad ◀$$

10.39 Una masa de 12 kg cuelga en equilibrio de una cuerda de longitud total 5 m y densidad lineal de masa $5 \cdot 10^{-3}$ kg/m. La cuerda pasa por dos poleas ligeras sin fricción que están separadas por una distancia de 2 m, como se indica en la figura. Determinar: a) la velocidad de propagación de cualquier onda estacionaria que se genere en ella; b) la frecuencia de la onda estacionaria correspondiente al tercer armónico.

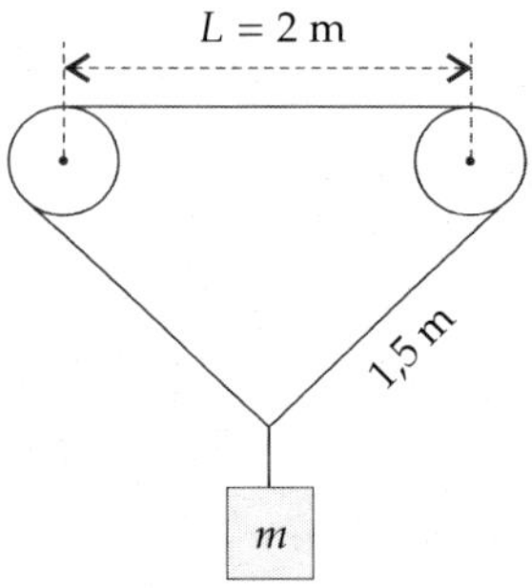

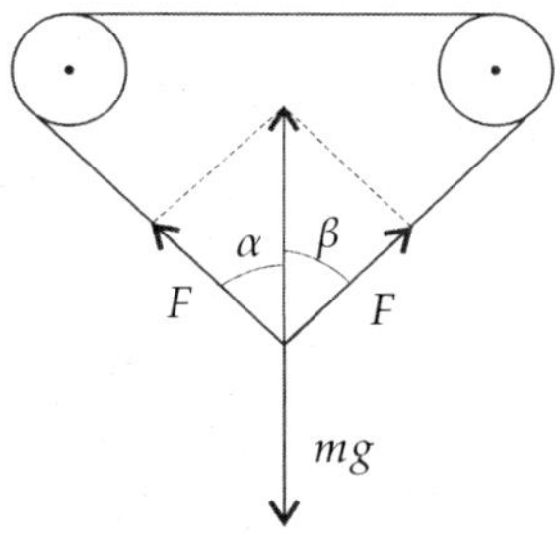

a) Para calcular la velocidad de propagación

$$c = \sqrt{F/\mu}$$

debemos conocer antes la tensión a la que está sometida la cuerda. Para ello aplicamos el teorema del coseno, calculando previamente el ángulo α:

$$\beta = \text{arc sen}\, 1/1{,}5 = 41{,}8°; \qquad \alpha = 2\beta = 83{,}6°$$

Por tanto, podemos escribir:

$$mg = \sqrt{2F^2 + 2F^2 \cos 83{,}6°} = F\sqrt{2{,}283} = 1{,}49 \text{ F}$$

$$F = \frac{mg}{1{,}49} = \frac{12 \cdot 9{,}8}{1{,}49} = 78{,}92 \text{ N}$$

La velocidad de propagación de cualquier onda estacionaria en esta cuerda es:

$$c = \sqrt{78{,}92/5 \cdot 10^{-3}} = 125{,}63 \text{ m/s} \quad \blacktriangleleft$$

b) Como ya sabemos por el problema anterior, en una onda estacionaria en una cuerda los nodos están en aquellos puntos cuya distancia x al punto fijo de la cuerda (origen del sistema de referencia) cumplen la condición:

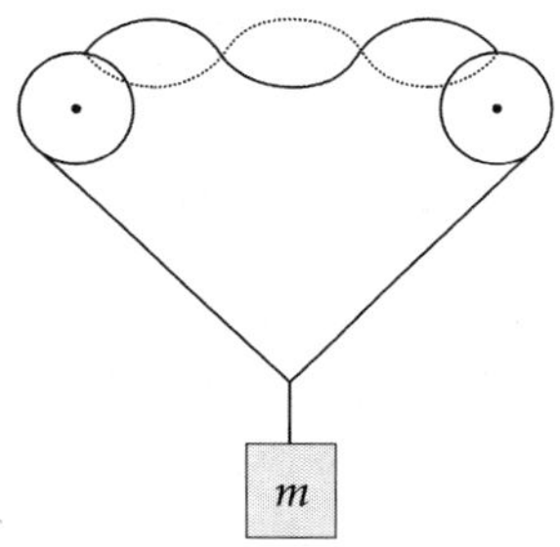

$$\operatorname{sen} \frac{2\pi}{\lambda} x = 0$$

lo que se verifica cuando

$$\frac{2\pi x}{\lambda} x = n\pi \qquad \rightarrow \qquad x = n\frac{\lambda}{2} \tag{1}$$

Por otra parte, si los dos extremos de la cuerda están fijos, como en este caso, en el extremo $x = L$ existe un nodo, por lo que según la condición (1) se tiene

$$L = n\frac{\lambda}{2}$$

que nos indica que solo son posibles las ondas estacionarias cuyas longitudes de onda valgan

$$\lambda_n = \frac{2L}{n}$$

que corresponden a las frecuencias

$$\upsilon_n = \frac{c}{\lambda n} = n\frac{c}{2L} \quad (\text{n} = 1{,}2{,}3\ldots)$$

En nuestro caso, la frecuencia correspondiente al tercer armónico ($n = 3$) vale

$$\upsilon_3 = 3\frac{125{,}63}{2 \cdot 2} = 94{,}2 \text{ Hz} \quad \blacktriangleleft$$

10.40 Desde un helicóptero se lanza un paracaidista que porta un emisor de radio que manda señales de 500 Hz. El radar del helicóptero rastrea dichas señales a medida que cae el paracaidista. Si la frecuencia percibida se vuelve constante a 450 Hz, calcular la velocidad límite del paracaidista, suponiendo que éste permanece siempre debajo del helicóptero y que el sonido en el aire en reposo se propaga a 340 m/s.

En este ejemplo, el foco (paracaidista) se aleja del observador (helicóptero) que está en reposo, luego puede escribir

$$v' = \left(\frac{c}{c + v_F}\right) v$$

Y sustituyendo se tiene

$$450 = \left(\frac{340}{340 + v_F}\right) 500$$

$$0{,}9\,(340 + v_F) = 340$$

$$0{,}9 v_F = 34 \quad \longrightarrow \quad v_F = 37{,}8 \text{ m/s} \quad ◂$$

10.41 Una cuerda de 2 m de longitud y densidad lineal de masa $3 \cdot 10^{-3}$ kg/m está sujeta por ambos extremos. Una de sus frecuencias de resonancia es 250 Hz y la siguiente 300 Hz. Calcular: a) el armónico correspondiente a la frecuencia de 250 Hz; b) la frecuencia fundamental; c) la tensión de la cuerda.

a) Si los dos extremos de la cuerda están fijos sólo son posibles las ondas estacionarias cuyas frecuencias valgan

$$v_n = n\frac{c}{2L}$$

siendo n el armónico correspondiente a la frecuencia v_n. Para dos ondas estacionarias de frecuencias consecutivas se puede escribir:

$$\left.\begin{aligned} v_n &= n\frac{c}{2L} \\ v_{n+1} &= (n+1)\frac{c}{2L} \end{aligned}\right\} \quad \Rightarrow \quad \frac{v_n}{v_{n+1}} = \frac{n}{n+1}$$

y sustituyendo valores

$$\frac{250}{300} = \frac{n}{n+1} \quad \Rightarrow \quad n = 5 \quad ◂$$

b) Para esta onda estacionaria

$$250 = 5\frac{c}{2 \cdot 2} \quad \Rightarrow \quad c = 200 \text{ m/s}$$

que nos permite conocer la velocidad de propagación de las ondas estacionarias que se puedan formar en la cuerda de este ejemplo.

La frecuencia fundamental ($n = 1$) es, por tanto:

$$v_1 = \frac{c}{2L} = \frac{200}{4} = 50\ \text{Hz} \quad ◄$$

c) La tensión a la que está sometida la cuerda es:

$$c = \sqrt{\frac{F}{\mu}} \quad \Rightarrow \quad F = \mu c^2$$

$$F = 3 \cdot 10^{-3} \cdot 4 \cdot 10^4 = 120\ \text{N} \quad ◄$$

10.42 Un hombre se encuentra en una torre a 100 m de altura respecto al suelo. A una distancia de 90 m del pie de la torre, un automóvil que se dirige hacia ella con una velocidad de 75 km/h emite un bocinazo con una frecuencia de 450 Hz. Calcular la frecuencia percibida por el hombre en la torre. Velocidad del sonido en el aire en reposo 340 m/s.

$$v_F = 75\ \text{km/h} = 20{,}83\ \text{m/s}$$

$$\beta = \text{arc tg}\,\frac{100}{90} = 48^\circ$$

$$v' = \left(\frac{c}{c + v_F \cos\theta}\right) v = \left(\frac{340}{340 + 20{,}83 \cdot \cos 48^\circ}\right) 450 = 478\ \text{Hz} \quad ◄$$

10.43 Una ambulancia viaja por una autopista recta con velocidad de 110 km/h y emite un sonido de 500 Hz. Calcular la frecuencia que percibe un automovilista que viaja a 90 km/h en sentido opuesto a medida que se acerca a la ambulancia y conforme se aleja de ella. La velocidad del sonido en el aire en calma es de 340 m/s.

Se trata de un ejemplo del efecto Doppler, al que aplicaremos la ecuación

$$v' = \left(\frac{c \pm v_0}{c \pm v_F}\right) v$$

donde v es la frecuencia del movimiento ondulatorio emitido por una fuente o foco a velocidad v_F; v' es la frecuencia percibida por un observador que se mueve con una velocidad v_0, y c la velocidad de propagación del movimiento ondulatorio en el medio considerado. Para la elección correcta de los signos de esta expresión hay que tener en cuenta que $+v_0$ y $-v_F$ suponen aumento en la frecuencia percibida (observador moviéndose hacia el foco y éste hacia el observador), y que $-v_0$ y $+v_0$ implican disminución en la frecuencia percibida por el receptor (observador alejándose del foco y éste alejándose de aquél).

La velocidad del observador y la del foco en el sistema internacional, son

$$v_0 = 90 \text{ km/h} = 25 \text{ m/s}$$

$$v_F = 110 \text{ km/h} = 30{,}6 \text{ m/s}$$

Aplicando este criterio de signos cuando se aproximan se obtiene:

$$\upsilon' = \left(\frac{340 + 25}{340 - 30{,}6}\right) 500 = 589{,}8 \text{ Hz} \quad ◂$$

y cuando se alejan:

$$\upsilon' = \left(\frac{340 - 25}{340 + 30{,}6}\right) 500 = 424{,}9 \text{ Hz} \quad ◂$$

10.44 Una fuente genera una intensidad sonora de 10^{-2} W/m^2 a una distancia de 20 m. Suponiendo que la energía se propaga uniformemente en todas las direcciones, calcular: a) potencia total acústica emitida por la fuente; b) a qué distancia la intensidad del sonido se encontrará en el umbral del dolor de 1 W/m^2; c) nivel de intensidad sonora a 30 m de la fuente.

a) A la distancia de 20 m se cumple:

$$I = \frac{P_m}{4\pi r^2} \quad \rightarrow \quad P_m = 4\pi r^2 I = 4 \cdot 3{,}14 \cdot 400 \cdot 10^{-2} = 50{,}24 \text{ W} \quad ◂$$

b) La distancia a la que se debe situar una persona para que esta potencia genere una intensidad dolorosa debe ser:

$$I = \frac{50{,}24}{4\pi r^2} \quad \rightarrow \quad r = \sqrt{\frac{50{,}24}{4\pi I}} = \sqrt{\frac{50{,}24}{4\pi \cdot 1}} = 2 \text{ m} \quad ◂$$

c) La intensidad a una distancia de 30 m será

$$I = \frac{P_m}{4\pi r^2} = \frac{50{,}24}{4\pi \cdot 900} = 4{,}44 \cdot 10^{-3} \text{ W/m}^2$$

y el nivel de intensidad sonora en el punto es

$$\beta = 10 \log \frac{I}{I_o} = 10 \log \frac{4{,}44 \cdot 10^{-3}}{10^{-12}} = 10 \log(4{,}44 \cdot 10^9) = 96{,}5 \text{ dB} \quad ◂$$

10.45 Un observador parado en una calle escucha una frecuencia de 630 Hz proveniente de la sirena de un coche de policía que se acerca. Después de que este vehículo pasa, la frecuencia observada de la sirena es de 580 Hz. Determinar la velocidad del coche de policía.

Cuando el coche se acerca al observador se cumple

$$630 = \left(\frac{340}{340 - v_F}\right) v$$

y cuando se aleja

$$580 = \left(\frac{340}{340 + v_F}\right) v$$

Dividiendo la primera por la segunda

$$\frac{630}{580} = \left(\frac{340 + v_F}{340 - v_F}\right) \quad \Rightarrow \quad 369{,}24 - 1{,}086 v_F = 340 + v_F$$

$$2{,}086 v_F = 29{,}24 \quad \Rightarrow \quad v_F = 14 \text{ m/s} \quad ◄$$

10.46 Dos altavoces emiten ondas sonoras en un medio homogéneo e isótropo. El altavoz A_1 tiene una potencia de salida de 1 mW, en tanto que la potencia de salida del altavoz A_2 es de 1,5 mW. Calcular el nivel de intensidad sonora (en dB) en un punto P que se encuentra a 6 m del primero y a 4 m del segundo. Tómese como referencia de intensidad sonora $I_O = 10^{-12}$ W/m^2.

La intensidad que produce cada altavoz en dicho punto es:

$$I_1 = \frac{P_m}{4\pi r_1^2} = \frac{10^{-3}}{4\pi \cdot 36} = 2{,}212 \cdot 10^{-6} \text{ W/m}^2$$

$$I_2 = \frac{P_m}{4\pi r_2^2} = \frac{1{,}5 \cdot 10^{-3}}{4\pi \cdot 16} = 7{,}464 \cdot 10^{-6} \text{ W/m}^2$$

$$I = I_1 + I_2 = (2{,}212 + 7{,}464)\, 10^{-6} = 9{,}676 \cdot 10^{-6} \quad ◄$$

El nivel de intensidad sonora será pues:

$$\beta = 10 \log \frac{I}{I_o} = 10 \log \frac{9{,}676 \cdot 10^{-6}}{10^{-12}} = 10 \log(9{,}676 \cdot 10^{6}) = 69{,}8 \text{ dB} \quad ◄$$

10.47 Un coche que avanza hacia una pared con velocidad de 25 m/s emite sonidos con la bocina de 400 Hz. Sabiendo que la velocidad de propagación del sonido en el aire en reposo es de 340 m/s, calcular: a) la longitud de onda del sonido que percibe un observador en la pared; b) la longitud de onda del eco recibido por el conductor después de reflejarse el sonido en la pared.

a) La frecuencia percibida por el observador en reposo viene dado por

$$\upsilon' = \left(\frac{c}{c - v_F}\right)\upsilon$$

y la longitud de onda:

$$\lambda' = \frac{c}{\upsilon'} = \frac{c - v_F}{\upsilon} = \frac{340 - 25}{400} = 0{,}787 \text{ m} \quad \blacktriangleleft$$

b) Cuando el coche avanza se mueven tanto la fuente del sonido (eco) como el observador, y por ambos movimientos se tiende a un aumento de la frecuencia, por lo que se puede escribir:

$$\upsilon' = \left(\frac{c + v_0}{c - v_f}\right)\upsilon$$

$$\lambda' = \frac{c}{\upsilon'} = \frac{c}{\upsilon}\left(\frac{c - v_F}{c + v_0}\right)$$

Como en este ejemplo la velocidad del observador v_0 y la del foco v_F son iguales, sustituyendo valores se tiene:

$$\lambda' = \frac{340}{400}\left(\frac{c - 25}{c + 25}\right) = 0{,}733 \text{ m} \quad \blacktriangleleft$$

10.48 Un pájaro emite un sonido de potencia constante. ¿Cuántos dB bajará el nivel de intensidad sonora si nos alejamos al doble de la distancia que nos separa del ave?

$$\Delta\beta = \beta_2 - \beta_1 = 10\log\frac{I_2}{I_1} = 10\log\frac{r_1^2}{r_2^2} = 20\log\frac{r_1}{r_2} = 20\log\frac{r_1}{2r_1} = 20\log 0{,}5 = -6 \text{ dB} \quad \blacktriangleleft$$

10.49 Un avión que se desplaza con velocidad constante de 540 km/h a una altura de 866 m, emite un sonido de 400 Hz. Calcular la frecuencia percibida por un observador en reposo situado en el suelo 10 s después de que el avión haya pasado sobre su vertical. Velocidad del sonido en el aire en calma 340 m/s.

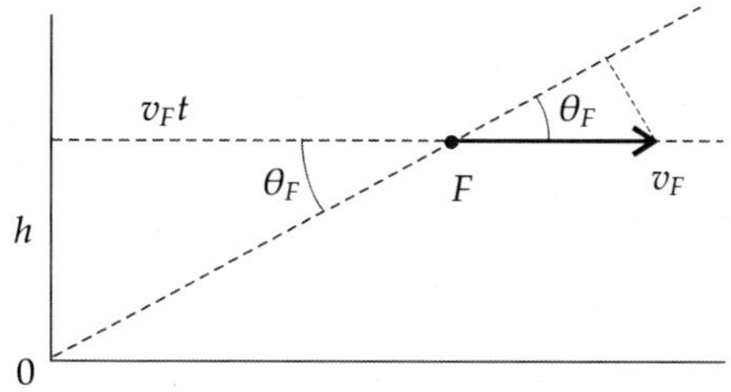

La ecuación del efecto Doppler, que hasta ahora hemos aplicado en problemas anteriores, es válida cuando el movimiento del observador y el de la fuente ocurren en la misma trayectoria recta, de modo que la fuente y el observador se aproximen o se alejen directamente el uno del otro. Si esta restricción se elimina, es necesario usar una ecuación Doppler más general

$$\nu' = \left(\frac{c \pm v_0 \cos\theta_0}{c \pm v_F \cos\theta_F}\right)\nu$$

en la que se han sustituido la velocidad del observador y del foco por sus proyecciones sobre la dirección de percepción; es decir, que θ_0 y θ_F son los ángulos que forman la velocidad del observador y la del foco, respectivamente, con la línea recta que los une.

En este ejemplo, donde el observador está fijo y el foco se aleja con velocidad $v_F = 540$ km/h $= 150$ m/s, la ecuación anterior queda en la forma

$$\nu' = \left(\frac{c}{c + v_F \cos\theta_F}\right)\nu$$

Observando la figura, debemos calcular previamente el ángulo θ_F para conocer la componente de la velocidad del foco en la dirección de percepción observador-foco:

$$\theta_F = \operatorname{arc\,tg}\frac{h}{v_F t} = \operatorname{arc\,tg}\frac{866}{1500} = 30^\circ$$

Sustituyendo valores en la ecuación anterior se obtiene:

$$\nu' = \left(\frac{340}{340 + 150\cos 30^\circ}\right)400 = 289{,}4\ \text{Hz} \quad \blacktriangleleft$$

10.50 La potencia emisora de una sirena es de $16\pi \cdot 10^{-2}$ W. Prescindiendo de posibles absorciones, calcular: a) la intensidad del sonido a 20 y 50 m de la sirena; b) el nivel de intensidad sonora en dichos puntos.

a) Suponiendo que el medio es homogéneo e isótropo, los frentes de onda serán superficies esféricas, por lo que toda la potencia que atraviesa la esfera de radio r_1 pasará posteriormente a través de la superficie esférica de radio r_2. Por tanto, la intensidad del sonido en uno y otro punto son:

$$\left.\begin{array}{l} I_1 = \dfrac{P_m}{4\pi r_1^2} = \dfrac{16\pi \cdot 10^{-2}}{4\pi \cdot 400} = 10^{-4}\ \text{W/m}^2 \\[2ex] I_2 = \dfrac{P_m}{4\pi r_2^2} = \dfrac{16\pi \cdot 10^{-2}}{4\pi \cdot 2500} = 16 \cdot 10^{-6}\ \text{W/m}^2 \end{array}\right\} \blacktriangleleft$$

Como la intensidad decrece con el cuadrado de la distancia, para el segundo punto podríamos haber aplicado la relación

$$\frac{I_1}{I_2} = \frac{r_2^2}{r_1^2} \quad \Rightarrow \quad I_2 = \left(\frac{r_1}{r_2}\right)^2 I_1 = \left(\frac{20}{50}\right)^2 10^{-4} = 16 \cdot 10^{-6}\ \text{W/m}^2$$

b) Debido al amplio intervalo de intensidades que el oído humano puede detectar, que para una frecuencia de 10^3 Hz va desde una intensidad de 10^{-12} W/m^2 (umbral auditivo) a 1 W/m^2 (umbral de dolor), y dado que la sensación sonora no es proporcional a la intensidad, sino que su dependencia es más bien logarítmica, para definir el nivel de intensidad sonora se utiliza la ecuación

$$\beta = 10 \log \frac{I}{I_0}$$

donde I es la intensidad del sonido en W/m^2 e I_0 una intensidad de referencia que se toma como umbral de audición (10^{-12} W/m^2). Los niveles de intensidad sonora se expresan en decibeles.

Aplicando dicha ecuación a los dos puntos de nuestro ejemplo, se obtiene:

$$\left.\begin{array}{l} \beta_1 = 10 \log \dfrac{10^{-4}}{10^{-12}} = 80\ \text{dB} \\[2ex] \beta_2 = 10 \log \frac{16 \cdot 10^{-6}}{10^{-12}} = 10 log 16 \cdot 10^6 = 10\,(6 + 1{,}2) = 72\ \text{dB} \end{array}\right\} \blacktriangleleft$$

10.51 Dos observadores se encuentran separados una distancia de 110 m. En un punto entre ellos y en la línea que los une se coloca un altavoz. Si un observador registra un nivel de intensidad sonora de 60 dB y el otro de 80 dB, calcular: a) la distancia de cada observador al altavoz; b) la potencia emitida por el altavoz.

a) Llamando r_1 a la distancia que separa al altavoz del observador que percibe 60 dB y r_2 la que separa al que percibe 80 dB, se puede escribir:

$$\beta_2 - \beta_1 = 10 \log \frac{I_2}{I_0} - 10 \log \frac{I_1}{I_0} = 10 \left(\log \frac{I_2}{I_0} - \log \frac{I_1}{I_0} \right) = 10 \log \frac{I_2/I_0}{I_1/I_0} = 10 \log \frac{I_2}{I_1}$$

y teniendo en cuenta la relación

$$\frac{I_2}{I_1} = \frac{r_1^2}{r_2^2}$$

se llega a

$$\beta_2 - \beta_1 = 10 \log \left(\frac{r_1}{r_2} \right)^2 = 20 \log \frac{r_1}{r_2}$$

Sustituyendo valores se tiene

$$20 = 20 \log \frac{r_1}{110 - r_1} \quad \Rightarrow \quad 11 r_1 = 1100 \quad \Rightarrow \quad \begin{cases} r_1 = 100 \text{ m} \\ r_2 = 10 \text{ m} \end{cases} \qquad \blacktriangleleft$$

b) La intensidad sonora que percibe el 2º observador es:

$$80 = 10 \log \frac{I_2}{I_0} \quad \Rightarrow \quad 8 = \log \frac{I_2}{I_0}$$

$$10^8 = \frac{I_2}{I_0} \quad \Rightarrow \quad I_2 = 10^8 \cdot 10^{-12} = 10^{-4} \text{ W/m}^2$$

por lo que la potencia emitida por el altavoz será

$$I_2 = \frac{P_m}{4\pi r_2^2} \quad \Rightarrow \quad P_m = 4\pi r_2^2 \cdot I_2 = 12{,}56 \cdot 10^{-4} = 12{,}56 \cdot 10^{-2} = 0{,}126 \text{ W} \qquad \blacktriangleleft$$

10.52 La sirena de un barco deja de oírse a 2 km. Prescindiendo de absorciones, calcular: a) el nivel de intensidad sonora a 100 m; b) el número de sirenas iguales a ésta que deberían sonar simultáneamente para que a 100 m se oyeran con un nivel de intensidad sonora de 66 dB.

a) Para una sirena, a la distancia de 100 m se oiría con

$$\beta_1 = 10 \log \frac{I}{I_0} = 20 \log \frac{r_0}{r} = 20 \log \frac{2 \cdot 10^3}{10^2} = 26 \text{ dB} \quad \blacktriangleleft$$

b) Las n sirenas deben proporcionar 66 dB:

$$\beta_n = 10 \log \frac{nI}{I_0} = 66$$

Restando la primera de la segunda se obtiene:

$$66 - 26 = 10 \left(\log \frac{nI}{I_0} - \log \frac{I}{I_0} \right) = 10 \log \frac{nI/I_0}{I/I_0} = 10 \log n$$

$$40 = 10 \log n \quad \Rightarrow \quad 4 = \log n \quad \Rightarrow \quad n = 10^4 \text{ sirenas} \quad \blacktriangleleft$$

Made in United States
North Haven, CT
06 November 2026

21817436R00276